Der Rechtsrahmen für die nachhaltige Entwicklung der Photovoltaikenergie in Deutschland und in Griechenland

Veröffentlichungen des Instituts für Energie- und Regulierungsrecht Berlin
Herausgegeben von Franz Jürgen Säcker und Jochen Mohr

Band 69

PETER LANG

Eleni-Aristea Alevizou

Der Rechtsrahmen für die nachhaltige Entwicklung der Photovoltaikenergie in Deutschland und in Griechenland

Bibliografische Information der Deutschen Nationalbibliothek
Die Deutsche Nationalbibliothek verzeichnet diese Publikation in der Deutschen Nationalbibliografie; detaillierte bibliografische Daten sind im Internet über http://dnb.d-nb.de abrufbar.

Zugl.: Berlin, Freie Univ., Diss., 2019

Gedruckt auf alterungsbeständigem, säurefreiem Papier.
Druck und Bindung: CPI books GmbH, Leck

D 188
ISSN 2363-684X
ISBN 978-3-631-80188-8 (Print)
E-ISBN 978-3-631-81497-0 (E-PDF)
E-ISBN 978-3-631-81498-7 (EPUB)
E-ISBN 978-3-631-81499-4 (MOBI)
DOI 10.3726/b16653

Peter Lang – Berlin · Bern · Bruxelles · New York ·
Oxford · Warszawa · Wien

Diese Publikation wurde begutachtet.

www.peterlang.com

Für Maria

Vorwort

Die vorliegende Arbeit ist die Fassung meiner Dissertation, die im Mai 2018 vom Fachbereich Rechtswissenschaft der Freien Universität Berlin angenommen wurde. Rechtsprechung und Literatur wurden berücksichtigt, soweit sie im März 2018 veröffentlicht waren.

Folglich konnte das Urteil des EuGH vom 28. März 2019 (C-405/16 P) zum Beihilfecharakter der Förderregelungen des EEG 2012 nicht berücksichtigt werden. Mit diesem Urteil hat der EuGH – anders als in dieser Arbeit und in der Literatur vertreten – entschieden, dass die durch das EEG 2012 gewährte Förderung für die erneuerbaren Energien keine Beihilfe darstellt (C-405/16 P). Damit hat der EuGH das erstinstanzliche Urteil des Gerichts der Europäischen Union vom 10. Mai 2016, Deutschland/Kommission (T-47/15) aufgehoben und den Beschluss (EU) 2015/1585 der Kommission vom 25. November 2014 über die Beihilferegelung SA.33995 (2013/C) für nichtig erklärt. Gegenstand des EuGH-Urteils war die seit 18 Jahren kontrovers diskutierte Frage, ob die Förderung der erneuerbaren Energien „staatlich“ ist oder „aus staatlichen Mitteln“ gewährt wird und somit die Voraussetzungen einer Beihilfe im Sinne des Art. 107 AEUV erfüllt.

Der EuGH stellte fest, dass das EuG und die EU-Kommission die Rolle der ÜNB in rechtsfehlerhafter Weise verkannt haben. Dieses Ergebnis stützt der EuGH auf folgende Argumente:

„Die EEG-Umlage sei nicht als Abgabe einzustufen, da sie nicht per Gesetz den Letztverbrauchern auferlegt worden ist“. Dabei vergleicht der EuGH die EEG-Umlage mit dem Aufschlag auf den Stromtarif des Urteils Essent Netwerk Noord u.a. (C-206/06) und stellt richtig fest, dass das EEG 2012, im Gegensatz zu dem Aufschlag im Essent Netwerk Noord Fall, die Stromversorger nicht dazu verpflichtet, die aufgrund der EEG-Umlage gezahlten Beträge auf die Letztverbraucher abzuwälzen (Rn. 71). Dem EuGH ist die Tatsache, dass die sich aus der EEG-Umlage ergebende finanzielle Belastung „in der Praxis“ auf die Letztverbraucher abgewälzt worden sei, nicht ausreichend, um die EEG-Umlage dem Aufschlag auf den Stromtarif gleichzustellen, so dass die EEG-Umlage keine Abgabe darstellt. Eine Begründung bleibt der EuGH jedoch schuldig.

Nachdem der EuGH die Eigenschaft der EEG-Umlage als Abgabe abgelehnt hat, prüft er, ob die EEG-Umlage „Geld aus staatlichen Mitteln“ darstellt. Das Gericht hat dies ebenso unter Berücksichtigung der folgenden beiden Aspekte abgelehnt:

i) *„Der Staat habe keine Verfügungsgewalt über die mit der EEG-Umlage erwirtschafteten Gelder."* Der EuGH unterscheidet zwischen dem Begriff „staatlichen Einfluss" und der „Verfügungsgewalt" und stellt fest, dass die EEG-Förderung in der Tat unter staatlichem Einfluss stehe, aber diese Tatsache nicht ausreiche, eine Verfügungsgewalt zu begründen. Der gesetzliche Grundsatz der ausschließlichen Verwendung der Gelder aus der EEG-Umlage spreche vielmehr dafür, dass der Staat nicht über diese Gelder verfügen konnte, d. h. keine andere als die im EEG 2012 vorgesehene Verwendung beschließen konnte (Rn. 76). Dabei verkennt der Gerichtshof, dass die Gelder aus der EEG-Umlage ausschließlich für einen öffentlichen Zweck genutzt werden durften, nämlich für die Förderung der erneuerbaren Energien.
ii) *„Die ÜNB stünden nicht unter staatlicher Kontrolle"*. Der EuGH gibt zu, dass nach dem EEG 2012 die öffentlichen Stellen – konkret die BNetzA – den ordnungsgemäßen Vollzug des EEG 2012 kontrollieren. Allerdings sei es nicht ausreichend, um zu beweisen, dass die mit der EEG-Umlage erwirtschafteten Gelder selbst unter staatlicher Kontrolle stünden (Rn. 80). An dieser Stelle vergleicht der EuGH die Rechtssache EEG 2012 mit der Rechtssache Vent De Colère u. a., (C-262/12): Auch wenn der EuGH im Urteil Vent De Colère erkannt hat, dass Fonds, die nach gesetzlichen Regelungen durch Zwangsbeiträge gespeist und gemäß diesen Vorschriften verwaltet und verteilt werden, als staatliche Mittel i.S.v. Art. 107 AEUV betrachtet werden können, selbst wenn ihre Verwaltung nichtstaatlichen Organen anvertraut ist, sei es im EEG 2012 nicht der Fall. Es fehlten hier zwei wesentliche Merkmale: Es sei weder eine vollständige Deckung der Mehrkosten der ÜNB durch den Staat vorgesehen noch würden die Mehrkosten einer juristischen Person des öffentlichen Rechts anvertraut (Rn. 84-85). Es ist für den EuGH – im Gegensatz zu der Kommission und dem EuG – nicht mehr ausreichend, dass der Staat einen Mechanismus geschaffen hat, mit dem die den Netzbetreibern entstehenden Kosten durch die EEG-Umlage vollständig kompensiert werden und in dem die Stromversorger die Kosten auf die Endkunden umlegen können. Es sei nicht der Staat selbst, der die Mehrkosten kompensieren würde noch wäre mit der Aufgabe der Deckung dieser Kosten eine unabhängige, staatliche Verwaltungsbehörde anvertraut. Anders als in der Argumentation des Gerichtshofes in der Rechtssache Vent De Colère waren diese beiden Indizien die entscheidenden in der Rechtssache EEG 2012.

Auf diesem Weg hat der EuGH nun mit seiner Entscheidung die Kriterien für die „Staatlichkeit der Mittel“ geschärft und gleichzeitig der Praxis der Kommission und des EuG, den Begriff der „Staatlichkeit“ weit auszulegen, zugunsten des Gestaltungsspielraums der nationalen Gesetzgeber deutliche Grenzen gesetzt.

Danksagung

Besonders danke ich meinem Doktorvater Herrn Univ.-Prof. Dr. iur. Dr. rer. pol. Dres. h.c. Franz Jürgen Säcker Hon.Ph.D.(PCCC) für seine umfangreiche Unterstützung während der ganzen Zeit des Promotionsstudiums. Für die zügige Erstellung des Zweitgutachtens danke ich Herrn Univ.-Prof. Dr. Helmut Aust. Zum großen Dank bin ich Herrn Univ.-Prof. Dr. Michael-Theodoros Marinos aus der Demokritus Universität Thrazien für die freundliche Übernahme und Erstellung des Drittgutachtens verpflichtet. Ganz herzlich danke ich Frau Prof. Dr. Lydia Scholz für den sehr wertvollen akademischen Austausch und Herrn Dr. Carsten König und Frau Dr. Juliane Steffens für die anregenden und fruchtbaren Diskussionen im Institut für deutsches und europäisches Wirtschafts-, Wettbewerbs- und Regulierungsrecht der Freien Universität Berlin. Schließlich möchte ich meiner Familie danken, die mich immer in liebevoller Weise unterstützt hat.

Berlin, im Oktober 2019
Eleni-Aristea Alevizou

Inhaltsübersicht

Inhaltsverzeichnis

Abkürzungsverzeichnis

a.	am
ABl.	Amtsblatt
Abs.	Absatz
AbLaV	Verordnung zu abschaltbaren Lasten
ACER	Agency for the Cooperation of Energy Regulators
ADI	Αποδεικτικό Διαθεσιμότητας Ισχύος (ΑΔΙ) [Zertifikat über die zur Verfügung gestellte Kapazität]
ADMIE	Ανεξάρτητος Διαχειριστής Μεταφοράς Ηλεκτρικής Ενέργειας (ΑΔΜΗΕ) [Unabhängiger Stromübertragungsnetzbetreiber]
AED	Ανώτατο Ειδκό Δικαστήριο (ΑΕΔ) [Höchstes Sondergericht]
AEE	Agentur für Erneuerbare Energien
AEPO	Απόφαση Έγκρισης Περιβαλλοντικών Όρων (ΑΕΠΟ) [Beschluss über die Genehmigung der Umweltverträglichkeit]
AEUV	Vertrag über die Arbeitsweise der Europäischen Union
AG	Aktiengesellschaft
AGVO	Allgemeine Gruppenfreistellungsverordnung
a.F.	alte Fassung
AGEE-Stat	Arbeitsgruppe Erneuerbare Energien-Statistik
AK	Αστικός Κώδικας (ΑΚ) [Zivilkodex]
Anm. d. Verf.	Anmerkung des Verfassers
AP	Άρειος Πάγος (ΑΠ) [Areopag]
Art.	Artikel
Aufl.	Auflage
AusglMechV	Verordnung zur Weiterentwicklung des bundesweiten Ausgleichsmechanismus
AW	Anzulegender Wert
BAFA	Bundesamt für Wirtschaft und Ausfuhrkontrolle
BauGB	Baugesetzbuch
BauNVO	Baunutzungsverordnung
BauO Bln	Bauordnung für Berlin
BauR	Baurecht (Zeitschrift)
BayBO	Bayerische Bauordnung

BayDSchG	Bayerisches Denkmalschutzgesetz
BbgBO	Brandenburgerische Bauordnung
bbh	Becker Büttner Held
BBPlG	Bundesbedarfsplangesetz
BBSR	Bundesministerium für Bau-, Stadt- und Raumforschung
Bd.	Band
BDEW	Bundesverband der Energie und Wasserwirtschaft e.V.
BEE	Bundesverband Erneuerbare Energie e.V.
Beschl.	Beschluss
BFH	Bundesfinanzhof
BGB	Bürgerliches Gesetzbuch der Bundesrepublik Deutschland
BGBl	Bundesgesetzblatt der Bundesrepublik Deutschland
BGH	Bundesgerichtshof der Bundesrepublik Deutschland
BImSchG	Bundes-Immissionsschutzgesetz
BImSchV	Verordnung zur Durchführung des Bundes-Immissionsschutzgesetzes
BIP	Bruttoinlandprodukt
BK	Beschlusskammer
BKartA	Bundeskartellamt
BMU	Bundesministerium für Umwelt
BMUB	Bundesministerium für Umwelt, Naturschutz, Bau und Reaktorsicherheit
BMVBS	Bundesministerium für Verkehr, Bau und Stadtentwicklung
BMWi	Bundesministerium für Wirtschaft und Energie
BNatSchG	Bundesnaturschutzgesetz
BNetzA	Bundesnetzagentur
BRZ	Zeitschrift für Beihilfenrecht, (Beihilfenrecht und -politik in Europa, Deutschland und Österreich)
BSW	Bundesverband Solarwirtschaft
BT-Drs.	Bundestagsdrucksache
BUND	Bund für Umwelt und Naturschutz Deutschland
BVerfG	Bundesverfassungsgericht der Bundesrepublik Deutschland
BVerfGE	Entscheidungen des Bundesverfassungsgerichts der Bundesrepublik Deutschland
bzw.	beziehungsweise

BWE	Bundesverband WindEnergie e.V.
ca.	circa
CDU	Christlich Demokratische Union Deutschlands
CEER	Council of European Energy Regulators
CEF	Connecting Europe Facility
COM	Commission
CO2	Kohlendioxid
ct.	cent
CuR	Contracting und Recht (Zeitschrift)
D.	Δίκη (Δ.) [Prozess] (griechische Zeitschrift)
DEDDIE	Διαχειριστής Ελληνικού Δικτύου Διανομής Ηλεκτρικής Ενέργειας (ΔΕΔΔΗΕ) [Betreiber des griechischen Verteilernetzes der elektrischen Energie]
DEE	Δίκαιο Επιχειρήσεων και Εταιριών (ΔΕΕ) [Unternehmens- und Gesellschaftsrecht] (griechische Zeitschrift)
DEI	Δημόσια Επιχείρηση Ηλεκτρισμού (ΔΕΗ) [staatliches Stromversorgungsunternehmen]
ders./dies./dass.	derselbe/dieselbe(n)/dasselbe
DESE	(ΔΕΣΕ) [Gemeinsamer Ministerieller Ausschuss für strategische Investitionen]
DESMIE	Διαχειριστής Ελληνικού Συστήματος Μεταφοράς Ηλεκτρικής Ενέργειας (ΔΕΣΜΗΕ) [Betreiber des griechischen Übertragungssystems der elektrischen Energie]
DG	Directorate General
d.h.	das heißt
DIPEXW	Διεύθυνση Περιβάλλοντος Χωροταξίας (ΔΙΠΕΧΩ) [Umwelt- und Raumordnungsleitung]
Diss.	Dissertation
DIW	Deutsches Institut für Wirtschaftsforschung
DLR	Deutsches Zentrum für Luft- und Raumfahrt
DÖV	Die öffentliche Verwaltung (Zeitschrift)
DPA	Δεκαετές Πρόγραμμα Ανάπτυξης (ΔΠΑ) [Zehnjähriger Netzentwicklungsplan]
DSchG Bln	Denkmalschutzgesetz Berlin
DSchG Nds	Denkmalschutzgesetz Niedersachsen
DSchG NRW	Denkmalschutzgesetz Nordrhein-Westfalen

DstRE	Deutsches Steuerrecht (Zeitschrift)
DVBl	Deutsches Verwaltungsblatt (Zeitschrift)
€	Euro
EDDIE	Ελληνικό Δίκτυο Διανομής Ηλεκτρικής Ενέργειας (ΕΔΔΗΕ) [Griechisches Stromverteilernetz]
eds.	editor(s)
EE	Erneuerbare Energien
EEA	European Environment Agency
EEAG	Leitlinien für staatliche Umweltschutz- und Energiebeihilfen
EEAV	Erneuerbare-Energien-Ausführungsverordnung
EEG	Erneuerbare-Energien-Gesetz
EE-RL	Erneuerbare-Energien Richtlinie
EEMPD	Επιθεώρηση εμπορικού δικαίου (ΕΕμπΔ) [Revue des Handelsrechts] (griechische Zeitschrift)
EEX	European Energy Exchange
EfimDD	Εφημερίδα Διοικητικού Δικαίου (ΕφημΔΔ) [Zeitung des Verwaltungsrechts] (griechische Zeitschrift)
EFZN	Energieforschungszentrum Niedersachsen
EG	Europäische Gemeinschaft
e&i	Elektrotechnik und Informationstechnik (Zeitschrift)
ELETAEN	Ελληνική Επιστημονική Ένωση Αιολικής Ενέργειας (ΕΛΕΤΑΕΝ) [griechischer wissenschaftlicher Verband für Windenergie]
EllDni/ElDi	Ελληνική Δικαιοσύνη (ΕλλΔνη/ΕλΔ) [griechische Justiz] (griechische Zeitschrift)
ELLEBIOM	Ελληνική Εταιρία Βιομάζας (ΕΛΛΕΒΙΟΜ) [griechischer Verband der Biomasse]
EVU	Elektrizitätsversorgungsunternehmen
EMPDD	Επιθεώρηση του Εμπορικού Δικαίου (ΕΕμπΔ) Revue des Handelsrechts (griechische Zeitschrift)
end.	endgültig
EnergieStG	Energiesteuergesetz
EnLAG	Energieleitungsausbaugesetz
enreg	Institut für Energie- und Regulierungsrecht e.V.
Entsch.	Entscheidung
ENTSOE	European Network of Transmission System Operators for Electricity
EnWG	Energiewirtschaftsgesetz

EnWZ	Zeitschrift für das gesamte Recht der Energiewirtschaft
EPIA	European Photovoltaic Industry Association
EPEX	European Power Exchange
EPO	Έγκριση Περιβαλλοντικών Όρων (ΕΠΟ) [Genehmigung der Umweltverträglichkeit]
ER	EnergieRecht (Zeitschrift)
EREC	European Renewable Energy Council
EREF	European Renewable Energies Foundation
ERT	Ελληνική Ραδιοφωνία και Τηλεόραση (ΕΡΤ) [staatlicher Fernseh- und Rundfunksender]
ESIAPE	Ελληνικός Σύνδεσμος Ηλεκτροπαραγωγών από ΑΠΕ (ΕΣΗΑΠΕ) [Griechischer Verband der Stromerzeuger aus erneuerbaren Energiequellen]
ESMIE	Ελληνικό Σύστημα Μεταφοράς Ηλεκτρικής Ενέργειας (ΕΣΜΗΕ) [griechisches Übertragungssystem der elektrischen Energie]
ESMYE	Ελληνικός Σύνδεσμος Μικρών Υδροηλεκτρικών Έργων (ESMYE) [griechischer Verband der kleinen Wasserkraftwerke]
ESSITH	Ελληνικός Σύνδεσμος Συμπαραγωγής Ηλεκτρισμού και Θερμότητας (ΕΣΣΗΘ) [griechischer Verband der Kraft-Wärme-Kopplung]
EstAL	European State Aid Law Quarterly (Zeitschrift)
et	Energiewirtschaftliche Tagesfragen (Zeitschrift)
ETA	Ειδική Τιμή Αγοράς (ΕΤΑ) [Sondermarktpreis]
et al.	et alteri
ETMEAR	Ειδικό Τέλος Μείωσης Εκπομπών Αερίων Ρύπων (ΕΤΜΕΑΡ) [Sonderabgabe zur Reduzierung der Abgasemissionen]
EU	Europäische Union; European Union
EuG	Europäisches Gericht erster Instanz
EuGH	Europäischer Gerichtshof
EuR	Zeitschrift Europarecht
EurUP	Zeitschrift für Europäisches Umwelt-und Planungsrecht
EUV	Vertrag über die Europäische Union
EuZW	Europäische Zeitschrift für Wirtschaftrecht
e.V.	eingetragener Verein

EWeRK	Zeitschrift des Instituts für Energie- und Wettbewerbsrecht in der Kommunalen Wirtschaft
EWGV	Vertrag zur Gründung der Europäischen Gemeinschaft
ewi	Energiewirtschaftliches Institut
f. (ff.)	(fort-)folgend
FEK	Φύλλο Εφημερίδας της Κυβερνήσεως (ΦΕΚ) [Amtsblatt]
FFAV	Freiflächenausschreibungsverordnung
FIT	Feed-in-tariff
Fn.	Fußnote
FoSE	Φορέας Σωρευτικής Εκπροσώπησης (ΦοΣΕ) [Vertreter mehrerer juristischer/natürlicher Personen]
FoSETeK	Φορέας Σωρευτικής Εκπροσώπησης Τελευταίου Καταφυγίου (ΦοΣΕΤεΚ) [FoSE letzter Instanz]
FS	Festschrift
FYROM	Former Yugoslav Republic of Macedonia
G.	Gesetz
GA	Generalanwalt
GEEV	Grenzüberschreitende-Erneuerbare-Energien-Verordnung
gem.	gemäß
GemAV	Verordnung zu den gemeinsamen Ausschreibungen
GewArch.	Gewerbearchiv (Zeitschrift)
GG	Grundgesetz
ggf.	gegebenfalls
GmbH	Gesellschaft mit beschränkter Haftung
GmbH & Co. KG	Gesellschaft mit beschränkter Haftung & Compagnie Kommanditgesellschaft
GWB	Gesetz gegen Wettbewerbsbeschränkungen
h	hour(s)
ha.	Hektar
HGÜ-Technik	Höchstspannungs-Gleichstrom-Übertragungs-Technik
h.M.	herrschende Meinung
Hrsg.	Herausgeber
Hs.	Halbsatz
IAEW	Institut für Elektrische Anlagen und Energiewirtschaft

i.d.R.	in der Regel
i.E.	Im Erscheinen
IEA	International Energy Agency
IEP	Ημερήσιος Ενεργειακός Προγραμματισμός (ΗΕΠ) [tägliche Energieplanung]
IfnE	Ingenieurbüro für neue Energien
i.H.v.	in Höhe von
IKEM	Institut für Klimaschutz, Energie und Mobilität
inkl.	inklusive
insb.	insbesondere
insg.	insgesamt
IOBE	Ίδρυμα Οικονομικών και Κοινωνικών Ερευνών (ΙΟΒΕ) [Stiftung für wirtschaftliche und industrielle Forschung]
IR	InfrastrukturRecht (Zeitschrift)
IRR	Internal Rate of Return [Interner Zinsfuß]
i.S.d.	im Sinne des/der
i.V.m.	in Verbindung mit
IWES	Fraunhofer Institut für Windenergie und Energiesystemtechnik
IWR	Internationales Wirtschaftsforum Regenerative Energien
IZES	Institut für ZukunftsEnergieSysteme
JbUTR	Jahrbuch des Umwelt- und Technikrechts (Zeitschrift)
JEEPL	Journal for European Environmental & Planning Law (Zeitschrift)
jurisPR-UmwR	juris PraxisReport-Umweltrecht
JZ	JuristenZeitung (Zeitschrift)
Kap.	Kapitel
KAPE	Κέντρο Ανανεώσιμων Πηγών Ενέργειας (ΚΑΠΕ) [Zentrum für erneuerbare Energien, CRES]
KDEDDIE	Κώδικας διαχείρισης του Ελληνικού Δικτύου Δι-ανομής Ηλεκτρικής Ενέργειας (ΚΔΕΔΔΗΕ) [Kodex über den Betrieb des Verteilernetzes EDDIE]
KDS	Κώδικας Διαχείρισης Συστήματος (ΚΔΣ) [Kodex über den Betrieb des Systems]
KOM	Europäische Kommission
KPolDik	Κώδικας Πολιτικής Δικονομίας [Zivilprozessordnung]

KSIE	Κώδικας Συναλλαγών Ηλεκτρικής Ενέργειας (ΚΣΗΕ) [Kodex über Transaktionen der elektrischen Energie]
KWK	Kraft-Wärme-Kopplung
KWKAusV	KWK-Ausschreibungsverordnung
LAGIE	Λειτουργός Αγοράς Ηλεκτρικής Ενέργειας (ΛΑΓΗΕ) [Betreiber des Srommarktes]
Lfg.	Lieferung
LG	Landesgericht
lit.	littera
LCOE	Levelized Cost of Electricity (Gesamtgestehungskosten)
Ltd.	Limited
m, m^2, km	Meter, Quadratmeter, Kilometer
m. Anm.	mit Anmerkung
MASM	Μελέτη Ανάπτυξης Συστήματος Μεταφοράς (ΜΑΣΜ) [Entwicklungsplan des Übertragungssystems]
MBO	Musterbauordnung
MDEI	Μηχανισμός Διασφάλισης Επαρκούς Ισχύος (ΜΔΕΙ) [Mechanismus zur Sicherstellung genügender Kapazität]
MDN	Μη Διασυνδεδεμένα Νησιά (ΜΔΝ) [am Verbundsystem nicht angeschlossene Inseln]
Min. Beschl.	Υπουργική Απόφαση (ΥΑ) [Ministerieller Beschluss]
mind.	mindestens
Mio.	Million(en)
Mitt.	Mitteilung
MP	Marktprämie
MPA	Μονομελές Πρωτοδικείο Αθηνών (ΜΠΑ) [Zivigericht in Athen]
MPE	Μελέτη Περιβαλλοντικών Επιπτώσεων (ΜΠΕ) [Studie für die Umweltverträglichkeit]
Mrd.	Milliarde(n)
MVV	Mannheimer Versorgungs- und Verkehrsgesellschaft
MW	Megawatt; Monatsmarktwert
MWh	Megawatt hour(s)
m.w.H.	mit weiteren Hinweisen
NABEG	Netzausbaubeschleunigungsgesetz Übertragungsnetz
NAP	Nationaler Aktionsplan

NEP	Netzentwicklungsplan
NJW, NJW-RR	Neue Juristische Wochenschrift, Neue Juristische Wochenschrift Rechtsprechung Report (Zeitschrift)
NoB	Νομικό Βήμα (NoB) [Juristisches Podium] (griechische Zeitschrift)
NOME	New Organization of the electricity market (französisches Modell)
Nr.	Nummer
N&R	Netzwirtschaft und Recht (Zeitschrift)
NuR	Zeitschrift Natur und Recht
NVP	Netzverknüpfungspunkt
NVwZ	Neue Zeitschrift für Verwaltungsrecht
NZI	Neue Zeitschrift für das Recht der Insolvenz und Sanierung
OLG	Oberlandesgericht
OTA	Οριακή Τιμή Αποκλίσεων (ΟΤΑ) [Grenzpreis der Abweichungen]
OTS	Οριακή Τιμή Συστήματος (ΟΤΣ) [Grenzpreis des Systems]
OVG	Oberverwaltungsgericht
P	power [Leistung]
para.	paragraph
PASYF	Πανελλήνιος Σύνδεσμος Επενδυτών Φωτοβολταϊκών (ΠΑΣΥΦ) [griechischer Verband der PV-Investoren]
PD	Προεδρικό Διάταγμα (ΠΔ) [Präsidentendekret]
PerDik	Περιβάλλον και Δίκαιο (ΠερΔικ) [Umwelt und Recht] (griechische Zeitschrift)
PPA	Power Purchase Agreement
PPD	Πρότυπες Περιβαλλοντικές Δεσμεύσεις (ΠΠΔ) [Bedingungen für die Umweltverträglichkeit]
PV	Photovoltaik
PV-Anlage	Photovoltaikanlage
PV-FFA	Photovoltaik-Freiflächenanlage
RAE	Ρυθμιστική Αρχή Ενέργειας (ΡΑΕ) [Regulierungsbehörde]
RdE	Recht der Energiewirtschaft (Zeitschrift)
REE	Recht der Erneuerbaren Energien (Zeitschrift)
REN21	Renewable Energy Policy Network for the 21st century
RES	Renewables

ResKV	Reservekraftwerksverordnung
RIW	Recht der Internationalen Wirtschaft
RL	Richtlinie
Rn.	Randnummer
ROG	Raumordnungsgesetz
Rs.	Rechtssache
S.	Seite; Satz
SEBFO	Σύνδεσμος Ελληνικών Βιομηχανιών Φωτοβολταϊκών (ΣΕΒΦΩ) [Verband der griechischen PV-Industrie]
SEDP	Σύμβαση λειτουργικής Ενίσχυσης Διαφορικής Προσαύξησης (Σ.Ε.Δ.Π.) [Vertrag über die Förderung mittels einer Marktprämie]
SEF	Σύνδεσμος Εταιριών Φωτοβολταϊκών (ΣΕΦ) [Griechischer Verband der Photovoltaik-Unternehmen]
SEK	Dokumentenart der Kommissionsdokumenten
SEST	Σύμβαση λειτουργικής Ενίσχυσης Σταθερής Τιμής (Σ.Ε.Σ.Τ.) [Vertrag über die Förderung mittels Eines Festpreises]
SFEI	Syndicat français de l' Expreß international
SITHYA	Σταθμός Συμπαραγωγής Ηλεκτρισμού και Θερμότητας Υψηλής Αποδοτικότητας (ΣΗΘΥΑ) [Kraft-Wärme- Kopplung-Anlagen]
Slg.	Sammlung
SMPE	Σρατηγική Μελέτη Περιβαλλοντικών Επιπτώσεων (ΣΜΠΕ) [Strategische Studie für die Umweltverträglichkeit]
Sonderbd.	Sonderband
SPEF	Σύνδεσμος Παραγωγών Ενέργειας με Φωτοβολταϊκά (SPEF) [Verband der PV-Stromerzeuger]
SRU	Sachverständigenrat für Umweltfragen
StE	Συμβούλιο της Επικρατείας (ΣτΕ) [Staatsrat]
StrEG	Stromeinspeisungsgesetz
StromNEV	Stromnetzentgeltverordnung
StromStG	Stromsteuergesetz
StromVO	Stromverordnung
SWD	Staff Working Document
TA	Τιμή Αναφοράς (ΤΑ) Referenzpreis
TEE	Τεχνικό Επιμελητήριο Ελλάδος (ΤΕΕ) [Griechische Ingenieurkammer]

TEN-E	Transeuropäische Energieinfrastruktur
u.	und
u.a.	unter anderem
UAbs.	Unterabsatz
ÜNB	Übertragungsnetzbetreiber
UPR	Umwelt- und Planungsrecht (Zeitschrift)
Urt.	Urteil
u.U.	unter Umständen
UVP	Umweltverträglichkeitsprüfung
UVPG	Gesetz über die Umweltverträglichkeitsprüfung
v.	von
V, kV	Volt, Kilovolt
VDE	Verband der Elektrotechnik, Elektronik und Informationstechnik e.V.
VDN	Verband der Netzbetreiber e.V.
Verf.	Verfassung
VersorgW	Versorgungs Wirtschaft (Zeitschrift)
VGH	Verwaltungsgerichtshof
vgl.	vergleiche
VIU	vertikal integriertes Unternehmen
VNB	Verteilernetzbetreiber
VO	Verordnung
VwVfG	Verwaltungsverfahrensgesetz
W, Wp, kW, MW, GW	Watt, Watt peak, Kilowatt, Megawatt, Gigawatt
WACC	Weighted average cost of capital [gewichtete durchschnittliche Kapitalkosten]
WRP	Wettbewerb in Recht und Praxis (Zeitschrift)
YPEKA	Υπουργείο Περιβάλλοντος Ενέργειας και Κλιματικής Αλλαγής (ΥΠΕΚΑ) [Ministerium für Umwelt, Energie und Klimawandel]
YPEN	Υπουργείο Περιβάλλοντος και Ενέργειας (ΥΠΕΝ) [Ministerium für Umwelt und Energie]
ZEuS	Zeitschrift für Europarechtliche Studien
Ziff.	Ziffer
ZfE	Zeitschrift für Energiewirtschaft
ZG	Zeitschrift für Gesetzgebung
ZHR	Zeitschrift für das Gesamte Handels- und Wirtschaftsrecht
zit.	zitiert

ZNER	Zeitschrift für Neues Energierecht
ZPO	Zivilprozessordnung
ZR	Zivilrechtsurteil
ZSW	Zentrum für Sonnenenergie- und Wasserstoff-Forschung Baden-Württemberg
ZUR	Zeitschrift für Umweltrecht
ZVEI	Zentralverband Elektrotechnik-und Elektronikindustrie e.V.

A. Einleitung

I. Problemstellung

Seit Anfang des 21. Jahrhunderts[1] ist der Ausbau der erneuerbaren Energien (EE) und damit auch der Photovoltaik (PV) ein zentraler Bestandteil der Energiepolitik auf internationaler[2], europäischer und nationaler Ebene[3]. Deutschland ist dabei der erste Staat weltweit, welcher mit dem Ausstieg aus der Kernenergie bis 2022 sowie der Steigerung des Anteils von EE am Bruttostromverbrauch auf 45 % bis zum Jahr 2020 und auf 80 % bis zum Jahr 2050 die sog. Energiewende vorantreibt[4]. Eine wichtige primäre erneuerbare Energie ist in diesem Zusammenhang die PV[5].

Unionsweit gibt es unter den Mitgliedstaaten eine Asymmetrie zwischen Sonnenintensität und Ausbauraten der PV. Deutschland hat eine niedrige

---

1 In Deutschland fang die EE-Förderung bereits mit dem Stromeinspeisegesetz v. 1990. „Gesetz über die Einspeisung von Strom aus erneuerbaren Energien in das öffentliche Netz (Stromeinspeisungsgesetz – StrEG)“ v. 07.12.1990 (BGBl I S. 2633) (BGBl III S. 754–9) zuletzt geändert durch das Gesetz zur Neuregelung des Energiewirtschaftsrechts v. 24.04.1998 (BGBl I S. 730, 734).

2 Die Photovoltaik ist die EE-Technologie mit der höchsten jährlichen Wachstumsrate auf internationaler Ebene. Die internationale Wachstumsrate der PV lag für die Jahre 2010–2015 bei 42 % und allein im Jahr 2015 bei 28 %. REN21, Renewables 2016 Global Status Report, 2016, S. 29.

3 Der Anteil der EE an der gesamten installierten Leistung liegt bei 24 % international (2016), bei 34,2 % in der EU (2017), bei 55 % in Deutschland (2017) und bei 30 % in Griechenland (2017). Der Anteil der PV an der installierten Leistung der EE-Anlagen liegt bei 25 % international (2016), bei 30 % in der EU (2016), bei 38 % in Deutschland (2017), und bei 48,3 % in Griechenland (2017). Diese Daten ergeben sich aus IEA, Renewables 2017, Analysis and forecast, S. 5; Eurostat, Renewable energy statistics, 2018; Fraunhofer ISE, Energy Charts, Installierte Netto-Leistung zur Stromerzeugung in Deutschland, abrufbar auf https://www.energy-charts.de/power_inst_de.htm, zuletzt abgerufen am 30.03.2018, LAGIE, Μηνιαίο Δελτίο Συστήματος Συναλλαγών ΗΕΠ, Feb. 2018, S. 7; LAGIE, Μηνιαίο Δελτίο ΑΠΕ & ΣΥΘΗΑ, Jan. 2018, S. 2.

4 § 1 EEG.

5 Nach Schätzungen wird das Land für das Gelingen der Energiewende bis 2050 eine installierte PV-Gesamtleistung von 120 GW bis 200 GW erreichen müssen (Umweltbundesamt, Energieziel 2050: 100 % Strom aus erneuerbaren Quellen, Umweltbundesamt, 2010, S. 63; PHOTON, Vollversorgung mit Sonne und Wind bis 2030, 2012; Fraunhofer ISE, Aktuelle Fakten zur Photovoltaik in Deutschland, 2018, S. 5).

Sonneneinstrahlung[6], aber hohe PV-Ausbauraten mit 43 GW[7]. Im Gegensatz dazu hat Griechenland eine hohe Sonneneinstrahlung, aber mit 2,4 GW[8] eine niedrige Ausbaurate.

Vor diesem Hintergrund stellt sich die Frage, ob die Ursachen hierfür in den jeweiligen Rechtsrahmen zu finden sind. Die Mitgliedstaaten sind nach der Richtlinie zur Förderung der EE (EE-RL)[9] verpflichtet, Regelungen zur Förderung der EE und somit der PV zu erlassen (Art. 3 Abs. 3, Art. 16). So fördert Griechenland den Ausbau der EE mit den Gesetzen 3468/2006[10] und 4414/2016[11], die Bundesrepublik mit dem EEG[12]. Dabei lässt die RL den Mitgliedstaaten einen großen Umsetzungsspielraum zur Ausgestaltung ihrer jeweiligen Rechtsrahmen für die Entwicklung der EE[13].

---

6 Die durchschnittliche jährliche PV-Produktion in Deutschland liegt bei 800 kWh/kWp gegenüber 1.312 kWh/kWp in Griechenland, *Šuri, Huld et al.*, Potential of solar electricity generation in the European Union member states and candidate countries, 2007, S. 1300.

7 Fraunhofer ISE, Aktuelle Fakten zur Photovoltaik in Deutschland, 2018, S. 5.

8 Das ergibt sich aus LAGIE, Μηνιαίο Δελτίο ΑΠΕ & ΣΥΘΗΑ, Feb. 2018, S. 4, 9. Dazu kommen noch 158 MW auf den MDN (näher dazu s. unter „Gang der Untersuchung", Fn. 16).

9 Richtlinie 2009/28/EG des Europäischen Parlaments und des Rates v. 23.04.2009 zur Förderung der Nutzung von Energie aus erneuerbaren Quellen und zur Änderung und anschließenden Aufhebung der Richtlinien 2001/77/EG und 2003/30/EG, (ABl. L 140/16), nachstehend die „EE-RL".

10 G. 3468/2006, „Παραγωγή Ηλεκτρικής Ενέργειας από Ανανεώσιμες Πηγές Ενέργειας και Συμπαραγωγή Ηλεκτρισμού και Θερμότητας Υψηλής Απόδοσης και λοιπές διατάξεις" [Gesetz zur Stromerzeugung aus erneuerbaren Energien und SITHYA und weitere Vorschriften] v. 22.06.2008 (FEK' A 129/27.06.2006), so wie es durch die Gesetze 3734/2009, 3851/2010, 4062/2012, 4093/2012, 4152/2013, 4254/2014 und 4414/2016 geändert wurde.

11 G. 4414/2016, „Νέο καθεστώς στήριξης των σταθμών παραγωγής ηλεκτρικής ενέργειας από Ανανεώσιμες Πη-γές Ενέργειας και Συμπαραγωγή Ηλεκτρισμού και Θερμότητας Υψηλής Απόδοσης – Διατάξεις για το νομικό και λειτουργικό διαχωρισμό των κλάδων προμήθειας και διανομής στην αγορά του φυσικού αερίου και άλλες διατάξεις" [Gesetz zum neuen Förderregime der EE/SITHYA-Anlagen – Vorschriften über die rechtliche und funktionelle Entflechtung der Versorgung und Verteilung des Gasmarktes und weitere Vorschriften] v. 08.08.2016 (FEK' A 149/09.08.2016).

12 „Erneuerbare-Energien-Gesetz (EEG)" v. 21.07.2014 (BGBl. I S. 1066), das zuletzt durch Art. 1 des Gesetzes v. 17.07.2017 (BGBl. I S. 2532) geändert worden ist.

13 Insbesondere Art. 2 S. 2 lit. k und Art. 3. Abs. 3 UAbs. 2 EE-RL.

Mit dem großen Umsetzungsspielraum gehen Unterschiede in den nationalen Rechtsrahmen einher, die Gegenstand dieser Arbeit sind. Die Untersuchung widmet sich zunächst einem Rechtsvergleich zwischen ausgewählten Instrumenten des Rechtsrahmens über die Entwicklung der PV in Deutschland und in Griechenland, der darauf zielt, rechtliche Defizite aufzuspüren und Lösungen aufzuzeigen. Dabei wird die Effektivität der eingesetzten Instrumente anhand des sog. energiepolitischen Zieldreiecks beurteilt, welchem eine Leitbildfunktion zukommt. Ziele dieses Dreiecks sind die Wettbewerbsfähigkeit, die Versorgungssicherheit und die Umweltverträglichkeit, die eng miteinander verbunden sind und in einem möglichst ausgewogenen Verhältnis zueinanderstehen sollen. Das Konzept aus Wettbewerbsfähigkeit, Versorgungssicherheit und Umweltverträglichkeit steht auch in Griechenland[14] sowie in Deutschland[15] im Zentrum der Energiepolitik.

Überdies müssen die Fördersysteme trotz des großen Umsetzungsspielraums mit dem höherrangigen EU Primärrecht konform sein, so dass ebenfalls Gegenstand dieser Arbeit eine Untersuchung der Primärrechtskonformität ausgewählter Aspekte des Rechtsrahmens beider Länder ist.

II. Gang der Untersuchung

Die Arbeit beginnt im Kapitel A mit der Darstellung des Prüfungsgegenstands und der Prüfungsmaßstäbe. Prüfungsgegenstand dieser Arbeit sind der deutsche und der griechische Rechtsrahmen für Strom aus Photovoltaik. Zunächst werden alle relevanten Parameter bei der Gestaltung des Rechtsrahmens zur Förderung der PV identifiziert und auf dieser Grundlage eine Auswahl der für die Staaten besonders wichtigen Parameter des Rechtsrahmens vorgenommen. Es handelt sich dabei erstens um den nationalen Ausbauplan, zweitens die Planungs- und Genehmigungserfordernisse, drittens die Netzintegration des PV-Stroms und viertens die finanzielle Förderung des Stroms aus PV-Anlagen. Im Kapitel B wird jeweils der nationale Rechtsrahmen im Hinblick auf die genannten Parameter für die Entwicklung der PV in Deutschland sowie in Griechenland analysiert[16].

14 Siehe z. B. *Iliopoulos*, Ζητήματα Ευρωπαϊκού Δικαίου Ενέργειας, 2014, S. 57 ff.

15 BerlKommEnR/*Mohr*, Bd. 6, 4. Aufl. 2017, § 1 EEG 2017, Rn. 81.

16 Hier ist es wichtig zu betonen, dass die vorliegende Arbeit sich nur auf den Rechtsrahmen für PV-Anlagen im elektrischen Verbundsystem konzentriert. Das bedeutet insbesondere, dass die nicht an das Festland angebundenen griechischen Inseln (sog. MDN) außer Betracht bleiben. Grund ist einerseits, dass der Rechtsrahmen der MDN einige Abweichungen von dem des Verbundsystems aufweist und andererseits, dass die PV-Erzeugung auf den MDN im Vergleich zum Verbundsystem klein ist. MDN sind

Im Kapitel C wird eine Prüfung der Europarechtskonformität der nationalen Fördersysteme vorgenommen. Eine Zusammenfassung der Ergebnisse erfolgt schließlich im Kapitel D in Form von Schlussfolgerungen, die zugleich die Thesen dieser Arbeit beinhalten.

Die Analyse erfolgt auf Grundlage der wichtigsten rechtlichen Vorschriften, der Rechtsprechung und einer Literaturanalyse. Der Auswahl der Parameter liegt die Überlegung zugrunde, dass Gegenstand eines Rechtsvergleichs nur vergleichbare Themen sein können. Deshalb werden nur Aspekte geprüft, die hinreichende Gemeinsamkeiten aufweisen[17]. Zudem erfüllen die genannten Parameter gleiche Aufgaben in den beiden Rechtsordnungen. Unerheblich für den Rechtsvergleich ist, dass keine komplette Übereinstimmung vorliegt, da diese nicht erforderlich ist[18].

III. Prüfungsgegenstand

Die Planung und Entwicklung der EE ist eine komplexe und vielfältige Aufgabe, die politische, rechtliche, wirtschaftliche und technische Implikationen hat. In der vorliegenden Arbeit werden vor allem rechtliche Aspekte untersucht und analysiert. Der Rechtsrahmen für die PV umfasst mehrere Rechtsgebiete, insbesondere das Regulierungsrecht, das Umweltrecht und das Wirtschaftsrecht. Diese drei Rechtsgebiete regeln fast alle Parameter, die bei der Planung und Implementierung von PV-Projekten relevant sind. Die meisten Mitgliedstaaten bedienen sich vergleichbarer Parameter[19]. Sie sind die nationalen Ziele eines Staates für den Ausbau der EE, Vorgaben für die Anlagenplanung, den Anlagenstandort und das Genehmigungsverfahren, den Netzanschluss und vertragliche Regelungen sowie die Förderung und Finanzierung der Projekte.

Gegenstand des Rechtsvergleichs sind diejenigen Parameter, die die Entwicklung der PV-Energie fördern oder behindern.

---

die am Verbundsystem nicht angeschlossenen Inseln. Nach dem LAGIE Bericht betrug die gesamte installierte Leistung der PV auf den MDN nur 158 MW im Vergleich zu den 2444 MW im Verbundsystem, LAGIE, Μηνιαίο Δελτίο Ειδικού Λογαριασμού ΑΠΕ & ΣΥΘΗΑ, Feb 2018, S. 9.

17 *Constantinesco*, Rechtsvergleichung, Bd. II, Die rechtsvergleichende Methode, 1972, Kap. 2, S. 69, 78.

18 *Zweigert/Kötz*, Einführung in die Rechtsvergleichung auf dem Gebiet des Privatrechts, 1996, S. 33.

19 S. z. B. EE-RL, *Hazrat*, Die Förderung Erneuerbarer Energien, 2017; *Thömes*, Stromerzeugung aus ‚Erneuerbaren Energien', 2016.

Als politischer Parameter ist der Nationale Ausbauplan für die Entwicklung der PV-Energie von Bedeutung. Er spiegelt den politischen Willen der Regierung und zeigt, inwieweit ein Staat bereit, entschlossen und fähig ist, die Entwicklung der Solarenergie systematisch zu fördern. Der Nationale Ausbauplan des jeweiligen Staates zeigt insbesondere, ob und inwieweit ein konkreter und insgesamt schlüssiger Plan für eine kontinuierliche und nachhaltige Entwicklung der PV-Energie vorliegt.

Öffentlich-rechtliche Genehmigungserfordernisse stellen einen zweiten wichtigen Parameter dar. Die Errichtung und der Betrieb von PV-Anlagen können mit anderen Nutzungsformen in den Bereichen Landwirtschaft, Industrie oder Wohnen konkurrieren[20]. Mögliche kollidierende Interessen können im Rahmen des Genehmigungsverfahrens in Ausgleich gebracht werden. Dieser Parameter ist wichtig, da mit einem Genehmigungserfordernis die Errichtung einer Anlage verhindert sowie zeitlich verzögert werden kann, so dass darin ein Hemmnis für die Nutzung der PV gesehen werden kann.

Dritter Parameter ist die Netzintegration der PV-Anlagen und des PV-Stroms. Hierzu zählen zunächst die Ausgestaltung der Netzanschluss- und Netzzugangsregime. Wichtig sind außerdem Maßnahmen zur Bewältigung der Engpässe wie der Netzausbau, das Einspeisemanagement und die Steuerung der Standortwahl der PV-Anlagen. Netzanschluss und -zugang sind deshalb entscheidend, weil der Anlagenbetreiber ohne Netzanschluss den erzeugten Strom – vom Fall des Eigenverbrauchs abgesehen – nicht einspeisen kann.

Schließlich ist die Ausgestaltung der finanziellen Förderung der PV ein zentraler Parameter für die Effektivität eines Fördersystems. Studien zeigen, dass die Gesamtkosten des Einsatzes der EE (und der PV) zur Zeit der Verabschiedung der EE-RL höher waren als die der fossilen Energieträger[21]. Aus diesem Grund würde sich ein Akteur, der ökonomisch rational agiert, gegen eine Investition in EE entscheiden müssen[22]. Um den Anforderungen des Klimaschutzes gerecht zu werden, haben sich die EU und ihre Mitgliedstaaten entschieden,

---

20 *Fellenberg/Schiller*, in: Gerstner (Hrsg.), Grundzüge des Rechts der Erneuerbaren Energien, 2013, S. 151.

21 KOM, Mitt. v. 10.01.2007, (2007) 1 endg. Anhang 2, Vor- und Nachteile der verschiedenen Quellen für elektrische Energie. Auch heute sind die EE-Technologien teurer als die fossilen Energieträger. S. z. B. Lloyd's Register, Technology Radar – Renewable Energy, executive summary, S. 2, abrufbar auf https://www.lr.org/techradar, zuletzt abgerufen am 05.04.2018.

22 *L. Scholz*, Die Rechtfertigung von diskriminierenden umweltpolitischen Steuerungsinstrumenten, 2012, S. 41; *Klöpfer*, Umweltrecht, 2004, § 16, Rn. 8.

diese Entscheidung der Akteure durch umweltpolitische Instrumente zu lenken, so dass die Akteure umweltschützend agieren und in EE investieren[23]. Zu diesem Zweck werden die sog. Instrumente direkter oder indirekter Verhaltenssteuerung eingesetzt[24]. Im Fall der EE werden den Akteuren meistens finanzielle Anreize als Instrumente indirekter Verhaltenssteuerung[25] gewährt, damit sie in EE investieren[26]. Zu diesen Instrumenten zählen auch die sog. Förderregelungen, die nach Art. 2 S. 2 lit. k EE-RL breit definiert werden. Sie fördert die EE, indem die Kosten dieser Energie gesenkt werden oder ihr Verkaufspreis erhöht wird. Dazu zählen unter anderem Investitionsbeihilfen, Steuerbefreiungen sowie direkte Preisstützungssysteme wie Einspeisetarife und Prämienzahlungen[27]. Letztere werden in Deutschland und Griechenland eingesetzt[28].

IV. Energiepolitische Ziele

Als Leitbild für die Beurteilung der Effektivität des deutschen und des griechischen Rechts zur Förderung der PV dienen die Ziele des energiepolitischen Zieldreiecks, nämlich die Wettbewerbsfähigkeit, Versorgungssicherheit und Umweltverträglichkeit. Aus diesem Grund werden sie hier vorangestellt erläutert.

1. Energiepolitische Ziele im Unionsrecht

Der Vertrag von Lissabon enthält mit Art. 194 AEUV erstmalig ein eigenständiges Energiekapitel und begründet eine eigenständige Kompetenz der EU für Maßnahmen zur Förderung der EE[29]. Dabei ist allerdings zu berücksichtigen,

---

23 *L. Scholz*, Die Rechtfertigung von diskriminierenden umweltpolitischen Steuerungsinstrumenten, 2012, S. 42.

24 Näher dazu s. *Klöpfer*, Umweltrecht, 2004, § 5.

25 Die Akteure verlieren hier im Gegensatz zu den Instrumenten direkter Verhaltenssteuerung ihre Dispositionsbefugnis nicht. Die Instrumente direkter Verhaltenssteuerung schreiben ihren Adressaten zwingend ein bestimmtes Verhalten vor. Darunter zählen insb. Verbote, Gebote und administrative Kontrollinstrumente wie Erlaubnisvorbehalte, *L. Scholz*, Die Rechtfertigung von diskriminierenden umweltpolitischen Steuerungsinstrumenten, 2012, S. 42, 43; *Klöpfer*, Umweltrecht, 2004, § Rn. 36, 40.

26 *Gent*, Mindestpreise und Abnahmezwang als Beitrag zum Europäischen Umweltschutz?, 1999, S. 33.

27 Art. 2 S. 2 lit. k EE-RL.

28 Vgl. dazu im Detail Kap. „Die finanzielle Förderung des Stroms aus Photovoltaikanlagen".

29 *Pomana*, Förderung erneuerbarer Energien, 2010, S. 74.

dass die Energiepolitik in die geteilte Zuständigkeit nach Art. 4 AEUV fällt, so dass sowohl die Union als auch die Mitgliedstaaten eine Kompetenz zur Energiegesetzgebung innehaben und davon auch Gebrauch machen[30].

Der Vertrag von Lissabon führt erstmals ausdrückliche energiepolitische Ziele in das Primärrecht ein. Diese entsprechen zum größten Teil dem sog. energiepolitischen Zieldreieck, nämlich der Wettbewerbsfähigkeit, der Versorgungssicherheit und der Umweltverträglichkeit, welche bislang in der Praxis der Kommission das Herzstück der europäischen Energiepolitik konstituierten[31]. Diese Ziele wurden schon im Jahr 1995 von der Kommission als die drei wichtigsten Ziele der europäischen Energiepolitik hervorgehoben[32]. Bis heute stellen sie die Leitziele der EU-Energiestrategie dar[33].

Nach dem Wortlaut des Art. 194 Abs. 2 AEUV lauten die Ziele der europäischen Energiepolitik: „*a) Sicherstellung des Funktionierens des Energiemarkts; b) Gewährleistung der Energieversorgungssicherheit in der Union; c) Förderung der Energieeffizienz und von Energieeinsparungen sowie Entwicklung neuer und erneuerbarer Energiequellen und d) Förderung der Interkonnektion der Energienetze*“[34]. Das unter lit. a genannte Ziel korrespondiert mit Art. 3 Abs. 3 S. 1 EUV, wonach die EU einen Binnenmarkt errichtet. Der Binnenmarkt umfasst nach Art. 26 Abs. 2 AEUV einen Raum ohne Binnengrenzen, in dem die Grundfreiheiten gewährleistet sind. Hierzu zählt auch die Warenverkehrsfreiheit, die auch

---

30 Dabei geht Art. 194 AEUV nach seinem Wortlaut nicht mit einer neuen Kompetenz einher. Die Tatsache, dass Art. 194 Abs. 2 AEUV eine eigenständige Rechtsgrundlage für den Erlass von Rechtsakten im Bereich Energie und der Förderung der EE bildet, hebt die Bedeutung der EE im Primärrecht hervor. Die eigenständige Rechtsgrundlage löst weiterhin das Problem des „ob“ und „wie“ der Anwendung der beiden ehemaligen Rechtsgrundlagen – Art. 114 und Art. 192 AEUV. Art. 194 AEUV hat als spezielle Ermächtigungsgrundlage Vorrang, *Pomana*, Förderung erneuerbarer Energien, 2010, S. 146.

31 *Pomana*, Förderung erneuerbarer Energien, 2010, S. 140.

32 KOM, Eine Energiepolitik für die Europäische Union, Weissbuch, KOM(95) 682 v. 13.12.1995, S. 14 ff.

33 KOM, Energy Strategy and Energy Union: Secure, competitive, and sustainable energy, abrufbar auf https://ec.europa.eu/energy/en/topics/energy-strategy-and-energy-union, zuletzt abgerufen am 03.02.2018.

34 Auch die Literatur erkennt das Zieldreieck an, Danner/Theobald/*Gundel*, Energierecht, 94. EL, 2017, Europäisches Energierecht, Rn. 14; Groeben, von der/Schwarze/Hatje/*Hamer*, EUV/AEUV, 7. Aufl. 2015, Art. 194, Rn. 13; *Fischer*, integration 1, 2009, 50, 52.

für Strom gilt, da dieser vom Begriff der Ware umfasst ist[35]. Somit schließt der Binnenmarkt auch den Energiebinnenmarkt ein[36]. Gleichzeitig umfasst der Binnenmarkt nach dem Protokoll Nr. 27 zu den Verträgen ein System, das den Wettbewerb vor Verfälschungen schützt. Für den Energiebinnenmarkt bedeutet dies, dass er diskriminierungsfrei und wettbewerbsorientiert funktionieren sollte[37].

Unter „Sicherstellung des Funktionierens des Energiemarkts" ist nämlich die Wettbewerbsfähigkeit zu verstehen, die durch einen Ordnungsrahmen erreicht wird, im Rahmen dessen sich die Marktmechanismen auf allen Ebenen der Energiewertschöpfungskette unionsweit frei entfalten können[38]. Infolgedessen kommen Letztverbraucher in den Genuss günstigerer Preise[39]. Die europäischen Institutionen betonen wiederholend, dass ein gut funktionierender und integrierter Energiemarkt das beste Mittel sei, um erschwingliche Energiepreise zu gewährleisten und die Erzeugung größerer Mengen an EE-Strom kosteneffizient zu ermöglichen[40].

Das Ziel der Energieversorgungssicherheit wird von der Kommission als „langfristige und unterbrechungsfreie physische Verfügbarkeit von Energieprodukten auf dem Markt zu einem für alle Verbraucher (private und industrielle) bezahlbaren Preis"[41] verstanden. Dieses Ziel hat technische und politische Aspekte, die in der Importabhängigkeit der Union begründet sind[42]. Ziel soll die Wohlfahrt der Bürger und das ordnungsgemäße Funktionieren der Wirtschaft sein, wobei gleichermaßen den Umweltschutzanforderungen und der

---

35 EuGH, Urt. v. 27.04.1994 – C-393/92, Slg. 1994, I-1477, EuZW 1994, 241 m. Anm. Rapp-Jung, Rn. 28 – Almelo; EuGH, Urt. v. 13.03.2001, Rs. C-379/98, Slg. 2001, I-2099, Rn. 68 ff. – PreussenElektra.

36 So z. B. Streinz/*Bings*, EUV/AEUV, 2. Aufl. 2012, Art. 194, Rn. 19.

37 Groeben, von der/Schwarze/Hatje/*Hamer*, EUV/AEUV, 7. Aufl. 2015, Art. 194, Rn. 14.

38 *Kröger*, Die Förderung erneuerbarer Energien, 2015, S. 345.

39 So auch *Delvaux*, EU law and the development of a sustainable, competitive and secure energy policy, 2013, S. 30.

40 KOM, Vorschlag für eine Verordnung des Europäischen Parlaments und des Rates über den Elektrizitätsbinnenmarkt v. 23.02.2017, COM(2016) 861 final, S. 2, nachstehend „Vorschl. StromVO". Die Kommission führt weiter aus, dass die wettbewerbsfähigen Preise ausschlaggebend für Wachstum und das Wohl der Verbraucher in der Europäischen Union sind und daher ein Kernelement der EU-Energiepolitik bilden.

41 KOM, Hin zu einer europäischen Strategie für Energieversorgungssicherheit, Grünbuch, 2000/0769 endg., v. 29.11.2000.

42 *Kröger*, Die Förderung erneuerbarer Energien, 2015, S. 346; *Schulenberg*, Die Energiepolitik der Europäischen Union, S. 381.

nachhaltigen Entwicklung gerecht Rechnung getragen werden soll[43]. Mit dem Lissabon-Vertrag wurde die Versorgungssicherheit eigenständig in Art. 194 AEUV verankert[44].

Die Umweltverträglichkeit[45] kann, wie *Kröger* meint, als verbindendes Element der Teilziele Klima- und Umweltschutz angesehen werden[46]. Dies soll vor allem durch die Entwicklung der EE erfolgen, die hier als nachhaltige und kontinuierliche Entwicklung zu verstehen ist, da der Begriff „Entwicklung" die quantitative sowie die qualitative Weiterentwicklung der EE-Technologien umfasst[47]. Die Entwicklung neuer und erneuerbarer Energien bezieht sich auf die Erzeugung von Strom.

Die Förderung der Interkonnektion der Energienetze als viertes Ziel gem. Art. 194 Abs. 2 lit. d AEUV zählt wegen seiner engen Verbundenheit mit den drei vorgenannten Zielen zum energiepolitischen Zieldreieck. Interkonnektoren sind eine entscheidende Voraussetzung für einen funktionierenden Energiebinnenmarkt, dienen zugleich der Versorgungssicherheit und erleichtern zudem die Aufnahme der EE in die Netze[48]. Die Kommission sieht die Ziele ebenso wie größere Teile der Literatur als gleichrangig an[49]. Die energiepolitischen Instrumente sollen die Ziele erreichen und miteinander in Einklang bringen[50].

2. Zielsetzung des deutschen Rechts

Die Ziele der europäischen Energiepolitik stehen auch im Mittelpunkt des Energiekonzeptes und der damit verbundenen Umstellung der deutschen

---

43 KOM, Hin zu einer europäischen Strategie für Energieversorgungssicherheit, Grünbuch, 2000/0769 endg., v. 29.11.2000.

44 Streinz/*Bings*, EUV/AEUV, 2. Aufl. 2012, Art. 194, Rn. 22.

45 Geiger/Khan/Kotzur/*Kotzur*, European Union Treaties, A Commentray, 2014, Art. 194 TFEU, Rn. 5.

46 *Kröger*, Die Förderung erneuerbarer Energien, 2015, S. 347.

47 *Kröger*, Die Förderung erneuerbarer Energien, 2015, S. 347. Vgl. auch *Heselhaus*, EurUP 2013, 137, 148.

48 Danner/Theobald/*Gundel*, Energierecht, 94. EL, 2017, Europäisches Energierecht, Rn. 14.

49 KOM (2006) 105 endg., S. 7 ff.; Grabitz/Hilf/Nettesheim/*Nettesheim*, EUV/AEUV, 62. EL, 2017, Art. 194 AEUV, Rn. 26; Schwarze et al./*Hirsbrunner*, EU-Kommentar, 3. Aufl. 2012, Art. 194 AEUV, Rn. 5; Calliess/Ruffert/*Calliess*, EUV/AEUV, 5. Aufl. 2016, Art. 194 AEUV, Rn. 4.

50 So z. B. *Frenz*, Handbuch Europarecht, Bd. 6, 2011, Kap. 30, Rn. 4671.

Energieversorgung im Rahmen der Energiewende[51]. Laut § 1 Abs. 1 EEG 2017 ist *„Zweck dieses Gesetzes, insbesondere im Interesse des Klima- und Umweltschutzes eine nachhaltige Entwicklung der Energieversorgung zu ermöglichen, die volkswirtschaftlichen Kosten der Energieversorgung auch durch die Einbeziehung langfristiger externer Effekte zu verringern, fossile Energieressourcen zu schonen und die Weiterentwicklung von Technologien zur Erzeugung von Strom aus erneuerbaren Energien zu fördern"*.

Zentrales Motiv des EEG 2017 ist gem. § 1 Abs. 1 somit der Klima- und Umweltschutz[52]. Für die Definition der Umwelt spricht die Bedeutungsnähe zum Terminus „natürliche Lebensgrundlagen", wie ihn die Gemeinsame Verfassungskommission mit Blick auf Art. 20a GG verstanden hat[53]. Unter Umweltschutz ist nämlich der Schutz der natürlichen Lebensgrundlagen[54] zu verstehen[55]. Damit sind alle natürlichen Grundlagen des menschlichen, tierischen und pflanzlichen Lebens, also die Luft, das Wasser, den Boden einschließlich der Bodenschätze sowie lebende Organismen erfasst[56]. Der Klimaschutz ist in § 1 Abs. 1 EEG gesondert benannt, da er vor allem die Vermeidung oder Reduzierung des anthropogenen, also durch Menschen verursachten Klimawandels umfasst[57].

---

51 Bundesregierung, Energiekonzept für eine umweltschonende, zuverlässige und bezahlbare Energieversorgung, 2010, S. 3, abrufbar auf https://www.bundesregierung.de/ContentArchiv/DE/Archiv17/_Anlagen/2012/02/energiekonzept-final.pdf?__blob=publicationFile&v=5, zuletzt abgerufen am 01.02.2018. So auch Monopolkommission, Sondergutachten 2013, Rn. 182. Vgl. auch Bundesregierung, Stellungnahme zum Sondergutachten der Monopolkommission Energie 2013, BT-Drs. 18/2939 v. 16.10.2014, S. 7: „Das Energiekonzept dient der Sicherstellung einer zuverlässigen, wirtschaftlichen und umweltverträglichen Energieversorgung („energie-politisches Zieldreieck")". So auch das zukünftige Strommarktdesign vom 2015, BMWi, Ein Strommarkt für die Energiewende, Grünbuch, S. 4, abrufbar auf http://www.bmwi.de/Redaktion/DE/Publikationen/Energie/weissbuch.pdf?__blob=publicationFile&v=29, zuletzt abgerufen am 03.02.2018. So auch *Maichel*, in: Hendler/Ibler/Soria (Hrsg.), FS Götz, S. 55, 65; *Gundel*, in: Ehricke (Hrsg.), Energiewirtschaftsrecht im Spannungsfeld von marktlicher Freiheit und hoheitlichen Einschränkungen, 2011, S. 65, 66 f.

52 BerlKommEnR/*Mohr*, Bd. 6, 4. Aufl. 2017, § 1 EEG 2017, Rn. 95.

53 BerlKommEnR/*Säcker*, Bd. 1, 3. Aufl. 2014, § 1 EnWG 2014, Rn. 25.

54 Vgl. Art. 20a GG.

55 BerlKommEnR/*Mohr*, Bd. 6, 4. Aufl. 2017, § 1 EEG 2017, Rn. 96.

56 Epping/Hillgruber/*Huster*/*Rux*, BeckOK-GG, 2. Aufl. 2013, Art. 20a GG, Rn. 10.

57 BerlKommEnR/*Mohr*, Bd. 6, 4. Aufl. 2017, § 1 EEG 2017, Rn. 96. So auch *Runge*/*Schomerus*, ZUR 2007, 410.

Nichtdestotrotz stehen Umwelt- und Klimaschutz nicht im Gegensatz zueinander, sondern bedingen sich gegenseitig[58] und stehen gleichrangig nebeneinander[59].

Die weiteren in § 1 Abs. 1 EEG genannten Ziele wie die Schonung fossiler Energieressourcen und die Förderung der Weiterentwicklung von Technologien zur Erzeugung von Strom aus EE zu fördern, stellen besondere Ausformungen des Nachhaltigkeitsgrundsatzes dar[60].

Weiteres Ziel des EEG ist die Preisgünstigkeit, die ihren Ausdruck sowohl in § 1 Abs. 1 als auch in Abs. 2 S. 2 und § 2 Abs. 2 EEG findet. Die Verringerung der volkswirtschaftlichen Kosten der Energieversorgung sowohl durch die Einbeziehung langfristiger externer Effekte (§ 1 Abs. 1 EEG) als auch die Kosteneffizienz bzw. Kostengünstigkeit (§ 1 Abs. 2 S. 2 und § 2 Abs. 2 EEG) sollen zu günstigeren Preisen führen. Die externen Effekte sind die Wirkungen des Handelns eines Akteurs auf andere Akteure, für die die anderen nichts bezahlen müssen (wenn sie vorteilig[61] sind), oder nicht entschädigt werden (wenn sie nachteilig[62] sind)[63]. Zu den negativen externen Effekten zählen die Kosten der Umweltverschmutzung, welche durch den Einsatz fossiler Energieträger verursacht werden. Diese Kosten entstehen für die ganze Gesellschaft und sind höher als die eigenen Produktionskosten für diese Träger[64]. Da sie im Marktpreis für konventionellen Strom nicht beinhaltet sind, entspricht dieser Preis nicht den tatsächlichen gesamtwirtschaftlichen Kosten. Aus diesem Grund ist der Gesetzgeber der Auffassung, dass der Einsatz der EE volkswirtschaftlich durchaus sinnvoll ist, da er der Verringerung der langfristigen Klimafolgeschäden dient, deren Kosten voraussichtlich deutlich über den für die Umstellung auf eine nachhaltige Energieversorgung erforderlichen Kosten liegen werden[65]. Da allerdings der Einsatz der EE wegen der hohen Einspeisevergütungen teuer gewesen ist und mittelfristig eine Kostensenkung erforderlich ist, müssen die EE mittel- bis langfristig wettbewerbsfähig werden. Gemeinwohlziele sollen nicht gegen den Markt, sondern

---

58 *Kantenwein,* in: T. Müller (Hrsg.), 20 Jahre Recht der Erneuerbaren Energien, 2012, S. 703.

59 BT-Drs. 16/8148, S. 35.

60 BerlKommEnR/*Mohr*, Bd. 6, 4. Aufl. 2017, § 1 EEG 217, Rn. 101; BT-Drs. 16/8148, S. 36.

61 Im Fall der positiven Externalitäten.

62 Im Fall der negativen Externalitäten.

63 *Mohr*, Sicherung der Vertragsfreiheit durch Wettbewerbs- und Regulierungsrecht, 2015, S. 533, *Tenhagen*, Legitimation der Regulierung, 1997, S. 82.

64 So auch EEAG, Rn. 35.

65 BT-Drs. 16/814, S. 36.

auch über den Markt verwirklicht werden[66]. Letztendlich soll die Energieversorgung unter wettbewerblichen Bedingungen im Rahmen des von Art. 101 ff. AEUV vorgegebenen Systems eines unverfälschten Wettbewerbs stattfinden. So passt sie sich in einen europäischen Binnenmarkt für Energie ein (Art. 3 Abs. 3 EUV)[67].

Die Versorgungsicherheit ist als Ziel zwar nicht ausdrücklich im EEG erwähnt, stellt aber ein ausdrückliches Ziel im EnWG[68] dar. Deshalb ist nach systematischer Auslegung auch die Förderung der Erzeugung von EE-Strom dem Gemeinwohlziel einer sicheren Versorgung der Verbraucher mit leitungsgebundener Energie verpflichtet[69]. Dies gilt insbesondere vor dem Hintergrund der angestrebten Steigerung des Anteils der EE am Stromenergieverbrauch auf 80 % bis zum Jahr 2050. Die hohe Volatilität der EE birgt gewisse und allgemeine bekannte Gefahren für die Versorgungssicherheit, wie Unterbrechungen in der Versorgung der angeschlossenen Netznutzer[70]. Ohne sichere Stromversorgung werden sowohl die Gesellschaft als auch die Wirtschaft nicht ordnungsgemäß funktionieren können. Aus diesem Grund stellt nach der Rechtsprechung des BVerfG die Energieversorgungssicherheit ein Gemeinschaftsinteresse höchsten Ranges[71] dar und zählt zum Bereich der Daseinsvorsorge. Sie ist eine Leistung, derer der Mensch zur Sicherung einer menschenwürdigen Existenz unumgänglich bedarf[72].

Darüber hinaus erfordert die Energieversorgungssicherheit die Netzstabilität. Aus diesem Grund legt § 1 Abs. 2 S. 2 EEG fest, dass der EE-Ausbau netzverträglich erfolgen soll. Eventuelle Netzstörungen und Netzengpässe sollen durch adäquate Maßnahmen wie das Engpassmanagement (§ 14 EEG) zur Sicherung der Netzstabilität behoben werden[73].

---

66 *Mohr*, Sicherung der Vertragsfreiheit durch Wettbewerbs- und Regulierungsrecht, S. 534.

67 BerlKommEnR/*Säcker*, Bd. 1, 3. Aufl. 2014, § 1 EnWG 2014, Rn. 21.

68 „Gesetz über die Elektrizitäts- und Gasversorgung (Energiewirtschaftsgesetz – EnWG)" v. 07.07.2005 (BGBl. I S. 1970, 3621), das zuletzt durch Art. 2 Abs. 6 des Gesetzes v. 20.07.2017 (BGBl. I S. 2808, 2018 I 472) geändert worden ist".

69 BerlKommEnR/*Mohr*, Bd. 6, 4. Aufl. 2017, § 1 EEG 2017, Rn. 114. Vgl. *Säcker*, in: Bitburger Gespräche Jahrbuch 2014, S. 5, 6, Auch im Ergebnis *Hofmann*, EnWZ 2015, 70.

70 S. z. B. BNetzA/BKartA, Monitoringbericht, 2017, S. 24.

71 BVerfG, Urt. v. 16.3.1971, 1 BvR 52/66 u. a., NJW 1971, 1255, 1258.

72 So zum EnWG 1935 das BVerfG, Urt. v. 20.03.1984, 1 BvL 28/82, BVerfGE 66, 248, 258.

73 Frontier Economics/FORMAET, Strommarkt in Deutschland – Gewährleistet das derzeitige Marktdesign Versorgungssicherheit?, S. 31 ff.

Aus diesen Gründen ist es – wie *Mohr* überzeugend argumentiert – von großer Bedeutung, dass das EEG – entgegen dem systematischen Aufbau des Gesetzes – nicht mehr nur dem Klima- und Umweltschutz dient, sondern gleichermaßen den Zielen der Versorgungssicherheit und der Preisgünstigkeit, wie sie in § 1 Abs. 1 (Verringerung der volkswirtschaftlichen Kosten) selbst, vor allem aber in § 1 Abs. 2 (Kostengünstigkeit und Netzverträglichkeit) und § 2 Abs. 1 und 2 EEG (System- und Marktintegration) zum Ausdruck kommen[74].

3. Zielsetzung des griechischen Rechts

Die Ziele der griechischen Energiepolitik entsprechen den unionsrechtlichen und den deutschen Zielen. Gem. Art. 1 G. 4414/2016 zielt die griechische Energiepolitik zum Ausbau der EE auf mit den EEAG kompatible Ausgestaltung des neuen EE/SITHYA-Förderregimes (lit. a), auf die Umstellung des EE/SITHYA-Förderregimes zur Erreichung ihrer Marktintegration in einer Weise, dass die Kosten-Nutzen-Relation für die Gesellschaft optimiert wird (lit. b), auf die Nutzung des EE-Potentials zum Schutz der Umwelt, zur Diversifizierung des nationalen Energiemixes und zur Energieversorgungssicherheit (lit. c), auf die Erreichung der nationalen EE-Ziele, die die EE-RL gesetzt hat (lit. d), sowie auf die Anwendung des EE-Förderregimes zur Bekämpfung des Klimawandels im Rahmen der gemeinsamen EU-Politik (lit. e).

Diese Ziele spiegeln somit das Zieldreieck wieder. So soll die Marktintegration der EE der Wettbewerbsfähigkeit und der Kosteneffizienz dienen (lit. b). Unter lit. c und e sind explizit der Umweltschutz und die Energieversorgungssicherheit als Ziele genannt. Die Ziele unter lit. a und d stellen europarechtliche Verpflichtungen[75] für alle Mitgliedstaaten dar und bezwecken einerseits die Marktintegration der EE und andererseits die Förderung der EE. Letztlich dient die Diversifizierung des nationalen Energiemixes der Versorgungssicherheit[76], da bei Knappheit an einen Energieträger der Einsatz des anderen Energieträgers die Sicherheit der Versorgung ermöglicht.

---

74 BerlKommEnR/*Mohr*, Bd. 6, 4. Aufl. 2017, § 1 EEG 2017, Rn. 81. Von dem vergleichbaren Zieldreieck im deutschen Energieredcht spricht auch Danner/Theobald/*Gundel*, Energierecht, 94. EL, 2017, Europäisches Energierecht, Rn. 14.

75 Zu der Verbindlichkeit der EEAG siehe unten unter „Vereinbarkeit mit Art. 107 AEUV".

76 Vgl. auch Art. 3 Abs. 3 lit. a RL 2005/89/EG des Europäischen Parlaments und des Rates v. 18.01.2006 über Maßnahmen zur Gewährleistung der Sicherheit der Elektrizitätsversorgung und von Infrastrukturinvestitionen (Abl. L 33/22).

B. Der Vergleich des griechischen Rechtsrahmens mit dem deutschen Recht

I. Grundstrukturen und Entwicklung

1. Der deutsche Rechtsrahmen

Die Instrumente des deutschen Rechtsrahmens können nur im Lichte der Besonderheiten des nationalen Strommarktes analysiert werden. Aus diesem Grund werden besondere Charakteristika vorangestellt erörtert.

a) Der deutsche Strommarkt

Die deutsche Stromwirtschaft hat in den letzten zwei Jahrzehnten einen strukturellen Wandel erlebt. Bis zum Jahr 1998 war die Versorgungsstruktur monopolbasiert und gebietszentriert[77]. Mit der Neuregelung des Energiewirtschaftsgesetzes 1998 (EnWG)[78] hat Deutschland die RL des ersten Energiebinnenmarktpakets[79] in nationales Recht umgesetzt und durch einen neuen Ordnungsrahmen den Markt geöffnet[80].

Die vormals vertikal integrierten EVU mussten die Marktbereiche der Energiewirtschaft (Gewinnung/Erzeugung und Vertrieb) von dem Netzbetrieb trennen. Es ging um die sog. Entflechtung. Die Entflechtung erstreckte sich von der informatorischen bis hin zur eigentumsrechtlichen Entflechtung[81]. Die eigentumsrechtliche Entflechtung erfolgt für den Bereich der Übertragungsnetze seit 2012 zur Umsetzung der Vorgaben der Art. 9 ff. RL 2009/72[82].

---

77 *Pritzsche/Vacha*, Energierecht, 2017, S. 47.

78 „Gesetz über die Elektrizitäts- und. Gasversorgung (Energiewirtschaftsgesetz – EnWG)" v. 24.04.1998 (BGBl. I S. 730).

79 Richtlinie 96/92/EG des Europäischen Parlaments und des Rates v. 19.12.1996 betreffend gemeinsame Vorschriften für den Elektrizitätsbinnenmarkt (ABl. L 27/20).

80 *Feudel*, Die deutsche Energiewirtschaft im Wandel, 2013, S. 18.

81 Folgende Stufen der Entflechtung sind nach der geltenden Rechtslage zu unterscheiden: Die informatorische (§ 6a EnWG), die buchhalterische (6b EnWG), die (gesellschafts-)rechtliche (7a EnWG), die organisatorische/operationelle (7a Abs. 1 EnWG) und die eigentumsrechtliche (§§ 8 ff. EnWG).

82 Dementsprechend mussten alle Transportnetzbetreiber gem. §§ 4a ff EnWG zertifiziert werden. Die Zertifizierung wird durch die BNetzA erteilt. Für eine Übersicht der Beschlüsse zu der Zertifizierung der Transportnetzbetreiber s. BNetzA, Zertifizierungsverfahren der Beschlusskammer 6, abrufbar auf https://www.bundesnetzagentur.de/

Es entwickelte sich ein Strommarkt, auf dem heute Erzeugung, Handel und Vertrieb dem Wettbewerb geöffnet sind[83]. Gegenwärtig sind z. B. mehr als 80 Stromerzeuger mit einer installierten Leistung > 100 MW, ca. 130 Stromhändler und ca. 1.260 Stromlieferanten in der deutschen Stromwirtschaft tätig. Eine zentrale Rolle bei der Erzeugung kommt den EE zu. Dabei stellt die PV mit 1,5 Mio. Anlagen durchaus eine führende Technologie im Hinblick auf die Teilnahme einzelner Akteure dar[84]. Den Netzen kommt eine Stellung als natürliche Monopole zu. Das deutsche Stromnetz besteht aus dem Übertragungsnetz und dem Verteilnetz. Das Übertragungsnetz ist 35.000 km lang[85], das Verteilnetz 1.721.000 km[86]. Betreiber der Übertragungsnetze sind 50Hertz Transmission GmbH, Amprion GmbH, TenneT TSO GmbH und TransnetBW GmbH. Die Verteilernetzbetreiber sind mit einer Anzahl von derzeit 905 weitaus mehr[87].

Der Stromhandel findet in Deutschland durch bilaterale Lieferverträge (OTC-Handel) und an der Börse statt. Sowohl der Direktvertrieb als auch der Börsenhandel erfolgen in physischer und in finanzieller Hinsicht. Strom wird sowohl im OTC-Handel als auch an der Börse am Spotmarkt und am Terminmarkt gehandelt. Am Terminmarkt können sich Teilnehmer mittel- bis langfristig mit einer Vielzahl von Stromprodukten gegen Preisänderungsrisiken in den wichtigsten europäischen Märkten absichern[88]. Der Spotmarkt umfasst drei Märkte, den Day-Ahead-Markt[89], den

---

DE/Service-Funktionen/Beschlusskammern/Beschlusskammer6/BK6_95_Zertifizierungsverfahren/zertifizierungsverfahren-node.html, zuletzt abgerufen am 05.04.2018.

83 PwC/*Schwieters*, Entflechtung und Regulierung 2012, S. 5.

84 Statista, Anzahl der Unternehmen am Energiemarkt in Deutschland nach Bereichen im Jahr 2017, abrufbar auf https://de.statista.com/statistik/daten/studie/173884/umfrage/zahl-der-unternehmen-in-den-einzelnen-marktbereichen-des-energiemarktes/, zuletzt abgerufen am 30.03.2018.

85 50Hertz, AMprion, TenneT, Transnet BW, Deutsches Übertragungsnetz, abrufbar auf https://www.netztransparenz.de/Allgemeines/Deutsches-Uebertragungsnetz, zuletzt abgerufen am 30.03.2018.

86 DIHK, Faktenpapier Ausbau der Stromnetze, 2015, S. 14.

87 Statista, Anzahl der Unternehmen am Energiemarkt in Deutschland nach Bereichen im Jahr 2017, abrufbar auf https://de.statista.com/statistik/daten/studie/173884/umfrage/zahl-der-unternehmen-in-den-einzelnen-marktbereichen-des-energiemarktes/, zuletzt abgerufen am 30.03.2018.

88 EEX, Strom-Terminmarkt, abrufbar auf https://www.eex.com/de/produkte/strom-terminmarkt, zuletzt abgerufen am 30.03.2018.

89 Der Day-Ahead-Markt macht 90 % des Handelsvoloumens aus und wird einmal pro Tag als Auktion für jede Stunde des Folgetags organisiert.

Intraday-Markt[90] und den Regelenergiemarkt[91]. Die deutsche Strombörse European Energy Exchange (EEX) und die französische Strombörse Powernext betreiben über die gemeinsame Gesellschaft EPEX Spot den Sportmarkt für Deutschland, Österreich, Frankreich, und die Schweiz[92]. Nach vier Jahren kontinuierlicher Senkung der durchschnittlichen Stromgroßhandelspreise sind sie im Jahr 2017 wieder leicht gestiegen. Der durchschnittliche jährliche Börsenstrompreis lag im Jahr 2017 bei 32,89 €/MWh am Day-Ahead-Markt, bei 35,45 €/ MWh am Intraday-Markt[93] und bei 38,9 €/MWh am Terminmarkt[94].

Der Strommix in Deutschland (Installierte Netto-Leistung zur Stromerzeugung) stammte Ende 2017 zu 21% aus PV, zu 5 % aus Wind-offshore, zu 24,6 % aus Wind-onshore, zu 14,5 % aus Gas, zu 12 % aus Steinkohle, zu 10 % aus Braunkohle, zu 5 % aus Kernenergie, zu 3 % aus Biomasse, zu 2 % aus Mineralöl und zu 2 % aus Wasserkraft[95]. Dies verdeutlicht, dass die EE mit einem Anteil von 55% der gesamten installierten Netto-Leistung der vorrangige primäre Energieträger in Deutschland ist. Dabei entfallen auf die Windenergie 22,7 %, auf Biomasse 9%, auf Wasserkraft 5% und auf PV 4 % der gesamten Nettostromerzeugung[96]. In den letzten 15 Jahren ist Deutschland zu einem Stromexportland geworden. Der Stromaustauschsaldo zeigt, dass das Land kontinuierlich mehr TWh exportiert

---

90 Der Intraday-Handel ist kurzfristig (45 min vor Lieferbeginn) und gleicht Unregelmäßigkeiten in den Prognosen über Angebot und Nachfrage aus, *Pritzsche/Vacha*, Energierecht, 2017, S. 147.

91 Auch die Regelenergie dient zum Ausgleich von Abweichungen zwischen Stromentnahmen und Stromeinspeisungen (*Mäntysaari*, EU electricity trade law, 2015, S. 321) und zur Sicherstellung der Systemstabilität. Der Handel der Regelenergie erfolgt allerdings nicht über die Börse sondern durch gemeinsame Ausschreibungen, die die vier ÜNB organisieren, Näher dazu https://www.regelleistung.net/ext/, zuletzt abgerufen am 26.03.2018.

92 *Pritzsche/Vacha*, Energierecht, 2017, S. 147.

93 Fraunhofer ISE, Energy Charts, Jährliche Börsenstrompreise in Deutschland, abrufbar auf https://www.energy-charts.de/price_avg_de.htm?year=all&price=nominal&period=annual, zuletzt abgerufen am 30.03.2018.

94 Energiestatistik NRW, Terminmarkt, abrufbar auf http://www.energiestatistik-nrw.de/wirtschaft/energiepreise/strompreise, zuletzt abgerufen am 30.03.2018.

95 Fraunhofer ISE, Energy Charts, Installierte Netto-Leistung zur Stromerzeugung in Deutschland, abrufbar auf https://www.energy-charts.de/power_inst_de.htm, zuletzt abgerufen am 30.03.2018.

96 Fraunhofer ISE, Energy Charts, Stromerzeugung in Deutschland in 2018 (März), abrufbar auf https://www.energy-charts.de/energy_pie_de.htm, zuletzt abgerufen am 02.04.2018.

als importiert. Im Jahr 2016 exportierte Deutschland ca. 51 TWh Strom mehr, als es importierte[97].

b) *Die Energiewende als Ausgangspunkt für die Entwicklung der EE*

Seit 2011 erfährt Deutschland eine weitere Umstrukturierung der Energieversorgung durch die sog. „Energiewende“, die auf die Entscheidung zurückgeht, aus der Kernenergie auszusteigen und die Energieerzeugung grundsätzlich aus EE zu erreichen. Damit möchte das Land eine Unabhängigkeit von knapper werdenden fossilen Rohstoffen erreichen und einen Beitrag zum Klimaschutz leisten[98]. Ansätze für eine Energiewende gab es schon in den Jahren 1973 und 1979. Nach den beiden Ölpreiskrisen hat die deutsche Regierung versucht, die Energieversorgung umzustrukturieren. In die gleiche Richtung liefen auch die Berichte und Empfehlungen der Enquete-Kommission in den 1980er Jahren[99].

Nach der Nuklearkatastrophe von Fukushima im Jahr 2011 wird die Energiewende durch den vollständigen Ausstieg aus der Kernenergie bis 2022 und die Steigerung des Anteils an EE am Stromenergieverbrauch auf 45 % bis 2020 und auf 80 % bis 2050 vollzogen[100]. Andere Säulen der Energiewende sind die Steigerung der Energieeffizienz bis um 50 % und die Reduzierung der Treibhausgasemissionen um 80–95 % bis 2050. Damit verbunden sind weitere strukturelle Auswirkungen und Veränderungen in der deutschen Energiewirtschaft, wie die komplette Umstellung der Energieversorgung sowie die Notwendigkeit weitreichender Netzausbaumaßnahmen, um den Strom aus EE integrieren zu können. Im Jahr 2011 lag der Anteil am Bruttostromerzeugung bei 62 % für die Kraftwerke auf Basis fossiler Brennstoffe[101], bei 18 % für die Kernenergie und bei 20 % für die EE[102]. 2050 wird die Kernenergie nach derzeitiger Rechtslage vollständig

---

97 Statista, Stromaustauschsaldo Deutschlands in den Jahren 1990 bis 2016 (in Terawattstunden), abrufbar auf https://de.statista.com/statistik/daten/studie/153533/umfrage/stromimportsaldo-von-deutschland-seit-1990/, zuletzt abgerufen am 30.03.2018.

98 BMWi, Eckpunkte für die Reform des EEG, 2014, S. 1.

99 Enquete-Kommission, Bericht „Zukünftige Kernenergie-Politik“, 1980, BT-Drs. 8/4341; Dritter Bericht „Vorsorge zum Schutz der Erdatmosphäre“ zum Thema „Schutz der Erde“, 1990, BT-Drs. 11/8030; Erster Bericht „Schutz der Erdatmosphäre“ zum Thema „Klimaänderung gefährdet die globale Entwicklung“, 1992, BT-Drs. 12/2400.

100 S. § 1 Abs. 2 des Gesetzes zur Neuregelung des Rechtsrahmens für die Förderung der Stromerzeugung aus erneuerbaren Energien v. 28.07.2011 (BGBl. I S. 1634) und Art. 1 des Dreizehnten Gesetzes zur Änderung des Atomgesetzes, v. 31.07.2011 (BGBl. I S. 1704).

101 Damit sind Erdgas, Steinkohle, Braunkohle und Öl gemeint.

102 BDEW, EEG: Zahlen, Fakten, Grafiken (2016), S. 12.

abgeschafft sein, der Anteil der fossilen Stromproduktion soll bei 20 % und der von EE bei 80 % liegen. Dieses Szenario erfordert in Deutschland insgesamt 3.600 km Neubautrassen auf der Übertragungs[103]- und zwischen ca. 130.000 km und ca. 280.000 km auf der Verteilernetzebene[104]. Gemäß dem NEP Strom 2030 werden die Kosten der neuen Übertragungsnetze mind. bei 34 Mrd. € liegen[105].

Den maßgeblichen Rechtsrahmen für diese entscheidende Änderung in der deutschen Energiewirtschaft in Bezug auf die EE ist das deutsche Gesetz zur Förderung der erneuerbaren Energien (EEG). Seitdem das Gesetz 2000 verabschiedet wurde, ist der Anteil von EE am Stromverbrauch von 6,2 % im Jahr 2000 auf 36,2 % im Jahr 2017 gestiegen[106]. Die unterschiedlichen Reformen des EEG und insbesondere die der EEG 2014[107] und EEG 2017 haben gezeigt, dass grundlegende Änderungen des Rechtsrahmens notwendig sind, um die Ziele der Energiewende zu erreichen.

Gleichzeitig sollten aber auch die Ziele des Energiedreiecks in der Energiewende in einem ausgewogenen Verhältnis erreicht werden. Problematisch ist dabei, dass die Energiewende zwar dem Umweltschutz dient, aber die Umstellung der Erzeugung auf EE erhebliche Kosten verursacht[108] und auch die Versorgungssicherheit durch die Volatilität der EE gefährdet[109]. Durch die Anpassung und Flexibilisierung von Erzeugung, Last und Netzen kann allerdings trotz

---

103 Nach dem Szenario A des NEP Strom 2030, Zweiter Entwurf, 2017, S. 99.

104 E-Bridge/IAEW/et al., Verteilernetzstudie, 2014, management summary, S. IV.

105 ÜNB, NEP Strom 2030, Zweiter Entwurf, 2017, S. 99. Im Netzentwicklungsplan 2014 lagen die Kosten für Szenario A bei 22 Mrd. € und die Realisierung sollte bis 2025 erfolgen. Wie im NEP 2030 selbst steht: „Die Ergebnisse aus den abgeschlossenen Leistungsflussberechnungen des Szenarios A 2030 zeigen einen Netzausbaubedarf, der signifikant über die im BBP 2015 enthaltenen Maßnahmen sowie den Netzausbaubedarf des Szenarios A 2025 des NEP 2025 hinausgeht ÜNB, NEP Strom 2030, Zweiter Entwurf, 2017, S. 99.

106 Umweltbundesamt, Erneuerbare Energien in Zahlen nach AGEE-Stat, Stand Dez. 2017, abrufbar auf https://www.umweltbundesamt.de/themen/klima-energie/erneuerbare-energien/erneuerbare-energien-in-zahlen#textpart-1, zuletzt abgerufen am 30.3.2018.

107 „Gesetz zur grundlegenden Reform des EEG und zur Änderung weiterer Bestimmungen des Energiewirtschaftsrechts", v. 21.07.2014, (BGBl. I S. 1066).

108 Die Verbraucher müssen jedes Jahr mehr als 20 Mrd. € für die Förderung der erneuerbaren Energien bezahlen. Derzeit liegen die Kosten bei 26 Mrd. €, BMWi, EEG in Zahlen: Vergütungen, Differenzkosten und EEG-Umlage 2000 bis 2018, 2017, S. 5.

109 Mehr über die Unterbrechungen am Netz im Abschn. „Abstimmung von Netz und Erzeugung/Last".

Volatilität die Versorgungssicherheit gewährleistet werden[110]. Die Gesetzgebung kann darauf mit der Nutzung von Reservemechanismen[111], dem Einsatz von Speichern[112], der weiteren Nutzung konventioneller Kraftwerke[113], der Umstellung der Netze zu smart grids[114] und der Einführung intelligenter Messsysteme[115] reagieren. In diesem Zusammenhang wird der sog. Digitalisierung der Energiewende eine zentrale Rolle zukommen[116].

c) *Der deutsche PV-Markt*

Deutschland hat eine relativ niedrige Sonneneinstrahlung im Vergleich zu Griechenland und anderen Staaten in der EU. Die durchschnittliche jährliche PV-Produktion in Deutschland liegt bei 800 kWh/kWp gegenüber 1.312 kWh/kWp in Griechenland[117]. Ferner liegt die durchschnittliche jährliche Strahlungssumme

---

110 BerlKommEnR/*Steffens*, Bd. 2, Sonderbd., 3. Aufl. 2015, Einleitung zum EEG 2014, Rn. 23. Mehr hierzu EFZN, Eignung von Speichertechnologien zum Erhalt der Systemsicherheit, 2013, S. 77 ff.; dena, Integration der erneuerbaren Energien in den deutsch-europäischen Strommarkt, 2012, S. 139.

111 Siehe z. B. die Reservekraftwerksverordnung, „Verordnung zur Regelung des Verfahrens der Beschaffung einer Netzreserve sowie zur Regelung des Umgangs mit geplanten Stilllegungen von Energieerzeugungsanlagen zur Gewährleistung der Sicherheit und Zuverlässigkeit des Elektrizitätsversorgungssystems" v. 27.06.2013 (Reservekraftwerksverordnung – ResKV). Diese tritt ab 2018 außer Kraft. Nun sind mit dem Strommarktgesetz die Kapazitäts- und die Netzreserve in EnWG eingeführt worden. Näher im Abschn. „Das Einspeisemanagement".

112 Zum Einsatz von zentralen Speichern s. VDE, Energiespeicher für die Energiewende, 2012; EFZN, Eignung von Speichertechnologien zum Erhalt der Systemsicherheit, 2013, dena, Verteilnetzstudie, 2012, S. 16, 17, 225; *Carstensen/Schulze/von Geldern*, ZNER 2013, 581, 591. Zum Einsatz von dezentralen Speichern s. *Gerstner/Kanatschnig*, ZNER, 2015, 424; *Herz/Hennig*, ZNER 2016, 132.

113 Wie dena in ihrem Bericht erläutert, „*[...] Bereits ab 2020 steht ohne den Zubau neuer konventioneller Kraftwerke nicht mehr genügend Leistung zur gesicherten inländischen Deckung der Jahreshöchstlast zur Verfügung. Der zusätzliche Bedarf an gesicherter Leistung steigt ohne den Zubau neuer konventioneller Kraftwerke bis 2050 auf über 46 GW an.*", dena, Integration der erneuerbaren Energien in den deutsch-europäischen Strommarkt, 2012, S. 87.

114 Mehr hierzu BNetzA, „Smart Grid" und „Smart Market", 2011; ZVEI/BDEW, Smart grids in Deutschland, 2012.

115 Siehe z. B. *Ekardt/Valentin*, Das neue Energierecht, 2015, S. 90.

116 Näher dazu im Kap. „Netzintegration".

117 *Šuri, Huld et al.*, Potential of solar electricity generation in the European Union member states and candidate countries, 2007, S. 1300.

in Deutschland bei 1250 kWh/m², gegenüber 1.750 kWh/m² in Griechenland[118]. Gleichwohl nimmt der Ausbau der PV eine zentrale Rolle für die Energiewende ein. Nach dem Nationalen Aktionsplan soll die PV in Deutschland der zweitgrößte Primärenergieträger nach der Windenergie auf dem Weg zu einer „grünen" Energieerzeugung sein[119]. Die installierte Leistung soll auf 52 GW bis 2020 steigen[120].

Der Markt der PV hat in den letzten Jahren in Deutschland eine rasante Entwicklung erfahren. Die installierte Leistung ist von 2 MW im Jahr 1990 auf 2,8 GW im Jahr 2006, auf 17,9 GW im Jahr 2010, auf 36,3 GW im Jahr 2013[121] und auf 43 GW Ende 2017[122] gestiegen. Dieses Wachstum ist auf rechtliche und marktbezogene Entwicklungen zurückzuführen. Der Zubau der PV wurde durch einen zuverlässigen Rechtsrahmen unterstützt, welcher Förderinstrumente für die Nutzung der PV vorsieht. Die marktbezogene Entwicklung ist auf die große Kostensenkung für PV-Module zurückzuführen. Der Preis der PV-Module ist seit 2006 um 68 % gesunken[123].

d) *Entwicklung des deutschen Rechtsrahmens für die PV-Energie*

Den Rechtsrahmen für die Entwicklung der PV in Deutschland stellt das Gesetz für den Vorgang erneuerbarer Energien (EEG) dar. Bereits das Vorgängergesetz zum EEG, das Stromeinspeisungsgesetz (StrEG), sah als Förderinstrumente[124] für den Anlagenbetreiber Ansprüche auf Abnahme und Vergütung des eingespeisten Stroms gegenüber dem Netzbetreiber vor. Anders als heute hing die Vergütung von der Entwicklung der Endkundenpreise ab[125].

Das EEG 2000 löste das StrEG ab[126], es führte den Bundesausgleich ein, ersetzte den 5%-Deckel durch eine maximale Förderungsdauer von 20 Jahren

---

118 *Huld/Pascua*, Global irradiation and solar electricity potential, 2017.

119 Bundesrepublik Deutschland, Nationaler Aktionsplan für die EE, S. 116, 117, abrufbar auf https://www.clearingstelle-eeg-kwkg.de/files/Nationaler_Aktionsplan_100804.pdf, zuletzt abgerufen am 23.03.20168.

120 Das ergibt sich aus dem Stand des PV-Zubaus in 2014 unter Berücksichtigung des jährlichen Ausbaukorridors von 2.500 MW gem. § 3 Nr. 3 EEG 2014.

121 BMU, Erneuerbare Energien in Zahlen, 2013, S. 12.

122 Fraunhofer, Aktuelle Fakten zur Photovoltaik in Deutschland, 2018, S. 5.

123 BSW-Solar, Photovoltaik Preismonitor, 2/2014.

124 Die Förderinstrumente werden im Kap. „Die finanzielle Förderung des Stroms aus Photovoltaikanlagen" detailliert dargestellt.

125 § 3 StrEG.

126 „Gesetz für den Vorrang erneuerbarer Energien (EEG)" v. 29.03.2000 (BGBl I S. 305), zuletzt geändert durch das Gesetz v. 22.12.2003 (BGBl I S. 3074).

und sah feste Mindest-Einspeisevergütungen vor. Diese betrugen für PV-Strom je nach Anlagenkategorie zwischen 45,7 ct/KWh und 62,4 ct/KWh[127].

Das EEG 2004[128] (§ 4) setzte die Vorschriften der EE-RL 2001/77/EG[129] (Art. 7) über die vorrangige Übertragung und Verteilung des eingespeisten EE-Stroms um. An vergleichsweise hohen Einspeisevergütungen für Solarenergie hielt das EEG 2004 fest. Darüber hinaus wurden langfristige Ziele für den Anteil der EE an der Stromversorgung in das Gesetz aufgenommen, bis zum Jahr 2020 sollte ein Anteil von 20 % erreicht werden.

Das EEG 2009 erhöhte dieses Ziel auf 30 % bis 2020. Trotz des Anwachsens der Vorschriften von 21 auf 66 Paragraphen wurden die Förderinstrumente beibehalten[130]. Eingeführt wurden das Einspeisemanagement zur besseren Integration der EE sowie der sogenannte „atmende Deckel", mit dem die Absenkung der Vergütung für PV-Anlagen um 1 % jährlich angepasst wird, wenn die tatsächlich installierte Leistung die gesetzlich vorgesehene Menge über- oder unterschreitet (§ 20 Abs. 2a EEG 2009). Das EEG 2009 sah auch erstmals gekürzte Einspeisevergütungen für PV zwischen 32 und 43 ct/KWh vor. Während der Geltungsdauer des EEG 2009 wurden die Einspeisetarife für PV abgesenkt und Vorschriften zur Umsetzung der EE-RL in das deutsche Recht eingefügt[131]. Außerdem wurden ambitionierte Ausbauziele festgesetzt; Wie bereits erläutert, soll bis zum Jahr 2020 der Anteil der EE an der Stromversorgung 30 % betragen (§ 1 Abs. 2 EEG 2009).

Mit dem EEG 2012[132] wurde die Direktvermarktung gestärkt und die Marktprämie eingeführt (§ 33g EEG 2012). Der Wälzungs- und Ausgleichsmechanismus beinhaltete nun keine tatsächliche physische Wälzung des eingespeisten Stroms durch die Netzbetreiber an die Versorgungsunternehmen (EVU) mehr.

---

127 Mit bis zu 62,4 ct/ KWh wurden die kleineren PV-Anlagen auf Gebäuden vergütet (§ 8 Abs. 2 EEG 2000).

128 „Erneuerbare-Energien-Gesetz (EEG)" v. 21.07.2004 (BGBl. I S. 1918), zuletzt geändert durch Art. 1 des Gesetzes v. 07.11.2006 (BGBl. I S. 2550).

129 Richtlinie 2001/77/EG des Europäischen Parlaments und des Rates v. 27.09.2011 zur Förderung der Stromerzeugung aus erneuerbaren Energiequellen im Elektrizitätsbinnenmarkt, (Abl. L 283/33).

130 *Ohms*, Recht der Erneuerbaren Energien, 2014, S. 115.

131 Sechste Änderung des EEG 2009 – „Gesetz zur Umsetzung der Richtlinie 2009/28/EG zur Förderung der Nutzung von Energie aus erneuerbaren Quellen", v. 15.04.2011 (BGBl. I S. 619).

132 „Gesetz zur Neuregelung des Rechtsrahmens für die Förderung der Stromerzeugung aus erneuerbaren Energien", v. 28.07.2011 (BGBl. I S. 1634).

Die AusglMechV entlastete die EVU von Pflicht der physischen Abnahme. Ihre Ausgleichszahlungen sollen die Kosten der Netzbetreiber durch Zahlung der erhöhten Einspeisevergütungen decken (§ 3 AusglMechV, EEG-Umlage)[133]. Für förderfähige PV-Anlagen wurde ein Gesamtausbauziel in Höhe von 52 GW eingeführt (§ 20b Abs. 9a EEG 2012). Überschreitet die installierte Leistung 52 GW, erhalten die Anlagenbetreiber der PV-Anlagen, die neu angeschlossen werden, keine Vergütung mehr. Der Zubaukorridor von 2.500 bis 3.500 MW pro Jahr wurde ausdrücklich definiert (§ 20a Abs. 1 EEG 2012) und galt bis zur Erreichung des Gesamtausbauziels. Die Einspeisetarife betragen nun je nach Anlagenkategorie zwischen 13,5 und 19,5 ct/kWh (§ 32 Abs. 1 und 2 EEG 2012) mit einer monatlichen Absenkung um 1 % (Basisdegression). Der „atmende Deckel" blieb jedoch erhalten. Seit dem 01.11.2012 werden die Degressionsschritte alle drei Monate angepasst und in Monatsschritten umgesetzt[134]. Dies erfolgt in Abhängigkeit vom Zubau neuer Anlagen und der damit verbundenen Einhaltung, Über- oder Unterschreitung des Zubaukorridors (§ 20b Abs. 2 bis 9 EEG 2012)[135]. Schließlich fiel die Eigenverbrauchsvergütung weg, das Marktintegrationsmodell für Gebäudeanlagen mit einer installierten Leistung zwischen 10 und 1.000 kW wurde eingeführt[136].

Im EEG 2014 wurden die Einspeisetarife für PV weiter gekürzt und betrugen zwischen 9,23 und 13,15 ct/kWh (§ 51 Abs. 1 und 2 EEG 2014). Zur besseren Steuerung wurde der Zielkorridor für den Brutto-Zubau von PV-Anlagen enger gesetzt und betrug 2.400 bis 2.600 MW pro Jahr. Die Basisdegression wurde von 1 % auf 0,50 % gesenkt. Gleichzeitig verstärkte das EEG 2014 die Marktintegration der PV mit der verpflichtenden Direktvermarktung für Strom aus Anlagen mit einer installierten Leistung über 500 kW ab 2014 und über 100 kW ab 2016 (§ 37 Abs. 2 EEG 2014). Darüber hinaus wurde die Förderung von PV-FFA zunächst als Pilotmodell und ab 2017 verpflichtend auf ein Ausschreibungssystem umgestellt[137].

---

133 BerlKommEnR/*Steffens*, Bd. 6, 4. Aufl. 2017, Einleitung zum EEG 2017, Rn. 2.

134 *Ohms*, Recht der Erneuerbaren Energien, 2014, S. 128.

135 Clearingsstelle EEG, Was änderte sich durch die sog. PV-Novelle des EEG 2012?, abrufbar auf https://www.clearingstelle-eeg.de/beitrag/1934, zuletzt abgerufen am 19.9.2016.

136 Clearingsstelle EEG, Was änderte sich durch die sog. PV-Novelle des EEG 2012?, abrufbar auf https://www.clearingstelle-eeg.de/beitrag/1934, zuletzt abgerufen am 19.9.2016.

137 BT-Drs. 18/1304, S. 2.

Zuletzt wurde die EEG-Umlage auch der Eigenerzeugung auferlegt und das Grünstromprivileg[138] gestrichen.

Das EEG 2017 versucht nun einen Systemwechsel, indem die Marktprämie für die tragenden EE-Technologien wie der PV seit 2017 auch durch Ausschreibungen ermittelt wird[139]. Im Hinblick auf PV knüpfte das Ausschreibungsdesign zunächst an die PV-FFAV an, die aber im Jahr 2017 aufgehoben wurde[140]. Die Pilot-Ausschreibung für FFA wird weiterentwickelt und auf weitere Flächen wie Abfalldeponien und auf große Dachanlagen erweitert (§ 37 Abs. 1 Nr. 1 und 2 EEG). Aus diesem Grund wird das Ausschreibungsvolumen auf 600 MW pro Jahr erhöht (§ 28 Abs. 2 EEG)[141]. Das EEG beinhaltet auch eine Länderöffnungsklausel für den Fall, dass die Länder die Flächenkulisse erweitern möchten (§ 37c Abs. 2 EEG). Die Bagatellgrenze für die Teilnahme der PV-Anlagen an den Ausschreibungen beträgt 750 kW (§ 30 Abs. 2 EEG). Die Direktvermarktung ist nun ab 100 kW verpflichtend. Der anzulegende Wert für die Einspeisevergütung wird weiter verringert und beträgt 8,91 ct/KWh für PV-FFA (§ 48 Abs. 1 EEG) und zwischen 11,09 und 12,7 ct/KWh für Gebäudeanlagen (§ 48 Abs. 2 EEG). Letztlich wird die Regelung der GEEV über die Durchführung von grenzüberschreitenden Ausschreibungen im Umfang von 5 % der jährlich installierten Leistung auch in das EEG integriert (§ 5 EEG).

2. Der griechische Rechtsrahmen

a) Der griechische Elektrizitätsmarkt

Die Entwicklung der Stromerzeugung in PV-Anlagen ist in Griechenland eng mit der Funktionsweise des Elektrizitätsmarkts verbunden, der trotz des G. 2773/1999[142] zur Liberalisierung des Strommarktes noch nicht vollständig

---

138 Das Grünstromprivileg gewährte den PV-Anlagenbetreibern unter bestimmten Voraussetzungen eine Verringerung der EEG-Umlage um 2 ct/ Kwh, § 39 Abs. 1 EEG 2012.

139 BMWi, EEG 2016: Erneuerbare Energien wettbewerblich vergüten, abrufbar auf http://www.bmwi.de/DE/Themen/Energie/Erneuerbare-Energien/eeg-2016-wettbewerbliche-verguetung.html, zuletzt abgerufen am 20.06.2016.

140 „Verordnung zur Einführung von Ausschreibungen der finanziellen Förderung für Freiflächenanlagen (Freiflächenausschreibungsverordnung – FFAV)" v. 06.02.2015 (BGBl. I 2015, S. 108), außer Kraft getreten am 01.01.2017.

141 BT-Drs. 18/8860, S. 2.

142 G. 2773/1999 „Απελευθέρωση της αγοράς ηλεκτρικής ενέργειας – Ρύθμιση θεμάτων ενεργειακής πολιτικής και λοιπές διατάξεις" [Gesetz zur Liberalisierung des Elektrizitätsmarkts – Regelung von Angelegenheiten der Energiepolitik und weitere Vorschriften] v. 21.12.1999, (FEK A' 276/22.12.2009).

liberalisiert ist. DEI, das staatliche (ehemals) vertikal integrierte EVU genießt mit einem Marktanteil von 78 % in der Erzeugung aus konventionellen Energiequellen und ca. 85 % in der Versorgung alle Vorteile einer faktischen Monopolstellung[143]. Diese Stellung von DEI hat sich trotz der Entflechtung des Netzbetreibers DESMIE[144] und des Systembetreibers ADMIE von DEI nicht wesentlich geändert[145]. Seit der Öffnung sind die Einzelhandelsstrompreise auf der Mittelspannungsebene gestiegen[146]. Ebenso hat sich die Anzahl der Händler auf 26 und die der Stromlieferanten auf 17 erhöht[147].Trotzdem hat DEI weiterhin 85 % der Versorgung[148].

---

143 Dazu hat der ausschließliche Zugang von DEI zu den billigsten Stromressourcen des Landes: zu Braunkohle und zu den Wasserressourcen (RAE, Αρχές αναδιάρθρωσης της εγχώριας χονδρεμπορικής αγοράς ηλεκτρικής ενέργειας, 2011, S. 22). Auf dem Markt für die Lieferung von Braunkohle hat DEI eine quasi monopolistische Stellung mit einem Marktanteil von über 97 %: Gemäß Gesetzesdekret Nr. 4029/1959 und dem Gesetz Nr. 134/1975 wurden DEI Abbaurechte für 91 % der öffentlichen Braunkohlelagerstätten eingeräumt (KOM, Entsch. v. 05.03.2008, C(2008) 824 endg., Rn. 46 - DEI; EuGH, Urt. v. 17.07.2014, C-553/12 P, EuZW 2014, 756, Rn. 11 - DEI). Diese beherrschende Stellung von DEI verhinderte den Eintritt neuer Marktakteure in den Markt. Aus diesen Gründen stellte der EuGH fest, dass ein Verstoß gegen Art. 86 Abs. 1 EG i.V.m Art. 82 EG vorlag - unabhängig vom tatsächlichen Vorliegen eines Missbrauchs (EuGH Urt. v. 17.07.2014, C-553/12 P, EuZW 2014, 756, Rn. 46 ff. - DEI).

144 Gem. G. 3426/2005, «Επιτάχυνση της διαδικασίας για την απελευθέρωση της αγοράς ηλεκτρικής ενέργειας», (ΦΕΚ Α' 309/22-12-2005) wurde DESMIE von DEI entflochten (Art. 7 Abs. 2 G. 3426/2005). Das Modell dieser Entflechtung war ähnlich zu dem Modell des Unabhängigen Übertragungsnetzbetreibers (ITO), welches die RL 2009/72 in Art. 17 ff. vorsah. S. *Koutzoukos/Aslanoglou/Trokoudi*, in: Farantouris (Hrsg.), Ενέργεια. Δίκαιο, Οικονομία & Πολιτική, 2012, S. 60.

145 ADMIE wurde im Jahr 2012 eingentumsrechtlich gem. dem Modell des Unabhängigen Übertragungsnetzbetreibers entflochten (RAE, Entsch. v. 05.12.2012, 962A/2012). Seit 2017 ist er sogar nach dem Model der vollständigen eigentumsrechtlichen Entflechtung entflochten worden (Art. 142 ff. G. 4389/2016 so wie sie durch Art. 14 G. 4467/2017 geändert wurden). Die Zertifizierung wurde durch die RAE, Entsch. v. 09.06.2017, 475/2017 erteilt. Näher dazu *Keramidas*, Energeia kai Dikaio, 2011, 40; *Lelovitis*, Energeia kai Dikaio, 2009, 21.

146 Energypress, Öffnung dem Wettbewerb der Preise des Einzelhandelsmarkts (auf der Mittelspannungsebene), abrufbar auf https://energypress.gr/news/apeleytherosi-timologion-antagonismos-promitheyton-sti-mesi-tasi, zuletzt abgerufen am 30.03.2018.

147 LAGIE, Μηνιαίο Δελτίο Συστήματος Συναλλαγών ΗΕΠ, Feb. 2018, S. 2, 3.

148 LAGIE, Μηνιαίο Δελτίο Συστήματος Συναλλαγών ΗΕΠ, Feb. 2018, S. 23.

Der Stromhandel findet an den Großhandelsmarkt (IEP) in der Form eines „mandatory pools" statt. In der Praxis funktioniert dieses Modell wie der Day-Ahead-Markt[149]. In diesem Modell ist die Bestimmung des Preises das Ergebnis eines komplizierten Algorithmus[150]. Vereinfacht betrachtet, sind in diesem Modell alle Stromproduzenten und Stromlieferanten verpflichtet, den Strom an IEP zu verkaufen bzw. kaufen[151]. Dort wo sich die zwei Kurven des Angebots und der Nachfrage schneiden, entsteht der OTS[152]. Das ist der Preis der letzten, nämlich der teuersten Anlage, die die Nachfrage für diesen Tag deckt. Der durchschnittliche OTS für das Jahr 2017 lag bei ca. 50 €/MWh und ist im Vergleich zum OTS aus dem Jahr 2016 um 27% gestiegen[153]. Neben dem IEP gibt es noch den OTA-Markt, der zum Ausgleich von Abweichungen der Prognosen dient. Der durchschnittliche OTS für das Jahr 2017 lag bei ca. 57,7 €/MWh[154]. Bilaterale Lieferverträge zwischen Erzeugern und Lieferanten sind gegenwärtig[155] noch nicht erlaubt[156].

Den Netzen kommt eine Stellung als natürliche Monopole zu. Das griechische Stromnetz besteht aus dem Übertragungssystem und dem Verteilnetz. Das Übertragungssystem ist 11.232 km lang, das Verteilnetz 235.325 km[157]. Das Übertragungssystem[158] bedient das Verbundsystem des Festlandes und der fünf Inseln[159], die an das Verbundsystem angeschlossen sind. Die meisten griechischen Inseln sind allerdings nicht mit dem System des Festlandes verbunden. Der Strommarkt, der nicht an das Verbundsystem angeschlossenen Inseln (MDN) besteht, vielmehr aus 32 autonomen Systemen,[160] die teilweise mehrere

149 *Dagoumas*, in: Farantouris (Hrsg.), Ενέργεια. Δίκαιο, Οικονομία & Πολιτική, 2012, S. 213, 216.

150 *Vasilakos*, Greek Energy Magazine, 2014, 14.

151 Art. 52 KSIE; *Mpakirtzis*, Οριακή Τιμή Ελληνικού Συστήματος, 2009.

152 Die Funktion des IEPs ist in der Realität viel komplizierter als hier beschrieben und wird sehr detailiert im KSIE dargestellt (Art. 52 ff.).

153 LAGIE, Μηνιαίο Δελτίο Συστήματος Συναλλαγών ΗΕΠ, Feb 2018, S. 10.

154 LAGIE, Μηνιαίο Δελτίο Συστήματος Συναλλαγών ΗΕΠ, Feb 2018, S. 10.

155 Bis zur Umstrukturierung des griechischen Elektrizitätsmarkts, s. unten.

156 So z. B. StE 505/2016, PerDik 2016, 310, 311; *Liappis*, Ηλεκτρική ενέργεια και δίκαιο συμβάσεων, 2018, S. 105.

157 DEDDIE, Key figures of the electricity network, abrufbar auf http://www.deddie.gr/en/to-diktuo-ilektrismou/vasika-megethi-tou-diktuou-ilektrismou, zuletzt abgerufen am 24.04.2016.

158 Nachfolgend: „System".

159 Andros, Korfu, Kefalonia, Lefkada und Zakynthos, ADMIE, Transmission system description.

160 RAE, Μη Διασυνδεδεμένα Νησιά.

Inseln umfassen. Betreiber der Systeme auf den MDN ist der Verteilernetzbetreiber DEDDIE[161], der auch das gesamte übrige Verteilnetz betreibt. Betreiber des Übertragungssystems ist ADMIE. Den griechischen IEP führt der sog. Marktbetreiber LAGIE durch.

Die Probleme des Elektrizitätsmarktes sind strukturell[162], aber die griechische Regierung zeigt bislang keine Entschlossenheit, sie grundsätzlich zu beheben. Die asymmetrische Entwicklung der PV verdeutlicht diese strukturellen Probleme[163]. Derzeit befindet sich der griechische Elektrizitätsmarkt in einer Phase kompletter Umstrukturierung. Einerseits darf bis 2020 kein Unternehmen mehr als 50 % des in Griechenland erzeugten Stroms produzieren oder mehr als 50 % des importierten Stroms importieren[164]. Andererseits muss der griechische Elektrizitätsmarkt das „target model" bis 2018 umsetzen. Dies bedeutet, dass der Markt den Anforderungen der VO 2015/1222[165] für die Schaffung der einheitlichen Day-Ahead- und Intraday-Marktkopplung erfüllen muss. Vor diesem Hintergrund zielen die Gesetze 4336/2015[166] und 4425/2016[167]

---

161 Art. 1 Abs. 1 lit. a des Kodexes des Betriebs der MDN Inseln (FEK B' 304/11.02.2014).

162 So auch *Maniatis*, Η αγορά ηλεκτρικής ενέργειας, 2005; *Lekatsas*, Η Αγορά Ηλεκτρισμού στην Ελλάδα, 2009; *Metaxas*, in: Hancher et al. (Hrsg.), Capacity mechanisms in the EU energy markets, 2015, S. 289 f.; *Metaxas*, Greek Energy Market 2015, 36 f.; *Metaxas*, Η ρύθμιση της ενεργειακής αγοράς με βάση το ευρωπαϊκό δίκαιο; *Metaxas*, Τιμολόγια ηλεκτρικής ενέργειας και ελεύθερος ανταγωνισμός; *Metaxas/Tsinisizelis*, in: Michalena/Hills (eds.), Renewable Energy Governance, 2013, S. 155 ff; RAE, Ανάλυση των συνθηκών λειτουργίας της αγοράς, 2014, S. 3.

163 Siehe z. B. den Bericht des griechischen Verbands der PV-Unternehmen, SEF, PV-legal, 2011, S. 11.

164 Art. 4 Abs. 3 G. 4336/2015.

165 Verordnung 2015/1222/EU der Kommission v. 24.07.2015 zur Festlegung einer Leitlinie für die Kapazitätsvergabe und das Engpassmanagement (ABl. L 197/24).

166 G. 4336/2015 „Συνταξιοδοτικές διατάξεις – Κύρωση του Σχεδίου Σύμβασης Οικονομικής Ενίσχυσης από τον Ευρωπαϊκό Μηχανισμό Σταθερότητας και ρυθμίσεις για την υλοποίηση της Συμφωνίας Χρηματοδότησης" [Rentenleistungen – Gesetz zur Ratifizierung des Vertragsentwurfs des Europäischen Stabilitätsmechanismus und Regelungen zur Umsetzung des Finanzierungsabkommens] v. 14.08.2015 (FEK A' 94/14.08.2015).

167 G. 4425/2016 „Επείγουσες ρυθμίσεις (…) για την εφαρμογή της συμφωνίας δημοσιονομικών στόχων και διαρθρωτικών μεταρρυθμίσεων και άλλες διατάξεις" [Dringlichkeitsvorschriften (…) zur Umsetzung des Abkommens über fiskalische Ziele und Strukturreformen sowie weitere Regelungen] v. 30.09.2016 (FEK A' 185/30.09.2016).

4512/2018[168] auf die Schaffung einer griechischen Strombörse und der dazugehörigen vier Märkte, des Day-Ahead-Markts, des Intraday-Markts, des Terminmarkts und des Regelenergiemarkts. Der Day-Ahead-Markt wird den IEP ersetzen, die drei anderen Märkte sind neu. Damit soll die Liberalisierung des griechischen Strommarkts vollendet, ein funktionierender Wettbewerb hergestellt sowie Verbindungen mit den Märkten der anderen EU-Mitgliedstaaten hergestellt werden. Die Schaffung dieser vier Märkte entspricht auch dem Vorschlag der Kommission zur neuen Stromverordnung (Vorschl. StromVO), der in Art. 5-8 die Teilnahme aller Marktteilnehmer an diesen vier Märkten vorsieht.

Die Verringerung des Marktanteils von DEI auf dem Großhandels- und Einzelhandelsmarkt bis 2019 um 50 % erfolgt durch sog. NOME-Ausschreibungen von Stromterminprodukten mit physischer Lieferung bei einem administrativ festgelegten Einstiegspreis[169]. Dies wird den Eintritt neuer Marktteilnehmer erlauben, die mit dem ehemaligen VIU (DEI) konkurrieren werden. Die Schaffung der drei neuen Märkte führt zu neuen Produkten in größerer Zahl sowie zu Flexibilität auf dem Markt, so dass mehr Chancen für neue Marktteilnehmer erzeugt werden. Denn das gute Funktionieren einer Strombörse verlangt Liquidität und eine gewisse Anzahl von Marktteilnehmern[170]. Diese fundamentale Umstrukturierung wird Einfluss auf den PV-Markt haben. Ziel der neuen Regelungen ist die Marktintegration der EE[171], die nur in einem liberalisierten Markt erfolgen kann, auf dem der Wettbewerb unverfälscht funktioniert.

Schließlich stammt der Strommix in Griechenland (installierte Netto-Leistung zur Stromerzeugung) gegenwärtig zu 30 % aus EE, zu 29 % aus Gas, zu 22,5 % aus Braunkohle und zu 18,5 % aus Wasserkraft[172]. Die tatsächliche Stromerzeugung im Februar 2018, so wie sie auf dem IEP Großhandelsmarkt angeboten wurde, weicht von der installierten Leistung ab. 36 % stammte aus Braunkohle, 34 % aus Gas, 20 % aus EE und 9 % aus Wasserkraft[173]. Auf den MDN stellt

---

168 G. 4512/2018 „Ρυθμίσεις για την εφαρμογή των Διαρθρωτικών Μεταρρυθμίσεων του Προγράμματος Οικονομικής Προσαρμογής και άλλες διατάξεις" [Regelungen zur Umsetzung der Strukturreformen des wirtschaftlichen Anpassungsprogramms und weitere Regelungen] v. 17.01.2018 (FEK A' 5/17.01.2018).

169 Dazu s. auch *Psalti/Paidakakis*, The Greek electricity and gas markets: What brings the new memorandum of understanding of 11 August 2015?, 2015.

170 *Psaroudakis*, DEE 2017, 337, 342; *Voulgaridou*, Energeia & Dikaio 23/2015, 32, 46; *Voulgaridou*, DEE 2016, 142.

171 Art. 1 Abs. 2 lit. b G. 4414/2016.

172 LAGIE, Μηνιαίο Δελτίο Συστήματος Συναλλαγών ΗΕΠ, Feb. 2018, S. 7.

173 LAGIE, Μηνιαίο Δελτίο Συστήματος Συναλλαγών ΗΕΠ, Feb. 2018, S. 16.

sich der Erzeugungsmix anders dar als auf dem Festland. 83 % der Stromerzeugung stammen aus thermischen Anlagen, die als Brennstoff Öl benutzen. Die übrigen 17 % stammen aus EE[174]. Die Importe lagen durchschnittlich bei 16 %, die Exporte bei 5 % der Betriebsstunden, die den Großhandelsmarktpreis OTS in 2017 bestimmen[175]. Die Summe der Exporte und Importe betrug 32 % der gesamten Netto-Stromerzeugung[176].

b) *Der griechische PV-Markt*

Griechenland hat eine der höchsten Sonneneinstrahlungen in der EU. Die durchschnittliche jährliche PV-Produktion liegt bei 1.312 kWh/kWp[177] und ist somit sehr effizient. Die durchschnittliche jährliche Strahlungssumme liegt bei 1.750 kWh/m² im Vergleich zu 1250 kWh/m² in Deutschland[178]. Deshalb ist PV – neben Windenergie – die führende Quelle für EE in Griechenland.

Der Markt für PV-Anlagen in Griechenland ist geprägt durch eine asymmetrische Entwicklung. Innerhalb von vier Jahren gab es einen disproportionalen Aufschwung, der es dem Markt nicht erlaubte, zu reifen. Obwohl das G. 2244/1994[179] schon im Jahr 1994 zum ersten Mal eine Förderung der EE vorsah, wurden die ersten PV-Anlagen erst im Jahr 2007 installiert[180]. Das G. 3468/2006 – ein Pendant zum deutschen EEG – sah eine Förderung durch feste Einspeisevergütungen, die für Strom aus PV-Anlagen mit 400 bis 500 €/MWh zu den höchsten zählten[181]. Die installierte PV-Leistung betrug dennoch

---

174 DEDDIE, Μηνιαίο Δελτίο ΑΠΕ & ΣΥΘΗΑ στα ΜΔΝ, Nov. 2017, S. 1.

175 LAGIE, Μηνιαίο Δελτίο Συστήματος Συναλλαγών ΗΕΠ, Feb. 2018, S. 11.

176 Die Netto-Stromerzeugung betrug im März 2018 3,749,508 MWh und die Importe/Exporte betrugen 1.212.000 Mwh, LAGIE, Μηνιαίο Δελτίο Συστήματος Συναλλαγών ΗΕΠ, März 2018, S. 12.

177 *Šuri, Huld et al.*, Potential of solar electricity generation in the European Union member states and candidate countries, 2007, S. 1300; *Tselepis/Kyritsis*, Electricity production comparison of PV systems, 2012, S. 4.

178 *Huld/Pascua*, Global irradiation and solar electricity potential, 2017, abrufbar auf http://re.jrc.ec.europa.eu/pvg_download/map_index.html, zuletzt abgerufen am 03.02.2018.

179 G. 2244/1994, „Ρύθμιση των θεμάτων ηλεκτροπαραγωγής από ανανεώσιμες πηγές ενέργειας και από συμβατικά καύσιμα και άλλες διατάξεις" [Regelung von Fragen bezüglich der Produktion der elektrischen Energie aus Erneuerbaren Quellen und fossilen Energieressourcen] v. 06.10.1994 (FEK A' 168/07.10.1994);

180 Ende 2007 betrug ihre installierte Leistung 0,9 MW, DESMIE, Μηνιαίο Δελτίο ΑΠΕ, Jan. 2018, S. 8. *Karageorgou/Manolkidis*, Energeia & Dikaio 5/2006, 5, 10.

181 Fouquet, (EREF) Report, Prices for Renewable Energies in Europe, 2011–2012, S. 11.

drei Jahre nach dem Inkrafttreten 2006 erst 46 MW. Vier weitere Jahre später war die gesamte installierte Leistung der PV-Anlagen dann jedoch rasant auf 2.419 MW, d.h. um 5.258 % gestiegen[182]. Dabei spielte das G. 3851/2010[183], welches die EE-RL in griechisches Recht umgesetzt hat, eine entscheidende Rolle, indem es das Genehmigungsverfahren vereinfachte. Auf diesen Aufschwung der PV folgte eine Krise, die bis heute andauert. Seit Dezember 2014 ist die installierte PV-Leistung nur um 8 MW gestiegen[184]. Als Gründe werden die Maßnahmen des G. 4254/2014, die Trägheit Griechenlands nach dem neuen G. 4414/2016 und die finanzielle Krise des Landes angesehen[185].

c) Entwicklung des griechischen Rechtsrahmens für die PV-Energie

Obwohl Griechenland seit dem ersten Gesetz von 1994 und insbesondere in den letzten zehn Jahren[186] eine Reihe von Gesetzen und Min. Beschlüssen zur Förderung der PV erlassen hat, zeigt die Praxis das Fehlen einer zielorientierten Politik mit langfristiger Planung. Allein die Anzahl und Vielfalt der Gesetze führt zu einer Überregulierung, Sachverhalte werden mehrmals und teilweise unterschiedlich geregelt. Häufige Gesetzesänderungen beeinträchtigen die Rechts- und Investitionssicherheit.

Die Förderung der PV basiert maßgeblich auf vier Gesetzen und daher lassen sich für den Ausbau der PV vier Phasen unterscheiden. Das G. 3468/2006,

---

182 Die Daten stammen aus LAGIE, Μηνιαίο Δελτίο ΑΠΕ & ΣΥΘΗΑ, Dez. 2009, S. 8 und Dez. 2013, S. 2.

183 G. 3851/2010, „Επιτάχυνση της ανάπτυξης των Ανανεώσιμων Πηγών Ενέργειας για την αντιμετώπιση της κλιματικής αλλαγής και άλλες διατάξεις σε θέματα αρμοδιότητας του Υπουργείου Περιβάλλοντος, Ενέργειας και Κλιματικής Αλλαγής“ [Beschleunigung der Entwicklung der Erneuerbaren Energiequellen zur Bekämpfung des Klimawandels und weitere Vorschriften] v. 03.06.2010 (FEK A' 85/04.06.2010).

184 Das ergibt sich aus LAGIE, Μηνιαίο Δελτίο ΑΠΕ & ΣΥΘΗΑ, Dez. 2014, S. 12, LAGIE, Μηνιαίο Δελτίο ΑΠΕ & ΣΥΘΗΑ, Jan. 2018, S. 13, DEDDIE, Μηνιαίο Δελτίο ΑΠΕ & ΣΥΘΗΑ στα ΜΔΝ, Dez. 2014, S. 6 und DEDDIE, Μηνιαίο Δελτίο ΑΠΕ & ΣΥΘΗΑ στα ΜΔΝ, Nov. 2017, S. 6. Insbesondere nach dem neuen G. 4414/2016 ist in Griechenland kein MW in PV installiert worden.

185 Näher dazu s. unter Kap. „Die finanzielle Förderung des Stroms aus Photovoltaikanlagen“.

186 Nach dem ersten Gesetz zur Förderung der EE, G. 3468/2006.

das G. 3851/2010, die G. 4093/2012[187]-4254/2014[188] sowie das G. 4414/2016. Die ersten zwei Gesetze setzten die EE-RL 2001/77/EG und die EE-RL in das griechische Recht um. Die G. 4093/2012-4254/2014 führten Regelungen für die PV im Rahmen der mittelfristigen Haushaltsstrategie 2013-2016 ein, welche den PV-Markt grundlegend veränderten. Das G. 4414/2016 führte Ausschreibungen und eine Marktprämie ein. Die erste Phase der Entwicklung dauerte bis 2009, die zweite von 2009 bis 2012, die dritte von 2013 bis 2016, die vierte begann 2016. Da sich in diesen vier Phasen der Ausbau der PV in Griechenland sehr unterschiedlich entwickelte, wird im Folgenden die Entwicklung des griechischen Rechtsrahmens anhand dieser vier Phasen vorgestellt.

aa) Erste Phase der Entwicklung: 2006–2009

Im Jahr 2006 wurde das G. 3468/2006 zur Stromerzeugung aus EE und hocheffizienter Kraft-Wärme-Kopplung verabschiedet, um die erste RL zur Förderung der EE umzusetzen. Es handelte sich um das erste Gesetz, das die Rechte und Pflichten der Anlagenbetreiber in Bezug auf Lizenzen, den Netzanschluss, die Abnahme des Stroms, die Einspeisung und die Vergütung vorsah[189]. Der Netzbetreiber (DESMIE) war zum Abschluss eines Vertrages mit dem Anlagenbetreiber verpflichtet. Die Produktionsgenehmigung war Voraussetzung für die Einholung weiterer erforderlicher Genehmigungen bis zum Zeitpunkt des Netzanschlusses (Art. 3 G. 3468/2006). Die Förderung bestand in der Zahlung fester und garantierter Einspeisevergütungen, die trotz der hohen Sonneneinstrahlung zu den höchsten in der EU zählten. Sie betrug 450–500 €/MWh (Inseln und Festland) für Anlagen mit einer installierten Leistung ≤ 100 kW und 400–450 €/MWh für Anlagen mit einer installierten Leistung > 100 kW (Art. 13).

187 G. 4093/2012, „Έγκριση Μεσοπρόθεσμου Πλαισίου Δημοσιονομικής Στρατηγικής 2013–2016 – Επείγοντα Μέτρα Εφαρμογής του ν. 4046/2012 και του Μεσοπρόθεσμου Πλαισίου Δημοσιονομικής Στρατηγικής 2013–2016“ [Bestätigung der mittelfristigen Haushaltsstrategie 2013-2016 – Eilmaßnahmen zur Implementierung des G. 4046/2012 und der mittelfristigen Haushaltsstrategie 2013-2016] v. 09.11.2012 (FEK A' 222/12.11.2012).

188 G. 4254/2014, „ Μέτρα στήριξης και ανάπτυξης της ελληνικής οικονομίας στο πλαίσιο εφαρμογής του ν. 4046/2012 και άλλες διατάξεις“ [Maßnahmen zur Unterstützung und Entwicklung der griechischen Wirtschaft im Rahmen der Anwendung des G. 4046/2012 und weitere Regelungen] v. 07.04.2014 (FEK A' 85/07.04.2014).

189 S. Art. 3, 4, 7, 8, 9, 12-14 G. 3468/2006.

bb) Der große Aufschwung: 2009–2012

Das G. 3734/2009[190] passte in Art. 27A die Einspeisetarife an, wenn auch unzureichend. Dabei wurde zum ersten Mal ein Mechanismus zur automatischen Anpassung eingeführt, der eine jährliche Kürzung um 11 % vorsah, die auf 2 Halbjahre verteilt wurde. Zudem gab in Ansätzen ab 2015 das Modell der Marktprämie, wobei diese zu einer Vergütung führte, die 1,3 bis 1,5 * durchschnittlichen OTS des vorigen Jahres betrug. Letztlich sah das Gesetz das Sonderprogramm „PV-Dachanlagen" vor, welches durch den Min. Beschl. 12323/2009 eingeführt wurde[191]. Mit dem G. 3851/2010 wurde die EE-RL umgesetzt. Es zielte auf einen Anteil der EE-Energie am Brutto-Endenergieverbrauch in Höhe von 20%. Überdies wurde das Genehmigungsverfahren vereinfacht und beschleunigt.

cc) Phase des Zusammenbruchs: 2013–2016

Der asymmetrische und unkontrollierte Aufschwung in den Jahren 2010–2011 durch die hohen Einspeisevergütungen, die finanzielle Krise und fehlender Wettbewerb führten zu Schwierigkeiten bei der Zahlung der Einspeisevergütung. Mit dem G. 4093/2012 sollten die entstandenen Defizite auf dem Konto des Netzbetreibers eingedämmt und die Liquidität auf dem Strommarkt wiederhergestellt werden. Die wichtigste Maßnahme war hierbei eine nachträglich eingeführte Besteuerung des Umsatzes der PV-Anlagen in Höhe von bis zu 30 % für Umsätze zwischen dem 01.07.2012 und dem 30.06.2014[192].

Das G. 4254/2014 sah schließlich eine rückwirkende Kürzung um (durchschnittlich) 29 % der Einspeisevergütungen für PV-Strom[193] und eine einseitige Änderung der Kaufverträge zwischen Anlagen- und Netzbetreiber vor. Zum Ausgleich des hierdurch den Anlagenbetreibern entstehenden Schadens wurde die Vergütung solcher PV-Anlagen, die sich schon bis seit zwölf Jahren in Betrieb befinden, um weitere sieben Jahre verlängert. Die Einspeisetarife betrugen für die verlängerte Periode 90 €/MWh und bezogen sich auf eine begrenzte

---

190 G. 3734/2009, „Προώθηση της συμπαραγωγής δύο ή περισσότερων χρήσιμων μορφών ενέργειας, ρύθμιση ζητημάτων σχετικών με το Υδροηλεκτρικό Έργο Μεσοχώρας και άλλες διατάξεις" [Förderung der Kopplung zwei oder mehrerer Arten von Energie – Regelung der Vorschriften über das Wasserkraftwerk in Mesochora] v. 28.01.2009 (FEK A' 8/28.01.2009).

191 Min. Beschl. 12323/04.06.2009, „Ειδικό Πρόγραμμα Ανάπτυξης Φωτοβολταϊκών Συστημάτων σε κτιριακές εγκαταστάσεις και ιδίως σε δώματα και στέγες κτιρίων" (FEK B' 1079/04.06.2009).

192 Ypoparagraphos I2 Abs. 1 G. 4093/2012.

193 Ypoparagraphos IΓ. Abs. 1 G. 4254/2014.

Kapazität. Weiterhin mussten die Anlagenbetreiber dem Marktbetreiber LAGIE einen Rabatt von 34 % bis 37 % bei den zu erwartenden Zahlungen für den eingespeisten Strom des Jahres 2013 gewähren[194].

dd) Neue Phase: Ab 2016

Das G. 4414/2016 hat einen Wechsel des Fördersystems eingeleitet, indem die Höhe der Marktprämie seit 2016 durch Ausschreibungen ermittelt wird. Dabei unterliegen PV-Anlagen mit einer installierten Leistung > 500 kW der Direktvermarktung und erhalten nur dann eine Förderung in Form der Marktprämie, wenn sie an einer Ausschreibung teilnehmen (Art. 3 Abs. 18 G. 4414/2016). PV-Anlagen mit einer installierten Leistung ≤ 500 kW unterliegen dem Fördersystem der festen Einspeisevergütungen, die durch einen in der Regel gesetzlich bestimmten Referenzwert errechnet werden. Ausnahmsweise kann der Referenzwert im System der Einspeisevergütungen durch eine Ausschreibung bestimmt werden (Art. 3 Abs. 18 i.V.m. Art. 4 Abs. 3 G. 4414/2016[195]). Im Jahr 2016 fand eine Pilotausschreibung für die PV statt (Art. 7 Abs. 8 G. 4414/2016).

II. Nationaler Ausbauplan

In diesem Abschnitt wird jeweils der nationale Rechtsrahmen im Hinblick auf den ersten Parameter der Untersuchung, den nationalen Ausbauplan, für die Entwicklung der PV in Deutschland sowie in Griechenland analysiert. Dieser Parameter reflektiert den Willen und die Entschlossenheit der Regierung, die Stromerzeugung aus Solarenergie kontinuierlich zu entwickeln, der im Nationalen Ausbauplan für die Entwicklung der EE bzw. der PV erkennbar wird. Der Nationale Ausbauplan signalisiert allen Marktteilnehmern einschließlich Behörden und Endverbrauchern, inwieweit der Staat bereit ist, die Entwicklung der Solarenergie tatsächlich zu fördern.

1. Der deutsche Rechtsrahmen

a) Analyse

Die EE-RL legt für die Mitgliedstaaten nationale Gesamtziele für den Anteil der EE am Bruttoendenergieverbrauch im Jahr 2020 fest (Art. 3 i.V.m. Anhang I). Nach dem nationalen Gesamtziel für Deutschland sollte dieser Anteil von 5,8 %

---

194 Ypoparagraphos IΓ. 3 G. 4254/2014.

195 Vgl. auch Art. 7 Abs. 4 G. 4414/2016.

im Jahr 2005 auf 18 % im Jahr 2020 steigen. Abgesehen vom Verkehrssektor steht es den Mitgliedstaaten frei zu entscheiden, in welchen Bereichen (Elektrizitäts-, Wärme- und Kältesektor) sie den Anteil EE in welcher Höhe steigern wollen, solange sie das nationale Ziel insgesamt erreichen[196]. In nationalen Aktionsplänen (Art. 4 EE-RL), die der Europäischen Kommission vorgelegt und von dieser überprüft werden, müssen sich die Mitgliedstaaten jedoch für bestimmte Ziele in den einzelnen Bereichen verpflichten[197]. Die Bundesregierung ist am 04.08.2010 ihrer Pflicht zur Erstellung des Nationalen Aktionsplans für EE gem. Art. 4 EE-RL nachgekommen. Sie strebt danach bis zum Jahr 2020 einen EE-Anteil am Bruttoendenergieverbrauch von 19,6 % an, der etwas höher als das EE-RL Ziel liegt. Dies entspricht einem EE-Anteil am Stromverbrauch von 38,6 %[198].

Für die PV sah das entsprechende Szenario im Plan einen zukünftigen jährlichen Ausbau von 3.500 MWp/a von 2012 bis zum Jahr 2020 vor, welches einer installierten Leistung von 51.753 MW entspricht[199]. Zum ersten Mal wurde für die PV in Deutschland gesetzlich ein Gesamtausbauziel in Höhe von 52.000 MW durch die PV-Novelle (EEG 2012) festgesetzt. Damit hat der Gesetzgeber die Schätzwerte des genannten Szenarios im Nationalen Aktionsplan kodifiziert[200]. Darüber hinaus legte das EEG einen Korridor für den Zubau geförderter PV-Anlagen pro Kalenderjahr fest. Im EEG 2009 wurde dieser Zubaukorridor indirekt bestimmt, ausdrücklich festgelegt wurde er aber durch das EEG 2012 und betrug 2.500 bis 3.500 MW. Im EEG 2014 sank er auf 2.400–2.600 MW. Nach § 4 Abs. 3 EEG 2017 beträgt er nun 2.500 MW.

Gleichzeitig hat Deutschland den Mechanismus des sog. atmenden Deckels für die Kontrolle des PV-Zubaus eingesetzt. Dies ist ein Instrument indirekter Verhaltenssteuerung, da es in einer motivierenden Einflussnahme[201] die Adressaten zur PV-Investitionen bis zu einer gewissen jährlichen Ausbaumenge führte. Er sorgte nämlich für die zubauabhängige Anpassung der Vergütung,

---

196 *Lehnert/Vollprecht*, ZUR 2009, 307, 308.

197 *Karpenstein*, in: Gerstner (Hrsg.), Grundzüge des Rechts der Erneuerbaren Energien, 2013, S. 33.

198 Bundesrepublik Deutschland, Nationaler Aktionsplan für die EE, S. 2.

199 Bundesrepublik Deutschland, Nationaler Aktionsplan für die EE, S. 111.

200 Allerdings betrifft dieses Gesamtausbauziel keine Obergrenze für die maximale installierte Leistung in Deutschland, sondern nur die maximale Leistung, die nach dem deutschen EEG förderfähig ist. Nach der Erreichung dieses Ziels können neue PV-Anlagen zwar installiert werden, erhalten aber keine Förderung.

201 *L. Scholz*, Die Rechtfertigung von diskriminierenden umweltpolitischen Steuerungsinstrumenten, 2012, S. 43; *Klöpfer*, Umweltrecht, 2004, § Rn. 36, 40.

wenn die tatsächlich installierte Leistung die gesetzlichen Vorgaben über- oder unterschreitet (§ 20 Abs. 2a EEG 2009). Im Ergebnis haben die Zubauraten Einfluss auf die finanzielle Förderung.

Da allerdings die Marktentwicklung dazu führte, dass im Jahr 2011 der PV-Zubau wieder größer als im Zubaukorridor vorgesehen war, sollte mit der PV-Novelle 2012 der Zubau zielgerichtet auf Basis des Zubaukorridors stattfinden. Die Absenkungen der Vergütung sollen verstetigt und auf eine nun monatliche Basis umgestellt werden, um künftig Vorzieheffekte wie im Dezember 2011[202] zu verhindern[203]. Diese Neufassung des atmenden Deckels bewirkte, dass im Jahr 2013 der Zubau erstmals seit drei Jahren wieder im Rahmen des gesetzlichen Zielkorridors lag[204]. Letztere Entwicklung zeigt, dass der Mechanismus des atmenden Deckels den Zubau der PV zielgerichtet steuern kann. So kann ein unkontrollierter Zubau wie im Fall Griechenlands vermieden werden. Trotz dieser Vorteile hatte der atmende Deckel des EEG 2014 auch einen Nachteil. Bislang war der Bezugszeitraum einjährig mit der Folge, dass er auf Unterschreitungen des Zubaukorridors mit einer einjährigen Verzögerung reagiert hat. In den Monaten August 2014 bis Mai 2015 blieb der PV-Zubau grundsätzlich wegen der Kürzung der Einspeisetarife unterhalb der gesetzlich bestimmten Ziele[205]. Aus diesen Gründen wird der atmende Deckel geändert, indem der Betrachtungszeitraum von bislang zwölf auf sechs Monate verkürzt wird. Gem. § 49 Abs. 2 und 3 EEG 2017 ist für die Anpassung der monatlichen Basisdegression der annualisierte Brutto-Zubau maßgeblich, der sich aus einer Hochrechnung des Brutto-Zubaus im sechsmonatigen Bezugszeitraum nach Abs. 4 auf ein Jahr ergibt[206]. So wird der atmende Deckel in Zukunft schneller auf Marktänderungen reagieren können[207].

---

202 Allein in Dezember 2011 betrug der Zubau der PV-Anlagen 3.000 MW, fast die Hälfte des ganzen Jahreszubaus.

203 Drs. 17/8877, S. 17.

204 Drs. 18/1304, S. 202.

205 § 49 EEG 2016, Gesetzentwurf v. 08.06.2016, S. 278.

206 § 49 Abs. 1 EEG 2016, Gesetzentwurf v. 08.06.2016, S. 279.

207 BMWi, EEG-Novelle 2016, Eckpunktepapier, S. 12. Liegt der annualisierte Brutto-Zubau bei < 1.700 MW, werden die anzulegenden Werte zum ersten Kalendertag des jeweiligen Quartals einmalig um 1,50 % angehoben. Liegt der annualisierte Brutto-Zubau bei < 1.300 MW, erhöhen sich die anzulegenden Werte um 3,00 %, § 49 Abs. 3 EEG 2016, Gesetzentwurf v. 08.06.2016, S. 280.

b) Kritische Würdigung

Gegenstand der folgenden kritischen Würdigung sind erstens die Entscheidung über die förderfähige Zubaumenge der PV und zweitens das Instrument zur Steuerung des Rhythmus des PV-Zubaus.

Zu berücksichtigen ist dabei die Energiewende, die auf eine Erhöhung des EE-Anteils am Bruttostromverbrauch auf mindestens 80 % bis zum Jahr 2050 zielt. Das Gesamtausbauziel für die förderfähige PV liegt bei einer installierten Leistung in Höhe von 52.000 MW. Eine Förderung der PV in diesem Ausmaß ist durchaus kritisch zu betrachten. Die Nutzung der PV gilt als ineffiziente EE-Technologie für Deutschland im Hinblick auf die installierte Leistung, die tatsächliche Stromerzeugung und die finanzielle Förderung: Wegen der vergleichsweise niedrigen Sonneneinstrahlung hatten PV-Anlagen im Jahr 2012 mit einem Anteil an der installierten EE-Leistung von 42,8 % einen Anteil von nur 19,6 % an der EEG-Stromerzeugung[208]. Wegen technischer Verluste und der Wetterlage kann von einer realen Stromerzeugung von über 70 % der installierten Nennleistung nur an sehr wenigen Tagen im Jahr ausgegangen werden[209]. Gleichzeitig entfallen aber 48,3 % der EEG-Umlage auf die Förderung der PV. Demgegenüber belief sich beispielsweise für Windenergie (onshore) mit einem Anteil an der installierten EE-Leistung von 42,1 % der Anteil auf 37,6 % der EEG-Stromerzeugung. Dabei wird nur 19,2 % der EEG-Umlage für diese Förderung benutzt. Biomasse weist eine noch bessere Effizienz bezüglich der Stromerzeugung auf. Mit einem Anteil an der installierten EE-Leistung von nur 8,1 % hatte Biomasse einen Anteil von 26,3 % der EEG-Stromerzeugung[210]. Dabei liegt ihr Anteil an der EEG-Umlage bei 24,7 %[211].

Legt man dies zugrunde, so ist zwar ein Mix der eingesetzten Primärenergieträger für das Gelingen der Energiewende begrüßenswert, allerdings sprechen aus dem energiepolitischen Zieldreieck hergeleitete Effizienzprinzipien für eine nachrangige Behandlung der PV im Rechtsrahmen zugunsten der Nutzung der bereits marktreiferen Windenergie oder Biomasse. Andererseits gibt es Studien, welche unterschiedliche Energieszenarien bezüglich der installierten Gesamtleistung der PV für einen wirtschaftlich optimalen Erzeugungsmix der Energiewende mit ausschließlich erneuerbaren Energien darstellen. Die Studie des

208 BDEW, EEG: Zahlen, Fakten, Grafiken (2014), S. 20.

209 Fraunhofer ISE, Aktuelle Fakten zur Photovoltaik in Deutschland, 2014, S. 36.

210 BDEW, EEG: Zahlen, Fakten, Grafiken (2014), S. 48.

211 Alle Daten wurden BDEW, EEG: Zahlen, Fakten, Grafiken (2014), S. 20, 48 entnommen.

Umweltbundesamtes geht von einer installierten PV-Gesamtleistung von 120 GW aus[212], die Studie von PHOTON von einer PV-Gesamtleistung von 170 GW[213] und die Studie vom Fraunhofer Institut von einer PV-Gesamtleistung von 150-200 GW[214]. Das Fraunhofer-Institut geht von einem jährlichen PV-Zubau von 4–5 GW aus, um 200 GW bis 2050 zu erreichen. Jedenfalls sollte der Zubau kontinuierlich und nachhaltig erfolgen.

Für die Frage, ob der atmende Deckel, als Steuerungsinstrument, das energiepolitische Ziel der Umweltverträglichkeit im Sinne der quantitativen und der qualitativen Weiterentwicklung der PV geschafft hat, ist Folgendes zu schlussfolgern: Dieser Mechanismus musste hinsichtlich der Basis der Absenkungen der Vergütung und hinsichtlich des Bezugszeitraums geändert werden, um den Zubaurhythmus der PV zu steuern und den Mechanismus flexibler zu gestalten und eine leichtere und schnellere Reaktion auf Marktänderungen zu erlauben[215]. Die Entwicklung des PV-Zubaus zeigt, dass der Zubau oft nicht im Zielkorridor lag. Auch im Jahr 2017 lag der PV-Zubau bei nur 1.700 MW statt bei 2.500 MW[216]. Die installierte PV-Leistung liegt gegenwärtig bei 43 GW. Aus diesem Grund ist es zweifelhaft, ob Deutschland die Zubauziele für PV bis 2020 erreichen wird. Ob allerdings das nationale EE-RL Ziel des 18 % Anteils der EE am Bruttoendenergieverbrauch erreicht wird, hängt auch von anderen Faktoren wie von dem Zubau der anderen EE-Technologien, der Nachfrage und der Energieeffizienz ab.

2. Der griechische Rechtsrahmen

a) Analyse

Während der gesamten Zeit der Stromerzeugung aus EE und somit aus PV, von 1985[217] seit dem Erlass des ersten Gesetzes bis heute, hatte Griechenland kein

---

212 Umweltbundesamt, Energieziel 2050: 100 % Strom aus erneuerbaren Quellen, 2010, S. 63.

213 PHOTON, Vollversorgung mit Sonne und Wind bis 2030, 2012.

214 Fraunhofer ISE, Aktuelle Fakten zur Photovoltaik in Deutschland, 2018, S. 5.

215 BMWi, EEG-Novelle 2016, Eckpunktepapier, S. 12.

216 Fraunhofer ISE, Aktuelle Fakten zur Photovoltaik in Deutschland, 2018, S. 5.

217 G. 1559/1985 „Ρύθμιση θεμάτων εναλλακτικών μορφών ενέργειας και ειδικών θεμάτων ηλεκτροπαραγωγής από συμβατικά καύσιμα και άλλες διατάξεις" [Regelung von Themen der Erneuerbaren Energien und Sonderthemen der Stromproduktion aus konventionellen Brennstoffen] v. 19.07.1985 (FEK A' 135/25.07.1985). Dieses Gesetz enthielt einige Regelungen über die Möglichkeit der EE-Stromerzeugung aber das

konkretes und systematisches Konzept für die nachhaltige Entwicklung der EE und somit der PV. Dabei lassen sich zwei Periode unterscheiden: die erste Periode bis zum Inkrafttreten des Nationalen Ausbauplans im Jahr 2010, und die zweite Periode während der Geltungsdauer des Nationalen Ausbauplans.

Nach 20 Jahren ohne ein kohärentes Konzept und mit nur 0,7 MW installierten PV- Leistung[218] wurde eine proaktive Entwicklung der EE erst durch das Gesetz 3468/2006 erreicht, das auch eine Förderung in Form der Einspeisevergütungen für die PV-Anlagen vorsah. Nach dem Gesetz ist eine erste Voraussetzung für die Errichtung einer PV-Anlage die Einholung der sog. Produktionsgenehmigung[219]. Sie steht unter einem Genehmigungsvorbehalt[220]. Die Produktionsgenehmigung ist ein Instrument direkter Verhaltenssteuerung, da sie ein verbindliches gesetzliches und administratives Verhaltensvorgaben darstellt, welches den Adressaten zwingend ein Handeln vorschreibt[221]. Dieses Instrument hat in diesem Fall Griechenland als ersten Steuermechanismus verwendet, um den PV-Zubau zu kontrollieren.

Die hohen Einspeisetarife für PV-Strom führten dazu[222], dass in den ersten 20 Monaten nach Inkrafttreten des Gesetzes (Juli 2006 bis März 2008) bereits Produktionsgenehmigungen für insgesamt 3.756 MW beantragt wurden[223]. Allerdings wurde die Maximalgrenze von 740 MW (590 plus 150 MW) aus dem Jahr 2007[224] nicht angepasst. Stattdessen wurde die Bearbeitung der neuen Anträge eingestellt[225] mit der Folge, dass mangels Transparenz nicht mehr sicher war,

---

G. 2244/1994 war das erste Gesetz, welches zum ersten Mal eine Förderung der EE vorsah.

218 DESMIE, Μηνιαίο Δελτίο ΑΠΕ & ΣΥΘΗΑ, Jan. 2018, S. 8.

219 Art. 3 G. 3468/2006.

220 Näher dazu s. Abschn. „Genehmigungserfordernisse".

221 *L. Scholz,* Die Rechtfertigung von diskriminierenden umweltpolitischen Steuerungsinstrumenten, 2012, S. 42, 43; *Klöpfer*, Umweltrecht, 2004, § Rn. 36, 40.

222 Sie betrug 450–500 €/MWh (Inseln und Festland) für die PV-Anlagen ≤ 100 kW und 400–450 €/MWh für die PV-Anlagen > 100 kW (Art. 13 G. 3468/2006).

223 Insgesamt wurden 7.947 Anträge eingereicht. Siehe RAE, Φωτοβολταϊκά: Αιτήσεις για άδεια παραγωγής, abrufbar auf http://www.rae.gr/old/lic/PV-180308.html, zuletzt abgerufen am 01.09.2016.

224 Dieses Ziel hatte 590 MW für die PV auf dem Festland und 150 MW für die PV auf den MDN festgesetzt, Min. Beschl. ΥΑ Δ6/Φ1/οικ.8684/24.04.2007, „Έγκριση της Α' Φάσης του κατ' άρθρο 14 παρ. 1 του ν. 3468/2006 Προγράμματος Ανάπτυξης Φωτοβολταϊκών Σταθμών" (FEK B' 694/24.04.2007).

225 Art. 1 Min. Beschl. ΥΑ Δ6/Φ1/οικ.7037/24.03.2008, „Αναστολή υποβολής αιτήσεων στο πλαίσιο του κατ'άρθρο 14 παρ. 1 του ν. 3468/2006 Προγράμματος Ανάπτυξης Φωτοβολταϊκών Σταθμών" (FEK B' 707/22.04.2008).

welche Anträge zuerst geprüft werden würden und welche gar nicht mehr. Die Einstellung der Bearbeitung der gestellten Anträge und eine angekündigte Tarifanpassung hemmten die Investitionsbereitschaft erheblich. Obwohl die Investitionsbereitschaft in dieser Periode (2006-2008) also zunächst sehr groß war, betrug die bis Ende 2010 insgesamt in Betrieb genommene PV-Kapazität nur 152,9 MW[226].

Die zweite Periode beginnt mit dem Inkrafttreten des ersten gesamten Nationalen Ausbauplans für die Entwicklung der EE und entsprach der Verpflichtung Griechenlands gem. Art. 4 EE-RL. Die EE-RL wurde mit dem Gesetz 3851/2010 umgesetzt. Als bindendes nationales Ziel wurde der Anteil der aus EE produzierten Energie am Brutto-Endenergieverbrauch auf 20 % (Art. 1 Abs. 3 des Gesetzes) festgesetzt. Das Ziel ist als ambitioniert zu bewerten und verlangte grundsätzliche Änderungen des Rechtsrahmens für eine nachhaltige und kontinuierliche Entwicklung der EE bzw. PV, die allerdings ausblieben[227].

Das folgende Beispiel ist charakteristisch für den Mangel eines überzeugenden Gesamtplans für die Entwicklung der PV: Das Gesetz 3851/2010 sah vor, dass neue Anträge erst nach Erlass des Min. Beschl. zur proportionalen Zuteilung der EE[228] entgegengenommen und geprüft werden würden (Art. 15 Abs. 6 S. 1 des Gesetzes), der drei Monate nach Inkrafttreten des Gesetzes 3851/2010 erlassen werden sollte[229]. Von dieser Regelung ausgenommen waren Anträge für PV-Dachanlagen und Anträge für „Agrar-PV“ mit einer installierten Leistung < 100 KW[230], die gleich nach Inkrafttreten des Gesetzes 3851/2010 und vorrangig vor allen Anträgen beschieden werden sollten[231]. Gleichwohl kündigte DEI entgegen dem Gesetz an, dass Anträge von Landwirten erst nach dem (späteren) Erlass des Min. Beschl. beschieden würden[232]. In der Folge erhielten die DEI Filialen keine Anträge mehr. Grund dafür war aber nicht nur die Ankündigung von DEI, sondern auch die Tatsache, dass die in den Prozess involvierten Behörden wie Bau- und Forstämter die Weisungen des Umweltministeriums vom

226 LAGIE, Μηνιαίο Δελτίο ΑΠΕ & ΣΥΘΗΑ, Dez. 2010, S. 8.

227 Näher in den nächsten Kapiteln.

228 Min. Beschl. KYA 19598/01.10.2010, „Απόφαση για την επιδιωκόμενη αναλογία εγκατεστημένης ισχύος και την κατανομή της στο χρόνο μεταξύ των διαφόρων τεχνολογιών Ανανεώσιμων Πηγών Ενέργειας“ (FEK B' 1630/11.10.2010).

229 Art. 1 Abs. 1 lit. b G. 3468/2006, so wie es durch Art. 1 G. 3851/2010 geändert wurde.

230 Diese Anlagen werden im Agrarland installiert und betrieben.

231 Art. 15 Abs. 6 lit. b G. 3851/2010.

232 DEI, Δεύτερη ανακοίνωση της ΔΕΗ σε εφαρμογή του ν. 3851/2010, v. 30.06.2010, Nr. 4, S. 2.

23.07.2010[233], in denen sie aufgefordert wurden, Agrar-Anträge entgegenzunehmen, nicht implementierten[234]. DEI nahm Agrar-Anträge schließlich erst ab dem 01.09.2010 entgegen, also drei Tage vor Ablauf der Drei-Monats-Frist nach Inkrafttreten des Gesetzes 3851/2010[235]. Dennoch erreichte die Anzahl der von den Landwirten beantragten Gesamtkapazität bereits Anfang September ca. 500 MW, denn 5.000 Landwirte hatten Anträge für jeweils 100 KW eingereicht[236]. Der Min. Beschl. zur proportionalen Zuteilung der Leistung der EE wurde erst am 11.10.2010 veröffentlicht[237], d.h. nach der Einreichung der Anträge der Landwirte und einen Monat nach Ablauf der vom Gesetz vorgesehenen Frist (04.09.2010). Mit dieser Entscheidung wurde schließlich eine Obergrenze für die gesamte installierte PV-Leistung von 1.500 MW bis zum Jahr 2014 und 2.200 MW bis zum Jahr 2020 gesetzt. 750 MW von den 2.200 MW sollten dabei von den Landwirten gedeckt werden[238].

Schließlich hat der griechische Gesetzgeber in den darauffolgenden Jahren nach dem Erlass des G. 3851/2010 die Erfüllung der Fördervoraussetzungen zeitweise unmöglich gemacht, um den PV-Zubau zu kontrollieren. So hat er in den Jahren 2010-2014 die Produktionsgenehmigung und das Antragsverfahren für das Netzanschlussangebot[239] eingestellt. Ebenso wenig war es

233 YPEKA, Οδηγός υποβολής νέων αιτήσεων που υποβάλλονται από αγρότες, abrufbar auf http://www.ypeka.gr/LinkClick.aspx?fileticket=rbFr6upamYY%3d&tabid=37, zuletzt abgerufen am 27.04.2016.

234 *Panagoulis*, Φωτοβολταϊκά για αγρότες: Σήμερα η εγκύκλιος για παραλαβή αιτήσεων από τη ΔΕΗ, abrufbar auf http://energypress.gr/news/fotovoltaika-gia-agrotes-simera-i-egkyklios-gia-paralavi-aitiseon-apo-ti-dei, zuletzt abgerufen am 27.04.2016.

235 DEI, Τρίτη ανακοίνωση της ΔΕΗ σε εφαρμογή του ν. 3851/2010, v. 27.08.2010, Nr. 2, S. 1.

236 *Panagoulis*, 500 «κλειδωμένα» φωτοβολταϊκά Μεγαβάτ μέχρι το 2015 για τους αγρότες, abrufbar auf http://www.paseges.gr/el/news/500-kleidwmena-fwtoboltaika-Megabat-mehri-to-2015-gia-toys-agrotes, zuletzt abgerufen am 27.04.2016.

237 Min. Beschl. 19598/2010.

238 Art. 1 Min. Beschl. 19598/2010.

239 Dies erfolgte im Oktober 2010 (Art. 2 Abs. 2 Min. Beschl. KYA 19598/01.10.2010) und im August 2012 (Art. 1 Abs. 1 c) Min. Beschl. Υ.Α.Π.Ε./Φ1/2300/ οικ.16932/09.08.2012 „Αναστολή διαδικασίας αδειοδότησης και χορήγησης προσφορών σύνδεσης για φωτοβολταϊκούς σταθμούς“ (FEK B' 2317/10.08.2012).

zeitweise unmöglich einen Netzanschlussvertrag[240] und einen Kaufvertrag abzuschließen[241].

Obwohl Griechenland bis zum Jahr 2020 mit der Erstellung des ersten Nationalen Ausbauplans zur Umsetzung der EE-RL konkrete Ziele zur Energiepolitik und zur Förderung der EE hatte, fehlt es bis heute an einem konkreten langfristigen Energieplan für den Zeitraum ab 2020[242]. Derzeit werden Ideen für einen langfristigen Energieplan für den Zeitraum von 2020 bis 2030 diskutiert. Hierzu wird eine Konsultation durchgeführt. Diskutiert wird, das nationale EE-Ziel am Bruttoendenergieverbrauch auf 30 % bis 2030 festzusetzen[243]. Angesichts fehlender konkreter Vorschläge der Regierung, kann an dieser Stelle nur festgestellt werden, dass dieses Ziel ambitioniert ist und eine systematische und umfangreiche Planung verlangt.

b) *Kritische Würdigung*

Im Folgenden wird die Entscheidung Griechenlands über die Zubaumenge der PV und das eingesetzte Steuerungsinstrument für die Kontrolle des Rhythmus des PV-Zubaus bewertet.

Der griechische Rechtsrahmen zeichnet sich durch eine fehlende Koordinierung zwischen YPEKA, DEI und weiteren Behörden und durch das Fehlen eines konkreten Gesamtplans für die Entwicklung der PV aus. Die Obergrenze von 2.200 MW, die gem. Art. 4 Abs. 2 EE-RL der Kommission mitgeteilt worden war, war sehr niedrig im Vergleich zu der Anzahl der Anträge zu dieser Zeit und verursachte in den kommenden Monaten (September bis Dezember 2010) erhebliche Probleme.

---

240 Dies erfolgte im Mai 2013 (mit G. 4152/2013, Ypoparagraphos I.4 Abs. 3) und im Dezember 2013 (mit G. Art. 55 Abs. 1 G. 4223/2013); G. 4152/2013 „Επείγοντα μέτρα εφαρμογής των νόμων 4046/2012, 4093/2012 και 4127/2013“ [Eilmaßnahmen zur Implementierung der Gesetze 4046/2012, 4093/2012, 4127/2013] v. 08.05.2013, (FEK A' 107/09.05.2013); G. 4223/2013 „Ενιαίος Φόρος Ιδιοκτησίας Ακινήτων άλλες διατάξεις“ [Immobiliensteuer und weitere Vorschriften] v. 31.12.2013 (FEK' A 287/31.12.2013).

241 Dies erfolgte im Mai 2013 (mit G. 4152/2013, Ypoparagraphos I.4 Abs. 4) und im Dezember 2013 (Art. 55 Abs. 1 G. 4223/2013).

242 Bislang gab es nur einen Entwurf für einen Roadmap über den langfristigen Energieplan bis 2050. In diesem Entwurf sollte der EE-Anteil am Bruttoendenergieverbrauch auf 65 % bis 2050 steigen, YPEKA, Εθνικός Ενεργειακός Σχεδιασμός. Οδικός χάρτης για το 2050, 2012, S. 17.

243 Energypress, Μέχρι τέλος καλοκαιριού κατατίθεται στην Κομισιόν το Εθνικό Σχέδιο για την Ενέργεια και το Κλίμα – Τι ειπώθηκε στην ημερίδα του ΥΠΕΝ, abrufbar auf https://energypress.gr/news/mehri-telos-kalokairioy-katatithetai-stin-komision-ethniko-shedio-gia-tin-energeia-kai-klima-ti, zuletzt abgerufen am 01.04.2018; 8; *Stathakis*, Το Εθνικό Σχέδιο για την Ενέργεια και το Κλίμα, 2018.

Bereits vor Erlass des Min. Beschl. war bekannt, dass Landwirte bereits in den ersten drei Monaten Anträge für 500 MW eingereicht hatten und dass die gesamte beantragte Leistung nach den alten Anträgen aus der ersten Periode bereits 3.570 MW betrug[244], ohne Berücksichtigung anderer Anträge. Innerhalb von vier Tagen nach Erlass des Min. Beschl. wurden 24.500 Anträge für PV-FFA mit einer Gesamtkapazität von 4.900 MW eingereicht[245]. DEI musste aber zuerst die Agrar-PV-Anträge bescheiden, so dass sich die Bearbeitungszeit für die anderen Anträge erheblich verlängerte. Die Einspeisetarife waren aber nur für 18 Monate garantiert. Außerdem sah der Min. Beschl. vor, dass die Kapazität von PV-Dachanlagen und „fast-track" PV-Projekten nicht zur Obergrenze von 2.200 MW zählte. Die Entwicklung dieser Projekte sollte also keinen Grenzen unterworfen werden[246]. Dies ging ebenfalls zulasten der übrigen Antragsteller, die der Obergrenze unterlagen.

Die beschriebene Entwicklung zeigt, dass die hohen Einspeisetarife zwar zu einer großen Investitionsbereitschaft führten, aber die damit einhergehende Anzahl von Anträgen administrativ nicht bewältigt werden konnte. Gleichzeitig wurden die Signale des Marktes und der Akteure ignoriert, indem die nationalen Ziele für die Entwicklung der Solarenergie nahezu willkürlich auf 2.200 MW und 750 MW (für die Agrar-PV) bis 2020 gesetzt wurden. Diese Grenzen waren niedrig – nicht nur angesichts der zunächst großen Investitionsbereitschaft, sondern insbesondere auch vor dem Hintergrund des nationalen Zieles, den Anteil der EE am Brutto-Endenergieverbrauch auf 20 % anzuheben. Der größte Teil an EE sollte nicht durch PV sondern durch die Windenergie gedeckt werden, die nach dem Min. Beschl. zur proportionalen Zuteilung der EE[247] eine installierte Leistung von 7,5 GW erreichen sollte. Zum Zeitpunkt des Erlasses des Min. Beschl. war die installierte Leistung der Windenergie tatsächlich auch höher als die der Solarenergie[248]. Allerdings war das Windenergiepotential zu dieser Zeit nicht so groß wie das PV-Potential. Wegen der hohen finanziellen Förderung wurde das Ziel bei PV schon im November 2013 erreicht[249]. Andererseits bleibt die Windenergie bisher weit hinter dem Ziel zurück.

---

244 DEI, Τρίτη ανακοίνωση της ΔΕΗ σε εφαρμογή του ν. 3851/2010, v. 27.08.2010, S. 2.

245 DEI, Πέμπτη ανακοίνωση της ΔΕΗ σε εφαρμογή του ν. 3851/2010, v. 30.12.2010, S. 1.

246 Art. 2 Abs. 4 S. 1 Min. Beschl. 19598/2010.

247 Min. Beschl. 19598/2010.

248 Die installierte Leistung der Windenergie betrug Ende Sept. 983,19 MW und die PV-Leistung der in Betrieb PV-Anlagen betrug 127,87 MW, DESMIE, Μηνιαίο Δελτίο ΑΠΕ & ΣΥΘΗΑ, Oktober 2010, S. 5, 8.

249 Aus dem LAGIE, Μηνιαίο Δελτίο ΑΠΕ & ΣΥΘΗΑ, Nov. 2013, S. 2 und DEDDIE, Μηνιαίο Δελτίο ΑΠΕ & ΣΥΘΗΑ στα ΜΔΝ, Nov. 2013, S. 3 ergibt sich, dass im

Will man Effizienzgesichtspunkten mit Blick auf das energiepolitische Zieldreieck praktische Wirksamkeit verleihen, hätte Griechenland angesichts des großen Potentials an Solarenergie einer Erhöhung des PV-Anteils eine höhere Priorität gewähren müssen. Angesichts der beschriebenen Fehlsteuerungen ist allerdings zweifelhaft, ob das nationale Ziel von 20 % und das europäische Ziel von 18 % EE am Brutto-Endenergieverbrauch überhaupt erreicht werden können[250].

Erst 2014 hat der Gesetzgeber mit dem G. 4254/2014 eine maximale Grenze für die jährliche Gesamtkapazität der PV, als zweites Steuerungsinstrument, gesetzt. Die Gesamtkapazität der durch Einspeisetarife geförderten PV-Anlagen darf nun bis zum Jahr 2020 jährlich maximal 200 MW betragen[251]. Damit wird dem stark unkontrollierten Zubau in der vorigen Periode (und insbesondere in den Jahren 2011-2013) Rechnung getragen[252]. Grundsätzlich ist die Rechtssicherheit im Hinblick auf die konkrete Anzahl der PV-Kapazität für jedes Jahr zu begrüßen. Allerdings kamen die Regelungen zu spät. Mit dem G. 4254/2014 wurden nämlich noch weitere Maßnahmen in Kraft gesetzt, die das ehemals gute Investitionsklima zerstörten. Die jährliche Deckelung lief damit leer und es wurde nun gar nicht mehr investiert. Mit der Novelle 4414/2016 wurde die Deckelung bereits wieder aufgehoben[253], da die neu zu installierenden Kapazitäten künftig auch über Ausschreibungen ermittelt werden sollen[254]. Das Gesetz sieht allerdings kein Ausschreibungsvolumen vor. Der Min. Beschl. ist mit großer Verspätung März 2018, 19 Monate nach Inkrafttreten des G. 4414/2016 verabschiedet worden. Er sieht einen jährlichen PV-Zubau von einer installierten Leistung von 300 MW für die Jahre 2018/2020 vor. Der Zubau soll durch

November 2013 die installierte Leistung der PV betrug 2.070 MW im Verbundsystem und 135,82 MW auf den Inseln, d.h. die gesamte installierte Leistung lag bei 2.205 MW. In diesen Zahlen ist die installierte Leistung der PV-Dachanlagen des Sonderprogramms nicht einbezogen, da für sie das Ziel der 2.200 MW nicht galt.

250 Schon Ende 2014 hat eine Studie von Ecofys gezeigt, dass Griechenland einer der fünf Mitgliedstaaten ist, bei denen große Unsicherheit besteht, ob sie die EE-Ziele für 2020 erreichen werden, Ecofys/Fraunhofer ISE et al., Renewable energy progress, 2014, S. 50.

251 Ypoparagraphos IΓ.6 G 4254/2014, welches Art. 27A G. 3734/2009 geändert hat, indem der neue Absatz 10 eingeführt wurde.

252 Ypoparagraphos IΓ.6 G. 4254/2014, Gesetzesbegründung, S. 49.

253 Art. 34 Abs. 1 G. 4414/2016.

254 Art. 34 G. 4414/2016, Gesetzbegründung, S. 50.

Ausschreibungen erfolgen. Dazu sind noch insg. 800 MW durch gemeinsame Ausschreibungen mit Windenergie vorgesehen[255].

Aus dem Vorstehenden lässt sich zusammenfassen, dass in Griechenland ein konkreter und in sich schlüssiger Nationaler Ausbauplan für die kontinuierliche Entwicklung der PV fehlte. Mangels eines gezielten Ausbaupfads musste der Gesetzgeber „cool-on“ und „cool-off“ Maßnahmen ergreifen, um den Rhythmus des PV-Zubaus zu kontrollieren. In diesem Zusammenhang wurden in den Jahren 2010-2014 die Produktionsgenehmigungen eingestellt, Anträge auf das Netzanschlussangebot wurden nicht mehr beschieden und auch der Abschluss des Netzanschluss- und des Kaufvertrages war zeitweise nicht mehr möglich. Dies führte zu Rechts- und Investitionsunsicherheit mit dem Tiefpunkt des Einbruchs des PV-Markts im Jahr 2014. Von den bis 2020 benötigten 2.700 MW installierter Leistung sollen 1,4 GW aus Windenergie und 1 GW aus PV kommen[256]. Da sich aber in den letzten vier Jahren die installierte PV-Leistung nur um 8 MW erhöhte[257], ist zweifelhaft, ob Griechenland sein EE-Ziel bis 2020 erreichen kann. Gemessen am energiepolitischen Ziel des Umweltschutzes kann der griechische Nationale Ausbauplan für die quantitative sowie die qualitative Weiterentwicklung der EE (hier der PV) daher nur negativ bewertet werden.

3. Rechtsvergleichende Bewertung

Aus der vorstehenden Untersuchung lassen sich folgende wichtige Aspekte vergleichen: Beide Länder hatten Schwierigkeiten, den Beitrag der PV für ihre

---

255 Art.2Min.Beschl. ΑΠΕΕΚ/Α/Φ1/οικ.172859/22.03.2018„Καθορισμόςεγκατεστημένης ισχύος, ανά τεχνολογία ή και κατηγορία σταθμών παραγωγής ηλεκτρικής ενέργειας από Α.Π.Ε. και Σ.Η.Θ.Υ.Α., η οποία δημοπρατείται μέσω ανταγωνιστικής διαδικασίας υποβολής προσφορών για τα έτη 2018, 2019 και 2020, ελάχιστου αριθμού αντα γωνιστικών διαδικασιών υποβολής προσφορών ανά έτος, ανώτατης επιτρεπόμενης τιμής προσφοράς για κάθε ανταγωνιστική διαδικασία υποβολής προσφορών και τέλους συμμετοχής σε ανταγωνιστική διαδικασία υποβολής προσφορών, με βάση τις παρ. 3 και 6 του άρθρου 7 του ν. 4414/2016.“ (FEK B’ 1267/10.04.2018).

256 *Verroiopoulos*, Vortrag „Energy transitions in Greece and Germany – Perspectives for 2020 and beyond“, 2016, abrufbar auf http://energypress.gr/news/oi-eisigiseis-gia-tis-ape-kai-tin-energeiaki-metavasi-se-ellada-kai-germania, zuletzt abgerufen am 21.07.2016.

257 Das ergibt sich aus LAGIE, Μηνιαίο Δελτίο ΑΠΕ & ΣΥΘΗΑ, Dez. 2014, S. 12, LAGIE, Μηνιαίο Δελτίο ΑΠΕ & ΣΥΘΗΑ, Jan. 2018, S. 13, DEDDIE, Μηνιαίο Δελτίο ΑΠΕ & ΣΥΘΗΑ στα ΜΔΝ, Dez. 2014, S. 6 und DEDDIE, Μηνιαίο Δελτίο ΑΠΕ & ΣΥΘΗΑ στα ΜΔΝ, Nov. 2017, S. 6.

EE-Ziele ca. zehn Jahre im Voraus einzuschätzen, den Zubau der PV vorauszuplanen und ihn zu steuern. Als Steuerungsinstrumente hat Deutschland den atmenden Deckel und Griechenland die Einstellung der Produktionsgenehmigung, der Netzanschlussangebote und des Abschlusses von Netzanschluss- und Kaufverträgen eingesetzt. Eine jährliche Zubaumenge als Obergrenze kam in Griechenland zu spät.

Damit Deutschland sein nationales EE-RL Ziel des 18 % EE-Anteils am Bruttoendenergieverbrauch bis 2020 erreicht, hatte die Bundesregierung im Nationalen Ausbauplan mit einem Anstieg des EE-Anteils am Stromverbrauch auf 38,6 % bis 2020 kalkuliert[258].

Darüber hinaus treibt Deutschland – im Gegensatz zu Griechenland – die Förderung der PV im Rahmen der Energiewende voran und hat sich selber das ambitionierte Ziel des EE-Anteils am Bruttoendenergieverbrauch von 80 % bis 2050 gesetzt. In diesem Zusammenhang sollen insg. 52 GW PV-Anlagen gefördert werden. Die Entscheidung des Gesetzgebers, eine für Deutschland wegen seiner Sonneneinstrahlung als ineffizient zu bewertende Technologie wie die PV in diesem Ausmaß zu fördern, ist durchaus kritisch anzusehen, obwohl die Energiewende einen Mix an EE-Technologien voraussetzt.

Abgesehen davon ist allerdings die Gesamtplanung für den PV-Ausbau in Deutschland deutlich klarer als in Griechenland. Obwohl im deutschen PV-Markt auch einige Vorzieheffekte aufgetreten sind, hat der Ausbaukorridor in Kombination mit dem atmenden Deckel zielgerichtet den Rhythmus des PV-Zubaus gesteuert. Nach dem Tiefstand des Zubaus im Jahr 2015 soll die Kürzung des Betrachtungszeitraums des atmenden Deckels von zwölf auf sechs Monate, eine Regelung die das neue EEG 2017 mit sich bringt, den Mechanismus noch effizienter machen, da er nun schneller auf die Marktänderungen reagieren wird[259]. Trotz dieser letzten Änderung, wurden im Jahr 2017 nur 1.700 MW installiert und somit liegt der Zubau nicht im Zielkorridor. Es ist abzuwarten, ob die Änderung des Mechanismus im Jahr 2018 ihre Effektivität beweisen wird.

Da Deutschland das Ziel für eine Steigerung des EE-Anteils am Stromverbrauch auf 38,6 % fast erreicht hat[260], kann es auch das EE-RL Ziel des 18 % EE-Anteils am Bruttoendenergieverbrauch bis 2020 erreichen[261], wenn sich die

258 Bundesrepublik Deutschland, Nationaler Aktionsplan für die EE, S. 2.
259 BMWi, EEG-Novelle 2016, Eckpunktepapier, S. 12.
260 BDEW, EEG: Zahlen, Fakten, Grafiken (2017), S. 4.
261 Das EE-RL Ziel entspricht einem EE-Anteil am Stromverbrauch von 38,6 %

EE-Stromerzeugung im gleichen Rhythmus weiterentwickelt[262]. Auch wenn der Zubau der PV nicht immer gut steuerbar war, hat die deutsche Planung einen Ausbau der PV insgesamt begünstigt. Dem energiepolitischen Ziel der Umweltverträglichkeit, welches durch die quantitative sowie die qualitative Weiterentwicklung der EE bzw. PV bestimmt ist, wird somit Rechnung getragen.

Griechenland mangelt es demgegenüber an einer Politik und einem konkreten Nationalen Ausbauplan, welcher die Entwicklung der PV auf eine zuverlässige, nachhaltige und kontinuierliche Basis stellt. Die dargestellten Reaktionen auf den unkontrollierten Zubau in Griechenland sind als ungeplant und hektisch zu bewerten. Eine „cool off" – „cool on" Taktik führte zu Planungsunsicherheit. Der griechische Rechtsrahmen war an dieser Stelle lückenhaft. Ein jährlicher Ausbaukorridor in Kombination mit dem Mechanismus des atmenden Deckels wie in Deutschland hätte den PV-Zubau planvoller und schneller kontrolliert. Eine Ausbauobergrenze kam mit dem G. 4254/2014 erst Mitte 2014, als der PV-Markt bereits zerrüttet war.

Gleichzeitig ist zweifelhaft, dass Griechenland seine nationalen EE-Ziele erreichen wird, denn in den vergangenen vier Jahren hat sich die gesamte installierte PV-Leistung um nur 8 MW erhöht. Dies spricht dafür, dass der griechische Nationale Ausbauplan das energiepolitische Ziel des Umweltschutzes nicht erreicht.

III. Planung und Genehmigung

In diesem Abschnitt wird jeweils der nationale Rechtsrahmen im Hinblick auf die Planungs- und Genehmigungsinstrumente als zweiter Parameter der Untersuchung analysiert.

1. Der deutsche Rechtsrahmen

Die Errichtung und der Betrieb von PV-Anlagen, vor allem von Freiflächenanlagen wirken in vielfältiger Weise auf die Umwelt ein und berühren die Interessen anderer Personen und vor allem der Allgemeinheit[263]. Die Nutzung von Photovoltaik steht in Konkurrenz zu anderen Nutzungsformen in den Bereichen

---

262 Obwohl in 2014 der EE-Anteil am Bruttoendenergieverbrauch erst bei 13,7 % lag, BDEW, EEG: Zahlen, Fakten, Grafiken (2016), S. 23.

263 *Maslaton*, Handbuch des Rechts der Photovoltaik, 2011, S. 4. So auch *Synodinos*, Energeia & Dikaio 1/2004, 5, 8.

Landwirtschaft, Wohnen, Industrie und Gewerbe, Infrastruktur oder Erholung[264]. Der Gesetzgeber kann einem notwendigen Interessenausgleich durch Instrumente des öffentlichen Rechts Rechnung tragen, vor allem durch Verbote mit Erlaubnisvorbehalt, welche eine hoheitliche Aufsicht sicherstellen. Zu diesem Zweck muss der potenzielle PV-Anlagenbetreiber in einem ersten Schritt alle erforderlichen Genehmigungen einholen. So wird gewährleistet, dass die Errichtung und der Betrieb der PV-Anlage in Einklang mit den öffentlich-rechtlichen Vorschriften stehen. Hinsichtlich der öffentlich-rechtlichen Zulässigkeit von PV-Anlagen ist eine Vielzahl von Vorschriften, insbesondere des Bauplanungs- und Bauordnungsrechts, des Umweltrechts sowie des Denkmalschutzrechts zu beachten.

a) Die Raumplanung

Da die PV direkt oder indirekt die Interessen anderer Personen und der Allgemeinheit berühren kann, können Konflikte bezüglich Flächen und Nutzungen auftreten, z. B. im Verhältnis zu Landwirtschaft, Wohnen, Industrie und Gewerbe sowie Infrastruktur. Der Gesetzgeber begegnet diesen Konflikten mit der Aufstellung und Implementierung von Raumordnungsplänen, welche zugunsten einer nachhaltigen Raumentwicklung bestimmte Regeln und Kriterien über Nutzungen und Funktionen des Raums festlegen[265]. Die möglichen Nutzungen des Raums sind unter Berücksichtigung seiner unterschiedlichen Funktionen in Einklang zu bringen. Der Raumordnungsplan ist ein Instrument zur Gewährleistung des Prinzips der Nachhaltigkeit unter Berücksichtigung sozialer, ökonomischer, ökologischer Facetten. Deshalb müssen die Errichtung und der Betrieb von PV-Anlagen, die in erster Linie der wirtschaftlichen Nutzung des Raumes dienen, auch seine ökologische Funktion berücksichtigen[266]. In diesem Zusammenhang ist es hervorzuheben, dass in diesem Abschnitt nur die ökologische Facette der Raumordnung, welche auch mit den Genehmigungen enger verbunden ist, analysiert wird. Die ökonomische Facette, nämlich die Steuerung der EE-Anlagen zum kosteneffizienten Standortwahl wird im Kapitel „Netzintegration“ analysiert, da sie ein Instrument zur Bewältigung der Netzengpässe darstellt.

---

264 *Fellenberg/Schiller*, in: Gerstner (Hrsg.), Grundzüge des Rechts der Erneuerbaren Energien, 2013, S. 151.

265 Vgl. § 1 ROG.

266 Vgl. § 2 Abs. 2 Nr. 6 S. 2 ROG.

Eine wichtige Rolle bei der Raumplanung spielt der Flächenbedarf der EE[267]. Gleichzeitig ist aber die „Fläche“ eine endliche Ressource[268]. Die Raumplanung ist für die Energiewende daher besonders wichtig, weil der Flächenbedarf für die EE größer als für die konventionellen Energien ist. Grund dafür ist, dass die EE natürliche Energieströme mit geringeren Leistungsdichten als die fossilen Energiequellen verwenden[269]. Das Energiekonzept der Bundesregierung gibt jedoch keine Angaben über den konkreten Flächenbedarf zur Erreichung der EE-Ziele für die Energiewende[270]. Nach dem Potenzialatlas Deutschland der AEE beträgt der Flächenbedarf zur Erreichung der EE-Ziele für die PV bis zum Jahr 2020 10.500 ha. Freiflächen und 37.000 ha. Gebäudeflächen[271]. Die in Deutschland installierten PV-Module ergeben im heutigen Bestand zusammen eine reine Modulfläche von knapp 300 km^2. Es wird geschätzt, dass der gezielte PV-Zubau von 200 GW eine Modulfläche von 1000 km^2 erreicht[272].

Für die sehr hohen EE-Ziele der Energiewende ist daher eine Flächensicherung notwendig[273]. Letztere ist Aufgabe der räumlichen Planung. Die räumliche Planung benutzt auf der überörtlichen Ebene das Instrument der Raumordnungsplanung und auf der örtlichen Ebene das Instrument der Bauleitplanung[274].

Im neuen ROG[275] kommen dem Ausbau der EE und der sparsamen Energienutzung besondere Bedeutung zu[276]. Trotzdem gibt es noch keinen Grundsatzplan

267 SRU, Wege zur 100 % erneuerbaren Stromversorgung, Sondergutachten, 2011, Rz. 53, S. 53.

268 *Schmidt*, Die Nutzung von Solarenergie, 2014, S. 105. Deswegen wurde 1998 von dem BMU erzielt, die Zunahme der Siedlungs- und Verkehrflächen bis 2020 auf 30 ha./Tag zu reduzieren. Siehe BMUB, Mit dem Entwurf eines umweltpolitischen Schwerpunktprogrammes neue Etappe in der Umweltpolitik eingeleitet, 1998, abrufbar auf http://www.bmub.bund.de/presse/pressemitteilungen/pm/artikel/mit-dem-entwurf-eines-umweltpolitischen-schwerpunktprogrammes-neue-etappe-in-der-umweltpolitik-eingeleitet/, zuletzt abgerufen am 01.09.2016.

269 SRU, Wege zur 100 % erneuerbaren Stromversorgung, Sondergutachten, 2011, Rz. 53, S. 53. Ausführlich zur Leistungsdichte siehe *MacKay*, Sustainable energy without the hot air, 2009, S. 127, 197.

270 *Köck*, in: Jarass (Hrsg.), Erneuerbare Energien in der Raumplanung, 2011, S. 50.

271 AEE, Erneuerbare Energien 2020, Potenzialatlas Deutschland, 2010, S. 18–19.

272 Ein Teil davon wird aber auf Dachanlagen installiert, Fraunhofer ISE, Aktuelle Fakten zur Photovoltaik in Deutschland, 2018, S. 38.

273 *Köck*, in: Jarass (Hrsg.), Erneuerbare Energien in der Raumplanung, 2011, S. 66.

274 *Köck*, in: Jarass (Hrsg.), Erneuerbare Energien in der Raumplanung, 2011, S. 53.

275 „Raumordnungsgesetz (ROG)“ v. 22.12.2008 (BGBl. I S. 2986), das zuletzt durch Art. 2 Abs. 15 des Gesetzes v. 20.07.2017 (BGBl. I S. 2808) geändert worden ist.

276 BT-Drs. 16/10292, S. 22.

nach § 17 Abs. 1 ROG zur EE Planung für den Gesamtraum Deutschlands. Bisher findet die Raumordnung auf der Ebene der Länder durch Regionalpläne oder Landesentwicklungsprogramme statt[277]. Grund dafür ist, dass die Regionalplanung ein Maßstab ist, der Standortentscheidungen ermöglicht bzw. deren Beeinflussung zulässt. Deshalb ist die Regionalplanung die Ebene, die die Aufgabe des § 2 Abs. 2 Nr. 6 S. 8 ROG, die räumlichen Voraussetzungen insb. für den Ausbau der EE zu schaffen, besser erfüllt[278].

Allerdings gibt es Überlegungen zur Förderung der EE-Stromerzeugung über einen Grundsatzplan für den Gesamtraum Deutschlands, in dem für bestimmte EE-Technologien (insbesondere Windenergie) Mindestvorgaben festgelegt werden könnten, welche Flächenanteile die Länder planerisch sichern müssen[279]. Der Vorschlag, einen solchen Grundsatzplan nach § 17 Abs. 1 ROG auch für die ganze Energiewende zu erstellen, wird kontrovers diskutiert. Dagegen spreche die Komplexität der planerischen Einzelfragen[280], dafür aber die Harmonisierung der „16 unterschiedlichen Energiewenden“[281] und die Vermeidung widersprüchlicher Entwicklungen[282]. Alternativ könnte das EEG als Energiefachrecht

---

277 Jedes Land hat sein eigenes Landesentwicklungsprogramm aufgestellt. In den meisten Ländern enthält das Landesentwicklungsprogramm Festsetzungen für die EE. Siehe Landesentwicklungsprogramm Bayern (6.2), Baden-Württemberg (4.2.5), Nordrhein-Westfallen (D. II. 2.), Niedersachsen (4.2). Wenigere Landesentwicklungsprogramme enthalten auch gesonderte Festsetzungen für die Photovoltaik z. B. Bayern (6.2.3. G) oder Niedersachsen (4.2.11).

278 *Schmidtchen*, Klimagerechte Energieversorgung im Raumordnungsrecht, 2014, S. 248.

279 *Schmidtchen*, Klimagerechte Energieversorgung im Raumordnungsrecht, 2014, S. 133. Ein Forschungsprojekt des Bundesministeriums für Bau-, Stadt- und Raumforschung empfiehlt die Aufstellung eine Bundesraumordnungsplans EE nach § 17 ROG, der *„[...] unter Beachtung der NAP-EE-Ziele räumlich differenzierte regionale EE-Ausbauziele in Form von Mengenzielen enthält, die in der Summe dem nationalen Gesamtziel entsprechen“*, BBSR, Strategische Einbindung Regenerativer Energien in Regionale Energiekonzepte 2011, S. 175; für Windenergie siehe *v. Seht*, DÖV 2011, 915, 919 f.

280 *Schmidtchen*, Klimagerechte Energieversorgung im Raumordnungsrecht, 2014, S. 134.

281 *Krawinkel*, ZNER 2012, 461, 462, 465. Der damalige Bundesumweltminister Peter Altmaier schlug Juli 2013 eine nationale Ausbauplanung vor. *„Angesichts der weitreichenden Pläne der Bundesländer für erneuerbare Energien brauchen wir dringend eine nationale Ausbauplanung“*, *Deutsche Presse-Agentur*, CDU verteidigt Windradpläne von Sachsen und Bayern abrufbar auf http://www.freiepresse.de/NACHRICHTEN/SACHSEN/CDU-verteidigt-Windradplaene-von-Sachsen-und-Bayern-artikel8449195.php, zuletzt abgerufen am 01.09.2016.

282 *de Witt/Scheuten/Straßburg*, NABEG, 2013, Einl. A, Rn. 84, der einen Masterplan für erforderlich hält, der *„über die Planungen nach EnWG und NABEG hinausgehen muss“*.

die Energiewende auch in Bezug auf die Fläche steuern. Nach dem Vorschlag des Bundesumweltministeriums (EEG-Verfahrensvorschlag) werde das EEG das „zentrale Instrument für die regionale und geographische Koordinierung“[283] der EE sein[284]. *Schmidtchen* bezweifelt hingegen wegen der Komplexität der Raumnutzungsentscheidungen die Eignung flächenbezogener Regelungen im EEG und befürwortet eine mittelbare Lösung, bei der sich das EEG auf die Landesplanung bezieht[285].

Dies lässt sich auf die PV übertragen. Insoweit ist *Schmidtchen* zuzustimmen, da die weitgehende Flächensteuerung durch die Vergütungsregelungen im EEG und die Zurückhaltung der Regionalplanung aufeinander aufbauen und künftig die EEG-Steuerung auf die Gesamtplanung zurückwirke[286]. Die Vorschriften des EEG berücksichtigen bestimmte Naturschutzerwägungen in Vergütungsregelungen (§§ 38a Abs. 1 Nr. 5, 48 Abs. 1 Nr. 3 lit. c EEG) mit. So dürfen z. B. PV-FFA nicht auf Flächen errichtet werden, welche als Naturschutzgebiet i.S.v. § 23 BNatSchG oder als Nationalpark i.S.v. § 24 BNatSchG festgesetzt worden sind[287]. Auch wenn die Vorgaben des EEG solche Naturschutzerwägungen mitberücksichtigen, können diese allgemeinen Regelungen die bundesweit unterschiedlichen räumlichen Bedingungen nicht bedienen[288]. Anderenfalls handelt es sich im Ergebnis entweder um absolute Mindeststandards oder um zu weitgehende Pauschalvorgaben.

Das wichtigste Beispiel für zu weitgehende gesetzliche Pauschalvorgaben ist, dass die Ackerflächen für PV-FFA grundsätzlich ausgeschlossen waren (§ 32 Abs. 1 Nr. 3 lit. c EEG 2012)[289]. Darüber hinaus haben bislang die jeweiligen Beschlüsse der Bauleitplanung den schnellen Ausbau der PV-FFA gesteuert. Die Tatsache, dass die Vorschriften des EEG für die Zulassung der Ackerflächen für PV-FFA in 2009 geändert wurden und Ackerflächen von einer PV-Nutzung durch eine Gesetzesänderung im Jahr 2010 ausgeschlossen wurden, verdeutlichen, dass die EEG-Steuerung insoweit nicht ausreicht, um den Interessen der Raumordnung gerecht zu werden[290]. Da aber die Verlegung von der

283 BMUB, Verfahrensvorschlag zur Neuregelung des EEG, 2012, S. 2, abrufbar auf http://www.hans-josef-fell.de/content/index.php/dokumente-mainmenu-77/doc_download/746-verfahrensvorschlag-altmaier-zum-eeg, zuletzt abgerufen am 27.02.2015.

284 Siehe auch *Scholtka/Baumbach et al.*, ER 2/2013, 71.

285 *Schmidtchen*, Klimagerechte Energieversorgung im Raumordnungsrecht, 2014, S. 149.

286 *v. Oppen*, ZUR 2010, 295, 296.

287 §§ 38a Abs. 1 Nr. 5 b), 48 Abs. 1 Nr. 3 lit. c EEG.

288 *Schmidtchen*, Klimagerechte Energieversorgung im Raumordnungsrecht, 2014, S. 311.

289 *Schmidtchen*, Klimagerechte Energieversorgung im Raumordnungsrecht, 2014, S. 311.

290 *Schmidtchen*, Klimagerechte Energieversorgung im Raumordnungsrecht, 2014, S. 313.

EEG-Steuerung auf die Gesamtplanung durch die Aufhebung der detaillierten Vorgaben des § 32 Abs. 1 Nr. 3 EEG 2012 Zeit braucht, wäre eine Lösung, in Zukunft die Gesamtplanung zumindest zu verstärken, ohne die EEG-Steuerung völlig zu entwerten[291]. *Schmidtchen* sprach sich dafür aus, *„die Einführung einer Vorschrift im EEG für die Zulassung der Ackerflächen oder die Vergütung – kumulativ zum Bebauungsplanvorbehalt der Nr. 3 in § 32 Abs. 1 EEG 2012 – von einer positiven Gebietsausweisung auf Ebene der Regionalplanung abhängig zu machen.“*

Das hat nun der Gesetzgeber im EEG 2017 gemacht. Gem. § 37 Abs. 1 Nr. 3 lit. h EEG 2017 ist die Errichtung von PV-Anlagen auf Ackerflächen erlaubt, wenn und soweit die Landesregierung eine Verordnung nach § 37c Abs. 2 EEG erlassen hat[292]. Gleiches gilt auch für die Grünflächen (§ 37 Abs. 1 Nr. 3 lit. i)[293].

Im Ergebnis ist festzustellen, dass mangels eines Grundsatzplans nach § 17 Abs. 1 ROG zur EE Planung für den Gesamtraum Deutschlands, das EEG als Energiefachrecht in seinen Vergütungsregelungen Instrumente zur Flächensteuerung enthält. Neu eingeführt sind die Vorschriften, die den Bau von PV-Anlagen auf Acker- und Grünflächen erlauben, welche sich auf die Landesplanung beziehen. Es ist abzuwarten, ob der Gesetzgeber sich in den nächsten Jahren mit der weiteren Zunahme des EE-Ausbaus für eine Raumordnung der EE auf Bundesebene oder für eine noch größere Steuerung durch das EEG entscheidet.

b) Genehmigungserfordernisse

Die öffentlich-rechtliche Zulässigkeit der PV-Anlagen ist in Deutschland maßgeblich von den bauplanungs- und baurechtlichen Vorschriften abhängig[294].

aa) Die Baugenehmigung

Den bauplanungs- und baurechtlichen Anforderungen wird durch die Baugenehmigung Rechnung getragen. Genehmigungspflichtig ist die Errichtung, Änderung oder Nutzungsänderung der PV-Anlagen dann, wenn diese eine Höhe

---

291 *Schmidtchen*, Klimagerechte Energieversorgung im Raumordnungsrecht, 2014, S. 313; ähnlich auch *Mitschang*, NuR 2009, 821, 828.

292 Die Rolle des EEG als eine regionale Entwicklungspolitik erkennt auch *Pustlauk*, obwohl sie dagegen ist, EWeRK 2016, 71, 72.

293 Darunter versteht der Gesetzgeber *„die Flurstücke die zum Zeitpunkt des Beschlusses über die Aufstellung oder Änderung des Bebauungsplans als Grünland genutzt worden sind und in einem benachteiligten Gebiet lagen und die nicht unter eine der in Buchstabe a bis g genannten Flächen fällt“* (§ 37 Abs. 1 Nr. 3 lit. i EEG).

294 *Große*, in: Dagenhart/Hohlbein/Schomerus (Hrsg.), Recht, Finanzierung und Versicherung von Photovoltaikanlagen, 2012, S. 44.

von 3 m oder eine Gesamtlänge vom 9 m übersteigen. Genehmigungsfrei sind gebäudeabhängige PV-Anlagen und die PV-FFA mit einer Höhe bis zu 3 m und einer Gesamtlänge bis zu 9 m[295]. Genehmigungsfähig ist eine genehmigungspflichtige PV-Anlage dann, wenn sie mit den öffentlich-rechtlichen Vorschriften im Einklang steht. Diese ergeben sich sowohl aus dem Bauordnungs- als auch aus dem Bauplanungsrecht.

Die Baugenehmigung umfasst nämlich zum einen das „Ob" des Bauens – i.d.S. also die Standortfindung – und zum anderen das „Wie" des Bauens – mithin Fragen der Bauausführung. Die erste Frage ist Gegenstand des Bauplanungsrechts, welches primär im Baugesetzbuch geregelt ist, und die zweite Frage Gegenstand des landesrechtlichen Bauordnungsrechts[296]. Das Bauordnungsrecht ist in den Landesbauordnungen geregelt[297]. Hier ist zu unterscheiden zwischen den verschiedenen Gebietstypen, d.h. wie das Gebiet, in dem sich der Anlagenstandort befinden soll, bauplanungsrechtlich zu qualifizieren ist[298]. Für jedes Gebiet gelten unterschiedliche Anforderungen für die Zulassung der PV-Anlagen. Weiterhin ist noch zu unterscheiden zwischen PV-Anlagen an oder auf Gebäuden und PV-FFA.

Die Bauaufsichtsbehörde hat nur bei der Erteilung von Befreiungen und Abweichungen ein Ermessen[299]. Nach § 70 Abs. 1 S. 1 MBO *„sollen die Eigentümer benachbarter Grundstücke (Nachbarn) vor Erteilung von Abweichungen und Befreiungen benachrichtigt werden, wenn zu erwarten ist, dass öffentlich-rechtlich geschützte nachbarliche Belange berührt werden. In diesem Fall sind Einwendungen innerhalb von zwei Wochen nach Zugang der Benachrichtigung bei der Bauaufsichtsbehörde zu erheben*" (§ 70 Abs. 1 S. 2 MBO).

---

295 § 61 Abs. 1 Nr. 3, lit. b MBO. Die gleiche Regelung gilt für Berlin (siehe § 62 Abs. 1 Nr. 3 lit. b BauO Bln), für Bayern (siehe §§ 57 Abs. 1 Nr. 3 lit. a, bb) BayBO). Andere Landesbauordnungen enthalten aber andere Größenbegrenzungen. So regelt z. B. die BbgBO, dass diejenigen PV-FFA befreit sind, die mit einem Abstand von nicht mehr als 0,20 m an Dach- oder Außenwandflächen angebracht oder mit einer Gesamtfläche von nicht mehr als 10 m² und einer Bauhöhe von nicht mehr als 0,60 m auf Flachdächern aufgestellt werden (§ 55 Abs. 3 Nr. 10 BbgBO). Mehr hierzu siehe unten.

296 *Maslaton*, Handbuch des Rechts der Photovoltaik, 2011, S. 21.

297 Im Folgenden bezieht sich die Darstellung auf die MBO, die die Rechtslage in den meisten Bundesländern abbildet.

298 *Maslaton*, Handbuch des Rechts der Photovoltaik, 2011, S. 23.

299 *Fellenberg/Schiller*, in: Gerstner (Hrsg.), Grundzüge des Rechts der Erneuerbaren Energien, 2013, S. 166.

(1) Das Bauplanungsrecht

(a) Gebäudeanlagen

Im Folgenden werden die Vorschriften des Bauplanungsrechts zu jeder der drei planungsrechtlichen Gebietskategorien für die Gebäudeanlagen dargestellt. Die Gebietskategorien sind der Außenbereich, der Geltungsbereich eines Bebauungsplans und der unbeplante Innenbereich.

Im Außenbereich sind PV-Anlagen an oder auf Gebäuden gem. § 35 Abs. 1 Nr. 8 BauGB[300] privilegiert zulässig. Die Privilegierung setzt voraus, dass die Anlagen dem Gebäude baulich, also räumlich-gegenständlich, untergeordnet sind. Somit darf die Fläche der PV-Anlagen nicht über die Dach- oder Wandfläche des Gebäudes hinausgehen. Dabei wird keine funktionelle Unterordnung verlangt. Die Privilegierung gilt somit unabhängig davon, ob der erzeugte EE-Strom selbst verbraucht oder vollständig oder überwiegend in ein öffentliches Netz eingespeist wird[301]. Damit sollte der Rechtsprechung[302] entgegengewirkt sein, wonach eine Nutzungsänderung eines landwirtschaftlichen Gebäudes entstehen kann, wenn eine (zusätzliche) Nutzung in Form von Stromerzeugung und Einspeisung in das Stromnetz des Energieversorgers aufgenommen wird, was die Privilegierung der ehemaligen Nutzung entfallen lassen kann[303].

Nächste Voraussetzung für die Zulässigkeit der PV-Anlagen an oder auf Gebäuden nach § 35 Abs. 1 BauGB ist, dass deren Erschließung gesichert ist und öffentliche Belange nicht entgegenstehen. Möglicherweise beeinträchtigter Belang könnte der Denkmalschutz nach § 35 Abs. 3 S. 1 Nr. 5 BauGB sein. Nur in Ausnahmefällen kann eine Beeinträchtigung des Orts- und Landschaftsbildes i.S.d. § 35 Abs. 3 S. 1 Nr. 5 BauGB in Betracht kommen. Da allerdings die Nutzung der EE in der Regel dem öffentlichen Interesse dient, würde eine solche Beeinträchtigung die Zulässigkeit der PV-Anlagen nicht verhindern[304].

Nach § 30 Abs. 1 BauGB sind die PV-Anlagen im Geltungsbereich eines Bebauungsplans, der Festsetzungen über die Art und das Maß der baulichen Nutzung, die überbaubaren Grundstücksflächen und die örtlichen Verkehrsflächen enthält, zulässig, wenn sie diesen Festsetzungen nicht widersprechen und

300 „Baugesetzbuch (BauGB)" in der Fassung der Bekanntmachung v. 3.11.2017 (BGBl. I S. 3634).

301 BT-Drs. 17/6076, S. 10.

302 OVG Münster, Urt. v. 20.09.2010 – 7 B 985/10, BauR 2011, 240 ff.

303 *Schmidt*, Die Nutzung von Solarenergie, 2014, S. 196.

304 *Fellenberg/Schiller*, in: Gerstner (Hrsg.), Grundzüge des Rechts der Erneuerbaren Energien, 2013, S. 155.

die Erschließung gesichert ist[305]. Nach § 1 Abs. 2 BauNVO[306] können die für die Bebauung vorgesehenen Flächen nach der besonderen Art ihrer baulichen Nutzung (Baugebiete) dargestellt werden. Nach § 11 Abs. 2 S. 3 BauNVO sind Gebiete für die PV-Anlagen als sonstige Sondergebiete eingestuft. Dabei sind die Zweckbestimmung und die Art der Nutzung darzustellen und festzusetzen. § 14 Abs. 1 S. 1 BauNVO normiert, dass *„außer den in den §§ 2 bis 13 genannten Anlagen auch untergeordnete Nebenanlagen und Einrichtungen zulässig sind, die dem Nutzungszweck der in dem Baugebiet gelegenen Grundstücke oder des Baugebiets selbst dienen und die seiner Eigenart nicht widersprechen"*.

Baulich untergeordnete PV-Anlagen in, an oder auf Dach- oder Außenwandflächen sollen, soweit sie nicht nach den §§ 2 bis 13 als gewerbliche Nutzung zulässig sind, auch dann als Nebenanlage im Sinne des § 14 Abs. 1 S. 1 BauNVO zulässig sein, wenn der erzeugte Strom vollständig oder überwiegend in das öffentliche Netz eingespeist wird – unabhängig davon, ob sie im Einzelfall als Bestandteil des Gebäudes zu werten sein sollten[307]. Damit wird auch bei den PV-Anlagen im Geltungsbereich eines Bebauungsplans auf das Merkmal der funktionellen Unterordnung verzichtet. Ferner kann nach § 14 Abs. 1 S. 3 BauNVO im Bebauungsplan die Zulässigkeit der PV-Anlagen eingeschränkt oder ausgeschlossen werden.

Für den Fall, dass die Errichtung der PV-Anlage im Konflikt zu den Festsetzungen eines Bebauungsplans zum Maß der baulichen Nutzung (Höhe) oder zur überbaubaren Grundstücksfläche (Baulinien, Baugrenzen) steht, sieht § 248 S. 2 BauGB die Zulassung von Abweichungen vor[308]. Danach sind in Gebieten mit Bebauungsplänen geringfügige Abweichungen von dem festgesetzten Maß der baulichen Nutzung, der Bauweise und der überbaubaren Grundstücksfläche zulässig, soweit dies mit nachbarlichen Interessen und baukulturellen Belangen vereinbar ist[309].

---

305 Nach *Krebs*, in: Schmidt-Aßmann/Schoch (Hrsg.), Besonderes Verwaltungsrecht, 2008, 4. Kap, Rn. 163 ist ein Baugebiet erst dann in umfassender Hinsicht nutzbar, wenn es in verkehrsstruktureller, technischer und sozialer Hinsicht in seine Umgebung eingebunden, d.h. erschlossen ist. Der Begriff der Erschließung ist in den §§ 30 ff BauGB grundstücksbezogen und umfasst zumindest den Anschluss des Grundstücks an das öffentliche Straßennetz sowie die Versorgung mit Elektrizität und Wasser.

306 „Verordnung über die bauliche Nutzung der Grundstücke (Baunutzungsverordnung – BauNVO)" in der Fassung der Bekanntmachung v. 21.11.2017 (BGBl. I S. 3786).

307 Drs. 17/11468, S. 18.

308 *Fellenberg/Schiller*, in: Gerstner (Hrsg.), Grundzüge des Rechts der Erneuerbaren Energien, 2013, S. 156.

309 § 248 S. 2 BauGB.

Der unbeplante Innenbereich unterscheidet sich von den anderen planungsrechtlichen Gebietskategorien durch das gänzliche Fehlen einer positiven Planungsentscheidung, sodass § 34 BauGB planersetzende Wirkung zukommt[310]. Nach § 34 BauGB sind Vorhaben zulässig, wenn sie „*sich nach Art und Maß der baulichen Nutzung, der Bauweise und der Grundstücksfläche, die überbaut werden soll, in die Eigenart der näheren Umgebung einfügen und die Erschließung gesichert ist*“. Entspricht die Eigenart der näheren Umgebung einem der Baugebiete i.S.d. §§ 2 bis 9 BauNVO, beurteilt sich das Vorhaben gem. § 34 Abs. 2 BauGB seiner Art nach allein danach, ob es in dem jeweiligen Baugebiet zulässig wäre[311]. Ansonsten ist die konkrete Eigenart der näheren Umgebung und des Vorhabens die Faktoren, die das Einfügen in die vorhandene Bebauung bestimmen.

(b) Freiflächenanlagen

Weil die PV-FFA flächenintensiv sind, werden sie im Außenbereich im Vergleich zu den Gebäudeanlagen von dem Gesetzgeber des BauGB aber auch des EEG nachrangig gefördert. Für PV-FFA besteht nämlich, im Gegensatz zu den Gebäudeanlagen, keine Privilegierung i.S.d. § 35 Abs. 1 BauGB. Die Zulässigkeit als sonstige Vorhaben i.S.d. § 35 Abs. 2 BauGB kommt auch nicht in Betracht, weil es oft der Fall ist, dass eine Beeinträchtigung öffentlicher Belange, insb. des Naturschutzes und der Landschaftspflege oder der Erhaltung der natürlichen Eigenart der Landschaft, vorliegt[312]. Ferner kommt es vor, dass das Vorhaben den Darstellungen im Flächennutzungsplan nach § 35 Abs. 3 S. 1 Nr. 1 BauGB widerspricht[313], wenn die Außenbereichsflächen landwirtschaftliche Flächen sind[314]. Daher kann die Zulässigkeit einer PV-FFA regelmäßig nur im Wege der Aufstellung eines Bebauungsplans nach § 8 oder § 12 BauGB gestützt werden[315].

Im Gebiet eines Bebauungsplans ist die Zulässigkeit von PV-FFA grundsätzlich problematisch. Der Festsetzungskatalog des § 9 BauGB i.V.m. den Regelungen der BauNVO über die Art und das Maß der baulichen Nutzung bestimmt die Festsetzungen eines Bebauungsplans. Auch wenn PV-FFA insb. auch in Gewerbe- und Industriegebieten als zulässige Vorhaben anzusehen sind, wird

---

310 *Maslaton*, Handbuch des Rechts der Photovoltaik, 2011, S. 33.

311 *Fellenberg/Schiller*, in: Gerstner (Hrsg.), Grundzüge des Rechts der Erneuerbaren Energien, 2013, S. 156.

312 § 35 Abs. 3 S. 1 Nr. 5 BauGB.

313 § 35 Abs. 3 S. 1 Nr. 1 BauGB.

314 *Fellenberg/Schiller*, in: Gerstner (Hrsg.), Grundzüge des Rechts der Erneuerbaren Energien, 2013, S. 157.

315 *Schmidt*, Die Nutzung von Solarenergie, 2014, S. 197.

nach *Große* eine Gemeinde für die Errichtung der PV-FFA regelmäßig ein Sondergebiet mit dem Nutzungszweck der PV-Stromerzeugung gem. § 11 Abs. 2 BauNVO ausweisen[316]. In der Regel wird zwischen geeigneten und bedingt geeigneten Standorten unterschieden: Zu Ersteren gehören Nationalparks, Naturschutzgebiete, Natura 2000-Gebiete, gesetzlich geschützte Biotope; Standorte oder Lebensräume mit besonderer Bedeutung für besonders oder streng geschützte Arten i.S.v. § 7 Abs. 1 Nr. 13 und 14 BNatSchG; sonstige Bereiche mit herausragender Bedeutung für das Landschaftsbild, die Erholung, die Kulturlandschaft oder der landesweite Biotopverbund; zu den bedingt geeigneten gehören die landwirtschaftlichen Böden hoher Bonität oder die bedeutenden historischen Kulturlandschaften[317]. Wenn für die Fläche ein Bebauungsplan besteht, müssen die PV-FFA in Einklang zu diesen Festsetzungen stehen. Wenn aus den Festsetzungen keine Zulässigkeit hervorgeht, können die PV-FFA nur über (umfangreiche) Befreiungen nach § 31 Abs. 2 BauGB zugelassen werden, die im Ermessen der Genehmigungsbehörde liegen[318].

Im unbeplanten Innenbereich nach § 34 Abs. 1 BauGB kommt eine Zulassung der PV-FFA grundsätzlich nicht in Betracht. Da die PV-FFA große Flächen in Anspruch nehmen, besteht nicht genügend Raum für die Errichtung solcher Anlagen im unbeplanten Innenbereich. Daher käme die PV-FFA nicht für eine Baulückenschließung in Frage[319].

(2) Das Bauordnungsrecht

Wie bereits ausgeführt, regelt das Bauordnungsrecht das „Wie" des Bauens und enthält Anforderungen sowohl an das Baugrundstück als auch an die Art und Weise des Baues, was die Sicherheitstechnik und die Ästhetik betrifft[320]. Gem. 3 MBO „*sind Anlagen so anzuordnen, zu errichten, zu ändern und instand zu halten, dass die öffentliche Sicherheit oder Ordnung, insbesondere das Leben, die Gesundheit und die natürlichen Lebensgrundlagen, nicht gefährdet werden*"[321].

316 *Große*, in: Dagenhart/Hohlbein/Schomerus (Hrsg.), Recht, Finanzierung und Versicherung von Photovoltaikanlagen, 2012, S. 65; *Wilke*, BauR 2011, 1744, 1748.

317 Oberste Baubehörde im Bayerischen Staatsministerium des Innern, Rundschreiben IIB5-4112.79-037/09 v. 19.11.2009 zur bau- und landesplanungsrechtlichen Behandlung von Freiflächen-Photovoltaikanlagen, Anlage.

318 *Fellenberg/Schiller*, in: Gerstner (Hrsg.), Grundzüge des Rechts der Erneuerbaren Energien, 2013, S. 158.

319 *Mitschang*, NuR 2009, 821, 823 f. Siehe auch *Schäfer* in: Mitschang (Hrsg.), Stadt- und Regionalplanung vor neuen Herausforderungen, 2007, S. 103, 108.

320 *Maslaton*, Handbuch des Rechts der Photovoltaik, 2011, S. 61.

321 § 3 MBO. So auch § 3 BauO Bl und ähnlich § 3 BayBo.

Relevant für PV-Anlagen sind vor allem die Abstandsgebote, die den Zweck verfolgen, genügend Lichteinfall und die Durchlüftung des Bauwerks wie auch seiner Nachbarschaft zu gewährleisten[322]. Nach § 6 Abs. 8 Nr. 2 MBO sind *„in den Abstandsflächen eines Gebäudes sowie ohne eigene Abstandsflächen, auch wenn sie nicht an die Grundstücksgrenze oder an das Gebäude angebaut werden, gebäudeunabhängige Solaranlagen mit einer Höhe bis zu 3 m und einer Gesamtlänge je Grundstücksgrenze von 9 m zulässig"*[323]. Für den Fall, dass durch eine nachträgliche Installation von PV-Anlagen an der Außenwand oder auf dem Dach die Abstandsflächen unterschritten werden[324], regelt nun die neue MBO, dass *„bei der Bemessung der Abstandsflächen Maßnahmen zum Zwecke der Energieeinsparung und Solaranlagen an bestehenden Gebäuden außer Betracht bleiben, wenn sie eine Stärke von nicht mehr als 25 cm aufweisen und nicht weniger als 2,50 m von der Nachbargrenze zurückbleiben"*[325].

(3) Die Vereinbarkeit mit den anderen öffentlich-rechtlichen Vorschriften

(a) Das Denkmalschutzrecht

Genehmigungspflichtig ist die Errichtung einer PV-Anlage nicht nur, wenn das Gebäude ein Einzeldenkmal oder Teil eines Denkmalensembles ist[326], sondern auch wenn die Errichtung der PV-Anlage das Erscheinungsbild[327] eines Baudenkmals in der näheren Umgebung[328] beeinträchtigt.

Für die Genehmigungsfähigkeit ist eine Interessenabwägung zwischen privaten Interessen und Erfordernissen des Gemeinwohls notwendig[329]. Dabei sind u.a. zu berücksichtigen: die Höhe des Denkmalwerts[330], die Gründe, aus denen das Denkmal unter Schutz steht, die Auswirkungen, die von der Anlage auf das

---

322 *Maslaton*, Handbuch des Rechts der Photovoltaik, 2011, S. 61; *Oldiges*, in: Steiner (Hrsg.), Besonderes Verwaltungsrecht, 2006, III. Rn. 292.

323 So auch § 6 Abs. 7 Nr. 2 BauO Bl und ähnlich § 6 Abs. 9 Nr. 2 BayBo.

324 *Fellenberg/Schiller*, in: Gerstner (Hrsg.), Grundzüge des Rechts der Erneuerbaren Energien, 2013, S. 160.

325 § 6 Abs. 7 MBO. In den BauO Bl und BayBo gibt es aber noch keine solche Regelung.

326 *Fellenberg/Schiller*, in: Gerstner (Hrsg.), Grundzüge des Rechts der Erneuerbaren Energien, 2013, S. 163.

327 Vgl. auch § 11 Abs. 1, S. 1 Nr. 1 DSchG Bln; § 9 Abs. 1 lit. b DSchG NRW.

328 VGH Mannheim, Urt. v. 01.09.2011 – 1 S 1070/11, DVBl. 2011, 1418.

329 VGH Mannheim, Urt. v. 01.09.2011 – 1 S 1070/11, DVBl. 2011, 1418; OVG Koblenz, Urt. v. 16.08.2011 – 8 A 10590/11 = DVBl. 2011, 1362.

330 OVG Koblenz, Urt. v. 16.08.2011 – 8 A 10590/11 = DVBl. 2011, 1362.

Denkmal ausgehen[331]. Die Denkmalschutzgenehmigung wird in die Baugenehmigung inkorporiert, wenn Letztere für die Errichtung der PV-Anlage erforderlich ist[332].

(b) Die Umweltverträglichkeitsprüfung

Die PV-FFA benötigen keine Umweltverträglichkeitsprüfung, da die PV-Anlagen nicht auf der Liste der in Anlage 1 zum UVPG aufgelisteten UVP-pflichtigen Vorhaben stehen[333]. Allerdings kann im Einzelfall das Vorhaben aus anderen Gründen genehmigungspflichtig sein, wenn z. B. für das Vorhaben Waldflächen in einem erheblichen Umfang in Anspruch genommen werden sollen (vgl. Nr. 17 in Anlage 1 zum UVPG); in diesem Fall kann die Umweltverträglichkeitsprüfung in das Bebauungsplanaufstellungsverfahren integriert werden (vgl. § 17 UVPG)[334].

(c) Das Naturschutzrecht

Die Errichtung von PV-FFA kann die Natur und das Landschaftsbild gem. §§ 13, 14 BNatSchG[335] beeinträchtigen. Deswegen müssen die Auswirkungen der Errichtung von PV-FFA auf die Natur und die Landschaft im Rahmen der Eingriffsregelung bewertet werden. Die in den §§ 13 ff. BNatSchG geregelte naturschutzrechtliche Eingriffsregelung gilt ubiquitär, d.h. unabhängig davon, ob das Gebiet, das betroffen wird, unter besonderen Schutz gestellt wurde[336]. Ferner ist diese Regelung in das immissionsschutzrechtliche bzw. baurechtliche Genehmigungsverfahren integriert. Wie *Fellenberg/Schiller* betonen, steht bei der Bewertung der Eingriffswirkungen eines Vorhabens und der Bestimmung von Ausgleichs- und Ersatzmaßnahmen der Genehmigungsbehörde eine naturschutzfachliche Einschätzungsprärogative zu“[337].

331 *Fellenberg/Schiller*, in: Gerstner (Hrsg.), Grundzüge des Rechts der Erneuerbaren Energien, 2013, S. 165.

332 Vgl. Art. 6 Abs. 3 BayDSchG; § 10 Abs. 4 DSchG Nds.

333 So auch *Thömmes*, Stromerzeugung aus ‚Erneuerbaren Energien,‘ 2016, S. 256.

334 *Große*, in: *Dagenhart/Hohlbein/Schomerus* (Hrsg.), Recht, Finanzierung und Versicherung von Photovoltaikanlagen, 2012, S. 68.

335 „Gesetz über Naturschutz und Landschaftspflege (Bundesnaturschutzgesetz-BnatSchG)“ v. 29.07.2009 (BGBl. I S. 2542), das zuletzt durch Art. 1 des Gesetzes v. 15.09.2017 (BGBl. I S. 3434) geändert worden ist.

336 *Fellenberg/Schiller*, in: Gerstner (Hrsg.), Grundzüge des Rechts der Erneuerbaren Energien, 2013, S. 101.

337 *Fellenberg/Schiller*, in: Gerstner (Hrsg.), Grundzüge des Rechts der Erneuerbaren Energien, 2013, S. 101; BVerwG, Urt. v. 09.06.2004 – 9 A 11.03, BVerwGE 121, 72, 84.

bb) Kritische Würdigung

Anders als andere Technologien der EE, stehen die PV-Anlagen nicht unter einem immissionsschutzrechtlichen Verbot mit Erlaubnisvorbehalt,[338] es bedarf auch keiner Umweltverträglichkeitsprüfung nach dem UPVG[339]. Ebenso wenig sieht das deutsche Recht – anders als das griechische – Produktions-, Betriebs-, oder Installationsgenehmigungen vor. Somit stellt das öffentliche Bau- und Umweltrecht und seine verwaltungsrechtliche Durchsetzung kaum Hemmnisse für den Ausbau der PV bereit.

Nicht zu Unrecht bestätigen deswegen Studien im Auftrag der Kommission die Tatsache, dass der deutsche Rechtsrahmen über den Genehmigungsprozess den Ausbau von PV begünstigt. Die Evaluierungsstudie von CE Delft im Rahmen des REFIT Programms, die u.a. auf einer Studie des Ecofys basiert, hat in 2014 das deutsche System als sehr effektiv, „best practice" und nicht als die EE-Entwicklung hemmend betrachtet[340].

2. Der griechische Rechtsrahmen

Nach dem griechischen Rechtsrahmen muss der potenzielle Anlagenbetreiber insgesamt bis zu fünf Lizenzen einholen. Diese sind zu unterschiedlichen Zeiten, von unterschiedlichen Behörden und in unterschiedlichen Fristen zu bekommen. Die große Anzahl der erforderlichen Genehmigungen und der beteiligten Behörden und die langen Gerichtsprozesse verzögern die Genehmigung der PV-Anlage und stellen ein beträchtliches Hindernis schon beim ersten Schritt der Investition dar.

a) Die Raumplanung

In Griechenland ist die Aufstellung und Implementierung eines Raumordnungsplans von zentraler Bedeutung, da die Landschaft u.a. wegen der großen Anzahl von Inseln und Gebirgen sehr vielfältig ist[341], gleichwohl stellt sie ein

---

338 „Gesetz zum Schutz vor schädlichen Umwelteinwirkungen durch Luftverunreinigungen, Geräusche, Erschütterungen und ähnliche Vorgänge (Bundes-Immissionsschutzgesetz – BImSchG)" in der Fassung der Bekanntmachung v. 17.05.2013 (BGBl. I S. 1274), das zuletzt durch Art. 3 des Gesetzes v. 18.07.2017 (BGBl. I S. 2771) geändert worden ist.

339 „Gesetz über die Umweltverträglichkeitsprüfung (UVPG)" in der Fassung der Bekanntmachung v. 24.02.2010 (BGBl. I S. 94), das zuletzt durch Art. 2 des Gesetzes v. 08.09.2017 (BGBl. I S. 3370) geändert worden ist.

340 CE Delft, Mid-term evaluation of the Renewable Energy Directive, 2015, S. 120, 235.

341 *Papapetropoulos*, Δίκαιο και πολιτική του χωροταξικού σχεδιασμού, 2008, S. 189, 397.

vergleichsweise junges Instrument dar.[342] Die in Griechenland installierte PV-Leistung (2.066 MW) ergibt im heutigen Bestand zusammen eine reine Modulfläche von knapp 12,4 km^2. Es wird geschätzt, dass diese Leistung eine Fläche von 40 km^2, d.h. 0,03 % der gesamten Fläche Griechenlands in Anspruch nimmt[343].

Mit dreißig Jahren Verzögerung[344] wurde 2008 der erste Raumordnungsplan auf nationaler Ebene verabschiedet. Die Regionalpläne wurden hingegen bereits 2003, also vor Verabschiedung des nationalen Raumordnungsplans erlassen. Ende 2008 wurde erstmalig auch ein sektorspezifischer Raumordnungsplan für EE erlassen[345], der Richtlinien und Kriterien für die Errichtung von EE-Anlagen bestimmen sollte, die Konflikte und Unklarheiten der Vergangenheit bewältigen und auf diese Weise die Entwicklung der EE auf nachhaltige Weise fortsetzen[346]. Zu diesem Zweck regelt Art. 17 Min. Beschl., welche Flächen bei der Errichtung von PV-Anlagen Priorität haben und auf welchen Flächen die Errichtung von PV-Anlagen unzulässig ist. Priorität haben unfruchtbare Flächen, die vorzugsweise schlecht einzusehen sind und gleichzeitig Netzanschlussmöglichkeiten bieten. Diese Kriterien sind indikativ. Unzulässig ist die Errichtung von PV-Anlagen – ebenso wie in Deutschland – in Nationalparks, Gebieten unter absolutem Naturschutz, Natura 2000-Gebieten, geschützten Landschaften, Gebieten mit herausragender Bedeutung für die Kulturlandschaft, archäologischen Zonen und Waldgebieten[347].

Das G. 3851/2010 macht allerdings für Naturschutzgebiete eine Ausnahme. Sofern solche Gebiete nicht unter absolutem Naturschutz stehen oder Ramsar-Gebiete oder Ökotope mit großer Priorität sind, ist die Errichtung von PV-Anlagen möglich unter der Voraussetzung, dass der geschützte Bereich der Region erhalten bleibt. Auf diese Weise wird gewährleistet, dass eine Ablehnung des

342 Über die verfassungsrechtliche Grundlage der Raum- und Ordnungsplan siehe *Vasileiadis, Divani et al.*, Περιβάλλον. Διαγράμματα, Σχόλια, Νομολογία, Υποδείγματα, 2016, S. 221 ff.

343 SEF, Στατιστικά στοιχεία αγοράς φωτοβολταϊκών, 2016, S. 7; SEF,Κακή χρονιά το 2014 για τα φωτοβολταϊκά.

344 Nach der Verankerung der Raumordnung im griechischen Grundgesetz 1975. Hierzu kritisch *Menoudakos*, Nomos & Physis 2008; *Giannakourou*, in: FS StE 2004; *Giannakourou*, Nomos & Physis 2008; *Panagos*, Η ανάπτυξη των ΑΠΕ στην Ελλάδα, 2008, S. 12; *Papapetropoulos*, Nomos & Physis 2005.

345 Min. Beschl. 49828/12.11.2008 „Έγκριση ειδικού πλαισίου χωροταξικού σχεδιασμού και αειφόρου ανάπτυξης για τις ΑΠΕ και της στρατηγικής μελέτης περιβαλλοντικών επιπτώσεων αυτού“ (FEK B' 2464/03.12.2008).

346 Art. 1 Abs. 1 Min. Beschl. 49828/2008.

347 Art. 17 Abs. 2 lit. a bis στ Min. Beschl. 49828/2008.

Vorhabens immer nur unter Berücksichtigung der spezifischen Eigenschaften des spezifischen Gebietes und nicht auf Grundlage von allgemeinen Kriterien erfolgen kann[348]. Auf Agrarland mit hoher landwirtschaftlicher Nutzung lässt das G. 3851/2010 PV-Anlagen zu, wenn die gesamte, durch PV-Anlagen genutzte Fläche nicht mehr als 1 % des gesamten kultivierten Landes des jeweiligen Verwaltungsbezirkes beträgt[349].

Der sektorspezifische EE-Raumordnungsplan ist ein bedeutender Schritt für die Raumordnung, da er detaillierte Kriterien für die Errichtung von PV-Anlagen enthält. Gleichwohl sind manche Spezifikationen wie der Abstand von PV-Anlagen zu Ausschlusszonen erst während des Umweltgenehmigungsprozesses zu prüfen. Außerdem waren gerade in der Anfangszeit viele Flächennutzungspläne und Beschlüsse zum Umweltschutz bestimmter Gebiete noch nicht mit dem Raumordnungsplan harmonisiert[350]. Mit G. 3851/2010 wurde deshalb eine neue Regelung für die Harmonisierung und Koordinierung der Planungen auf den unterschiedlichen Ebenen in Kraft gesetzt[351]. Nach Art. 9 des Gesetzes müssen alle sonstigen städtebaulichen, raumbedeutsamen Planungen und Pläne zur Flächennutzung mit dem EE-Raumordnungsplan harmonisiert werden. Andernfalls erlischt ihre Geltung, und die Zulässigkeit von EE-Anlagen ist allein nach dem EE-Raumordnungsplan zu beurteilen. Das G. 4254/2014 sieht außerdem eine 10%-ige Erhöhung der Einspeisetarife für diejenigen PV-Anlagen vor, die wegen einer Änderung des Raumordnungsplans an einem anderen Standort errichtet werden müssen[352].

Vor diesem Hintergrund ist festzustellen, dass das G. 3851/2010 ein wichtiger erster Schritt zur Harmonisierung der unterschiedlichen Planungen auf verschiedenen Ebenen mit dem Raumordnungsplan war. Es ist nun notwendig, dass die angestrebte Harmonisierung auch in der Praxis vollständig umgesetzt

---

348 Art. 8 Abs. 6 G. 3851/2010, Gesetzesbegründung, S. 12.

349 Art. 9 Abs. 7 G. 3851/2010.

350 S. z. B. Plan für den Ökopark Parnwnas, Behörde der erneuerbaren Energien, Ετήσια Έκθεση Υπηρεσίας ΑΠΕ, 2010, S. 14.

351 Art. 8 Abs. 1 S. 3 und Art. 9 Abs. 3 G. 2742/1999 „Χωροταξικός σχεδιασμός και αειφόρος ανάπτυξη & άλλες διατάξεις“ [Raumordnungsplan, Nachhaltigkeit und weitere Vorschriften] v. 07.10.1999 (FEK A' 207/07.10.1999), so wie sie durch das Art. 9 G. 3851/2010 geändert sind.

352 Art. 3 G. 4203/2013 „Ρυθμίσεις θεμάτων Ανανεώσιμων Πηγών Ενέργειας και άλλες διατάξεις“ [Gesetz zu erneuerbaren Energien und weitere Vorschriften] v. 01.11.2013 (FEK A' 235/01.11.2013), so wie es durch Ypoparagraphos IΓ 8 G. 4254/2014 geändert wurde.

wird. Hierfür bietet es sich an, durch eine Verordnung den sektorspezifischen EE-Raumordnungsplan für Sachverhalte ohne Harmonisierung der unterschiedlichen Flächennutzungspläne mit dem Raumordnungsplan für unmittelbar anwendbar zu erklären[353].

b) Genehmigungserfordernisse

Das griechische Recht bedient sich im Hinblick auf die PV auch dem Verbot mit Erlaubnisvorbehalt, um eine staatliche Aufsicht sicherzustellen. Die Anwendungsbreite dieses Instruments wird im Folgenden dargestellt.

aa) Die Produktionsgenehmigung

(1) Aktueller Rechtsrahmen

Die Produktion von Strom aus PV in Anlagen mit einer installierten Leistung ab 1 MW steht nach dem G. 3851/2010 unter einem Genehmigungsvorbehalt[354]. Zuständig für die Erteilung dieser Genehmigung (= Lizenz) ist die Regulierungsbehörde RAE. Diese hat innerhalb von zwei Monaten, nachdem der Antrag auf Erteilung einer Produktionsgenehmigung eingereicht oder die Akte vervollständigt wurde, ihre Entscheidung zu treffen[355].

Für die Genehmigungsfähigkeit der PV-Anlage setzt Art. 3 Abs. 1 G. 3468/2006 folgende Kriterien: Die öffentliche Gesundheit, die nationale Sicherheit, die technische Sicherheit des Netzes, die Energieeffizienz, die Konformität des Vorhabens mit den Vorschriften der Raumordnung, die Reife des Vorhabens und die finanzielle Leistungsfähigkeit des Interessenten, der das Projekt realisieren

---

353 *Tsalemis/Oikonomou/Papanastasiou et al.*, Έκθεση για τον τομέα ηλεκτροπαραγωγής από Α.Π.Ε., 2012, S. 72. Dasselbe sollte gelten, soweit Gesetze über die archäologischen Stellen nicht mit dem EE-Raumordnungsplan übereinstimmen, da sich sonst ggf. Unstimmigkeiten ergeben, durch welche sich die Erteilung der Genehmigung für PV-Anlagen verzögern kann, *Holland/Bedin* et al., PVs in Bloom, 2011, S. 25; *Tsalemis/Oikonomou/Papanastasiou et al.*, Έκθεση για τον τομέα ηλεκτροπαραγωγής από Α.Π.Ε., 2012, S. 74.

354 Das inzwischen verabschiedete G. 3734/2009, welches das „PV Programm für Dachanlagen" eingeführt hat, hat in Bezug auf die Erteilung der Erzeugungslizenz nur bestimmte Fristen für die Prüfung der Dachanlagen Anträge festgestellt.

355 Art. 16 Abs. 1 Min. Beschl. 14810/2011, Min. Beschl. ΥΑΠΕ/Φ1/14810/04.10.2011 „Κανονισμός Αδειών Παραγωγής Ηλεκτρικής Ενέργειας με χρήση Ανανεώσιμων Πηγών Ενέργειας και μέσω Συμπαραγωγής Ηλεκτρισμού και Θερμότητας Υψηλής Απόδοσης (Σ.Η.Θ.Υ.Α.)" (FEK B' 2373/25.10.2011).

will[356]. Allerdings sieht das Gesetz keine Maßstäbe für die Erfüllung dieser Kriterien vor.

Damit die Produktionsgenehmigung nicht verfällt, müssen die Anlagenbetreiber jedes Kalenderjahr an den LAGIE eine Gebühr in Höhe von 1000 €/MW zahlen[357]. Diese Regelung wurde mit dem G. 4152/2013[358] als zusätzlicher Kontrollmechanismus des PV-Zubaus eingeführt[359]. Diese Verpflichtung beginnt für PV-Anlagen ein Jahr nach der Einholung der Produktionsgenehmigung[360]. Zweck dieser Regelung ist, dass nur diejenigen Produktionsgenehmigungen wirksam bleiben sollen, die eine hohe Realisierungswahrscheinlichkeit haben[361]. Dies erscheint zweifelhaft, da in einem marktwirtschaftlichen System die Einschätzung der Realisierungswahrscheinlichkeit privater Investitionen nicht staatlichen Behörden obliegen sollte, sondern den Anlagenbetreibern bzw. den Finanzinstituten, die das Projekt finanzieren.

(2) Änderungsvorschläge

Das Erfordernis einer Produktionsgenehmigung ist durchaus kritisch zu betrachten. Der Zweck der Produktionsgenehmigung bestand zunächst darin, die Entwicklung des Elektrizitätsmarktes und insbesondere der Stromerzeugung aus PV zu überwachen und zu kontrollieren[362]. Wie aber auch der Nationale Bericht zur Reduzierung der Bürokratie hervorhebt, ist die Stromerzeugung heute kein Privileg des ehemaligen staatlichen Monopolisten DEI mehr, sondern steht jedem Anlagenbetreiber offen. Die Behörden müssen zwar den Betrieb der großen Kraftwerke auf der Grundlage bestimmter Vorschriften überwachen, da von diesen Gefahren für die Allgemeinheit ausgehen können. Es gibt aber keinen Grund, die dezentralisierte Stromerzeugung aus kleineren Anlagen wie Solaranlagen der gleichen Logik zu unterwerfen[363]. Die Produktionsgenehmigung ist ein Relikt des alten Rechtsrahmens, dessen Funktion heute nicht mehr erkennbar ist[364]. Dies verdeutlicht die Praxis. Die Produktionsgenehmigung wird

356 Die Kriterien sind in Art. 3 Abs. 1 lit a. bis i G. 3468/2006, so wie es durch Art. 2 G. 3851/2010 geändert wurde.

357 Paragraphos I Ypoparagraphos I.2 Abs. 1 G. 4152/2013.

358 Paragraphos I, Ypoparagraphos I.2: G. 4152/2013.

359 Dieser Mechanismus wurde auch mit dem neuen G. 4414/2016 beibehalten. Dies ergibt sich aus Art. 14 G. 4414/2016.

360 Paragraphos I, Ypoparagraphos I.2: G. 4152/2013.

361 Paragraphos I Ypoparagraphos I.2 4152/2013, Gesetzesbegründung, S. 69.

362 SEF, PV-legal, 2011, März 2011, S. 10.

363 SEF, PV-legal, 2011, März 2011, S. 10.

364 SEF, PV-legal, 2011, März 2011, S. 10.

erteilt, wenn bestimmte, in Art. 3 Abs. 1 lit. θ G. 3468/2006 n. F. beschriebene Kriterien erfüllt sind. Allerdings werden die Voraussetzungen für die Erteilung der Produktionsgenehmigung in späteren Schritten des Genehmigungsprozesses noch einmal geprüft. So ist z. B. die Voraussetzung, dass das Vorhaben im Einklang mit den Raumordnungsvorschriften sein muss[365], überflüssig, da sie auch im Verfahren zur Erteilung der Umweltgenehmigung überprüft wird. Die Produktionsgenehmigung ist weder mit der Prüfung der Umweltverträglichkeit noch mit der Buchung von Netzkapazitäten abgestimmt. In der Praxis prüft die Regulierungsbehörde RAE bei der Erteilung der Produktionsgenehmigung keinerlei technische Eigenschaften des Projektes, sondern nur die finanzielle Leistungsfähigkeit des Interessenten[366], der das Projekt realisieren will[367]. Das ist aber, wie gesagt, nicht die Aufgabe staatlicher Behörden.[368]

Zusammenfassend ist deshalb festzustellen, dass das Erfordernis einer Produktionsgenehmigung sich kaum durch einen legitimen Zweck rechtfertigen lässt, und zugleich den Ausbau der PV hemmt, da es zu einer zeitlichen Verzögerung der Projekte führt. Kritisch zu betrachten ist auch der Umstand, dass das Erfordernis den Markt des „Lizenzhandels" geschaffen hat[369]. Vor diesem Hintergrund ist die Freistellung von PV von dem Erfordernis einer Produktionsgenehmigung zu befürworten.

bb) Die Umweltgenehmigung – Bescheid über die Umweltverträglichkeit

(1) Aktueller Rechtsrahmen

Weiterhin unterliegen PV-Anlagen dem Erfordernis einer sog. Umweltgenehmigung, die mit einer immissionsschutzrechtlichen Genehmigung nach dem BImSchG verglichen werden kann. Der Rahmen für die Erteilung von Umweltgenehmigungen ergibt sich aus dem G. 4014/2011[370] und den Min. Beschl.

365 Voraussetzung im Art. 3 Abs. 1 lit. θ G. 3468/2006.

366 So auch *Fortsakis*, Δίκαιο της Ενέργειας, 2016, S. 163.

367 SEF, PV-legal, 2011, S. 9.

368 Insbesondere wenn es nicht um staatliche Mitteln geht.

369 SEF, PV-legal, 2011, S. 9.

370 G. 4014/2011 „Περιβαλλοντική αδειοδότηση έργων και δραστηριοτήτων, ρύθμιση αυθαιρέτων σε συνάρτηση με δημιουργία περιβαλλοντικού ισοζυγίου και άλλες διατάξεις αρμοδιότητας Υπουργείου Περιβάλλοντος" [Umweltgenehmigung von Werken und Vorhaben und weitere Vorschriften] v. 01.09.2011 (FEK A' 209/21.09.2011).

1958/2012[371] und 3791/2013[372]. Letzterer legt die PPD für EE- bzw. PV-Anlagen fest und regelt den gesamten Prozess für die Erteilung der PPD (Bedingungen für die Umweltverträglichkeit).

Genehmigungspflichtig sind danach die PV-Anlagen mit einer installierten Leistung ≥ 500 MW. Der Min. Beschl. 1958/2012 stuft PV-Anlagen mit einer installierten Leistung ≥ 2.000 MW in die Kategorie A2 und solche mit einer installierten Leistung zwischen 500 und 2.000 MW in die Kategorie B des Genehmigungsrechts ein[373]. Für die Vorhaben der Kategorie B ersetzen nun die PPD die Studie zur Umweltverträglichkeit und die EPO, die nach dem alten Regime erforderlich waren[374]. Vorhaben mit einer installierten Leistung < 500 MW unterliegen nicht dem Erfordernis der PPD[375], mit Ausnahme solcher Anlagen, die unter Art. 8 Abs. 13 G. 3468/2006 fallen[376].

Genehmigungsfähig sind die PV-Vorhaben, wenn sie mit dem Raumordnungsplan gem. Min. Beschl. 49828/2008 und Art. 9 G. 3851/2010 vereinbar sind. Dadurch wird die Umweltgenehmigung mit dem sektorspezifischen Raumordnungsplan harmonisiert. Der Antragsteller muss nämlich für die Einholung der PPD eine Bestätigung der Vereinbarkeit seines Vorhabens mit den Bedingungen des Raumordnungsplans vorweisen[377]. Für PV-Anlagen in Forstgebieten[378] umfassen die PPD gleichzeitig die „Genehmigung der (forstwirtschaftlichen) Beeinträchtigung".

---

371 YA 1958/13.01.2012, „Κατάταξη δημόσιων και ιδιωτικών έργων και δραστηριοτήτων σε κατηγορίες και υποκατηγορίες σύμφωνα με το Άρθρο 1 παράγραφος 4 του Ν. 4014/21.09.2011 (Φ.Ε.Κ. Α΄ 209/2011)" (FEK B' 21/13.01.2012).

372 Min. Beschl. YA 3791/21.01.2013, „Πρότυπες Περιβαλλοντικές Δεσμεύσεις (ΠΠΔ) για έργα Ανανεώσιμων Πηγών Ενέργειας που κατατάσσονται στην Β Κατηγορία της 10ης Ομάδας «Ανανεώσιμες Πηγές Ενέργειας» του Παραρτήματος Χ της υπ' αριθμ. 1958/2012 (Β΄ 21) υπουργικής απόφασης, με α/α 1, 2, 8 και 9" (FEK B' 104/24.01.2013).

373 Anlage X, Nr. 2 Min. Beschl. YA 1958/2012.

374 Dazu s. *Pervolaraki*, Energeia & Dikaio, 12/2009, 49, 54.

375 Siehe im Folgenden.

376 Nach Art. 8 Abs. 13 G. 3468/2006, so wie es durch Art. 3 Abs. 2 G. 3851/2010 geändert wurde, wurde die EPO für PV-Anlagen mit < 500 kW und für Dachanlagen abgeschafft. Nur wenn die PV-Anlagen in Natura-2000-Schutzgebieten oder bis 100 m von der Küste entfernt oder bis 150 m von der nächsten mit EPO verpflichtenden PV-Anlage gebaut werden, ist die EPO doch erforderlich.

377 Art. 3 Abs. 4. Min. Beschl. 3791/2013.

378 Mehr zu der Installation von EE-Anlagen in Forstgebieten und in aufzuforstenden Flächen siehe *Velegrakis*, Energeia & Dikaio, 13&14/2010, 85; *Mpravou*, Energeia & Dikaio 11/2011, 83.

Die Behörde soll innerhalb von nur 15 Tagen nach Antragstellung ihre Entscheidung treffen[379]. Die PPD werden dann automatisch in der Betriebsgenehmigung einbezogen[380]. Die explizite Einbeziehung raumordnungsrechtlicher Belange und Vorschriften in den PPD und die Integration der PPD in der Betriebsgenehmigung bedeuten, dass die Umweltgenehmigung eine Konzentrationswirkung hat. Somit ist das griechische Immissionsschutzrecht dem deutschen Recht ähnlicher geworden. Falls keine Betriebsgenehmigung für das Vorhaben erforderlich ist, sind die PPD durch die Umweltbehörde der Peripherie zu erteilen. Für Vorhaben der Kategorie A2 muss der Anlagenbetreiber immer noch die MPE (Studie für die Umweltverträglichkeit)[381] und den Beschluss für die EPO (nun AEPO) einholen. Der gesamte Prozess hierfür dauert bis zu vier Monate[382].

Die neue Regelung für die Erteilung der PPD ist geradezu revolutionär, denn sie sieht zum ersten Mal auch eine Ex-post-Kontrolle seitens der Behörde vor. Der Anlagenbetreiber muss selbst dafür sorgen, dass die PV-Anlage während der Errichtung und des Betriebs die PPD erfüllt, und dazu eine eidesstattliche Erklärung abgeben. Wenn seine eidesstattliche Erklärung unwahr oder ungenau ist, trägt er die volle Verantwortung, und das Vorhaben erhält keine Umweltzulassung[383].

(2) Änderungsvorschläge

Trotz der Beschleunigung und Vereinfachung des Verfahrens der Umweltgenehmigung durch die G. 3851/2010 und 4014/2011[384] gibt es weiteren Optimierungsbedarf. Der heutige Rechtsrahmen sieht für die Erteilung von Genehmigungen

379 Art. 3 Abs. 6a Min. Beschl. 3791/2013.

380 Art. 8 G. 4014/2011.

381 Die MPE war auch nach dem alten Rechtsrahmen für diese Kategorie von PV-Vorhaben erforderlich.

382 Art. 4 G. 4014/2011.

383 Art. 3 Abs. 2 i.V.m. Art. 3 Abs. 5 und Art. 5 Abs. 7 Min. Beschl. 3791/2013.

384 Nach einer Studie, die in der Gesetzesbegründung zur jüngsten Entbürokratisierungs-Novelle in Bezug genommen wird, wurden in Griechenland vorher im Bereich der Umweltgenehmigung 1.902 Anträge pro 1 Mio. Einwohner gestellt, in Österreich hingegen nur 3 Anträge pro 1 Mio. Einwohner. Selbst in Frankreich, auf das nach Griechenland die meisten Anträge in den europäischen Ländern entfallen, wurden nur 60 Anträge pro 1 Mio. Einwohner gestellt. In Griechenland dauerte der Umweltgenehmigungsprozess vor der Einführung dieser Gesetze mehr als 20 Monate, während der EU-Durchschnitt nur zehn Monate betrug (Kapitel A G. 4014/2011, Gesetzesbegründung, S. 3).

durch die Verwaltung keine Ausschlussfristen vor. Insoweit ist eine Änderung des Rechtsrahmens nötig, damit sich die Verwaltung nicht – wie üblich – auf fehlende Unterlagen berufen und den Prozess verzögern kann[385]. Ferner sollte von der Vorschrift des G. 3851/2010 über die Gründung einer „One Stop Shop"-Behörde Gebrauch gemacht werden[386], die für die Organisation und Koordinierung aller beteiligten Behörden bei der Erteilung der Umweltgenehmigung zuständig ist. Der Anlagenbetreiber sollte dabei alle erforderlichen Antragsunterlagen bei einer Behörde einreichen, die dann innerhalb der Ausschlussfristen die Anträge den anderen beteiligten Behörden weiterleiten sollte. Dies würde den Ausbau der PV durchaus beschleunigen.

cc) Die Installationsgenehmigung

(1) Aktueller Rechtsrahmen

Eine PV-Anlage bedarf überdies einer Installationsgenehmigung, welche zeitlich auf die Umweltgenehmigung folgt, wenn die installierte Leistung mehr als 1 MW beträgt. Dies folgt aus der Systematik des Genehmigungsrechts, da Vorhaben, die von der Produktionsgenehmigung befreit sind, auch von der Installationsgenehmigung befreit sind[387].

Genehmigungsfähig ist eine Anlage, wenn der Antragsteller das Recht zur ausschließlichen Nutzung des Grundstücks der Anlage hat[388]. Die Installationsgenehmigung muss von dem Generalsekretär der Peripherie innerhalb von 15 Tagen nach Antragstellung erteilt werden[389]. Die Installationsgenehmigung ist auf zwei Jahre zu befristen und kann verlängert werden, wenn nach zwei Jahren zumindest 50 % des Vorhabens realisiert sind.

Der Min. Beschl. 3791/2013 sieht einen parallelen Prozess für die Erteilung der PPD und die Erteilung der Installationsgenehmigung vor. Nach Art. 3 Abs. 2 Min. Beschl. 3791/2013 soll der Antrag auf die PPD mit dem Antrag auf Erteilung der Installationsgenehmigung verbunden werden. Ferner muss der Antragsteller die Unterlagen, die er für die Erteilung der Installationsgenehmigung eingeholt hat, nicht nochmals für die Erteilung der PPD einholen. Nach Art. 2

385 Dabei kann die Verwaltung z. B. Art. 3 Abs. 6a Min. Beschl. 3791/2013 anwenden und den Antrag an den Antragsteller zurückschicken.

386 Art. 20 G. 3468/2006, welches durch Art. 11 G. 3851/2010 eingeführt wurde.

387 Art. 8 Abs. 13 G. 3468/2006, wie es durch Art. 3 G. 3851/2010 geändert wurde.

388 Art. 8 b) Min. Beschl.13310/2007.

389 Art. 8 Abs. 1 G. 3468/2006, wie es durch Art. 3 G. 3851/2010 geändert wurde.

Abs. 2 Min. Beschl. 3791/2013 sollen die PPD für PV-Anlagen, die eine Installationsgenehmigung benötigen, in die Installationsgenehmigung einbezogen werden. In diesem Fall werden beide Genehmigungen durch dieselbe Behörde, die DIPEXW, erteilt. Leitgedanke der Regelung ist also die Koordinierung und Konvergenz der beiden Prozesse.

Nach dem G. 4203/2013[390] ist die Installationsgenehmigung von der Existenz der Produktionsgenehmigung abhängig. Die Produktionsgenehmigung ist deshalb nunmehr zu widerrufen, wenn der Anlagenbetreiber während des Geltungszeitraums der Installationsgenehmigung keinen Antrag auf den Probebetrieb der Anlage bei dem Netzbetreiber stellt[391]. Damit nutzt der Gesetzgeber den Widerruf der Genehmigung als Sanktionsmittel, wenn die Anlage nicht fristgerecht gebaut oder in Betrieb genommen wird. Demzufolge müssen die Einspeisewilligen, die es nicht schaffen, die Anlage rechtzeitig zu bauen, die „gebuchten" Kapazitäten am Netz für andere Investoren freigeben[392]. Die Produktionsgenehmigung wird nur dann nicht widerrufen, wenn bereits mindestens 50 % des Vorhabens während des Geltungszeitraums der Installationsgenehmigung gebaut wurden. In diesem Fall werden nur finanzielle Sanktionen verhängt, und es kann eine neue Installationsgenehmigung erteilt werden.

(2) Änderungsvorschläge

In Bezug auf PV-Anlagen wird vor der Erteilung der Installationsgenehmigung nur das Eigentum des Antragstellers geprüft. Gleichzeitig muss aber der Text der viel wichtigeren PPD die Installationsgenehmigung einbeziehen. Deshalb verfolgt die Installationsgenehmigung keinen eigenen Zweck mehr. Es würde den Ausbau der PV vorantreiben, wenn die Installationsgenehmigung abgeschafft würde, oder wenn die Prüfung von Eigentumsfragen in das Verfahren zur Erteilung der PPD einbezogen würden. Es könnte auch eine größere Einheitlichkeit erreicht werden, wenn alle umweltrechtlichen und raumordnungsrechtlichen Voraussetzungen[393] in einer einzigen Genehmigung enthalten sind. Die Einbeziehung umweltrechtlicher und raumordnungsrechtlicher Voraussetzungen sind

390 G. 4203/2013.

391 Art. 8 Abs. 10 G. 3468/2006, wie es mit dem Art. 1 Abs. 1 b1) G. 4203/2013 geändert wurde.

392 Art. 1 G. 4203/2013, Gesetzesbegründung, S. 1, 2.

393 Mit dem Begriff „Raumordnungsrechtliche Voraussetzungen" sind hier die Voraussetzungen gemeint, die z. B. für die Erteilung der Installationsgenehmigung der Windanlagen gelten.

im derzeit gültigen Rechtsrahmen für die Erteilung der PPD ohnehin bereits vorgesehen[394].

Dass der Gesetzgeber die Installationsgenehmigung gegenwärtig als Druckmittel gegenüber den Einspeisewilligen nutzt (G. 4203/2013), um die Auslastung des Netzes zu kontrollieren und nicht genutzte Kapazitäten für andere Einspeisewillige freizugeben, steht einer Abschaffung der Installationsgenehmigung nicht entgegen. Es gibt andere Mittel zur Kontrolle der Netznutzung wie z. B. die Leistung einer Garantiezahlung[395]. Netzbezogene Probleme lassen sich nicht mit dem Festhalten an Genehmigungen, die keinem eigenständigen Zweck dienen und überdies den Installationsprozess verzögern, lösen.

dd) Die Betriebsgenehmigung

(1) Aktueller Rechtsrahmen

Darüber hinaus ist in Griechenland eine Betriebsgenehmigung einzuholen, was zeitlich auf den Abschluss des Netzanschlussvertrages und den Abschluss des Kaufvertrages folgt und die letzte Phase des Genehmigungsprozesses darstellt.

Genehmigungspflichtig sind die PV-Anlagen mit einer Kapazität > 1 MW, da die Vorhaben, die von der Produktionsgenehmigung befreit sind, auch von der Betriebsgenehmigung befreit sind[396].

Genehmigungsfähig sind nach dem Min. Beschl. 13310/2007[397] solche, für die nach Netzanschluss ein Probebetrieb durchgeführt wurde. Der Netzbetreiber kontrolliert am Anlagenstandort die Inbetriebnahme und stellt innerhalb von 15 Tagen eine Bestätigung aus, dass alle technischen Voraussetzungen und Sicherheitsvoraussetzungen erfüllt worden sind[398]. Weitere Voraussetzungen für die Erteilung der Betriebsgenehmigung außer a) dem Netzanschlussvertrag b) der PPA und c) der vorgenannten Bestätigung über die technische Sicherheit des Netzanschlusses sind d) die Baugenehmigung, e) eine Bestätigung der Feuerwehr, f) eine Erklärung des Antragstellers über die Erfüllung der EPO-Bedingungen und g) eine Erklärung eines Ingenieurs, dass er die technische Aufsicht über die Anlage übernimmt[399]. Spätestens fünf Tage nach dem Antrag muss die

394 Siehe dazu die Erläuterungen im Kapitel über die PPD.

395 Paragraphos I.1 Abs. 3 G. 4152/2013. Mehr dazu im nächsten Kapitel „Netzintegration".

396 Art. 8 Abs. 13 G. 3468/2006 wie es durch Art. 3 G. 3851/2010 geändert wurde.

397 Min. Beschl. 13310/2007.

398 Art. 14 Abs. 2–4 Min. Beschl. 13310/2007.

399 Art. 15 Abs. 2 lit. f 13310/2007.

Peripherie den Antrag an KAPE weiterleiten. KAPE soll nochmals vor Ort die Erfüllung der Bedingungen für die Installationsgenehmigung sowie die sichere Inbetriebnahme kontrollieren und innerhalb von 30 Tagen eine Bestätigung ausstellen. Nachdem die einschlägigen Dokumente überprüft worden sind, ist die Betriebsgenehmigung innerhalb von 15 Tagen durch die Peripherie zu erteilen.

Nach dem G. 3851/2010 muss die Erteilung der Genehmigung innerhalb von 20 Tagen nach Prüfung der einschlägigen Dokumente erfolgen[400]. Die Frist ist eine Ausschlussfrist. Die Laufzeit der Betriebsgenehmigung beträgt 20 Jahre und kann um weitere 20 Jahre verlängert werden[401].

Das G. 4062/2012[402] verankerte außerdem die Möglichkeit einer Teilbetriebsgenehmigung, die für mindestens 50 % der gesamten Kapazität erteilt werden, wenn bereits eine Installationsgenehmigung vorliegt und der Einspeisewillige nachweist, dass er den Rest des Vorhabens wegen Rechtshängigkeit oder aus einem Grund, der weder auf Vorsatz noch auf Fahrlässigkeit beruht, nicht realisieren kann (Art. 39 Abs. 4 G. 4062/2012). Das Vorhaben, für welches eine Teilbetriebsgenehmigung erteilt werden soll, muss selbständig und funktionsfähig sein.

(2) Änderungsvorschläge

Die Betriebsgenehmigung ist als großes Hemmnis für die Inbetriebnahme anzusehen. Sie erfolgt nach Abschluss des Netzanschlussvertrages, des Kaufvertrages (PPA)[403] und einem Probebetrieb. Hierbei muss man berücksichtigen, dass vor Erteilung der Betriebsgenehmigung bereits drei Kontrollen vor Ort von drei unterschiedlichen Trägern (Netzbetreiber, KAPE und Peripherie) in drei unterschiedlichen, aufeinanderfolgenden Zeiträumen durchgeführt worden sein müssen, die denselben Zweck verfolgen. Mit ihnen soll sichergestellt werden, dass

---

400 Art. 8 Abs. 11 G. 3468/2006 wie es durch Art. 3 G. 3851/2010 geändert wurde.

401 Art. 8 Abs. 12 G. 3468/2006 wie es durch Art. 3 G. 3851/2010 geändert wurde.

402 G. 4062/2012 „Αξιοποίηση του πρώην Αεροδρομίου Ελληνικού – Πρόγραμμα ΗΛΙΟΣ – Προώθηση της χρήσης ενέργειας από ανανεώσιμες πηγές (Ενσωμάτωση Οδηγίας 2009/28/ΕΚ) – Κριτήρια Αειφορίας Βιοκαυσίμων και Βιορευστών (Ενσωμάτωση Οδηγίας 2009/30/ΕΚ)" [Nutzung des ehemaligen Flughafens in Elliniko – Programm Helios und Förderung der erneuerbaren Energien (Umsetzung der RL 2009/28/EG) – Nachhaltigkeitskriterien für die Nutzung von Biokraftstoffen (Umsetzung der RL 2009/30/EG)] v. 29.03.2012 (FEK A' 70/30.03.2012).

403 Der Kaufvertrag wird zwischen dem Anlagenbetreiber und dem LAGIE für den Kauf des EE-Stroms durch den LAGIE abgeschlossen. Näher im Kap. „Finanzielle Förderung des Stroms aus Photovoltaikanlagen".

die Voraussetzungen der Installationsgenehmigung und die technischen Voraussetzungen für eine sichere Inbetriebnahme der Anlage erfüllt sind. Überdies lässt sich aus den Unterlagen, die für die Einholung der Betriebsgenehmigung erforderlich sind, ableiten, dass der ursprüngliche Sinn der Betriebsgenehmigung die sichere Inbetriebnahme der Anlage war: Der Netzanschlussvertrag und der PPA bedürfen keiner weiteren Genehmigungsphase, und das Erfordernis der Baugenehmigung ist für PV-Anlagen abgeschafft worden[404]. Seit der Änderung des Rechtsrahmens hat auch die Voraussetzung bezüglich der Erklärung des Antragstellers über die Erfüllung der EPO-Bedingungen keine Bedeutung mehr, weil die PPD dies selbst sicherstellen.

Die PPD ist ein *ex post*-Mittel, mit dessen Hilfe der Antragsteller selbst auf die Einhaltung der Umweltbedingungen verpflichtet wird. Nach Ersetzung der EPO durch die PPD haben auch die übrigen Voraussetzungen der Betriebsgenehmigung ihren Zweck verloren. Die PPD für PV-Anlagen, die bereits ausführlich im Text des Min. Beschl. beschrieben sind, konkretisieren u.a. die Voraussetzungen für die Inbetriebnahme von PV-Anlagen. Es handelt sich dabei um technische Vorschriften, Sicherheitsmaßnahmen und Vorgaben für die Feuerversicherung sowie die Abfallentsorgung[405]. Das heißt, dass alle Voraussetzungen nach dem alten Rechtsrahmen für die Erteilung der Betriebsgenehmigung heute schon mit der Erteilung der PPD erfüllt sind.

Deswegen hat auch die Betriebsgenehmigung heute keine eigenständige Bedeutung mehr und sollte abgeschafft werden. Dadurch ließe sich der Zeit- und Arbeitsaufwand weiter reduzieren.

ee) Die Baugenehmigung

(1) Aktueller Rechtsrahmen

Nach dem G. 3851/2010 muss für eine PV-Anlage keine Baugenehmigung, sondern eine sog. Genehmigung für die Durchführung von Bautätigkeiten kleines Umfangs („egkrisi ergasion mikris klimakas") eingeholt werden.

404 Art. 2 Abs. 7 G. 2941/2001 „Απλοποίηση διαδικασιών ίδρυσης εταιρειών, αδειοδότησης Ανανεώσιμων Πηγών Ενέργειας [...] και άλλες διατάξεις" [Vereinfachung des Prozesses der Gründung von Gesellschaften, des Genehmigungsprozesses der EE-Anlagen [...] und weitere Vorschriften] v. 12.9.2001 (FEK A' 201/12.09.2001). Allerdings wurde sie mit der Genehmigung für die Durchführung von Bautätigkeiten kleines Umfangs ersetzt.

405 Anhang 2 Min. Beschl. 3791/2013.

Genehmigungspflichtig sind alle PV-Anlagen mit Ausnahme von PV-Anlagen auf Dächern mit einer installierten Leistung ≤ 100 kW[406]. Genehmigungsfähig sind sie dann, wenn der Abstand der Module von den Grenzen des Grundstücks mindestens 2,5 m beträgt, wenn die Module höher als 2,5 m sind. Das heißt, dass eine maximale Höhe und Breite der PV-Module sowie die Größe der Fläche, auf welche die Module installiert werden, nicht überschritten werden dürfen.

Die Min. Beschlüsse enthalten grundsätzliche Vorschriften über die Raumordnung im Zusammenhang mit der Errichtung von PV-Anlagen unter Anwendung von Art. 17 des sektorspezifischen Raumordnungsplans. Diese Regelungen betreffen hauptsächlich die Installation von PV-Anlagen auf Gebäuden, die unter Denkmalschutz stehen, oder in Bereichen mit herausragender Bedeutung für die Kulturlandschaft[407].

(2) Änderungsvorschläge

Die zuständige Behörde für die Erteilung der Genehmigung ist nicht in die Erteilung der vorgenannten Genehmigungen einbezogen, so dass eine weitere Behörde in den Genehmigungsprozess einbezogen wird. Verzögerungen im Genehmigungsprozess resultieren außerdem aus dem Umstand, dass es keine Fristen zur Erteilung der Genehmigung gibt.

Ferner ist auch in Bezug auf die Baugenehmigung anzumerken, dass die Vorschriften über die Erteilung dieser Genehmigung mit Vorschriften für die Steuerung der Raumordnung vermischt sind. Die maßgeblichen rechtlichen Regelungen sind zudem auf unterschiedliche Gesetze verteilt. Das erschwert die korrekte Anwendung der rechtlichen Vorschriften seitens der Behörden. Es ist daher empfehlenswert, die Vorschriften über die Genehmigung zur Durchführung von Bautätigkeiten kleinen Umfangs mit den Voraussetzungen der anderen Genehmigungen zusammenzufassen.

---

406 Art. 2 Abs. 6 und 7 Min. Beschl. 36720/25.08.2010, „Έγκριση ειδικών όρων για την εγκατάσταση φωτοβολταϊκών και ηλιακών συστημάτων σε κτίρια και οικόπεδα εντός σχεδίου περιοχών, και σε οικισμούς" (FEK B' 376/06.09.2010) und Art. 2 Min. Beschl. 40158/25.08.2010 „Έγκριση ειδικών όρων για την εγκατάσταση φωτοβολταϊκών συστημάτων και ηλιακών συστημάτων σε γήπεδα και κτίρια σε εκτός σχεδίου περιοχές" (FEK B' 1556/22.09.2010).

407 In solchen Fällen benötigt der Interessent eine Genehmigung zur Durchführung von Bautätigkeiten kleinen Umfangs. Zustimmen muss der Ausschuss, welcher für die Raumordnungskontrolle zuständig ist, Art. 5 Abs. 2 Min. Beschl. 9154/28.02.2011, „Τροποποιήσεις ειδικών όρων για την εγκατάσταση φωτοβολταϊκών και ηλιακών συστημάτων σε γήπεδα, οικόπεδα, κτίρια" (FEK B' 583/14.04.2011).

ff) Kritische Würdigung

Das Genehmigungsverfahren stellt in seiner gegenwärtigen Form ein großes Hindernis für den kontinuierlichen Ausbau der PV in Griechenland dar aufgrund der Vielzahl der erforderlichen Genehmigungen, der Vielzahl der involvierten staatlichen Akteure, des Mangels an Fristen und der fehlenden Koordination zwischen den Behörden.

Nach dem griechischen Rechtsrahmen muss der potenzielle Anlagenbetreiber insgesamt bis zu fünf Lizenzen einholen. Es stellt ein Problem dar, dass die griechische Verwaltungsstruktur und -organisation so gestaltet ist, dass – in Widerspruch zur EE-RL – die entsprechenden Zuständigkeiten der Behörden nicht durchgängig koordiniert und eindeutig festgelegt sind[408]. Es gibt Fälle, in denen bis zu zehn verschiedene Behörden[409] in den Genehmigungsprozess eingebunden werden müssen, um Entscheidungen zu treffen und/oder Bescheinigungen zu erteilen (Umweltminister, Generalsekretär der Peripherie, RAE[410], Baubehörde, Forstamt, archäologische Behörde, Umweltbehörde, Steuerbehörde, Militärbehörde, Ministerium für die Agrarentwicklung[411]). In das Verfahren zur Einholung einer Installationsgenehmigung waren bis 2003 insgesamt 41 Verwaltungsstellen eingebunden und mussten bis zu 240 Unterschriften eingeholt werden[412]. Mit dem Min. Beschl. 1726/2003 sank diese Zahl immerhin auf 21[413]. In einer Studie von Ecofys und des Fraunhofer Instituts steht Griechenland europaweit auf dem viertletzten Rang, was die Anzahl der beteiligten Behörden am Genehmigungsprozess der EE betrifft (je weniger, desto besser)[414]. In einer

408 Art. 13 Abs. 1 UAbs. 1, lit. a EE-RL.

409 Der ältere Min. Beschl. YA 1726/2003 „Διαδικασία προκαταρκτικής περιβαλλοντικής εκτίμησης και αξιολόγησης, έγκρισης περιβαλλοντικών όρων, καθώς και έγκρισης επέμβασης ή παραχώρησης δάσους ή δασικής έκτασης στα πλαίσιά της έκδοσης άδειας εγκατάστασης σταθμών ηλεκτροπαραγωγής, από Ανανεώσιμες Πηγές Ενέργειας" (FEK B' 522/08.05.2003) hat für die Erteilung allein der Umweltgenehmigung insgesamt 11 Behörden vorgesehen.

410 Allgemein zu den Zuständigkeiten der RAE in Griechenland siehe *Panagos*, To θεσμικό πλαίσιο της αγοράς ηλεκτρικής ενέργειας, 2012, S. 47 ff.

411 Art. 2 Abs. 2 Min. Beschl. 9154/2011.

412 *Velegrakis*, Energeia & Dikaio 7/2007, 47, 50; Kritisch dazu *Tsalemis*, Ανανεώσιμες πηγές ενέργειας, 2009, S. 8; *Tsokanas*, Energeia & Dikaio 5/2006, 17, 24; *Tzannini* et al., Επίδραση του νομοθετικού πλαισίου, 2013, S. 3.

413 KAPE, Το θεσμικό, αδειοδοτικό και χρηματοοικονομικό πλαίσιο της υλοποίησης των έργων ΑΠΕ στην Ελλάδα, 2006, S. 17.

414 Ecofys/Fraunhofer ISI et al., PROGRESS, promotion and growth of renewable energy sources, 2008, S. 67.

solchen Bürokratie sind Überlappungen unvermeidbar, was widersprüchliche Ergebnisse begünstigt. Außerdem kann die Notwendigkeit der großen Anzahl der Genehmigungen bezweifelt werden.

Diese Komplexität widerspricht dem Grundsatz einer guten Verwaltung[415] und erzeugt Rechtsunsicherheit[416]. Der Grundsatz der Effizienz der Verwaltung ist Teil des Grundsatzes der guten Verwaltung der Finanzen. Nach diesem Grundsatz muss die Verwaltung die Mittel vernünftig benutzen, um die staatlichen Aufgaben zu verwirklichen[417]. In anderen Worten muss das Ziel mit den möglichst wenigen Mitteln erreicht werden. Wenn das Genehmigungsverfahren mehrere Phasen als nötig verlangt oder mehrere Behörden als nötig involviert, um das gleiche Ziel zu erreichen, wird der Grundsatz der Effizienz der Verwaltung verletzt.

Ferner verursacht die Beteiligung so vieler Behörden zwangsläufig zeitliche Verzögerungen im Genehmigungsverfahren[418]. In einigen Fällen dauerte der Genehmigungsprozess fünf Jahre[419]. Außerdem fehlt es in vielen Fällen an transparenten und hinreichend bestimmten Zeitplänen für die Bearbeitung der Anträge, wodurch sich das Genehmigungsverfahren noch weiter verzögert. Zudem haben die von einer Genehmigung Betroffenen das Recht, bei einem Gericht die Rücknahme oder den Widerruf[420] der Genehmigung zu beantragen[421].

Die Verzögerung des Genehmigungsprozesses erzeugt zusätzliche Kosten. Die Europäische Kommission hat in einer Studie gezeigt, dass die Verwaltungskosten

---

415 Dieser Grundsatz wird von Art. 5 i.V.m. Art. 20. Abs. 2 Verf. abgeleitet.

416 Daruf weist auch *Iliadou*, Η διείσδυση του Δημοσίου Δικαίου στη ρύθμιση αγορών δικτύου, 2010, S. 131.

417 *Gerontas*, Επιτομή Γενικού Διοικητικού Δικαίου, 2014, S. 101.

418 Charakteristisches Beispiel ist, dass die im Art. 8 Abs. 5 Min. Beschl. 2941/2001 vorgesehene 4 Jahre Frist für die Erteilung der Betriebsgenehmigung von Kraftwerken wegen des zeitaufwändigen Prozesses ohne Ergebnis abgelaufen ist, so dass eine Gesetzesänderung für die Festsetzung einer neuen Frist notwendig war (Art. 33 G. 3734/2009). Siehe *Mouratian*, Energeia & Dikaio 12/2009, 30. So auch *Fortsakis*, Δίκαιο της ενέργειας, 2016, S. 158.

419 *Mouratian/Synodinos*, Energeia & Dikiao, 4/2005, 19, 20.

420 Vgl. mit §§ 48, 49 VwVfG.

421 Um solche Reaktionen der Betroffenen zu mildern, sehen das Gesetz 3851/2010 und der Min. Beschl. ΑΠΕΗΛ/Α/Φ1/οικ. 23840/23.12.2014, (FEK B΄ 3497/29.12.2014) vor, dass die Bevölkerung einer Gemeinde oder Region, in der die EE-Anlagen errichtet sind, unter bestimmten Voraussetzungen 1 % des Kaufpreises des grünen Stroms als Ersatz bekommt. Der gesamte Betrag lag für die Zeit 2010-2014 bei 18,3 Mio. €.

in Griechenland 7 % des griechischen BIPs betragen, was dreimal so viel ist wie der europäische Durchschnitt[422]. Die Verzögerung des Genehmigungsprozesses führt aber auch zu dem Ergebnis, dass eine PV-Anlage erst zu einem späteren Zeitpunkt an das Netz angeschlossen wird, was zur Folge hat, dass der Vergütungstarif für den eingespeisten Strom niedriger ausfällt als zunächst geplant.

Schließlich hat der griechische Gesetzgeber einen ersten Schritt für die Konvergenz der Genehmigungen gemacht: Die PPD sollen in die Installations- und später auch in die Betriebsgenehmigung einbezogen werden[423]. Dies bedeutet allerdings keine Befreiung von den genannten Genehmigungen.

Aus den oben genannten Gründen stellt der griechische Rechtsrahmen für die Erteilung von Genehmigungen ein beträchtliches Hindernis für die quantitative und qualitative Entwicklung der PV-Anlagen, somit ist das energiepolitische Ziel der Umweltverträglichkeit nicht gefördert.

3. Rechtsvergleichende Bewertung

Aus der vorstehenden Analyse lässt sich zusammenfassen, dass der deutsche Rechtsrahmen einen einfacheren und schnelleren Genehmigungsprozess für die PV im Vergleich zum griechischen Rechtsrahmen gewährt. Der Einspeisewillige bedarf in Deutschland mit der Baugenehmigung nur einer Genehmigung für die Errichtung, Änderung oder Nutzungsänderung einer PV-Anlage. Genehmigungsfrei sind die gebäudeabhängigen PV-Anlagen und die PV-FFA mit einer Höhe bis in der Regel zu 3 m und einer Gesamtlänge bis zu 9 m[424]. Öffentlich-rechtlichen Belangen wird im Baugenehmigungsverfahren hinreichend Rechnung getragen, da ein Verstoß gegen öffentlich-rechtliche Vorschriften der Erteilung einer Genehmigung entgegenstehen würde.

Nach einer Studie des Ecofys und des Fraunhofers Instituts steht deswegen Deutschland mit insgesamt nur einer beteiligten Behörde auf der letzten Stelle in Europa, was die Beteiligung der Behörden an dem Genehmigungsprozess der EE

---

422 *Tsalemis/Oikonomou/et al.*, Έκθεση για τον τομέα ηλεκτροπαραγωγής από Α.Π.Ε., 2012, S. 76.

423 Art. 2 Min. Beschl. 3791/2013.

424 § 61 Abs. 1, Nr. 3 lit. b MBO. Die gleiche Regelung gilt für Berlin (siehe § 62 Abs. 1 Nr. 3 lit. b BauO Bln), für Bayern (siehe §§ 57 Abs. 1 Nr. 3 lit. a, bb BayBO). Andere Landesbauordnungen erhalten aber andere Größenbegrenzungen. So regelt z. B. die BbgBO, dass die PV-FFA befreit sind, die mit einem Abstand von nicht mehr als 0,20 m an Dach- oder Außenwandflächen angebracht oder mit einer Gesamtfläche von nicht mehr als 10 m^2 und einer Bauhöhe von nicht mehr als 0,60 m auf Flachdächern aufgestellt werden (§ 55 Abs. 3 Nr. 10 BbgBO).

betrifft[425]. Nach einer weiteren Studie ist Deutschland einer der Mitgliedstaaten, die keine Probleme bezüglich des Genehmigungsprozesses gemeldet haben[426]. Der deutsche Rechtsrahmen kann insoweit als vorbildhaft bezeichnet werden.

Demgegenüber ist der griechische Rechtsrahmen durch das Erfordernis einer großen Anzahl von Genehmigungen, durch fehlende Koordination der Behörden sowie durch lange Verfahren gekennzeichnet. Dadurch wird der Ausbau der PV gehemmt, was sich durch legitime Ziele nicht rechtfertigen lässt, insbesondere haben nicht alle Genehmigungen eine eigenständige Funktion. Entbehrlich sind vor allem die Produktionsgenehmigung, die Installationsgenehmigung und die Betriebsgenehmigung, die auch das deutsche Recht nicht kennt. Diese Genehmigungen sollten abgeschafft werden, da die übrigen im Genehmigungsverfahren zu prüfenden Vorschriften in den sog. PPD integriert werden können. Ein erster Schritt in diese Richtung macht der Min. Beschl. zu den PPD, der für die Betriebsgenehmigung vorsieht, dass die PPD für Anlagen, die sowohl eine Installations- als auch eine Betriebsgenehmigung benötigen, in die Installations- und später auch in die Betriebsgenehmigung einbezogen werden sollen[427]. Damit wird erstmals ein deutliches Zeichen zugunsten einer Koordinierung und Konvergenz des Genehmigungsprozesses für EE- bzw. PV-Anlagen gesetzt.

Im Fall der Abschaffung aller Genehmigungen und der Prüfung aller Voraussetzungen im Rahmen der PPD ist es empfehlenswert, dass die hierfür zuständige Behörde angelehnt an das deutsche Bundesimmissionsschutzrecht als „One Stop Shop"-Behörde funktionieren würde[428]. Dafür könnte sie mit erfahrenen Fachleuten besetzt werden[429], die bislang in den unterschiedlichen für den Genehmigungsprozess zuständigen Behörden tätig sind[430]. So ließe sich das Verfahren nicht nur schneller, sondern auch einheitlicher durchführen. Alle Fristen sollten Ausschlussfristen sein, damit der Prozess schneller und auf eine transparente

425 Ecofys/Fraunhofer ISI et al., PROGRESS, promotion and growth of renewable energy sources, 2008, S. 67.

426 Ecofys/Fraunhofer ISE et al., Renewable energy progress, 2014, S. 236.

427 Art. 2 Min. Beschl. 3791/2013.

428 EPIA/SEF et al., PV-legal, final report, 2012, S. 43. Zum ersten Mal hat der Min. Beschl. Δ6/Φ1/2000/06.02.2002 versucht, die Behörden auf Basis einer „One Stop Shop"-Behörde zu koordinieren, der Beschluss wurde aber wegen des Mangels an Legislativermächtigung kritisiert, *Vasilakos*, Energeia & Dikiao 3/2005, 18; *Chatzigeorgiou*, Energeia & Dikiao 3/2005, 55.

429 *Tzannini et al.*, Energeia & Dikaio 21/2014, 121, 122.

430 *Tsalemis/Oikonomou et al.*, Έκθεση για τον τομέα ηλεκτροπαραγωγής από Α.Π.Ε., 2012, S. 73, 74.

und effektive Weise ablaufen kann. Eine solche „One Stop Shop"-Gesellschaft hat das G. 3894/2010 zur Förderung der „fast track"-Projekte gegründet[431]. Die sog. „Invest in Greece SA" soll alle nötigen Schritte des Genehmigungsprozesses erledigen[432]. Trotz der günstigeren Bedingungen sind aber die „fast track"-Projekte nicht erfolgreich installiert worden[433].

Abschließend ist festzustellen, dass der griechische Rechtsrahmen für die Erteilung von Genehmigungen für PV-Anlagen das energiepolitische Ziel der Umweltverträglichkeit nicht fördert. Die Genehmigungsverfahren stellen in ihrer gegenwärtigen Form ein Hindernis für den kontinuierlichen Ausbau der PV in Griechenland dar.

IV. Die Netzintegration

In diesem Abschnitt wird jeweils der nationale Rechtsrahmen im Hinblick auf die Netzintegration als dritter Parameter zur Beurteilung der Effektivität der Fördersysteme analysiert. Dabei wird auf die für die Netzintegration zentrale Fragestellungen wie den Netzanschluss, auf den Netzzugang (die Abnahme, die

---

431 Ziel des Gesetzes war besonders große Projekte durch kürzere Fristen, bessere Kooperationen der zuständigen Behörden und schnellere Durchführung von Enteignungen zu fördern. Die Voraussetzungen für die Einstufung der Projekte als „fast track" sind in Art. 1 G. 3894/2010, so wie es durch Art. 1 G. 4146/2013 geändert wurde, enthalten. G. 4146/2013 „Διαμόρφωση Φιλικού Αναπτυξιακού Περιβάλλοντος για τις Στρατηγικές και Ιδιωτικές Επενδύσεις και άλλες διατάξεις" [Gestaltung eines freundlichen Entwicklungsrahmens für strategische und private Investitionen] v. 18.04.2013 (FEK A' 90/18.04.2013).

432 Art. 4 G. 3894/2010, „Επιτάχυνση και διαφάνεια υλοποίησης Στρατηγικών Επενδύσεων" [Beschleunigung und Transparenz bei der Realisierung strategischer Investitionsvorhaben] v. 02.12.2010 (FEK A' 204/02.12.2010), so wie es durch G. 4146/2013 geändert wurde.

433 Insgesamt sind bislang im Bereich der PV fünf große PV-Projekte mit einer gesamten Leistung von 690 MW im Jahr 2011 als „fast track"-Projekte eingestuft worden. Allerdings hat die Durchführung der Projekte im Jahr 2013, d.h. zwei Jahre nach den DESE-Beschlüssen, noch nicht angefangen. Charakteristisches Beispiel der schwierigen Jahre 2014–2016 für den PV-Markt ist, dass der nächste Antrag für die Einstufung eines Projektes als „fast track" im Jahr 2016, d.h. erst fünf Jahre nach den ersten Anträgen von 2011, gestellt wurde. S. *Gitsi*, Στρατηγική επένδυση 400 εκατ. ευρώ στα φωτοβολταϊκά είναι στον προθάλαμο του fast track, abrufbar auf http://energypress.gr/news/stratigiki-ependysi-400-ekat-eyro-sta-fotovoltaika-einai-ston-prothalamo-toy-fast-track, zuletzt abgerufen am 01.09.2016.

Übertragung und die Verteilung) sowie auf die Bewältigung von Netzengpässen aufgegangen.

1. Der deutsche Rechtsrahmen

Der mit der Energiewende verbundene Anstieg insbesondere von EE-Strommengen führt zu besonderen Herausforderungen für die Netzintegration. Zunächst müssen die PV-Anlagen an das Netz angeschlossen werden, der PV-Strom muss eingespeist und letztlich bis zu den Verbrauchszentren übertragen und verteilt werden. Hierbei können Engpässe im Netz entstehen. Gleichzeitig muss aber auch die Sicherheit und Zuverlässigkeit des Elektrizitätsversorgungssystems gewährleistet werden.

a) Netzanschluss und Netzzugang

aa) Der Netzanschluss

Netzanschluss bedeutet die technische Anbindung der EE bzw. PV-Anlage an das Netz des Übertragungs- oder Verteilernetzbetreibers. Der Anschluss muss unmittelbar an das Netz erfolgen, d.h. nicht über andere Netze bzw. Leitungen[434].

(1) Gesetzliches Schuldverhältnis

Der deutsche Gesetzgeber stellt den Anschluss gem. § 7 EEG 2017 durch ein gesetzliches Schuldverhältnis zwischen Anlagenbetreibern und Netzbetreibern sowie zwischen Netzbetreibern untereinander sicher[435]. Dies bedeutet, dass die Pflichten nicht auf einem Rechtsgeschäft zwischen Parteien beruhen, sondern unmittelbar aus dem Gesetz abgeleitet werden[436].

Gem. § 7 EEG 2017 dürfen Netzbetreiber die Erfüllung ihrer Pflichten aus dem EEG nicht vom Abschluss eines Vertrages abhängig machen (Kopplungsverbot)[437]. Dieses Verbot betrifft ausdrücklich nur die Pflichten der Netzbetreiber, nicht hingegen der Anlagenbetreiber[438]. Verstößt eine vertragliche Regelung gegen § 7 Abs. 1 EEG, ist sie gem. § 307 BGB oder im Falle einer

434 Hierzu vgl. *Altrock/Oschmann/Theobald/Theobald*, EEG, 4. Aufl. 2013, § 5 EEG 2012, Rn. 28.

435 Altrock/Oschmann/Theobald/*Lehnert*, EEG, 4. Aufl. 2013, § 4 EEG 2012, Rn. 7; Frenz/Müggenborg et al./*Ehricke*, EEG, 4. Aufl. 2015, § 7 EEG 2014, Rn. 8; *Salje*, EEG, 7. Aufl. 2015, § 7 EEG 2014, Rn. 13 ff.

436 MünchKommBGB/*Busche*, Bd. 1, 7. Aufl. 2015, Vor §§ 677 ff. Rn. 4.

437 *Salje*, EEG, 7. Aufl. 2015, § 7 EEG 2014, Rn. 2.

438 BerlKommEnR/*Scholz*, Bd. 6, 4. Aufl. 2017, § 7 EEG 2017, Rn. 7.

individualvertraglichen Vereinbarung gem. § 242 BGB nichtig[439]. Obwohl das Kopplungsverbot nicht zu einem Kontrahierungszwang führt[440], ist der Abschluss von Verträgen in der Praxis die Regel[441]. In den Netzanschlussverträgen werden nämlich alle weiteren Einzelbestimmungen des Rechtsverhältnisses konkretisiert, da die Vorschriften des EEG oft einer Auslegung bedürfen und somit allenfalls eine „beste Mindestlösung“[442] für die einzelnen Rechtsverhältnisse sind.

Der neue § 7 Abs. 2 EEG 2017 ändert das bisherige Abweichungsverbot zugunsten einer grundsätzlichen Abdingbarkeit[443]. Nun dürfen die Vertragsparteien abweichende vertragliche Regelungen vereinbaren, wenn diese klar sind, nicht zu höheren als im EEG vorgesehenen Zahlungen führen und mit dem wesentlichen Grundgedanken der jeweiligen gesetzlichen Regelung, von der abgewichen wird, vereinbar sind. Diese Voraussetzungen sind allgemeiner und weiter als die Voraussetzungen des § 7 Abs. 2 EEG 2014. Daher ist abzuwarten, ob die neue Regelung Unsicherheit hervorruft, die einer gerichtlichen Klärung zuzuführen ist.

Das gesetzliche Schuldverhältnis des § 7 Abs. 1 EEG erstreckt sich auf sämtliche Verpflichtungen, die das EEG den Netzbetreibern auferlegt[444]. Dies schließt u.a. auch die Pflicht des Netzbetreibers zum unverzüglichen vorrangigen Anschluss nach § 8 Abs. 1 S. 1. EEG. Das heißt, dass der Anlagenbetreiber einen unmittelbaren Anspruch gegenüber dem Netzbetreiber auf unverzüglichen und vorrangigen Anschluss hat[445], welcher aus dem Gesetz selbst besteht, so dass es keines Vertrags bedarf. Somit soll die Effizienz der Durchsetzbarkeit der gesetzlichen Ansprüche aus dem EEG sichergestellt werden[446].

(2) Die Vorrangigkeit

Der Netzanschluss nach § 8 Abs. 1 EEG hat vorrangig zu erfolgen. Der Netzanschluss einer EE-Anlage kann daher nicht mit dem Argument abgelehnt werden, dass konventionelle Anlagen zuerst angeschlossen werden[447]. Ebenso wenig

---

439 BerlKommEnR/*Scholz*, Bd. 6, 4. Aufl. 2017, § 7 EEG 2017, Rn. 20.

440 Frenz/Muggenborg et al./*Ehricke*, EEG, 4. Aufl. 2015, § 7 EEG 2014, Rn. 3 ff.

441 *Gerstner*, in: Gerstner (Hrsg.), Grundzüge des Rechts der Erneuerbaren Energien, 2013, S. 277.

442 *Stecher*, ZNER 2009, 216, 223.

443 § 7 Abs. 2 EEG 2016, Gesetzentwurf v. 08.06.2016, S. 229.

444 Greb/Boewe/*Böcker*, BeckOK-EEG, 2. Aufl. 2014, § 4 Rn. 9.

445 So auch BT-Drs. 16/8148, S. 41.

446 OLG Naumburg, Urt. v. 29.01.2016 – 7 U 52/15, Rn. 162.

447 BT-Drs. 16/8148, S. 41.

ist eine Verweigerung des Anschlusses von EE-Anlagen mit dem Argument, das Netz sei bereits durch konventionell erzeugten Strom ausgelastet, unzulässig[448]. Vielmehr muss der Netzbetreiber im Fall von Netzengpässen zugesagte Anschlüsse von konventionellen Anlagen auf einen späteren Zeitpunkt verschieben, um dem Anschluss von EE-Anlagen den Vorrang zu geben[449].

Die Anschlusspflicht besteht auch dann, wenn die Abnahme des Stroms erst durch die Optimierung, die Verstärkung oder den Ausbau des Netzes nach § 12 EEG möglich wird (§ 8 Abs. 4 EEG). Dies bedeutet, dass die Verpflichtung zum Netzanschluss auch dann besteht, wenn das Netz nicht ausreichend Kapazität hat. Allerdings soll der Netzbetreiber in diesem Fall die erforderlichen Maßnahmen nach §§ 12 bis 15 EEG ergreifen. Wie *Scholz* hervorhebt, heißt dies, dass der Netzbetreiber die Maßnahmen nach dem Einspeisemanagement gem. § 14 EEG ergreifen kann, bis der Netzausbau nach § 12 EEG erfolgt. Wenn die PV-Anlagen, die an ein Netz angeschlossen zu werden beanspruchen, keine Einrichtung zur ferngesteuerten Abregelung verfügen, und dies zu Netzengpässen führen kann, so ist der Anschluss bis zum Netzausbau technisch nicht möglich. Dies begründet eine Einwendung des Netzbetreibers gegen die Netzanschlusspflicht. Er muss aber dann das Netz unverzüglich ausbauen[450].

Im Hinblick auf die Vorrangigkeit stellt sich die Frage, in welcher Reihenfolge ein Netzanschluss zu erfolgen hat, wenn mehrere vorrangig zu behandelnde Anlagen angeschlossen werden sollen. Dies betrifft mehrere EE-Anlagen untereinander, aber auch EE-Anlagen im Verhältnis zu KWK-Anlagen[451]. Das EEG schweigt hier. In der Literatur wird vertreten, dass nicht der Zeitpunkt wichtig ist, in dem der Anspruch auf Anschluss der Anlagen geltend wird, sondern der Zeitpunkt der Anschlussreife der Anlagen[452]. Anderenfalls würden Anlagenbetreiber privilegiert, die einfach frühzeitig den Netzbetreiber über den geplanten

---

448 BT-Drs. 16/8148, S. 38.

449 Solche Verzüge dürften jedoch mangels Verschulden des Netzbetreibers wegen des (EE-)gesetzlichen Vorrangprinzips häufig keine Schadensersatzansprüche gegenüber Betreibern konventioneller Erzeugungsanlagen begründen, *Gerstner*, in: Gerstner (Hrsg.), Grundzüge des Rechts der Erneuerbaren Energien, 2013, S. 291.

450 BerlKommEnR/*Scholz*, Bd. 6, 4. Aufl. 2017, § 8 EEG 2017, Rn. 59, 60.

451 § 3 Abs. 1 u. 2 KWKG „Gesetz für die Erhaltung, die Modernisierung und den Ausbau der Kraft-Wärme-Kopplung (Kraft-Wärme-Kopplungsgesetz – KWKG)“ v. 21.12.2015 (BGBl. I S. 2498), das zuletzt durch Art. 3 des Gesetzes v. 17.07.2017 (BGBl. I S. 2532) geändert worden ist.

452 Vgl. Altrock/Oschmann/Theobald/*Altrock*, EEG, 4. Aufl. 2013, § 5 EEG 2012, Rn. 39, sowie *Salje*, VersorgW 2008, 153, 158.

Anschluss informieren[453]. Diese Ansicht überzeugt mit Blick auf das Telos des § 8 EEG, der darin besteht, anschlussreife Anlagen möglichst schnell in das Netzsystem zu integrieren.

(3) Die Unverzüglichkeit

Der Netzanschluss muss unverzüglich vorgenommen werden. „Unverzüglich" richtet sich nach der zivilrechtlichen Definition in § 121 BGB. Das heißt, dass der Netzbetreiber die Anlage ohne schuldhaftes Zögern an sein Netz anschließen muss, andernfalls kann der Anlagenbetreiber einen Schadensersatzanspruch nach § 280 BGB geltend machen[454]. Ein Verzögern ist schuldhaft, wenn die Verzögerung i.S.v. § 276 BGB bewusst und gewollt oder zumindest unter Verletzung der im Verkehr erforderlichen Sorgfalt erfolgt[455]. Der Netzanschluss erfolgt, nachdem der Anlagenbetreiber einen Netzanschlussantrag stellt.

Eine Höchstfrist, innerhalb derer der Netzanschluss zu erfolgen hat, sieht das EEG – anders als das griechische Recht – jedoch nicht vor. Dies gibt dem Netzbetreiber eine Flexibilität, die allerdings zu Lasten der Planungssicherheit des Anlagenbetreibers geht. Anstelle einer Frist sind die Umstände des Einzelfalles zu berücksichtigen[456]. Die Achtwochenfrist für die Informationspflicht (§ 8 Abs. 6 S. 1 EEG) könnte hierfür ein Anhaltspunkt sein[457]. Das LG Frankfurt hatte in einem Fall eine Anschlusszeit von fünf Wochen als unverzüglich angesehen, in dem es sich nicht um eine kleine Anlage handelte, aufgrund einer Vielzahl der Anlagen und eines deutlich unter der installierten Anlagenleistung liegenden Strombedarfs eine komplexe Netzsituation vorlag und der Netzbetreiber eine Vielzahl von Netzanschlussbegehren zu bearbeiten hatte[458].

Das EEG schweigt auch zu der Frage, wann der Anspruch auf den Netzanschluss der Anlage geltend gemacht werden kann. Nach dem Willen des Gesetzgebers ergibt sich aus dem Sinn der Regelung, dass dieser Zeitpunkt auch vor Errichtung der Anlage sein kann. Dies ist beispielsweise dann der Fall, wenn die erforderlichen Genehmigungen für die Errichtung beantragt worden sind[459].

---

453 BerlKommEnR/*Scholz*, Bd. 6, 4. Aufl. 2017, § 8 EEG 2017, Rn. 20.

454 BT-Drs. 16/8148, S. 41.

455 *Salje*, EEG, 7. Aufl. 2015, § 8 EEG 2014, Rn. 23.

456 BerlKommEnR/*Scholz*, Bd. 6, 4. Aufl. 2017, § 8 EEG 2017, Rn. 19.

457 *Gerstner*, in: Gerstner (Hrsg.), Grundzüge des Rechts der Erneuerbaren Energien, 2013, S. 292.

458 BerlKommEnR/*Scholz*, Bd. 6, 4. Aufl. 2017, § 8 EEG 2017, Rn. 20; LG Frankfurt/Oder, Urt. v. 05.10.2011, 11 O 327/10, REE 2011, 224, 226.

459 BerlKommEnR/*König*, Bd. 6, 4. Aufl. 2017, § 12 EEG 2017, Rn. 13.

Anderenfalls entstünde ein wichtiges Investitionshemmnis. Anlagenbetreiber würden vor Errichtung der Anlage nicht wissen können, ob ihre Anlage an diesem Standort auch angeschlossen werden kann, und dieses Risiko würde die Finanzierung des Projekts gefährden[460].

(4) Die Bestimmung des Netzverknüpfungspunktes (NVP)

Der § 8 Abs. 1 S. 1, Hs. 1 EEG bestimmt den gesetzlichen NVP, mithin diejenige Stelle im Netz, die im Hinblick auf die Spannungsebene geeignet ist und die die in der Luftlinie kürzeste Entfernung zum Standort der Anlage aufweist. Wenn allerdings in dem so bestimmten Netz oder in einem anderen Netz ein technisch und wirtschaftlich günstigerer NVP existiert, so ist an diesem die Anlage anzuschließen[461]. Diese Voraussetzungen sind kumulativ[462]. Der NVP ist technisch günstiger, wenn der Netzanschluss schneller ausgeführt werden kann[463]. Wirtschaftlich günstiger ist ein NVP, wenn sich bei einer gesamtwirtschaftlichen Betrachtung als günstiger erweist. Dabei sind die Gesamtkosten miteinander zu vergleichen, die bei den verschiedenen Möglichkeiten für die Durchführung des Anschlusses der betreffenden Anlagen sowie für den Netzausbau anfallen würden[464]. Zu berücksichtigen sind nur die unmittelbar durch den Netzanschluss entstehenden Kosten[465]. Darunter fallen nicht nur die Kosten für den Netzausbau, sondern auch die für die Netzverstärkung[466].

Anlagenbetreiber und Netzbetreiber können einen anderen NVP als den in kürzester Entfernung zur Anlage oder den technisch und durch eine gesamtwirtschaftliche Vergleichsrechnung ermittelten wirtschaftlich günstigeren NVP wählen. So dürfen Anlagenbetreiber nach § 8 Abs. 2 EEG einen anderen NVP wählen, wenn die daraus resultierenden Mehrkosten für den Netzbetreiber nicht unerheblich sind. Die Grenze für die Erheblichkeit der Mehrkosten hat der BGH bei Mehrkosten von 60 % im Vergleich zur Ausgangsvariante (Luftlinienentfernung) gesetzt[467]. Hier sind wiederum nur die unmittelbaren (Investitions-)

---

460 BT-Drs. 16/8148, S. 41.

461 § 8 Abs. 1 S. 1 Hs. 2 EEG

462 *Gerstner*, in: Gerstner (Hrsg.), Grundzüge des Rechts der Erneuerbaren Energien, 2013, S. 298; *Salje*, EEG, 7. Aufl. 2015, § 8 EEG 2014, Rn. 7.

463 BerlKommEnR/*Scholz*, Bd. 6, 4. Aufl. 2017, § 8 EEG 2017, Rn. 31.

464 BT-Drs. 16/8148, S. 41. So auch BGH 8. Zivilsenat, v. 18.07.2007, Az. VIII ZR 288/05.

465 BT-Drs. 18/1304, S. 119.

466 *Salje*, EEG, 7. Aufl. 2015, § 8 EEG 2014, Rn. 14; BerlKommEnR/*Scholz*, Bd. 6, 4. Aufl. 2017, § 8 EEG 2017, Rn. 32; BGH, Urt. v. 18.07.2007, VIII ZR 288/05, NJW-RR 2007, 1645, Rn. 29.

467 BGH, Urt. v. 10.10.2012, VIII ZR 362/11, NVwZ 2013, 90, Rn. 58.

Kosten zu berücksichtigen, nicht jedoch (zusätzlich entstehende) Netz- und/ oder Leitungsverluste[468]. Wie *Gerstner* hervorhebt, steht dem Wahlrecht des Anlagenbetreibers das Recht des Netzbetreibers gem. § 8 Abs. 3 EEG gegenüber, der Anlage einen anderen NVP zuzuweisen. Voraussetzung hierfür ist, dass die Abnahme des gesamten angebotenen Stroms aus der betroffenen Anlage an diesem NVP sichergestellt ist. Somit steht dem Netzbetreiber das Letztbestimmungsrecht im Hinblick auf den NVP zu. Eine Interessengerechtigkeit stellt der deutsche Gesetzgeber her, indem er in § 16 Abs. 2 EEG dem Netzbetreiber die aus einer solchen Letztentscheidung resultierenden Mehrkosten auferlegt.

(5) Kostentragung und Eigentumsverhältnisse

Gem. § 16 Abs. 1 EEG trägt der Anlagenbetreiber die Kosten des Anschlusses der EE-Anlagen und die Kosten der notwendigen Messeinrichtungen. Der Anlagenbetreiber wird dann nach § 12 Abs. 2 EEG auch Eigentümer der Anschlussleitung[469]. Die Folge ist, dass die Anschlussleitung nicht Teil des Netzes für die allgemeine Versorgung wird. Aus diesem Grund unterliegt sie auch nicht dem Regulierungsregime der §§ 11 ff. EnWG[470]. Von der Regel der Kostentragung der Anschlusskosten durch den Anlagenbetreiber können allerdings die Parteien abweichen und durch eine vertragliche Vereinbarung, die Netzanschlusskosten zwischen Anlagenbetreiber und Netzbetreiber anders aufteilen. In diesem Fall sollen die Bedingungen des § 7 Abs. 2 EEG eingehalten werden[471].

Im Gegensatz zu den Anschlusskosten, trägt die Kosten der Netzerweiterung gem. § 17 EEG wiederum der Netzbetreiber. Aus diesem Grund ist entscheidend für die Verteilung der Kosten zwischen Netzanschluss und Netzerweiterung zu unterscheiden. Da der Netzanschluss gem. § 8 Abs. 1 S. 1 EEG am günstigsten NVP erfolgen muss, ist die Lage des NVP maßgeblich für die Abgrenzung zwischen Netzerweiterung und Netzanschluss[472]. Nach *König* sind deshalb die

468 *Salje*, EEG, 7. Aufl. 2015, § 8 EEG 2014, Rn. 24.

469 *Garbers*, EnWZ 2016, 347, 348.

470 BerlKommEnR/*Schloz*, Bd. 6, 4. Aufl. 2017, § 8 EEG 2017, Rn. 52.

471 Ein solcher Fall, in dem die Abweichung für beide Parteien vorteilhaft sein kann, ist wenn weitere Projekte in der Nähe des Anschlusses erwartet sind. So kann es für den Anlagenbetreiber langfristig vorteilhaft sein, nicht die günstigste technisch sicherere Anschlussvariante für den ersten Anschluss zu verlangen, sondern Überkapazitäten vorzusehen, um später weitere Anlagen mit insgesamt niedrigeren Kosten anschließen lassen zu können. Siehe sazu BerlKommEnR/*König*, Bd. 6, 4. Aufl. 2017, § 11 EEG 2017, Rn. 19; Altrock/Oschmann/Theobald/*Altrock*, EEG, 4. Aufl. 2013, § 13 EEG 2012, Rn. 12, 24.

472 So auch BGH, Urt v. 29.10.2008 – VIII ZR 313/07, ZNER 2008, 370.

Errichtung von Einrichtungen zwischen der PV-Anlage und dem NVP sowie alle anderen Maßnahmen, die sich *vor* dem NVP auswirken, Maßnahmen des Netzanschlusses. Auf der anderen Seite betreffen die Netzerweiterungsmaßnahmen die Einrichtungen, die von der PV-Anlage aus gesehen hinter dem NVP liegen[473].

Nach § 12 Abs. 2 EEG wird aber das Konzept des § 8 EEG verwirrend, denn es regelt, dass die Erweiterungspflicht *„sich auf sämtliche für den Betrieb des Netzes notwendigen technischen Einrichtungen sowie die im Eigentum des Netzbetreibers stehenden oder in sein Eigentum übergehenden Anschlussanlagen erstreckt"*. Das bedeutet, dass wegen der Vorschrift des § 12 Abs. 2 EEG zur Netzerweiterung auch Maßnahmen zählen, die bei Abgrenzung mithilfe des günstigsten NVPs eigentlich als Netzanschlussmaßnahmen zu betrachten wären. Wie *König* erklärt, wollte hier der Gesetzgeber nicht die Abgrenzung zwischen Netzanschluss und Netzerweiterung leichter machen, sondern den Begriff der Netzerweiterung ausweiten, so dass die Netzbetreiber und damit die Allgemeinheit einen größeren Teil der Netzkosten aufnehmen und somit die Anlagenbetreiber von hohen Anschlusskosten entlastet werden[474].

§ 12 Abs. 2 EEG setzt nun für die Abgrenzung zwei Kriterien: Die Ausbaupflicht erstreckt sich auf sämtliche für den Betrieb des Netzes notwendigen technischen Einrichtungen sowie auf die im Eigentum des Netzbetreibers stehenden oder in sein Eigentum übergehenden Anschlussanlagen. Nach dem ersten (funktionalen) Kriterium gehören zur Netzerweiterung alle Einrichtungen, die notwendig für den Betrieb des Netzes sind. Dabei spielt es keine Rolle, ob diese Einrichtungen vor oder hinter dem NVP sind[475]. Das erste Kriterium ist zumindest immer dann erfüllt, wenn der störungsfreie Betrieb des Netzes nach dem Anschluss der Anlage von der Funktionsfähigkeit des neu eingefügten Bestandteils abhängt und ohne dieses nicht mehr gewährleistet oder der störungsfreie Betrieb bei Entfernung der neuen Komponenten nur durch eine technische Veränderung des Netzes wiederhergestellt werden könnte[476].

Das zweite Kriterium ist aber kein funktionales Kriterium. Interessant ist hier die Feststellung, dass es um eine Maßnahme des Netzausbaus geht, auch wenn

473 BerlKommEnR/*König*, Bd. 6, 4. Aufl. 2017, § 12 EEG 2017, Rn. 58.
474 BerlKommEnR/*König*, Bd. 6, 4. Aufl. 2017, § 12 EEG 2017, Rn. 61.
475 BerlKommEnR/*König*, Bd. 6, 4. Aufl. 2017, § 12 EEG 2017, Rn. 62.
476 BT-Drs. 16/8148, S. 45.

nur eines dieser Kriterien erfüllt ist[477]. D.h. in der Praxis, dass auch wenn eine technische Einrichtung funktionell dem Netzanschluss dient, ihr Bau dann eine Maßnahme des Netzausbaus ist, wenn der Netzbetreiber das Eigentum an dieser Einrichtung erhält[478].

Diese Regel gilt nur in atypischen Fällen nicht. So hat der BGH für den Fall, dass der Netzbetreiber die Anschlussleitung für einen Anlagenbetreiber errichtete, der dann die Übernahme des Eigentums an der Leitung ablehnte[479], entschieden, dass dem Eigentum des Netzbetreibers an einer neu verlegten Anschlussleitung jedenfalls dann keine maßgebliche Bedeutung für die Abgrenzung von Netzanschluss und Netzerweiterung zukomme, wenn der Netzbetreiber das Eigentum nicht beansprucht habe, sondern ihm dieses „ungewollt zugefallen“ sei[480]. Dem ist mit *König* zuzustimmen, denn sonst würde der Anlagenbetreiber immer in der Lage sein, die Kosten gem. § 16 Abs. 1 EEG umgehend zu tragen, indem er zuerst die Erstellung des Netzanschlusses durch den Netzbetreiber verlangt und anschließend die Übernahme des Eigentums an den Anschlussanlagen ablehnt[481].

bb) Netzzugang: Abnahme, Übertragung und Verteilung

Nach § 11 EEG „müssen Netzbetreiber vorbehaltlich des § 14 den gesamten Strom, der in einer Veräußerungsform nach § 21b Abs. 1 vermarktet wird, unverzüglich vorrangig physikalisch abnehmen, übertragen und verteilen. Macht der Anlagenbetreiber den Anspruch nach § 19 in Verbindung mit § 21 geltend, umfasst dies auch die kaufmännische Abnahme. [...]“. Die Pflicht des Netzbetreibers, den PV-Strom abzunehmen, zu übertragen und zu verteilen (§ 11 EEG) ergänzt die Anschlusspflicht des § 8 EEG und bezweckt die Netzintegration des PV-Stroms[482].

---

477 *Gerstner*, in: Gerstner (Hrsg.), Grundzüge des Rechts der Erneuerbaren Energien, 2013, S. 288. So im Ergebnis auch *Salje*, EEG, 7. Aufl. 2015, § 8 EEG 2014, Rn. 20; vgl. BGH, Urt. v. 01.10.2008, VIII ZR 21/07, juris, Rn. 19.

478 *Schäfermeier/Reshöft*, ZNER 2007, 34, 36; *Gerstner*, in: Gerstner (Hrsg.), Grundzüge des Rechts der Erneuerbaren Energien, 2013, S. 290.

479 BGH, Urt v. 29.10.2008 – VIII ZR 313/07, ZNER 2008, 370.

480 BerlKommEnR/*König*, Bd. 6, 4. Aufl. 2017, § 12 EEG 2017, Rn. 66 der auf BGH, Urt v. 29.10.2008 – VIII ZR 313/07, ZNER 2008, 370 verweist.

481 BerlKommEnR/*König*, Bd. 6, 4. Aufl. 2017, § 12 EEG 2017, Rn. 66.

482 Gem. § 11 Abs. 2 EEG gelten gleiche Pflichten auch wenn die EE-Anlagen an Netze angeschlossen sind, die keine Netze der öffentlichen Versorgung sind, wie z. B. geschlossene Verteilernetze i.S.d. § 110 EnWG, und der Strom mittels

§ 11 EEG regelt als lex specialis zur allgemeinen Vorschrift des Netzzugangs in § 20 Abs. 1 EnWG[483] die Pflicht der Betreiber von Elektrizitätsversorgungsnetzen zur vorrangigen und unverzüglichen Abnahme, Übertragung und Verteilung von EE-Strom. Somit setzt der deutsche Gesetzgeber Art. 16 Abs. 2 lit. b EE-RL um, wonach die Mitgliedstaaten entweder einen vorrangigen Netzzugang oder einen garantierten Netzzugang[484] für EE-Strom gewährleisten müssen[485].

EEG 2014 hat einen Systemwechsel vollzogen, der sich auf die Netzintegration auswirkt. Vor 2014 war die Einspeisevergütung der Regelfall, der Netzbetreiber musste den PV-Strom abnehmen und ihn zu festen und garantierten Einspeisetarifen vergüten. Nach 2014 ist der Regelfall die Direktvermarktung. Anlagenbetreiber mit einer installierten Leistung > 100 kW haben die Pflicht, den PV-Strom selber (oder über Direktvermarktungsunternehmen) an den Markt zu vermarkten. Seitdem unterscheidet auch der deutsche Gesetzgeber in § 11 EEG zwischen der physikalischen und der kaufmännischen/bilanziellen Abnahme[486].

Unter „physikalische Abnahme" versteht der Gesetzgeber „*die Vorgänge, die notwendig sind, um den Strom aus der Anlage in das Netz einzuspeisen und bis zu einem Empfänger durchzuleiten*"[487]. Die physikalische Abnahme umfasst nämlich die Einspeisung, die Übertragung und die Verteilung des EE-Stroms. Unter „kaufmännische/bilanzielle Abnahme" versteht der Gesetzgeber „*die handelsmäßige Abnahme des Stroms, indem dieser gekauft und in den Bilanzkreis aufgenommen wird*"[488]. Sowohl aus diesen Definitionen als auch aus § 11 Abs. 1 S. 2

---

kaufmännisch-bilanzieller Weitergabe in ein Netz angeboten wird. S. BerlKommEnR/*Scholz*, Bd. 6, 4. Aufl. 2017, § 11 EEG 2017, Rn. 28.

483 *Schulte/Kloos*, in: Müller 20 Jahre Recht der Erneuerbaren Energien, 2012, S. 731.

484 Zu dem Unterschied zwischen vorrangigem und garantiertem Netzzugang s. EE-RL, Erwägungsgrund Nr. 60: „*Der vorrangige Netzzugang gewährleistet, dass angeschlossene Erzeuger von Elektrizität aus erneuerbaren Energiequellen in der Lage sind, die Elektrizität aus erneuerbaren Energiequellen nach den Netzanschlussregeln jederzeit, wann immer die Energiequelle verfügbar ist, zu verkaufen und zu übertragen. Falls die Elektrizität aus erneuerbaren Energiequellen in den Spotmarkt integriert ist, gewährleistet der garantierte Netzzugang, dass die gesamte verkaufte und geförderte Elektrizität Zugang zum Netz erhält, wodurch an das Netz angeschlossene Anlagen eine Höchstmenge an Elektrizität aus erneuerbaren Energiequellen verwenden können.*"

485 Danner/Theobald/*Lietz*, Energierecht, 94. EL, 2017, § 11 EEG 2014, Rn. 1. Aus der unten stehenden Analyse ergibt sich, dass der deutsche Gesetzgeber sowohl einen vorrangigen als auch einen garantierten Netzzugang gewährt.

486 So auch Danner/Theobald/*Lietz*, Energierecht. 94. EL, 2017, § 11 EEG 2014, Rn. 13.

487 BT-Drs. 18/1304, S. 123.

488 BT-Drs. 18/1304, S. 123.

und Abs. 2 EEG ergibt sich, dass im Fall der Einspeisevergütung die Pflicht des Netzbetreibers für beide Arten von Abnahme besteht: Der Netzbetreiber ist verpflichtet, den EE-Strom sowohl physikalisch als auch kaufmännisch/bilanziell abzunehmen. Im Fall der Direktvermarktung kann die Pflicht des Netzbetreibers nur für die physikalische Abnahme bestehen, da der Anlagenbetreiber den Strom selber vermarktet. Im Fall der festen Einspeisevergütung nimmt der Netzbetreiber den eingespeisten Strom in seinen EEG-Bilanzkreis auf und zahlt dem Anlagenbetreiber für diesen Strom die gesetzliche Einspeisevergütung[489]. Auf diese Weise hat der Anlagenbetreiber im Fall der Einspeisevergütung nach physikalischer und kaufmännischer Abnahme grundsätzlich keine Verfügungsgewalt über den eingespeisten EE-Strom, sodass er in diesem Fall keinen gesondert durchsetzbaren Anspruch auf Übertragung und Verteilung zu haben braucht[490].

(1) Gesetzliches Schuldverhältnis

Wie bereits angedeutet, schafft § 7 Abs. 1 EEG ein gesetzliches Schuldverhältnis zwischen dem Netzbetreiber und dem Anlagenbetreiber. Dies erstreckt sich auf alle Pflichten des Netzbetreibers nach dem EEG[491], einschließlich der Pflicht zur unverzüglichen und vorrangigen Abnahme, Übertragung und Verteilung des Stroms gem. § 11 EEG. Das heißt, dass die Pflicht des Netzbetreibers, den Strom unverzüglich und vorrangig abzunehmen, zu übertragen und zu verteilen, sich aus dem EEG selbst ergibt und es keines Vertrags bedarf. So hat kürzlich das OLG Naumburg klargestellt: „*Das Einspeisen von Strom in das Verteilernetz begründet ein gesetzliches Schuldverhältnis und nicht etwa einen rechtsgeschäftlichen Vertrag. Erfüllt der Anlagenbetreiber die gesetzlichen Voraussetzungen, hat der Netzbetreiber den angebotenen Strom abzunehmen und eine finanzielle Förderung für diesen zu entrichten*“[492].

(2) Die Vorrangigkeit

Die Abnahme, Übertragung und Verteilung des EE Stroms unterliegt ebenso wie der Anschluss den Prinzipien der Unverzüglichkeit und der Vorrangigkeit. Mit den Pflichten nach § 11 Abs. 1 EEG soll sichergestellt werden, dass der PV-Strom unabhängig von der Situation des Netzes abgenommen, übertragen und verteilt wird[493]. Der Netzbetreiber kann daher grundsätzlich die

489 Greb/Boewe/*Woltering*, BeckOK-EEG, 6. Aufl. 2017, § 11 EEG 2017, Rn. 14.
490 Danner/Theobald/*Lietz*, Energierecht, 94. EL, 2017, § 11 EEG 2014, Rn. 15.
491 Greb/Boewe/*Böcker*, BeckOK-EEG, 2. Aufl. 2014, § 4 EEG 2012, Rn. 9.
492 OLG Naumburg, Urt. v. 29.01.2016 – 7 U 52/15, Rn. 162.
493 *Altrock/Vollprecht*, ZNER 2011, 231, 233.

Abnahme und Übertragung des PV-Stroms nicht mit dem Argument ablehnen, dass das Netz durch eingespeisten konventionellen Strom ausgelastet ist[494]. Dies bedeutet, dass wenn die Anlagenbetreiber konventioneller Energiequellen bei dem Netzbetreiber Netzkapazitäten fest gebucht haben und der Netzbetreiber sie nicht abnehmen bzw. weiterleiten kann, zivilrechtlich betrachtet eine rechtliche Unmöglichkeit des Netzbetreibers besteht. Deswegen werden beide Seiten gem. § 275 Abs. 1 BGB von ihrer jeweiligen Leistungspflicht befreit[495]. Weiterhin bestehen keine Schadensersatzansprüche gem. § 280 Abs. 1, 3 i.V.m. §§ 283, 276 BGB, da die jeweilige Unmöglichkeit weder vom Netzbetreiber noch vom Erzeuger oder Händler zu vertreten ist[496].

Für den Fall einer Konkurrenz zwischen zwei Strommengen, die beide aus EE oder aus EE und KWK erzeugt worden sind, gibt § 11 EEG keine Antwort. Da die Vorrangigkeit vorbehaltlich des § 14 EEG zu gewährleisten ist, müssen die Regeln des Einspeisemanagements eingehalten werden. In diesem Fall findet das Prinzip der Abnahme der größtmöglichen Strommenge gem. § 14 Abs. 1 S. 3 EEG Anwendung[497]. Strom aus kleinen PV-Anlagen wird in diesem Fall gem. § 14 Abs. 1 S. 2 EEG nachrangig behandelt. In diesem Sinne stellt das Einspeisemanagement die erste Abweichung von der Regel der vorrangigen Abnahme und Weiterleitung des EE-Stroms dar[498]. Daneben wird das Vorrangprinzip im Hinblick auf den Netzzugang anders als für den Anschluss durch weitere Abweichungsmöglichkeiten durchbrochen.

Die zweite Abweichung ist in § 11 Abs. 3 EEG vorgesehen. Gem. § 11 Abs. 3 EEG können die Parteien vertraglich von dem Vorrangprinzip des § 11 Abs. 1 EEG abweichen, soweit dies einer besseren Integration der EE-Anlage in das Netz dient. Eine solche Möglichkeit besteht nicht für den Anschluss von EE-Anlagen. Die Regelung der vertraglichen Abweichung von der vorrangigen Abnahme, Übertragung und Verteilung gibt den Parteien die nötige Flexibilität, für sich vorteilhafte Vereinbarungen zu treffen. Verzichtet der Anlagenbetreiber partiell auf seine Rechte, z. B. zu bestimmten Zeiten einzuspeisen, kann

494 BT-Drs. 16/8148, S. 43.

495 *Gerstner*, in: Gerstner (Hrsg.), Grundzüge des Rechts der Erneuerbaren Energien, 2013, S. 330.

496 *Gerstner*, in: Gerstner (Hrsg.), Grundzüge des Rechts der Erneuerbaren Energien, 2013, S. 330; *Fehling*, in: *Schneider/Theobald*, Recht der Energiewirtschaft, 4. Aufl. 2011, § 8.

497 BerlKommEnR/*Scholz*, Bd. 6, 4. Aufl. 2017, § 11 EEG 2017, Rn. 20.

498 Mehr dazu siehe *Salje*, EEG, 7. Aufl. 2015, § 11 EEG 2014, Rn. 5–7.

der Netzbetreiber u.U. Kosten für z. B. Ausgleichsenergie sparen[499]. Eine letzte Abweichungsmöglichkeit von dem Vorrangprinzip der Pflichten nach § 14 Abs. 1 ist in Abs. 4 EEG geregelt. Dies betrifft Verträge im Rahmen der AusglMechV[500]. Ziel der Regelung ist nach dem Gesetzgeber die Optimierung der Vermarktung des EE-Stroms[501].

(3) Die Unverzüglichkeit

Das Prinzip der Unverzüglichkeit erstreckt sich auch auf die Abnahme, Verteilung und Übertragung des EE-Stroms. Aus § 121 BGB folgt, dass unverzüglich „ohne schuldhaftes Zögern" bedeutet. Dem Netzbetreiber kann im Einzelfall aber eine Prüfungs- und Überlegungsfrist zustehen[502]. Wenn der Netzbetreiber seine Pflicht schuldhaft missachtet, hat der Anlagenbetreiber einen Anspruch auf Schadensersatz gem. §§ 280 ff. BGB i.V.m. § 11 EEG, den er über den einstweiligen Rechtsschutz gem. § 83 EEG 2017 durchsetzen kann[503].

b) Instrumente zur Bewältigung der Engpässe

Die Energiewende und der damit verbundene Zuwachs der EE haben neue Herausforderungen für den Netzbetrieb hervorgerufen. Die Sicherheit und Zuverlässigkeit des Elektrizitätsversorgungssystems ist sowohl durch die Volatilität der EE, als auch durch eine schwierig prognostizierbare Einspeisung gefährdet. Zudem hat sich die Symmetrie zwischen Erzeugung und Verbrauch verändert. Vor dem Ausbau der EE waren die konventionellen Kraftwerke nah den Verbrauchsorten, insb. im Westen und Süden Deutschlands, lokalisiert[504].

---

499 BT-Drs. 16/8148, S. 44.

500 „Verordnung zum EEG-Ausgleichsmechanismus (Ausgleichsmechanismusverordnung – AusglMechV)" v. 17.02.2015 (BGBl I 2015 S. 146) durch Art. 17 des Gesetzes zur Einführung von Ausschreibungen für Strom aus erneuerbaren Energien und zu weiteren Änderungen des Rechts der erneuerbaren Energien v. 13.10.2016 (BGBl. I 2016 S. 2258) geändert und in „Verordnung zur Durchführung des Erneuerbare-Energien-Gesetzes und des Windenergie-auf-See-Gesetzes (Erneuerbare-Energien-Verordnung – EEV)" umbenannt wurde.

501 BT-Drs. 17/6071, S. 64.

502 vgl. BGH Urt. v. 15.03.2005 – VI ZB 74/04, NJW 2005, 1869.

503 Greb/Boewe/*Woltering*, BeckOK-EEG, 6. Aufl. 2017, § 11, Rn. 22.

504 Für eine Übersicht s. z. B. Umweltbundesamt, Datenbank „Kraftwerke in Deutschland", abrufbar auf https://www.umweltbundesamt.de/dokument/datenbank-kraftwerke-in-deutschland, zuletzt abgerufen am 08.04.2018; Bund der Energieverbraucher e.V., Kraftwerks-Standortkarte der Strombörse EEX, abrufbar auf http://www.energieverbraucher.de/de/kraftwerke__1373/ zuletzt abgerufen am 08.04.2018.

Der Ausbau der PV hat jedoch zu einer Dezentralisierung der Stromerzeugung geführt, und der Ausbau der Offshore-Windenergie zu einer Verlagerung der Stromerzeugung in den Norden Deutschlands. Auf diese Weise belastet der rasante Zuwachs der EE die Übertragungs- und Verteilernetze. Die Übertragungsnetze müssen die Überschüsse der Stromerzeugung vom Norden zum Süden Deutschlands transportieren[505]. Die Verteilernetze müssen als Rückgrat der Energiewende mit einer Aufnahme von 90 % des erzeugten EE-Stroms[506] nicht nur mehr Strom aufnehmen, sondern auch die mit der dezentralen Erzeugung verbundenen umgekehrten Lastflüssen bewältigen. Der Strom fließt nicht nur von der Hoch- über die Mittel- zur Niederspannungsebene, sondern auch umgekehrt. Diese Lastflussumkehr erzeugt Anforderungen für die Spannungshaltung, und aus diesem Grund sind auch für die Verteilernetze bestimmte Maßnahmen erforderlich[507].

Der Staat hat nach *König* drei Gruppen von Regulierungsinstrumenten zur Beseitigung der dadurch entstehenden Netzengpässe, nämlich (i) das Netz der Last/ Erzeugung – durch Netzausbau – anzupassen, (ii) Stromnetz und Last/ Erzeugung – durch die Anordnung einer Engpassbewirtschaftung – besser aufeinander abzustimmen, und (iii) die Last/ Erzeugung dem Netz – durch die Beeinflussung der Standorte von Erzeugungs- und Lastzentren – anzupassen[508].

Deutschland hat sich im Jahr 2012 entschieden, diesem geographischen Auseinanderfallen von Erzeugung und Verbrauch mit der ersten der oben genannten Gruppen von Regulierungsinstrumenten, nämlich mit einem flächendeckenden Ausbau der Übertragungsnetze zu begegnen[509]. Die sind die sog. Stromkorridore[510], deren Bau allerdings lange dauert und sich nach dem letzten NEP von 2017 um fünf weitere Jahre seit dem NEP aus dem Jahr 2015 verzögert, so dass nun mit einer Realisierung der Projekte im Jahr 2030 gerechnet

505 *Schroeder/Oei* et al., Energy Policy 61/2013, 140.

506 E-Bridge/IAEW/et al., Verteilernetzstudie, 2014, management summary, S. II.

507 dena, Verteilnetzstudie, 2012, S. 20.

508 Vgl. *König*, Engpassmanagement, 2013, S. 87.

509 *Ekardt/Valentin*, Das neue Energierecht, 2015, S. 89; siehe auch: *Schulte/Kloos*, in: T. Müller (Hrsg.), 20 Jahre Recht der Erneuerbaren Energien, 2012, S. 727, 735; BNetzA, Stromnetze zukunftssicher gestalten, abrufbar auf http://www.netzausbau.de/cln_1431/DE/Wissenswertes/WarumNetzausbau/WarumNetzausbau-node.html, zuletzt abgerufen am 12.02.2015; *Schadtle*, ZNER 2013, 126.

510 Der Ausbau der sog. Stromkorridore war bereits im ersten NEP vom 2011 von den vier ÜNB vorgeschlagen worden, NEP 2012, Erster Entwurf, S. 140.

wird[511]. Aus diesem Grund bedarf es adäquater Maßnahmen des Gefährdungs- und Einspeisemanagements, die mit dem neuen Gesetz aus dem Jahr 2016 zur Weiterentwicklung des Strommarktes (Strommarktgesetz) gestärkt bzw. neu eingeführt wurden[512]. Diese Instrumente gehören der zweiten der oben genannten Gruppen. Die dritte Gruppe von Instrumenten, nämlich die Beeinflussung der Standorte von Erzeugungs- und Lastzentren, wurde hingegen lange außer Acht gelassen.

Vor diesem Hintergrund werden zunächst die Instrumente diskutiert, die der deutsche Gesetzgeber als erste geplant hat und gegenwärtig einsetzt, um Netzengpässe zu lösen, nämlich erstens der Netzausbau und zweitens die Maßnahmen des Engpass-, insb. des Einspeisemanagements.

aa) Anpassung des Netzes der Erzeugung/Last: Der Netzausbau

Wie bereits ausgeführt, soll die Asymmetrie zwischen Erzeugungs- und Verbrauchsschwerpunkten in Deutschland durch den Netzausbau bewältigt werden. Dabei sollen nicht nur nationale, sondern auch europäische Verbrauchs- und Erzeugungsschwerpunkte besser miteinander verbunden werden, um den Strombinnenmarkt zu verstärken[513].

(1) Netzausbaupflichten

Netzausbaupflichten bestehen zum einen nach dem EEG, zum anderen nach dem EnWG. Die Netzausbaupflicht nach § 12 Abs. 1 EEG ist speziell und setzt das Verlangen des Einspeisewilligen/EE-Anlagenbetreibers voraus[514]. Die

---

511 ÜNB, NEP Strom 2030, Zweiter Entwurf, 2017, S. 99 ff. Nach dem ÜNB, NEP Strom 2025, Zweiter Entwurf, 2015, S. 133 ff. sollte die Realisierung der Stromkorridore 2025 erfolgen. Die NEP geben dazu eine Übersicht der unterschiedlichen Maßnahmen und Projekte für den Bau der Leitungen sowie die Zeiten der anvisierten Inbetriebnahme.

512 „Gesetz zur Weiterentwicklung des Strommarktes (Strommarktgesetz)" v. 26.07.2016 (BGBl I S. 1786). Kerninstrumente des Strommarktgesetzes sind: Die Stärkung der freien Preisbildung (§ 1a EnWG), die Stärkung der Bilanzkreistreue (§ 13 Abs. 5 EnWG), die Verlängerung der Netzreserve (§ 13d EnWG), die Einführung der Kapazitätsreserve (§ 13e EnWG), die Stilllegung von Braunkohlekraftwerksblöcken (§ 13g EnWG), die Reduzierung und gerechtere Verteilung der Kosten durch die Spitzenkappung (§ 11 Abs. 2 EnWG) und die Abschaffung der vermiedenen Netzentgelte (§ 57 Abs. 3 EEG 2014).

513 *Ekardt/Valentin*, Das neue Energierecht, 2015, S. 89 m.w.H.

514 Diese auf Verlangen der Einspeisewilligen durchzuführenden Netzerweiterungsmaßnahmen werden allerdings auch in die allgemeine Netzentwicklungsplanung der Netzbetreiber integriert, BerlKommEnR/*König*, Bd. 6, 4. Aufl. 2017, § 12 EEG 2017, Rn. 30.

Netzausbaupflicht nach § 11 Abs. 1 S. 1, 3. Fall EnWG ist allgemein[515]. Die ist die Grundlage für den Ausbau der sog. Stromkorridore in Deutschland. Wie *König* andeutet, soll die Unberührtheitsklausel von § 12 Abs. 4 EEG klarstellen, dass die allgemeine Netzerweiterungspflicht des Netzbetreibers durch den Netzerweiterungsanspruch gem. § 12 Abs. 1 S. 1 EEG nicht eingeschränkt wird. Auch wenn kein Einspeisewilliger gem. § 12 Abs. 1 S. 1 EEG die Netzerweiterung verlangt, kann der Netzbetreiber nach § 11 Abs. 1 S. 1, 3. Fall EnWG verpflichtet sein, sein Netz zu optimieren, zu verstärken und auszubauen[516]. Dies ist in Deutschland wegen des großen und dringenden Bedarfs nach neuen Netzen besonders wichtig.

Nach § 12 Abs. 1 EEG *„müssen die Netzbetreiber auf Verlangen der Einspeisewilligen unverzüglich ihre Netze entsprechend dem Stand der Technik optimieren, verstärken und ausbauen, um die Abnahme, Übertragung und Verteilung des Stroms aus erneuerbaren Energien oder Grubengas sicherzustellen*".

Die Optimierungs- und Verstärkungsmaßnahmen haben einen Vorrang vor Ausbaumaßnahmen, wenn sie effizienter sind, da der Netzbetreiber eine effiziente Leistung erbringen muss[517]. Allerdings obliegt es dem Netzbetreiber, darüber zu entscheiden, ob das Netz zu optimieren, zu verstärken oder auszubauen ist[518].

Die Netzerweiterungspflicht gewährleistet, dass eine fehlende Netzkapazität nur vorübergehend einem Netzanschluss und einer Einspeisung entgegensteht. Netzbetreiber sind verpflichtet, die Netzkapazität gemäß den Anschlussanträgen zu erweitern[519], sofern diese nicht wirtschaftlich unzumutbar i.S.v. § 12 Abs. 3 EEG ist. Voraussetzung für den Netzerweiterungsanspruch gem. § 12 EEG ist das Verlangen des Einspeisewilligen und die Erforderlichkeit der Netzerweiterung. Das heißt, dass wegen des Vorrangs von Strom aus EE das Netz an der kritischen Stelle nur mit grünem Strom ausgelastet sein darf[520].

---

515 § 11 Abs. 1 S. 1 EnWG lautet: *„Betreiber von Energieversorgungsnetzen sind verpflichtet, ein sicheres, zuverlässiges und leistungsfähiges Energieversorgungsnetz diskriminierungsfrei zu betreiben, zu warten und bedarfsgerecht zu optimieren, zu verstärken und auszubauen, soweit es wirtschaftlich zumutbar ist.*"

516 BerlKommEnR/*König*, Bd. 6, 4. Aufl. 2017, § 12 EEG 2017, Rn. 93.

517 Vgl. § 21 Abs. 2 EnWG; Britz/Hellermann/Hermes/*Sötebier*, EnWG, 3. Aufl. 2015, § 11 EnWG 2014, Rn. 31.

518 *Schwintowski*, EweRK 4/2012, 131, 136.

519 BerlKommEnR/*König*, Bd. 6, 4. Aufl. 2017, § 12 EEG 2017, Rn. 4.

520 *Valentin*, et 8/2009, 68.

Die Grenze für die Ausbaupflicht stellt gem. § 12 Abs. 3 EEG die wirtschaftliche Zumutbarkeit als Ausprägung des Verhältnismäßigkeitsprinzips dar[521]. Das EEG definiert nicht den Begriff der Zumutbarkeit. Nach der Gesetzesbegründung zum EEG 2004 soll die Zumutbarkeit aufgrund einer Kosten-Nutzen-Analyse beurteilt werden. Obwohl der Gesetzgeber am Anfang seiner Argumentation die Kosten des Netzausbaus mit dem sich aus den Vergütungssummen ergebenden Wert der Gesamtstrommenge aus der durch den Ausbau anschließbaren Anlage vergleicht, ist er an späterer Stelle in der Gesetzesbegründung der Auffassung, dass der Vergleich der Netzausbaukosten mit den Investitions- und Betriebskosten der anschließbaren Anlage geeigneter ist, weil die Kosten der Errichtung einer Anlage maximal dem Wert des aus dieser Anlage gelieferten Stroms entsprechen. Im Ergebnis sei der Netzausbau verhältnismäßig und damit zumutbar insbesondere dann, wenn die Kosten des Ausbaus 25 % der Kosten der Errichtung der Stromerzeugungsanlage nicht überschreiten[522].

Der Vergleich der Netzausbaukosten mit den Kosten der Anlage scheint jedoch problematisch: Erstens hat der Einspeisewillige einen Anspruch auf eine Netzerweiterung gem. § 12 Abs. 1 S. 1 EEG nicht nur im Falle von neuen Netzanschlüssen, sondern auch, wenn die Abnahme des Stroms aus einer schon angeschlossenen Anlage nicht (mehr) sichergestellt ist (vgl. dazu § 8 Abs. 4 EEG). Da es in diesem Fall nicht um die Errichtung einer neuen Anlage geht, kann von vornherein nicht Bezug auf die Investitions- und Betriebskosten genommen werden[523]. Zweitens ist der Vergleich nicht sinnvoll, da der Wert des einzuspeisenden Stroms auch deutlich über den Investitions- und Betriebskosten liegen kann[524]. Drittens ist auch die Schwelle der 25 % nicht nachvollziehbar[525]. Wenn die Kosten der Errichtung einer Anlage maximal dem Wert des aus dieser Anlage gelieferten Stroms entsprechen sollen, hätte der Gesetzgeber die Schwelle bei 100 % der Kosten der Errichtung der Anlage setzen müssen, also dort, wo die Netzerweiterung mehr kostet als der zusätzlich zu erzeugende Strom wert ist. Denn eine Netzerweiterung ist gesamtwirtschaftlich sinnvoller, solange der dadurch entstehende Nutzen höher ist als die Kosten, die damit verbunden sind[526].

---

521 BT-Drs. 15/2864, S. 34.
522 BT-Drs. 15/2864, S. 34.
523 BerlKommEnR/*König*, Bd. 6, 4. Aufl. 2017, § 12 EEG 2017, Rn. 85.
524 BerlKommEnR/*König*, Bd. 6, 4. Aufl. 2017, § 12 EEG 2017, Rn. 85.
525 Kritisch auch *Valentin*, et 8/2009, 68, 71.
526 BerlKommEnR/*König*, Bd. 6, 4. Aufl. 2017, § 12 EEG 2017, Rn. 86.

Trotz der oben geführten Kritik des Schrifttums orientiert sich die Praxis an den Kriterien des Gesetzgebers und der dazugehörigen Schwelle von 25 %. Je nach Einzelfall könne entweder auf den Wert des einzuspeisenden Stroms oder auf die Investitions- und Betriebskosten der Anlage abgestellt werden[527]. Die Gesetzesbegründung zum EEG 2014 verweist diesbezüglich auf die Entscheidungen der Clearingstelle EEG, insbesondere auf das Votum 2008/14[528], das eine Schwelle von 12,5 % vorschlägt[529]. Gleichwohl betrachtet die Clearingstelle die Prozent-Schwellen nur als ein Indiz und nutzt für die Feststellung der Zumutbarkeit weitere Kriterien wie die betriebswirtschaftliche Betroffenheit des Netzbetreibers[530].

Der auf dem Strommarktgesetz basierende § 11 Abs. 2 EnWG regelt nun eine Spitzenkappung: Nach dem Willen des Gesetzgebers muss der ÜNB im Rahmen seiner Netzberechnungen zur Netzplanung eine Kappung von maximal 3 % der eingespeisten Jahresenergiemenge von jeder einzelnen geplanten oder bereits errichteten PV- und auch Windenergieanlage, die unmittelbar an sein Netz angeschlossen ist oder angeschlossen werden soll, berücksichtigen[531]. Diese Regelung trägt dem Ziel der Wirtschaftlichkeit der Energiewende (§ 1 Abs. 1 EnWG und § 1 Abs. 1 EEG) Rechnung. Denn aus gesamtwirtschaftlicher Sicht ist es sinnvoll, dass Netzbetreiber die Netze nicht für die „letzte Kilowattstunde" ausbauen[532]. Die Kappung bei 3 % wurde in der Verteilernetzstudie als Optimum festgestellt, da dieser Wert ein ausgewogenes Verhältnis zwischen den volkswirtschaftlichen Folgekosten und den ersparten Netzausbaukosten schafft[533].

(2) Netzausbauplanung. Die neuen Stromkorridore

Die Energiewende erfordert insgesamt 3.600 km Neubautrassen auf der Übertragungs[534]- und zwischen ca. 130.000 km und ca. 280.000 km auf der Verteilernetzebene in Deutschland[535]. Vor diesem Hintergrund hat die Bundesregierung im Jahr 2012 entschieden, vier neue Stromkorridore zu bauen. Die Leitungen

527 BerlKommEnR/*König*, Bd. 6, 4. Aufl. 2017, § 12 EEG 2017, Rn. 87.

528 BT-Drs. 18/1304, S. 124.

529 Clearingstelle EEG, Votum v. 19.09.2008, 2008/14, S. 27.

530 Clearingstelle EEG, Votum v. 19.09.2008, 2008/14, S. 31; BerlKommEnR/*König*, Bd. 6, 4. Aufl. 2017, § 12 EEG 2017, Rn. 87.

531 Nummer 5 Strommarktgesetz, Gesetzesbegründung, S. 74.

532 Nummer 3, Strommarktgesetz, Gesetzesbegründung, S. 72.

533 Nummer 5, Strommarktgesetz, Gesetzesbegründung, S. 74.

534 Nach dem Szenario A des NEP Strom 2030, Zweiter Entwurf, 2017, S. 99.

535 E-Bridge/IAEW/et al., Verteilernetzstudie, 2014, management summary, S. IV.

werden in Höchstspannungs-Gleichstrom-Übertragungs(HGÜ)-Technik Strommengen von ca. 8 GW vom Norden zum Süden Deutschlands transportieren[536]. Die Projekte sind seit 2012 im Netzentwicklungsplan und Bundesbedarfsplangesetz[537] enthalten und wegen ihrer Größe und Bedeutung von der Europäischen Union als Projekt „von gemeinsamem Interesse"[538] gekennzeichnet. Nach dem Szenario A des zweiten Entwurfs zum NEP Strom 2030 werden die Kosten der neuen Übertragungsnetze mind. bei 34 Mrd. € liegen[539] und die Realisierung der Projekte wird bis 2030 erfolgen[540].

In den letzten Jahren gab es eine große Diskussion in Deutschland, ob und in wie weit ein massiver Netzausbau in Deutschland den Herausforderungen der Energiewende – Netzintegration und Versorgungssicherheit – begegnet. Zu den Argumenten der Befürworter des massiven Netzausbaus zählen, dass der Ausbau der Netze als die wirtschaftlichste Option[541] und als die geeignetste Lösung für die durch die Energiewende verursachten verknappten Netzkapazitäten angesehen werden kann. Zur Zeit der Entscheidung über den Bau der Stromkorridore war der Netzausbau kostengünstiger als andere Alternativen wie der Bau von Speichern oder die Orientierung des Anlagen-Neubaus an der vorhandenen Netzinfrastruktur[542]. Deswegen kommt auch der Bericht der AG 3 Interaktion zum Ergebnis, dass die Optimierung und der Ausbau des Netzes in der Regel die erste Wahl ist, und dass die simultane Optimierung von Kraftwerksstandorten (thermische Kraftwerke und EE-Anlagen), Einspeisemanagement und Netzausbau weitere volkswirtschaftliche Optimierungspotentiale hat[543]. Auch von der

536 Nach dem Szenario A des NEP Strom 2025, Zweiter Entwurf, 2015, S. 99.

537 „Gesetz über den Bundesbedarfsplan (Bundesbedarfsplangesetz – BBPlG)" v. 23.07.2013 (BGBl. I S. 2543; 2014 I S. 148, 271), das zuletzt durch Art. 12 des Gesetzes v. 26.07.2016 (BGBl. I S. 1786) geändert worden ist.

538 Nach Art. 3 ff. VO 2013/347/EU.

539 ÜNB, NEP Strom 2030, Zweiter Entwurf, 2017, S. 99. Im Netzentwicklungsplan 2014 lagen die Kosten für Szenario A bei 22 Mrd. € und die Realisierung sollte bis 2025 erfolgen. Wie im NEP 2030 selbst steht: „Die Ergebnisse aus den abgeschlossenen Leistungsflussberechnungen des Szenarios A 2030 zeigen einen Netzausbaubedarf, der signifikant über die im BBP 2015 enthaltenen Maßnahmen sowie den Netzausbaubedarf des Szenarios A 2025 des NEP 2025 hinausgeht ÜNB, NEP Strom 2030, Zweiter Entwurf, 2017, S. 99.

540 Für eine Übersicht der unterschiedlichen Projekte und die Zeiten der anvisierten Inbetriebnahme siehe NEP 2025, S. 127 ff.

541 r2b Energy Consulting/Consentec, Förderung der Direktvermarktung, 2010, S. 47.

542 BerlKommEnR/*Steffens*, Bd. 2, Sonderbd., 3. Aufl. 2015, Einleitung zum EEG 2014, Rn. 36, m.w.H.

543 AG 3, „Interaktion", 2012, S. 17.

einschlägigen dena-Studie ist abzuleiten, dass, obwohl die Benutzung alternativer Lösungen (wie z. B. innovativer Netzbetriebsmittel, Speicher, Lastreduktion) teilweise den Netzausbaubedarf reduzieren kann, fraglich ist, ob die infolge der Reduktion des Netzausbaubedarfs sich ergebenden vermiedenen Investitionen ihrer Höhe nach ausreichend sind, um die Kosten der zusätzlichen Investitionen für die Errichtung von Laststeuerung und Speichern zu decken[544]. Im Endeffekt bringt der Ausbau der Stromkorridore nicht nur für Deutschland Vorteile mit sich. Die Vorhaben reduzieren Ringflüsse von Nordostdeutschland durch Polen und Tschechien nach Süddeutschland, entlasten somit die schwachen Übertragungsnetze dieser Länder und stärken damit die Versorgungssicherheit auch in diesen Nachbarländern[545].

Zu den Nachteilen eines massiven Netzausbaus zählen die erheblichen Kosten. Nach dem aktuellen NEP Strom 2030 wird auf der Übertragungsnetzebene mit ca. 34 Mrd. € bis 2030 gerechnet[546]. Auf der Verteilernetzebene wird mit ca. 23 Mrd. € bis 2032 gerechnet[547]. Zweitens dauert die Realisierung der Vorhaben lange und der Rhythmus des Zubaus der EE ist größer als der des Ausbaus der Netze. Gegenwärtig sind von den 2.850 km nur die 150 km realisiert worden, da die Planung und Realisierung des Ausbaus ein mehrstufiger und komplexer Prozess ist[548].

Zurzeit gibt es allerdings für diese Verfahrensstadien keine einheitliche gesetzliche Grundlage, sondern mehrere Gesetze stehen nebeneinander[549]: EnWG, EnLAG[550] und NABEG[551]. Außerdem gibt es Bedenken, dass die Erforderlichkeit

544 dena, Verteilnetzstudie, 2012, S. 12.

545 BNetzA, Stromnetze zukunftssicher gestalten, Leitungsvorhaben, abrufbar auf https://www.netzausbau.de/leitungsvorhaben/de.html?cms_map=2, zuletzt abgerufen am 28.03.2018.

546 ÜNB, NEP Strom 2030, Zweiter Entwurf, 2017, S. 99 ff.

547 E-Bridge/IAEW/et al., Verteilernetzstudie, 2014, S. 48.

548 BNetzA, Stromnetze zukunftssicher gestalten, Leitungsvorhaben, abrufbar auf https://www.netzausbau.de/leitungsvorhaben/de.html?cms_map=2, zuletzt abgerufen am 28.03.2018. Näher dazu siehe unten.

549 *Ekardt/Valentin*, Das neue Energierecht, 2015, S. 92; *Schmitz/Jornitz*, NVwZ 2012, 332, 333.

550 „Gesetz zum Ausbau von Energieleitungen (Energieleitungsausbaugesetz – EnLAG)" v. 21.08.2009 (BGBl. I S. 2870), das zuletzt durch Art. 14 des Gesetzes vom 22.12.2016 (BGBl. I S. 3106) geändert worden ist.

551 „Netzausbaubeschleunigungsgesetz Übertragungsnetz (NABEG)" v. 28.07.2011 (BGBl. I S. 1690), das zuletzt durch Art. 2 Absatz 13 des Gesetzes v. 20.07.2017 (BGBl. I S. 2808) geändert worden ist. Bevor der Einführung der gemeinsamen Bedarfsplanung durch NEP gem. §§ 12a ff., 17b ff. EnWG, hatte der Gesetzgeber 2009 mit dem

des Netzausbaus überschätzt wird und zu einem disproportional großen Netzausbau führt, ohne die tatsächlichen Kosten zu berücksichtigen[552] und dass die Stromtrassen die Einspeisung von Strom aus selten auftretenden Erzeugungsspitzen berücksichtigen[553]. Schließlich ist die Realisierung der Stromkorridore dem Widerstand der Bevölkerung ausgesetzt[554].

Um die Ausbaumaßnahmen zeitnah umsetzen zu können, hat der Gesetzgeber Ende 2011 das Verfahren über die Stromnetzausbauplanung durch eine Neuregelung in den §§ 12a ff. EnWG und im NABEG geändert. Im Wesentlichen geht es um Bedarfsplanung, Bundesfachplanung bzw. Raumordnung und Planfeststellung[555] als Grundlage für die Planung der neuen Stromkorridore.

Die Netzausbauplanung findet in fünf Schritten statt: Erster Schritt ist die Erstellung alle zwei Jahre eines gemeinsamen Szenariorahmens durch die ÜNB zu Erzeugung, Versorgung und Verbrauch von Strom. Der Szenariorahmen umfasst mindestens drei unterschiedliche Szenarien für die folgenden 10 bis 15 Jahre zu Erzeugung, Versorgung und Verbrauch von Strom nach Austausch mit anderen Ländern und unter Berücksichtigung geplanter Investitionsvorhaben der europäischen Netzinfrastruktur[556]. Der erste Szenariorahmen wurde im Dezember 2011 genehmigt[557].

EnLAG die staatliche Bedarfsplanung übernommen. Das Energiewendepaket hat die gesetzliche Bedarfsfeststellung durch das EnLAG nicht abgeschafft, sondern daneben das Modell der gemeinsamen Bedarfsplanung nach den §§ 12a ff., 17b ff. EnWG eingeführt. Aus diesem Grund existieren seitdem zwei verschiedene Systeme der Bedarfs- und Standortplanung nebeneinander, die sich gegenseitig nicht beeinflussen, *Riemer*, Investitionspflichten der Betreiber von Elektrizitätsübertragungsnetzen, 2017, S. 197.

552 *Jarass*, EWeRK 2013, 320, 325.

553 *Ekardt/Valentin*, Das neue Energierecht, 2015, S. 90; *Jarass*, ZNER 2014, 231 ff; *Hermes*, ZUR 2014, 259, 261. Genau diesen Effekt versucht nun die neue Regelung der Spitzenkappung (§ 11 Abs. 2 EnWG) zu mildern.

554 Besonders stark war der Wiederstand in Bayern: Siehe z. B. IWR, Netzausbau: Bayern droht mit Klage, abrufbar auf http://www.iwr.de/news.php?id=28669, zuletzt abgerufen am 19.9.2016; *Lettenbauer*, Warum Bayern die Energiepolitik blockiert, abrufbar auf http://www.deutschlandfunk.de/kampf-gegen-stromtrassen-warum-bayern-die-energiepolitik.724.de.html?dram:article_id=322312, zuletzt abgerufen am 19.09.2016.

555 Baur/Salje/Schmidt-Preuß/*Heimann*, Regulierung in der Energiewirtschaft, 2016, S. 1454.

556 § 12a Abs. 1 EnWG.

557 *Durner*, in: Quass/Deutsches Anwaltsinstitut e.V. (Hrsg.), Rechtsprobleme der Energiewende, 2015, S. 60.

Zweiter Schritt ist die Erstellung des gemeinsamen nationalen NEP durch die ÜNB mit allen Maßnahmen zum Netzausbau auf Grundlage des Szenariorahmens. Der NEP wird gem. § 12b Abs. 1 S. 2 EnWG durch die vier ÜNB alle zwei Jahre erstellt und der BNetzA vorgelegt. Zur Bestimmung der notwendigen Maßnahmen folgen die Netzbetreiber dem sogenannten NOVA-Prinzip (Netz-Optimierung vor Verstärkung vor Ausbau)[558]. In diesem Schritt wird auch die erste Umweltprüfung durchgeführt[559]. Gem. § 12b Abs. 1 S. 5 EnWG berücksichtigt der NEP den gemeinschaftsweiten NEP nach Art. 8 Abs. 3b VO 714/2009 und vorhandene Offshore-Netzpläne. Der erste NEP wurde im November 2012 bestätigt[560].

Dritter Schritt ist der Erlass des Bundesbedarfsplans durch den Bundesgesetzgeber (§ 12e Abs. 4 EnWG) mit verbindlichen Feststellungen für die Planfeststellung und die Plangenehmigung nach den §§ 43–43d EnWG und §§ 18–24 NABEG. Der Bundesbedarfsplan wird auf Grundlage des NEP erstellt und enthält Anfangs- und Endpunkte der notwendigen Leitungen, aber keine konkreten Trassenverläufe. Die Funktion des Bundesbedarfsplans ist die Feststellung der energiewirtschaftlichen Notwendigkeit und des vordringlichen Ausbaubedarfs der bestimmten Vorhaben[561]. Beschlossen wird der Bundesbedarfsplan vom Bundestag in einem Bundesbedarfsplangesetz, das im Sommer 2013 in Kraft trat[562].

Vierter Schritt ist die Bestimmung der Trassenkorridore in der Bundesfachplanung durch die zuständige Behörde[563]. Hier findet die Festlegung der bis 1.000 Meter breiten Trassenkorridore und die Prüfung der Vereinbarkeit der Vorhaben mit den Erfordernissen der Raumordnung statt[564]. Die ÜNB beantragen für jeden Abschnitt jedes Vorhabens separat die Raumordnung oder den Planfeststellungsbeschluss. Aus diesem Grund variieren die Zeiten der Fertigstellung

558 BNetzA, Stromnetze zukunftssicher gestalten, Netzentwicklungspläne und Umweltbericht, abrufbar auf https://www.netzausbau.de/5schritte/bundesbedarfsplan/de.html, zuletzt abgerufen am 19.02.2018.

559 § 12c Abs. 2 EnWG.

560 *Durner*, in: Quass/Deutsches Anwaltsinstitut e.V. (Hrsg.), Rechtsprobleme der Energiewende, 2015, S. 61.

561 § 1 BBPlG.

562 *Durner*, in: Quass/Deutsches Anwaltsinstitut e.V. (Hrsg.), Rechtsprobleme der Energiewende, 2015, S. 61.

563 Das ist die Landesbehörde für Vorhaben in einem Bundesland und die BNetzA für länderübergreifende Vorhaben.

564 § 5 Abs. 1 NABEG.

des Verfahrens für jeden Abschnitt[565]. Die zuständige Behörde trifft die Entscheidung. Zuständige Behörde ist die Landesbehörde für die Vorhaben, die nur in einem Bundesland und die BNetzA für Vorhaben, die in mehreren Bundesländern realisiert werden. Die Landesbehörde führt in den meisten Fällen ein Raumordnungsverfahren durch[566]. Die BNetzA führt wiederum eine Bundesfachplanung[567]. Im Unterschied zum Raumordnungsverfahren ist der am Ende des Bundesfachplanungsverfahrens festgelegte Trassenkorridor für das darauf folgende Planfeststellungsverfahren verbindlich[568].

Letzter Schritt ist die Planfeststellung über den konkreten Leitungsverlauf durch Entscheidung der BNetzA. Hier werden die exakten Verläufe der Trassen bestimmt. Darüber hinaus wird eine Umweltverträglichkeitsprüfung durchgeführt, welche nun die genauen Wege bestimmt. Der Planfeststellungsbeschluss bedarf eines Antrags der ÜNB[569].

Die ersten drei Schritte erfolgen auf gesetzlicher Grundlage und für die letzten zwei ist ein Antrag nötig. Bei allen Schritten der Ausbauplanung ist die Öffentlichkeitsbeteiligung gewährt[570].

Im Ergebnis ist festzustellen, dass der deutsche Gesetzgeber einen langen und komplexen Prozess vorgeschrieben hat, in dem unterschiedliche Akteure und mehrere Behörden teilnehmen, damit die unterschiedlichen Interessen der Beschleunigung der Netzausbauplanung, der Vereinbarkeit mit der Umwelt und der Raumordnung und der Öffentlichkeitsbeteiligung berücksichtigt werden. Als positiv ist die Tatsache zu betrachten, dass der bislang jährliche Rhythmus zur Vorlage eines NEP durch die ÜNB auf nunmehr zwei Jahre umgestellt ist. Dadurch können zeitliche Überlappungen bei der Erstellung des NEP und der Erarbeitung des Szenariorahmens für den darauffolgenden NEP vermieden werden[571]. Ein weiterer Vorteil ist es, dass durch die Aufnahme der Leitungen

---

565 Für einen Überblick über den Status jedes Abschnitts s. BNetzA, Stromnetze zukunftssicher gestalten, Leitungsvorhaben, abrufbar auf https://www.netzausbau.de/leitungsvorhaben/de.html?cms_map=2, zuletzt abgerufen am 28.03.2018.

566 BNetzA, Netzausbau. Bundesfachplanung, 2016, S. 2, zuletzt abgerufen am 19.02.2018.

567 Die Bundesfachplanung führt die BNetzA für entsprechend gekennzeichnete Leitungen nach den §§ 4 ff. NABEG durch. Die Bundesfachplanung ersetzt für Projekte des Anwendungsbereichs von NABEG die sonst für große Stromleitungsausbauprojekte üblichen Raumordnungsverfahren (§ 28 NABEG), Baur/Salje/Schmidt-Preuß/*Heimann*, Regulierung in der Energiewirtschaft, 2016, S. 1473.

568 BNetzA, Netzausbau. Bundesfachplanung, 2016, S. 2.

569 § 24 Abs. 1 NABEG.

570 §§ 12a Abs. 1, 12b Abs. 3, 12c Abs. 3 ENWG; §§ 7, 9, 20, 22 NABEG.

571 BT-Drs. 18/4655, S. 2.

in den Bundesbedarfsplan, die energiewirtschaftliche Notwendigkeit und der vordringliche Bedarf festgestellt wird, so dass sie in den kommenden Verfahren nicht noch einmal in Frage gestellt werden[572]. Dies dient der Beschleunigung des Verwaltungsverfahrens. Außerdem ist zu begrüßen, dass der Gesetzgeber die Hauptschwäche des bestehenden Rechts, im Planfeststellungsverfahren regelmäßig dieselben Fragen nochmals zu behandeln, die zuvor Gegenstand des Raumordnungsverfahrens waren, nun behoben hat[573].

Allerdings sind auch einige Punkte der Netzausbauplanung auf Kritik gestoßen. Neben der Erforderlichkeit des massiven Netzausbaus, welche in dieser Arbeit bereits diskutiert wurde, ist die dominante Rolle der BNetzA kritisch zu betrachten. Sie ist zuständig für die Genehmigung des von den ÜNB erarbeiteten Szenariorahmens[574]. Weiterhin beschränken die Vorgaben zur Netzentwicklungsplanung die unternehmerische Freiheit der ÜNB. Die Bestätigung des NEP bedeutet Bau- und damit Investitionspflichten und verbietet es den ÜNB, außerhalb des NEP Netzausbaumaßnahmen durchzuführen (§§ 12b ff. EnWG)[575]. Die gleiche Rolle hat die BNetzA auch bei den nächsten Schritten. Sie ist nicht an die Planung der ÜNB, an die Bundesfachplanung oder das Planfeststellungsverfahren gebunden. Nach dem Erlass des Planfeststellungsbeschlusses ist der ÜNB zur Umsetzung verpflichtet. Kommt er dieser Pflicht nicht nach, kann die BNetzA ihn gem. § 65 Abs. 2a EnWG die Netzerweiterung durch eine Investitionsanordnung zu erzwingen[576].

Die Rolle der BNetzA ist speziell auch im Vergleich zu der Rolle der Landesbehörden: Beim vierten Schritt des Prozesses (Bundesfachplanung) führen die Landesbehörden ein Raumordnungsverfahren, aber die BNetzA – abweichend von § 15 Abs. 1 ROG – eine Bundesfachplanung durch[577]. Die Bundesfachplanung

572 *Pritzsche/Vacha*, Energierecht, 2017, S. 132.

573 SRU, Wege zur 100% erneuerbaren Stromversorgung, Sondergutachten, 2011, S. 311, 312; *Durner*, in: Quass/Deutsches Anwaltsinstitut e.V. (Hrsg.), Rechtsprobleme der Energiewende, 2015, S. 64.

574 *Hermes*, in: Quass/Deutsches Anwaltsinstitut e.V. (Hrsg.), Rechtsprobleme der Energiewende, 2015, S. 51.

575 *Riemer*, Investitionspflichten der Betreiber von Elektrizitätsübertragungsnetzen, 2017, S. 214.

576 *Riemer*, Investitionspflichten der Betreiber von Elektrizitätsübertragungsnetzen, 2017, S. 216. In diesem Fall kann der ÜNB sowohl wegen einer tatsächlichen als auch wegen einer wirtschaftlichen Unzumutbarkeit Einwände gegen die Investitionsanordnung erheben.

577 §§ 4, 5, 28 NABEG.

ist ein Planungsinstrument eigener Art[578], das sich von der Raumordnung unterscheidet[579]. Das Raumordnungsverfahren findet in diesem Fall nicht statt. Letzteres ist – im Gegensatz zu der Bundesfachplanung – für den fünften Schritt, der Planfeststellung, nicht verbindlich (§ 15 NABEG). Dies betrifft sowohl die Raumverträglichkeit als auch die Umweltverträglichkeit[580]. Auch bei dem fünften Schritt der Ausbauplanung, der Planfeststellung, kommt der BNetzA eine bedeutende Rolle zu, da ihr die Zuständigkeit durch Verordnungsermächtigung gem. § 31 Abs. 2 NABEG für das Planfeststellungsverfahren übertragen wurde. Nach *Hermes* ist diese Zuständigkeitskonzentration auf die BNetzA auf den erheblichen Koordinierungsdruck zurückzuführen. In der Vergangenheit verzögerte sich die Trassenplanung in der Phase des Raumordnungsverfahrens, weil die entsprechenden Verfahren in allen beteiligten Bundesländern abgeschlossen sein mussten, um die Übergangspunkte an den Ländergrenzen zu bestimmen[581]. Deshalb sollte die Feststellung der Korridore für die länderübergreifenden und grenzüberschreitenden Höchstspannungsleitungen „aus einer Hand“[582] erfolgen[583]. Ein weiterer Punkt ist die Öffentlichkeitsbeteiligung, die der Akzeptanz der Infrastrukturmaßnahmen dienen soll[584]. Andererseits führt sie zur erheblichen Verzögerung des Verfahrens. Allein zum NEP sind bislang 46.438 Stellungnahmen in insg. fünf Konsultationen eingereicht[585]. Zur Erhöhung der Akzeptanz ist vorgeschlagen, die Öffentlichkeitsbeteiligung in einem frühen Zeitpunkt des Verfahrens zu legen[586]. In diesem Fall ist allerdings oft das Interesse der Bürger begrenzt, denn es ist noch zu früh zu erkennen, ob sie selbst von der Planung betroffen werden[587].

Schließlich spiegeln sich die Dimension des Netzausbaus für die Energiewende Deutschlands und die Nachteile der Planung dieses Netzausbaus in den

578 BerlKommEnR/*Appel*, Bd. 1-2, § 4 NABEG, Rn. 6.

579 *Ekardt/Valentin*, Das neue Energierec5ht, 2015, S. 102.

580 *Ekardt/Valentin*, Das neue Energierecht, 2015, S. 105.

581 *Hermes*, in: Quass/Deutsches Anwaltsinstitut e.V. (Hrsg.), Rechtsprobleme der Energiewende, 2015, S. 52.

582 So auch der Gesetzgeber, BT-Drs. 17/6073, 19.

583 *Hermes*, in: Quass/Deutsches Anwaltsinstitut e.V. (Hrsg.), Rechtsprobleme der Energiewende, 2015, S. 52.

584 *Weingarten/Peters/Müller-Pfannenstiel*, et 2013, 74, 75.

585 ÜNB, Zahlen zum NEP, abrufbar auf https://www.netzentwicklungsplan.de/de, zuletzt abgerufen am 17.03.2018.

586 *Köck/Salzborn*, ZUR 2012, 203, 204.

587 *Ekardt/Valentin*, Das neue Energierecht, 2015, S. 117.

Zahlen: Von den im Bundesbedarfsplangesetz enthaltenen 5.900 km (3.050 km als Netzverstärkung) Leitungen, sind bislang nur 450 km genehmigt und davon nur 150 km realisiert. Im vierten Quartal 2017 wurden keine weiteren Kilometer realisiert. Rund 2.550 km sind noch im Bundesfachplanungsverfahren und für rund 600 km sind Raumordnungs- und Planfeststellungsanträge bei den Länderbehörden gestellt worden[588].

bb) Abstimmung von Netz und Erzeugung/Last: Das Engpassmanagement

Der Bau der Stromkorridore wurde bereits im Jahr 2012 geplant, die Realisierung der Projekte wird allerdings vor 2030 nicht erfolgen[589]. Aus diesem Grund musste der deutsche Gesetzgeber andere Instrumente einsetzen, um die bestehenden Netze mit den Stromflüssen zwischen Last und Erzeugung besser aufeinander abzustimmen. Hierzu zählt das Engpassmanagement, auf das der Gesetzgeber seit der Energierechtsnovelle 2011[590] mehr und mehr zukommt[591] und das er mit dem Strommarktgesetz vom 2016 gestärkt oder bereichert hat[592].

588 BNetzA, Stromnetze zukunftssicher gestalten, Leitungsvorhaben, abrufbar auf https://www.netzausbau.de/leitungsvorhaben/de.html?cms_map=2, zuletzt abgerufen am 28.03.2018.

589 ÜNB, NEP Strom 2030, Zweiter Entwurf, 2017, S. 99 ff. Nach dem ÜNB, NEP Strom 2025, Zweiter Entwurf, 2015, S. 133 ff. sollte die Realisierung der Stromkorridore 2025 erfolgen. Die NEP geben dazu eine Übersicht der unterschiedlichen Maßnahmen und Projekte für den Bau der Leitungen sowie die Zeiten der anvisierten Inbetriebnahme.

590 Gesetz zur Neuregelung energiewirtschaftsrechtlicher Vorschriften v. 26.07.2011, BGBl. I 1554 sowie Gesetz zur Neuregelung des Rechtsrahmens für die Förderung der Stromerzeugung aus erneuerbaren Energien v. 28.07.2011, (BGBl. I 1634).

591 Beispielweise gab es in Deutschland bis zum Jahr 2012 keine einheitliche Regelung zur Vergütung von Kraftwerken bei einem Redispatch, Monopolkommission, Sondergutachten 2017, S. 95.

592 „Gesetz zur Weiterentwicklung des Strommarktes (Strommarktgesetz)" v. 26.07.2016 (BGBl I S. 1786). Kerninstrumente des Strommarktgesetzes sind: Die Stärkung der freien Preisbildung (§ 1a EnWG), die Stärkung der Bilanzkreistreue (§ 13 Abs. 5 EnWG), die Verlängerung der Netzreserve (§ 13d EnWG), die Einführung der Kapazitätsreserve (§ 13e EnWG), die Stilllegung von Braunkohlekraftwerksblöcken (§ 13g EnWG), die Reduzierung und gerechtere Verteilung der Kosten durch die Spitzenkappung (§ 11 Abs. 2 EnWG) und die Abschaffung der vermiedenen Netzentgelte (§ 57 Abs. 3 EEG 2014).

(1) Das Einspeisemanagement als eine Maßnahme des Engpassmanagements

Das allgemeine Instrument für die verschiedenen Engpässe als Gefahren im Netz ist das sog. Engpassmanagement gem. § 13 Abs. 1 und 2 EnWG, insb. das Einspeisemanagement nach § 14 EEG[593], welches eine Notfallmaßnahme i.S.v. § 13 Abs. 2 EnWG darstellt. Dies folgt aus § 13 Abs. 3 S. 3 EnWG. Ziel des Einspeisemanagements ist, Netzengpässe durch die Reduzierung der Stromeinspeisung zu bewältigen. Weil das Einspeisemanagement Teil des Engpassmanagements ist, muss es in seiner Anwendung mit den dort vorgesehenen Maßnahmen abgestimmt werden[594]. Das EnWG sieht in § 13 ein gesetzliches Stufensystem zur Beseitigung von Gefährdungen im Netz, also auch von Netzengpässen, vor. Die Maßnahmen sind auf vier Stufen geregelt: die netzbezogenen Maßnahmen auf der ersten Stufe, die marktbezogenen Maßnahmen auf der zweiten Stufe, die Netzreserve und die Kapazitätsreserve auf der dritten Stufe sowie die Notfallmaßnahmen des § 13 Abs. 2 EnWG auf der vierten Stufe. Diese Maßnahmen finden sowohl auf konventionelle (§ 13 Abs. 2 EnWG) als auch auf EE- bzw. PV-Anlagen (§ 13 Abs. 3 EnWG) Anwendung.

Gem. § 13 Abs. 2 EnWG „*sind die Übertragungsnetzbetreiber berechtigt und verpflichtet, sämtliche Stromeinspeisungen, Stromtransite und Stromabnahmen in ihren Regelzonen den Erfordernissen eines sicheren und zuverlässigen Betriebs des Übertragungsnetzes anzupassen oder diese Anpassung zu verlangen*". Das Vorrangprinzip der EE muss dabei eingehalten werden, d.h. dass zuerst die Einspeisung des Stroms aus konventionellen Anlagen und dann aus den EE-Anlagen verringert werden muss. Die Einspeisung aus den konventionellen Anlagen kann aus Gründen der Netzsicherheit bis zum netztechnisch erforderlichen Minimum verringert werden (§ 13 Abs. 3 S. 4 und 5 EnWG). Erst dann dürfen die Notfallmaßnahmen der § 13 Abs. 3 S. 3 EnWG, § 14 Abs. 1 EEG gegenüber den privilegierten EE- und KWK-Anlagen zur Anwendung kommen. Deswegen wird das Einspeisemanagement gem. § 13 Abs. 3 S. 3 EnWG, § 14 Abs. 1 EEG nur in denjenigen Fällen zu Anwendung kommen, in denen die Anschlussorte oder die Spannungsebenen eine größere Anzahl von EE-Anlagen als von konventionellen Kraftwerken aufweisen[595].

593 Diese klare Differenzierung macht *König* in BerlKommEnR/*König*, Bd. 6, 4. Aufl. 2017, § 14 EEG 2017, Rn. 1.

594 BerlKommEnR/*König*, Bd. 6, 4. Aufl. 2017, § 14 EEG 2017, Rn. 1.

595 *König*, Engpassmanagement, 2013, S. 479.

Zu dem Instrument der ersten Gruppe der Bewältigung der Engpässe, dem Netzausbau, steht das Einspeisemanagement im folgendem Verhältnis: Gem. § 14 Abs. 1 S. 1 EEG dürfen Netzbetreiber unbeschadet ihrer Netzerweiterungspflicht Maßnahmen des Einspeisemanagements durchführen. Das heißt, dass das Einspeisemanagement durch den Netzerweiterungsanspruch nicht beschränkt werden darf. Dies hängt mit der Frage zusammen, ob das Einspeisemanagement dauerhaft angewendet wird oder ob es nur ein Instrument mit Überbrückungsfunktion[596] ist[597]. Gem. § 11 Abs. 1 S. 2 EEG 2009 durfte die Regelung von Anlagen gem. S. 1 nur während einer Übergangszeit bis zum Abschluss von Maßnahmen der Netzerweiterung erfolgen. Die Regelung wurde aber mit der EEG-Novelle v. 28.07.2011 gestrichen. Der Gesetzgeber hat erkannt, dass, obwohl die Netzerweiterung gesamtwirtschaftlich gegenüber dem Einspeisemanagement zu bevorzugen ist[598], es Fälle geben kann, in denen die Durchführung eines Einspeisemanagements dauerhaft möglich bleiben muss. Deswegen darf die Dauerhaftigkeit des Einspeisemanagements nicht ausgeschlossen werden[599].

(a) PV-Anlagen im System des Einspeisemanagements

Am Einspeisemanagement müssen gemäß § 14 Abs. 1 S. 1 alle Anlagen teilnehmen, die mit einer Einrichtung zur ferngesteuerten Reduzierung der Einspeiseleistung bei Netzüberlastung i.S.v. § 9 Abs. 1 S. 1 Nr. 1, S. 2 Nr. 1 oder Abs. 2 Nr. 1 oder Nr. 2 lit. a EEG ausgestattet sind. Nach § 9 Abs. 1 EEG müssen alle EE- oder KWK-Anlagen mit einer installierten Leistung > 100 KW mit technischen Einrichtungen i) zur Reduzierung der Einspeiseleistung und ii) zur Abrufung der jeweiligen Ist-Einspeisung ausgestattet werden. Für die PV-Anlagen mit einer installierten Leistung 30 kW < P < 100 kW gilt nur die Pflicht unter i). Nur für PV-Anlagen mit einer Leistung von < 30 kW besteht die Möglichkeit, entweder die Pflicht unter i) zu erfüllen oder am Verknüpfungspunkt ihrer Anlage mit dem Netz die maximale Wirkleistungseinspeisung auf 70 % der installierten Leistung zu begrenzen (§ 9 Abs. 2 Nr. 2 EEG). Dadurch wird sichergestellt, dass der Netzausbau nicht auf die – nur zu geringen Zeiten im Kalenderjahr erreichbare – maximale Einspeisespitzen der Anlage ausgerichtet sein muss[600].

596 BT-Drs. 16/8148 S. 46.

597 *Vergoßen*, Das Einspeisemanagement nach dem EEG, 2011, S. 124.

598 *König*, Engpassmanagement, 2013, S. 128 m.w.N.

599 *Vergoßen*, Das Einspeisemanagement nach dem EEG, 2011, S. 128. *Oschmann/Sösermann* plädieren auch dafür, wenn dies lediglich auf Ausnahmefälle beschränkt ist. *Oschmann/Sösemann*, ZUR 2007, 1, 5.

600 BT-Drs. 17/6071, S. 63.

Weiterhin nimmt diese Regelung Rücksicht auf die kleinen PV-Anlagen, für die das Einspeisemanagement zu aufwändig wäre, indem die Einspeiseleistung am Netzanschlusspunkt auf 70 % begrenzt wird, um die sehr seltenen Leistungsspitzen zu „kappen"[601].

Der § 14 Abs. 1 S. 2 EEG sieht eine Privilegierung der PV-Anlagen mit einer Leistung < 100 kW vor, da sie erst nachrangig gegenüber den übrigen Anlagen abgeregelt werden müssen. Der Grund besteht darin, dass in diesem Fall keine Daten über die Ist-Einspeisung vorliegen[602] und deshalb die Maßnahmen der Netzbetreiber nutzlos sein können, etwa weil sie die Einspeisung einer Anlage zu reduzieren bezwecken, die zum bestimmten Zeitpunkt keinen Strom in das Netz einspeist[603].

(b) Voraussetzungen für das Einspeisemanagement

Voraussetzungen für die Durchführung des Einspeisemanagements gem. § 14 Abs. 1 S. 1 EEG sind erstens die Gefahr eines Netzengpasses (Nr. 1), zweitens die Ausschöpfung aller vorrangigen Maßnahmen des gesetzlichen Stufensystems (Nr. 2) und drittens die Abrufung der verfügbaren Daten über die Ist-Einspeisung (Nr. 3)[604].

Bezüglich der ersten Voraussetzung (Gefahr eines Netzengpasses) ist der Netzbetreiber derjenige, der in einer Prognose anhand der gegebenen Umstände ermittelt, ob ein Netzengpass droht. Maßgeblich für die nachträgliche rechtliche Beurteilung der Prognose ist wie bei § 13 Abs. 4 EnWG die ex-ante-Sicht des handelnden Netzbetreibers und nicht die Ex-post-Sicht der überprüfenden Stelle, BNetzA[605].

Damit das Einspeisemanagement Anwendung findet, müssen zuerst alle vorrangigen Maßnahmen ausgeschöpft werden. Wie bereits dargestellt, sind damit die netz- und marktbezogenen Maßnahmen sowie auch die beiden Reserven des Stufensystems des § 13 Abs. 1 EnWG gemeint. Danach sollen auch die Notfallmaßnahmen gem. § 13 Abs. 2 EnWG gegenüber konventionellen Anlagen vor den Maßnahmen des Einspeisemanagements durchgeführt werden. Eine Ausnahme ist in § 13 Abs. 3 S. 4 EnWG enthalten, soweit die Einhaltung des Vorrangprinzips die Beseitigung einer Gefährdung oder Störung verhindern würde. Ein solcher Fall ist der § 13 Abs. 3 S. 5 EnWG i.V.m. § 14 Abs. 1 S. 1 Nr. 2 EEG

601 BT-Drs. 17/6071. S. 45.

602 BT-Drs. 17/6071, S. 64.

603 BerlKommEnR/*König*, Bd. 6, 4. Aufl. 2017, § 14 EEG 2017, Rn. 44.

604 BerlKommEnR/*König*, Bd. 6, 4. Aufl. 2017, § 14 EEG 2017, Rn. 32, 35, 37.

605 BerlKommEnR/*König*, Bd. 6, 4. Aufl. 2017, § 14 EEG 2017, Rn. 34.

„[...] *soweit die Netzbetreiber zur Gewährleistung der Netzsicherheit auf die Mindesteinspeisung aus bestimmten (konventionellen) Anlagen angewiesen sind*". Der Vorrang der EE ist in diesem Zusammenhang kein Selbstzweck, sondern dient der Elektrizitätsversorgung[606]. Auch in der Literatur wird einstimmig vertreten, dass die Versorgungssicherheit Vorrang gegenüber dem Vorrangprinzip der EE hat[607].

Die dritte Voraussetzung, der Abruf der Daten über die Ist-Einspeisung, gibt dem Netzbetreiber aktuelle Informationen über die Netzbelastung, so dass das Einspeisemanagement auf Basis realer und konkreter Daten durchgeführt wird.

Für die Durchführung des Einspeisemanagements hat der Netzbetreiber überdies bestimmte Ankündigungs-, Unterrichtungs- und Nachweispflichten (§ 14 Abs. 2 und 3 EEG)[608].

(c) Entschädigung als Folge des Einspeisemanagements

Das Einspeisemanagement wird von einer Entschädigungspflicht flankiert. § 15 EEG räumt dem Anlagenbetreiber einen Entschädigungsanspruch für die Maßnahmen des Einspeisemanagements ein. Entscheidend ist nicht, dass der gesamte Tatbestand des § 14 Abs. 1 EEG im Einzelfall erfüllt ist[609]. Vielmehr ist es ausreichend, dass ein Netzengpass i.S.d. § 14 EEG vorliegt[610]. Wenn dann eine Maßnahme des Einspeisemanagements ergriffen wird, besteht immer die Entschädigungspflicht gem. § 15 EEG. Nach *König* gilt diese also selbst dann, wenn der Netzbetreiber die Maßnahme auf §§ 13, 14 Abs. 1 S. 1 EnWG stützen will. § 15 Abs. 1 EEG setzt nicht mehr voraus, dass eine Maßnahme nach § 14 Abs. 1

---

606 *Kaplum*, Entscheidungsspielräume des Netzbetreibers im EEG, 2013, S. 88.

607 Die Begründungen hierzu variieren und reichen von einer Anwendung der praktischen Konkordanz (Vertreter der relativen Wirkung des Vorrangprinzips: BerlKommEnR/*Säcker/Timmermann*, Bd. 1, 2. Aufl. 2010, § 1 EnWG, Rn. 10; *Salje*, EEG, 7. Aufl. 2015, § 8 EEG 2014, Rn. 22), über einer teleologischen Reduktion des Vorrangprinzips (Vertreter der relativen Wirkung des Vorrangprinzips: Altrock/Oschmann/Theobald/*Altrock*, EEG 4. Aufl. 2013, § 8 EEG 2012, Rn. 33; Frenz/Müggenborg et al./*Frenz* EEG 2. Aufl. 2011, § 2, Rn. 23) hin zu einer Anwendung der Regeln des zivilrechtlichen Unmöglichkeitsrechts (*Gent/Maring*, ZNER 2003, 289, 293).

608 Die Ankündigungspflicht soll die Betreiber von Anlagen mit einer installierten Leistung von mehr als 100 kW auf das Einspeisemanagement vorbereiten. Die Unterrichtungs- und Nachweispflicht dient der Verhinderung eines Missbrauchs der Befugnisse nach § 14 Abs. 1 EEG, Altrock/Oschmann/Theobald/*Wustlich/Hoppenbrock*, EEG, 4. Aufl. 2013, § 11 EEG 2012, Rn. 101.

609 *Schwintowski*, EWeRK 4/2012, 131,139.

610 BT-Drs. 17/6071, S. 65.

EEG vorliegt, sondern nur noch, dass eine Abregelung durch einen Netzbetreiber stattgefunden hat. Der Entschädigungsanspruch gem. § 15 Abs. 1 S. 1 EEG besteht also sowohl bei rechtmäßiger als auch bei rechtswidriger Abregelung[611]. Die Entschädigung beträgt 95 % der entgangenen Einnahmen des Anlagenbetreibers zuzüglich der zusätzlichen Aufwendungen und abzüglich der ersparten Aufwendungen.

Außerdem setzt der Gesetzgeber Anreize für den Netzbetreiber, notwendige Netzausbaumaßnahmen auch tatsächlich vorzunehmen[612]. Letzteres ergibt sich aus § 15 Abs. 2 EEG[613]. Hierfür ist notwendig, dass der Netzbetreiber tatsächlich und rechtlich in der Lage gewesen war, das Netz an der kritischen Stelle auszubauen und dass er sich freiwillig dafür entschieden hat, dies nicht zu tun[614]. Letztlich bleiben gem. § 15 Abs. 3 EEG Schadensersatzansprüche des Anlagenbetreibers gegen den Netzbetreiber unberührt. Hier findet insbesondere der § 13 EEG Anwendung. Wenn der Netzbetreiber seine Pflicht aus § 12 Abs. 1 EEG verletzt, indem er z. B. auf Verlangen des Anlagenbetreibers das Netz nicht verstärkt oder ausbaut und Maßnahmen des Einspeisemanagements durchführt, hat der Anlagenbetreiber einen Schadensersatzanspruch gegen ihn[615].

Nach dem Monitoringbericht der BNetzA und des BKartA ist beim Einspeisemanagement die Menge der Ausfallarbeit im Jahr 2016 bei 3.743 GWh (2015: 4.722 GWh) zurückgegangen. Die Kosten sind ebenfalls auf 238 Mio. € gesunken. Nichtdestotrotz war ein bestimmender Faktor für den Rückgang von Maßnahmen des Einspeisemanagements (und eines Redispatch) das vergleichsweise schwache Windjahr 2016. Aus diesem Grund lässt sich aus einer Einzeljahresbetrachtung kein allgemeiner Trend über das Aufkommen der Maßnahmen ableiten[616].

---

611 BerlKommEnR/*König*, Bd. 6, 4. Aufl. 2017, § 15 EEG 2017, Rn. 21.

612 BerlKommEnR/*König*, Bd. 6, 4. Aufl. 2017, § 15 EEG 2017, Rn. 5.

613 § 15 Abs. 2 EEG sieht vor: „Der Netzbetreiber kann die Kosten nach Absatz 1 bei der Ermittlung der Netzentgelte in Ansatz bringen, soweit die Maßnahme erforderlich war und er sie nicht zu vertreten hat. Der Netzbetreiber hat sie insbesondere zu vertreten, soweit er nicht alle Möglichkeiten zur Optimierung, zur Verstärkung und zum Ausbau des Netzes ausgeschöpft hat."

614 BerlKommEnR/*König*, Bd. 6, 4. Aufl. 2017, § 15 EEG 2017, Rn. 42.

615 BerlKommEnR/*König*, Bd. 6, 4. Aufl. 2017, § 15 EEG 2017, Rn. 50.

616 BNetzA/BKartA, Monitoringbericht, 2017, S. 8.

(2) Weitere Maßnahmen des Engpassmanagements

(a) Das System der Maßnahmen

(aa) Netzbezogene Maßnahmen

Wie bereits dargestellt, sieht das EnWG in § 13 ein gesetzliches Stufensystem zur Beseitigung von Gefährdungen im Netz – also auch von Netzengpässen – vor. Das Einspeisemanagement ist ein Teil der Notfallmaßnahmen, welche auf der vierten Stufe stehen. An erster Stelle stehen die netzbezogenen Maßnahmen. Die netzbezogenen beziehen sich ausschließlich auf den technischen Netzbetrieb und verlangen keine Beteiligung seitens der Netznutzer[617]. Nach dem Transmission Code[618] sind die netzbezogenen Maßnahmen die Topologiemaßnahmen[619] und die Ausnutzung betrieblich zusätzlicher Toleranzbänder[620].

(bb) Marktbezogene Maßnahmen

Marktbezogene Maßnahmen beruhen auf vertraglichen Vereinbarungen der Netzbetreiber mit Netznutzern oder Dritten[621]. Nach dem EnWG fallen unter solche Maßnahmen der Einsatz von Regelenergie, die vertraglich vereinbarten abschaltbaren und zuschaltbaren Lasten, die Information über Engpässe und Management von Engpässen (§ 13 Abs. 1 Nr. 2 EnWG). Der Transmission Code fügt Countertrading und Redispatch hinzu.

Zur Sicherstellung der Systemstabilität müssen sich im Netz Erzeugung und Verbrauch von Energie immer im Ausgleich stehen, da sich Energie nur sehr geringfügig speichern lässt. Mit dem Einsatz von Regelenergie werden Abweichungen zwischen Stromentnahmen und Stromeinspeisungen ausgeglichen[622]. Es gibt drei Arten von Regelenergie (Primärregelenergie, Sekundärregelenergie

---

617 BerlKommEnR/*König*, Bd. 6, 4. Aufl. 2017, § 14 EEG 2017, Rn. 5.

618 VDN, Transmission Code 2007.

619 Den Begriff der Topologiemaßnahmen gibt Transmission Code: „*Durch Schalthandlungen im eigenen Netzgebiet einschließlich der Kuppelleitungen kann, erforderlichenfalls in Abstimmung mit benachbarten Netzbetreibern, der Lastfluss im Netz beeinflusst werden*", VDN, Transmission Code 2007, Anhang A.1.

620 Den Begriff der Toleranzbänder gibt Transmission Code: „*Im Rahmen der technischen Möglichkeiten können Betriebsmittel teilweise kurzzeitig überlastet werden, ohne jedoch die allg. technischen Regeln (z. B. VDE) zu verletzen*", VDN, Transmission Code 2007, Anhang A.1. In der Literatur wird aber auch vertreten, dass das n-1 Kriterium verletzt werden darf, siehe *Erbring/Kuring/Ruge*, in: Säcker (Hrsg.), Handbuch zum deutsch-russischen Energierecht, 2010, S. 107–109, Rn. 176.

621 BerlKommEnR/*König*, Bd. 6, 4. Aufl. 2017, § 14 EEG 2017, Rn. 5.

622 S. z. B. BNetzA/BKartA, Monitoringbericht, 2017, S. 148.

und Minutenreserve), die in unterschiedlichen Zeiten zur Verfügung stehen[623]. Ihren Bedarf an Regelenergie decken die vier ÜNB durch gemeinsame Ausschreibungen[624]. Obwohl die Bereitstellung von Regelleistung traditionell durch konventionelle Kraftwerke erfolgte, sollen die EE-Anlagen wegen ihrer steigenden Zunahme in der Zukunft mehr in die Verantwortung genommen werden[625]. Aus diesem Grund hat die BNetzA die Ausschreibungsbedingungen für Sekundärregelenergie und Minutenreserve im Juni 2017 durch neue Festlegungen[626] geregelt. So findet die Ausschreibung für die Sekundärregelenergie ab Juli 2018 nicht mehr wöchentlich, sondern kalendertäglich statt[627]. Das ist für die PV-Anlagen besonders wichtig, um eine Prognose und Einsatzentscheidung ihrer Kapazität vornehmen zu können. Darüber hinaus wurden sowohl für die Sekundärregelenergie als auch für die Minutenreserve neue Regelungen zur Mindestangebotsgröße und zur Besicherung getroffen[628].

Redispatch ist demgegenüber das vertragliche Erzeugungsmanagement. Dabei sind immer zwei Kraftwerke betroffen: Das Kraftwerk vor dem Engpass muss seine Leistungseinspeisung reduzieren, das Kraftwerk nach dem Engpass muss in gleichem Umfang seine Leistungseinspeisung erhöhen[629]. Dies erfordert genügend freie Kraftwerkleistung, die aber mit der Energiewende von 12.000 MW auf 4.000 bis 5.000 MW verringert wurde[630]. Dies führte zur Einführung der

623 Die Primärregelenergie innerhalb von 30 Sekunden, die Sekundärregelenergie innerhalb von fünf Min. und schließlich die Minutenreserve ist mit einer Vorlaufzeit von bis zu 7,5 Min. zur erbringen und wird mindestens 15 Min. lang in konstanter Höhe abgerufen, BNetzA, Regelenergie, abrufbar auf https://www.bundesnetzagentur.de/DE/Sachgebiete/ElektrizitaetundGas/Unternehmen_Institutionen/Versorgungssicherheit/Engpassmanagement/Regelenergie/regelenergie-node.html#doc266958bodyText1, zuletzt abgerufen am 26.03.2018. Im Rahmen der Primärregelleistung wurden von Deutschland etwa zwischen +/- 650 MW und 850 MW bereitgestellt. Die vorzuhaltende Sekundärregelleistung betrug +/- 2000 MW. Im Rahmen der Minutenreserve wurden in Deutschland im Jahr 2016 bis über 2700 MW vorgehalten, Monopolkommission, Sondergutachten, 2017, S. 59.

624 Näher dazu 50Hertz, TenneT, Amprion, Transnet BW, https://www.regelleistung.net/ext/, zuletzt abgerufen am 26.03.2018.

625 BNetzA/BKartA, Monitoringbericht, 2017, S. 149.

626 BNetzA, BK6-15-158/159.

627 Zudem werden die Produktzeitscheibendeutlich auf vier Stunden verkürzt.

628 BNetzA/BKartA, Monitoringbericht, 2017, S. 150.

629 *Dummer/Popelka*, e&i, 2004, 420, 422.

630 *Erbring*, Energiewende in Deutschland und deren Auswirkungen auf den sicheren Netzbetrieb, 2011, S. 8.

§§ 13a bis 13c EnWG 2014, um die Stilllegung systemrelevanter Kraftwerke zu verhindern, damit diese in Gefährdungssituationen für Maßnahmen gem. § 13 Abs. 1 Nr. 2, 1a EnWG 2014 zur Verfügung stehen[631]. Mit § 13 Abs. 1a EnWG 2014 führte der Gesetzgeber noch einen Fall des vertraglichen Erzeugungsmanagements ein. Alle Erzeugungsanlagen ab einer Leistung von 10 MW mussten am Erzeugungsmanagement teilnehmen und ihre Leistungseinspeisung entsprechend anpassen. Diese Maßnahme galt auch als marktbezogene Maßnahme, obwohl die Erzeugungsanlagen nicht freiwillig teilnehmen.

Derzeit gibt es drei Fälle des vertraglichen Erzeugungsmanagements: den Redispatch von Anlagen mit Leistung ab 10 MW gem. § 13a EnWG[632], den Redispatch von sonstigen konventionellen Erzeugungsanlagen gem. § 13 Abs. 1 Nr. 2 EnWG und die Abregelung von EE- oder KWK-Anlagen gem. § 13 Abs. 1 Nr. 2, § 13 Abs. 3 S. 2 EnWG[633], 11 Abs. 3 EEG[634]. Letzterer Fall ist aber im Vergleich zu dem Einspeisemanagement gem. § 13 Abs. 3 S. 3 EnWG, 14 Abs. 1 S. 1 EEG für die Betreiber nicht attraktiver, denn die Regulierungsbehörden können nur solche Kosten von vertraglichen Abregelungen als effizient i.S.v. §§ 15 Abs. 2 EEG, 21 Abs. 2 EnWG anerkennen, welche die Kosten von gesetzlichen Abregelungen gem. § 13 Abs. 2 Abs. 3 S. 3 EnWG, § 14 Abs. 1 S. 1 EEG nicht übersteigen[635]. Der Redispatchbedarf reduzierte sich im Jahr 2016 um 25% gegenüber dem Vorjahr 2015 wegen allerdings des Einsatzes einer weiteren Maßnahme, der Netzreserve. Dadurch sanken die Kosten der Redispatchanforderungen um etwa 192 Mio. € und betrugen 2016 ca. 220 Mio. €[636].

Eine andere marktbezogene Maßnahme ist das vertragliche Lastmanagement. Hier wird nicht die Stromerzeugung, sondern der Stromverbrauch der Anlagen angepasst. Auch hier geht es um eine Verlagerung der Stromflüsse, d.h. der Verbrauch mindestens einer Anlage vor dem Engpass wird erhöht und gleichzeitig wird der Verbrauch mind. einer Anlage hinter dem Engpass reduziert[637]. Das System des Lastmanagements ist nun in § 13 Abs. 6 und § 13i Abs. 2 EnWG[638]

---

631 *König*, Engpassmanagement, 2013, S. 433.

632 Ehemalig § 13 Abs. 1a EnWG 2014.

633 Ehemalig § 13 Abs. 2a S. 2 EnWG 2014.

634 *König*, Engpassmanagement, 2013, S. 436.

635 So ignorierte der Gesetzgeber einen stärkeren Einsatz von freiwilligen Abregelungsvereinbarungen zur besseren Netz- und Marktintegration von Strom aus EE, s. z. B. *Brandstätt/Brunekreeft et al.* et 3/2011, 8, 11; *König*, Engpassmanagement, 2013, S. 452–453.

636 BNetzA/BKartA, Monitoringbericht, 2017, S. 107.

637 *König*, Engpassmanagement, 2013, S. 453.

638 Ehemalig § 13 Abs. 4a und 4b EnWG 2014.

vorgesehen. Gem. § 13 Abs. 6 EnWG erfolgt die Beschaffung von Ab- und Zuschaltleistung über vertraglich vereinbarte ab- und zuschaltbare Lasten durch die ÜNB, soweit dies wirtschaftlich und technisch vertretbar ist, in einem diskriminierungsfreien Ausschreibungsverfahren, bei dem die Anforderungen, die die Anbieter von Ab- oder Zuschaltleistung für die Teilnahme erfüllen müssen, soweit dies technisch möglich ist, zu vereinheitlichen sind. Für den Fall der abschaltbaren Lasten wurden die Anforderungen in der AbLaV[639] konkretisiert. Die Gesamtabschaltleistung beträgt bis 3.000 MW. Leistungspreis ist 2.500 € pro MW und die Mindestabschaltleistung ist 50 MW[640].

Zum Zweck der Netzentlastung sieht der Gesetzgeber auch Abschaltungen i.S.v. § 14a EnWG vor. In diesem Fall werden unterbrechbare Verbrauchseinrichtungen der Niederspannung (wie Wärmepumpen, Elektromobile usw.[641]), die einen separaten Zählpunkt haben, gesteuert und abgeschaltet. Im Gegenzug sind die Netzentgelte für diese Einrichtungen reduziert. Die Endverbraucher sind zu dieser Maßnahme nicht verpflichtet[642]. Das heißt, dass diese gleichrangig zu den marktbezogenen Maßnahmen gem. § 13 Abs. 1 Nr. 2 EnWG steht.

(cc) Netzreserve und Kapazitätsreserve

Auf der dritten Stufe kommen die zwei Typen von Reserven, die Netzreserve und die Kapazitätsreserve. Diese sollen nachrangig nach den netzbezogenen Maßnahmen und den marktbezogenen Maßnahmen genutzt werden[643].

In der Netzreserve bleiben seitens der Betreiber zur Stilllegung vorgesehene, aber systemrelevante Kraftwerke außerhalb des Strommarktes bis zum Zeitpunkt, in dem die wichtigen Netzausbauprojekte fertig werden und die Netzengpässe überbrückt werden[644]. Gem. § 13d Abs. 3 EnWG erfolgt der Einsatz der Anlagen der Netzreserve auf Grundlage des Abschlusses von Verträgen zwischen ÜNB und Anlagenbetreibern in Abstimmung mit der BNetzA. § 13d Abs. 2 EnWG regelt das Verhältnis der Netzreserve zu der Kapazitätsreserve[645].

639 „Verordnung über Vereinbarungen zu abschaltbaren Lasten (Verordnung zu abschaltbaren Lasten – AbLaV)“ v. 16.08.2016 (BGBl. I S. 1984), die zuletzt durch Art. 9 des Gesetzes v. 22.12.2016 (BGBl. I S. 3106) geändert worden ist.

640 § 4 Abs. 2 AbLaV, § 5 Abs. 1 Nr. 1 AbLaV.

641 BT-Drs. 17/6072, S. 73.

642 BT-Drs. 17/6072, S. 73.

643 BT-Drs. 18/7317, S. 80.

644 BT-Drs. 17/6072, S. 2.

645 § 13d Abs. 2 EnWG lautet: *„Betreiber von bestehenden Anlagen, die als Netzreserve zur Gewährleistung der Sicherheit und Zuverlässigkeit des Elektrizitätsversorgungssystems verpflichtet worden sind, können unter den Voraussetzungen des § 13e und den*

Während die Netzreserve grundsätzlich für die Bewältigung von Netzengpässen und die Zuverlässigkeit und Sicherheit des Netzes sorgt, dient die Kapazitätsreserve als zusätzliche Kapazität dem Gleichgewicht zwischen Stromerzeugung und -verbrauch in bestimmten, außergewöhnlichen und nicht vorhersehbaren Situationen[646]. Die Lösung der Kapazitätsreserve wurde gegenüber den Alternativen eines zentralen oder eines dezentralen Kapazitätsmarktes bevorzugt. Gründe waren nicht nur die niedrigeren Kosten sondern auch ein kleineres Risiko staatlicher Fehlsteuerungen[647].

Nach § 13e Abs. 1 EnWG wird die Kapazitätsreserve ab dem Winterhalbjahr 2018/2019 außerhalb der Strommärkte gebildet. Die Erzeugungsanlagen der Kapazitätsreserve speisen ausschließlich auf Anforderung der ÜNB ein. Gem. § 13e Abs. 2 EnWG erfolgt die Bildung der Kapazitätsreserve im Rahmen eines wettbewerblichen oder eines gleichwertigen Ausschreibungsverfahrens. Die Reserveleistung beträgt ab 2018/2019 2 GW und ab dem Winterhalbjahr 2020/2021 2 GW, vorbehaltlich einer Anpassung nach § 13e Abs. 5 EnWG. Der § 13e Abs. 3 EnWG regelt die Einzelbestimmungen für die Vergütung, die die Betreiber der Anlagen der Kapazitätsreserve erhalten.

Den Reserveanlagen sind weiterhin zwei Verbote auferlegt: Das Vermarktungs- und das Rückkehrverbot an die Strommärkte[648]. Grund für die beiden Verbote ist, die Funktion der Strommärkte nicht zu behindern. Die übrigen Anlagen, die frei auf dem Markt in Betrieb sind, bedürfen der Planungssicherheit, dass die Anlagen der Kapazitätsreserve nicht später als Wettbewerber am Strommarkt teilnehmen und auf diesem Weg die Erträge der sich schon im Markt befindlichen Kraftwerke reduzieren können[649].

Regelungen der Rechtsverordnung nach § 13h auch an dem Verfahren der Beschaffung der Kapazitätsreserve teilnehmen. Sind bestehende Anlagen der Netzreserve im Rahmen des Beschaffungsverfahrens erfolgreich, erhalten sie ihre Vergütung ausschließlich nach den Bestimmungen zur Kapazitätsreserve".

646 BT-Drs. 18/7317, S. 92.

647 BT-Drs. 18/7317, S. 3. Zu den Kapazitätsmärkten s. z.B. Energybrainpool, Vergleichende Untersuchung, 2013.

648 Nach § 13e Abs. 4 EnWG „dürfen die Betreiber von den Kapazitätsreserven die Leistung oder Arbeit dieser Anlagen weder ganz noch teilweise auf den Strommärkten veräußern (Vermarktungsverbot). Zudem müssen diese die Anlagen endgültig stilllegen, sobald die Anlagen nicht mehr in der Kapazitätsreserve gebunden sind (Rückkehrverbot)".

649 BT-Drs. 18/7317, S. 93.

Insgesamt wurden im Jahr 2016 an 108 Tagen Netzreserveabrufe mit durchschnittlich 552 MW und einer Gesamtarbeit von rund 1.209 GWh getätigt. Die insgesamt verfügbare Netzreserveleistung im Jahr 2016 betrug zwischen 7.515 MW und 8.383 MW. Nach dem Monitoringbericht der BNetzA und des BKartA musste die Netzreserve häufig, aber in der Regel nur mit geringer Leistung und damit weit entfernt von kritischen Netzsituationen eingesetzt werden. Die gesamten Kosten betrugen 285 Mio. €[650].

(dd) Notfallmaßnahmen

Auf der vierten Stufe stehen die Notfallmaßnahmen des § 13 Abs. 2 EnWG, die sowohl konventionelle (§ 13 Abs. 2 EnWG) als auch EE- bzw. die PV-Anlagen (§ 13 Abs. 3 EnWG) betreffen. Wie bereits angedeutet, bewältigen die Notfallmaßnahmen des § 13 Abs. 2 EnWG alle Störungssituationen im Netz. Im Fall von Netzengpässen wird das Einspeisemanagement gem. § 13 Abs. 3 S. 3 EnWG § i.V.m. § 14 EEG angewendet.

Gem. § 13 Abs. 2 EnWG „*sind die Übertragungsnetzbetreiber berechtigt und verpflichtet, sämtliche Stromeinspeisungen, Stromtransite und Stromabnahmen in ihren Regelzonen den Erfordernissen eines sicheren und zuverlässigen Betriebs des Übertragungsnetzes anzupassen oder diese Anpassung zu verlangen*“. Das Vorrangprinzip der EE muss aber eingehalten werden, d.h. dass die Einspeisung zuerst aus konventionellen und dann der EE-Anlagen verringert werden muss. Die Einspeisung der konventionellen Anlagen kann aus Gründen der Netzsicherheit bis zum netztechnisch erforderlichen Minimum verringert werden (§ 13 Abs. 3 S. 4 und 5 EnWG). Erst dann dürfen die Notfallmaßnahmen der § 13 Abs. 3 S. 3 EnWG, § 14 Abs. 1 EEG gegenüber den EE- oder KWK-Anlagen zur Anwendung kommen. Deswegen wird das Einspeisemanagement gem. § 13 Abs. 3 S. 3 EnWG, § 14 Abs. 1 EEG nur in denjenigen Fällen vorkommen, in denen die Anschlussorte oder die Spannungsebenen mehr EE-Anlagen als konventionelle Kraftwerke haben[651].

(b) Das Verhältnis der Maßnahmen zu einander

Die unterschiedlichen Stufen des Systems und die unterschiedlichen Maßnahmen jeder Stufe werfen folgende Fragen auf: Erstens welche Maßnahme hat Vorrang, zweitens nach welchen Kriterien wird die Auswahl zwischen gleichrangigen Maßnahmen getroffen und drittens, ob der Netzbetreiber Spielräume bei der Auswahl hat.

---

650 BNetzA/BKartA, Monitoringbericht, 2017, S. 113.

651 *König*, Engpassmanagement, 2013, S. 479.

Im Hinblick auf die Frage des Vorrangs der Maßnahmen soll erläutert werden, ob mit dem Strommarktgesetz der Gesetzgeber auch das Verhältnis der verschiedenen Maßnahmen nach § 13 Abs. 1 EnWG zueinander verdeutlichen wollte[652]. Die netzbezogenen Maßnahmen haben Vorrang vor den marktbezogenen, da diese unter Berücksichtigung des Zieldreiecks in § 1 EnWG nicht nur die Sicherheit, sondern auch die Preisgünstigkeit bezwecken. Marktbezogene Maßnahmen sind mit höheren Kosten im Vergleich zu netzbezogenen Maßnahmen verbunden[653]. Die marktbezogenen Maßnahmen sind untereinander gleichrangig. Der Vorrang der EE- und KWK-Anlagen gegenüber konventionellen Anlagen gilt nur im Fall des vertraglichen Erzeugungsmanagements. D. h., dass die Einspeisung aus PV-Anlagen nicht zu schützen ist, wenn alternativ z. B. eine Verbrauchssteuerung stattfinden müsste und wenn alternativ eine Einspeisung aus konventionellen Anlagen erfolgen müsste[654]. Marktbezogene Maßnahmen haben Vorrang gegenüber den Netz- und Kapazitätsreserven sowie gegenüber den Notfallmaßnahmen. Auch im Fall der Notfallmaßnahmen sind sie untereinander gleichrangig. Der Vorrang der EE/KWK-Anlagen gilt wieder nur im Fall des (gesetzlichen) Erzeugungsmanagements, aber nicht im Fall der anderen Notfallmaßnahmen.

Die zweite Frage ist, nach welchen Kriterien der Netzbetreiber zwischen den unterschiedlichen gleichrangigen Maßnahmen auswählen muss. Das Gesetz sieht keine Kriterien vor[655]. In der Literatur besteht jedoch Einigkeit, dass die Auswahl diskriminierungsfrei und verhältnismäßig erfolgen muss[656]. Das Kriterium soll nach *König* die Maßnahmeneffizienz sein. Dies ergibt sich aus dem Zieldreieck in § 1 EnWG, aber auch aus § 21 Abs. 2 EnWG, nach dem die Netzbetreiber eine effiziente Leistung erbringen müssen[657]. Eine besondere Bedeutung kommt dabei dem Standort der Erzeugungs- und Verbrauchsanlagen zu. Je weiter diese Anlagen von dem Netzengpass entfernt sind, desto mehr Anlagen müssen am Erzeugungs- und Lastmanagement teilnehmen[658]. Die Netzbetreiber

652 BT-Drs. 18/7317, S. 80.

653 *König*, Engpassmanagement, 2013, S. 493 f.

654 *König*, Engpassmanagement, 2013, S. 497.

655 So auch *Vergoßen*, Das Einspeisemanagement nach dem EEG, 2011, S. 117.

656 Frenz/Müggenborg at al./*Ehricke* EEG, 4. Aufl. 2015, § 14 EEG 2014, Rn. 15; Gabler/Metzenthin/*Ruge*, EEG, Der Praxiskommentar, 2011, § 11, Rn. 55. Vgl. auch *Schmidt-Preuß*, in: Baur/Sandrock et al., FS Kühne, 2009, S. 329, 339.

657 *König*, Engpassmanagement, 2013, S. 501.

658 *Zimmermann*, Weiterentwicklung marktbasierter Engpassmanagement-Maßnahmen, 4. Systemsicherheitskonferenz der 50Hertz Transmission GmbH, S. 10.

wenden die sog. Sensitivitätsanalyse an, um aufzuklären, welche Anlagen den größten Effekt auf die bestimmte Netzunsicherheit ausüben und welche Anlagen in welchem Maße geregelt werden sollen[659] und tragen somit der Effektivität Rechnung.

Im Hinblick auf die Frage, ob der Netzbetreiber Spielräume bei der Auswahl hat, ist zu berücksichtigen, dass der Netzbetreiber das gesetzliche Stufensystem einhalten muss[660]. Allerdings ist der Übergang von der einen Stufe zu der anderen (insb. von den marktbezogenen zu den Notfallmaßnahmen gem. § 13 Abs. 2 EnWG) nicht immer leicht zu beurteilen, da es bei solchen Maßnahmen keine vertraglichen Vereinbarungen und auch keine Vergütung gibt, und die Netzbetreiber wegen § 13 Abs. 5 EnWG auch nicht zur Entschädigung verpflichtet sind. Die Netzbetreiber haben einen Beurteilungsspielraum, welcher umso größer ist, je größer die Gefahr für die Sicherheit des Systems ist[661].

(3) Die neue erweiterte Rolle der VNB

Seit 2016 ist die Energiewende in eine Phase der Digitalisierung gekommen[662]. Durch den wachsenden Zubau der EE-Anlagen, der zum 90% auf der Verteilernetzebene stattfindet[663], fließt der Strom nicht mehr in nur eine sondern in beide Richtungen. Im Zuge der zunehmenden Digitalisierung kommt auch dem Fluss der zunehmenden Informationen eine neue Rolle zu. Ebenso gibt es Veränderungen auf der Verbraucherseite, indem die passiven Stromkonsumenten zu „Prosumern" werden, die aktiv an der Gestaltung des Stromversorgungssystems teilnehmen. Eine zentrale Rolle spielen dabei intelligente Messsysteme. Durch die Bereitstellung von Verbrauchsinformationen und ihre Übermittlung an die Netzbetreiber können die Messsysteme in der Zukunft die Kommunikationsplattform im intelligenten Energienetz („smart grid") sein[664]. Nach der

---

659 *Vergoßen*, Das Einspeisemanagement nach dem EEG, 2011, S. 121.

660 *König*, Engpassmanagement, 2013, S. 513.

661 Die Regulierungsbehörden können aber gem. § 69 EnWG nachprüfen, ob das gesetzliche Stufensystem eingehalten wird. Sie können auch die Auswahl der Netzbetreiber zwischen mehreren Maßnahmen auf derselben Stufe prüfen. Maßstab dafür kann die ex-ante Beurteilung der Netzbetreiber hinsichtlich der effizientesten Maßnahme sein, *König*, Engpassmanagement, 2013, S. 515.

662 Dazu hat Deutschland im August 2017 ein neues Gesetz zur Digitalisierung der Energiewende verabschiedet, BT-Drs. 18/7555.

663 Die Verteilernetze machen mit 1,7 Mio. km Leitungslänge ca. 98 % des gesamten deutschen Stromnetzes aus, dena, Verteilernetzstudie, 2012, S. II.

664 BT-Drs. 18/7555, S. 1.

Ausführung des BMWi macht das Gesetz zur Digitalisierung der Energiewende[665] den Anfang für Smart Grid, Smart Meter und Smart Home und ermöglicht die digitale Infrastruktur für eine Verbindung von über 1,5 Mio. Stromerzeugern und großen Verbrauchern[666]. Alles dies verändert die Rolle der VNB und stellt sie vor neue Herausforderungen[667], die nicht nur mit einem erheblichen Netzausbaubedarf (§ 14 Abs. 1b und 1c EnWG) auf der Verteilernetzebene verbunden sind, sondern auch mit der Übernahme neuer Aufgaben und stärkerer Systemdienstleistungen[668].

Für den Betrieb der Verteilernetze ist § 14 EnWG von zentraler Bedeutung, welcher in Abs. 1 vorsieht, dass die §§ 12, 13 bis 13c und die auf Grundlage des § 13i Abs. 3 erlassenen Rechtsverordnungen nicht nur für die ÜNB sondern auch für die VNB gelten, soweit sie für die Sicherheit und Zuverlässigkeit der Elektrizitätsversorgung in ihrem Netz verantwortlich sind. Gem. §§ 12, 13 bis 13c müssen VNB also Systemverantwortung übernehmen und entsprechende Maßnahmen auch des Engpassmanagements ergreifen. Diese Maßnahmen sind entweder eigene Maßnahmen nach § 14 Abs. 1 S. 1 i.V.m § 13 EnWG oder Maßnahmen auf Anweisungen des ÜNB nach § 14 Abs. 1 c i.V.m § 13 EnWG. Auf diese Weise weitet § 14 Abs. 1 EnWG ihre Rolle aus. Die Systemverantwortung für die Regelzone bleibt grundsätzlich beim ÜNB[669], aber für regionale und lokale Netzangelegenheiten steht dem VNB eine konkurrierende Zuständigkeit zu[670].

Die Systemverantwortung seitens des VNB bedeutet die Übernahme von neuen Aufgaben. Eine solche ist die des Infrastrukturdienstleisters[671]. Gem. § 12 Abs. 4 EnWG müssen die VNB den ÜNB alle notwendigen Informationen für

665 „Gesetz zur Digitalisierung der Energiewende" v. 29.08.2016 (BGBl. I S. 2034).

666 BMWi, Die Digitalisierung der Energiewende, abrufbar auf https://www.bmwi.de/Redaktion/DE/Artikel/Energie/digitalisierung-der-energiewende.html, zuletzt abgerufen am 26.03.2018.

667 Bei 91 % der sog. EinsMan-Maßnahmen erfolgten die Abregelungen in den Verteilernetzen. Der weit überwiegende Teil der Ausfallarbeit und der geschätzten Entschädigungsansprüche sind allerdings auf eine Verursachung im Übertragungsnetz zurückzuführen. Der Grund ist, dass da die meisten EE-Anlagen im Verteilnetz angeschlossen sind, sie auch Maßnahmen zur Entlastung der Übertragungsnetze Abregelungen im Verteilnetz erfordern, BNetzA, Quartalsbericht zu Netz- und Systemsicherheitsmaßnahmen für das erste, zweite und dritte Quartal 2017, 2017, S. 22.

668 *Säcker*, EnWZ, 2016, 294, 302.

669 Vgl. *Weise/Hartmann/Wöldeke*, RdE 2012, 181, 182; Britz/Hellermann/Hermes/*Sötebier*, EnWG, 3. Aufl. 2015, § 14 EnWG, Rn. 6.

670 *Säcker*, EnWZ 2016, 294, 297.

671 E-Bridge, Zukünftige Rolle des Verteilnetzbetreibers in der Energiewende, 2017, S. 26.

einen zuverlässigen Netzbetrieb liefern. Mit der verpflichtenden Direktvermarktung von EE-Anlagen und dem Smart-Meter-Rollout werden bei den großen VNB mehrere hunderttausend steuerbare Akteure agieren[672]. Wegen der erheblichen Erhöhung der angeschlossenen Erzeugungsanlagen, der aktiven Verbraucher und der Vertriebe ist nicht nur die Anzahl von Messdaten gestiegen, sondern der Bedarf, diese Daten in Echtzeit einzusammeln und zu erproben, Fahrpläne entgegenzunehmen, Netzzustandsprognosen zu erstellen und zu kommunizieren[673]. Dieser Aufgabenumfang ist in jeder Hinsicht (technischer, finanzieller) eine erhebliche Belastung insb. für die kleineren der ca. 900 VNB und kann nicht wahrgenommen werden. Diese Aufgabe würde z. B. den Einsatz von neun IT-Systemen erfordern. Viele VNB haben solche Systeme nicht und müssten hier stark investieren[674]. Aus diesen Gründen schlägt *Säcker* zur Wahrnehmung dieser Aufgaben die Schaffung einer mittleren Einheit zwischen kleinen VNB und den vier ÜNB auf der regionalen Ebene vor[675].

Darüber hinaus kommt dem VNB eine weitere Aufgabe im Bereich des Messwesens zu. Nach § 2 Nr. 4, 12, i.V.m. § 3 Abs. 1 MsbG[676] ist der Verteilnetzbetreiber der grundzuständige Messstellenbetreiber[677]. Der Messstellenbetreiber hat die Funktion, die betriebs-, steuer-, tarif- (entsprechend je zertifiziertem Marktpartner), bilanz- und abrechnungsrelevanten Daten zu erheben, zu validieren und an alle Akteure mit begründetem Interesse zu übermitteln[678]. Dazu braucht er auch eine moderne Messinfrastruktur.

Schließlich wird die Rolle des VNB bei der Wahrnehmung traditioneller Aufgaben, wie die der Bereitstellung von Regelenergie, deutlich gestärkt. Wegen der Zunahme des EE-Stroms in den Netzen, müssen auch die EE-Anlagen für die Frequenzhaltung genutzt werden, da zukünftig unter geänderten

---

672 50Hertz et al., 10-Punkte-Programm, 2013, S. 22.

673 *Säcker*, EnWZ 2016, 294, 298.

674 dena, Verteilernetzstudie, 2012, S. 72: Studien geben hier Investitionskosten von bis zu 2 Mio. € bzw. 1,7 Mio. € für einen einzelnen Netzbetreiber an, wobei diese IT-Systeme dann auch zusätzliche Funktionen für den Einsatz intelligenter Messsysteme realisieren, dena, Einführung von Smart Meter in Deutschland, 2014.

675 *Säcker*, EnWZ 2016, 294, 298.

676 „Gesetz über den Messstellenbetrieb und die Datenkommunikation in intelligenten Energienetzen (Messstellenbetriebsgesetz – MsbG)“ v. 29.08.2016 (BGBl. I S. 2034), das durch Art. 15 des Gesetzes v. 22.12.2016 (BGBl. I S. 3106) geändert worden ist.

677 § 3 Abs. 1 MsbG sieht vor, dass der Messstellenbetrieb Aufgabe des grundzuständigen Messstellenbetreibers ist, soweit nicht eine anderweitige Vereinbarung nach § 5 oder § 6 getroffen worden ist.

678 E-Bridge, Zukünftige Rolle des Verteilnetzbetreibers in der Energiewende, 2017, S. 23.

energiewirtschaftlichen Rahmenbedingungen gegenüber heute (z. B. steigende CO2-Zertifikatepreise), konventionelle Großkraftwerke seltener am Netz sein werden[679]. Aufgrund ihrer technischen Eigenschaften können z. B. PV-Anlagen, wenn sie gerade Strom erzeugen, sehr günstig Regelleistung anbieten[680]. Aus diesen Gründen ist der ÜNB beim Engpassmanagement auf die Flexibilität der EE-Anlagen aber auch verteilter Lasten und Speicher im Verteilnetz angewiesen[681]. Dies geht mit einer stärkeren Rolle der VNB bzgl. der Erbringung von Regelleistung einher. Insbesondere wegen der schwankenden Quellen der Windenergie und PV und da die Bereitstellung von Regelenergie erfolgt u. a. durch die Bündelung mehrerer Anlagen in den Verteilnetzen, wird der VNB den Zugriff auf die präqualifizierten Anlagen im Verteilnetz koordinieren müssen, um Konflikte mit Maßnahmen des Engpassmanagements zu vermeiden[682].

Wegen dieser erweiterten Aufgaben ist zu bezweifeln, ob alle VNB den neuen Anforderungen der Digitalisierung der Energiewende gerecht werden. Das MsBG sieht in §§ 3, 5 und 6 vor, dass ein Dritter die Dienstleistung des Messstellenbetriebs anbieten kann. Nach der Gesetzesbegründung soll es dem grundzuständigen Messstellenbetreiber frei stehen, sich zur Effizienzsteigerung bei der Umsetzung des flächendeckenden Rollouts Dritter zu bedienen und Kooperationen einzugehen[683]. Wegen der großen Anzahl der Kosten, schlägt *Ernst & Young* vor, dass die Verantwortlichkeiten für die Marktrollen im Messwesen auf möglichst wenig Unternehmen wegen Skaleneffekten konzentriert werden sollten[684]. Nach Berechnungen der Studie käme bei einer Konzentration auf zehn große Messstellenbetreiber zu einem Zuwachs von insgesamt 1,2 Mrd. € Netto-Kapitalwert[685]. Nach *Säcker* bestätigt dies die Unwirtschaftlichkeit einer solchen Aufgabenwahrnehmung für die ca. 900 VNB[686]. Aus diesen Gründen ist

679 50Hertz et al., 10-Punkte-Programm, 2013, S. 11.

680 *Hirth/Ziegenhagen*, et 10/2013, 4.

681 E-Bridge, Zukünftige Rolle des Verteilnetzbetreibers in der Energiewende, 2017, S. 13.

682 *Säcker*, EnWZ 2016, 294, 299.

683 BT-Drs. 18/7555, S. 98.

684 Ernst & Young GmbH, Kosten-Nutzen-Analyse für einen flächendeckenden Einsatz intelligenter Zähler, 2013, S. 182, abrufbar auf http://www.ey.com/Publication/vwLUAssets/Kosten-Nutzen-Analyse_Roll-out_Smart_Meter/%24FILE/BMWI-Endbericht-KNA-Smart-Metering-2013.pdf, zuletzt abgerufen am 26.03.2018.

685 Ernst & Young GmbH, Kosten-Nutzen-Analyse für einen flächendeckenden Einsatz intelligenter Zähler, 2013, S. 182, abrufbar auf http://www.ey.com/Publication/vwLUAssets/Kosten-Nutzen-Analyse_Roll-out_Smart_Meter/%24FILE/BMWI-Endbericht-KNA-Smart-Metering-2013.pdf, zuletzt abgerufen am 26.03.2018.

686 *Säcker*, EnWZ 2016, 294, 302.

es durchaus überlegenswert, ob die kleineren VNB Kooperationen oder durch Fusionen Gemeinschaftsunternehmen bilden könnten, um den erweiterten Aufgaben eines VNB im digitalisierten Strommarkt gerecht werden können[687].

cc) Anpassung der Erzeugung/Last dem Netz: Das Standortmanagement

Wie bereits dargelegt, hat sich der Ausbau der Stromkorridore erheblich verzögert und ist zudem kostenintensiv. Auch die Maßnahmen des Engpassmanagements sind mit hohen Kosten verbunden[688]. In der Folge kommt es seit 2011 zu Steigerungen bei den Netzentgelten[689]. Die Instrumente der vorherigen zwei Gruppen (Abstimmung von Netz und Last/ Erzeugung und Anpassung der Netze der Last/ Erzeugung) reichen zur Bewältigung der Engpässe nicht aus. Aus diesem Grund sind auch Maßnahmen der dritten Gruppe zu Anpassung der Erzeugung/Last an das Netz notwendig. Deutschland verwendete allerdings bis zum Jahr 2017[690] nur wenige Instrumente für eine effiziente Standortwahl der Erzeugungsanlagen zur Entlastung der Netze[691]. Grund hierfür ist die Ausgestaltung des Netzanschlussregimes. Anlagenbetreiber müssen nur die Kosten für den Anschluss ihrer Anlagen an den nächstgelegenen Anschlusspunkt (§ 16 EEG), aber nicht die Kosten für den Netzausbau oder die Kosten für ein mögliches Engpassmanagement tragen. Letztere legt der Netzbetreiber den Stromverbrauchern um. Deswegen haben sie keinen Anreiz, bei der Standortwahl ihrer Anlage die Belastungen der Netze zu berücksichtigen[692]. Die Möglichkeit zur Beeinflussung der Standortwahl der EE-Anlagen bleibt auch bei der Planung des Netzausbaus unberücksichtigt[693].

---

687 Solche Umstrukturierungen erscheinen aus wettbewerblicher Sicht (§§ 2, 36 GWB) nach Säcker unproblematisch. Netz- und Messkunden werden bei einer solchen Zusammenlegung nicht schlechter gestellt, da Preisobergrenzen sowohl im Messstellenrecht als auch im EnWG für die Netz- oder Messstellennutzung bestehen, *Säcker*, EnWZ 2016, 294, 302.

688 Allein die Entschädigung für die Ausfallarbeit der EE wegen der Abregelung lag im Jahr 2016 bei 372 Mio. €, BNetzA/BKartA, Monitoringbericht, 2017, S. 119.

689 BNetzA/BKartA, Monitoringbericht, 2017, S. 127. Wegen der vermehrten Nutzung der Eigenversorgung werden sie auch auf weniger Abnehmer verteilt, Monopolkommission, 2017, S. 897.

690 Das ist die Zeit vor der Einführung des EEG 2017 und der GemAV.

691 Frontier Economics/Consentec, Bedeutung von etablierten nationalen Gebotszonen, 2011, S. 10.

692 *König*, Engpassmanagement, 2013, S. 88.

693 Monopolkommission, Sondergutachten, 2017, S. 116.

Der deutsche Gesetzgeber hat erst im Jahr 2017 mehr Instrumente eingesetzt, um dieses „Steuerungsdefizit“ zu beheben[694]. Diese Instrumente beeinflussen die auszubauende Menge, die Zuschlagswahrscheinlichkeit bei den Ausschreibungen und oder die Erlöse der Anlagenbetreiber.

(1) Einfluss auf die Menge der Kapazität

Das eingesetzte Instrument ist die sog. Terminobergrenze, welche mit § 36c EEG für Windenergieanlagen eingeführt wurde. Diese gilt für den Zubau von Windenergieanlagen in bestimmten belasteten Netzregionen, das sog. Netzausbaugebiet. Dieses ist so zu definieren, dass eine möglichst große Menge des voraussichtlich abzuregelnden Stroms aus Windenergieanlagen unter Berücksichtigung der Potenziale für den Zubau erfasst wird[695]. Für das Netzausbaugebiet dürfen nur bis zur Obergrenze Zuschläge im Rahmen der Ausschreibung erteilt werden[696]. Dieses Instrument beeinflusst allerdings nur das Ausschreibungsvolumen und nicht den anzulegenden Wert (AW) oder die finale Vergütung der Bieter. Diese erfolgt gem. § 36h EEG wie bei den restlichen Ausschreibungen für Windenergieanlagen.

Der gleichen Logik folgte die GemAV[697], welche den Rechtsrahmen für gemeinsamen Ausschreibungen zwischen PV- und Windenergieanlagen setzt. Gem. § 8 GemAV legt die sog. Terminobergrenze eine Obergrenze für die maximale Zuschlagsmenge im Netzausbaugebiet in einem konkreten Gebotstermin fest[698]. Diese Obergrenze ist nach den gleichen Regeln wie für die separaten Ausschreibungen für Windenergieanlagen, d.h. gem. § 36c Abs. 4 und §§ 11 und 12 der Erneuerbare-Energien-Ausführungsverordnung (EEAV)[699] zu bestimmen und liegt pro Gebotstermin für die gemeinsamen Ausschreibungen bei 62 MW.

Allerdings gibt es bislang keine solche Obergrenze für separate PV-Ausschreibungen. Nachdem Erfahrungen zu den für Windenergieanlagen geltenden

694 *Brandt*, Die optimale Standortwahl von Stromerzeugungsanlagen, 2017, S. 23.

695 § 36c Abs. 3 Nr. 3 lit. b EEG.

696 BNetzA, Entwurf einer Verordnung zur Änderung der Erneuerbare-Energien-Ausführungsverordnung, 2017, S. 10.

697 „Verordnung zu den gemeinsamen Ausschreibungen für Windenergieanlagen an Land und Solaranlagen (Verordnung zu den gemeinsamen Ausschreibungen – GemAV)“ v. 10.08.2017 (BGBl. I S. 3167, 3180).

698 BT-Drs. 18/12375, S. 104.

699 „Verordnung zur Ausführung der Erneuerbare-Energien-Verordnung, „Erneuerbare-Energien-Ausführungsverordnung – EEAV)“ v. 22.02.2010 (BGBl. I S. 134), die zuletzt durch Art. 4 der Verordnung v. 10.08.2017 (BGBl. I S. 3102) geändert worden ist.

Obergrenzen gesammelt wurden, wäre auf dieser Grundlage auch eine Obergrenze für separate PV-Ausschreibungen überlegenswert, um den PV-Ausbau in den kommenden Jahren netzverträglich zu steuern.

(2) Einfluss auf die Zuschlagswahrscheinlichkeit

Das Instrument, welches Einfluss auf die Zuschlagswahrscheinlichkeit nimmt, ist die sog. Verteilernetzkomponente, die auch durch die GemAV eingeführt wurde[700]. Wegen des PV-Zubaus in den letzten Jahren sind auch die Netze auf der Verteilernetzebene belastet. Die Verteilernetzkomponente bezweckt die Entlastung der Verteilernetze in besonders belasteten Netzgebieten. Anwendung findet sie in den gemeinsamen Ausschreibungen zwischen PV- und Windenergieanlagen. Nach § 2 Abs. 1 Nr. 6 GemAV ist die Verteilernetzkomponente ein Aufschlag auf den Gebotswert für die Zwecke der Gebotsreihung nach § 7 Abs. 1 S. 4 und 5 GemAV bei Geboten für die zwei EE-Technologien, die in einem Verteilernetzausbaugebiet errichtet werden. Sie ist kein fixer Wert[701]. Die Formel besteht aus der Berechnung der maximalen Rückspeisung aus EE-Anlagen und aus der Höchstlast. Wenn die maximale Rückspeisung größer als die Höchstlast ist, löst jede weitere EE-Anlage einen Netzausbaubedarf aus[702]. Dann befindet sich die Anlage in dem sog. „Verteilernetzausbaugebiet“[703].

Die Gebote für diese Anlagen werden in diesen Gebieten bei der Gebotsreihung mit einem Aufschlag belegt, der Verteilernetzkomponente[704]. Auf diese Weise haben die Gebote weniger Chancen für den Zuschlag als Gebote für andere Gebieten. Zusätzlich wird in einem Landkreis, in dem im Vergleich zu PV- bereits sehr viele Windenergieanlagen stehen, die installierte Leistung an Windenergieanlagen mit einem hohen Kapazitätsfaktor gewichtet, und die installierte Leistung an PV-Anlagen mit einem kleinen Kapazitätsfaktor[705]. Schließlich beeinflusst die Verteilernetzkomponente die Gebotsreihe aber hat keine

---

700 § 10 GemAV.

701 BerlKommEnR/*Steffens*, Bd 6, 4. Aufl. 2017, GemAV, § 10.

702 BMWi, Eckpunktepapier: Gemeinsame Ausschreibungen für Windenergieanlagen und Solaranlagen, 2017, S. 2.

703 GemAV, Begründung, S. 110. Verteilernetzausbaugebiete und Verteilernetzkomponente werden durch die BNetzA laut der Formel in der Anlage 1 GemAV bestimmt (§ 11 GemAV).

704 BT-Drs. 18/12375, S. 3.

705 Monopolkommission, Sondergutachten, 2017, S. 103.

Auswirkung auf die anlagenspezifische Vergütung, da sich die Vergütung nach dem angegebenen Gebotswert richtet[706].

(3) Einfluss auf die Erlöse

(a) Das Referenzertragsmodell

Die Standortausschreibungen mögen nur für eine Übergangsphase einsetzbar sein, bis nämlich die freie Kapazität am Netz vollständig genutzt wird. Aus diesem Grund sind weitere Steuerungsinstrumente zu untersuchen. Die in diesem Abschnitt diskutierten Instrumente versuchen die Standortwahl der Anlagen zu steuern, indem sie die Erlöse beeinflussen.

Das sog. „Referenzertragsmodell" findet nur auf Windenergieanlagen Anwendung. Mit dem „Referenzertragsmodell" geben Anlagenbetreiber ihre Gebote auf Basis eines 100 %igen Standorts, des sog. Referenzertragsorts ab, der eine Windgeschwindigkeit von 6,45 Metern pro Sekunde in einer Höhe von 100 Metern hat[707]. Ist ein Bieter in der Ausschreibung erfolgreich, wird der entsprechende AW mit einem Korrekturfaktor multipliziert, der von der Standortqualität der Windenergieanlage abhängt. Bei Standorten mit einem sog. Gütefaktor von 70 % wird der AW z. B. mit einem Korrekturfaktor i.H.v. 1,29 multipliziert[708]. So wird Strom aus Windenergieanlagen entsprechend ihrem Standort mehr gefördert, wenn dort geringere Erträge zu erwarten sind als am Referenzstandort[709]. An windreichen Orten ist umgekehrt die Förderung kleiner.

Auch wenn dieses Instrument die Netze an den windreichen Orten entlastet, kreiert die höhere Vergütung für Anlagen zu windarmen Orten Ineffizienzen und Fehlanreize und führt nicht unbedingt zur Ansiedlung, wo Netzausbaubedarf vorteilhaft ist[710]. Das Argument, dass die resultierende regionale Verteilung der Anlagen der Netzstabilität diene[711] lehnt die Monopolkommission dadurch ab, weil mit dem Referenzertragsmodell kein Mechanismus vorhanden ist, der die Ertragschancen von Anlagenbetreibern den Kosten eines möglicherweise notwendigen Netzausbaus gegenüberstellt[712]. Aus diesen Gründen wäre das Referenzertragsmodell für die EE bzw. für die PV nicht zu bevorzugen.

706 BT-Drs. 18/12375, S. 3. Näher dazu s. unter Abschn. „Gemeinsame Ausschreibungen".
707 Vgl. Anlage 2 (zu § 36h Nr. 4) EEG.
708 § 36h Abs. 1 EEG.
709 Monopolkommission, Sondergutachten, 2017, S. 100.
710 So auch Monopolkommission, Sondergutachten, 2017, S. 101.
711 Vgl. beispielsweise BT-Drs. 511/15, Zif. 2.
712 Monopolkommission, Sondergutachten, 2017, S. 101.

(b) Die G-Komponente

Ein weiteres überwiegend befürwortetes Instrument[713] ist die Einführung eines neuen Tarifsystems. Dies ist auch von der VO 2009/714/EG bevorzugt[714]. Es hat im Vergleich zu der Verteilernetzkomponente einen direkten Einfluss auf den Preis der Anlagen. Bislang werden in Deutschland die Netzkosten zu 100% direkt auf die Endkunden umgelegt[715]. Der Teil, den die Erzeuger tragen, heißt G-Komponente (von Generation) und der Teil den die Verbraucher decken, heißt L-Komponente (von Load)[716]. Allokationssignale für die EE bzw. PV-Anlagen würde nicht nur die Einführung einer G-Komponente geben. Die G-Komponente kann mit dem sog. Bonus-/Malus-System kombiniert werden, indem Netznutzer an netztechnisch günstigen Standorten niedrigere Netzentgelte und Netznutzer an netztechnisch ungünstigen Standorten höhere Netzentgelte zahlen müssen[717]. Die exakte Bestimmung der Netzentgelte würde auf der Grundlage der (vermiedenen) Netzausbaukosten (den langfristigen Grenzkosten des Netzausbaus) kalkuliert werden[718].

Allerdings wäre eine G-Komponente für konventionelle Anlagen nicht optimal für einen erhöhten Netzausbaubedarf. An dieser Stelle ist zwischen der sog. arbeits- und der sog. leistungsbasierten G-Komponente zu unterscheiden. Die

---

713 *Müller-Kirchenbauer/Nailis*, Novellierung der EU-Richtlinien und Harmonisierung der Netztarifierung aus kommunaler Sicht, 2002, S. 15 ff; Monopolkommission, Sondergutachten, 2013, S. 180 ff; *Brezski/Bauer*, et 1-2/2009, 72, 75; BET, Versorgungssicherheit in der Elektrizitätsversorgung, 2009, S. 22 f; *König*, Engpassmanagement, 2013, S. 91 ff;

714 Art. 14 Abs. 2 VO 2009/714/EG sieht eine solche Möglichkeit ausdrücklich vor, da nach dem Wortlaut *„Gegebenenfalls müssen von der Höhe der den Erzeugern und/oder Verbrauchern berechneten Tarife standortbezogene Preissignale auf Gemeinschaftsebene ausgehen, und diese Tarife müssen dem Umfang der verursachten Netzverluste und Engpässe und Investitionskosten für Infrastrukturen Rechnung tragen"*, Verordnung 2009/714/EG des Europäischen Parlaments und des Rates über die Netzzugangsbedingungen für den grenzüberschreitenden Stromhandel und zur Aufhebung der Verordnung (EG) Nr. 1228/2003, v. 13.07.2009 (Abl. L 211/15).

715 *Müller-Kirchenbauer/Nailis*, Novellierung der EU-Richtlinien und Harmonisierung der Netztarifierung aus kommunaler Sicht, 2002, S. 15. Vgl. auch § 15 Abs. 1 S. 2 StromNEV: *„Für die Einspeisung elektrischer Energie sind keine Netzentgelte zu entrichten"*.

716 *Müller-Kirchenbauer/Nailis*, Novellierung der EU-Richtlinien und Harmonisierung der Netztarifierung aus kommunaler Sicht, 2002, S. 15.

717 *König*, Engpassmanagement, 2013, S. 91 ff.

718 Monopolkommission, Sondergutachten, 2013, S. 181.

arbeitsbasierte legt die produzierte und oder eingespeiste Energiemenge (€/MWh) zugrunde, die leistungsbasierte gründet auf der installierten Leistung der Anlage (€/MW)[719]. Die leistungsbasierte ist i. d. R. eine einmalige jährliche Zahlung[720]. Es ist auch zwischen Investitions- und Produktionsanreizen zu unterscheiden.

Die auf Marktmodellierung basierte Studie von *Grimm et al.*, zeigte, dass die Einführung einer leistungsbasierten G-Komponente den Betreibern konventioneller Kraftwerke zwar Investitionsanreize aber keine Produktionsanreize gibt[721]. Auf dem Großhandelsmarkt fällt die Produktionsentscheidung anhand der Grenzkosten der Erzeuger[722]. Da Gaskraftwerke hohe Grenzkosten haben, laufen sie nur in Spitzenlastzeiten. Wegen dieser wenigen Betriebszeiten können die Gaskraftwerke einen signifikanten Rückgang beim Netzausbaubedarf nicht bewirken[723].

Andererseits ist eine arbeitsbasierte G-Komponente mit Verzerrungen in Bezug auf die Kraftwerkssteuerung verbunden: Die arbeitsbasierte G-Komponente fällt je produzierter Einheit und hat einen direkten Einfluss auf die Grenzkosten, sie setzt demzufolge auch Produktionsanreize[724]: Da die G-Komponente immer wirkt und die Produktion deshalb auch in Zeiten ohne große Knappheit beeinflusst wird, wären Grundlastkraftwerke, die – im Gegensatz zu Mittel- und Spitzenlastkraftwerken – zu jeder Stunde produzieren, besonders häufig von der G-Komponente betroffen[725]. Mittel- und Spitzenlastkraftwerken würden hingegen weniger belastet. Aus diesen Gründen wäre weder die arbeits- noch die leistungsbasierte G-Komponente für die Betreiber konventioneller Kraftwerke als Steuerungsinstrument für die effiziente Allokation geeignet.

(c) Die EE-Regionalkomponente

Nach den oben genannten Ausführungen wäre eine G-Komponente für Erzeugungsanlagen, die EE-Strom produzieren, die sog. EE-Regionalkomponente, zu überlegen. Im Gegensatz zu den konventionellen Anlagen würde bei den EE-Anlagen eine arbeitsbasierte G-Komponente, ähnlich wie eine leistungsbasierte

---

719 ACER, Opinion No 09/2014 of 15.04.2014 on the appropriate range of transmission charges paid by electricity producers, S. 3.

720 *Grimm* et al., Regionale Preiskomponenten im Strommarkt, 2015, S. 68.

721 *Grimm* et al., Regionale Preiskomponenten im Strommarkt, 2015, S. 68.

722 *Pritzsche/Vacha*, Energierecht, 2017, S. 83.

723 Monopolkommission, Sondergutachten, 2015, S. 104.

724 Monopolkommission, Sondergutachten, 2015, S. 100.

725 *Grimm* et al., Regionale Preiskomponenten im Strommarkt, 2015, S. 9, Monopolkommission, Sondergutachten, 2015, S. 100.

G-Komponente, lediglich Standortanreize für Investitionen generieren, da diese Anlagen ohnehin dargebotsabhängig[726] einspeisen[727]. Auch hier ist es zu überlegen, ob die EE-Regionalkomponente arbeits- oder leistungsbasiert sein soll. ACER ist gegen eine arbeitsbasierte G-Komponente, da sie den Dispatch beeinträchtigen kann, insbesondere wenn sie nicht kurzfristige Kosten, sondern langfristige Netzinvestitionskosten widerspiegelt[728]. Dadurch könnte der „Merit-order" verschoben werden, so dass Anlagen, die eigentlich eine ineffizientere Produktion haben, Vorrang vor effizienteren Anlagen haben[729]. Dies würde eine Verzerrung bedeuten. Dieser Effekt ist wichtig, insbesondere wenn – wie die vorliegende Arbeit vorschlägt[730] – der Einspeisevorrang der EE-Anlagen abgeschafft wird. Aus diesen Gründen ist die leistungsbasierte und nicht die arbeitsbasierte EE-Regionalkomponente empfehlenswert. Darüber hinaus würde eine leistungsbasierte Komponente nicht gegen Art. 14 der VO 2009/714 verstoßen, wenn sie der Notwendigkeit der Netzsicherheit Rechnung trägt und die tatsächlichen Kosten spiegelt und Investitionskosten für Infrastrukturen berücksichtigt[731].

Im Gegensatz zu dem vorigen Instrument der Verteilernetzkomponente führt die EE-Regionalkomponente nicht nur zu einer netztechnisch effizienten Allokation sondern auch zur Dämpfung der Netzentgelte[732]. Entscheidend ist die ausgeschriebene Menge je Bundesland: Wenn die besseren Ertragsmöglichkeiten in einem Bundesland und die damit verbundenen Dispatchkosten bzw. Transportkosten genauso hoch wie die schlechteren Ertragsmöglichkeiten einschließlich der Einsparungen beim Dispatch bzw. Netzausbau bei einem Zubau der EE-Anlage in einem anderen Bundesland sind, wäre die effiziente Ausschreibungsmenge für die entsprechenden Bundesländer gefunden[733]. Präferiert sind

---

726 Topographie und meteorologische Faktoren beeinflussen nämlich die Standorte der EE-Anlagen.

727 Monopolkommission, Sondergutachten, 2017, S. 111.

728 ACER, Opinion No 09/2014 of 15.04.2014 on the appropriate range of transmission charges paid by electricity producers, S. 14.

729 Monopolkommission, Sondergutachten, 2015, S. 106.

730 Näher dazu s. unten unter „Kritische Würdigung".

731 So auch ACER, Opinion No 09/2014 of 15.04.2014 on the appropriate range of transmission charges paid by electricity producers, S. 3. Schließlich führte ACER aus, dass es unnötig sei, Einschränkungen bzgl. einer kostenorientierten leistungsbasierten G-Komponente aufzuerlegen.

732 Vgl. BNetzA, Bericht zur Netzentgeltsystematik Elektrizität, 2015, S. 33.

733 Monopolkommission, Sondergutachten, 2017, S. 112.

die deutschlandweiten Ausschreibungen, um die Anzahl der Bieter und damit den Wettbewerbsdruck zu erhöhen.

Da die Verteilernetzkomponente die Vergütung der Bieter nicht beeinflusst, d.h. aufkommensneutral ist, hat sie auch keine Wirkung auf die EEG-Umlage. Diese Aufkommensneutralität könnte auch die EE-Regionalkomponente aufnehmen[734]. Nach der Prüfung der Monopolkommission kann es einerseits sein, dass die EE-Anlagenbetreiber die EE-Regionalkomponente an die Netzbetreiber zahlen, umgekehrt könnten sie auch positive Zahlungen von Netzbetreibern erhalten, wenn ihr Standort die Netze tendenziell entlastet. Damit würden, im Gegensatz zur Verteilernetzkomponente, zwar einzelne EE-Anlagenbetreiber be- bzw. entlastet, aber die EEG-Umlage bliebe ebenfalls unverändert[735]. Eine solche EE-Regionalkomponente könnten die Bieter auch teilweise in ihre Gebote im Rahmen der Ausschreibungen einpreisen. Somit würden die Netzausbaukosten im Rahmen des Fördermechanismus internalisiert. Die Netzbetreiber der Netzen, an denen viele EE-Anlagen angeschlossen werden, würden höhere Einnahmen erhalten und folglich könnte dies zur Senkung der Netzentgelte für die Verbraucher führen[736].

Schließlich haben die Modellrechnungen in der Studie von *Grimm et al.* bewiesen, dass im Rahmen der EE-Regionalkomponente die regional differenzierte Vergütung höhere Wohlfahrtsgewinne als die bundesweit einheitliche Vergütung erzielen kann und deswegen bevorzugt werden sollte[737]. Der Grund ist, dass die einheitliche Vergütung zu weit umfangreicherem Zubau als im NEP veranschlagt führen würde und folglich flankierende politische Maßnahmen notwendig wären, um den Zubau regional zu koordinieren[738]. Die EE-Regionalkomponente könnte schließlich so ausgestaltet werden, dass EE-Anlagenbetreiber – auch unabhängig vom Fördersystem – die EE-Regionalkomponente den Netzbetreibern zahlen müssen, wenn sie an ihrem geplanten Standort einen Netzausbaubedarf auslösen[739]. Der Vorteil einer EE-Regionalkomponente bestünde in der besseren Allokation der EE-Anlagen und einer Reduzierung der Netzentgelte. Allerdings würde sie eine Reform des § 15 Abs. 1 S. 3 StromNEV verlangen, welcher für die Einspeisung des Stroms keine Netzentgelte vorsieht.

---

734 Monopolkommission, Sondergutachten, 2017, S. 112.
735 Monopolkommission, Sondergutachten, 2017, S. 112.
736 Vgl. BNetzA, Bericht zur Netzentgeltsystematik Elektrizität, 2015, S. 33.
737 *Grimm* et al., Regionalkomponenten bei der EE-Vergütung, 2017, S. 42 ff.
738 *Grimm* et al., Regionalkomponenten bei der EE-Vergütung, 2017, S. 43.
739 Monopolkommission, Sondergutachten, 2017, S. 111.

c) *Kritische Würdigung*

Die Vorschriften des vorrangigen Netzzugangs (§ 11 EEG) und des privilegierten Einspeisemanagements (§ 14, 15 EEG) haben zur Entwicklung der PV tatsächlich enorm beigetragen, da sie den Anlagenbetreibern die nötige Planungs- und Investitionssicherheit geben. Allerdings ist die Integration der volatilen PV mit hohen Systemintegrationskosten verbunden. Aus diesem Grund macht die Netzintegration des zunehmenden PV-Stroms seine Marktintegration notwendig. Die Marktintegration erfordert Flexibilitäten (wie z. B. die Regelleistungsbereitstellung), und dies kann nur mit Stärkung der Marktmechanismen und der Abschaffung von Privilegien geschafft werden.

Ein solches Privileg ist die vorrangige Abnahme des PV-Stroms (oder des sog. „Einspeisevorrangs" oder des sog. „Vorrangigen Dispatches")[740]. Dieses Privileg besteht für Anlagen, die durch das Modell der Einspeisevergütung gefördert werden. In diesem Fall ist der Netzbetreiber verpflichtet, den PV-Strom unabhängig von der Stromnachfrage abzunehmen und die Anlagenbetreiber zu vergüten. Diese Pflicht besteht für die Netzbetreiber auch bei negativen Preisen an der Strombörse, wenn nämlich das Angebot von Strom höher als die Nachfrage ist[741]. In diesen Fällen führt die Abnahme des EE-Stroms zu noch niedrigeren (negativen) Preisen.

Über die Abschaffung des Einspeisevorrangs wird gegenwärtig diskutiert. Stimmen gegen die Abschaffung des Einspeisevorrangs argumentieren, dass er notwendig für die Existenz der Ökostromförderung auf nationaler Ebene sei[742]. Der Einspeisevorrang sei vor allem wichtig für die Investitionssicherheit und eine der Grundbedingungen für den erfolgreichen Ausbau der EE, insbesondere für kleine Anlagen und Bürgerenergie[743]. Teilweise wird die Abschaffung des Einspeisevorrangs mit der Abregelung der Anlagen im Rahmen des Einspeisemanagements verbunden, wenn Überkapazitäten im Netz vorhanden sind. Es wird nämlich befürchtet, dass EE-Anlagen aufgrund der künftig marktbasierten

---

740 Der Vorschl. StromVO verwendet den Begriff „Vorrangiges Dispatch". Der ist aber gleich dem Begriff vorrangige Abnahme oder Einspeisevorrang zu stellen (s. oben „Netzzugang"). Gem. Art. 2 lit. s bezeichnet „vorrangiges Dispatch" den Einsatz von Kraftwerken auf der Grundlage anderer Kriterien als wirtschaftlicher Gebote und Netzbeschränkungen (in zentralen Dispatch-Systemen), wobei dem Dispatch bestimmter Erzeugungstechnologien Vorrang eingeräumt wird.

741 So auch BerlKommEnR/*Haug/Hübler*, Bd. 6, 4. Aufl. 2017, § 51 EEG 2017, Rn. 7.

742 *Frenz* in: Huller, NVwZ 2017, 774, 775.

743 Climate Action Network, The revised renewable energy Directive and electricity market design, 2017, S. 4.

Regelung von Überkapazitäten im Stromnetz zuerst vom Netz genommen werden, weil sie schneller und kostengünstiger als Kohle- oder Atomkraftwerke abzuschalten sind[744].

Nichtdestotrotz ist diesen Argumenten nicht zuzustimmen. Der Einspeisevorrang bedeutet, dass der Netzbetreiber verpflichtet ist, den PV-Strom, der nicht über das Marktprämienmodell dezentral vermarktet wird[745], an der Strombörse zu verkaufen – auch zu negativen Preisen[746]. Faktisch ergibt sich dadurch ein Vorrang gegenüber konventionellem Strom mit positiven Grenzkosten[747]. Allerdings hat der PV-Strom auch ohne gesetzlich festgelegten Einspeisevorrang an der Strombörse in fast allen Fällen „Vorfahrt", da an der Strombörse alle Stromerzeuger unabhängig von der Erzeugungstechnologie ihre Stromproduktion zu Grenzkosten anbieten[748]. Der aktuelle Preis für Strom wird so durch das jeweils teuerste Kraftwerk bestimmt, das noch benötigt wird, um die aktuelle Stromnachfrage zu decken[749]. Da PV-Anlagen keine Brennstoffkosten haben, hat der Strom niedrigere Grenzkosten und wird zuerst verkauft. Mit der Abschaffung des Einspeisevorrangs ergibt sich eine Verschlechterung aufgrund der Bepreisung nach Grenzkosten nur in den Situationen mit negativen Preisen und nur für die Anlagen, deren Strom durch den Netzbetreiber abgenommen wird[750].

Auch nach dem Vorschlag der Kommission zur neuen StromVO sei die Abschaffung des Einspeisevorrangs einer der neuen Grundsätzen für den Betrieb der Elektrizitätsmärkte in Europa. Das ist auch eine der größten Änderungen, die

744 *Stäsche*, EnWZ 2017, 308, 314. So z. B. BUND, EU-Energiepaket: Verlorenes Jahrzehnt für die Energiewende in Europa, 2016, S. 5; Agora Energiewende, Assessing the winter package in light of the Energy Union objectives, 2016, S. 10; WWF, Powerful power markets, 2017, S. 8.

745 Komplementär zu der an dieser Stelle vorgeschlagenen Abschaffung des Einspeisevorrangs wirkt die Abschaffung des 6-Stunden Intervalls (§ 51 Abs. 1 EEG), nach dem der AW bei negativen Preisen auf null reduziert wird. Näher dazu im Abschn. „Marktprämie/kritische Würdigung".

746 Die Verringerung des Zahlungsanspruchs bei negativen Preisen gilt gem. § 51 Abs. 3 EEG nicht für Anlagen mit einer installierten Leistung von weniger als 500 Kilowatt, d.h. für die PV-Anlagen, die durch Einspeisevergütung gefördert werden.

747 *Kopp* et al., Wege in ein wettbewerbliches Strommarktdesign für erneuerbare Energien, 2013, S. 65.

748 *Kopp* et al., Wege in ein wettbewerbliches Strommarktdesign für erneuerbare Energien, 2013, S. 65.

749 *Rasbach*, EnWZ 2013, 433, 434.

750 *Kopp* et al., Wege in ein wettbewerbliches Strommarktdesign für erneuerbare Energien, 2013, S. 66.

der Vorschlag für die EE hervorbringt[751]. Der Dispatch soll nur auf der Grundlage von marktwirtschaftlichen Kriterien (wirtschaftlicher Gebote) oder Netzbeschränkungen erfolgen. Eine vorrangige Abnahme des Stroms signalisiert weniger Flexibilität und würde die Entwicklung von Lösungen wie Speicherung oder Laststeuerung behindern[752].

Aus diesen Gründen sollte der Einspeisevorrang wegen schnellerer Marktintegration der PV-Anlagen abgeschafft werden. Dies würde eine Änderung nur für die Kleinanlagen bedeuten, die nicht im Rahmen des Marktprämienmodells den Strom selber an den Markt verkaufen und nur in Fällen mit negativen Preisen[753]. Mit der Abschaffung des Privilegs müssen die Anlagenbetreiber mehr

---

751 Weitere Änderungen sind die Bilanzkreisverantwortung für EE-Anlagen mit einer Leistung ≥ 500 kW (Art. 4), der Handel auf den Day-Ahead- und Intraday-Märkten für Produkte ≤ 1 MW (Art. 7), die Möglichkeit an der Teilnahme an Terminmärkten (Art. 8), die Abregelung auf Grundlage nichtdiskriminierender Kriterien und die Entschädigung für 90 % der Nettoeinnahmen (Art. 12). Genau wie die Änderung zur vorrangigen Abnahme sind alle bedeutenden Änderungen für die EE nicht in der neuen EE-RL sondern in der StromVO vorgesehen. Das zeigt, dass die KOM nun die EE als integrierten Teil des Strommarkts betrachtet, für die dieselben Regeln wie für alle Marktakteure (wie die Betreiber der konventionellen Anlagen) gelten sollen. Die wichtigsten Änderungen des Vorschlags für eine neue RL sind die Abschaffung der nationalen Ziele, die graduelle Öffnung der nationalen Öffnung der Förderregelungen bis zum 15 % bis 2030 (Art. 5), mehr Möglichkeiten für die Eigenverbraucher (Art. 21) und die Möglichkeit den sog. Erneuerbare-Energien-Gemeinschaften EE-Anlagen zu betreiben (Art. 22), KOM, Vorschlag für eine Verordnung des Europäischen Parlaments und des Rates zur Förderung der Nutzung von Energie aus erneuerbaren Quellen v. 23.02.2017, COM(2016) 767 final, nachstehend „Vorschl. EE-RL".

752 KOM, Vorschl. StromVO, Erwägungsgrund 11. Nach der Kommission wäre die vorrangige Abnahme nur in Ausnahmefällen erlaubt, um einen unnötigen Verwaltungsaufwand für bestimmte Akteure, wie kleinere Unternehmen, zu vermeiden. Demzufolge schlägt sie die vorrangige Abnahme des EE-Stroms nur für EE-Anlagen mit einer installierten Leistung von weniger als 500 kW vor (Art. 11 Abs. 1 Nr. 2 a). Vorschl. StromVO). Wenn allerdings die Gesamtkapazität der EE-Anlagen höher als 15 % der gesamten installierten Erzeugungskapazität in einem Mitgliedstaat (wie z.B in Deutschland) ist, gilt die vorrangige Abnahme nur für zusätzliche EE-Anlagen mit einer installierten Leistung von weniger als 250 kW (Art. 3 Abs. 1 UAbs. 1 des Vorschlages. Ab 2026 gilt die Schwelle von 250 kW ohne Ausnahmen (Art. 3 Abs. 1 UAbs. 2 Vorschl. StromVO).

753 In 2017 hat es insgesamt an 146 Stunden mit negativen Preisen am Day Ahead Markt der EPEX-Spot gegeben, BMWi, Monitoring der Direktvermarktung, Quartalsbericht 12/2017, S. 13.

Verantwortung übernehmen und auf die Marktsignale reagieren. Die Marktintegration der PV-Anlagen erfordert nämlich die Aktivierung und Ausschöpfung des auf Nachfrageseite bestehenden Flexibilitätspotenzials aller Erzeugungsanlagen inkl. der PV-Anlagen[754].

Die Abschaffung des Einspeisevorrangs ist im Zusammenhang mit der Pflicht der Netzbetreiber zur Abregelung der PV-Anlagen zu sehen. Wenn der Strom in den Netzen überschüssig ist, stellt sich die Frage, welche Anlagen zuerst im Rahmen des Einspeisemanagements abgeregelt werden. Die Regelung die gegenwärtig in Deutschland gilt, regelt zuerst die konventionellen Anlagen ab – solange die Systemsicherheit nicht gefährdet wird. Auch der neue Vorschlag der Kommission sieht die Abregelung der Erzeugungsanlagen nach zunächst marktbasierenden Mechanismen vor. Damit sind Angebote für Einschränkung oder Redispatch gemeint, die finanziell vergütet werden (Art. 12 Abs. 2 Vorschl. StromVO). Nichtmarktbasierte Maßnahmen können nur ergriffen werden, wenn keine marktbasierte Alternative verfügbar ist, alle verfügbaren marktbasierten Ressourcen eingesetzt wurden und die Zahl der Erzeugungs- und Verbrauchsanlagen in dem jeweiligen Gebiet zu gering für einen wirksamen Wettbewerb ist (Art. 12 Abs. 2 S. 5 Vorschl. StromVO). Im Ergebnis müssen die Netzbetreiber EE-Strom nicht mehr unbedingt vorrangig einspeisen, dürfen die Anlagen aber nur so wenig wie möglich abregeln[755]. Sollte eine Anlage bei der Anwendung einer nicht marktbasierten Einschränkung abgeregelt werden, hat der Anlagenbetreiber einen Entschädigungsanspruch. Der Vorschlag der Kommission sieht eine Entschädigung in der Höhe der zusätzlichen Betriebskosten, die durch die Einschränkung oder das Redispatch entstehen, oder i.H.v. 90 % der Nettoeinnahmen aus dem Verkauf von Strom auf dem Day-Ahead-Markt, die die Anlage ohne die Aufforderung zur Einschränkung oder zum Redispatch erzielt hätte. Erhält die Anlage eine finanzielle Unterstützung auf Grundlage der erzeugten Strommenge, gilt die entgangene finanzielle Unterstützung als Teil der Nettoeinnahmen (Art. 12 Abs. 6 Vorschl. StromVO). Für die förderfähigen PV-Anlagen bedeutet diese Entschädigung 90 % der Einspeisevergütung oder 90 % des Marktpreises und der Marktprämie, die sie erzielt hätten. Auf diesem Wege wird die PV weiter geschützt.

---

754 So auch KOM, Vorschl. SromVO, Begründung, S. 5.

755 *Kreuter-Kirchhof*, EuZW 2017, 829, 834. Darüber hinaus müssen die Netzbetreiber angemessene netz- und marktbezogene betriebliche Maßnahmen ergreifen, um die Einschränkung oder das abwärts gerichtete Redispatch von Strom aus erneuerbaren Energiequellen oder hocheffizienter Kraft-Wärme-Kopplung zu minimieren (Art. 12 Abs. 4 b) Vorschl. StromVO).

Die Entschädigung des Vorschl. StromVO ist weniger als die großzügige Entschädigung des 95 % der entgangenen Einnahmen des Anlagenbetreibers zuzüglich der zusätzlichen Aufwendungen und abzüglich der ersparten Aufwendungen des EEG (§ 15). Nichtdestotrotz stellen diese hohen Beträge ein weiteres Privileg für PV-Anlagen dar, welches wegen der Notwendigkeit der Marktintegration nicht mehr gerechtfertigt werden kann. Entgegen der Ausführung des deutschen Gesetzgebers bietet sie dem Anlagenbetreiber keinen Anreiz, bei der Wahl der Anlagenstandorte mögliche Netzengpässe zu berücksichtigen und eine gesamtwirtschaftlich effiziente Standortwahl zu treffen[756]. Umgekehrt sind Netzbetreiber gezwungen, auch für einzelne Anlagen Netzanschlüsse zu realisieren.

Aus diesen Gründen wäre es sinnvoll, die Entschädigung für Abregelungen mit Augenmaß zu reduzieren[757]. Darüber hinaus werden die Kosten des Einspeisemanagements sinken: Allein die Entschädigung für die Ausfallarbeit der EE wegen der Abregelung lag im Jahr 2016 bei 372 Mio. €[758].

Im Ergebnis sollen die Abschaffung des Einspeisevorrangs einerseits und die Reduzierung der Entschädigung im Fall der Abregelung der EE-Anlagen andererseits die Marktintegration der PV-Anlagen stärken, Anreize für eine effiziente Standortwahl geben und die Systemintegrationskosten reduzieren. Deswegen sind beide Reformen empfehlenswert.

2. Der griechische Rechtsrahmen

In Griechenland stellt die Integration der PV-Anlagen in das Netzsystem ebenfalls eine große Herausforderung dar. Das griechische Gesetz zur Förderung der EE bzw. PV sieht mit Netzanschluss und Netzzugang sowie Instrumente zur Bewältigung von Netzengpässen ähnliche Instrumente wie das deutsche EEG vor.

---

756 BT-Drs. 17/6071, S. 65.

757 *Kopp* et al., Wege in ein wettbewerbliches Strommarktdesign für erneuerbare Energien, 2013, S. 40. So auch *Hazrat*, Die Förderung Erneuerbarer Energien, 2017, S. 692.

758 BNetzA/BKartA, Monitoringbericht, 2017, S. 119.

a) Netzanschluss und Netzzugang

aa) Der Netzanschluss

(1) Kontrahierungszwang

Im Gegensatz zu dem deutschen Recht, in dem der Netzanschluss durch gesetzliches Schuldverhältnis sichergestellt wird, wird im griechischen Recht der Netzanschluss durch einen Kontrahierungszwang[759] sichergestellt.

Die Pflicht zum Netzanschluss wird im griechischen Recht durch Art. 8 Abs. 4 G. 3468/2006, Art. 267, 272 KDS[760] und Art. 60 KDEDDIE[761] geregelt. Je nach Netzebene soll der Verteilernetzbetreiber DEDDIE oder der Systembetreiber ADMIE die PV-Anlage an das Verteilernetz (nachstehend „Netz") oder an das System anschließen. Der Kontrahierungszwang ist hier per Gesetz angeordnet[762]. Das griechische Gesetz erfordert nämlich für den begehrten Leistungsaustausch einen vorherigen Vertragsschluss als rechtliche Grundlage[763]. Der Vertragsschluss und der Netzanschluss erfolgen in Griechenland in einem mehrstufigen Verfahren. Der Gesetzgeber hat detailliert alle nötigen Schritte bis zum Abschluss des Netzanschlussvertrages geregelt. Inhalt, Form und jede Einzelbestimmung des Netzanschlussvertrags können zudem durch Min. Beschl. bestimmt werden[764].

Infolge des Kontrahierungszwangs bedarf der Netzanschluss eines Vertrages. Bei Verweigerung des Netzbetreibers kann der Anlagenbetreiber eine Klage erheben. Anders als im Fall des gesetzlichen Schuldverhältnisses, bei dem der Netzbetreiber durch das Gerichtsurteil zur Durchführung des Netzanschlusses verurteilt wird, wird im Fall des Kontrahierungszwangs der Netzbetreiber zur Abgabe der für den Netzanschlussvertrag erforderlichen Willenserklärung verurteilt (Art. 949 KPolDik)[765].

---

759 Näher zum Kontrahierungszwang im griechischen Recht, s. *Stathopoulos*, Επιτομή Γενικού Ενοχικού Δικαίου, 2004, S. 255; *Ksypolias*, Η αναγκαστική σύμβασις, 1971.

760 ADMIE, Kodex über den Betrieb des Systems (KDS), so wie es durch RAE, Entsch. v. 29.12.2017, 1021/2017 (FEK B' 4690/B/29-12-2017) geändert wurde.

761 DEDDIE, Kodex über den Betrieb des Verteilernetzes EDDIE (KDEDDIE), so wie es durch RAE, Entsch. v. 18.10.2016, 395/2016 (FEK B' 78/20.01.2017) bestätigt wurde.

762 *Marinos*, EEMPD, 2007, 511, 530.

763 Vgl. MünchKommBGB/*Busche*, Bd. 1, 7. Aufl. 2015, Vor §145, Rn. 12.

764 Paragraphos I Ypoparagraphos I.1 Abs. 7 G. 4152/2013.

765 So *Papanikolaou*, Περί των ορίων της προστατευτικής παρεμβάσεως του δικαστή στη σύμβαση, 1991, 415, 416; *Karamali et al.*, Εκφάνσεις και όρια της ελευθερίας

Der Netzanschlussvertrag kommt zustande, wenn fünf Voraussetzungen erfüllt sind: Zunächst muss der Netzbetreiber das Anschlussangebot erteilen[766], zweitens muss der Anlagenbetreiber das Anschlussangebot annehmen[767], drittens muss dem Netzbetreiber ein Garantieschreiben des Anlagenbetreibers vorliegen, viertens muss der Antrag des Anlagenbetreibers zum Abschluss des Netzanschlussvertrages vorliegen[768] und fünftens muss die Zahlung der Netzanbindungskosten erfolgt sein[769].

An dieser Stelle wird nur auf zwei Voraussetzungen eingegangen, welche eine Besonderheit des griechischen Rechts im Vergleich zu dem deutschen Recht darstellen. Das Anschlussangebot, welches der Netzbetreiber erteilt, ist nicht für alle Kategorien der PV-Anlagen sofort verbindlich, sondern kann zwischen sechs Monaten und drei Jahren liegen[770]. Das Anschlussangebot ist verbindlich, wenn es zum Zeitpunkt der Vorlage beim Netzbetreiber der EPO oder der PPD (für die zwei Kategorien der PV-Anlagen) freie Kapazitäten im Netz gibt und der Antrag für das Anschlussangebot (für die dritte Kategorie) vorliegt. Wenn das

---

των συμβάσεων, Digesta 2009, S. 57, § 949 KPolDik, vgl. § 894 ZPO (Verurteilung zur Abgabe einer Willenserklärung).

766 Art. 8 Abs. 4, UAbs. 1 S. 2 lit. a G. 3468/2006, der durch Paragraphos I, Ypoparagraphos I.1 Abs. 1 G. 4152/2013 geändert wurde.

767 Paragraphos I, Ypoparagraphos I.1 Abs. 3 G. 4152/2013.

768 Art. 8 Abs. 5 G. 3468/2006, wie es durch Art. 3 Abs. 5b) G. 3851/2010 geändert wurde i.V.m. Art. 11 Abs. 4 G. 3468/2006, wie es durch Paragraphos I.2 Abs. 4 G. 4093/2012 geändert wurde.

769 Paragraphos I Ypoparagraphos I.1 Abs. 7 S. 1 u. 3 G. 4152/2013.

770 Das Gesetz unterscheidet zwischen drei Fällen. i) Für die PV-Anlagen, die auch eine Produktionsgenehmigung benötigen, wird das Anschlussangebot verbindlich und endgültig ab dem Zeitpunkt, ab dem die EPO oder die PPD erteilt werden. Die Verbindlichkeit des Anschlussangebots dauert für beide Parteien (Netzbetreiber und Anlagenbetreiber) 3 Jahre. ii) Für die PV-Anlagen, die von der Einholung der Produktionsgenehmigung aber nicht von der Einholung der EPO oder der PPD befreit sind, wird das Anschlussangebot verbindlich und endgültig nachdem die EPO oder die PPD erteilt werden. Die Verbindlichkeit des Anschlussangebots dauert in diesem Fall nur 6 Monate. iii) Für die PV- Anlagen, die von der Einholung der Produktionsgenehmigung und auch von der Einholung der EPO oder der PPD befreit sind, ist das Anschlussangebot sofort verbindlich und endgültig. Die Verbindlichkeit des Anschlussangebots dauert in diesem Fall auch nur 6 Monate. Die Endgültigkeit des Anschlussangebots erfolgt durch den Netzbetreiber innerhalb eines Monats, nachdem alle notwendigen Unterlagen eingereicht sind. (Art. 8 Abs. 4, UAbs. 1 S. 2 lit. a - c G. 3468/2006, die durch Art. 39 Abs. 6 G. 4062/2012 und durch Paragraphos I, Ypoparagraphos I.1 Abs. 1 G. 4152/2013 geändert wurden).

Netz zu diesem Zeitpunkt über keine freie Kapazität verfügt, erteilt der Netzbetreiber in den ersten zwei Fällen ein modifiziertes endgültiges Anschlussangebot mit möglichst gleichartigen technischen und wirtschaftlichen Bedingungen im Vergleich zu dem nicht gültigen Anschlussangebot[771]. Die Verbindlichkeit des Anschlussangebots hatte den Zweck, bei jedem Antrag die entsprechende beantragte Kapazität am Netz für einen bestimmten Zeitraum zu buchen, bis der Einspeisewillige alle erforderlichen Unterlagen (z. B. Installationsgenehmigung, Netzanschlussvertrag) vorlegt[772].

Weitere Voraussetzung für den Abschluss des Vertrages ist das Garantieschreiben. Das ist ein Instrument direkter Verhaltenssteuerung[773] und hat den Zweck, dass die Anlagenbetreiber, die keine Produktionsgenehmigung oder jegliche festzustellende Verwaltungsakte benötigen, den Netzanschluss ihrer PV-Anlage[774] nicht ohne Grund verzögern dürfen[775]. Es ist zudem mit einem Sanktionsmechanismus versehen. Nach dem G. 4152/2013 soll der Betreiber einer PV-Anlage gleichzeitig mit der Annahme des Anschlussangebots dem Netzbetreiber ein Garantieschreiben einreichen. Das Garantieschreiben beträgt je Einheit der Nennleistung in kW, die beantragt wird, 42 € für eine installierte Leistung < 1 MW und 21 € für eine installierte Leistung zwischen 1 und 10 MW usw.[776] Das Garantieschreiben verfällt, wenn der Anlagenbe-

---

771 Art. 8 Abs. 4, UAbs. 1 S. 3 G. 3468/2006, der durch Art. 39 Abs. 6 G. 4062/2012 geändert wurde. Für den dritten Fall (Befreiung der Einspeisewilligen von der Einholung der Produktionsgenehmigung und der EPO oder der PPD) verhält sich das Gesetz hierzu nicht. In diesem Fall erhält der Einspeisewillige somit kein endgültiges und verbindliches Anschlussangebot.

772 Art. 3 G. 3851/2010, Gesetzesbegründung, S. 8.

773 Zu den Instrumenten der Verhaltensteuerung siehe *Klöpfer*, Umweltrecht, 2004, S. 222 ff.

774 Die Pflicht zur Einreichung des Garantieschreibens gilt für die PV auf Dächer nicht, es sei denn das Gebäude ist zum Zweck der Nutzung einer PV-Anlage gebaut, Paragraphos I, Ypoparagraphos I.1 Abs. 3 G. 4152/2013.

775 Art. 2 Abs. 1 Min. Beschl. 24839/25.11.2010 „Εγγυοδοσία για την υπογραφή Συμβάσεων Σύνδεσης στα δίκτυα διανομής σταθμών ηλεκτροπαραγωγής με χρήση Α.Π.Ε. […]" (FEK B' 1901/03.12.2010).

776 Paragraphos I, Ypoparagraphos I.1 Abs. 3 S. 5 G. 4152/2013, so wie es durch Art. 34 Abs. 8 G. 4342/2015 geändert wurde. G. 4342/2015, „Συνταξιοδοτικές ρυθμίσεις, ενσωμάτωση στο Ελληνικό Δίκαιο της Οδηγίας 2012/27/ΕΕ του Ευρωπαϊκού Κοινοβουλίου και του Συμβουλίου της 25ης Οκτωβρίου 2012 «Για την ενεργειακή απόδοση, την τροποποίηση των Οδηγιών 2009/125/ΕΚ και 2010/30/ΕΕ και την κατάργηση των Οδηγιών 2004/8/ΕΚ και 2006/32/ΕΚ […] »" [Rentenvorschriften,

treiber den Anschluss nicht innerhalb der Gültigkeit des Anschlussangebots vornimmt[777].

Diese Instrumente sind dem Bestreben des griechischen Gesetzgebers geschuldet, die Fertigstellung und die Anbindung der Anlagen an das Netz durch den Anlagenbetreiber sicherzustellen. Dies begründet sich in der vorschnellen Reservierung von Netzkapazitäten durch Anlagenbetreiber ohne den ernsthaften Willen zur Anlagenerrichtung. Hierzu bestand sogar ein Anreiz durch die Möglichkeit des profitablen Weiterverkaufs des Anschlussangebots.

(2) Fehlende Vorrangigkeit

Im Gegensatz zum deutschen EEG, sieht das griechische Gesetz keinen vorrangigen Anschluss der PV-Anlagen vor. Nach Art. 268 KDS ergreift der Systembetreiber jede nötige Maßnahme gem. dem europäischen Rechtsrahmen, um den Anschluss jeder Anlage unmittelbar an das System sicherzustellen. Nach Art. 55, Art. 56 Abs. 2 KDEDDIE beantragen die Nutzer (hier die Anlagenbetreiber) den Anschluss ihrer Anlage bei dem DEDDIE. Nach der Vollständigkeit der Anträge werden sie in zeitlicher Reihenfolge bearbeitet. Daraus folgt, dass weder auf der Ebene des Systems noch auf der Ebene des Verteilernetzes den EE-Anlagen ein vorrangiger Anschluss gegenüber den konventionellen Anlagen gewährt ist.

Der griechische Rechtsrahmen sieht nämlich nur eine vorrangige Abnahme des Stroms aus EE,[778] aber keinen vorrangigen Anschluss dieser Anlagen an das Netz vor. So ist aber der Vorrang der EE vor konventionellen Energien unvollständig. Da das griechische Recht keinen vorrangigen Anschluss der EE-Anlagen vorsieht, kann der Netzbetreiber dem Anschlussbegehren die Einrede entgegenhalten, dass ihm ein Anschluss von Anlagen, die Strom aus EE- bzw. PV-Anlagen erzeugen, nicht möglich sei, weil andere Anlagen zuerst angeschlossen werden[779]. Der Verzicht auf einen vorrangigen Anschluss führt dazu, dass PV-Anlagen nicht angeschlossen werden können, wenn das Netz ausgelastet ist. In diesem Fall muss der Anlagenbetreiber auf eine Netzverstärkung oder einen Netzausbau warten, um die Netzanbindung zu realisieren[780]. Dieser Umstand

---

Umsetzung in das griechische Recht der RL 2012/27/EU zur Energieeffizienz, zur Änderung der Richtlinien 2009/125/EG und 2010/30/EU und zur Aufhebung der Richtlinien 2004/8/EG und 2006/32/EG […]] v. 09.11.2015 (FEK' A 143/09.11.2015).

777 Paragraphos I, Ypoparagraphos I.1 Abs. 3 S. 6 G. 4152/2013.

778 Dazu s. nächsten Abschn. „Netzzugang, Vorrangigkeit".

779 Vgl. BT-Drs. 16/8148, S. 41.

780 Dies ergibt sich aus dem neuen UAbs. im Art. 8 Abs. 4 G. 3468/2006, der durch den Paragraphos I, Ypoparagraphos I.1 Abs. 2 G. 4152/2013 eingeführt wurde: Die Frist

verspätet in vielen Fällen den Anschluss der Anlagen und damit letzten Endes auch insgesamt den Zuwachs der PV.

(3) Fehlende Unverzüglichkeit

Wie bereits dargestellt, sieht das griechische Recht einen sehr detaillierten und gestuften Prozess von insgesamt fünf Schritten für den Anschluss von PV-Anlagen an das Netz vor, die mit Fristen versehen sind. Dadurch will der griechische Gesetzgeber einen zügigen Abschluss des Anschlussvertrags und eine zügige Anbindung der Anlagen an das Netz sicherstellen. Dies mag erklären, warum das griechische Recht keinen unverzüglichen Anschluss vorsieht, denn im Gegensatz zu Deutschland ist der Ablauf des Abschlusses des Vertrages vorbestimmt. Dies kann aber auch zum Nachteil des Anlagenbetreibers sein, da der Netzbetreiber keinen Anreiz hat, vor dem Ablauf der Frist seiner Pflicht nachzukommen.

(4) Die Bestimmung des Netzverknüpfungspunktes (NVP)

Die Festlegung des Netzverknüpfungspunktes sowie die Art und Weise des Anschlusses kann schon in der Phase des Genehmigungsprozesses stattfinden. Sie erfolgt im Rahmen der Erteilung der Produktionsgenehmigung. Nach Art. 3 Abs. 2 G. 3468/2006 kann die RAE in Kooperation mit dem System- und Netzbetreiber den NVP sowie die Art und Weise des Anschlusses festlegen. Im Unterschied hierzu ist im deutschen Recht eine Regulierungsbehörde bei der Festlegung des NVP nicht vorgesehen. Die Festlegung des NVP liegt dabei im Ermessen der RAE.

Im Gegensatz zum deutschen EEG regelt das griechische Recht nicht, ob der Verknüpfungspunkt derjenige Punkt ist, der in der Luftlinie die kürzeste Entfernung zum Standort der Anlage aufweist oder der technisch und wirtschaftlich günstigere Verknüpfungspunkt ist[781]. Der einzige Hinweis ist im Kodex über den Betrieb des Systems (KDS) enthalten und betrifft nicht den Anschlusspunkt selbst, sondern den Anschluss an das System. Danach sollen die Anschlussarbeiten am System auf die technisch und wirtschaftlich günstigere Art erfolgen sollen[782]. Kriterium dabei soll das N-1 sein, wobei der Verlust eines Elementes des

der Verbindlichkeit des Anschlussangebotes wird bis zum Tag der Vervollständigung des Anschlusses der PV-Anlage am Netz durch den Netzbetreiber verlängert, aber die gesamte Dauer der Verbindlichkeit des Anschlussangebots darf nicht länger als jeweils 18 oder 24 Monate sein. Siehe auch DPA, 2014, S. 7617 und 7540-7542.

781 § 5 Abs. 1 EEG 2012.

782 Art. 232 Abs. 6 KDS.

Systems (z. B. Leitung oder Transformatorenstation) die Systemsicherheit nicht gefährden darf[783]. Eine solche Regelung gibt es für den Anschluss der Anlagen an das Netz nicht, die Regelung des Kodexes sollte aber für den Anschluss an das Netz analog angewendet werden[784].

(5) Kostentragung und Eigentumsverhältnisse

Die Kosten für den Anschluss der Anlage an das Netz oder an das System trägt der Anlagenbetreiber in vollem Umfang selbst. Dies ist explizit nur für den Fall des Anschlusses an das System[785], implizit aber auch für den Fall des Anschlusses an das Netz vorgesehen[786].

Was das Eigentum der Leitung betrifft, gilt Folgendes: Wenn die PV-Anlage direkt an das System angeschlossen wird, ist danach zu unterscheiden, ob die Transformatorenstation vorhanden ist oder neu gebaut wird. Im ersten Fall kann der Anlagenbetreiber entscheiden, dass der Teil zwischen der Anlage und der Transformatorenstation des Systems in seinem Eigentum stehen[787]. Im zweiten Fall kann der Anlagenbetreiber entscheiden, dass der Teil zwischen der Anlage und der Transformatorenstation des Systems bis zu der Grenze des Systems sowie selbst die Transformatorenstation sein Eigentum sind[788]. In diesem Fall wird die Anlage direkt an das System angeschlossen und der Anlagenbetreiber übernimmt die Anschlussarbeiten für den Teil, der ihm gehört und ist somit gleichzeitig zuständig für den Betrieb dieser Teile[789]. Er hat auch die Pflicht,

783 Art. 233 Abs. 1 und Art. 272 Abs. 1 KDS.

784 Was das Netz betrifft, hat die Praxis gezeigt, dass PV-Anlagen mit einer Kapazität ≤ 100 kW am Niederspannungsnetz, mit einer Kapazität von 100 kW bis ≤ 1 MW am Mittelspannungsnetz angeschlossen sind. An das System werden auch die meisten Anlagen angeschlossen, wenn sie eine Gesamtleistung von 8 MW überschreiten und der Anschluss durch eine neue „geschlossene" Leitung und eine neue Transformatorenstation erfolgt, die die Spannung von Mittel- zu Höchstspannung umwandelt, Paragraphos I, Ypoparagraphos I.1 Abs. 2 G. 4152/2013, welcher neue Regelungen im Art. 8 Abs. 4 G. 3468/2006 eingeführt hat. Siehe hierzu die Anträge auf den Anschlussvertrag mit dem Netzbetreiber DEDDIE, DEDDIE Αιτήσεις για Φωτοβολταϊκούς Σταθμούς, abrufbar auf http://www.deddie.gr/el/sundeseis-stathmwn-ananewsimwn-pigwn-energeias-ape/entupa-aitisewn/aitiseis-gia-fwtovoltaikous-stathmous, zuletzt abgerufen am 01.04.2018.

785 Art. 232 Abs. 6 KDS.

786 Paragraphos I, Ypoparagraphos I.1 Abs. 7 G. 4152/2013, welcher neue Regelungen im Art. 8 Abs. 4 G. 3468/2006 eingeführt hat.

787 Art. 11 Abs. 1 S. 1 G. 3468/2006.

788 Art. 11 Abs. 1 S. 2 G. 3468/2006.

789 Art. 11 Abs. 1 S. 2 G. 3468/2006.

die entsprechende Transformation von der Mittel- zur Höchstspannungsebene anlagentechnisch zu gewährleisten[790]. Dieser Anlagenbetreiber ist zum Netzanschluss weiterer Anlagen an der Transformatorenstation im Rahmen der verfügbaren Kapazitäten verpflichtet. Der Engpass am Netz wird durch den Netzbetreiber festgestellt. Der neue Nutzer soll den vorherigen Nutzer für genau den Teil der gemeinsamen Anschlussarbeiten entsprechend entschädigen.

Wenn die PV-Anlage an das Verteilernetz angeschlossen wird, übernimmt der DEDDIE das Eigentum desjenigen Teils, welches Teil des Verteilernetzes ist. Das Eigentum und den Betrieb des restlichen Teils darf der Anlagenbetreiber behalten[791]. Der Kodex erklärt allerdings nicht, welcher Teil Teil des Verteilernetzes ist.

bb) Netzzugang: Abnahme, Übertragung und Verteilung

Nach Art. 9 Abs. 1 lit. a G. 3468/2006 sind der System- und der Netzbetreiber verpflichtet, unbeschadet der Systemsicherheit, beim Abrufen von Anlagen solchen Vorrang zu gewähren, in denen EE eingesetzt werden. Diese Pflicht des System- und des Netzbetreibers ergänzt die Anschlusspflicht und bezweckt die Netzintegration des EE-Stroms[792].

Art. 9 Abs. 1 lit. a G. 3468/2006 ist lex specialis zur allgemeinen Vorschrift des Netzzugangs in Art. 229 Abs. 7 lit. Γ KDS und Art. 53 KDEDDIE und regelt die Pflicht des System- und des Netzbetreibers zum vorrangigen Abrufen des EE-Stroms[793]. Somit setzt der griechische Gesetzgeber Art. 16 Abs. 2 lit. b EE-RL um, wonach die Mitgliedstaaten entweder einen vorrangigen Netzzugang bzw. einen garantierten Netzzugang für EE-Strom gewährleisten müssen.

Das griechische Gesetz stellt sowohl die physikalische als auch die kaufmännische Abnahme sicher. Diese Abgrenzung im griechischen Recht ist kompliziert, da kein Gesetz eine Definition zur Abnahme enthält, und die Gesetze verschiedene Begriffe verwenden. Der Umfang der Abnahme ergibt sich aus Folgendem: Bis die im G. 4425/2016 und G. 4512/2018 vorgesehene griechische Strombörse und die vier neuen Märkte funktionieren[794], ist die Teilnahme aller

---

790 Die anlagentechnische Gewährleistung der Transformation als Pflicht des Anlagenbetreibers gilt auch im deutschen Recht, siehe *Maslaton*, Handbuch des Rechts der Photovoltaik, 2011, S. 257.

791 Art. 60 Abs. 5 KDEDDIE.

792 So auch der Titel des Art. 9 G. 3468/2006 „Integration der EE/SITHYA-Anlagen an das System bzw. an das Netz".

793 So auch Art. 14 Abs. 3 i) lit. aa G. 4425/2016.

794 Der Day-Ahead-Markt, der Intraday-Markt, der Terminmarkt und der Regelenergiemarkt.

Marktakteure am Großhandelsmarkt IEP der einzige Weg, auf dem griechischen Elektrizitätsmarkt tätig zu sein. Das ist das Modell des sog. „mandatory pool“[795]. Nach Art. 1 Abs. 2 KSIE schließen die Teilnehmer durch ihre Anmeldung an dem Teilnehmerregister zwei Verträge ab: Den sog. „Vertrag für Transaktionen am IEP“ und den sog. „Vertrag für Transaktionen am Übertragungssystem“[796].

Den „Vertrag für Transaktionen am IEP“ schließen die Anlagenbetreiber mit dem Marktbetreiber LAGIE ab, nachdem LAGIE ihren Antrag auf Registrierung am Teilnehmerregister annimmt. Dieser Vertrag wird durch KSIE geregelt. Gem. Art. 1 Abs. 3 KSIE haben die Teilnehmer durch diesen Vertrag das Recht, am IEP teilzunehmen und dementsprechend haben sie alle dazugehörigen Rechte und Pflichten.

Alle Stromerzeuger nehmen am Großhandelsmarkt IEP teil, indem sie ihre Einspeisungsangebote vorliegen[797]. Im Fall der EE ist es LAGIE, welcher den Strom von den Anlagenbetreibern jede Stunde abnimmt und ihn am IEP „ohne Preis“ anbietet (Art. 13 B i.V.m. 29 Abs. 4 KSIE). Diese Regelung bezweckt die kaufmännische Abnahme des EE-Stroms, da er immer abgerufen und verkauft wird. Wenn dem Marktbetreiber LAGIE Einspeiseangebote vorliegen und er den EE-Strom verkauft, muss der Strom auch physikalisch eingespeist und folglich abgenommen werden können. Nach dem Wortlaut des Art. 9 Abs. 1 lit. a G. 3468/2006 sind die System- und Verteilernetzbetreiber verpflichtet, den Strom aus angeschlossenen Anlagen vorrangig abzurufen und somit abzunehmen. Mit dieser Regelung kann der Gesetzgeber nur die physikalische Abnahme meinen. Seit 2006 ist allerdings LAGIE als Marktbetreiber entstanden und es ist nun seine Aufgabe[798], diesen Vertrag mit dem Anlagenbetreiber abzuschließen, der je nach Fördermodell „SEST-“[799] oder „SEDP-Vertrag“[800] heißt und die Grundlage für die Pflicht des LAGIE darstellt, den erzeugten und abgenommen Strom zu vergüten. Der „SEST-“ oder „SEDP-Vertrag“ ist allerdings nicht der IEP Vertrag, der die Teilnahme am IEP sicherstellt. Er wird durch die Registrierung

795 So auch *Mentis*, in: FS Karakostas, 2016, S. 782.

796 Den „Vertrag für Transaktionen am Übertragungssystem“ schließen die Anlagenbetreiber mit ADMIE ab. Dieser Vertrag ist Folgevertrag des „Vertrags für Transaktionen am IEP“ und ermöglicht den Anlagenbetreibern an Transaktionen am Übertragungssystem teilzunehmen. Beide Verträge sind unbefristet und enden mit einer Kündigung oder aus bestimmten Gründen. S. Art. 3 Abs. 1 KSIE; Art. 3 Abs. 1 KDS.

797 Art. 23 KSIE.

798 Und nicht die Aufgabe des Systems- oder Verteilernetzbetreibers.

799 Er findet im Modell der Einspeisevergütungen Anwendung.

800 Der Gesetzgeber hat hier die Terminologie nicht geändert.

am Teilnehmerregister mit unbegrenzter Laufzeit abgeschlossen[801]. Der „SEST-" oder „SEDP-Vertrag" ist der Vertrag zur physikalischen Abnahme und Vergütung des Stroms. Seine Form und Einzelbestimmungen werden durch Min. Beschl. festgelegt und seine Laufzeit beträgt 20 Jahre[802].

(1) Kontrahierungszwang

Im Gegensatz zu dem deutschen Recht, in dem der Netzzugang durch ein gesetzliches Schuldverhältnis sichergestellt wird, wird im griechischen Recht der Netzzugang durch einen Kontrahierungszwang[803] sichergestellt. Wie bereits angedeutet, ist mit Netzzugang sowohl die physikalische als auch die kaufmännische Abnahme des PV-Stroms gemeint.

Wie im Fall des Netzanschlusses ist auch im Fall des Netzzugangs der Kontrahierungszwang per Gesetz angeordnet[804]: Der einzige Weg für die Stromerzeuger, auf dem Markt tätig zu werden, ist durch den „Vertrag für Transaktionen auf dem IEP". Nur durch diesen Vertrag ist die kaufmännische Abnahme des EE-Stroms möglich. Die physikalische Abnahme des Stroms wird durch den „SEST-" oder „SEDP-Vertrag" sichergestellt. Die Min. Beschl. 187701/2016[805] und 187706/2016[806] regeln nicht nur den Inhalt und die Form, sondern enthalten auch Musterverträge. Somit ist der Vertragsinhalt maßgeblich gesetzlich vorgegeben. Die Pflicht des Netzbetreibers zur Gewährung des Netzzugangs basiert folglich auf einem Vertrag.

---

801 Art. 1 Abs. 3 KSIE.

802 Art. 9 Abs. 2 G. 4414/2016.

803 So auch *Lytras*, Η απελευθέρωση της αγοράς ηλεκτρικης ενέργειας και η σύμβαση προμήθειας, i.E., S. 71.

804 *Marinos*, EEMPD, 2007, 511, 530; Die Pflicht zum Netzzugang wird im griechischen Recht durch Art. 9 Abs. 1 lit. a G. 3468/2006 als auch in Art. 13 lit. B und Art. 14 Abs. 1 lit. B KSIE geregelt. Noch detaillierter: *Marinos*, Η πρόσβαση σε ενεργειακό δίκτυο, 2003.

805 Min. Beschl. ΑΠΕΗΛ/Α/Φ1/ΟΙΚ. 187701/12.12.2016 „Τύπος και περιεχόμενο Συμβάσεων λειτουργικής Ενίσχυσης Σταθερής Τιμής Σταθμών Α.Π.Ε. και Σ.Η.Θ.Υ.Α. (πλην υβριδικών σταθμών) στο Διασυνδεδεμένο Σύστημα και το Διασυνδεδεμένο Δίκτυο, σύμφωνα με την παρ. 3 του άρθρου 10 του Ν. 4414/2016" (FEK B' 4068/19.12.2016).

806 Min. Beschl. ΑΠΕΗΛ/Α/Φ1/οικ. 187706/12.12.2016 „Τύπος και περιεχόμενο Συμβάσεων λειτουργικής Ενίσχυσης Διαφορικής Προσαύξησης Σταθμών Α.Π.Ε. και Σ.Η.Θ.Υ.Α. (πλην υβριδικών σταθμών) στο Διασυνδεδεμένο Σύστημα και το Διασυνδεδεμένο Δίκτυο, σύμφωνα με την παρ. 3 του άρθρου 9 του Ν.4414/2016" (FEK B' 4072/19.12.2016).

(2) Die Vorrangigkeit

Auch wie der deutsche Rechtsrahmen, sieht der griechische Rechtsrahmen das Prinzip des vorrangigen Netzzugangs vor. Die Formulierung des griechischen Gesetzestextes ist identisch mit der Formulierung des Art. 16 Abs. 2 lit. c EE-RL: Nach Art. 9 Abs. 1 lit. a G. 3468/2006 sind der System- und der Netzbetreiber verpflichtet, unbeschadet der Systemsicherheit, beim Abrufen von Elektrizitätserzeugungsanlagen Erzeugungsanlagen Vorrang zu gewähren, in denen EE eingesetzt werden. Damit ist, wie bereits erläutert, die physikalische Abnahme gemeint. Die Verpflichtung zur vorrangigen Abnahme gilt dabei für alle EE-Technologien, also auch für den Strom aus PV-Anlagen. Somit muss der gesamte Strom aus PV-Anlagen zunächst abgenommen werden. Die kaufmännische Abnahme erfolgt durch den „Vertrag für Transaktionen am IEP". Dadurch ist der LAGIE verpflichtet, den PV-Strom von den Anlagenbetreibern jede Stunde abzunehmen und ihn am IEP „ohne Preis" anzubieten (Art. 29 Abs. 4 KSIE). Diese Regelung bezweckt, dass der Strom immer vorrangig abgerufen und verkauft wird. Die Vorrangigkeit der Abnahme bedeutet, dass sich der Netzbetreiber nicht darauf berufen kann, dass ihm die Abnahme des PV-Stroms nicht möglich sei, weil Strom aus anderen konventionellen Anlagen zuerst abgenommen werden müsste[807].

Allerdings enthält das griechische Gesetz anders als das deutsche Recht keine Regelung, die den Vorrang der EE auch im Fall der Auslastung des Netzes garantiert. Daher ist es fraglich, ob der Netzbetreiber grundsätzlich die Abnahme auch nicht unter Berufung auf eine Auslastung des Netzes durch anderweitig eingespeisten konventionell erzeugten Strom verweigern kann[808].

(3) Fehlende Unverzüglichkeit

Im Gegensatz zu dem deutschen Rechtsrahmen enthält der griechische Rechtsrahmen keine Vorschrift für die unverzügliche Abnahme des EE-Stroms vor. Das heißt, dass der Netzbetreiber keine Pflicht hat, alles ihm Zumutbare zu unternehmen, um den privilegierten Strom aus EE schnellstmöglich abzunehmen, zu übertragen und zu verteilen. Somit ist der Schutz des EE-Anlagenbetreibers nicht garantiert.

807 Vgl. BT-Drs. 16/8148.
808 Vgl. BT-Drs. 16/8148.

b) Instrumente zur Bewältigung der Engpässe

Wie die deutsche Erfahrung zeigt, sind die Kapazitätsengpässe ein wesentliches Hemmnis für die Integration der PV in das Elektrizitätssystem. Ein Grund dafür ist sicherlich der sehr große Zuwachs der PV seit 2010. Während in Griechenland die Stromeinspeisung aus den konventionellen Kraftwerken in den letzten Jahren konstant geblieben ist, waren mehr als 4.000 MW Leistung in Wind- und Solarenergieanlagen installiert[809]. Dieser Betrag ist für den griechischen Elektrizitätsmarkt durchaus hoch, da die gesamte nationale Stromnachfrage bei max. 10.000 MW liegt[810]. Die Auslastung der Netze erzeugte eine neue Realität, welche der griechische Gesetzgeber mit den gleichen Kategorien von Instrumenten adressiert, wie der deutsche: (i) mit dem Ausbau und Verstärkung der Netze, (ii) mit dem Einspeisemanagement und (iii) mit Standortmanagement von Erzeugungs- und Lastzentren.

aa) Anpassung des Netzes der Erzeugung/Last: Der Netzausbau

(1) Netzausbaupflichten

Der Ausbau der Netze dient der Versorgungssicherheit und spielt gleichzeitig eine Schlüsselrolle für die Integration der EE in die Netze. Nach dem griechischen Rechtsrahmen hat der Netzbetreiber eine allgemeine Netzausbaupflicht gem. Art. 108 Abs. 2 lit. a G. 4001/2011. Eine spezielle Netzausbaupflicht ergibt sich nur indirekt und auch nur auf der Ebene des Systems gem. Art. 268 KDS.

Nach dem G. 4001/2011[811], welches das dritte Energiebinnenmarktpaket in das griechische Recht umsetzt, legt der Systemnetzbetreiber ADMIE der RAE den Netzentwicklungsplan DPA vor, welcher wirksame Maßnahmen zur Gewährleistung der Angemessenheit des Netzes und der Versorgungssicherheit

---

809 Im Mai 2016 lag die Summe der installierten Leistung der zwei EE-Träger bei 4.300 MW, LAGIE, Μηνιαίο Δελτίο ΑΠΕ & ΣΥΘΗΑ, Mai 2016, S. 2.

810 Im Jahr 2015 lag sie durchschnittlich bei 9.600 MW. LAGIE, Μηνιαίο Δελτίο Συστήματος Συναλλαγών ΗΕΠ, Dez. 2015, S. 12.

811 G. 4001/2011„ Για τη λειτουργία Ενεργειακών Αγορών Ηλεκτρισμού και Φυσικού Αερίου, για Έρευνα, Παραγωγή και δίκτυα μεταφοράς Υδρογονανθράκων και άλλες ρυθμίσεις“ [Gesetz zu den Themen: Funktion des Gas- und Elektrizitätsmarkts, Forschung, Exploration, Übertragungsnetzte für Erdöl und weitere Vorschriften] v. 18.08.2011, (FEK A' 179/22.08.2011).

enthält. Das griechische Gesetz hat Art. 22 RL 2009/72/EG[812] in dem Sinne erweitert, dass der DPA nicht nur Übertragungsinfrastrukturen enthält, die in den nächsten zehn Jahren errichtet oder ausgebaut werden müssen, sondern auch die notwendigen Infrastrukturen für die Integration der EE[813].

Kommt der ADMIE dieser Ausbaupflicht nicht nach, sieht das Gesetz bestimmte Rechtsfolgen vor. In diesem Fall fordert die RAE den ADMIE zur Durchführung der betreffenden Investition auf, oder sie leitet ein Ausschreibungsverfahren zur Durchführung der betreffenden Investition ein, das allen Einspeisewilligen offen steht[814].

Aus Art. 268 KDS ergibt sich indirekt auch eine spezielle Netzausbaupflicht des Systembetreibers ADMIE, der jede nötige Maßnahme gem. dem europäischen Rechtsrahmen ergreifen muss, um den Anschluss unmittelbar an das System sicherzustellen[815]. Zu diesem Zweck soll er dem Nutzer ein Anschlussangebot zum Abschluss eines Netzanschlussvertrages unter Berücksichtigung der wirtschaftlich und technisch günstigsten Anschlussart vorlegen. „Jeder Nutzer" umfasst auch den Einspeisewilligen, und „jede nötige Maßnahme" schließt Netzausbaumaßnahmen ein. Nach Art. 271 Abs. 1 S. 2 KDS werden diese durchzuführenden Netzausbaumaßnahmen in den DPA des ADMIE integriert[816]. Eine ähnliche Regelung für eine spezielle Netzausbaupflicht auf der Ebene des Verteilnetzes gibt es allerdings nicht.

Der griechische Rechtsrahmen und insbesondere der KDS unterscheiden zwischen dem Ausbau des Systems zum Anschluss der Anlagen und der Verstärkung des Systems. Der Ausbau betrifft die Arbeiten für einen Teil vom System bis zur Grenze dessen (meistens bis zur Transformatorenstation). Die Ausbauarbeiten für Anlagen, die über ein Anschlussangebot oder einen Netzanschluss verfügen, sind im DPA enthalten[817]. Die Zuweisung dieser Arbeiten auf

812 Richtlinie 2009/72/EG des Europäischen Parlaments und des Rates, v. 13.07.2009, über gemeinsame Vorschriften für den Elektrizitätsbinnenmarkt und zur Aufhebung der Richtlinie 2003/54/EG (Abl. L 211/15).

813 Art. 108 Abs. 2 lit. a G. 4001/2011.

814 Art. 108 Abs. 7 G. 4001/2011 und Art. 22 RL 2009/72/EG.

815 Ähnliche Regelung ist auch folgende: *„Der Netzbetreiber muss auf Antrag des Anlagenbetreibers alle notwendigen Arbeiten zur Realisierung des Netzanschlusses vornehmen, es sei denn netztechnische Gründe bzw. eine Netzauslastung stehen dem entgegen"* Art. 4 Abs. 3 G. 3468/2006, so wie es durch Art. 2 Abs. 12 G. 3851/2010 geändert wurde.

816 Am Wortlaut des Gesetzes ist es allerdings nicht klar, ob die Netzausbaumaßnahmen nur dann stattfinden, wenn die im DPA beinhaltet sind.

817 Art. 273 Abs. 1 KDS.

Systembetreiber oder Anlagenbetreiber wird ebenso wie der Zeitplan und die Haftung vertraglich geregelt[818]. Der Anlagenbetreiber überträgt nach Abschluss der Arbeiten das Eigentum desjenigen Teils, welcher Teil des Systems ist, an den Systembetreiber[819]. Somit verbleibt der Teil von der „Grenze des Systems" bis zur Anlage im Eigentum des Anlagenbetreibers.

Die Kosten der Ausbauarbeiten deckt die Partei, welche den Antrag für den Netzausbau des Systems zum Anschluss der Anlage beantragt[820]. Das ist der Anlagenbetreiber. Nichtdestotrotz deckt der Systembetreiber die Ausbaukosten für den Anschluss des Verteilernetzes an das System in vollem Umfang. Diese Kosten werden ihm durch die Netznutzungsentgelt erstattet[821]. Deshalb ist der Anlagenbetreiber nicht mit den vollen Ausbaukosten belastet.

Eine Beteiligung des Systembetreibers an den Ausbaukosten für den Anschluss der Anlage sieht Art. 238 Abs. 5 KDS nur für den Fall vor, dass durch die Ausbauarbeiten mehrere Nutzer angeschlossen werden, diese Arbeiten Vorhaben großer Bedeutung für das Land darstellen[822] und dies im Netzentwicklungsplan so vorgesehen ist. Ist der Systembetreiber nicht in der Lage, die vorgesehenen Arbeiten durchzuführen oder zu finanzieren, können sie auch durch Dritte durchgeführt oder finanziert werden[823]. Die Kosten werden dann entsprechend den jeweiligen Verträgen mit dem Systembetreiber zwischen den Nutzern aufgeteilt. Wenn ein Teil der Kosten nach der Inbetriebnahme der Arbeiten noch nicht gedeckt ist, werden diese bei der Ermittlung der Netznutzungsentgelte in Ansatz gebracht und damit sozialisiert[824].

Eine weitere Kategorie von Arbeiten bezieht sich auf die Verstärkung des Systems bezüglich des Anschlusses neuer Anlagen. Nach dem KDS beinhalten sie alle weiteren Arbeiten, die notwendig für den Anschluss, aber keine Ausbauarbeiten sind[825]. Hervorzuheben ist, dass unter Verstärkungsarbeiten der Systembetreiber auch den Bau neuer Leitungen oder Vorhaben zur Verbesserung

818 Art. 238 Abs. 2 KDS.

819 Art. 238 Abs. 2 KDS.

820 Art. 273 Abs. 2 KDS, Art. 232 Abs. 6 KDS.

821 Art. 232 Abs. 6 KDS.

822 Gem. Art. 15 des G. 3175/2003 „Αξιοποίηση του γεωθερμικού δυναμικού, τηλεθέρμανση και άλλες διατάξεις" [Effiziente Nutzung von Geothermie und Fernwärme] v. 28.08.2003 (FEK A' 207/29.08.2003). In solchen Fällen sind auch Enteignungsmaßnahmen nötig.

823 Art. 238 Abs. 3 KDS.

824 Art. 238 Abs. 3 lit. a und b KDS.

825 Art. 270 Abs. 2 KDS.

der Funktion des Systems versteht. Aus diesem Grund sind die geplanten Unterwasserleitungen, die Kreta und Kykladen mit dem Festland verbinden werden, auch als Verstärkungsarbeiten eingestuft[826]. Die Verstärkungsarbeiten sind ebenfalls im DPA beinhaltet und stets vom Systembetreiber auszuführen[827]. Die Kosten für die Verstärkungsarbeiten trägt der Systembetreiber und bringt sie bei der Ermittlung der Netznutzungsentgelte in Ansatz[828].

Ähnlich sind die Regelungen für den wegen des Anschlusses von PV-Anlagen vorgenommenen Ausbau des Verteilernetzes auf der Mittelspannungsebene. Diese werden durch den Verteilnetzbetreiber durchgeführt, so dass er auch Eigentümer der neuen Infrastruktur(teile) wird[829]. Die Kosten für den Ausbau belasten den Anlagenbetreiber[830], sofern er nach Art. 60 Abs. 3 KDEDIE nicht den Ausbau des Verteilernetzes zum Anschluss seiner Anlage selbst vornimmt[831]. Dabei muss er die technischen Anleitungen des Verteilernetzbetreibers DEDDIE einhalten[832]. Der DEDDIE übernimmt dann das Eigentum desjenigen Teils, welcher Teil des Verteilnetzes ist. Das Eigentum und den Betrieb des restlichen Teils verbleibt beim Anlagenbetreiber. Teile des Netzes oder Stationen, die für den Anschluss von Anlagen gebaut wurden und dem Verteilnetz noch nicht zugeordnet sind, können zu einem späteren Zeitpunkt dem Verteilernetz durch einen Beschluss des DEDDIE zugewiesen werden. Am ausgebauten Teil des Verteilernetzes können und müssen später weitere Nutzer angeschlossen werden. Neue Anlagenbetreiber werden anteilig an den Kosten der früheren Netznutzer beteiligt, falls diese mit den Netzausbaukosten nach Art. 119 Abs. 2 KDEDDIE belastet waren[833].

(2) Netzausbauplanung

Nach dem Entwurf des DPA 2019-2028 sind bis 2022 Ausbau- und Verstärkungsarbeiten des Systems i.H.v. 1,26 Mrd. € und bis 2028 i.H.v. insgesamt 1,9 Mrd. € geplant[834]. Die wichtigen Unterwasserleitungen zur Verbindung Kretas und Kykladen mit dem Festland sollen bis 2023 fertiggestellt sein[835].

826 S. Tabellen mit den Vorgaben in Entwurf DPA, 2019-2028, Anhang, S. 70 ff.
827 Art. 237 Abs. 3 KDS.
828 Art. 237 Abs. 1 KDS.
829 Art. 60 Abs. 1 KDEDDIE.
830 Art. 119 Abs. 2 KDEDDIE.
831 Art. 119 Abs. 3 KDEDDIE.
832 Art. 60 Abs. 3 KDEDDIE.
833 Art. 60 Abs. 4-6, Abs. 8 KDEDDIE.
834 ADMIE, Entwurf DPA, 2019-2028, Anhang, S. 73.
835 ADMIE, Entwurf DPA, 2019-2028, Anhang, S. 82, 98.

Das Verfahren über die Stromnetzausbauplanung in Griechenland ist in Art. 108 Abs. 2 lit. a G. 4001/2011 und in Art. 227 ff. KDS geregelt. Der Prozess der Planung hat Ähnlichkeiten aber auch Unterschiede zu dem Prozess in Deutschland. Im Wesentlichen geht es auch hier um Bedarfsplanung, Raumordnung und Planfeststellung.

ADMIE legt jedes Jahr der RAE einen Entwurf des zehnjährigen Netzentwicklungsplans (DPA) vor. DPA stützt sich auf die DPA der vorigen Jahre und auf angemessene Annahmen des ADMIE über die Entwicklung der Erzeugung, der Versorgung, des Verbrauchs und des Stromaustauschs mit anderen Ländern unter Berücksichtigung des unionsweit geltenden zehnjährigen NEP[836]. ADMIE berücksichtigt für die Bedarfsplanung auch den jährlichen Bericht der RAE über die Raumordnung des Erzeugungspotentials für die nächsten fünf Jahre[837]. Letzterer ist aber für ADMIE nicht verbindlich.

Der DPA enthält weiterhin alle Vorhaben, welche in den nächsten zehn Jahren durchgeführt werden sollen, einen Zeitplan der Ausbauarbeiten und eine Kosten-Nutzen-Analyse für diese Vorhaben[838]. Er regelt auch die Ausbauvorhaben für den Anschluss neuer Anlagen, für die bereits ein Netzanschlussvertrag besteht oder zumindest ein Angebot zum Vertragsschluss vorliegt[839]. Der Zeitplan des DPA berücksichtigt auch eine angemessene Zeit für alle notwendigen Genehmigungen[840].

Die Ausbauarbeiten für Vorhaben großer Bedeutung für das Land gem. Art. 15. Abs. 2 G. 3175/2003, durch die mehrere Nutzer an System angeschlossen werden, werden entweder durch letztere oder durch ADMIE durchgeführt, wenn dies notwendig ist[841]. Kann ADMIE diese Vorhaben wegen Finanzierungsschwierigkeiten nicht durchführen, so kann RAE dritte Parteien beauftragen, die Investition auf eigene Kosten durchzuführen[842].

Die Öffentlichkeitsbeteiligung wird durch Art. 229 Abs. 3 und 4 KDS gewährt. Der finale Entwurf muss durch einen Beschluss der RAE genehmigt werden. Im Anschluss überwacht und evaluiert RAE die Durchführung des DPA[843].

---

836 Art. 229 Abs. 2 KDS. So sieht auch Art. 22 Abs. 3 RL 2009/72 vor.
837 Art. 230 Abs. 3 KDS.
838 Art. 229 Abs. 1 A, Γ) KDS.
839 Art. 273 Abs. 1 KDS.
840 ADMIE, Entwurf DPA, 2019-2028, S. 9.
841 Art. 238 Abs. 5 S. 1 KDS.
842 Art. 238 Abs. 5 S. 3 KDS.
843 Art. 229 Abs. 9 KDS.

Nach der Genehmigung des DPA durch die RAE findet die SMPE (strategische Studie für die Umweltverträglichkeit) gem. Min. Beschl. 107017/2006[844] statt. ADMIE ist verpflichtet der zuständigen Behörde die SMPE zu DPA vorzulegen[845]. SMPE beinhaltet und bewertet alle möglichen Umweltbeeinträchtigungen des DPA unter Berücksichtigung der Raumordnung und kann gem. Art. 6 Min. Beschl. 107017/2006 alternative Szenarien für den DPA vorschlagen. Von großer Bedeutung ist die Tatsache, dass die SMPE darauf hinweisen kann, dass ADMIE für die im DPA enthaltenen Vorhaben weitere MPE nach der Genehmigung der SMPE durchführen lassen soll[846].

Innerhalb von 20 Tagen soll die zuständige Behörde die SMPE zur öffentlichen Konsultation vorlegen, die dann innerhalb von 45 Tagen stattfindet und die alle zuständigen Behörden sowie Bürger einschließt. Innerhalb von weiteren 20 Tagen wird die Entscheidung über die SMPE getroffen[847]. Die Genehmigung kann auch Änderungen der Vorhaben des DPA beinhalten[848]. Nach der Genehmigung der SMPE führt ADMIE die Ausbaumaßnahmen durch. Hierfür beantragt er zunächst die notwendigen Genehmigungen, was wegen möglicher Rechtsbehelfe betroffener Bürger die aufwändigste Phase des Netzausbauprozesses darstellt.

---

844 Min. Beschl. ΥΠΕΧΩΔΕ/ΕΥΠΕ/οικ. 107017/2006 „Εκτίμηση των περιβαλλοντικών επιπτώσεων ορισμένων σχεδίων και προγραμμάτων, σε συμμόρφωση με τις διατάξεις της οδηγίας 2001/42//ΕΚ «σχετικά με την εκτίμηση των περιβαλλοντικών επιπτώσεων ορισμένων σχεδίων και προγραμμάτων» του Ευρωπαϊκού Κοινοβουλίου και του Συμβουλίου της 27ης Ιουνίου 2001“ (ΦΕΚ Β' 1225/Β/05.09.2006).

845 Gem. Art. 4 Min. Beschl. 107017/2006 ist die zuständige Behörde je nach Art des Plans der Vorhaben die Umweltbehörde des Umweltministeriums oder die der Peripherie.

846 So auch die SMPE zu DPA 2017-2016, 2026 welche auf die Notwendigkeit für weitere MPE hingewiesen hat, so dass die Vorhaben den Anforderungen des G. 4014/2011 und des Min. Beschl. οικ. 170225/20-01-2014 ΥΑ nachkommen, SMPE zu DPA 2017-2026, 2016, S. 316.

847 Art. 7 Abs. 9 Min. Beschl. 107017/2006. Den Beschluss unterschreibt je nach Art des Plans entweder der Minister des Umweltministeriums (ggf. auch der Minister des Entwicklungsministeriums für „Vorhaben großer Bedeutung für die Wirtschaft des Landes“) oder der Generalsekretär der Peripherie.

848 Art. 7 Abs. 10 Min. Beschl. 107017/2006.

bb) Abstimmung von Netz und Erzeugung/Last: Das Engpassmanagement

(1) Das Einspeisemanagement als Teil des Engpassmanagements

Wie das deutsche Recht sieht auch der griechische Rechtsrahmen in den Art. 92 ff. KDS eine Reihe von Maßnahmen zur Bewältigung der Engpasssituationen im Netz vor. Obwohl die griechischen Kodizes keinen Begriff wie Engpassmanagement enthalten, stellen sie Instrumente bereit, die nach ihrer Funktion auf ein Engpassmanagement zielen. Hierzu zählen der Einsatz von Regelenergie, der Einsatz von Nebenleistungen, das Lastmanagement sowie der „Übergangsmechanismus für die Vergütung der Flexibilität“[849]. Teil des Engpassmanagements ist auch die Reduzierung der Stromeinspeisung. Die griechischen Kodizes enthalten keine Definition für diese Abregelung. Sie ist allerdings eine Art von Einspeisemanagement. Reduziert werden kann sowohl die Einspeisung des konventionellen als auch des grünen Stroms.

Nach den griechischen Kodizes gibt es eine Reihe von technischen Bedingungen für einen sicheren und zuverlässigen Betrieb der Anlagen und des Systems bzw. Netzes[850]. Die Erfüllung dieser Bedingungen unterliegt einem Rangverhältnis[851]. Dazu sieht Art. 54 Abs. 2 KDS eine Reihe von Maßnahmen des Engpassmanagements vor. Zunächst darf der Systembetreiber die technischen Bedingungen nach seinem Ermessen erfüllen. Auf der zweiten Stufe steht der Einsatz von Regelenergie und Nebenleistungen, auf der dritten der ungeplante Import von Strom und schließlich der Einsatz bestimmter Reserveanlagen. Die Reduzierung der Stromeinspeisung steht auf der letzten Stufe und ist somit eine ultima ratio. Für das Lastmanagement und den „Übergangsmechanismus für die Vergütung der Flexibilität“ sieht das Gesetz allerdings keine Rangfolge vor.

Wie auch im deutschen Recht stellt das Einspeisemanagement in Griechenland eine Ausnahme von der Regel der vorrangigen Abnahme des EE-Stroms dar. Gemäß Art. 56 KDS kann der Systembetreiber die Einspeisung des Stroms aus EE aus Gründen der Betriebssicherheit reduzieren. Diese Abregelung ist nur im Fall der EE und SITHYA explizit vorgesehen. Die weiteren Bestimmungen

---

849 Der „Übergangsmechanismus für die Vergütung der Flexibilität“ wurde mit dem G. 4389/2016 eingeführt und hatte eine Dauer von einem Jahr (Mai 2016 bis Mai 2017). Danach sollte er durch einen permanenten Mechanismus ersetzt werden. Der permanente Mechanismus muss noch durch die Kommission genehmigt werden. Näher dazu s. unter „Der Übergangsmechanismus für die Vergütung der Flexibilität“.

850 Art. 55 Abs. 3 KSIE.

851 Art. 55 Abs. 5 KSIE.

des KDS, die die Reduzierung des Stroms regeln (Art. 57, 58 KDS), verweisen allerdings nicht ausschließlich auf die EE-Anlagen. Somit lässt sich ableiten, dass auch die Stromeinspeisung der konventionellen Anlagen reduziert werden kann. Mehrere Faktoren werden für die Abregelung berücksichtigt, wie beispielsweise die Netto-Stromeinspeisung, der physische Stromfluss durch die Verbindungsleitungen, die Stromausspeisung und die Abschaltleistung, die zur Verfügung steht[852]. Letztlich soll die Abregelung „effizient" erfolgen. Von weiteren Vorschriften des Kodexes lässt sich weiterhin ableiten, dass der Maßstab für die Systemsicherheit die Formel N-1 ist[853]. Die Kapazität der konventionellen Anlagen kann diesbezüglich bis zum netztechnischen erforderlichen Minimum verringert werden[854].

Der Kodex enthält allerdings keine Regelungen zur Reihenfolge der Abregelung von Anlagen. Allerdings ist gesetzlich bestimmt, dass Strom aus EE-Anlagen vorrangig abgenommen wird, solange die Systemsicherheit nicht gefährdet wird[855]. Daraus ergibt sich folgende Reihenfolge für die Abregelung: Zuerst werden die konventionellen Anlagen bis zum netztechnischen erforderlichen Minimum abgeregelt, solange die Systemsicherheit nicht gefährdet ist. In diesem Fall werden die EE-Anlagen abgeregelt. Was die Reihenfolge der Abregelung der EE betrifft, gibt es auch hier keine Vorschriften im KDS. Bislang fanden Abregelungen nur bezüglich der Windenergieanlagen statt[856]. Weiterhin regelt der Kodex nicht die Dauer und die maximalen/minimalen Grenze der Kapazität, die verringert wird. Ebenso wenig verpflichtet der Kodex den Netzbetreiber zu einer Entschädigung für die Abregelung von PV-Anlagen.

Der Kodex regelt weitere Rechte und Pflichten des Systembetreibers und der Anlagenbetreiber wie die Unterrichtungspflicht des Systembetreibers über die Maßnahme bis zu den letzten zwei Stunden des Vortags[857] sowie die Pflicht der Anlagenbetreiber zur Erfüllung der Maßnahme[858].

Das Gesetz zur Förderung der EE enthält allerdings seit 2010 eine Rechtsgrundlage für eine Entschädigung zugunsten von Windenergieanlagenbetreibern, wonach der Netzbetreiber am Ende jedes Kalenderjahres die betroffenen Anlagenbetreiber der Windenergieanlage wegen Reduzierungsmaßnahmen bis

852 Art. 57 Abs. 2 KDS.
853 Art. 233 KDS.
854 Art. 58 Abs. 3 KDS.
855 Art. 9 Abs. 1 G. 3468/2006.
856 *Souflis*, ADMIE, Interview am 26.05.2016.
857 Art. 55 KDS.
858 Art. 60, 61 KDS.

zu 30% des reduzierten Stroms zusätzlich entschädigen muss. Die Entschädigung kann bis auf 100% des nicht abgenommenen Stroms steigen, so dass die gesamte Entschädigung den Betrag der 2.000 Betriebsstunden der Anlage oder den Betrag der Entschädigung ohne jene Reduzierung des abgenommenen Stroms erreicht[859]. Eine Entschädigung für den reduzierten Strom aus PV-Anlagen ist allerdings nicht vorgesehen[860]. Nach der Entscheidung 85/2007 der RAE sei eine Reduzierung des abgenommenen Stroms aus PV-Anlagen wegen ihrer spezifischen Merkmale – anders als im Fall der Windenergie – nicht nötig. Dies ist zwar einerseits zutreffend, da es in Griechenland eine große Anzahl von PV-Anlagen gibt, die aber eine geringe installierte Leistung aufweisen, so dass ihre Steuerung erschwert ist. Ferner und im Gegensatz zu den Windenergieanlagen erzeugen PV-Anlagen den Strom tagsüber und somit in der Zeit der höchsten Nachfrage. Weiterhin ist die Stromerzeugung stabiler, besser planbar und kalkulierbar als die in den Windparks[861]. Anderseits hat die installierte Leistung in PV-Anlagen einen starken Zuwachs erfahren, so dass auch für sie konkretere Regeln des Einspeisemanagements Anwendung finden sollten. Die Reduzierung des abgenommenen Stroms aus Gründen der Systemsicherheit betrifft auch die Fälle der Eigenerzeugung aus PV-Anlagen oder aus Windenergie, wenn im Netz oder im System Engpässe entstehen[862].

Eine Regelung zur Reduzierung oder Unterbrechung des abgenommenen Stroms gibt es auch im KDEDDIE[863], die allerdings für alle angeschlossenen Anlagen gilt. Auf der Verteilnetzebene ist ebenso wenig eine Entschädigung der Anlagenbetreiber vorgesehen.

---

859 Art. 13 Abs. 8 G. 3851/2010.

860 Ende 2013 war die installierte Kapazität der PV-Anlagen 2.580 MW und der Windenergie 1.810 MW, LAGIE, Μηνιαίο Δελτίο Ειδικού Λογαριασμού ΑΠΕ & ΣΥΘΗΑ, Dez. 2013, S. 4. Nach dem Willen des Gesetzgebers war die Einführung der Abregelung für die Windenenergieanlagen nötig, wegen objektiver und bestimmter Beschränkungen des griechischen Systems, wie z. B. wegen der alten, unflexiblen und mit hohen netztechnischen Minima ausgestatteten konventionellen Kraftwerke, wegen des Mangels an genügenden Netzverbindungen und des Mangels an Speicherungsmöglichkeiten des Stroms, Art. 5 Abs. 4 G. 3851/2010, Gesetzesbegründung, S. 10.

861 RAE, Entsch. v. 25.04.2007, 85/2007, S. 3.

862 Art. 14A G. 3468/2006, so wie es mit dem G. 4203/2013 hinzugefügt wurde.

863 Art. 78 KDEDDIE.

(2) Weitere Maßnahmen des Engpassmanagements

Wie bereits angedeutet, erfährt der griechische Elektrizitätsmarkt zurzeit eine große Umstrukturierung. Neben der Schaffung des Day-Ahead-Markts, des Intraday-Markts, und des Terminmarkts wird zum ersten Mal mit den G. 4425/2016 und 4512/2018 auch ein separater Regelenergiemarkt eingerichtet. Dies wird die Mechanismen der Regelenergie und der Nebenleistungen umstellen. Vor diesem Hintergrund ist Gegenstand der nachfolgenden Untersuchung neben dem Einspeisemanagement das Lastmanagement und der „Übergangsmechanismus für die Vergütung der Flexibilität", allerdings nicht die Regelenergie und die Nebenleistungen.

(a) Das Lastmanagement

Das G. 4203/2013 sieht zum ersten Mal eine Art von Lastmanagement in Form von Abschaltleistungen vor[864]. Die Verbrauchseinrichtung muss innerhalb einer bestimmten Zeit und für eine definierte Dauer ihren Verbrauch bis zur „maximal vereinbarten Leistung" reduzieren[865]. Der Min. Beschl. 184898/2015[866] konkretisiert die Einzelbestimmungen. Ziel dieser Maßnahme ist die Gewährleistung der Energieversorgungssicherheit und die Aufrechterhaltung der Sicherheit und Stabilität des Systems (Art. 4 Min. Beschl. 184898/2015).

Gem. Art. 11 Min. Beschl. 184898/2015 erfolgt die Beschaffung einer Abschaltleistung über vertraglich vereinbarte abschaltbare Lasten durch den Systembetreiber ADMIE in einem diskriminierungsfreien Ausschreibungsverfahren. Die Endverbraucher sind zur Maßnahme der Abschaltleistungen nicht verpflichtet. Anbieter dürfen nur die Verbrauchseinrichtungen nutzen, die am System oder an der Mittelspannung des Verteilnetzes angeschlossen sind[867].

Gem. Art. 5 gibt es zwei Produktarten von abschaltbaren Lasten, welche unterschiedliche Aktivierungszeiten (2 Stunden oder 5 min), Dauer der Bereitstellung

---

864 Art. 143A G. 4001/2011 so wie er durch Art. 17 G. 4203/2013 eingeführt wurde. Das Gesetz enthielt nur einen Artikel zu den Abschaltleistungen, da die Einzelbestimmungen durch Min. Beschl. festgelegt werden sollten.

865 Art. 143A Abs. 1 S. 2 G. 4001/2011 so wie er durch Art. 17 G. 4203/2013 eingeführt wurde. So auch *Kounenou*, Energeia & Dikaio 3/2005, 56.

866 Min. Beschl. ΑΠΕΗΛ/Γ/Φ1/οικ. 184898/11.12.2015 „Υπηρεσία Διακοπτόμενου Φορτίου, τύπος και περιεχόμενο Συμβάσεων Διακοπτόμενου Φορτίου, σύμφωνα με τις διατάξεις του άρθρου 17 του Ν. 4203/2013" (ΦΕΚ Β' 2861/28.12.2015).

867 Die Teilnahme der Verbraucher der Niederspannung am Ausschreibungsverfahren ist nur nach Einvernehmen der Netzbetreiber möglich und erst nach ihrem Anschluss an einem intelligenten Netz. Letzteres ist aber noch nicht der Fall in Griechenland.

der Abschaltleistung (48 oder 2 Stunden) und Maximaldauer pro Jahr (144 oder 24 Stunden) haben. Für die erste Ausschreibung beträgt die Gesamtabschaltleistung pro Produktart bis 500 MW, für die nächsten Ausschreibungen beträgt sie bis zu 1.000 MW. Die Mindestangebotsgröße beträgt 5 MW[868]. Gem. Art. 11 Abs. 5 Min. Beschl. beläuft sich der Maximalangebotspreis auf 50.000 €/MW pro Jahr (Art. 11 Abs. 5 Min. Beschl. 184898/2015). Jedes erfolgreiche Gebot bekommt den Preis, der dem Gebotswert des höchsten zugeschlagenen Gebots entspricht (Grenzpreis der Ausschreibung).

Wichtig ist, dass die erfolgreichen Anbieter, welche mit dem Zuschlag einen Vertrag mit ADMIE über die Abschaltleistungen schließen, nur für die Zurverfügungstellung ihrer Abschaltleistung vergütet. Der Anspruch der unterbrochenen Verbrauchseinrichtung auf die finanzielle Förderung ist nicht vom Auftrag des Systembetreibers auf die Reduzierung der Leistung abhängig. Diese finanzielle Förderung wird ausschließlich aus den Einnahmen des Sonderkontos des Art. 143Γ G. 4001/2011 bezahlt (Art. 7 Abs. 1–3 Min. Beschl. 184898/2015).

Die Maßnahme der Abschaltleistungen dient zwar der Systemsicherheit und -stabilität, hat aber auch Schwächen. Wie der SPEF betont, muss die Maßnahme durch ADMIE angemessen durchgeführt werden und nur wenn sie erforderlich ist. Der SPEF stellte z. B. fest, dass es in den Jahren 2013–2015 wegen der reduzierten Nachfrage einen Überschuss von 1.500 MW pro Stunde gab und deswegen keine Erforderlichkeit der Abschaltleistungen gegeben war[869]. Da die Vergütung der Verbrauchseinrichtungen unabhängig von dem tatsächlichen Auftrag über die Abschaltleistung erfolgt, besteht die Gefahr, dass Verbrauchseinrichtungen zulasten der Erzeugungsanlagen vergütet werden können, ohne dass dies erforderlich ist. Die Kosten für die Vergütung der Abschaltleistung sind fünfzigmal höher als die ADI Zertifikate[870]. Einziger Akteur, der die verhältnismäßige Durchführung der Ausschreibungen gewährleisten kann, ist der

868 Sie kann aber auf 3 MW reduziert werden, wenn der ADMIE feststellt, dass die Teilnahme der Anbieter nicht groß genug für die Gewährleistung des Wettbewerbs ist (Art. 3 Abs. 3 ii) Min. Beschl. 184898/2015).

869 SPEF, Επιστολή προς ΑΔΜΗΕ. Οργάνωση, ποσοστώσεις και διεξαγωγή από τον Διαχειριστή του Συστήματος Δημοπρασιών Υπηρεσιών Διακοπτόμενου Φορτίου (ΥΔΦ) δυνάμει της ΑΠΕΗΛ Γ1/Φ1/οικ. 184898, ΦΕΚ Β' 2861 από 28/12/15, v. 05.01.2016, S. 4.

870 SPEF, Επιστολή προς ΑΔΜΗΕ. Οργάνωση, ποσοστώσεις και διεξαγωγή από τον Διαχειριστή του Συστήματος Δημοπρασιών Υπηρεσιών Διακοπτόμενου Φορτίου (ΥΔΦ) δυνάμει της ΑΠΕΗΛ Γ1/Φ1/οικ. 184898, ΦΕΚ Β' 2861 από 28/12/15, v. 05.01.2016, S. 5.

Systembetreiber ADMIE, da er nicht nur für die Entscheidung über die Durchführung einer Ausschreibung, sondern auch für die Durchführung verantwortlich ist. Bislang haben drei Ausschreibungsrunden stattgefunden[871]. Da in der letzten Runde der Zuschlagspreis von 47.600 €/MW sehr nah zu dem Maximalangebotspreis von 50.000 €/MW lag[872], bedarf das Konzept der Ausschreibungen einer Anpassung.

(b) Der „Übergangsmechanismus für die Vergütung der Flexibilität"

Im Rahmen der Restrukturierung des griechischen Elektrizitätsmarkts wurden mit dem Erlass der G. 4336/2015[873] und 4389/2016[874] eine Reihe von Reformmaßnahmen ergriffen, damit der griechische Markt mit dem target-Modell des europäischen Elektrizitätsmarkts kompatibel wird. Eine der Reformen war der sog. „permanente Kapazitätsmechanismus" zur Sicherstellung der Versorgungssicherheit, dem ein „Übergangsmechanismus für die Vergütung der Flexibilität" der Erzeugungsanlagen bis April 2017 vorgeschaltet war[875]. Flexibilität bedeutet

---

871 Näher zu den ADI Zertifikate s. unten. In der ersten Runde wurde eine Gesamtabschaltleistung in Höhe von 500 MW ausgeschrieben, und der Zuschlagspreis lag bei 30.000 €/MW. In der zweiten Runde wurden 650 MW ausgeschrieben, und der Zuschlagspreis blieb gleich. In der dritten Runde wurden 900 MW ausgeschrieben, und der Zuschlagspreis betrug 47.600 €/MW. In der ersten Runde bekamen 57 % der Bieter einen Zuschlag, in der zweiten 66 % und in der dritten 73 %. Es ist erkennbar, dass der Prozentsatz der erfolgreichen Bieter sehr groß und die Wettbewerbsintensität klein war. Dies spiegelt insbesondere der Zuschlagspreis von 47.600 €/MW, der sehr nah zu dem Maximalangebotspreis von 50.000 €/MW lag, wieder.

872 Die Daten sind aus den Ergebnistabellen zu den jeweiligen Ausschreibungsrunden abgeleitet, ADMIE, Δημοπρασίες, abrufbar auf http://www.admie.gr/leitoyrgia-dedomena/ypiresia-diakoptomenoy-fortioy/dimoprasies/doccat/list/Document/731/, zuletzt abgerufen am 18.07.2016.

873 G. 4336/2015 „Συνταξιοδοτικές διατάξεις – Κύρωση του Σχεδίου Σύμβασης Οικονομικής Ενίσχυσης από τον Ευρωπαϊκό Μηχανισμό Σταθερότητας και ρυθμίσεις για την υλοποίηση της Συμφωνίας Χρηματοδότησης" [Rentenleistungen – Gesetz zur Ratifizierung des Vertragsentwurfs des Europäischen Stabilitätsmechanismus und Regelungen zur Umsetzung des Finanzierungsabkommens] v. 14.08.2015 (FEK A' 94/14.08.2015).

874 G. 4336/2015 so wie es durch 4393/2016 „Κύρωση της Προγραμματικής Συμφωνίας (Programme Arrangement) Αριθ.A1424 [MIOSJ, […] και άλλες διατάξεις" [Ratifizierung der Vereinbarung Nr. A-1424[MIOS, […] und weitere Vorschriften] v. 06.06.2016 (FEK A' 106/06.06.2016) geändert wurde.

875 Art. 143D Abs. 1 G. 4001/2011, so wie es durch Art. 150 G. 4389/2016 „Επείγουσες διατάξεις για την εφαρμογή της συμφωνίας δημοσιονομικών στόχων και διαρθρωτικών μεταρρυθμίσεων και άλλες διατάξεις" [Eilmaßnahmen zur Umsetzung

die Fähigkeit der Anlage, innerhalb von drei Stunden und für drei Stunden lang ihre Leistung zu erhöhen und zu reduzieren[876]. ADMIE zahlte hierfür eine Vergütung in Höhe von 45 € pro kW für die verfügbare Leistung, höchstens jedoch 15 Mio. € pro Anlage. Die Gesamtkosten i.H.v. 225 Mio. € wurden auf die Netzentgelte umgelegt[877]. Im permanenten Mechanismus, der noch durch die Kommission genehmigt werden muss, wird der Preis der ADI durch Ausschreibungen bestimmt werden[878]. Dieser Marktansatz ist zu begrüßen. Nichtdestotrotz gibt es Bedenken bzgl. der Effektivität der Ausschreibungen, da das gesamte Ausschreibungsvolumen mit 4.263 MW für die tatsächliche Nachfrage auf dem griechischen Elektrizitätsmarkt zu hoch sei. Auch der Höchstpreis von 39.000 €/MW übersteigt den zunächst geplanten Höchstpreis von 25.000 €/MW deutlich. Zudem wird der Marktansatz dadurch berührt, dass die von DEI als Unternehmen mit marktbeherrschender Stelle betriebenen Kraftwerke einen Zuschlag für mind. die Hälfte des Ausschreibungsvolumens erhalten werden. Nach Auffassung der Kommission ist eine solche Gestaltung des Mechanismus und des Ausschreibungsdesigns nicht effektiv[879].

cc) Anpassung der Erzeugung/Last an das Netz: Das Standortmanagement

Auch wenn in Griechenland der Netzausbau nicht in dem Ausmaß der deutschen Stromkorridore geplant ist und auch wenn das Einspeisemanagement nur die Abregelung der Windenergieanlagen vergütet, sind insgesamt die Netzausbaumaßnahmen und Maßnahmen des Engpassmanagements kostenintensiv. Vor diesem Hintergrund soll der Frage nachgegangen werden, ob der griechische Gesetzgeber auch Instrumente der dritten Gruppe einsetzt, d.h. Instrumente für die Steuerung der Allokation der EE-Anlagen. Dabei wird unterschieden zwischen Instrumenten, welche die auszubauende Menge, die Erlöse

der Vereinbarung für die Strukturreformen und weitere Vorschriften], (FEK A' 94/27.05.2016) eingeführt wurde.

876 Art. 143D Abs. 3 G. 4001/2011.

877 Art. 143D Abs. 5 G. 4001/2011.

878 *Energypress*, Με το «παλιό» σχέδιο της ΡΑΕ ο προσωρινός μηχανισμός των νέων ΑΔΙ για το 2016 – Στα 225 εκατ. ευρώ το κόστος, abrufbar auf http://energypress.gr/news/me-palio-shedio-tis-rae-o-prosorinos-mihanismos-ton-neon-adi-gia-2016-sta-225-ekat-eyro-kostos, zuletzt abgerufen am 01.09.2016.

879 *Bankingnews*, Επιμένει η DG.Comp για το ύψος των ΑΔΙ να ζητά πρόσθετη τεκμηρίωση από την ελληνική πλευρά, abrufbar auf http://bankingnews.gr/index.php?id=354803, zuletzt abgerufen am 02.04.2018.

der Anlagenbetreiber oder die Zuschlagswahrscheinlichkeit bei den Ausschreibungen beeinflussen.

(1) Einfluss auf die Menge

(a) Die Obergrenze

Das erste Instrument, das Griechenland bislang in Bezug auf die Menge der ausgebauten EE-Anlagen verwendet hat, besteht in der Kennzeichnung der ausgelasteten Netzbereiche als ausgelastet und in der entsprechenden Verteilung der freien Kapazität bis zur maximalen Grenze. Die Kennzeichnung der ausgelasteten Netzbereiche erfolgt durch eine RAE-Entscheidung auf Vorschlag des Netzbetreibers[880]. Diese Entscheidung legt auch i) die Grenze für die sichere Abnahme des Stroms für den ausgelasteten Netzbereich sowie ii) die Grenze unter Berücksichtigung der künftigen und bereits erteilten Anschlussangebote fest[881]. Dabei werden sowohl die Kapazitäten des vorhandenen Netzes, als auch die Ausbauarbeiten berücksichtigt, die im 10jährigen Netzentwicklungsplan (DPA) enthalten sind[882]. Die Verteilung der freien Kapazität bis zur maximalen Grenze wird nach dem Prioritätsprinzip geregelt. Nach der Entscheidung der RAE werden die neuen Anträge hinsichtlich der Produktionsgenehmigung eingestellt. Falls sich nach der Entscheidung die Möglichkeit zur Überschreitung der Grenze ergibt, werden verbindliche Anschlussangebote zu früheren Anträgen erteilt[883].

880 Art. 3 Abs. 5 UAbs. 3 lit. a s. 4 G 3468/2006, so wie es durch Art. 2 Abs. 5 G. 3851/2010 geändert wurde. Oft haben aber die Netzbetreiber eine Trägheit bei der transparenten und rechtzeitigen Bestimmung der (potenziell) ausgelasteten Netzbereiche gezeigt und aus diesem Grund war die Zusammenarbeit zwischen denen und RAE unzureichend. Nach dem griechischen Gesetz muss der Netzbetreiber der RAE jedes Jahr einen Entwurf zu den ausgelasteten Netzen vorlegen. Der Netzbetreiber DEDDIE hatte z. B. seine Angaben über die ausgelasteten Netzbereiche seit 2011 nicht aktualisiert und erst im März 2014 wurde er von der RAE wieder hierzu aufgefordert. Der Systembetreiber ADMIE hatte im DPA 2014–2023 Netzbereiche als ausgelastet betrachtet, legte aber der RAE noch keinen Entwurf mit der Begründung dieser Feststellung vor (RAE, Επιστολή προς ΑΔΜΗΕ. Δυνατότητες απορρόφησης ισχύος από ΑΠΕ σε περιοχές του Συστήματος Μεταφοράς – Χαρακτηρισμός περιοχών ως Κορεσμένων v. 10.03.2014, O-57791, S. 2).

881 Art. 3 Abs. 5 lit. a G. 3468/2006, wie es durch Art. 2 Abs. 12 G. 3851/2010 geändert wurde i.V.m. Art. 8 Abs. 1 Min. Beschl. 14810/2011.

882 RAE, Δημόσια διαβούλευση σχετικά με τα θέματα πρόσβασης στο Σύστημα Μεταφοράς, 2011, S. 4.

883 Art 8 Abs. 4 Min. Beschl. 14810/2011.

Bislang hat die RAE eine Auslastung für die Insel Euböa[884] und die Peloponnes[885] Region festgestellt.

(b) Der Standortwettbewerb

Jüngstes Steuerungsinstrument des griechischen Rechtsrahmens ist der Standortwettbewerb. Auch hier definiert der Netzbetreiber lokale bzw. regionale Erzeugungsbedarfe oder –beschränkungen zur Netzentlastung und schreibt die Kapazitäten im Rahmen einer Auktion aus[886].

Die Stellungnahme der RAE sieht zum ersten Mal seit der Einführung der Ausschreibungen gesonderte Ausschreibungen für unreife PV- und Windprojekte in bestimmten Netzregionen vor, die im Moment ausgelastet sind oder die durch den Netzausbau neu entstehen: Durch die Erweiterung der Netze werden ab 2019 wieder freie Kapazitäten an diesen Netzregionen für den Ausbau zur Verfügung stehen, die durch Ausschreibungen vergeben werden[887]. Dies betrifft die Regionen Euböa, Kykladen und Kreta. Der Min. Beschl. 172859/2018[888] hat erstmals eine solche Ausschreibung für die spezifische Netzregion, die sich durch die Verbindung N. Makri-Polypotamos-Euböa entstehen wird, vorgesehen. Allerdings ist die Ausschreibungsmenge noch nicht bestimmt, sondern nur der Höchstwert (80 €/MWh) und die Größe der Anlagen, die an der Ausschreibung teilnehmen dürfen[889]. Danach dürfen PV-Anlagen mit einer installierten Leistung ≥ 500kW und Windenergieanlagen mit einer installierten Leistung > 3 MW teilnehmen[890]. Einzelheiten werden durch eine Entscheidung der RAE geregelt.

---

884 RAE, Entsch. v. 24.07.2007, 96/2007, S. 5.

885 RAE, Entsch. v. 01.08.20012, 699/2012, S. 4; S. auch RAE, Κορεσμός Δικτύου Πελοποννήσου, O-52943 und RAE, Διαδικασία χειρισμού αιτημάτων σύνδεσης – Εφαρμογή στο κορεσμένο δίκτυο της Πελοποννήσου, O-56896.

886 Frontier Economics/Consentec, Notwendigkeit und Ausgestaltung geeigneter Anreize, 2008, S. 73.

887 RAE, Ρυθμιστικό πλαίσιο και χρονοδιάγραμμα ανταγωνιστικών διαδικασιών υποβολής προσφορών έργων ΑΠΕ για τα έτη 2018-2020, S. 29.

888 Art. 2 (Tabelle) Min. Beschl. ΑΠΕΕΚ/Α/Φ1/οικ.172859/23.03./2018 „Καθορισμ ός εγκατεστημένης ισχύος, ανά τεχνολογία ή και κατηγορία σταθμών παραγωγής ηλεκτρικής ενέργειας από Α.Π.Ε. και Σ.Η.Θ.Υ.Α η οποία δημοπρατείται μέσω ανταγωνιστικής διαδικασίας υποβολής προσφορών για τα έτη 2018, 2019 και 2020 [...] με βάση τις παρ. 3 και 6 του άρθρου 7 του ν. 4414/2016. “ (FEK B' 1267/10.04.2018).

889 Art. 2 (Tabelle) Min. Beschl. 172859/2018.

890 Auch die Bürgerenergiegesellschaften, die Windenergieanlagen mit einer installierten Leistung > 6 MW betreiben, dürfen an dieser Ausschreibung teilnehmen, Art. 2 (Tabelle) Min. Beschl. 172859/2018.

(2) Einfluss auf die Erlöse

Das griechische Recht enthält noch kein Instrument zur Steuerung der Standortwahl von PV-Anlagen durch Beeinflussung auf die Erlöse. Obwohl die griechischen Netzkodizes eine Beteiligung sowohl der Betreiber von Verbrauchsanlagen als auch der Betreiber der Erzeugungsanlagen an den Netzkosten vorsehen[891], ist eine Kostenaufteilung derzeit nur im Verhältnis System- bzw. Netzbetreiber und Verbraucher geregelt[892]. Die Belastung der Verbraucher hängt dabei sowohl von der Leistung, welche ihnen durch eine spezielle Formel zugerechnet wird, als auch vom Stromverbrauch ab. Ein Teil der umgewälzten Kosten wird nämlich als Kosten pro Leistung (€/MW), ein anderer Teil als Kosten pro Energie (€/MWh) berechnet[893].

Schließlich verwendet das griechische Recht – im Gegensatz zum deutschen Recht – kein Instrument, welches Einfluss auf die Zuschlagswahrscheinlichkeit nimmt, um die Ansiedlung der EE-Anlagen zu steuern.

c) Kritische Würdigung und neue Vorschläge

Die Analyse hat gezeigt, dass der griechische Gesetzgeber grundsätzlich die Instrumente des Netzausbaus und des Einspeisemanagements für die Netzintegration der EE einsetzt. Einige Regelungen hemmen jedoch den Netzausbau. Die erste Regelung hängt mit der Natur der Netzausbaupflicht als allgemeine Pflicht gem. Art. 108 Abs. 2 lit. a G. 4001/2011. Eine spezielle Netzausbaupflicht ergibt sich nur indirekt und nur auf der Ebene des Systems gem. Art. 268 KDS für den Ausbau aller Anlagen. Der EE-Zubau wird überdies dadurch erschwert, dass der Anlagenbetreiber nicht nur die Anschluss-, sondern auch die Netzausbaukosten übernehmen muss. Nur im Fall, dass durch die Ausbauarbeiten des Systems mehr Nutzer angeschlossen werden und diese Arbeiten Vorhaben großer Bedeutung für das Land gem. G. 3175/2003 darstellen und die Anlagenbetreiber die Kosten nicht finanzieren können, sind sie von der Kostentragungspflicht befreit (Art. 238 Abs. 5 KDS). In diesem Fall werden die Arbeiten entweder durch den Systembetreiber oder durch einen Dritten durchgeführt.

Darüber hinaus wird die konkrete und zügige Planung des Netzausbaus durch das Garantieschreiben erschwert, mit dem eine Unsicherheit im Hinblick

---

891 Auf der Verteilernetzebene: Art. 127 Abs. 3 KDEDDIE; Art. 40 des Messstellenbetriebskodexes, so wie es durch RAE, Entsch. v. 12.11.2015, 404/2015 (FEK B' 2773/18.12.2015) bestätigt wurde. Auf der Systemebene: Art. 276 Abs. 3 KDS.

892 RAE, Entsch. v. 23.11.2016, 455/2016, 456/2016, Rn. 1.

893 RAE, Entsch. v. 23.11.2016, 455/2016, 456/2016, Rn. 1.

auf die tatsächliche Realisierung der PV-Anlage und die zeitliche und räumliche Integration neuer Anlagen verbunden ist. Das Instrument des Garantieschreibens sollte sicherstellen, dass Einspeisewillige das Projekt fertigstellen[894]. Die Pflicht zur Vorlage des Garantieschreibens entsteht in einer relativ reifen Phase der Projektentwicklung nach Erteilung der PPD oder AEPO und verfolgt den Zweck, Kapazität der Netze zu sichern[895]. Dies ist grundsätzlich der Netzintegration dienlich. Allerdings verliert das Garantieschreiben seine Gültigkeit, wenn die Anlage nicht innerhalb der Geltungsdauer des Anschlussangebotes angeschlossen wird, die zwischen sechs Monaten und drei Jahren reicht[896]. Für diesen Zeitraum ist auch die Kapazität gebucht. Der DPA wird anhand der gebuchten Kapazität erstellt[897]. Trotz des Garantieschreibens besteht das Risiko, dass die Anlage auch wegen des schlechten Investitionsklimas in Griechenland nicht realisiert wird. Solange die Kapazität gebucht ist, wird auf weitere Anträge nur ein modifiziertes Anschlussangebot abgegeben. Die modifizierten Anschlussangebote stellen allerdings ein Hemmnis für die Netzintegration der Anlagen in zeitlicher und räumlicher Hinsicht dar[898]. Darüber hinaus wird mit der Feststellung der Auslastung dem Einspeisewilligen die Möglichkeit genommen, Investitionsinteresse zu signalisieren, denn mit dieser Angabe müssen die Anträge auf Produktionsgenehmigung eingestellt werden[899]. Auch dies hemmt die Netzintegration[900].

Das zweite Instrument zur Beseitigung der Engpässe sind Maßnahmen des Engpassmanagements. Neben der Einrichtung des derzeit umstrukturierten Regelenergiemarkts zählen dazu hauptsächlich die Mechanismen des Lastmanagements sowie die „Vergütung der Flexibilität". Es ist grundsätzlich zu begrüßen, dass beide Mechanismen nun über Ausschreibungen durchgeführt werden, auch wenn das konkrete Ausschreibungsdesign und insb. das hohe

894 Min. Beschl. 24839/2010.

895 RAE, Δημόσια διαβούλευση σχετικά με τα θέματα πρόσβασης στο Σύστημα Μεταφοράς, 2011, S. 4.

896 Art. 8 Abs. 4, UAbs. 1 S. 2 lit. a – c G. 3468/2006, die durch Art. 39 Abs. 6 G. 4062/2012 und durch Paragraphos I, Ypoparagraphos I.1 Abs. 1 G. 4152/2013 geändert wurden.

897 RAE, Δημόσια διαβούλευση σχετικά με τα θέματα πρόσβασης στο Σύστημα Μεταφοράς, 2011, S. 4.

898 ADMIE, DPA, 2017-2026, S. 27314.

899 Art. 8 Abs. 3. Min. Beschl. 14810/2011.

900 RAE, Δημόσια διαβούλευση σχετικά με τα θέματα πρόσβασης στο Σύστημα Μεταφοράς, 2011, S. 5.

Ausschreibungsvolumen sowie der hohe Höchstpreis wettbewerbskonformer ausgestaltet werden könnten.

Für die Netzintegration der PV ist das Einspeisemanagement relevant, das eine Ausnahme von der Regel der vorrangigen Abnahme des Stroms darstellt. Obwohl der Kodex eine explizite Regelung für die Reduzierung des Stroms aus EE-Anlagen enthält (Art. 56 KDS), ist die Reduzierung des Stroms aus konventionellen Anlagen nur implizit von Art. 57, 58 KDS abzuleiten. In der Praxis werden zuerst die konventionellen Anlagen[901] bis zum erforderlichen Minimum und zuletzt die EE-Anlagen abgeregelt. Der griechische Kodex enthält keine Regelungen zur Reihenfolge der Abregelung der Anlagen. Bislang fanden Abregelungen nur bezüglich der Windenergieanlagen statt[902]. Vor dem Hintergrund, dass die Anzahl der PV-Anlagen in den vergangenen zehn Jahren stark gestiegen ist, erscheinen Regelungen zum Einspeisemanagement für PV-Anlagen sinnvoll.

Nach den Angaben von ADMIE sind heute bereits 4,6 GW installierte Leistung in EE-Anlagen an das Übertragungsnetz ESMIE angeschlossen. Gleichzeitig sind für 2,1 GW installierte Leistung verbindliche und für 21 GW installierte Leistung nicht verbindliche Anschlussangebote erteilt[903]. Die gesamte Nachfrage nach Strom in Griechenland beträgt allerdings max. 9,8 GW[904]. Auch wenn gegenwärtig das Investitionsklima schwach ist, besteht langfristig ein Bedürfnis nach einem neuen Rechtsrahmen für ein organisiertes Einspeisemanagement, der idealerweise die Dauer und den Umfang der abzuregelnden Kapazität regeln sowie eine Entschädigung für die Abregelung von EE-Anlagen enthalten soll.

Schließlich plant Griechenland ein Instrument der dritten Gruppe zur effizienten Standortwahl der Anlagen zu implementieren. Die dritte Gruppe enthält Instrumente für die Anpassung der Erzeugung an das Netz. Dieses Instrument ist der Standortwettbewerb. Kapazitäten, die sich aus der Netzerweiterung entstehen, werden ausgeschrieben. Dieses Instrument ist grundsätzlich zu begrüßen, da für den Netzbetreiber die Kalkulation der freien Kapazität einfacher als in den oben genannten Fällen ist. Da die meisten Elemente der konkreten Ausschreibung, die der Min. Beschl. für die spezifische Netzregion N. Makri-Polypotamos-Euböa vorsieht[905], noch nicht bekannt sind, kann die Effektivität der Ausschreibung nicht abschließend beurteilt werden. Gegenwärtig sind weitere

---

901 Zuerst werden die großen Wasserkraftwerke, dann die Gaskraftwerke und als letzte die Braunkohlekraftwerke abgeregelt, *Souflis*, ADMIE, Interview am 26.05.2016.

902 *Souflis*, ADMIE, Interview am 26.05.2016.

903 ADMIE, DPA 2017-2026, S. 27412.

904 ADMIE, Μελέτη επάρκειας ισχύος για την περίοδο 2017–2027, 2017, S. 33.

905 Art. 2 (Tabelle) Min. Beschl. 172859/2018.

Ausschreibungen für PV geplant, so dass bei der Ausgestaltung des Ausschreibungsdesigns für diese spezifische Netzregion sichergestellt werden muss, dass die Teilnahme bei dieser spezifischen Ausschreibung gewährleistet ist.

3. Rechtsvergleichende Bewertung

Die rechtsvergleichende Bewertung der Instrumente zur Netzintegration bezieht sich auf die Regelungen zum Netzanschluss und -zugang sowie auf die Regelungen zur Bewältigung der Netzengpässe.

a) Netzanschluss und Netzzugang

Der deutsche Rechtsrahmen fördert die Entwicklung der PV mit § 8 EEG, der einen vorrangigen und unverzüglichen Netzanschluss vorsieht sowie mit § 11 EEG, der den vorrangigen und unverzüglichen Zugang (Abnahme, Übertragung und Verteilung) regelt. Der Anschluss der Anlagen und die Abnahme des Stroms werden gem. § 7 EEG 2017 durch ein gesetzliches Schuldverhältnis zwischen Anlagenbetreibern und Netzbetreibern sowie zwischen Netzbetreibern untereinander gewährleistet[906]. Die Parteien müssen keinen Vertrag abschließen. Der Anlagenbetreiber hat vielmehr einen unmittelbaren Anspruch gegenüber dem Netzbetreiber auf Anschluss, und Abnahme, Verteilung und Übertragung des Stroms[907], welcher aus dem Gesetz selbst abgeleitet ist[908]. Diese Vorschriften waren eine der zwei Säulen des deutschen Einspeisesystems, die entscheidend die Entwicklung der PV beeinflusst haben.

Im Gegensatz zu dem deutschen Rechtsrahmen sieht der griechische Rechtsrahmen keinen vorrangigen (und unverzüglichen) Anschluss der PV-Anlagen an das Netz vor, so dass der Vorrang der PV gegenüber konventionell erzeugtem Strom unvollständig ausgestaltet ist. Der PV-Einspeisewillige ist somit in Griechenland auf den Netzausbau ausgewiesen, falls der Integration in das Netz eine Auslastung entgegensteht. Darüber hinaus wird der Anschluss der Anlagen im Gegensatz zum deutschen Recht durch einen Kontrahierungszwang geregelt[909], der in einem mehrstufigen und aufwendigen Verfahren für den Netzanschluss besteht. Zwar versucht der griechische Gesetzgeber mit Fristen den

906 Altrock/Oschmann/Theobald/*Lehnert*, EEG, 4. Aufl. 2013, § 4 EEG 2012, Rn. 7; Frenz/Müggenborg et al./*Ehricke*, EEG, 4. Aufl. 2015, § 7 EEG 2014, Rn. 8; *Salje*, EEG, 7. Aufl. 2015, § 7 EEG 2014, Rn. 13 ff.

907 So auch BT-Drs. 16/8148, S. 41.

908 MünchKommBGB/*Busche*, Vor §§ 677 ff. Rn. 4.

909 *Marinos*, EEMPD, 2007, 511, 530.

Vertragsabschluss und damit den Netzanschluss zu beschleunigen, gleichwohl stellt der Kontrahierungszwang mit dem gesetzlichen vorgeschriebenen Vertragsschlussverfahren ein Hemmnis für den Anschluss der Anlage dar. Dies gilt auch für die durch die Komplexität des Prozesses entstehenden Probleme bei der Rechtsanwendung der beteiligten Akteure, insbesondere auch dem Netzbetreiber[910].

Darüber hinaus sieht der griechische Gesetzgeber Steuerungsinstrumente wie das Garantieschreiben oder die befristete Verbindlichkeit der Anschlussangebote vor, damit der zügige Abschluss des Anschlussvertrages sichergestellt wird.

Die Regeln zur Bestimmung des NVP sind im Ergebnis ähnlich in beiden Rechtsordnungen. Der Unterschied ist allerdings, dass die Parteien in Deutschland mehr Flexibilität haben und von der Regel des technisch und wirtschaftlich günstigeren NVP abweichen können. In Griechenland ist eine solche Möglichkeit nicht vorgesehen. Darüber hinaus kann die RAE in Kooperation mit dem Netzbetreiber den NVP sowie die Art und Weise des Anschlusses bestimmen[911]. In Deutschland ist die BNetzA nicht involviert.

Die Kosten des Anschlusses in Deutschland trägt gem. § 16 Abs. 1 EEG der Anlagenbetreiber. Das EEG räumt allerdings den Parteien die Möglichkeit ein, durch Vertrag die Netzanschlusskosten anders aufzuteilen. Das deutsche Recht regelt auch eindeutig die mit der Errichtung des Anschlusses einhergehenden Eigentumsfragen. Eigentümer der PV-Anschlussleitung wird der Anlagenbetreiber (§ 12 Abs. 2 EEG). Nicht eindeutig geregelt ist, welche Einrichtungen Teil der Anschlussleitung und welche Teil des Netzes sind. Für die Erweiterung des Netzes trägt der Netzbetreiber gem. § 17 EEG die Kosten. Dabei wirft die Regelung des § 12 Abs. 2 EEG Fragen auf. Wichtig ist allerdings, dass durch § 12 Abs. 2 EEG der Gesetzgeber den Begriff der Netzerweiterung auf Maßnahmen

---

910 Der Netzbetreriber hat die Frist von vier Monaten zur Erteilung des Anschlussangebots nicht eingehalten. Oft hat er über 10–12 Monate gebraucht, das Anschlussangebot zu erteilen und somit hat er seine gesetzlichen Pflichte verletzt. ADMIE, Εκκρεμή Ατήματα για έκδοση Προσφοράς Σύνδεσης για Σταθμούς ΑΠΕ και ΣΗΘΥΑ, abrufbar auf http://www.admie.gr/ape-sithya/ekkremi-atimata-gia-ekdosi-prosforas-syndesis-gia-stathmoys-ape-kai-sithya/, zuletzt abgerufen am 15.01.2015. Ein weiteres Problem war der Mangel an Transparenz seitens des DESMIE und DEI, der in zwei Entscheidungen der RAE festgestellt wurde, RAE, Entsch. v. 08.12.2011, 1499/2011 (unveröffentlicht) und RAE, Entsch. v. 21.12.2011, 1573/2011, S. 4, abrufbar auf http://www.rae.gr/site/file/categories_new/about_rae/actions/decision/2011_A1573?p=files&i=0, zuletzt abgerufen am 01.09.2016.

911 Art. 3 Abs. 2 G. 3468/2006.

ausweitet, die bei Abgrenzung mithilfe des günstigsten NVPs eigentlich als Netzanschlussmaßnahmen zu betrachten wären.

Auch in Griechenland trägt die Anschlusskosten der Anlagenbetreiber. Wenn die Anlage an das System angeschlossen wird, kann der Anlagenbetreiber Eigentümer des Teils zwischen seiner Anlage und der Transformatorenstation des Systems werden, wenn die Transformatorenstation vorhanden ist[912]. Wenn die Anlage an das Verteilernetz angeschlossen wird, wird der Anlagenbetreiber nur Eigentümer der Teile, die nicht Bestandteil des Verteilernetzes sind[913]. Letzteres ist allerdings durch KDEDDIE nicht eindeutig bestimmt, somit steht die Anschlussleitung letztlich im Eigentum des Netzbetreibers, es sei denn der Anlagenbetreiber entscheidet sich anders.

Obwohl das griechische Gesetz keinen vorrangigen Anschluss der EE-Anlagen vorsieht, ist LAGIE zu einer vorrangigen Abnahme des PV-Stroms verpflichtet. Wie auch der Anschluss, ist die Abnahme des Stroms durch einen Kontrahierungszwang ausgestaltet. Genauso wie das deutsche Recht, sichert das griechische Recht sowohl die physikalische als auch die kaufmännische Abnahme des PV-Stroms. Die physikalische Abnahme ist durch die SEST- und SEDP-Verträge und die kaufmännische durch den IEP-Vertrag gesichert. Darüber hinaus bestimmen die Min. Beschl. 187701/2016 und 187706/2016 vollständig den Inhalt der SEST- und SEDP-Verträge. Der Kontrahierungszwang geht mit dem Nachteil einher, dass bei einer Verweigerung des Netzbetreibers dieser nicht zum Netzanschluss/ Netzzugang, sondern zunächst nur zur Abgabe der für den Vertragsabschluss erforderlichen Willenserklärung nach Art. 949 KPolDik verurteilt wird[914].

Deshalb sind der Anschluss und der Zugang der PV-Anlagen im deutschen Recht besser und vollständiger als im griechischen Recht sichergestellt. Nichtsdestotrotz ist der vorrangige Netzzugang der PV-Anlagen ein Privileg, welches der Marktintegration der Anlagen, die nicht der Direktvermarktung unterliegen, entgegensteht. Letztere ist für die Netzintegration der zunehmenden PV-Mengen notwendig und erfordert eine gewisse Flexibilität und Verantwortung

---

912 Wenn letztere neue gebaut werden muss, kann der Anlagenbetreiber Eigentümer des Teils zwischen der Anlage und der Transformatorenstation des Systems bis zu der Grenze des Systems sowie selbst der Transformatorenstation sein, Art. 11 Abs. 1 G. 3468/2006.

913 Art. 60 Abs. 5 KDEDDIE.

914 § 949 KPolDik, vgl. § 894 ZPO (Verurteilung zur Abgabe einer Willenserklärung). Die Verweigerung stellt also keine Pflichtverletzung i.S.d. Art. 335 AK dar, die zu einer Schadenersatzpflicht des Netzbetreibers gegenüber dem Anlagenbetreiber führt.

seitens der Anlagenbetreiber. Aus diesem Grund hat die vorherige Analyse gezeigt, dass die Abschaffung des vorrangigen Zugangs (bzw. des Einspeisevorrangs) zu befürworten ist. Diese Änderung beträfe nur EE-Anlagen, die nicht der Direktvermarktung unterliegen, und die auch mit negativen Preisen den Strom einspeisen. Eine solche Lösung wäre für Griechenland allerdings erst dann zu empfehlen, wenn der Elektrizitätsmarkt liberalisiert und die vier neuen Märkte (der Day-Ahead-Markt, der Intraday-Markt, der Terminmarkt und der Regelenergiemarkt) gem. G. 4425/2016 und G. 4512/2018 bestehen.

b) Beseitigung der Engpässe

Der massive Zubau von EE-Anlagen hat die Verteil- und Übertragungsnetze in beiden Ländern vor Herausforderungen gestellt. Für die Übertragungsnetze resultiert die Herausforderung aus dem lokalen Auseinanderfallen von Stromerzeugung und Last. In beiden Ländern findet die Stromerzeugung überwiegend im Norden statt; die Verbraucherzentren sind allerdings in Westen und Süden Deutschlands und im Süden Griechenlands lokalisiert[915]. Für die Verteilernetze ist es eine Herausforderung, da der weitaus größte Teil der EE- und insb. PV-Anlagen an die Verteilernetze angeschlossen ist. Die Netzintegration der Anlagen wird durch die Volatilität der EE-Quellen erschwert, da sich die Einspeisung schwer prognostizieren lässt und eine Asymmetrie der Allokation der EE-Anlagen besteht. Bislang konnte der Einspeisewillige den Standort seiner Anlage bestimmen[916]. Die dadurch entstehenden Netzengpässe erschweren die weitere Netzintegration des PV-Stromes, können aber mit drei Instrumente beseitigt werden: die Anpassung des Netzes an der Erzeugung/Last, die Abstimmung zwischen Netz und Erzeugung/Last und die Anpassung von Erzeugung/Last am Netz.

aa) Anpassung des Netzes der Erzeugung/Last: Der Netzausbau

Trotz der früheren Bedenken geht Deutschland den Weg eines massiven Ausbaus der Übertragungsnetze, um nachhaltig die EE in das Netzsystem zu integrieren. Auch in Griechenland nimmt der ÜNB, beispielsweise mit der Verbindung der Kykladen und Kretas mit dem Festland, einen Netzausbau vor.

---

915 DESMIE, Μελέτη Ανάπτυξης Συστήματος Μεταφοράς (ΜΑΣΜ) 2010-2014, S. 14.

916 Einzige Beschränkung waren Vorschriften des Umweltschutzrechts und des Bauplanungsrechts. So ist z. B. die Errichtung einer EE-Anlage in Natura-2000-Gebieten verboten.

Der deutsche Rechtsrahmen sieht sowohl eine allgemeine als auch eine besondere Ausbaupflicht[917] vor. Letztere besteht darin, dass der Netzbetreiber auf Verlangen des Anlagenbetreibers das Netz optimieren oder ausbauen muss und hierfür die Kosten trägt. Im Gegensatz hierzu sieht der griechische Rechtsrahmen neben der allgemeinen Ausbaupflicht in Art. 108 Abs. 2 lit. a G. 4001/2011 nur indirekt eine besondere Netzausbaupflicht vor, die nur für die Ebene des Systems gem. Art. 268 KDS gilt.

Im Gegensatz zu dem deutschen Recht trägt der Anlagenbetreiber die Kosten für den Anschluss und den Netzausbau, so dass er mit allen Kosten der Investition belastet ist. Nur für die Verbindung zwischen Übertragungs- und Verteilernetz trägt die Kosten der Systembetreiber. Eine Beteiligung des Systembetreibers an den Ausbaukosten sieht KDS nur für den Fall vor, dass durch die Ausbauarbeiten mehrere Nutzer angeschlossen werden, diese Arbeiten Vorhaben großer Bedeutung darstellen und die Anlagenbetreiber die Ausbauarbeiten nicht selber finanzieren können (Art. 238 Abs. 5 KDS). Die Beweislast hierfür liegt beim Anlagenbetreiber.

Diese Kostentragungsregelung ist nachvollziehbar, da sie den Netzbetreiber und damit letztlich die Letztverbraucher nicht mit den Kosten jeder einzelnen Anlage belastet. Zugleich erschwert sie Investitionen in Netze und demzufolge auch die Integration der PV. Der Einspeisewillige muss die Netzausbaukosten tragen. Auch wenn gegenwärtig der Netzausbaubedarf Griechenlands kleiner als der Deutschlands ist, könnte eine Änderung des griechischen Rechts die notwendigen Investitionen seitens der Anlagenbetreiber in Netzausbau ermöglichen. Die Kennzeichnung der Vorhaben als solche von großer Bedeutung und der Anschluss mehrerer Nutzer sollten nicht die einzelnen Kriterien sein, die eine Kostentragung seitens des Netzbetreibers erlauben.

Hinsichtlich der Netzausbauplanung hat die Untersuchung gezeigt, dass beide Länder Schwierigkeiten haben, den EE-Zubau mit dem Ausbau der Netze zu synchronisieren. In Griechenland lag dies an der Unsicherheit über die Realisierung der Vorhaben und über die zeitliche und räumliche Integration der Anlagen in das Netz. Der Grund besteht in dem komplexen Antragsverfahren, das auf eine große Anzahl der involvierten Behörden, auf komplexe Regelungen und auf ständige Änderungen unterschiedlicher Vorschriften zurückzuführen ist.

In Deutschland ist die fehlende Synchronisation auf andere Ursachen wie dem rasanten Zubau der EE-Anlagen und dem langen Prozess der Netzausbauplanung zurückzuführen. In Hinsicht auf den konkreten Prozess der

917 S. § 11 Abs. 1 S. 1, 3. Fall EnWG und § 12 Abs. 1 S. 1 EEG entsprechend.

Netzausbauplanung bestehen Unterschiede zwischen beiden Staaten in erster Linie bzgl. der Herausforderungen des Netzausbaus, welche für Deutschland größer sind. Wegen der Energiewende hat Deutschland einen größeren Netzausbaubedarf. Darüber hinaus ist in Deutschland wegen der Energiewende und der größeren Fläche auch die Dimension der Ausbauvorhaben eine größere. Die deutschen Stromkorridore haben eine Länge von 3.600 km Neubautrassen auf der Übertragungsebene[918]. 3.050 km betragen die Netzverstärkungsmaßnahmen[919]. In Griechenland haben die Ausbauvorhaben eine Länge von ca. 770 km und die Verstärkungsvorhaben eine Länge von ca. 300 km auf der Übertragungsebene[920]. Ebenso ist die Natur der Ausbauvorhaben unterschiedlich. Die deutschen Stromkorridore sind Trassen hunderter Kilometer. Auch wenn die ÜNB die Anträge schnittweise erstellen, ist das Endziel der Transport des Stroms von Norden nach Süden. Der Netzausbau Griechenlands beinhaltet mehrere Vorhaben an unterschiedlichen Stellen, die unabhängig voneinander realisiert werden. Dementsprechend sind auch die Kosten unterschiedlich. Während der Netzausbau in Deutschland auf der Übertragungsnetzebene mit Kosten in Höhe von ca. 34 Mrd. € bis 2030[921] und auf der Verteilernetzebene mit Kosten in Höhe von ca. 23 Mrd. € bis 2032 einhergeht[922], beträgt in Griechenland die Summe der geplanten Ausbaumaßnahmen ca. 1,9 Mrd. € bis 2028 für die Übertragungsnetzebene[923] und 1,2 Mrd. € bis 2022 für die Verteilernetzebene[924].

Zusätzliche Herausforderung ist die Dringlichkeit des Netzausbaus in Deutschland, die auf den Atomausstieg bis 2022 und den steigenden Zubau der EE zurückzuführen ist. Letzterer führt zu Überforderung der Netzbedarfsplanung, weil sie angesichts eines erheblichen zeitlichen Vorlaufs zeitnah auf kontinuierlich wechselnde Investitionsplanungen der Erzeuger nicht reagieren

918 Nach dem Szenario A des NEP Strom 2030, Zweiter Entwurf, 2017, S. 99. Die entsprechende Zahl für die Neutrassen liegt zwischen ca. 130.000 km und ca. 280.000 km auf der Verteilernetzebene, Bridge/IAEW/et al., Verteilernetzstudie, 2014, management summary, S. IV.

919 BNetzA, Stromnetze zukunftssicher gestalten, Leitungsvorhaben, abrufbar auf https://www.netzausbau.de/leitungsvorhaben/de.html?cms_map=2, zuletzt abgerufen am 28.03.2018.

920 Entwurf DPA, 2019-2028, S. 71 ff. Die entsprechenden Zahlen für die Verteilernetzebene sind 850 km von neuen Leitungen und 200 km von Verstärkungsmaßnahmen, DEDDIE, Σχέδιο Ανάπτυξης Δικτύου 2018–2022, S. 44.

921 ÜNB, NEP Strom 2030, Zweiter Entwurf, 2017, S. 99 ff.

922 E-Bridge/IAEW/et al., Verteilernetzstudie, 2014, S. 48.

923 ADMIE, Entwurf DPA, 2019-2028, Anhang, S. 73.

924 DEDDIE, Σχέδιο Ανάπτυξης Δικτύου 2018–2022, S. 55.

kann[925]. Nie zuvor wurde ein so bedeutsames Infrastrukturgesetz (NABEG) in einem solchen Tempo und ohne nennenswerte Diskussion konzipiert und verabschiedet[926]. Da der Netzausbau in Deutschland so massiv, zeit- und kostenintensiv ist, muss die Planung gut durchdacht sein, da die Stromtrassen durch das ganze Land führen. Griechenland hat demgegenüber keinen derartigen langfristigen Netzausbauplan.

Ein weiterer Unterschied ist, dass die Ausbauplanung in Deutschland sich auf einem mehrstufigen und aufwändigen Prozess stützt. Darüber hinaus gibt es für diese Verfahrensstadien keine einheitliche gesetzliche Grundlage, sondern EnWG, EnLAG und NABEG stehen nebeneinander[927]. In Griechenland gibt es im Gegensatz dazu nur der KDS, der die Vorschriften des G. 4001/2011 konkretisiert.

Die Unterschiede sind auch strukturell. Da Deutschland ein föderaler Staat ist, findet die Netzausbauplanung auf zwei Ebenen statt. Dies wirkt sich insb. auf die Raumordnung/Bundesfachplanung aus. Zuständig für Vorhaben, die nur in einem Bundesland realisiert werden, sind die Landesbehörden, und für länderübergreifende Vorhaben die BNetzA. Dies erschwert die Koordinierung für die Netzausbauplanung. Darüber hinaus gibt es Bedenken gegen eine zu dominante Rolle der BNetzA[928]. In Griechenland steht RAE als einzige zuständige Behörde. Außerdem führen die Landesbehörden ein Raumordnungsverfahren, und die BNetzA eine Bundesfachplanung ohne Raumordnungsverfahren durch. Das Raumordnungsverfahren ist – im Gegensatz zu der Bundesfachplanung – für den fünften Schritt, der Planfeststellung, nicht verbindlich (§ 15 NABEG). Dies betrifft sowohl die Raumverträglichkeit als auch die Umweltverträglichkeit der Vorhaben. Der ganze Prozess der Ausbauplanung ist in Griechenland kürzer, da es nur einen ÜNB und nur eine Regulierungsbehörde gibt. Die griechische Ausbauplanung findet zentralisierter statt, ohne dass mehrere Phasen vorgesehen werden. Der genehmigte DPA enthält bereits eine Liste der Vorhaben mit dem konkreten Leitungsverlauf. Diese können nur im Rahmen der Genehmigung der SMPE geändert werden[929]. Nach der Genehmigung der SMPE gibt es keine

925 *Hermes*, in: Faßbender/Köck (Hrsg.), Versorgungssicherheit in der Energiewende, 2014, S. 76.

926 *Durner*, in: Quass/Deutsches Anwaltsinstitut e.V. (Hrsg.), Rechtsprobleme der Energiewende, 2015, S. 57.

927 *Ekardt/Valentin*, Das neue Energierecht, 2015, S. 92; *Schmitz/Jornitz*, NVwZ 2012, 332, 333.

928 *Ekardt/Valentin*, Das neue Energierecht, 2015, S. 123, 124.

929 Art. 7 Abs. 9 Min. Beschl. 107017/2006.

Änderungen zu den Trassen und keine weitere Konsultation der Öffentlichkeit mehr. Auch die Öffentlichkeitsbeteiligung ist insgesamt kürzer und weniger intensiv als in Deutschland. Der Min. Beschl. 107017/2006 sieht bestimmte Ausschlussfristen vor, innerhalb denen die Interessenten ihre Stellungnahme vorlegen können. Charakteristisches Beispiel ist, dass bei der Konsultation zum DPA 2018-2027 insgesamt nur fünf Stellungnahmen vorgelegt wurden[930]. In Deutschland wurden bei der Konsultation zum NEP im Jahr 2017 insgesamt 2.133 Stellungnahmen vorgelegt[931].

Als Ergebnis sind die Schwierigkeiten in Deutschland bei der Synchronisierung des Netzausbaus und des EE-Zubaus, auf die Dimension der Ausbauprojekte, auf das mehrstufige und aufwendigere Verfahren der Netzausbauplanung und auf die große Öffentlichkeitsbeteiligung zurückzuführen. In Griechenland war die Synchronisierung wegen der fehlenden Signalisierung vom Netzausbaubedarf schwierig. Dies ist auf die fehlende Koordinierung der beteiligten Behörden und Netzbetreiber aber auch auf die Komplexität des Rechtsrahmens von der Einholung der ersten Genehmigung (Produktionsgenehmigung) bis zur Inbetriebnahme der Anlage zurückzuführen.

bb) Abstimmung von Netz und Erzeugung/Last: Das Engpassmanagement

Beide Rechtsordnungen verwenden hier sehr ähnliche Instrumente zum Engpassmanagement. Hierzu zählen die Regelenergie, das Lastmanagement und Kapazitätsmechanismen. Eine Maßnahme des Engpassmanagements ist auch das sog. Einspeisemanagement, welches für PV-Anlagen von besonderer Bedeutung ist. In beiden Rechtsordnungen erfolgt der Einsatz des Einspeisemanagements als letzte Maßnahme.

Nach dem EEG wird bei der Abregelung das Vorrangprinzip der EE eingehalten. Die Einspeisung der konventionellen Anlagen kann aus Gründen der Netzsicherheit bis zum netztechnisch erforderlichen Minimum verringert werden (§ 13 Abs. 3 S. 4 und 5 EnWG). Erst dann werden die privilegierten EE- und

---

930 RAE, Ergebnisse der Konsultation zum DPA 2018-2027, abrufbar auf http://www.rae.gr/site/categories_new/about_rae/activity/global_consultation/history_new/2017/2606_lix_0805.csp, zuletzt abgerufen am 29.03.2018. Auch bei der Konsultation der SMPE vom 2016 wurden insgesamt nur fünf Stellungnahmen vorgelegt, ADMIE, Bericht über die öffentliche Konsultation zu SMPE http://www.admie.gr/fileadmin/groups/EDAS_DSS/MASM/DPA_2018-2027/Scholia_Diaboyleysis_epi_toy_Prokatarktikoy_Schedioy_DPA_2018-2027.pdf, zuletzt abgerufen am 29.03.2018.

931 ÜNB, Zahlen zum NEP, abrufbar auf https://www.netzentwicklungsplan.de/de, zuletzt abgerufen am 29.03.2018.

KWK-Anlagen abgeregelt (§ 13 Abs. 3 S. 3 EnWG, § 14 Abs. 1 EEG). Die kleinen PV-Anlagen mit einer installierten Leistung < 100 kW werden privilegiert, da sie erst nachrangig gegenüber den übrigen EE-Anlagen abgeregelt werden. Der Anlagenbetreiber erhält eine Entschädigung in Höhe von 95 % seiner entgangenen Einnahmen. Deshalb ist das Einspeisemanagement mit hohen Kosten verbunden und setzt für den Anlagenbetreiber keinen Anreiz zu einer effizienten Standortwahl. Aus diesen Gründen hat die vorherige Analyse gezeigt, dass es sinnvoll wäre, die Entschädigung für Abregelungen mit Augenmaß zu reduzieren[932].

Wie auch im deutschen Recht, kann der Systembetreiber in Griechenland die Einspeisung des Stroms aus EE oder SITHYA aus Gründen der Betriebssicherheit des Systems gem. Art. 56 KDS reduzieren. Die Abregelung wird explizit nur für den Fall der EE/SITHYA-Anlagen vorgesehen. Eine Abregelung der konventionellen Kraftwerke ist nur implizit den Art. 57, 58 KDS zu entnehmen. In der Praxis werden zuerst die konventionellen und diese auch nur bis zum netztechnischen erforderlichen Minimum abgeregelt[933]. Bislang fanden Abregelungen nur bezüglich der Windenergieanlagen statt[934]. Da die PV-Anlagen die letzten zehn Jahre einen starken Zuwachs erfahren haben, bedarf es besonderer Regelungen für ein organisiertes Einspeisemanagement.

In diesem Fall kann der griechische Gesetzgeber Regelungen des deutschen Einspeisemanagements, welches reifer ist, übernehmen. Hierzu zählen Regelungen zur Bestimmung der Reihenfolge der abzuregelnden Erzeugungsanlagen und zur Bestimmung der EE-Technologien, die am Einspeisemanagement tatsächlich teilnehmen müssen. Das griechische Gesetz bestimmt die EE-Technologien nicht und da in der Praxis bislang nur die Windenergieanlagen abgeregelt worden sind, besteht diesbezüglich Unsicherheit. Geregelt werden sollten auch die Verpflichtung der PV-Anlagen zur Teilnahme am Einspeisemanagement und die Bestimmung der bestimmten PV-Kategorien. Abhängig von der konkreten Netzsituation bei der Einführung der Maßnahme könnten die kleineren PV-Anlagen ausgeschlossen werden, da sie die Netze nicht zum gleichen Maß wie die größeren belasten. Schließlich sollten Vorschriften zur Dauer oder zur Beschränkung der maximalen Wirkleistungseinspeisung zu einem bestimmten Prozent der installierten Leistung eingeführt werden.

---

932 *Kopp* et al., Wege in ein wettbewerbliches Strommarktdesign für erneuerbare Energien, 2013, S. 40. So auch *Hazrat*, Die Förderung Erneuerbarer Energien, 2017, S. 692.

933 *Souflis*, ADMIE, Interview am 26.05.2016., Art. 58 Abs. 3 KDS.

934 *Souflis*, ADMIE, Interview am 26.05.2016.

Mit erweiterten und neuen Aufgaben ist in den letzten Jahren in Deutschland der VNB belastet. Wegen des Umfangs der Aufgaben, welche mit hohen Kosten, IT-Infrastruktur und Bedarf an Personal verbunden sind, wäre es zu überlegen, ob die kleineren VNB in Deutschland Gemeinschaftsunternehmen bilden könnten, um ihrer neuen Rolle in der digitalen Energiewende gerecht kommen zu können[935].

Auch Griechenland hat die RL 2009/72/EG und dementsprechend die Vorschriften zur Einführung intelligenter Messsysteme in das griechische Recht durch Art. 59 G. 4001/2011 umgesetzt. Gegenwärtig plant DEDDIE ein „Rollout" von 170.000 intelligenten Messsystemen bis 2020[936]. Nach Art. 5 Abs. 1 des Vorschl. StromVO der Kommission haben alle Marktteilnehmer entweder einzeln oder durch Aggregierung Zugang zum Regelenergiemarkt. Deshalb sollte auch Griechenland den EE-Anlagen erlauben, am Regelenergiemarkt teilzunehmen. Unter der Voraussetzung, dass der griechische Elektrizitätsmarkt zuerst liberalisiert wird und unter der Annahme, dass der EE-Zubau in den kommenden Jahren steigen wird, wird auch in Griechenland die Rolle des Verteilernetzbetreibers ändern. Griechenland könnte dabei die deutschen Erfahrungen nutzen. Vorteilhaft wird dabei sein, dass es in Griechenland nur einen ÜNB und einen VNB gibt, so dass es keine Verluste durch die Koordinierung geben wird.

cc) Anpassung der Erzeugung/Last dem Netz: Standortmanagement

Die dritte Instrumentengruppe umfasst Maßnahmen zur effizienteren Allokation der EE-Anlagen, um die Systemintegrationskosten zu reduzieren. In den vorherigen Jahren gab es in Deutschland ein Steuerungsdefizit, da Anlagenbetreiber keinen Anreiz zur Allokation ihrer Anlage hatten. Deutschland hat die meisten Maßnahmen dieser Kategorie erst mit dem EEG 2017 oder mit der GemAV eingeführt. Diese Instrumente beeinflussen entweder die auszubauende Menge oder die Zuschlagswahrscheinlichkeit bei den Ausschreibungen oder die Erlöse der Anlagenbetreiber.

Der deutsche Gesetzgeber verwendet bislang als Instrument die Terminobergrenze für Windenergie und für die gemeinsamen Ausschreibungen für PV- und Windenergieanlagen. Eine Obergrenze für technologiespezifische PV-Ausschreibungen ist allerdings noch nicht vorgesehen.

---

935 *Säcker*, EnWZ 2016, 294, 302.

936 Art. 1 Min. Beschl. Δ5/ΗΛ/Α/Φ33/2067/05.02.2013 „Αντικατάσταση συστημάτων μέτρησης τελικής κατανάλωσης ηλεκτρικής ενέργειας" (FEK B' 297/13.02.2013).

Griechenland plant demgegenüber als Instrument den Standortwettbewerb, zunächst für die Netzregionen, die erst nach einer Netzerweiterung entstehen, oder für gegenwärtig belastete Netzregionen, die nach der Netzerweiterung über freie Kapazitäten verfügen. Dieses Instrument wird den Herausforderungen gut gerecht, da die freie Kapazität an bereits vorhandenen Netzregionen schwer bestimmt werden konnte. Der Grund ist, dass die belasteten Netzregionen unter Berücksichtigung der sog. verbindlichen Anschlussangebote festgelegt werden. Bis diese Anschlussangebote ihre Gültigkeit erlöschen, hat der Netzbetreiber kein Signal dafür, ob der Anlagenbetreiber, die Anlage anschließt oder nicht. Wenn allerdings eine Leitung neu verlegt wird, ist die Kapazität für den ÜNB gut zu bestimmen.

Das griechische Recht sieht kein Instrument der zweiten Gruppe vor, welches die Zuschlagswahrscheinlichkeit der Bieter beeinflusst, um die Anlagen effizienter zu lokalisieren. Im Gegensatz dazu verwendet Deutschland die sog. Verteilernetzkomponente. Auch sie wurde durch die GemAV[937] für die gemeinsamen Ausschreibungen zwischen PV- und Windenergieanlagen eingeführt. Dieses Instrument adressiert nur die Verteilernetze. Auch hier wird zunächst das Gebiet des Verteilernetzes bestimmt, welches einen Ausbau auslöst. Dieses Instrument reduziert die Zuschlagswahrscheinlichkeit der Gebote für das ausgelastete Netzgebiet, indem diese Gebote einen Aufschlag auf den Gebotswert nach § 2 Abs. 1 Nr. 6 GemAV bekommen. Zusätzlich, wird die Verteilernetzkomponente so gewichtet, dass im gleichen Landkreis nicht zu viele Anlagen von beiden PV- und Windenergie installiert werden[938]. Die Verteilernetzkomponente beeinflusst nur die Gebotsreihe und dementsprechend die Zuschlagswahrscheinlichkeit, aber nicht die Vergütung der Bieter[939].

Die Erlöse der Bieter beeinflussen Instrumente der dritten Kategorie. Hierzu sieht das deutsche Recht das sog. Referenzertragsmodell vor. Auch dieses Instrument findet nur auf Windenergieanlagen Anwendung. Das Referenzertragsmodell führt tatsächlich zur Entlastung der Netze an den windreichen Orten. Nichtdestotrotz führt die höhere Vergütung für Anlagen in Orten mit wenigem Windpotential deutlich zu Ineffizienzen. Im Ergebnis führt dieses Modell nicht unbedingt zur Allokation, wo Netzausbaubedarf vorteilhaft ist[940]. Die windärmeren Standorte sind nämlich nicht unbedingt diejenigen, die vor dem

937 § 10 GemAV.

938 Monopolkommission, Sondergutachten, 2017, S. 103.

939 BT-Drs. 18/12375, S. 3. Näher dazu s. unter Abschn. „gemeinsame Ausschreibungen".

940 So auch Monopolkommission, Sondergutachten, 2017, S. 101.

Hintergrund möglicher Netzbelastungen durch die Anlage besonders günstig sind[941]. Aus diesen Gründen wäre es empfehlenswert, weitere Instrumente zu prüfen.

Die Lösung wäre möglicherweise ein neues Tarifsystem. Im Gegensatz zu der Verteilernetzkomponente beeinflusst das Tarifsystem unmittelbar den Preis. Ein Vorschlag wäre die Einführung der sog. G-Komponente in Verbindung mit einem Bonus-/Malus-System. Allerdings ist die G-Komponente nicht das geeignetste Instrument für die konventionellen Anlagen, da sie nur die Investitions-, aber keine Produktionsanreize setzen würde[942]. Im Gegensatz dazu würde eine EE-Regionalkomponente wirksamer sein. Sie gibt den EE-Erzeugern Standortanreize für Investitionen, da die EE-Anlagen ohnehin dargebotsabhängig einspeisen[943]. Zu empfehlen ist dabei die leistungsbasierte und nicht die arbeitsbasierte EE-Regionalkomponente, da letztere zu Verzerrungen wegen der Beeinträchtigung des Dispatch führen würde. Das ist insbesondere dann relevant, wenn der Einspeisevorrang der EE-Anlagen abgeschafft wird, wie hier vorgeschlagen.

Im Gegensatz zu den Instrumenten der Verteilernetzkomponente und des Standortwettbewerbs führt die EE-Regionalkomponente nicht nur zu einer effizienten Ansiedlung der Anlagen sondern auch zur Senkung der Netzentgelte[944]. Die effiziente Ausschreibungsmenge wird gefunden, indem die Ertragsmöglichkeiten und die damit verbundenen Transportkosten bzw. Dispatchkosten in den unterschiedlichen Regionen oder Bundesländer verglichen werden[945]. Die EE-Anlagenbetreiber würden die EE-Regionalkomponente an die Netzbetreiber zahlen, wenn ihr Standort die Netze belastet, und umgekehrt auch Zahlungen erhalten, wenn ihr Standort die Netze entlastet. Schließlich ist laut einer Studie von *Grimm et al.* bewiesen, dass in diesem Zusammenhang die regional differenzierte Vergütung zu höherem Wohlfahrtsgewinn als die bundesweit einheitliche Vergütung führt[946].

Im Vergleich zu den anderen Instrumenten wäre die EE-Regionalkomponente zu bevorzugen, da sie nicht nur zu einer effizienteren Ansiedlung der EE-Anlagen führt, sondern auch zur Senkung der Netzentgelte. Allerdings verlangt sie die Reform des heutigen Tarifsystems (§ 15 Abs. 1 S. 3 StromNEV).

941 Monopolkommission, Sondergutachten, 2017, S. 101.
942 Näher s. oben: „Die EE-Regionalkomponente".
943 Monopolkommission, Sondergutachten, 2017, S. 111.
944 Vgl. BNetzA, Bericht zur Netzentgeltsystematik Elektrizität, 2015, S. 33.
945 Monopolkommission, Sondergutachten, 2017, S. 112.
946 *Grimm* et al., Regionalkomponenten bei der EE-Vergütung, 2017, S. 42 ff.

Das griechische Gesetz sieht bereits die Möglichkeit der Beteiligung der Erzeuger an den Netzentgelten vor[947]. Allerdings wendet RAE das Modell der L-Komponente an, bei dem nur die Verbraucher (L von „load") mit den Netzentgelten belastet sind[948]. Zu einer effizienteren Steuerung der Anlagen könnte Griechenland die geographisch differenzierte EE-Regionalkomponente auch einsetzen.

c) Zusammenfassung

Insgesamt werden die energiepolitischen Ziele des Zieldreiecks durch die deutschen Instrumente der Netzintegration nicht effektiv erreicht.

Hinsichtlich der Erreichung des Ziels der Umweltverträglichkeit im Sinne der kontinuierlichen Entwicklung der PV ist hervorzuheben, dass die Instrumente des vorrangigen und unverzüglichen Netzanschlusses und Netzzugangs, die durch ein gesetzliches Schuldverhältnis gesichert sind, ohne Zweifel dem Ausbau der PV dienen. Gleiches erreichen auch Regelungen des Einspeisemanagements wie die nachrangige Abregelung der PV-Anlagen gegenüber den konventionellen Kraftwerken und insb. die nachrangige Abregelung der kleinen PV-Anlagen gegenüber den übrigen EE-Anlagen.

Der massive EE-Zubau hat allerdings die Versorgungssicherheit Deutschlands vor erhebliche Herausforderungen gestellt. Um ihren Anforderungen gerecht zu werden, muss das Land in den letzten Jahren eine Reihe von Maßnahmen in alle Richtungen einsetzen. Für die Netzintegration der EE sind nach dem NEP beispiellose Ausbaumaßnahmen i.H.v. ca. 34 Mrd. € bis 2030[949] auf der Übertragungs- und i.H.v. ca. 23 Mrd. € bis 2032 auf der Verteilernetzebene geplant[950]. Wegen des aufwändigen Netzplanungsprozesses verzögert sich der Ausbau und dies macht die Regulierungsinstrumente der weiteren zwei Gruppen dringend erforderlich. Das Beispiel des Einsatzes von Redispatch-Maßnahmen an 263 Tagen im Jahr 2013 und die dadurch verursachten Kosten von 250 Mio. €[951] zeigen, dass der deutsche Rechtsrahmen und der deutsche Markt in diesem Hinblick nicht vorbereitet waren. Deswegen besteht in dieser Hinsicht ein Verbesserungsbedarf. Alle Beteiligten, die Kraftwerke, die EE-Anlagen, die

947 Auf der Verteilernetzebene: Art. 127 Abs. 3 KDEDDIE; Art. 40 des Messstellenbetriebskodexes; Auf der Systemebene: Art. 276 Abs. 3 KDS.

948 RAE, Entsch. v. 23.11.2016, 455/2016, 456/2016, Rn. 1.

949 ÜNB, NEP Strom 2030, Zweiter Entwurf, 2017, S. 99 ff.

950 E-Bridge/IAEW/et al., Verteilernetzstudie, 2014, S. 48.

951 50 Hertz, Geschäftsbericht 2014, S. 51.

Netzbetreiber, die Stromversorger und die Verbraucher sollten flexibler werden. Maßnahmen in diese Richtung sind die intelligenten Netze und die neuen Aufgaben der VNB. Weitere Lösungen wie der Einsatz der Speicher sind aber zu erforschen.

Drittes Ziel ist die Kosteneffizienz bzw. Kostengünstigkeit durch die freie Entfaltung der Marktmechanismen. Aus diesem Grund ist die Abschaffung von Privilegien, die den EE bislang gewährt wurden, notwendig: Die vorliegende Untersuchung zielt auf die Abschaffung des Einspeisevorrangs oder die Reduzierung der Entschädigung des Einspeisemanagements. Weiterhin soll die Ansiedlung der EE effizienter erfolgen. Deutschland hat in diese Richtung die ersten Schritte mit der sog. Verteilernetzkomponente gemacht. Da die Verteilernetzkomponente allerdings keinen Einfluss auf die Vergütung und dementsprechend auf die Senkung der Netzentgelte hat, ist die sog. EE-Regionalkomponente vorzugswürdig. Die effizientere Standortwahl der EE wird zur Senkung der hohen Kosten des Engpassmanagements und der Systemintegration der EE führen. Zu begrüßen ist die Tatsache, dass Maßnahmen des Engpassmanagements wie das Angebot der Regelenergie, das Lastmanagement und die Kapazitätsreserve über wettbewerbliche Ausschreibungen stattfinden. Vorteilhaft für die Marktintegration der EE ist, dass sie nun am Regelenergiemarkt teilnehmen können. Im Ergebnis erfüllt Deutschland das Ziel der Kosteneffizienz und Kostengünstigkeit durch Marktmechanismen nur zum Teil.

Auch der griechische Rechtsrahmen erreicht die Ziele nur teilweise. Der Rechtsrahmen über die Netzintegration fördert das Ziel der Umweltverträglichkeit nur bedingt. Der komplexe und ständig modifizierte Rechtsrahmen für den erforderlichen Anschlussvertrag[952] stellt trotz der gesetzten Fristen ein Hindernis für die Entwicklung der PV dar. Wegen des plötzlichen Investitionsinteresses für PV in den Jahren 2010-2013 wurden die Steuerinstrumente der Einstellung der Anträge auf ein Anschlussangebot und das Garantieschreiben eingesetzt. Die so häufige und so lange Anwendung der Einstellung der Anträge[953]

952 Seit 2009 hat sich allerdings der Rechtsrahmen hinsichtlich des Netzanschlusses- und zugangs mindestens einmal im Jahr geändert. S. Gesetze 4062/2012, 4093/2012, 4123/2013, 4152/2013 und 4203/2013.

953 Insgesamt wurde bis her die Einstellung der Anträge fünfmal angewendet. Dreimal die Einstellung der Anträge auf Anschlussangebot, im Jahr 2008 (Art. 1 Min. Beschl. 7037/2008, im Jahr 2010 (Art. 2 Abs. 2 Min. Beschl. 19598/2010) und im Jahr 2012 (Art. 1 Abs. 1 c) Min. Beschl. 16932/2012 und zweimal die Einstellung des Abschlusses des Netzanschlusses, im Mai 2013 (mit G. 4152/2013, Ypoparagraphos I.4 Abs. 3) und im Dezember 2013 (mit G. 4223/2013, Art. 55 Abs. 1).

verursachte „cool-on" und „cool-off" Zeiten und bremste letztendlich die Investitionslust. Das Garantieschreiben hat hingegen bezweckt, die Anbindung der Anlagen an das Netz durch den Anlagenbetreiber sicherzustellen. Vorteilhaft für die Entwicklung der PV-Anlagen war die vorrangige Abnahme des EE-Stroms. Problematisch ist hingegen, dass der Kodex die Reihenfolge der abzuregelnden Anlagen nicht regelt. Die nachrangige Abregelung der EE-Anlagen ergibt sich nur aus der Praxis. Nichtdestotrotz erfordert der EE-Zubau auf langfristige Basis eine organisierte Funktion des Einspeisemanagements mit klaren Regeln wie Bestimmung der Anlagen, der Technologien, der Dauer oder Leistung der abgeregelten Anlagen. Dies fehlt bisher.

Die Versorgungssicherheit wird ebenfalls nur zum Teil erreicht. Genau wie Deutschland hat Griechenland große Schwierigkeiten den EE-Zubau mit dem Netzausbau zu synchronisieren. Eingesetzte Instrumente für die Kontrolle des EE-Zubaus wie die Einstellung der Anträge auf Produktionsgenehmigung[954] haben in Hinsicht auf die Versorgungssicherheit und die Signalisierung des richtigen Netzausbaubedarfs gegenläufig gewirkt. Es fehlte im Ergebnis eine ganzheitliche und umfangreiche Planung. Auch wenn das Investitionsinteresse gegenwärtig klein ist, bestehen auch in Griechenland Netzengpässe, die die Netzintegration der EE nicht erlauben. Netzausbaumaßnahmen und Engpassmanagement sind daher notwendig.

Das dritte Ziel – dies der Kosteneffizienz bzw. Kostengünstigkeit durch die freien Marktmechanismen – erfordert einen liberalisierten und funktionierenden Elektrizitätsmarkt. Zwanzig Jahre nach dem ersten Gesetz zur Liberalisierung des Elektrizitätsmarkts versucht Griechenland gerade, den Elektrizitätsmarkt mit dem Reformpaket über die Schaffung der Strombörse und den damit verbundenen Märkten endlich zu liberalisieren. Obwohl Ansätze von Marktmechanismen wie die Ausschreibung von abschaltbaren Lasten oder von ADI verwendet werden, können sie in einem nicht vollständig liberalisierten Markt ihre Wirkung nicht entfalten. Zusammen mit der Reform des Marktes sind dann weitere Mechanismen für die Marktintegration der PV erforderlich wie die Abschaffung des Einspeisevorrangs der PV oder ihre Teilnahme am Regelenergiemarkt.

954 Art. 8 Abs. 3. Min. Beschl. 14810/2011; RAE, Δημόσια διαβούλευση σχετικά με τα θέματα πρόσβασης στο Σύστημα Μεταφοράς, 2011, S. 5.

V. Die finanzielle Förderung des Stroms aus Photovoltaikanlagen

In diesem Abschnitt wird jeweils der nationale Rechtsrahmen im Hinblick auf den vierten Parameter der Untersuchung analysiert. Zum schnellen, massiven und kontinuierlichen Ausbau der EE haben die Staaten in den letzten Jahren Fördersysteme eingesetzt. Wie bereits erläutert, bestehen diese aus Instrumenten indirekter Verhaltenssteuerung[955]. Die Anlagenbetreiber erhalten wirtschaftliche Vorteile, die sie unter Marktbedingungen nicht erhalten hätten. Auch die EE-RL sieht eine Reihe von Fördermodellen zur Erreichung der nationalen Ausbauziele vor[956]. Dabei haben die Mitgliedsstaaten einen großen Umsetzungsspielraum. Häufig werden Fördermodelle kombiniert. Dies war der Fall in Deutschland und in Griechenland.

1. Der deutsche Rechtsrahmen

Das deutsche Fördersystem für die PV erfuhr in den letzten Jahren einen schrittweisen Wandel von einer ausschließlichen festen und garantierten Einspeisevergütung über die Direktvermarktung hin zur wettbewerblichen Ausschreibung.

Das EEG 2000 führte die feste und für 20 Jahre garantierte Einspeisevergütung (Feed-in-tariff) als Förderinstrument ein. Dabei handelt es sich um eine energieträgerspezifische Mindest-Einspeisevergütung, welche mit den Jahren für neue PV-Anlagen im Wege der Degression schrittweise deutlich gekürzt wurde. Der Strom aus den Anlagen, die während der Geltung des EEG 2000 in Betrieb genommen worden sind, wurde mit einer Vergütung von 45,7 ct/kWh bis 62,4 ct/kWh gefördert[957], während der Strom aus Anlagen, die nach dem EEG 2017 in Betrieb genommen worden sind, mit nur noch 9,91 bis 12,70 ct/kWh gefördert wird[958].

---

955 Die Akteure verlieren hier im Gegensatz zu den Instrumenten direkter Verhaltenssteuerung ihre Dispositionsbefugnis nicht. Die Instrumente direkter Verhaltenssteuerung schreiben ihren Adressaten zwingend ein bestimmtes Verhalten vor; Darunter zählen insb. Verbote, Gebote und administrative Kontrollinstrumente wie Erlaubnisvorbehalte, *Scholz*, Die Rechtfertigung von diskriminierenden umweltpolitischen Steuerungsinstrumenten, 2012, S. 42, 43; *Klöpfer*, Umweltrecht, 2004, § Rn. 36, 40.

956 Art. 2 S. 2 lit. k EE-RL.

957 Mit bis 62,4 ct/ kWh wurden die kleineren PV-Anlagen auf Gebäuden vergütet (§ 8 Abs. 2 EEG 2000).

958 § 48 Abs. 1 und 2 EEG 2017.

Das EEG 2009 führte zum ersten Mal die Direktvermarktung des Stroms aus EE bzw. PV ein. Mit der EEG Novelle v. 28.07.2011 und der Einführung der Marktprämie wurde die Direktvermarktung[959] weiter verstärkt. Sie stellt seit dem EEG 2014 der Regelfall für PV-Anlagen dar, indem sie seit 2014 für Anlagen mit einer installierten Leistung > 500 kW[960] und seit 2016 für Anlagen mit einer installierten Leistung > 100 kW[961] verpflichtend ist. Die Einspeisevergütung besteht weiter, aber nur in den §§ 37 und 38 EEG 2014 (nun § 21 Abs. 1 Nr. 2 EEG 2017) geregelten Ausnahmefällen.

Das EEG 2014 führte das Modell der Ausschreibungen als Förderinstrument für die PV ein. Das Ausschreibungssystem galt zunächst als Pilotmodell für PV-Anlagen. Mit dem EEG 2017 stellt es das neue Vergütungsmodell für alle wichtigen EE-Technologien dar. Der Strom aus PV, Wind (auf Land und auf See) und Biomasse wird nun ab einer bestimmten Anlagengröße auf der Grundlage der Ausschreibungen vergütet[962].

Es ist anzumerken, dass derzeit alle drei Fördermodelle Anwendung finden und diese insofern koexistieren. Allerdings unterliegt jede Anlagenkategorie nur einem Modell. Die Einspeisevergütung gilt für Bestandsanlagen[963] und seit 2014 nur für die kleineren PV-Anlagen mit einer installierten Leistung ≤ 100 kW[964]. Die Marktprämie findet seit 2014 auf Neuanlagen Anwendung, sofern diese eine installierte Leistung von mehr als 100 kW haben[965]. Dabei wird seit Inkrafttreten des EEG 2017 die Höhe der Marktprämie für PV-Anlagen mit einer installierten Leistung ≥ 750 kW durch Ausschreibungen ermittelt (§ 22 Abs. 3 EEG).

Letztlich wurde durch die sog. Mieterstromnovelle[966] seit Juli 2017 das Förderkonzept des EEG um den Anspruch auf einen Mieterstromzuschlag erweitert[967].

---

959 § 33g EEG 2012.

960 § 37 Abs. 2 Nr. 1 EEG 2014.

961 § 37 Abs. 2 Nr. 2 EEG 2014.

962 Für Windenergieanlagen an Land ab 750 kW (vgl. § 22 Abs. 2) und für Biomasseanlagen ab 150 kW (vgl. § 22 Abs. 4). Für Windenergieanlagen auf See s. § 22 Abs. 5.

963 § 100 Abs. 1 EEG 2017.

964 Die PV-Anlagen mit einer installierten Leistung von mehr als 100 kW können nur ausnahmsweise durch die Einspeisevergütungen gefördert werden (§ 21 Abs. 1 Nr. 2 EEG).

965 § 2 Abs. 2 i.V.m. 37. Abs. 3 EEG 2014. Nun § 2 Abs. 2 i.V.m. §§ 19 Abs. 1 Nr. 1 u. 20 EEG 2017.

966 „Gesetz zur Förderung von Mieterstrom und zur Änderung weiterer Vorschriften des Erneuerbare-Energien-Gesetzes" v. 17.07.2017, (BGBl. I, S. 2532).

967 BerlKommEnR/*Thorbecke/Greb*, Bd. 6, 4. Aufl. 2017, § 19 EEG 2017, Rn. 18. (vgl. § 19 Abs. 1 Nr. 3 i.V.m. § 21 Abs. 3 und § 23b EEG).

Strom aus PV-Anlagen mit einer installierten Leistung von maximal 100 kW auf, an oder in Wohngebäuden wird mit einem Zuschlag, dem Mieterstromzuschlag, gefördert, wenn er direkt an die Hausbewohner des Gebäudes geliefert wird[968]. Da die Auswirkungen dieses Instrument derzeit noch als eher gering einzuschätzen sind, steht dieses Modell nicht im Fokus der vorliegenden Untersuchung, sondern wird am Ende des Kapitels lediglich skizziert.

Mit der dargestellten Entwicklung der Fördermodelle hin zu der wettbewerblichen Ausschreibung wird der Wille der deutschen Regierung und des Gesetzgebers deutlich, die Marktintegration und die Wettbewerbsfähigkeit der PV-Anlagen voranzutreiben, gleichzeitig allerdings auch die Wirtschaftlichkeit der Energiewende sicherzustellen.

Die folgende Analyse folgt in ihrer Darstellung der Chronologie und beginnt dementsprechend mit dem Modell der Einspeisevergütungen, da sich Rolle und Funktion der einzelnen Fördermodelle nur im Lichte ihrer Entwicklung erschließen erlassen.

a) Das Einspeisevergütungsmodell

Das Modell der Einspeisevergütungen ist ein preisbasiertes Modell. Der Staat legt den Preis für die EE fest, während der Markt die Menge bestimmt[969]. Dieser Preis, auch Mindestpreis genannt, ist höher als der Marktpreis. Er deckt nicht nur die Gesamtkosten der Anlagenbetreiber sondern gewährt letzteren auch eine bestimmte Rendite[970]. Die Mindestpreise garantieren für einen vorab festgelegten Zeitraum einen bestimmten Preis[971] aber sind meistens mit degressiven Elementen ausgestattet[972], so dass die Förderung eventuellen Kostensenkungen folgt. Der Mindestpreis kann je nach Energieträger, Anlagenleistung und Standort variieren[973]. Letztlich ist oft eine Deckelung der Fördermenge vorgesehen.

---

968 BMWi, Monitoring der Direktvermarktung, Quartalsbericht 12/2017, S. 36.

969 *Hvelplund*, New Energy 5, 2001, 18, 23.

970 Die Rendite kann sehr stark variieren. Nach dem Fraunhofer ISE lagen die Renditen in 2012 in Deutschland z. B. zwischen 4,5–8,7 %, Fraunhofer ISE, Aktuelle Fakten zur Photovoltaik in Deutschland, 2012, S. 16 f. Nach der starken Kürzung der Tarife lagen die Rendite für PV-Dächer in Griechenland bei 17%, RAE, Stellungnahme v. 01.08.2012, 5/2012, S. 4, abrufbar auf http://www.rae.gr/site/file/categories_new/about_rae/actions/aknowledge/2012_A0005?p=files&i=0, zuletzt abgerufen am 01.09.2016, S. 5.

971 *Hazrat*, Die Förderung Erneuerbarer Energien, 2017, S. 93.

972 *Sawin*, Mainstreaming Renewable Energy in the 21st Century, 2004, S. 34.

973 *van der Linden et al.*, Review of International Experience with Renewable Energy Obligation Support Mechanisms, 2005, S. 11.

Schon das EEG 2000 differenzierte zwischen PV-FFA und Gebäudeanlagen und gewährte den PV-Anlagenbetreibern sehr hohe Vergütungstarife für den eingespeisten Strom. Die Basisförderung lag bei 45,7 ct/kWh, sie erhöhte sich um von 8,3 bis 11,7 ct/kWh für Gebäudeanlagen[974]. Bis 2010 unterlagen die Tarife nur einer geringen Degression. Die Preise der Module wurden dagegen erheblich gesenkt, und es gab einen unerwartet hohen Zubau. Zur Vermeidung einer Überförderung leitete die PV-Novelle aus dem Jahr 2012[975] Kürzungen der Tarife in Höhe von 30 % ein[976]. Weiterhin wurde die Vergütung für PV-FFA bis auf 10 MW begrenzt. Das EEG 2014/2017 hat im Wesentlichen das System der PV-Novelle 2012 beibehalten. Es passte aber die Grundvergütung nach § 51 Abs. 1 EEG 2014 wie auch die Ausnahme nach § 51 Abs. 2 EEG 2014 den aktuellen Entwicklungen an. Die Tarife für die PV-Anlagen sanken in den letzten Jahren so stark, dass sie unterhalb der Stromgestehungskosten für die neuen PV-Anlagen lagen[977].

aa) Förderung im Rahmen eines gesetzlichen Schuldverhältnisses

Wie bereits erläutert, erstreckt sich das gesetzliche Schuldverhältnis zwischen dem Netzbetreiber und dem Anlagenbetreiber gem. § 7 Abs. 1 EEG auf alle Pflichten des Netzbetreibers nach EEG[978]. Gem. § 19 EEG hat der Anlagenbetreiber gegen den Netzbetreiber einen Anspruch auf die gesetzlich festgesetzte und garantierte Einspeisevergütung nach § 21 Abs. 1 und 2 EEG, wenn er die gesetzlichen Voraussetzungen[979] erfüllt[980].

Der Anspruch auf die Einspeisevergütung darf nicht von einem Vertragsschluss abhängig gemacht werden. Für den Fall, dass Netzbetreiber und Anlagenbetreiber aber einen Vertrag schließen, darf dieser keine Abweichung von den im Gesetz festgelegten Tarifen zu Lasten oder zu Gunsten des Anlagenbetreibers enthalten[981]. Schuldner der Einspeisevergütung ist der Netzbetreiber, der gem. §§ 8 und 11 EEG verpflichtet ist, die Anlage an sein Netz anzuschließen

974 § 8 Abs. 1 und 2 EEG 2000.

975 „Gesetz zur Änderung des Rechtsrahmens für Strom aus solarer Strahlungsenergie und zu weiteren Änderungen im Recht der erneuerbaren Energien" v. 17.08.2012 (BGBl. I S. 1754).

976 BerlKommEnR/*Schulz*, Bd. 6, 4. Aufl. 2017, § 48 EEG 2017, Rn. 35.

977 BT-Drs. 18/1304, S. 147.

978 Greb/Boewe/*Böcker*, BeckOK-EEG, 2. Aufl. 2014, § 4 EEG 2012, Rn. 9.

979 Näher s. unten.

980 So auch OLG Naumburg, Urt. v. 29.01.2016 – 7 U 52/15, Rn. 162.

981 So auch BerlKommEnR/*Thorbecke/Greb*, Bd. 6, 4. Aufl. 2017, § 19 EEG 2017, Rn. 59.

und den Strom abzunehmen. Berechtigte sind im Fall der PV die Betreiber folgender Anlagenkategorien.

In die erste Kategorie fallen Anlagen, die ausschließlich in, an oder auf Gebäuden angebracht werden, vorrangig anderen als Stromerzeugungszwecken dienen und eine installierte Leistung ≤ 750 kW haben. Sie erhalten die nach § 48 Abs. 2 EEG höhere Vergütung von 11,09 bis 12,70 ct/kWh, abhängig von der installierten Leistung. Maßgeblich sind dabei die Definition des Gebäudes, die ausschließliche Anbringung und der vorrangig andere Errichtungszweck.

In die zweite Anlagenkategorie fallen Anlagen auf Gebäuden, die nicht Wohngebäude sind (z. B. Scheunen), aber den (Wohn)Gebäuden des § 48 Abs. 2 EEG gleichgestellt sind, wenn die Anlagenbetreiber die Voraussetzungen des § 48 Abs. 3 EEG erfüllen[982]. Andernfalls erhalten sie die Basisvergütung für PV-FFA gem. § 48 Abs. 1 EEG. Zur dritten Anlagenkategorie zählen alle Anlagen auf sonstigen baulichen Anlagen, soweit letztere vorrangig einer anderen Nutzung als der PV-Stromerzeugung dienen[983]. Als sonstige bauliche Anlagen sind nicht die Gebäude-, sondern die Trägeranlagen wie z. B. Schienen oder Betonplatten[984] gemeint[985]. Sie unterliegen nur der Grundförderung von 9,91 ct/kWh nach § 48 Abs. 1 Nr. 1 EEG. Vergütungsvoraussetzung ist der vorrangig andere Errichtungszweck[986].

Die vierte Anlagenkategorie stellt einen Ausnahmefall dar und umfasst Anlagen auf Flächen ohne bauliche Anlagen (PV-FFA), wenn diese Flächen einem Verfahren nach dem BauGB unterworfen wurden und die Vorschriften über

---

982 *Salje*, EEG, 7. Aufl. 2015, § 51 EEG 2014, Rn. 15.

983 *Salje*, EEG, 7. Aufl. 2015, § 51 EEG 2014, Rn. 15.

984 *Fischer/Lorenzen*, RdE 2004, 209, 210; BerlKommEnR/*Schulz*, Bd. 6, 4. Aufl. 2017, § 48 EEG 2017, Rn. 62.

985 *Bode*, et 3/2013, 22 gibt weitere Beispiele von baulichen Anlagen, wie Aufschüttungen und Abgrabungen, Lagerplätze, Sport- und Spielflächen, Campingplätze, Freizeit- und Vergnügungsparks.

986 Zu der Bestimmung des vorrangig anderen Errichtungszwecks gibt es unterschiedliche Ansichten, wie die verobjektivierte Nutzungsmöglichkeit der Anlage (Altrock/Oschmann/Theobald/*Oschman*, EEG, 4. Aufl. 2013, § 32 EEG 2012, Rn. 48) oder eine reine wirtschaftliche Betrachtung (OLG Nürnberg, Urt. v. 08.10.2007, 13 U 1244/07, ZUR 2008, 307). Der BGH folgt im Ergebnis der Auslegung der Clearingstelle, indem er es für maßgeblich erachtet, ob die bauliche Anlage auch ohne die PV-Anlage in vergleichbarer Form errichtet worden wäre oder ob die Errichtung unterblieben oder in einer wesentlich anderen Gestaltung erfolgt wäre, BerlKommEnR/*Schulz*, Bd. 6, 4. Aufl. 2017, § 48 EEG 2017, Rn. 81; BGH, Urt. v. 17.11.2010, VIII ZR 277/09, Rn. 32 f., ZNER 2011, 54 f.; BGH, Urt. v. 09.02.2011,VIII ZR 35/10, GewArch 2012, 47.

Natur- und Landschaftsschutz eingehalten werden[987]. Förderfähig sind nur Anlagen im Bereich eines Bebauungsplanes i.S.v. § 30 BauGB[988] oder auf Flächen, für die ein Verfahren nach § 38 Abs. 1 BauGB durchgeführt worden ist. Hiermit soll sichergestellt werden, dass ökologisch sensible Flächen nicht überbaut werden[989]. Die PV-FFA erhalten nur die Grundförderung nach § 48 Abs. 1 Nr. 2 und 3 EEG.

Der Vergütungsanspruch setzt ferner die Registrierung im Marktstammdatenregister gem. § 6 Abs. 3 i.V.m. § 71 Abs. 1 EEG voraus[990]. Die oben genannten Vergütungen stellen den sog. anzulegenden Wert (AW) dar[991]. Die Vergütung für PV-FFA mit einer installierten Leistung ≤ 100 kW ist der oben genannte festgelegte AW gem. § 21 Abs. 1 Nr. 2 i.V.m. § 53 S. 1 Nr. 2 EEG reduziert um jeweils 0,4 Cent pro kWh. Diese 0,4 ct/kWh stellen Direktvermarktungsmehrkosten dar, welche im Fall der Einspeisevergütung nicht entstehen. Den Betreibern ist die Direktvermarktung nicht verwehrt, da sie gem. § 21b Abs. 1 S. 2 zu den übrigen Veräußerungsformen wechseln können[992].

Die PV-FFA mit einer installierten Leistung > 100 kW unterliegen der Einspeisevergütung nur als Ausnahme (die sog. Ausfallvergütung)[993]. Grundsätzlich fallen sie in die Direktvermarktung. Die Möglichkeit der Ausfallvergütung soll in Notfallsituationen vorübergehend in Anspruch genommen werden können[994] und beträgt daher nur 80 % des anzulegenden Werts der Einspeisevergütung (§ 53 Abs. 1 S. 2 EEG).

Die Förderdauer umfasst 20 Jahre zzgl. des Jahres der Inbetriebnahme der Anlage (§ 25 EEG). Nach § 49 Abs. 1 EEG verringert sich der AW nach § 48

987 *Salje*, EEG, 7. Aufl. 2015, § 51 EEG 2014, Rn. 15.

988 Für den (ersten) Fall der Errichtung im Bereich des Bebauungsplanes i.S.v. § 30 BauGB stellt das EEG weitere Voraussetzungen, die alternativ erfüllt werden müssen.

989 BT-Drs. 15/2864, S. 44.

990 So auch BGH, Urt. v. 05.07.2017, Az.: VIII ZR 147/16. Wegen unterbliebener Meldung des Anlagenbetreibers bei der BNetzA durfte der Netzbetreiber die Einspeisevergütung zurückverlangen.

991 Nach § 3 Nr. 3 EEG ist „anzulegender Wert" der Wert, den die BNetzA im Rahmen einer Ausschreibung nach § 22 i.V.m. den §§ 28 bis 39j EEG ermittelt oder der durch die §§ 40 bis 49 EEG gesetzlich bestimmt ist und der die Grundlage für die Berechnung der Marktprämie, der Einspeisevergütung oder des Mieterstromzuschlags ist".

992 *Tamcke,* Die rechtlichen Regeln zur Förderung der EE und der KWK im Vergleich, 2017, S. 79.

993 § 21 Abs. 1 Nr. 2 EEG.

994 Ein solcher Fall ist z. B. die Insolvenz des Direktvermarktungsunternehmers, BT-Drs. 18/1304, S. 139.

EEG monatlich zum ersten Kalendertag eines Monats um 0,5 % gegenüber dem in dem jeweils vorangegangenen Kalendermonat geltenden AW. Die monatliche Absenkung wird nach Maßgabe der Abs. 2 und 3 aufgrund des Brutto-Zubaus angepasst.

Das EEG beinhaltet letztlich auch eine Reihe von Regelungen für die Verringerung der finanziellen Förderung in bestimmten Fällen wie bei Pflichtverstößen (§§ 23 Abs. 3, und 52 EEG)[995].

bb) Die Anspruchsvoraussetzungen

Die Anspruchsvoraussetzungen sind in §§ 19, 21 EEG geregelt. Nach §§ 19, 21 EEG besteht der Zahlungsanspruch wenn erstens der Anlagenbetreiber für den Strom kein vermiedenes Netzentgelt nach § 18 Abs. 1 S. 1 der StromNEV in Anspruch nimmt, zweitens der Strom in ein Netz eingespeist und dem Netzbetreiber zur Verfügung gestellt wird, und zwar drittens für Anlagen mit einer installierten Leistung ≤ 100 kW oder für Anlagen mit einer installierten Leistung > 100 kW, die die sog. Ausfallvergütung erhalten. Weiterhin müssen die Anlagenbetreiber dem Netzbetreiber den gesamten in dieser Anlage erzeugten Strom zur Verfügung stellen, der nicht in unmittelbarer räumlicher Nähe zur Anlage verbraucht wird und durch ein Netz durchgeleitet wird. Letzte Voraussetzung ist, dass sie mit dieser Anlage nicht am Regelenergiemarkt teilnehmen dürfen (§ 21 Abs. 2 EEG).

In Bezug auf die erste Voraussetzung soll Folgendes berücksichtigt werden: Nach § 18 Abs. 1 S. 1 StromNEV erhalten Betreiber von dezentralen Erzeugungsanlagen, wie z. B. PV-Anlagen, vom Verteilernetzbetreiber, in dessen Netz sie einspeisen, das sog. vermiedene Netzentgelt, da sie direkt in die niedrigeren Netzebenen einspeisen und deswegen die vorgelagerten Netz- oder Umspannebenen nicht zu nutzen. Dieses Entgelt entspricht somit den Netzentgelten, die angefallen wären, wenn der Stromerzeuger die vorgelagerten Netz- oder Umspannebenen benutzt hätte[996]. Dieses Entgelt entspricht somit den Netzentgelten, die angefallen wären, wenn der Stromerzeuger die vorgelagerten Netz- oder Umspannebenen benutzt hätte[997]. Dieses Entgelt erhält er aber nach § 18 Abs. 1 S. 1 StromNEV nicht, wenn die Stromeinspeisung nach § 19 EEG gefördert wird. Die zweite Voraussetzung stellt sicher, dass der Strom in ein Netz eingespeist worden sein muss. Der Anlagenbetreiber muss auch den Strom zur

995 Siehe ausführlicher unter „Marktprämie“.

996 BerlKommEnR/*Hermeier*, Bd. 2, Sonderbd., 3. Aufl. 2015, § 35 EEG 2017, Rn. 10.

997 BerlKommEnR/*Hermeier*, Bd. 2, Sonderbd., 3. Aufl. 2015, § 35 EEG 2017, Rn. 10.

Verfügung stellen, d.h. er muss dem Netzbetreiber die kaufmännische Verfügungsbefugnis nach § 11 Abs. 1 S. 2 EEG übertragen[998].

Die dritte Anspruchsvoraussetzung über die Grenze der 100 kW zeigt einerseits den Willen des Gesetzgebers, die Mehrheit der Anlagen der Direktvermarktung zu unterwerfen und andererseits kleinere Anlagen nicht mit den Direktvermarktungskosten zu belasten, die höher als der Nutzen der Direktvermarktung für das Gesamtsystem sind. Eine Ausnahme stellt die Ausfallvergütung[999] dar. Eine Neuregelung enthält § 21 Abs. 1 Nr. 2 EEG mit einer zeitlichen Begrenzung der Ausfallvergütung auf bis zu drei aufeinanderfolgenden Kalendermonaten und insgesamt bis zu sechs Kalendermonaten pro Kalenderjahr[1000].

Die vierte Voraussetzung betrifft Fälle eines Zahlungsanspruchs für Strom aus mehreren Anlagen und wird in § 24 EEG ausführlich geregelt. Als letzte Voraussetzung dürfen Anlagen, die mit der Einspeisevergütung gefördert werden, am Regelenergiemarkt weder positive noch negative Regelenergie anbieten.

cc) Kritische Würdigung

Durch die Einspeisevergütung sollten die höheren Kosten der Stromerzeugung ausgeglichen werden, so dass die EE im Wettbewerb mit anderen Energieträgern bestehen können[1001]. Ohne Zweifel hat das Modell der festen und garantierten Einspeisevergütungen die Entwicklung der PV-Anlagen stark vorangetrieben. Der massive Ausbau der PV seit dem ersten EEG bis heute ist auf die Wirkung des Einspeisevergütungssystems zurückzuführen. Die installierte Leistung ist von ca. 26 GW in 2011 auf ca. 43 GW in 2017 gestiegen[1002]. Diese praktische Wirksamkeit des Einspeisevergütungssystems war nicht nur in Deutschland oder in Griechenland, sondern auch europaweit groß[1003].

---

998 BT-Drs. 18/8860, S. 194.

999 BT-Drs. 18/8860, S. 195.

1000 Damit wollte der Gesetzgeber Fälle vermeiden, in denen es für den Anlagenbetreiber – trotz der um 20 % niedrigeren Vergütung – betriebswirtschaftlich attraktiv ist, die Überschusseinspeisung generell nicht direkt zu vermarkten, sondern dauerhaft die Ausfallvergütung zu benutzen. Dies kann passieren, wenn z. B. eine direktvermarktungspflichtige Anlage zu einem großen Anteil Eigenversorgung betreibt, BT-Drs. 18/8860, S. 195.

1001 *Säcker/König/Scholz*, Der regulierungsrechtliche Rahmen für ein Offshore-Stromnetz in der Nordsee, 2014, S. 105.

1002 Fraunhofer ISE, Aktuelle Fakten zur Photovoltaik in Deutschland, 2018, S. 5.

1003 Fraunhofer ISI et al., Recent developments of feed-in systems in the EU, 2012, S. 8.

Nichtdestotrotz ist das Einspeisevergütungssystem mit negativen Auswirkungen verbunden[1004], insbesondere mit der fehlenden Steuerbarkeit, die zu Über- oder Unterförderungen[1005] führen kann[1006]. In Deutschland kam es tatsächlich zu einer hohen Überförderung. Im Jahr 1990 betrug die installierte Leistung in Deutschland nur 2 MW[1007]. In den Jahren nach dem Inkrafttreten des EEG wuchs der Zubau kontinuierlich, wobei in den Rekordjahren 2010 und 2011 jeweils 7.500 MW und im Jahr 2012 7.600 MW zugebaut wurden[1008]. Dies ist hauptsächlich auf die hohen Einspeisetarife, aber auch auf die gleichzeitige Kostensenkung der PV-Module zurückzuführen. Die Marktpreise für die PV-Strom sanken im Laufe des Jahres 2011 um ca. 25 bis 30 %[1009]. Der große PV-Zubau veranlasste folglich den Gesetzgeber zu einer Korrektur der Vergütungssätze[1010] mit negativen Auswirkungen auf die Investitionssicherheit[1011].

Gleichzeitig fand im Jahr 2011 eine nichtnachhaltige Marktentwicklung statt. Obwohl der Zubau im Jahr 2011 anfangs zurückhaltend war, gab es eine „Jahresschlussrallye". Wegen des atmenden Deckels sanken die Vergütungen am 1. Januar 2012 um 15 % mit der Folge, dass diese hohe Absenkung erhebliche Vorzieheffekte verursachte. Investoren wollten ihre PV-Anlagen noch rechtzeitig vor dem 1. Januar 2012 in Betrieb nehmen. Deswegen wurde fast die Hälfte des gesamten PV-Zubaus in 2011 von ca. 7.500 MW, also 3.000 MW, allein im Monat Dezember installiert. Diese nichtnachhaltige Marktentwicklung belegt die fehlende Eignung des bisherigen Systems der relativ hohen, halbjährlichen Vergütungsabsenkungen[1012].

Darüber hinaus lag der Zubau deutlich über dem Zubaukorridor. Deswegen erfolgen seit der PV-Novelle 2012 die Vergütungsabsenkungen nun auf

---

1004 Zu den Vor- und Nachteilen dieses Modells siehe auch *Schneider*, in: Eifert/Hoffmann-Riem, Innovationsfördernde Regulierung, 2009, S. 257, 266.

1005 *Sliwiok-Born*, et 5/2013, 82, 83; *Klein*, Rechtliche Rahmenbedingungen für den Ausbau von Wettbewerbselementen bei der Förderung EE, 2015, S. 328; *Frondel/Ritter/Schmitt*, et 12/2010, 36.

1006 BerlKommEnR/*Steffens*, Bd. 2, Sonderbd., 3. Aufl. 2015, Einleitung zum EEG 2014, Rn. 16.

1007 *Hoffmann*, Sonnenenergie 2008/6, 38.

1008 BNetzA, Einspeisevergütung für PV-Anlagen sinkt um 2,2 Prozent, 2013, abrufbar unter https://www.bundesnetzagentur.de/SharedDocs/Pressemitteilungen/DE/2013/130131_Verguetg_PV_Anl.html, zuletzt abgerufen am 01.09.2016.

1009 BT-Drs. 17/8877, S. 19.

1010 Siehe *Frenz*, IR 2012, 76.

1011 EREC, Mapping Renewable Energy Pathways towards 2020, 2011, S. 51.

1012 BT-Drs. 17/8877, S. 12.

monatlicher Basis[1013]. Es ist also zu erkennen, dass die fehlende Steuerbarkeit des Einspeisesystems eine Mengensteuerung über eine Rückkoppelung auf die Förderhöhe benötigte und zwar auf monatlicher Basis. Deswegen wird das deutsche System als hybrid bezeichnet[1014].

Darüber hinaus hat diese Überförderung in Deutschland erhebliche Überrenditen, Investitionen in ineffiziente Technologien, Standorte und Anlagengrößen und eine unnötige Verteuerung des Stroms für die Verbraucher verursacht[1015]. Wie bereits dargestellt, ist die Technologie der PV nicht die effizienteste in Deutschland, denn nach statistischen Angaben haben PV-Anlagen im Jahr 2012 mit einem Anteil an der installierten EE-Leistung von 42,8 % einen Anteil von nur 19,6 % an der EEG-Stromerzeugung[1016].

Darüber hinaus wird die Verteuerung des Stroms im Fall der PV dadurch deutlich, dass im Jahr 2013 53,4 % der EEG-Umlage auf die PV entfiel, obwohl durch PV nur etwas mehr als 20 % des grünen Stroms erzeugt werden[1017]. Deswegen ist nicht nur der Ausbau der PV, sondern auch ihre Kosten nicht steuerbar[1018]. Nicht steuerbar sind die Kosten auch wegen der Komplexität des deutschen Einspeisesystems, die aus den zahlreichen Vergütungskategorien resultiert. Im Jahr 2013 gab es insgesamt ca. 4.000 Vergütungskategorien (235 in PV)[1019]. Wie *Haucap/Klein/Kühling* feststellen, waren mit unterschiedlichen Technologien an unterschiedlichen Standorten stark unterschiedliche Gewinnspannen zu erzielen. Da bei PV die Überförderung besonders hoch war, sind für die Verbraucher systematisch die Kosten nicht nur absolut, sondern auch pro kWh grünen Stroms gestiegen[1020].

b) Die Marktprämie

Die Marktprämie ist ein preisbasiertes Fördermodell. Der Strom wird am Markt verkauft, aber der Anlagenbetreiber erhält mit einer Prämie einen Zuschlag

---

1013 BT-Drs. 17/8877, S. 12.

1014 BerlKommEnR/*Steffens*, Bd. 2, Sonderbd., 3. Aufl. 2015, Einleitung zum EEG 2014, Rn. 12.

1015 *Haucap/Klein/Kühling*, Die Marktintegration der Stromerzeugung aus erneuerbaren Energien, S. 107.

1016 BDEW, EEG: Zahlen, Fakten, Grafiken (2014), S. 20.

1017 BDEW, EEG: Zahlen, Fakten, Grafiken (2013), S. 55.

1018 *Haucap/Kühling*, et 3/2013, 41, 42.

1019 BDEW, EEG: Zahlen, Fakten, Grafiken (2013), S. 52.

1020 *Haucap/Klein/Kühling*, Die Marktintegration der Stromerzeugung aus erneuerbaren Energien, 2013, S. 63.

auf den Marktpreis[1021]. Die Prämie kann fix, mit einer bestimmten Ober- oder Untergrenze, oder gleitend ausgestaltet sein. Ist die Prämie fix, dann ist sie unabhängig vom Strompreis. Eine Prämie mit Ober- und Untergrenzen hängt in ihrer Höhe vom aktuellen Strompreis ab[1022].

Neben der Netzintegration hat sich die Marktintegration der EE als die größte Herausforderung erwiesen. Unter Marktintegration ist die einheitliche Geltung der Marktregeln für konventionelle und EE-Anlagen zu verstehen[1023], so dass die Teilnahme am Markt und die Marktrisiken für die EE dieselben wie für die konventionellen Anlagen sind.

Die oben beschriebenen negativen Auswirkungen des Einspeisesystems haben den deutschen Gesetzgeber schon 2009 veranlasst, die erste Regelung über die Direktvermarktung in das EEG einzuführen. Die Regelung im EEG 2009 hatte aber faktisch keine relevante Bedeutung, denn der durchschnittliche Marktpreis für Strom lag in aller Regel niedriger als die PV-Einspeisevergütungssätze[1024].

Seit dem EEG 2014 müssen die EE-Anlagenbetreiber mehr Verantwortung übernehmen, damit das Energieversorgungssystem besser funktionieren kann[1025]. Die Direktvermarktung ist nun der Regelfall, und die Einspeisevergütung die Ausnahme. Die Direktvermarktung ist Anlagen mit einer installierten Leistung > 100 kW[1026] verpflichtend. Die Rolle der Direktvermarktung wird weiter verstärkt, indem – wie bereits analysiert – bei der Ausfallvergütung nun eine zeitliche Begrenzung besteht.

aa) Förderung in gesetzlichem Schuldverhältnis

Das Fördermodell der Marktprämie erreicht die Marktintegration der EE dadurch, dass der Anlagenbetreiber den erzeugten Strom selbst vermarktet. Hierzu gibt es zwei Möglichkeiten. Den Strom verkauft der Anlagenbetreiber entweder selbst oder durch ein Direktvermarktungsunternehmen an der Strombörse oder durch bilateralen Vertrag an einen Endverbraucher. Die Förderung besteht bei diesem Modell darin, dass der Anlagenbetreiber die Marktprämie zusätzlich zum Marktpreis erhält. Die Berechnung der Marktprämie ist unabhängig von der Vermarktungsform.

1021 *Häder*, et, 54/2004, 366, 369 f.

1022 *Hazrat*, Die Förderung Erneuerbarer Energien, 2017, S. 97; Fraunhofer ISI et al., Recent developments of feed-in systems in the EU, 2012, S. 12.

1023 BerlKommEnR/*Steffens*, Bd. 6, 4. Aufl. 2017, Einleitung zum EEG, Rn. 62.

1024 BerlKommEnR/*Hermeier*, Bd. 6, 4. Aufl. 2017, § 20 EEG 2017, Rn. 4.

1025 *Mohr*, EnWZ 2015, 99, 100; *Burgi*, JZ, 2013, 745, 748.

1026 § 2 Abs. 2 i.V.m. § 21 Abs. 1 Nr. 2 i.V.m. § 19 Abs. 1 EEG.

Bei dem Modell der Marktprämie entstehen zwei Rechtsverhältnisse, eines zwischen dem Anlagenbetreiber und dem Netzbetreiber und eines zwischen dem Anlagenbetreiber und dem Käufer des Stroms[1027].

Das erste Rechtsverhältnis ist – auch wie bei dem Modell der Einspeisevergütungen – ein gesetzliches Schuldverhältnis. Wie bereits erläutert, erstreckt sich das gesetzliche Schuldverhältnis zwischen dem Netzbetreiber und dem Anlagenbetreiber gem. § 7 Abs. 1 EEG auf alle Pflichten des Netzbetreibers nach dem EEG[1028]. Gem. § 19 EEG hat der Anlagenbetreiber gegen den Netzbetreiber einen Anspruch auf die Marktprämie nach § 20 EEG, wenn er die gesetzlichen Voraussetzungen erfüllt. Zu beachten ist insbesondere das Abweichungsverbot[1029]. Schuldner der Marktprämie ist der Netzbetreiber, der gem. §§ 8 und 11 EEG verpflichtet ist, die Anlage an sein Netz anzuschließen und den Strom abzunehmen. Wie bereits erklärt, besteht im Modell der Marktprämie die Abnahmepflicht des Netzbetreibers nur in der physikalischen Abnahme. Der Grund ist, dass der Anlagenbetreiber – im Gegensatz zum Modell der Einspeisevergütung – seinen Strom an der Börse oder an einen Endverbraucher verkauft.

Das zweite Rechtsverhältnis ist das Verhältnis, welches aus der Direktvermarktung des Stroms entsteht. Gem. § 3 Nr. 16 EEG ist „Direktvermarktung die Veräußerung von Strom aus erneuerbaren Energien oder Grubengas an Dritte“. Eine Veräußerung ist eine schuldrechtliche Überlassung, in der Form eines Verkaufs[1030]. Dritter kann jede Person außer des Netzbetreibers sein[1031]. Daher geht es um das Rechtsverhältnis zwischen dem Anlagenbetreiber und dem Dritten, der den Strom entweder an der Börse oder durch einen bilateralen OTC-Vertrag außerbörslich kauft[1032]. Im ersten Fall wird der grüne Strom genauso wie der konventionelle Strom gehandelt und zum selben Marktpreis verkauft.

Der Anlagenbetreiber kann in beiden Fällen den Strom durch einen Direktvermarkter verkaufen. Hier entstehen folgende Beziehungen: In der ersten Variante vermarktet der Direktvermarktungsunternehmer den Strom im Auftrag des Anlagenbetreibers. Pflichten und Rechte dieser Geschäftsbesorgung

1027 Dem „Dritten“ gem. § 3 Nr. 16 EEG.

1028 Greb/Boewe/*Böcker*, BeckOK-EEG, 2. Aufl. 2014, § 4 EEG 2012, Rn. 9.

1029 So auch BerlKommEnR/*Thorbecke/Greb*, Bd. 6, 4. Aufl. 2017, § 19 EEG 2017, Rn. 59.

1030 Altrock/Oschmann/Theobald/Altrock/*Oschmann*, EEG, 4. Aufl. 2013, § 33a EEG 2012, Rn. 43; BerlKommEnR/*Schumacher*, Bd. 6, 4. Aufl. 2017, § 3 EEG 2017, Rn. 65.

1031 Sonst wäre es keine Direktvermarktug mehr; *Salje*, EEG, 6. Aufl. 2012, § 33a EEG 2012, Rn. 6.

1032 Vgl. BT-Drs. 16/9477, 24.

erwachsen damit dem Anlagenbetreiber[1033]. In der zweiten Variante nimmt der Direktvermarktungsunternehmer den Strom kaufmännisch ab. Hierbei kommt es auf eine wirtschaftliche Betrachtung an. Er veräußert den Strom im eigenen Namen weiter, so dass er die Chancen und Risiken der Vermarktung trägt. Damit geht er selbst Rechte und Pflichten gegenüber Dritten ein, an die er den Strom weiter veräußert[1034].

Mit der Vermarktung des Stroms erhält der Anlagenbetreiber folgende Beträge: Von dem Käufer erhält er den Preis für den verkauften Strom und von dem Netzbetreiber die Marktprämie. Ebenso wie der Einspeisevergütung liegt der Marktprämie als Grundlage für die Berechnung der „anzulegende Wert" (AW) zugrunde. Vor dem Hintergrund, dass das EEG 2017 einen Systemwechsel in Richtung Ausschreibungen vollzieht, stellt nun der Gesetzgeber in § 3 Nr. 3 EEG 2017 klar, dass der AW *„der Wert, den die BNetzA im Rahmen einer Ausschreibung nach § 22 i.V.m. den §§ 28 bis 39j ermittelt oder der durch die §§ 40 bis 49 gesetzlich bestimmt ist und der die Grundlage für die Berechnung der Marktprämie, der Einspeisevergütung […] ist"*. Da Anlagenbetreiber, die an Ausschreibungen teilnehmen, eine Marktprämie erhalten, kann man zwischen der wettbewerblichen Bestimmung der Marktprämie und der gesetzlichen Bestimmung der Marktprämie unterscheiden.

Die Förderung ist die Marktprämie, die keine feste, sondern eine variable Größe ist, die nicht direkt vom EEG abgeleitet werden kann. Gem. Anlage 1 Nummer 1.2 zum EEG wird die Höhe der Marktprämie („MP") nach § 23a EEG 2017 in ct/ kWh für den direkt vermarkteten Strom nach der folgenden Formel berechnet: MP = AW – MW, das heißt „Marktprämie = Anzulegender Wert – Monatsmarktwert".

Der AW ist gem. Nummer 1.1 als der Wert unter Berücksichtigung der §§ 19 bis 54 in Cent pro kWh definiert. Der AW ist identisch mit der jeweiligen Einspeisevergütung, die der Anlagenbetreiber bekommen hätte, wenn er den Strom durch die gesetzliche Einspeisevergütung gem. § 21 Abs. 1 i.V.m. 19 EEG vermarktet hätte[1035]. Die Marktprämie wird bestimmt, indem der Monatsmarktwert (MW) von dem AW abgezogen wird. Anlage 1 sieht eine Methode zur

---

1033 BerlKommEnR/*Schumacher*, Bd. 6, 4. Aufl. 2017, § 3 EEG 2017, Rn. 71; BT-Drs. 18/1304, S. 113; Vgl. *Breuer/Lindner*, REE 2014, 129, 130.

1034 BerlKommEnR/*Schumacher*, Bd. 6, 4. Aufl. 2017, § 3 EEG 2017, Rn. 72; *Breuer/Lindner*, REE 2014, 129, 130.

1035 *Wustlich/Müller*, ZNER 2011, 380, 391; siehe auch *Vollprecht/Clausen*, EnWZ 2014, 112.

Bestimmung des Monatsmarktwerts (MW) vor und differenziert zwischen den steuerbaren und den nicht steuerbaren Energieträgern.

Im Gegensatz zu den steuerbaren wird bei den nicht steuerbaren EE (wie die Solarenergie), wie *Hermeier* andeutet, nicht unmittelbar auf den Monatsmittelwert am EPEX Spot abgestellt[1036]. Es wird vielmehr der Monatsmittelwert anhand des Einspeiseaufkommens des jeweiligen Energieträgers gewichtet. Dabei wird ausschließlich auf die Online-Hochrechnung des erzeugten Stroms nach Nummer 3.1 der Anlage 1 Bezug genommen[1037].

Die Anreizfunktion der Marktprämie besteht darin, dass der Anlagenbetreiber – wenn er für seinen Strom einen höheren Preis an der Strombörse als den durchschnittlichen Börsenpreis erreicht, höhere Erlöse erzielen kann (Nutzung des „Preis-Spreads")[1038] als im Fall der gesetzlichen Einspeisevergütung. Dabei ist er aber dem Risiko ausgesetzt, dass der Preis, den er an der Strombörse erreicht, niedriger ist als der durchschnittliche Börsenpreis. In diesem Fall sind seine Erlöse geringer als im Fall der gesetzlichen Einspeisevergütung.

Vor diesem Hintergrund stellt sich die Frage wie der Anlagenbetreiber seine Gewinne im Vergleich zum Marktdurchschnittspreis maximieren kann. Zum einen kann er seine Anlage in Zeiten negativer Marktpreise abschalten[1039]. Zum anderen kann er zu anderen (börslichen) Vermarktungsprodukten wechseln, die jeweils einen qualitativen Mehrwert bedeuten und damit höhere Preise erzielen können. Dies kann z. B. durch Future-Produkte sowie die Einbindung der Anlagen in entsprechende Bandlieferungen erfolgen[1040]. In diesem Fall wird die Vermarktung der Anlagen von Dienstleistern übernommen, die Zugriff auf mehrere Anlagen bekommen und diese Anlagen entweder direkt zu einem „virtuellen Kraftwerk" zusammenfügen oder zumindest bei der „Veredelung" des Stroms zu

1036 Im Detail regelt Nummer 2.2.4 i.V.m. 2.2.2 der Anlage: „*Für jede Stunde eines Kalendermonats wird der durchschnittliche Wert der Stundenkontrakte am Spotmarkt der Strombörse EPEX Spot SE in Paris für die Preiszone Deutschland/Österreich mit der Menge des in dieser Stunde nach der Online-Hochrechnung nach Nummer 3.1 erzeugten Stroms aus Anlagen zur Erzeugung von Strom aus solarer Strahlungsenergie multipliziert. Die Ergebnisse für alle Stunden dieses Kalendermonats werden summiert. Diese Summe wird dividiert durch die Menge des in dem gesamten Kalendermonat nach der Online-Hochrechnung nach Nummer 3.1 erzeugten Stroms aus Anlagen zur Erzeugung von Strom aus solarer Strahlungsenergie*".

1037 BerlKommEnR/*Hermeier*, Bd. 6, 4. Aufl. 2017, § 23a EEG 2017, Rn. 12.

1038 *Sellner/Fellenberg*, NVwZ 2011, 1025, 1030.

1039 Fraunhofer ISI, Working Paper Sustainability and Innovation No. S 1/2013 – Nutzenwirkung der Marktprämie, 2013, S. 7, 14.

1040 BerlKommEnR/*Hermeier*, Bd. 6, 4. Aufl. 2017, § 20 EEG 2017, Rn. 8.

entsprechenden Bandlieferungen mit einer marktfähigen Liefermenge berücksichtigen[1041]. Eine weitere Alternative besteht in der Vermarktung des Stroms auf dem Regelenergiemarkt[1042]. Diese ist jedoch ebenfalls nur dann möglich bzw. attraktiv, wenn die Erzeugungsleistung mehrerer Anlagen zusammen als Regelenergie angeboten wird[1043]. Eine andere Möglichkeit wäre für den Anlagenbetreiber die Nutzung von Speichern, um so seine Stromerzeugung an den Bedarf anzupassen[1044].

bb) Die Anspruchsvoraussetzungen

Wie bereits ausgeführt, regelt § 19 Abs. 2 EEG 2017 die allgemeinen Anspruchsvoraussetzungen für die Zahlung der Marktprämie, die denen für die Einspeisevergütung entsprechen[1045].

Gleichzeitig gelten für die Marktprämie – wie auch im Fall der Einspeisevergütung – die allgemeinen Regeln des § 52 EEG, welche eine Verringerung der Förderung in einer Reihe von Pflichtverstößen vorsehen. In diesen Fällen verringert sich der anzulegende Wert entweder auf null oder auf den Monatsmarktwert, d.h. also, dass die Marktprämie den Wert Null hat. Besonders wichtig ist hier die Vorschrift des § 51 EEG. Wenn der Wert des Stroms am Spotmarkt der Strombörse in mindestens sechs aufeinanderfolgenden Stunden negativ ist, verringert sich der AW für den gesamten Zeitraum, in dem die Preise ohne Unterbrechung negativ sind, auf null.

Neben diesen allgemeinen Voraussetzungen müssen auch die technologiespezifischen Fördervoraussetzungen nach § 48 EEG erfüllt werden. § 20 EEG regelt die marktprämienspezifischen Anspruchsvoraussetzungen: erstens die Direktvermarktung des Stroms[1046], zweitens die Grünstromeigenschaft, drittens die Fernsteuerbarkeit der EE-Anlage und viertens die Bilanzierung des Stroms.

1041 BerlKommEnR/*Hermeier*, Bd. 6, 4. Aufl. 2017, § 20 EEG 2017, Rn. 9. Mehr dazu siehe *Lehnert*, ZUR 2012, 4, 13.

1042 BerlKommEnR/*Hermeier*, Bd. 6, 4. Aufl. 2017, § 20 EEG 2017, Rn. 10. Mehr dazu *Breuer*, VersorgW 2012, 89.

1043 BerlKommEnR/*Hermeier*, Bd. 6, 4. Aufl. 2017, § 20 EEG 2017, Rn. 10.

1044 Vgl. *Oschmann*, ZNER 2010, 117, 124; *Ekardt/Wulf*, JbUTR 2012, S. 63 ff.

1045 Die sind folgende: i) Der EE- bzw. PV-Betreiber nimmt für den Strom kein vermiedenes Netzentgelt nach § 18 Abs. 1 S. 1 der StromNEV in Anspruch. ii) Der Strom wird in ein Netz eingespeist und dem Netzbetreiber zur Verfügung gestellt.

1046 Das EEG 2017 hat den Begriff der Direktvermarktung beibehalten (§ 3 Nr. 16), s. oben.

Mit der ersten Voraussetzung werden sowohl Fälle des Eigenverbrauchs als auch Lieferungen an Dritte in unmittelbarer Nähe ohne Durchleitung durch das Netz der öffentlichen Versorgung ausgeschlossen[1047]. Die zweite Voraussetzung bedeutet, dass die Zahlung durch die Marktprämie für die Erzeugung von EE-Strom erfolgt. Nach dem Willen des Gesetzgebers erbringen die Anlagenbetreiber diese Gegenleistung weiterhin, auch wenn der Strom im Fall der Direktvermarktung nicht mehr vom Netzbetreiber kaufmännisch abgenommen und weitergereicht wird. Diese sog. Grünstromeigenschaft fällt an den Netzbetreiber, der sie bezahlt und im Rahmen der Wälzung an den ÜNB weitergibt, der wiederum die Vergütung zahlt[1048]. Die Folge ist, dass, wenn der Anlagenbetreiber seinen Strom direkt an Dritte verkauft, der Netzbetreiber lediglich fremden Strom, d.h. für ein anderes Unternehmen, durch sein Netz transportieren muss[1049]. Anders ist der Fall im System der Einspeisevergütungen, wo der Anlagenbetreiber die Verfügungsgewalt über den eingespeisten Strom verliert[1050].

Die dritte Voraussetzung erfordert, dass die Anlage fernsteuerbar ist[1051]. Damit soll ermöglicht werden, dass sich die Einspeisung aus der direkt vermarkteten Anlage an der jeweiligen Marktsituation, insb. an den Preisen am Spotmarkt, orientiert[1052]. Die Fernsteuerbarkeit ist nötig, damit der Anlagenbetreiber die Marktsignale verfolgen kann[1053] und auf diese Weise den Strom bei höheren Preisen vermarkten und die Anlage bei niedrigeren Preisen abregeln kann[1054]. Darüber hinaus gibt § 20 EEG vor, wann und wie die Ist-Einspeisung und die

1047 BerlKommEnR/*Hermeier*, Bd. 2, Sonderbd., 3. Aufl. 2015, § 34 EEG 2014, Rn. 19.

1048 Deswegen kann der grüne Strom auch in diesem Fall nicht als Strom aus EE vermarktet werden; die Grünstromeigenschaft dieses Stroms kommt vielmehr den Elektrizitätsversorgungsunternehmen zu, die die EEG-Umlage bezahlen müssen, BT-Drs. 18/1304, S. 125.

1049 *König*, Engpassmanagement, 2013, S. 393.

1050 Näher dazu s. oben „Die Netzintegration/Netzzugang".

1051 Die Fernsteuerbarkeitspflicht nach § 20 Abs. 1 Nr. 3 EEG ist nicht mit der Pflicht nach § 9 Abs. 1 und 2 EEG zu verwechseln, Anlagen mit den dort genannten technischen Einrichtungen auszustatten. Letztere dient der Systemsicherheit im Rahmen des Einspeisemanagements (§ 14 EEG) durch den Netzbetreiber, wobei die Fernsteuerbarkeitspflicht nach § 20 Abs. 1 Nr. 4 EEG die marktgetriebene Steuerung der Einspeisung – i.d.R. – durch den Direktvermarkter ermöglicht, BerlKommEnR/*Glenz/Schroeder-Selbach*, Bd. 2, Sonderbd., 3. Aufl. 2015, § 35 EEG 2014, Rn. 18. So auch BerlKommEnR/*Hermeier*, Bd. 6, 4. Aufl. 2017, § 20 EEG 2017, Rn. 16.

1052 BT-Drs. 18/1304, S. 137.

1053 *Lüdemann/Ortmann*, EnWZ 2014, 387, 389.

1054 BT-Drs. 18/1891, S. 204.

ferngesteuerte Regelung der Einspeiseleistung über ein intelligentes Messsystem nach dem Messstellenbetriebsgesetz erfolgen muss. Ein Abruf der Ist-Einspeisung und eine ferngesteuerte Reduzierung der Einspeiseleistung über ein intelligentes Messsystem müssen nur bei Anlagen erfolgen können, die unter § 20 Abs. 3 S. 1 EEG fallen[1055].

Als vierte Voraussetzung soll die Bilanzierungspflicht die Anlagenbetreiber zur genaueren Prognose ihrer Einspeiseprofile, zur prognosekonformen Einspeisung und dementsprechend zur Einsparung der Kosten für Ausgleichsenergie führen[1056]. § 20 Abs. 1 Nr. 4 EEG sieht dabei zwei Fälle vor. Die Regel ist die Pflicht zur Führung eines „sortenreinen" Marktprämienbilanzkreises. Sie dient der Transparenz und Missbrauchsverhinderung[1057]. Die Ausnahme ist, dass der Bilanzkreis ohne Verlust des Förderanspruchs ausnahmsweise auch nicht „sortenreinen" Strom enthalten kann[1058]. Dabei hatte der Gesetzgeber insbesondere Situationen im Blick, in denen der Netzbetreiber in den Marktprämienbilanzkreis Ausgleichsenergiemengen „einstellt", die nicht den Anforderungen des lit. a genügen[1059]. Wenn die Einstellung in den Bilanz- oder Unterbilanzkreis von dem Anlagenbetreiber oder dem Direktvermarktungsunternehmer nicht zu vertreten ist, verliert der Anlagenbetreiber nicht seinen Förderanspruch[1060].

Weiterhin dient die Regelung des § 21b Abs. 3 EEG[1061] der weiteren Systemintegration der EE durch die Direktvermarktung. Nach dem Willen des Gesetzgebers ist es weiterhin zulässig, dass mehrere Anlagen eine gemeinsame

---

1055 BT-Drs. 18/8860, S. 192.

1056 BerlKommEnR/*Mohr*, Bd. 6, 4. Aufl. 2017, § 2 EEG 2017, Rn. 14.

1057 BT-Drs. 18/1304, S. 137.

1058 BerlKommEnR/*Hermeier*, Bd. 6, 4. Aufl. 2017, § 20 EEG 2017, Rn. 19.

1059 Insbesondere stammen Ausgleichsenergiemengen (noch) i.d.R. aus konventionellen Kraftwerken und können deshalb nicht durch die Marktprämie gefördert werden, BerlKommEnR/*Glenz/Schroeder-Selbach*, Bd. 2, Sonderbd., 3. Aufl. 2015, § 35 EEG 2014, Rn. 26; So auch BerlKommEnR/*Hermeier*, Bd. 6, 4. Aufl. 2017, § 20 EEG 2017, Rn. 19.

1060 BT-Drs. 18/1304, S. 137. Nach dem Gesetzgeber liegt ein Vertretenmüssen insbesondere dann nicht vor, wenn der Anlagenbetreiber der Obliegenheit nach § 21 Abs. 2 S. 2 EEG 2014 nachgekommen ist, einen Bilanz- oder Unterbilanzkreis zu benennen, in den Ausgleichsenergiemengen einzustellen sind.

1061 Nach § 21b Abs. 3 EEG ist *„die Zuordnung einer Anlage oder eines prozentualen Anteils des erzeugten Stroms einer Anlage zur Veräußerungsform einer Direktvermarktung nur dann zulässig, wenn die gesamte Ist-Einspeisung der Anlage in viertelstündlicher Auflösung gemessen und bilanziert wird"*.

Messeinrichtung nutzen, um ihre Pflicht zur viertelstündlichen Messung und Bilanzierung zu erfüllen.

Schließlich dürfen Anlagenbetreiber mit jeder Anlage und nur zum ersten Kalendertag eines Monats zwischen der Marktprämie nach § 20, der Einspeisevergütung nach § 21 (auch in der Form der Ausfallvergütung), dem Mieterstromzuschlag nach § 21 Abs. 3[1062] oder der sonstigen Direktvermarktung nach § 21a[1063] wechseln (§ 21b Abs. 1 S. 2 EEG). Sie dürfen auch den in ihren Anlagen erzeugten Strom prozentual auf alle Veräußerungsformen außer der Ausfallvergütung aufteilen. Dies gewährt den Anlagenbetreibern eine gewisse Flexibilität.

cc) Kritische Würdigung

Die deutsche Direktvermarktung ist wie folgt zu bewerten: Obwohl im Jahr 2014 50 % der installierten Leistung mit der Marktprämie gefördert wurden[1064], lag der Anteil von direkt vermarktetem PV-Strom bei lediglich 14 %. In der Zeit von März bis Mai 2015 ging er aufgrund der Verpflichtung zur Fernsteuerbarkeit sogar zurück. Der Rückgang ist bei der PV am größten, da sie die größte Anzahl kleiner Leistungskategorien in der Direktvermarktung hat und hier eine Nachrüstung mit notwendiger Ferntechnik verhältnismäßig aufwendig ist[1065]. Unklar ist, ob der einzige Grund für die geringe Durchdringung der Direktvermarktung im Bereich der PV die aufwendige Nachrüstung ist oder ob das Modell der Direktvermarktung für Betreiber von PV-Anlagen noch nicht attraktiv genug ist. Ende 2017 lag der Anteil für direkt vermarkteten PV-Strom bei 18,3 %[1066]. Der Gesetzgeber ist aber wegen der bisher positiven Erfahrung optimistisch und strebt an, die bisher vorgesehene Grenze für die verpflichtende Direktvermarktung von 100 kW perspektivisch weiter abzusenken[1067].

1062 Näher s. unter „Mieterstromzuschlag".

1063 Die sonstige Direktvermarktung gilt für EE-Strom, der ohne jegliche Förderunterstützung durch das EEG direkt vermarktet wird, d.h. auch für Strom, der nicht nach dem EEG vergütungsfähig ist. Das gilt z. B., wenn das Ausschließlichkeitsprinzip gem. § 19 Abs. 1 Hs. 1 EEG nicht eingehalten wird (BerlKommEnR/*Glenz/Schroeder-Selbach*, Bd. 2, Sonderbd., 3. Aufl. 2015, § 20 EEG 2014, Rn. 19) oder wenn die Zeit der 20 Kalenderjahre der Einspeisevergütung gem. § 25 EEG ausgelaufen ist (*Herz/Valentin*, EnWZ 2014, 358, 362). Da die „sonstige Direktvermarktung" dem EE-Strom Strom keine Vergütung gewährt, wird sie nicht weiter diskutiert.

1064 *Purkus/Gawel et al.*, et 12/2014, 8, 10.

1065 Fraunhofer ISI/Fraunhofer IWES et al., Laufende Evaluierung der Direktvermarktung von Strom aus Erneuerbaren Energien, Stand 05/2015, S. 5.

1066 BMWi, Monitoring der Direktvermarktung, Quartalsbericht 12/2017, S. 5.

1067 BT-Drs. 18/1891, S. 205.

Positiv zu bewerten ist, dass durch das Marktprämienmodell ein Wettbewerb um Vermarktungsprozesse entstanden ist, in welchem die Anlagenbetreiber Erfahrung mit dem Strommarkt sammeln[1068]. Zweitens ist das Marktprämienmodell nicht mehr optional. Der Rückfall in die feste Einspeisevergütung erfolgt für neue Anlagen nur als Ausnahme und ist überdies nicht mehr so attraktiv, weil Anlagenbetreiber in diesem Fall nur 80 % der Einspeisevergütung erhalten (§ 53 Abs. 1 S. 2 EEG). Damit ist ein wichtiger Schritt für die Marktintegration der EE getan. Drittens ist nun auch der Übergang zu der verpflichtenden (technologieneutralen) Marktprämie mit einer Bilanzkreisverantwortung[1069], welche von der Pflicht zur Führung eines „sortenreinen" Marktprämienbilanzkreises stammt, ein großer Schritt vorwärts. Dies hat zur Folge, dass die Anlagenbetreiber – genauso wie die Betreiber konventioneller Kraftwerke – „Day-Ahead" prognostizieren und ihre Fahrpläne entsprechend anmelden müssen[1070]. Wenn der tatsächlich vermarktete Strom von der Prognose abweicht, müssen sie jede Viertelstunde die Kosten für Regelenergie durch die ÜNB tragen. Auf diese Weise besteht ein Anreiz zur Anwendung von Handelsstrategien, um Prognoseabweichungen möglichst auszugleichen. So ermöglicht EPEX SPOT einen grenzüberschreitenden Handel mit Viertelstundenprodukten[1071].

Die Nachteile des Instruments der Marktprämie sind allerdings ebenfalls bedeutend. Da die Grenzkosten der fluktuierenden EE fast bei null liegen, haben die Anlagenbetreiber geringe Anreize, ihren Strom in „Hochpreiszeiten" zu erzeugen und einzuspeisen, da sie auch in Zeiten sehr niedriger Börsenpreise und damit sehr niedriger Nachfrage Gewinne erzielen können[1072]. Die negativen Strompreise basieren auf eine Ineffizienz des Markts. Sie entstehen, wenn einem Überangebot von Stromerzeugung eine geringe Nachfrage gegenübersteht und den Marktteilnehmern die technischen Möglichkeiten oder wirtschaftlichen Anreize fehlen, kurzfristig ihr Verhalten anzupassen[1073].

1068 *Kopp* et al., Wege in ein wettbewerbliches Strommarktdesign für erneuerbare Energien, 2013, S. 10.

1069 *Haucap*, Die Vorstellungen der Monopolkommission zur Integration erneuerbarer Energien, 2014, S. 16.

1070 BT-Drs. 18/1891, S. 204.

1071 *Mohr*, RdE 2015, 433, 439; mehr dazu s. EEX/EPEX SPOT, Stellungnahme zur Anhörung der Monopolkommission zur Vorbereitung eines Sondergutachtens gemäß § 62 EnWG – Elektrizität und Gas, v. 27.02.2015.

1072 *Mohr*, RdE 2015, 433, 439; *Purkus/Gawel et al.*, et 12/2014, 8, 11.

1073 BerlKommEnR/*Haug/Hübler*, Bd. 6, 4. Aufl. 2017, § 51 EEG 2017, Rn. 2.

Die Anlagen, die der Direktvermarktung unterliegen, müssen auf Preissignale reagieren. Die jeweiligen Anlagenbetreiber haben trotz der negativen Preise in den ersten fünf Stunden immer noch einen Anreiz einzuspeisen und den Strom zu verkaufen, solange ihre Erlöse wegen der Marktprämie (d.h. der Unterschied zwischen dem AW abzüglich des durchschnittlichen Marktpreises des vorangegangenen Monats) höher als der negative Marktpreis an der Börse sind[1074]. § 51 Abs. 1 EEG verringert den AW und dementsprechend die Marktprämie auf null nachdem der Preis an der Strombörse in mindestens sechs aufeinanderfolgenden Stunden negativ ist[1075].

Außerdem setzt § 51 Abs. 1 EEG weitere fragwürdige Anreize, indem EEG-geförderte Erzeugung in den (kürzeren) Zeiträumen nicht unterbunden wird, in denen ein Abschalten der konventionellen Erzeugung unwirtschaftlich ist und ein Anreiz zur Abschaltung erst dann besteht, wenn z. B. auch das Abfahren unflexibler konventioneller Erzeugung sinnvoll sein kann[1076].

Im Rahmen der Diskussion zur „Netzintegration" hat die vorliegende Arbeit die Abschaffung des Einspeisevorrangs als Lösung zur besseren Marktintegration der EE-Anlagen vorgeschlagen. Diese Maßnahme reicht allerdings an dieser Stelle für die Marktintegration nicht aus. Die Abschaffung des Einspeisevorrangs betrifft nur die Anlagen, deren Strom durch den Netzbetreiber auch zu negativen Preisen abgenommen wird und mit festen Einspeisetarifen vergütet wird. Anlagen, die die Marktprämie erhalten, haben allerdings oftmals keinen Anreiz, in den ersten fünf Stunden mit negativen Preisen die Stromeinspeisung zu unterlassen. Aus diesem Grund ist das Zeitintervall von sechs aufeinanderfolgenden Stunden zu groß[1077], da in der Regel die Intervalle negativer Preise an der Börse kürzer als sechs Stunden sind[1078]. Im Jahr 2013 gab es trotz häufiger Negativpreiszeiten nur zwei Tage, an denen die Preise länger als sechs Stunden ununterbrochen negativ waren[1079]. Es ist nicht ersichtlich, weshalb die Sanktion bei sechs aufeinanderfolgenden Stunden und nicht in einem viel kürzeren Rhythmus erfolgen soll[1080]. Diese Lösung würde im Ergebnis die Förderkosten reduzieren.

1074 So auch *Tamcke*, Die rechtlichen Regeln zur Förderung der EE und der KWK im Vergleich, 2017, S. 55.

1075 So auch BerlKommEnR/*Haug/Hübler*, Bd. 6, 4. Aufl. 2017, § 51 EEG 2017, Rn. 25, 28.

1076 BerlKommEnR/*Haug/Hübler*, Bd. 6, 4. Aufl. 2017, § 51 EEG 2017, Rn. 28.

1077 *Tamcke*, Die rechtlichen Regeln zur Förderung der EE und der KWK im Vergleich, 2017, S. 211. So auch *Lamott*, Marktintegration erneuerbarer Energien, 2015, S. 669.

1078 *Wustlich*, NVwZ 2014, 1113, 1117

1079 *Lüdemann/Ortmann*, EnWZ 2014, 387, 390.

1080 *Tamcke* schlägt einen 15-minütigen Rhythmus vor, *Tamcke*, Die rechtlichen Regeln zur Förderung der EE und der KWK im Vergleich, 2017.

Darüber hinaus schafft das Instrument der Marktprämie keine echte Integration der EE in den Strommarkt[1081], solange der Strom nicht zu Marktpreisen produziert werden kann und weiterhin eine Bezuschussung benötigt. Anlagenbetreiber werden lediglich an die Vermarktung an der Börse als solche herangeführt und können durch finanzielle Förderungen praktische Erfahrungen der Stromvermarktung sammeln[1082]. Auf diese Weise tragen sie keine großen finanziellen Risiken[1083].

Im Ergebnis erfüllt das Marktprämienmodell des EEG eine ähnliche Funktion wie die Festvergütung. Auch wenn sie finanziell attraktiver als die Festvergütung ist, sind beide Fördermodelle preisbasiert, d.h. der Gesetzgeber muss jederzeit und auch für die Zukunft die Vollkosten der EEG-Stromerzeugung abschätzen, um den nötigen Förderbedarf festzustellen[1084]. Denn auch das Marktprämienmodell garantiert den Betreibern von EE-Anlagen eine Mindestvergütung. Demzufolge besteht kein Wettbewerb um Vollkosten, da die Marktprämie an die EEG-Vergütung, der staatlich bestimmten Schätzung der Vollkosten, gekoppelt ist[1085]. Deswegen setzt dieses Modell keine hinreichenden Anreize für eine bedarfsgerechte Einspeisung des EE-Stroms[1086]. Auf diese Weise wird der weitere Ausbau der PV ohne eine Kopplung an Budgets schwer steuerbar sein. Das Problem einer möglichen Überförderung wird deshalb vermutlich weiter bestehen bleiben[1087].

c) *Die Ausschreibungen*

Die Ausschreibungen stellen ein mengenbasiertes und im deutschen System ein junges Fördermodell dar. Staatliche Stellen[1088] führen eine Ausschreibung für

---

1081 UFZ Diskussionspapier 12/2012, S. 21; *Purkus*, ZUR 2012, 587, 591; *Sliwiok-Born*, et 5/2013, 82, 84; *Lüdemann/Ortmann*, ZNER 2012, 2012, 325, 332; *Haucap/Kühling*, et 3/2013, 41.

1082 BerlKommEnR/*Steffens*, Bd. 2, Sonderbd., 3. Aufl. 2015, Einleitung zum EEG 2014, Rn. 87.

1083 *Nestle*, et 3/2011, 14.

1084 BerlKommEnR/*Steffens*, Bd. 2, Sonderbd., 3. Aufl. 2015, Einleitung zum EEG 2014, Rn. 88.

1085 *Kopp* et al., Wege in ein wettbewerbliches Strommarktdesign für erneuerbare Energien, 2013, S. 10.

1086 BerlKommEnR/*Steffens*, Bd. 2, Sonderbd., 3. Aufl. 2015, Einleitung zum EEG 2014, Rn. 88.

1087 *Haucap*, Die Vorstellungen der Monopolkommission zur Integration erneuerbarer Energien, 2014, S. 16.

1088 In Deutschland die BNetzA.

eine bestimmte Menge an EE durch, für die die Erzeuger Gebote abgeben[1089]. Den Zuschlag erhält zuerst das Gebot mit dem niedrigsten Gebotswert, dann die übrigen Gebote, bis das Ausschreibungsvolumen erschöpft ist. So führt der Gesetzgeber mit dem Ausschreibungsmodell einen „Wettbewerb um den Markt“[1090].

Gegenwärtig finden in Deutschland drei unterschiedliche Arten von Ausschreibungen für die PV statt: die technologiespezifischen, die sog. gemeinsamen und die sog. grenzüberschreitenden Ausschreibungen. Im Folgenden wird die erste Art diskutiert, da sie als erste stattgefunden hat und die Grundlage für die übrigen Ausschreibungen darstellt.

aa) PV-spezifische Ausschreibungen

Wie bereits ausgeführt, haben die früheren Fördermodelle der Einspeisevergütungen und der Marktprämie keine hinreichende Marktintegration der PV-Anlagen bewirkt. Aus diesem Grund strebt der deutsche Gesetzgeber durch das Modell der Ausschreibungen einen Systemwechsel an. Nach 14 Jahren gesetzlich garantierter Förderung der EE durch das EEG begründet nun die Förderung der EE keine Anreize „gegen den Markt“[1091]. Vielmehr sollen die Anlagenbetreiber Verantwortung für die Funktionsfähigkeit des Energieversorgungssystems übernehmen[1092]. Dabei soll Instrument der Ausschreibungen die Erreichung der Ziele der Umweltverträglichkeit, der Versorgungssicherheit und der Wirtschaftlichkeit der Energiewende weiter vorantreiben.

Das Ausschreibungssystem galt am Anfang als Pilotmodell für die PV-FFA, mit dem EEG 2017 ist es auch für weitere Technologien verpflichtend[1093]. Die PV-FFA war wegen ihrer relativ kurzen Planungs- und Genehmigungszeiträume im Vergleich zu anderen EE-Technologien die geeignetste Technologie für diese erste Pilotphase der Ausschreibungen[1094].

Es ist wichtig zu betonen, dass im deutschen EEG die Ausschreibungen kein eigenständiges Fördersystem, sondern ein Annex zum Marktprämienmodell sind. Der Grund ist, dass im Fall der Ausschreibungen die Höhe der Marktprämie durch Ausschreibung (gem. § 22 EEG) festgelegt wird. Dies ist zugleich

1089 *Hazrat*, Die Förderung Erneuerbarer Energien, 2017, S. 92.

1090 *Fehling*, Die Verwaltung 47, 2014, 313, 326.

1091 *Burgi*, JZ 2013, 745, 748.

1092 *Mohr*, EnWZ 2015, 99, 100; BT-Drs. 18/1304, S. 109 f.

1093 § 2 Abs. 5 EEG 2014

1094 BT-Drs. 18/1304, S. 149.

ein grundlegender Unterschied bei der Förderung zwischen Marktprämien-[1095] und Ausschreibungsmodell. Der AW, der die Basis für die Berechnung der gleitenden Marktprämie bildet, ist hier durch die Ausschreibungen und nicht per Gesetz bestimmt. Der AW ist der bezuschlagte Preis[1096]. Da der AW durch die Ausschreibungen bestimmt wird, werden auch die Berechtigten durch die Ausschreibungen bestimmt (§ 22 EEG). Sie sind die erfolgreichen Bieter, d.h. diejenigen, die bei der Ausschreibung einen Zuschlag erhalten haben (§ 38 Abs. 1 EEG)[1097].

An den Ausschreibungen nehmen die PV-Anlagen mit einer installierten Leistung > 750 kW teil. Die allgemeinen Voraussetzungen für die Teilnahme an der Ausschreibung sind im ersten Teil des EEG (§§ 28-35a EEG) geregelt und gelten für Windenergieanlagen an Land, PV-Anlagen und Biomasseanlagen. Im zweiten Teil sind die speziellen Bestimmungen für jede dieser Technologien geregelt (§§ 37-38b EEG für die PV)[1098].

(1) Förderung im Rahmen eines gesetzlichen Schuldverhältnisses

Die Ausschreibungen gehen mit zwei Arten von Rechtsverhältnissen einher. Einerseits gibt es privatrechtliche gesetzliche Schuldverhältnisse zwischen dem Anlagenbetreiber und dem Netzbetreiber sowie zwischen dem Anlagenbetreiber und dem Käufer des Stroms[1099]. Anderseits wird ein öffentlich-rechtliches Rechtsverhältnis zwischen dem Anlagenbetreiber als Bieter und der BNetzA als Ausschreibungsstelle begründet.

Die privatrechtlichen gesetzlichen Schuldverhältnisse im Modell der Ausschreibungen sind identisch mit denen im Marktprämienmodell, da der grundlegende Unterschied zwischen den beiden Modellen die Bestimmung des AW ist. Dies beeinflusst die Rechtsverhältnisse zwischen dem Anlagenbetreiber und dem Netzbetreiber und dem Anlagenbetreiber und dem Stromlieferanten allerdings nicht. Auch im Ausschreibungsmodell unterliegt der Anlagenbetreiber der Direktvermarktung (§ 22 Abs. 3 i.V.m. 19 EEG) und muss seinen Strom entweder selbst oder durch ein Direktvermarktungsunternehmen an der Strombörse oder durch bilateralen Vertrag an einen Endverbraucher verkaufen. Das zweite

---

1095 Zur Vereinfachung ist mit „Marktprämienmodell“ das Modell gemeint, bei dem die Marktprämie gem. §§ 40 bis 49 EEG gesetzlich nicht durch Ausschreibungen gem. 22 EEG bestimmt wird.

1096 Da EEG der Preisbildungsregel „pay-as-bid“ folgt. Näher s. unten.

1097 Näher zu den Anspruchsberechtigten s. unten „Ausschreibungsdesign“.

1098 Näher dazu s. unten.

1099 Dem „Dritten“ gem. § 3 Nr. 16 EEG.

Rechtsverhältnis ist das Verhältnis, welches sich aus der Direktvermarktung des Stroms an den „Dritten“ entsteht. Auch dieses Rechtsverhältnis besteht im Marktprämienmodell, so dass insgesamt auf die Ausführungen im Zusammenhang mit dem Marktprämienmodell verwiesen werden kann.

(2) Förderung als öffentliches Rechtsverhältnis: Das Ausschreibungsdesign

Nach § 3 Nr. 4 EEG ist die Ausschreibung ein transparentes, diskriminierungsfreies und wettbewerbliches Verfahren zur Bestimmung des Anspruchsberechtigten und des AW. Dadurch wird ein öffentlich-rechtliches Verhältnis zwischen dem Anlagenbetreiber als Bieter und der Ausschreibungsstelle BNetzA begründet. Die BNetzA agiert dabei nicht nur als Ausschreibungsstelle, sondern legt neben dem Gesetzgeber die zentralen Elemente des sog. Ausschreibungsdesigns wie Ausbaumengen, Gebotsobergrenzen und Höchstwerte fest. In diesem Verfahren wird bzw. werden ähnlich wie in öffentlichen Vergabeverfahren[1100] der geeignetste bzw. die geeignetsten Bieter ermittelt[1101].

Die Frage, ob das Ausschreibungsmodell die gesetzten Ziele besser als die vorigen Modelle schaffen kann, hängt von dem konkreten Ausschreibungsdesign und seiner Anwendung ab. Nach der Wissenschaft und der Praxis sind folgende Elemente die wichtigsten Elemente eines Ausschreibungsdesigns: (a) das Ausschreibungsverfahren, (b) das Ausschreibungsvolumen, (c) die Häufigkeit der Auktionsrunden, (d) die Begrenzung der zulässigen Gebote, (e) die Flächenkulisse und regionale Verteilung, (f) die Präqualifikationskriterien und Pönalen und (g) die Preisbildungsregel (inkl. Höchstwert und Zahlungsberechtigung)[1102]. Im Folgenden werden die Auktionselemente analysiert.

(a) Das Ausschreibungsverfahren

Ein Ausschreibungsverfahren kann entweder statisch oder dynamisch sein. Bei einem statischen Verfahren werden die Gebote nur einmal abgegeben. Den Zuschlag erhalten die besten Gebote, bis das Ausschreibungsvolumen erschöpft ist. Bei einer statischen Auktion haben die Bieter keine Möglichkeit auf das Verhalten der anderen Bieter zu reagieren[1103]. In der Regel werden die Gebote

---

1100 *Bahmer/Loers*, GewArch, 2017, 406, 409; *Frenz*, ER 2014, 231, 231; *Fehling*, Die Verwaltung 47, 2014, 313, 338; *Mohr*, EnWZ 2015, 99, 101; BT-Drs. 18/1304, S. 112.

1101 *Tamcke,* Die rechtlichen Regeln zur Förderung der EE und der KWK im Vergleich, 2017. S. 57.

1102 ZSW/Takon et al., Ausgestaltung des Pilotausschreibungssystems für Photovoltaik-Freiflächenanlagen, 2014, S. 20–39; *Bruttel/Purkus/Gawel,* Auktionen als Förderinstrument für erneuerbare Energien, 2016, S. 32 -39.

1103 Agora Energiewende, Ausschreibungen für Erneuerbare Energien, 2014, S. 17.

verdeckt abgegeben. Bei einem dynamischen Auktionsverfahren geben die Bieter mehrere Angebote ab, bis das Angebot kleiner oder gleich der Nachfrage ist[1104]. Die Vorteile des statischen Verfahrens bestehen darin, dass es einfacher und mit geringeren Risiken verbunden ist. Da die Bieter die Gebote der anderen Bieter nicht kennen, gibt es auch keinen Anlass für strategisches Verhalten. Aus diesem Grund ist das statische Verfahren für reife Technologien, wie die PV, für die die Kosten eher bekannt sind, geeignet. Bei dem dynamischen Verfahren werden die Gebote offen abgegeben. Dies generiert Informationen über die Intensität des Wettbewerbs, die anderen Gebote und die Kosten der Technologie. Deswegen ist das dynamische Verfahren für solche Technologien geeignet, deren Kosten die Bieter nicht kennen (z. B. Windenergie auf See)[1105]. Diese Unsicherheit der Bieter über die Kosten der Technologie begründet einen Wettbewerbsdruck.

Der deutsche Gesetzgeber hat dem statischen Verfahren den Vorzug gegeben. Jeder Bieter darf einmal ein oder mehrere Gebote abgeben (§ 30 Abs. 3 S. 1 EEG). Nach § 32 EEG bekommt zuerst das Gebot mit dem niedrigsten Gebotswert den Zuschlag und dann die übrigen Gebote, bis zur Erschöpfung des Ausschreibungsvolumens. Hier ist es wichtig zu betonen, dass der bezuschlagte Preis und die tatsächliche Vergütung nicht identisch sind, da der bezuschlagte Preis lediglich die Berechnungsgrundlage für die zusätzlich zum Erlös aus der Direktvermarktung zu zahlende Förderung darstellt[1106]. Der bezuschlagte Preis ist nämlich der anzulegende Wert i.S.d. § 22 EEG, der die Basis für die Berechnung der gleitenden Marktprämie bildet[1107].

(b) Das jährliche Ausschreibungsvolumen

Das jährliche Ausschreibungsvolumen soll gegenläufige Interessen im Gleichgewicht halten. Je kleiner das Ausschreibungsvolumen, desto höher die Wettbewerbsintensität, da mehrere Bieter um eine bestimme Ausschreibungsmenge konkurrieren. Gleichzeitig sollen die Kontinuität der PV-Projekte sichergestellt und der jährliche PV-Ausbaupfad (2.500 MW) erreicht werden. Letztere Ziele verlangen ein größeres Ausschreibungsvolumen. Das jährliche Ausschreibungsvolumen liegt für die PV bei 600 MW (§ 20 Abs. 2 EEG). Die übrige installierte PV-Leistung wird weiterhin durch Einspeisevergütungen und die Marktprämie gefördert.

1104 *Bruttel/Purkus/Gawel*, Auktionen als Förderinstrument für erneuerbare Energien, 2016, S. 36.

1105 *Mohr*, EnWZ, 2015, 99, 104.

1106 *Kahle*, RdE 2014, 372, 377.

1107 FFAV, Begründung S. 39.

(c) Die Häufigkeit der Auktionsrunden

Die Ausschreibungsrunden sollen in einem ausgewogenen Verhältnis zu dem Ausschreibungsvolumen stehen. Theoretisch könnte das ganze geplante Ausschreibungsvolumen in einer Runde versteigert werden. Die Durchführung mehrerer Auktionsrunden hat allerdings zum Vorteil, dass sowohl die Ausschreibungsbehörde als auch Bieter Erfahrungen bzgl. des ganzen Prozesses oder der Kosten der Technologie sammeln, der kontinuierliche Zubau der EE gesichert werden kann[1108] und die Ausschreibung besser auf die Preisentwicklung der Technologie abgestimmt werden kann. Bei sinkenden Kosten der PV-Module sollten dann auch die Gebote der Bieter sinken.

Andererseits gibt es auch Nachteile. Die großen Bieter können ihre teureren Gebote zurückhalten, sie auf mehrere Runden verteilen und somit bei mehreren Runden einen Zuschlag zu einem hohen Preis erhalten[1109]. Diese Gefahr kann durch die Setzung eines Höchstpreises gemildert werden. Ein weiterer Nachteil ist die mögliche Kollusion zwischen den Bietern, insbesondere dann, wenn Transparenz auf dem Markt herrscht[1110]. Die Informationen über Gebote und Preise bei jeder Ausschreibungsrunde erhöhen die Transparenz und diese wiederum die Gefahr für Abstimmungen zwischen den Bietern. Schließlich kann es bei mehreren kleineren Ausschreibungen zu einer starken Segmentierung des ohnehin kleinen Markts kommen[1111].

Der deutsche Gesetzgeber hat für sinnvoll gehalten, drei Ausschreibungsrunden pro Jahr für die PV vorzusehen. Dabei werden jeweils 200 MW ausgeschrieben (§ 28 Abs. 2 EEG). Wegen der aufgezeigten Nachteile der Durchführung mehreren Runden ist es nicht sinnvoll, dass viele Ausschreibungsrunden pro Jahr stattfinden. Außerdem müssen sowohl die Ausschreibungsbehörde als auch die Bieter genügend Zeit haben, sich auf die Ausschreibung vorzubereiten. Der Gesetzgeber sieht bestimmte Präqualifikationsanforderungen für die Gebote vor, die Bieter einhalten müssen und die Ausschreibungsbehörde prüfen muss. Die Anzahl von drei Runden pro Jahr soll die unterschiedlichen Interessen im Gleichgewicht halten. Einerseits den kontinuierlichen Zubau der PV und die

---

1108 *Bruttel/Purkus/Gawel*, Auktionen als Förderinstrument für erneuerbare Energien, 2016, S. 38.

1109 ZSW/Takon et al., Ausgestaltung des Pilotausschreibungssystems für PV-FFA, 2014, S. 31.

1110 S. z. B. *Jones/Sufrin*, EU competition law, 2011, S. 788.

1111 Frontier Economics, Konsultation zum Ausschreibungsdesign für die Förderung von PV-FFA, 2014, S. 6.

Anpassung der Gebote an die tatsächlichen Kosten der PV und andererseits die Milderung der negativen Effekte der Durchführung mehrerer Runden.

(d) Die Begrenzung der zulässigen Gebote

Die Begrenzung der zulässigen Gebote betrifft vor allem die Mindest- und Höchstgebotsmenge für die PV-Anlagen. Anlagen, welche diesen Mengenanforderungen nicht entsprechen, dürfen nicht an Ausschreibungen teilnehmen. Nach dem Willen des Gesetzgebers ist also eine freiwillige Teilnahme an den Ausschreibungen unzulässig. Dadurch soll ein „Rosinenpicken“ verhindert werden[1112]. Die Mindestgebotsmenge wurde durch § 30 Abs. 2 EEG von 100 kW auf 750 kW erhöht. Der Grund für den Ausschluss der kleineren PV-Anlagen ist, dass die Präqualifikationsanforderungen durch die kleinen Anlagen nicht immer zu erfüllen sind[1113]. Dadurch soll die Akzeptanz des neuen Modells durch die kleineren Bieter geschafft werden. Die Höchstgebotsmenge beträgt 10 MW (§ 37 Abs. 3 EEG), fördert die Teilnahme einer größeren Anzahl von Bietern und demzufolge die Wettbewerbsintensität. Dieses vierte Element ist sowohl mit dem Ausschreibungsvolumen als auch mit der Flächenkulisse eng verbunden.

(e) Flächenkulisse

Bei der Flächenkulisse kommt es auf die Größe und die Notwendigkeit einer regionalen Verteilung der Projekte an. Im Hinblick auf die Größe enthält § 37 EEG Regelungen bezüglich der Gebote für große Solaranlagen in Bezug auf den Standort der Anlagen. § 38a Abs. 1 Nr. 3 lit. a bis c EEG verlangt nämlich einen konkreten Bezug der Gebotsmenge auf die dort genannten Flächen, da eine PV-Anlage nicht förderfähig ist, wenn sie nicht in § 37 Abs. 1 Nr. 1, 2 oder 3 lit. a bis g EEG 2017 aufgeführt worden ist (§ 38a Abs. 1 Nr. 3 lit. a EEG)[1114].

§ 37 EEG erweitert die Flächenkulisse im Vergleich zu § 6 FFAV um die baulichen Anlagen und Flächen in Gewerbe- und Industriegebieten sowie Gebieten, für die ein Planfeststellungsbeschluss vorliegt. Die Definitionen sind an § 51 EEG 2014 angelehnt[1115]. Die Erweiterung der Flächenkulisse trägt der Anforderung der Kommission Rechnung, das Ausschreibungsdesign möglichst weit zu gestalten, um von einer Direktförderung zu marktwirtschaftlichen Abläufen zu gelangen[1116].

1112 BT-Drs. 18/8860, S. 204.

1113 *Mohr*, VersorgW 2016, 165, 167.

1114 *Frenz*, ZNER, 2016, 298, 304.

1115 § 37 EEG 2016, Gesetzentwurf v. 08.06.2016, S. 260.

1116 *Frenz*, ZNER, 2016, 298; Rn. 35 ff. EEAG.

Nach § 37 Abs. 1 EEG sollen die Anlagen auf, an oder in einem Gebäude oder einer Lärmschutzwand (Nr. 1), oder auf einer sonstigen baulichen Anlage, die zu einem anderen Zweck als der PV-Erzeugung errichtet worden ist (Nr. 2), oder auf einer Fläche (Nr. 3) errichtet werden. Die ersten zwei Kategorien enthalten keine flächenbezogenen Anforderungen im Gegensatz zu den FFA, für die bestimmte Anforderungen gelten (§ 37 Abs. 1 Nr. 3 lit. a bis i EEG). Um den unterschiedlichen Nutzungsinteressen, insbesondere der Landwirtschaft und des Naturschutzes, gerecht zu werden, sieht § 37 Abs. 1 Nr. 3 EEG vor, dass die Zuteilung der Gebotsmengen nur für PV-FFA auf bestimmten Flächen zulässig ist[1117]. Diese Regelungen zeigen den politischen Kompromiss zwischen der wettbewerblichen Ausweitung der Flächenkulisse und den Interessen der Landwirtschaft an einer Sicherung ausreichender Nutzungsflächen zu bezahlbaren Konditionen[1118].

Wie bereits ausgeführt, waren die meisten FFA-Kategorien auch in § 51 EEG 2014 oder § 6 FFAV enthalten: versiegelte Flächen, Konversionsflächen, Autobahnen und Schienenwege, Gewerbe- und Industriegebiete. Neu sind die Grünflächen (Nr. 3 lit. i)[1119]. Nach § 37c Abs. 1 S. 1 EEG darf die BNetzA Gebote für PV-FFA auf diesen Flächen bei dem Zuschlagsverfahren für Solaranlagen nur berücksichtigen, wenn und soweit die Landesregierung eine Verordnung nach § 37c Abs. 2 erlassen hat. Dies ist die sog. Länderöffnungsklausel[1120]. Im Umkehrschuss aus § 37c Abs. 1 und 2 des Gesetzentwurfes zum EEG 2016 folgt, dass die Anzahl der Gebote in diesem Fall sogar unbegrenzt ist. Deswegen scheint es zweifelhaft, ob und in welchem Umfang der Naturschutz durch diese Regelung gewährleistet werden kann. Gleiche Bedenken bestehen auch hinsichtlich der Flächen nach § 37 Abs. 1 Nr. 3 lit. h. EEG. Dort geht es um *„Flurstücke, die […] als Ackerland genutzt worden sind und in einem benachteiligten Gebiet lagen und die nicht unter eine der in Buchstabe a bis g genannten Flächen fällt“*. Der Begriff des benachteiligten Gebiets wird in § 3 Nr. 7 EEG definiert[1121].

1117 § 22 Abs. 1 FFAV, Begründung S. 81.

1118 BerlKommEnR/*Mohr*, Bd. 2, Sonderbd., 3. Aufl. 2015, § 55 EEG 2014, Rn. 26.

1119 Darunter versteht der Gesetzgeber *„die Flurstücke die zum Zeitpunkt des Beschlusses über die Aufstellung oder Änderung des Bebauungsplans als Grünland genutzt worden sind und in einem benachteiligten Gebiet lagen und die nicht unter eine der in Buchstabe a bis g genannten Flächen fällt“*.

1120 § 37c EEG 2016, Gesetzentwurf v. 08.06.2016, S. 264.

1121 Nach der Ausführung des Gesetzgebers sind benachteiligte Gebiete *„Gebiete nach der Richtlinie 86/465/EWG in der Fassung der Entscheidung der Kommission 97/172/EG vom 10. Februar 1997 (ABl. (EG) Nr. L 72, S. 1). Der Begriff bildet im EU-Landwirtschaftsrecht die Grundlage für „Zahlungen wegen naturbedingter Benachteiligungen*

Im Hinblick auf die regionale Verteilung der Projekte zur effizienteren Allokation der Anlagen wird auf die Ausführungen im Kapitel Netzintegration verwiesen[1122].

(f) Präqualifikationskriterien und Pönalen

Die Praxis hat bislang gezeigt, dass nicht alle bezuschlagten Projekte auch tatsächlich realisiert werden[1123]. Präqualifikationskriterien und Pönalen sollen die Realisierungswahrscheinlichkeit der Projekte erhöhen und bloße Scheingebote ohne ernsthafte Realisierungsabsicht verhindern[1124]. Der Grund für die Nichtrealisierung oder späte Realisierung der bezuschlagten Projekte besteht darin, dass das Ausschreibungsmodell mit gewissen Risiken verbunden ist. Die Risiken können schon vor oder erst nach der Bezuschlagung auftreten. Ein Risiko vor der Bezuschlagung besteht, wenn der Bieter ein Gebot unterhalb seiner Kosten abgibt in der Erwartung, dass die Kosten bis zum Realisierungszeitpunkt sinken werden, was möglicherweise nicht der Fall ist. Ein Risiko nach der Bezuschlagung kann während der Realisierungsphase durch Nachbarklagen auftreten[1125]. Je höher die Präqualifikationskriterien gesetzt werden, desto größer ist der Aufwand für die Teilnehmer und desto höher die Realisierungswahrscheinlichkeit der Projekte[1126].

Das EEG sieht eine Kombination von Präqualifikationskriterien und Pönalen vor. Zu den Präqualifikationskriterien gehören Nachweise und Erklärungen des Bieters, der z. B. ein Gebot für eine FFA gem. § 37 Abs. 2 EEG abgibt, oder Sicherheiten gem. § 31 EEG, die von den Bietern bis zum Gebotstermin geleistet werden müssen. Spezifische Regelungen sind zu jeder EE-Technologie vorgesehen. So regelt § 37a EEG die Sicherheiten für die PV. Die Erstsicherheit beträgt 5 €/ kW, die Zweitsicherheit 45 €/ kW. Letztere muss nur im Fall eines Zuschlags hinterlegt werden[1127].

---

in Berggebieten und in anderen benachteiligten Gebieten zur dauerhaften Nutzung landwirtschaftlicher Flächen und damit zur Erhaltung des ländlichen Lebensraums sowie zur Erhaltung und Förderung von nachhaltigen Bewirtschaftungsformen", § 3 Nr. 7 EEG, EEG 2016, Gesetzentwurf v. 08.06.2016, S. 220.

1122 S. oben unter „Anpassung der Erzeugung/Last dem Netz: Standortmanagement.

1123 Siehe z. B. SolarPower Europe, Tenders for solar projects, 2016, S. 4; *Kopp* et al., Wege in ein wettbewerbliches Strommarktdesign für erneuerbare Energien, 2013, S. 67 ff.; AURES, Auctions for Renewable Support, 2016, S. 13 ff.

1124 *Frenz*, ZNER, 2016, 298, 302.

1125 r2b Energy Consulting et al., Ausgestaltung eines Auktionsmodells für EE-Anlagen, 2015, S. 29.

1126 Agora Energiewende, Ausschreibungen für Erneuerbare Energien, 2014, S. 21.

1127 Vgl. § 37a Abs. 1 Nr. 2 EEG.

Pönalen sieht das EEG für die Nichtrealisierung der PV-Projekte vor. § 37d Abs. 2 Nr. 2 EEG 2017 normiert eine 24-Monats-Frist für die Erstellung der Anlage[1128]. Gem. § 37d Abs. 2 Nr. 2 EEG müssen Bieter die Ausstellung der Zahlungsberechtigung spätestens 24 Monate nach der öffentlichen Bekanntgabe des Zuschlags nach § 35 EEG (materielle Ausschlussfrist) beantragt haben. Wenn innerhalb der Frist kein Antrag gestellt wird, muss die BNetzA die registrierte Gebotsmenge entwerten. Dann findet § 55 Abs. 3 EEG Anwendung, so dass der Bieter eine Pönale in Höhe der entwerteten Gebotsmenge multipliziert mit 50 €/kW leisten muss. Wenn die Ausstellung der Förderberechtigung für die Gebotsmenge erst nach 18 Monaten nach der öffentlichen Bekanntgabe des Zuschlags beantragt worden ist, verringert sich der Zuschlagswert nach § 54 Abs. 1 EEG um 0,3 ct/kWh. Zur Vermeidung eines derartigen Zeitverzugs können Bieter die Förderberechtigung grundsätzlich einem anderen Projekt zuordnen[1129]. In diesem Fall verringert sich der Zuschlagswert der bezuschlagten Gebote nach § 54 Abs. 1 EEG aber ebenfalls um 0,3 ct/kWh[1130].

Die Pönale, die im § 37d Abs. 2 Nr. 1 EEG geregelt ist, soll die Ernsthaftigkeit der Gebote sicherstellen. Nach § 37d Abs. 2 Nr. 1 EEG erlischt der Zuschlag, wenn der Bieter die Zweitsicherheit spätestens am zehnten Werktag nach der öffentlichen Bekanntgabe des Zuschlags zusätzlich zur Erstsicherheit nicht vollständig geleistet hat.

(g) Die Preisbildungsregel

Eines der entscheidendsten Elemente des Auktionsdesigns ist die Preisbildungsregel, da sie die Intensität des Wettbewerbs zwischen den Bietern, die unterschiedlichen Gebote und den Zuschlagspreis beeinflusst.

1128 BerlKommEnR/*Mohr*, Bd. 2, Sonderbd., 3. Aufl. 2015, Einführung in die FFAV, Rn. 35.

1129 BerlKommEnR/*Mohr*, Bd. 2, Sonderbd., 3. Aufl. 2015, Einführung in die FFAV, Rn. 35.

1130 Alternativ können die Bieter einen im Ausschreibungsverfahren erlangten Zuschlag gem. § 35a Abs. 1 Nr. 2 i.V.m. § 37d Abs. 1 EEG zurückgeben (§ 30 FFAV, Begründung S. 89.); in diesem Fall müssen sie aber eine Strafzahlung in Höhe der entwerteten Gebotsmenge multipliziert mal 50 €/kW leisten (§ 55 Abs. 3 EEG). Wird deshalb eine Anlage erst im Zeitraum zwischen 18 und 24 Monaten nach öffentlicher Bekanntgabe des Zuschlags errichtet, ist es für die bezuschlagten Bieter vorteilhafter, den 0,3 Cent-Abschlag zu bevorzugen, als den Zuschlag zurückzugeben (BerlKommEnR/*Mohr*, Bd. 2, Sonderbd., 3. Aufl. 2015, Einführung in die FFAV, Rn. 35).

Die beiden häufigsten Preisregeln sind die „Pay-as-bid-Preisregel" (oder „Pay-as-bid-Verfahren") und die „Einheitspreisregel" oder „Einheitspreisverfahren"[1131]. In der „Pay-as-bid-Preisregel" ist der AW für jeden Bieter das, was er geboten hatte. In der „Einheitspreisregel" erhält jedes erfolgreiche Gebot einen anzulegenden Wert, der dem Gebotswert des höchsten zugeschlagenen Gebots entspricht. Bei fehlender Knappheit erhöht sich dieser Wert auf den Höchstwert[1132]. Obwohl die „Pay-as-bid-Preisregel" der gesetzliche Regelfall ist[1133], wurde davon abweichend bei den Gebotsterminen am 1. August und am 1. Dezember 2015 der Zuschlagswert nach § 13 Abs. 2 FFAV nach dem Einheitspreisverfahren („Uniform-Pricing"-Verfahren) bestimmt.

Der Vorteil des „Pay-as-bid-Verfahrens" besteht darin, dass die Bieter keine höhere Förderung bekommen, als sie sie selbst für notwendig ansehen. Das „pay-as-bid"-Verfahren ist auch verständlicher, es ist insbesondere für unerfahrene Akteure geeignet und erhöht somit die öffentliche Akzeptanz[1134]. Allerdings hat das „pay-as-bid" auch den Nachteil, dass es zu unterschiedlichen Zuschlagspreisen führt und einen Anreiz, Gebote abzugeben, die über dem kostendeckenden Fördersatz liegen, wobei in die Kalkulation dieser „Übertreibung" durch einen Bieter u.a. seine Einschätzung des Wettbewerbs eingeht[1135]. Dies passiert, denn die Anbieter richten ihre Gebote nicht nur an ihren eigenen Grenzkosten aus, sondern auch an dem geschätzten Grenzgebot als dem teuersten noch bezuschlagten Gebot[1136]. Dies wird auch als „Rate das Grenzgebot"[1137] bezeichnet. Dieses Modell kann zu einer ineffizienten Ressourcenallokation führen, wenn bei Prognosefehlern ggf. relativ teure Angebote den Zuschlag erhalten, wohingegen relativ günstig produzierende Anbieter leer ausgehen[1138]. Da die größeren Marktakteure meistens besser über den Markt informiert sind als die kleineren, wäre für die kleineren Marktakteure das Risiko größer[1139]. Dieses Problem kann

1131 r2b Energy Consulting et al., Ausgestaltung eines Auktionsmodells für EE-Anlagen, 2015, S. 56.

1132 § 13 FFAV, Begründung, S. 73.

1133 § 38b Abs. 1 EEG 2017.

1134 BEE, Stellungnahme für ein Ausschreibungsdesign für PV-FFA, 2015, S. 8.

1135 ZSW/Takon et al., Ausgestaltung des Pilotausschreibungssystems für PV-FFA, 2014, S. 34.

1136 *Mohr*, EnWZ 2015, 99, 103.

1137 r2b Energy Consulting et al., Ausgestaltung eines Auktionsmodells für EE-Anlagen, 2015, S. 60.

1138 *Mohr*, EnWZ 2015, 99, 103.

1139 BDEW, Stellungnahme zum Ausschreibungsdesign für PV-FFA, 2014, S. 6.

bei wiederholten Auktionen noch größer sein, da dann der vorherige Grenzpreis bekannt ist[1140].

Andererseits hat das Uniform-Pricing auch Vorteile. Die Bieter haben hier in einer „überhitzten Versteigerungssituation" keine Anreize, ein über den Wert des Gutes liegendes Gebot abzugeben, sondern sich weiterhin an der eigenen Zahlungsbereitschaft zu orientieren[1141]. Bieter haben also einen Anreiz, ein Gebot abzugeben, welches ihren tatsächlichen Kosten entspricht. Dies hat zur Folge, dass die Förderhöhe nicht zu niedrig ist, so dass die Realisierung des Projektes nicht gefährdet ist[1142]. Ein anderer Vorteil ist, dass ein einheitlicher Zuschlagspreis entsteht[1143].

Allerdings besteht in diesem Verfahren der Nachteil, dass im Fall der Ausschreibung von PV-FFA Bieter mehrere Gebote abgeben und so den einheitlichen Zuschlagspreis beeinflussen können[1144]. Das Risiko dieser sog. Mitnahmeeffekte ist umso höher, je größer die Gefahr ist, dass am Ende aufgrund eines begrenzten Flächenangebotes ein einstrahlungsschwächerer Standort den Ausschlag gibt, wovon Anlagen an besonders guten Standorten profitieren würden. Insofern sollte nach der Stellungnahme der BEE „Uniform Pricing" nicht durchgeführt werden, bevor ein breites Flächenangebot gewährleistet ist[1145].

Da beide Regeln Vor- und Nachteile haben, wurden beide erprobt. Seit 2016 folgt das EEG nur dem „pay-as-bid"-Verfahren. Letzteres passt besser zu dem aktuellen PV-Ausschreibungsdesign. Die aufgezeigten Nachteile treten nur bei „überhitzten" Auktionen auf, und das ist zur Zeit wegen der restriktiven Flächenkulisse nicht der Fall[1146].

Um die Förderkosten zu begrenzen, sieht das Ausschreibungsdesign einen Höchstpreis vor. Hierdurch wird auch eine Knappheitssituation geschaffen für den Fall, dass es unsicher ist, ob genügende Bieter an der Ausschreibung teilnehmen. Diese Vorteile führen zu einer größeren öffentlichen Akzeptanz des

---

1140 *Gawel/Purkus/Bruttel*, EnWZ, 2016, 153, 154.

1141 *Mohr*, EnWZ 2015, 99, 103; *Martini*, Der Markt als Instrument hoheitlicher Verteilungslenkung, 2008, S. 570.

1142 *Gawel/Purkus/Bruttel*, EnWZ, 2016, 153, 154.

1143 ZSW/Takon et al., Ausgestaltung des Pilotausschreibungssystems für PV-FFA, 2014, S. 34.

1144 ZSW/Takon et al., Ausgestaltung des Pilotausschreibungssystems für PV-FFA, 2014, S. 34.

1145 BEE, Stellungnahme für ein Ausschreibungsdesign für PV-FFA, 2015, S. 8–9.

1146 *Mohr*, EnWZ 2015, 99, 103

Ausschreibungsdesigns[1147]. Nachteil eines Höchstpreises ist, dass dadurch die Bieter den Hinweis auf eine fehlende Knappheit bekommen. Weiterer Nachteil ist, dass der Höchstpreis eine Orientierung für die Gebote der Bieter gibt: Letztere orientieren sich am Höchstpreis und nicht an den realen Kosten der Projekte[1148]. Der Höchstwert beträgt für PV-Strom 8,91 ct/ kWh (§ 37b Abs. 1 EEG) und orientiert sich an dem AW der FFA mit einer installierten Leistung ≤ 750 kW[1149]. Nach § 37b Abs. 1 EEG verringert oder erhöht sich der Höchstwert ab dem 1. Februar 2017 monatlich entsprechend § 49 Abs. 1 bis 4 EEG[1150].

Die Tatsache, dass der Bieter einen Zuschlag bekommen hat, heißt nicht automatisch, dass er auch einen Anspruch auf Vergütung hat. Damit er auch einen Anspruch nach § 19 Abs. 1 EEG hat, muss er nach § 22 Abs. 3 eine Zahlungsberechtigung haben. Nach dem Erhalt des Zuschlags durch die BNetzA beginnt nämlich das Verfahren zur Ausstellung der Zahlungsberechtigung. Es handelt sich dabei um zwei verschiedene Verfahren. Der Bieter muss in diesem zweiten Verfahren fristgerecht die Zweitsicherheit gem. § 37a Nr. 2 i.V.m. § 37d Abs. 2 EEG leisten, die Anlage erstellen und tatsächlich betreiben (§ 38a Abs. 1 Nr. 1 EEG) sowie bei der BNetzA eine Zahlungsberechtigung fristgerecht beantragen (§ 38 i.V.m. 37d Abs. 2 Nr. 2 EEG)[1151].

Die Voraussetzungen für eine Zahlungsberechtigung normiert § 38a EEG. Die PV-Anlage muss nach § 38a Abs. 1 Nr. 1 EEG *„vor der Antragstellung, aber nach der Erteilung des Zuschlags in Betrieb genommen worden sein und der Bieter muss zum Zeitpunkt der Antragstellung der Anlagenbetreiber sein"*. Nach § 38a Abs. 1 Nr. 3 EEG muss für den Bieter *„eine entsprechende Gebotsmenge bezuschlagter Gebote bestehen, die nicht bereits einer anderen Zahlungsberechtigung zugeordnet worden ist"*. § 38a Abs. 1 Nr. 3 erlaubt allerdings, einen Zuschlag mehreren Zahlungsberechtigungen zuzuordnen, wenn der Zuschlag mengenmäßig aufgeteilt ist[1152]. Weiterhin setzen Nr. 3 lit. a bis c bestimmte Beschränkungen

---

1147 ZSW/Takon et al., Ausgestaltung des Pilotausschreibungssystems für PV-FFA, 2014, S. 37.

1148 ZSW/Takon et al., Ausgestaltung des Pilotausschreibungssystems für PV-FFA, 2014, S. 37.

1149 § 37c EEG 2016, Gesetzentwurf v. 08.06.2016, S. 264.

1150 Falls der Höchstwert zu hoch oder zu niedrig ist, kann die BNetzA ihn nach § 85a EEG zum 1. Dezember jeden Jahres durch Festlegung nach § 29 EnWG neu bestimmen.

1151 BerlKommEnR/*Mohr*, Bd. 2, Sonderbd., 3. Aufl. 2015, Einführung in die FFAV, Rn. 30.

1152 § 38a EEG 2016, Gesetzentwurf v. 08.06.2016, S. 266.

für Gebotsmengen in Bezug auf Flächen. Grund ist insbesondere der Schutz der Landwirtschaft[1153]. Der Naturschutz ist der Grund der Beschränkungen in § 38a Abs. 1 Nr. 5 EEG. Nach Nr. 5 dürfen die PV-FFA in Naturparks oder Naturschutzgebieten keine Zahlungsberechtigung bekommen. Gleiches gilt für PV-FFA, die eine installierte Leistung > 10 MW haben[1154]. Die restlichen zwei Voraussetzungen (§ 38a Abs. 1 Nr. 6–7 EEG) betreffen die fristgerechte Bezahlung der Zweitsicherheit und die Gebühr nach der Anlage Nr. 2 zur Ausschreibungsgebührenverordnung[1155] entsprechend.

(3) Kritische Würdigung

(a) Das Ausschreibungsdesign

Der deutsche Gesetzgeber wollte mit der Umstellung auf das Ausschreibungsmodell die Marktintegration der EE vorantreiben und mehr Wettbewerb auf dem EE-Markt schaffen. Allerdings zeigt die vorstehende Analyse, dass das EEG ein stark reguliertes Regime kreiert hat. Dieses ist durch ein sehr komplexes und detailliertes Regelungswerk aber auch durch die neue und verstärkte Rolle der BNetzA gekennzeichnet.

Zum Ausgleich der unterschiedlichen Interessen sind die Elemente des Ausschreibungsdesigns so konkret vorgeschrieben, dass sie zu einer Überregulierung führen[1156]: Dies fängt bereits mit der Auswahl des Auktionsgutes an. Das Auktionsgut ist nicht das – an sich homogene – Gut Strom, auch nicht der grüne Strom, sondern der Strom aus PV-Anlagen[1157]. Ausbaumengen, Gebotsobergrenzen und Höchstwerte werden auch durch den Gesetzgeber oder die BNetzA

1153 Wenn die Fläche der Anlage nicht zu einem der Fälle des § 38a Abs. 1 Nr. 3 lit. a bis c EEG gehört, bekommt der Bieter für seine Anlage keine Zahlung.

1154 S. § 38a EEG 2016, Gesetzentwurf v. 08.06.2016, S. 267. Nach § 38a Abs. 1 Nr. 4 EEG darf die zuzuteilende Gebotsmenge die installierte Leistung der PV-Anlagen nicht überschreiten. Wenn der Bieter eine niedrigere Gebotsmenge als zuzuteilende Menge beantragt, erhält der Rest der installierten Leistung keine Förderung gem. § 19 EEG, sondern kann als ungeförderter Strom gem. § 21a EEG direkt vermarktet werden.

1155 „Verordnung über Gebühren und Auslagen der Bundesnetzagentur im Zusammenhang mit Ausschreibungen nach dem Erneuerbare-Energien-Gesetz und nach dem Kraft-Wärme-Kopplungsgesetz (Ausschreibungsgebührenverordnung – AusGebV)" v. 06.02.2015 (BGBl. I S. 108, 120), die zuletzt durch Art. 1 der Verordnung v. 05.03.2018 (BGBl. I S. 224) geändert worden ist.

1156 Die Gefahr einer Überregulierung sieht auch *Heine/Schwiederowski*, ZNER, 2016, 22, 29.

1157 *Pustlauk*, EWeRK 2016, 71, 71.

festgelegt. Gleichzeitig hat die BNetzA umfangreiche Kompetenzen. Die BNetzA ist nicht nur die Ausschreibungsstelle[1158]. Mit dem neuen EEG 2017 wurden ihre Kompetenzen mit dem Ausfall von § 88 Abs. 4 S. 2 EEG 2014 für die PV-Ausschreibungen zwar etwas beschränkt[1159]. Das Ausschreibungsmodell des EEG stößt auf Kritik, dass es wegen der starken Involvierung des Staates bei dem Ausschreibungsdesign und seine Anwendung zu einer Form von Planwirtschaft statt zu einer Marktwirtschaft führt[1160]. Darüber hinaus schafft das Ausschreibungsmodell keine hinreichende Marktintegration der EE-Anlagen, da auch im Fall der Ausschreibungen, die erfolgreichen Bieter die Marktprämie bekommen und ihre Vollkosten decken.

Die unterschiedlichen Ziele, die der deutsche Gesetzgeber verfolgt, machen das Ausschreibungsdesign so besonders. Es wurde kritisiert, da es nicht alle Ziele gleichermaßen berücksichtige[1161] und der Gesetzgeber sich von sachfremden Überlegungen leiten lasse. Ein Beispiel ist die Festlegung von Ackerflächen in beteiligten Gebieten, welche eher ein Ausdruck einer regionalen Entwicklungspolitik und nicht der effizientesten Stromerzeugung ist[1162].

Da das Modell der Ausschreibungen ein neues Modell ist, sind die Erfahrungen noch begrenzt. Der Erfolg des Ausschreibungsmodells wird hier dennoch kursorisch an der Erreichung seiner Ziele gemessen. Nach dem Willen des Verordnungs- und nachfolgend des Gesetzgebers hat das PV-Ausschreibungsmodell folgende Ziele: (aa) die Kosteneffizienz durch Senkung der Förderkosten – unter Wahrung hoher Akzeptanz und Akteursvielfalt und (bb) die kontinuierliche Weiterführung des Zubaus von PV-FFA. Diese Interessen stehen

---

1158 Die Bekanntmachung jeder Ausschreibung erfolgt acht bis fünf Wochen vor dem Gebotstermin auf der Internetseite der Behörde (§ 29 EEG).

1159 Die BNetzA kann aber immer noch eine Festlegung abweichend von § 30 zu Anforderungen an die Gebote und die Bieter treffen (§ 85 Abs. 2 Nr. 4 EEG) oder gem. § 85a Abs. 1 EEG den Höchstwert nach § 37b EEG für die Ausschreibungen in dem darauffolgenden Kalenderjahr durch Festlegung nach § 29 EnWG neu bestimmen.

1160 *Fell,* Der Wechsel von Einspeisevergütungen zu Ausschreibungen, 2017, S. 13. So auch im Ergebnis *Haucap/Klein,* Die Marktintegration der Stromerzeugung aus erneuerbaren Energien, 2013, S. 82. Im Fall der gemeinsamen Ausschreibungen für Wind und PV-Anlagen ist die Involvierung des Staates noch intensiver: Hier übernimmt die BNetzA als Behörde noch die Standortsteuerung der Anlagen, indem die auch die Terminobergrenze, die Verteilernetzausbaugebiete und die Verteilernetzkomponente bestimmt (§§ 8, 11 GemAV).

1161 *Heine/Schwiederowski,* ZNER, 2016, 22, 29.

1162 *Pustlauk,* EWeRK 2016, 71, 72.

im Konflikt und erfordern Regelungen, um sie in einen angemessenen Ausgleich zu bringen[1163].

(aa) Die Kosteneffizienz

Das erste Ziel wird durch eine gute „Wettbewerbsintensität" erreicht. Diese basiert wiederum auf einer Akteursvielfalt und einer Knappheitssituation. Um die Akteursvielfalt zu schaffen, muss zunächst das Ausschreibungsdesign so einfach, transparent und verständlich wie möglich gestaltet werden[1164]. Es ist allerdings fraglich, ob die Menge und Komplexität des Regelungsrahmens für Ausschreibungen dieser Intention gerecht werden[1165].

Ein anderer Faktor, der für die Akteursvielfalt wichtig ist, ist die Transparenz. Eine Regelung, die gewisse Vorteile hinsichtlich der Transparenz der Auktion hat, ist diejenige über die Bekanntgabe des Höchstpreises im Vorfeld der Auktion (§ 29 Abs. 1 Nr. 3 EEG). Allerdings hat sie Nachteile für den erwünschen Wettbewerb, denn sie gibt den Bietern ein eindeutiges Preissignal und ermöglicht somit die Orientierung am Höchstpreis. Dies kann das Marktergebnis negativ beeinflussen und die wettbewerbliche Preisfindung schwächen[1166]. Akteursvielfalt hat zur Folge, dass die Akteure um den Zuschlag konkurrieren und somit letztlich die tatsächlichen Kosten der Technologie (in diesem Fall der PV) über das Marktergebnis entscheiden[1167].

Wie bereits ausgeführt, wird die Wettbewerbsintensität auch durch die Knappheitssituation beeinflusst. Die Knappheitssituation wird durch das Ausschreibungsvolumen und die verfügbaren Flächen bestimmt. Bezüglich des Ausschreibungsvolumens wurden im Jahr 2015 500 MW und ab 2016 werden 600 MW jährlich ausgeschrieben. Vergleicht man das Ausschreibungsvolumen der PV (600 MW) mit dem vorgesehenen jährlichen PV-Ausbaupfad (2.500 MW), ist festzustellen, dass der größte Teil der installierten PV-Leistung nicht über Ausschreibungen gefördert wird, sondern über feste Einspeisevergütungen oder Direktvermarktung. Aus diesem Grund kann derzeit, entgegen der Regierung, noch nicht behauptet werden, dass das EEG 2017 einen Systemwechsel herbeiführe. Andererseits dient das beschränkte Volumen der Knappheitssituation, die notwendig ist, um Wettbewerb zu schaffen.

1163 FFAV, Begründung S. 39. S. auch BT-Drs. 18/8860, S. 159.

1164 FFAV, Begründung S. 39.

1165 BerlKommEnR/*Mohr*, Bd. 2, Sonderbd., 3. Aufl. 2015, Einführung in die FFAV, Rn. 7.

1166 ZSW/Takon et al., Ausgestaltung des Pilotausschreibungssystems für PV-FFA, 2014, S. 38.

1167 FFAV, Begründung, S. 1.

Was die Flächenkulisse betrifft, blieb diese für das Jahr 2015 erstmals beschränkt. Mit dem EEG 2017 wurde sie erweitert. Hinzugefügt wurden die Gebäudeanlagen und für die FFA die Grünflächen und die Flächen in Gewerbe- und Industriegebieten. Hier entsteht bereits ein Interessenkonflikt zwischen der Schaffung eines ausreichenden Wettbewerbs und dem Schutz der Umwelt und der Landwirtschaft. In der Regel dürfen die Gebote für Grünflächen (§ 37 Abs. 1 Nr. 3 lit. i EEG) oder für Flächen die als Ackerland genutzt worden sind und in einem benachteiligten Gebiet lagen (§ 37 Abs. 1 Nr. 3 lit. h EEG) nur berücksichtigt werden, wenn und soweit die Landesregierung eine Verordnung nach § 37c Abs. 2 EEG erlassen hat. In diesem Fall ist die Anzahl der Gebote sogar unbegrenzt. Zudem bleibt die Maximalgröße bei 10 MW pro Anlage[1168]. Deswegen scheint es zweifelhaft, ob und in welchem Umfang der Naturschutz durch diese Regelung gewährleistet werden kann.

Die Vor- und Nachteile der Preisbildungsregeln wurden bereits analysiert. Seitdem die Pilotphase zu Ende ist, findet nur das Preismodell des „pay-as-bid"-Verfahrens Anwendung. Letzteres passt besser zu dem aktuellen PV-Ausschreibungsdesign. Das „pay-as-bid"-Verfahren hat den Vorteil der besseren Allokation, denn die Gebote der Bieter entsprechen dem Preis, den sie selbst für notwendig halten. Das Verfahren ist weiterhin einfacher und auch für kleinere oder unerfahrene Akteure geeignet. Gleichzeitig ist es wenig wahrscheinlich, dass seine Nachteile auftreten, da „überhitzte" Auktionen wegen der restriktiven Flächenkulisse nicht auftreten werden[1169].

Da nach Auffassung des Verordnungsgebers beide Verfahren Anreize zu strategischem Verhalten geben, was zu Überförderungen führen kann, erhält die BNetzA die Möglichkeit, durch eine Festlegung nach § 85a EEG die Preisregel an das Verhalten in der vorherigen Bieterrunde anzupassen[1170]. Das häufig strategische Bieterverhalten erklärt die sehr weite Festlegungskompetenz der BNetzA (§ 35 FFAV und nachfolgend §§ 85, 85a EEG). Sie muss als ausschreibende Stelle schnell auf strategisches Verhalten reagieren und das Ausschreibungsdesign anpassen können. Ohne eine solche Festlegungskompetenz müsste für jede Änderung am Ausschreibungsdesign die Rechtsverordnung geändert werden[1171].

Um Kosteneffizienz zu schaffen reicht es allerdings nicht, die Förderkosten zu reduzieren. Gleichzeitig müssen auch die sog. indirekten Kosten, wie z. B. die

---

1168 BT-Drs. 18/8860, S. 159.
1169 *Mohr*, EnWZ 2015, 99, 103
1170 § 13 FFAV, Begründung, S. 74.
1171 § 35 FFAV, Begründung, S. 91.

Verwaltungskosten, gesenkt werden. Verwaltungskosten ergeben sich wegen der Durchführung der Ausschreibungen und wegen der hohen Anforderungen an Qualität, Realisierungswahrscheinlichkeit und Planungssicherheit der Projekte[1172]. Die BNetzA nennt das Präqualifikationsverfahren als den mit Abstand aufwändigsten Arbeitsschritt[1173]. Diese Kosten sollten auf ein wettbewerbliches Niveau zurückgeführt werden[1174]. Zu den indirekten Kosten gehören auch die Kosten des Systemumbaus. Dabei geht um die effizientere Ansiedlung der EE-Anlagen zur Senkung der Netzausbaukosten. Dies wurde bereits im Kap. „Netzintegration" diskutiert.

(bb) Die kontinuierliche Weiterführung des Zubaus der PV-Anlagen

Hier muss sich der Zubau der ausgeschriebenen Mengen an dem Ausbaupfad nach § 4 Nr. 3 EEG orientieren. Im Jahr 2015 wurden 500 MW ausgeschrieben und mit dem EEG 2017 wurde das Ausschreibungsvolumen für die PV um 100 MW erhöht. Der Grund ist die Erweiterung der Ausschreibung auf PV-Anlagen auf baulichen Anlagen (wie Deponien) sowie großen Dachanlagen[1175]. Wenn die bezuschlagten Gebote bei einer Ausschreibung die Anzahl der 200 MW nicht erreichen oder die Zweitsicherheit bei der PV nicht geleistet wird, wird das Volumen der nächsten Ausschreibung entsprechend erhöht (§ 28 Abs. 5 EEG). Dies soll dem kontinuierlichen Zubau der PV-FFA dienen.

Ferner muss auch die Realisierungswahrscheinlichkeit der Projekte sichergestellt werden. Die Erfahrung in anderen Ländern hat gezeigt, dass viele EE-Projekte nach dem Zuschlag nicht realisiert wurden[1176]. Gründe waren vor allem die unrealistisch niedrigen Gebotspreise aber auch die mangelnde Qualifikation der Bieter[1177]. Der deutsche Gesetzgeber versucht dieses Problem durch Präqualifikationsanforderungen und Pönalen (vgl. §§ 30, 31, 33, 34, 35a, 37 EEG) zu beseitigen[1178]. Aus diesem Grund muss das Ausschreibungsmodell

---

1172 So auch *Breuer/Lindner*, REE, 2015, 10.

1173 BNetzA, Pilotausschreibungen zur Ermittlung der Förderhöhe für PV-FFA, 2016, S. 12.

1174 *Mohr*, EnWZ 2015, 99, 101.

1175 BMWi, EEG-Novelle 2016, Eckpunktepapier, S. 6.

1176 *Heine/Schwiederowski*, ZNER 2016, 22, 27; Ecofys/AURES, Small-scale PV Auctions in France, 2016; EWEA, Design options for wind energy tenders, 2015; BT-Drs. 18/7287, S. 12.

1177 *Mohr*, VersorgW 2016, 165, 167.

1178 BerlKommEnR/*Mohr*, Bd. 2, Sonderbd., 3. Aufl. 2015, Einführung in die FFAV, Rn. 11.

Planungssicherheit gewähren, um Investoren anzureizen, die Projekte vorzuentwickeln[1179]. Planungssicherheit ist aber auch für die restliche Kapazität erforderlich, d.h. für die Menge, die nicht ausgeschrieben, aber realisiert werden muss, damit der Ausbaupfad nach § 4 EEG erreicht wird. Für diese Menge gelten, wie oben beschrieben, die Regelungen im EEG 2017 (§ 48 EEG).

Neben den zwei Zielen der Kosteneffizienz und der kontinuierlichen Fortsetzung des PV-Zubaus ist zu erkennen, dass das deutsche Ausschreibungsdesign weitere Interessen zu befriedigen versucht, wie den Umweltschutz oder die sozialpolitische Akteursvielfalt (§ 2 Abs. 3 S. 2 EEG) und Akzeptanz. Die Bedeutung letzterer für ein Projekt wie die Energiewende ist offensichtlich. Der EE-Anteil von 80% am Bruttostromverbrauch bis 2050 bedeutet eine komplette Umstellung der Energieerzeugung und –versorgung, so dass die Partizipation der Bevölkerung fair gestaltet werden sollte, so dass die meisten Akteure auch aktiv teilnehmen können[1180].

Dem Umweltschutz wird durch die Begrenzungen der Gebotsmengen (bis zu 10 MW) oder durch die restriktiven Flächenkulissen Rechnung getragen[1181]. Der sozialpolitischen Akteursvielfalt wird Rechnung getragen, indem das Ausschreibungsdesign der Preisbildungsregel des „Pay-as-bid-Verfahrens“ folgt, welche einfacher als die „Einheitspreisregel“ umzusetzen ist. Akzeptanz wird auch dadurch erreicht, dass die kleineren PV-Anlagen (bis 750 kW) nicht an Ausschreibungen teilnehmen müssen, deren Präqualifikationsanforderungen wegen der geringen installierten Leistung nicht immer zu erfüllen sind. Die Ausschreibungen erfordern erhebliche Investitionen für die Voruntersuchung der Flächen und Sicherheitsleistungen vor der Beurteilung einer realistischen Möglichkeit der Zuschlagserteilung[1182].

Gleichzeitig stehen aber diese Interessen in Konflikt miteinander und mit den bereits genannten Interessen der Kosteneffizienz und der kontinuierlichen Weiterführung des PV-Zubaus. Die restriktive Flächenkulisse dient dem Umweltschutz, kann aber zur Beschränkung der Anzahl der Bieter führen. Ein anderer Konflikt ist die Tatsache, dass der Ausschluss kleinerer PV-Anlagen von den Ausschreibungen zur Akzeptanz des Ausschreibungsmodells aber gleichzeitig auch zur Erhöhung der Förderungskosten führt.

1179 *Beckmeyer*, EnWZ 2014, 433, 434.

1180 *Fell*, Der Wechsel von Einspeisevergütungen zu Ausschreibungen, 2017, S. 10.

1181 *Mohr*, N&R 2015, 76, 82.

1182 *Mohr*, VersorgW 2016, 165, 167.

Im Ergebnis ist festzustellen, dass das EEG 2017 ein sehr komplexes Gesetz ist, welches gegenläufige Interessen befriedigen will. Dies hat zur Folge, dass die Regelungen auch politische Kompromisse, wie die Begrenzungen der Gebotsmengen oder die restriktiven Flächenkulissen, enthalten[1183]. Da die Interessen gegenläufig sind, ist es unmöglich alle Interessen gleichermaßen zu befriedigen[1184]. Dabei ist die Rolle der BNetzA als zentrale Ausschreibungsstelle wichtig. Die BNetzA findet sich in einer neuen Rolle und bekommt regulatorische Aufgaben[1185] in einem Bereich, der traditionell nicht reguliert war, dem der Stromerzeugung. Nun hat sie den Auftrag, die wettbewerbliche Gestaltung der Förderung zu sichern und in diesem Zusammenhang sind ihre Kompetenzen sehr umfangreich[1186].

(b) Die Ergebnisse der ersten PV-Ausschreibungen

Der Erfolg des Ausschreibungsmodells ist an der Erreichung seiner Ziele zu messen. Seit 2015 haben in Deutschland insg. zehn PV-Ausschreibungen stattgefunden. Die Ergebnisse der PV-Ausschreibungen haben Folgendes gezeigt: Was die Wettbewerbsintensität betrifft, überstiegen die Gebote in jeder Ausschreibung das Ausschreibungsvolumen durchschnittlich um das Dreifache[1187]. Was die Kosteneffizienz betrifft, sank die durchschnittliche Förderhöhe von Runde zu Runde: Von 7,41 ct/kWh (April 2016)[1188] sank sie auf 4,33 ct/kWh (Febr. 2018). Darüber hinaus lag sie deutlich unter dem jeweiligen Höchstpreis (11,09 ct/kWh und 8,84 ct/kWh) und auf niedrigerem Niveau als die administrativ festgelegte Förderhöhe nach dem EEG 2014/2017[1189]. Dies ist in erster Linie begrüßenswert, allerdings ist es noch nicht klar, ob diese Gebote die tatsächlichen Kosten wiederspiegeln oder ob sie unterhalb der tatsächlichen Kosten liegen, damit die Bieter den Zuschlag erhalten[1190]. Dies wird erst zwei Jahre nach der Durchführung der Ausschreibung festgestellt, da die Realisierungsfrist zwei Jahre beträgt.

1183 *Mohr*, N&R 2015, 76, 82.

1184 *Kopp* et al., Wege in ein wettbewerbliches Strommarktdesign für erneuerbare Energien, 2013, S. 14.

1185 *Breuer/Lindner*, REE, 2015, 10, 11.

1186 Siehe insbesondere §§ 85–85b EEG.

1187 In den letzten drei PV-Ausschreibungsrunden, für die die Data veröffentlicht worden sind (Februar 2017 bis Oktober 2017) wurden insgesamt 600 MW ausgeschrieben und die Bieter haben mit einer Leistung von insgesamt 1.888 MW geboten, BNetzA, Ergebnisse der EEG Ausschreibung für Solaranlagen vom 01.10.2017, S. 10.

1188 An dieser Stelle wird die durchschnittliche Förderhöhe mit April 2016 verglichen, da die früheren Ausschreibungen die Einheitspreisregel verwendet worden war.

1189 BNetzA, Ergebnisse der EEG Ausschreibung für Solaranlagen vom 01.06.2017, S. 8.

1190 *Gawel/Purkus/Bruttel*, EnWZ, 2016, 153, 157.

Im Hinblick auf die Akteursvielfalt hat die Teilnehmerstruktur Folgendes gezeigt: Die meisten Zuschläge erhält die GmbH & Co. KG (von 50 % – 80 % der Zuschläge) gefolgt von der GmbH. Natürliche Personen haben nur in der dritten Ausschreibungsrunde einen Zuschlag erhalten[1191]. Die meisten Zuschläge erhalten somit größere Unternehmen oder Projektentwickler, nicht aber Bürgerenergiegemeinschaften, andere Arten von Kooperativen oder individuelle Projekte[1192]. Dies zeigt, dass die Teilnehmer nicht heterogen sind, wodurch die Akteursvielfalt in den nächsten Ausschreibungsrunden noch sinken könnte.

Weiterhin, ist es zu erkennen, dass die meisten Zuschläge der Gebotsmengenkategorie 5.001-10.000 kW und die wenigsten Zuschläge der Gebotsmengenkategorie 750–2.000 kW gehören[1193]. Das heißt, dass die größeren Bieter erfolgreicher sind, da ihre Gebote niedriger als die der kleineren Bieter sind. Durch Skaleneffekte sinken nämlich die Kosten pro kW. Dies mag kosteneffizient sein. Allerdings zeigt dieses Ergebnis auch, dass die kleineren Bieter verdrängt werden. Darüber hinaus dürfen die Bieter große Gebote splitten und sie auf mehrere kleine Anlagen verteilen. Deswegen ist es nicht sicher, ob Gebote mit einem kleinen Gebotsumfang letztlich auch zu einer kleinen Anlage gehören[1194].

Bezüglich der Flächennutzung sind die Konversionsflächen und die Ackerflächen (in benachteiligten Gebieten) die häufigsten Flächenkategorien. Gebote für PV-Anlagen auf Ackerflächen sind bislang nicht bei jeder Ausschreibungsrunde erlaubt worden. Nach der FFAV durften im Jahr 2016 insg. nur 10 Gebote auf Ackerflächen bezuschlagt werden (§ 12 Abs. 4 FFAV). Nach dem EEG 2017 sind die PV-Anlagen auf Ackerflächen erlaubt nur wenn der Landesgesetzgeber es durch eine Verordnung gem. § 37c Abs. 2 EEG gestattet. Zwei Bundesländer (Bayern und Baden-Württemberg) haben im Jahr 2017 entsprechende Rechtsverordnungen erlassen. Trotz der oben genannten Beschränkungen

---

1191 BNetzA, Vorläufige Ergebnisse der dritten Ausschreibungsrunde für Photovoltaik (PV)-Freiflächenanlagen vom 1. Dezember 2015, S. 4.

1192 *Fell,* Der Wechsel von Einspeisevergütungen zu Ausschreibungen, 2017, S. 10.

1193 Die Zuschläge, die der Gebotsmengenkategorie 5.001-10.000 kW gehören, sind dreimal so viel wie die der Gebotsmengenkategorie 750–2.000 kW, s. BNetzA, Ergebnisse der EEG Ausschreibung für Solaranlagen vom 01.02.2017, S. 8 und BNetzA, Ergebnisse der EEG Ausschreibung für Solaranlagen vom 01.06.2017, S. 7. Nur an der Ausschreibung vom Oktober 2017 gehörten die meisten Zuschläge der Gebotsmengenkategorie 2.001-5.000 kW, BNetzA, Ergebnisse der EEG Ausschreibung für Solaranlagen vom 01.10.2017, S. 9.

1194 BNetzA, Ergebnisse der EEG Ausschreibung für Solaranlagen vom 01.06.2017, S. 7.

sind die Ackerflächen die häufigste Flächenkategorie. In der Ausschreibungsrunde vom Juni 2017 wurden 54% der Zuschläge für Gebote für PV-Anlagen auf Ackerflächen erteilt[1195]. In der Ausschreibungsrunde vom Februar 2017 waren die Konversionsflächen mit 26 % der Zuschläge die häufigste Kategorie, da die Ackerflächen mangels der Landesverordnungen nicht zugelassen worden waren[1196]. Auch bei der Ausschreibung im Oktober 2017 wurden über die Hälfte der Zuschläge für Gebote erteilt, die sich auf Ackerland in benachteiligten Gebieten bezogen. Diesmal entfiel der Großteil der Zuschlagsmenge (165 von insg. 200 MW) auf Gebote für Anlagen auf sonstigen baulichen Anlagen[1197]. Letzteres ist begrüßenswert mit Blick auf die Inanspruchnahme der Fläche.

Die Realisierungsrate der Projekte kann erst zwei Jahre nach der Durchführung der Ausschreibung festgestellt werden, da das EEG den Bietern eine Umsetzungsfrist von zwei Jahren bis zur Inbetriebnahme der Anlage einräumt. Am 21.08.2017 und am 01.12.2017 endete die Umsetzungsfrist für den Bau der PV-Anlagen aus der zweiten Ausschreibungsrunde (vom August 2015) und aus der dritten Ausschreibungsrunde (vom Dezember 2015). Nach der BNetzA sind knapp 90 % der Zuschlagsmenge aus beiden Runden errichtet worden[1198]. Entscheidender Faktor für diesen Erfolg war in beiden Runden die Flexibilität des Verfahrens. Die Projektentwickler haben die Möglichkeit des § 54 Abs. 2 S. 1 EEG genutzt, ihren Zuschlag auf einer anderen Fläche zu realisieren, als bei der Gebotsabgabe geplant. Insgesamt betraf dies an der zweiten Runde 37 % (53 MW von 142 MW)[1199]. In diesem Fall erhalten die Projekte eine um 0,3 ct/kWh verminderte Förderung[1200]. Dies hat zu einer Verschiebung der regionalen Verteilung der Projekte geführt[1201].

1195 BNetzA, Ergebnisse der EEG Ausschreibung für Solaranlagen vom 01.06.2017, S. 6.

1196 BNetzA, Ergebnisse der EEG Ausschreibung für Solaranlagen vom 01.02.2017, S. 6.

1197 BNetzA, Ergebnisse der EEG Ausschreibung für Solaranlagen vom 01.10.2017, S. 7.

1198 BNetzA, Pressemitteilung. Realisierungsrate der zweiten Photovoltaik-Ausschreibung v. 28.08.2017, abrufbar auf https://www.bundesnetzagentur.de/SharedDocs/Pressemitteilungen/DE/2017/28082017_PVAusschreibung.html, zuletzt abgerufen am 07.09.2017 und Pressemitteilung. Realisierungsrate der dritten Ausschreibungsrunde für Photovoltaik- Freiflächenanlagen, abrufbar auf https://www.bundesnetzagentur.de/SharedDocs/Pressemitteilungen/DE/2018/20180109_PVFreiflaechenanlagen.html, zuletzt abgerufen am 27.03.2018.

1199 Für die dritte Runde hat die BNetzA diesbezüglich keine Data veröffentlicht.

1200 BMWi, Pressemitteilung, Staatssekretär Baake: „Ausschreibungen und eine hohe Realisierungsrate sind kein Widerspruch", abrufbar auf https://www.bmwi.de/Redaktion/DE/Pressemitteilungen/2017/20170828-baake-ausschreibungen-und-eine-hohe-realisierungsrate-sind-kein-widerspruch.html, zuletzt abgerufen am 07.09.2017.

1201 BNetzA, Pressemitteilung. Realisierungsrate der zweiten Photovoltaik-Ausschreibung v. 28.08.2017, abrufbar auf https://www.bundesnetzagentur.de/SharedDocs/

Trotz der guten Realisierungsrate der ersten Runde gibt es Bedenken, dass einige Projekte der daraufkommenden Runden nicht realisiert werden werden. Der wichtigste Grund dafür ist, dass die Bieter auf Senkung der Kosten der PV-Anlagen in den darauffolgenden Monaten spekulieren und niedrigere Gebote als ihre aktuellen Vollkosten abgeben[1202]. Insbesondere weil die Preise der PV-Module derzeit nicht weiter sinken, ist fraglich, ob die Kosten der Bieter bis zur Realisierung der Projekte tatsächlich sinken werden[1203]. Dies wird zu einem Unterschreiten der gewünschten Zubaumenge führen.

Weiteres Zeichen für das Unterschreiten der gewünschten Zubaumenge ist das Ausbremsen und die Verringerung des Investitionsvolumens[1204]. In den letzten drei PV-Ausschreibungsrunden (Februar 2017 bis Oktober 2017) wurden insgesamt 600 MW ausgeschrieben, die Bieter haben mit einer Leistung von insgesamt 1.888 MW geboten aber nur 90 Angebote erhielten den Zuschlag[1205]. Das heißt, dass die Akteure Interesse gezeigt hatten, ein viel größeres Volumen zu

Pressemitteilungen/DE/2017/28082017_PVAusschreibung.htm, zuletzt abgerufen am 07.09.2017. Nach der Feststellung der BNetzA haben einige Bundesländer wie Bayern und Mecklenburg-Vorpommern deutlich höhere „Realisierungsanteile" als nach den Ausschreibungsergebnissen zu erwarten gewesen wäre.

1202 In dieser Hinsicht gibt es noch mehr Bedenken für das Ausschreibungsmodell über die Windenergieanlagen: Während der zweiten Runde (Februar 2018) lag der niedrigste Gebotswert (mit Zuschlag) bei 3,80 ct/kWh (BNetzA, Gebotstermin 1. Februar 2018, abrufbar auf https://www.bundesnetzagentur.de/DE/Sachgebiete/ElektrizitaetundGas/Unternehmen_Institutionen/Ausschreibungen/Wind_Onshore/BeendeteAusschreibungen/Gebotstermin_01_02_2018/Gebotstermin_01_02_18_node.html, zuletzt abgerufen am 29.03.2018). Die Bieter haben die Rechte zum Anlagenaufbau gesichert und werden erst in den nächsten Jahren entscheiden, ob sie die Projekte auch tatsächlich realisieren wollen. Dies wird der Fall sein, nur wenn die Kosten weiter fallen und/oder die Strompreise auf der Börse steigen. Auf diese Weise senkt diese „Blockadestrategie" den EE-Ausbau noch weiter (*Fell,* Der Wechsel von Einspeisevergütungen zu Ausschreibungen, 2017, S. 12, 14 m.w.H.).

1203 *Bruttel/Purkus/Gawel,* Auktionen als Förderinstrument für erneuerbare Energien, 2016, S. 79.

1204 *Fell,* Der Wechsel von Einspeisevergütungen zu Ausschreibungen, 2017, S. 12, 14.

1205 Die Anzahl der Gebote, die einen Zuschlag erhielten sank sogar von 38 (Februar 2017) auf 20 (Oktober 2017), BNetzA, Ergebnisse der EEG Ausschreibung für Solaranlagen vom 01.10.2017, S. 10.

realisieren. Es gibt keine Sicherheit, dass diese Akteure auch in der Zukunft ein solches Interesse zeigen werden.

Auch die internationale Erfahrung zeigt, dass eine große Anzahl der geplanten Projekte nicht oder nicht im Zeitplan realisiert wurde. Beispielweise sind die Ausschreibungen in Großbritannien in den 1990er Jahren, die Ausschreibungen in China in 2003, in Brasilien, Italien, Frankreich oder in Portugal nicht gut gelungen[1206]. In den ersten zwei Fällen war der Grund die zu niedrigen Gebote, die die Bieter abgegeben hatten[1207]. Für die anderen Länder gab es auch weitere Gründe, wie die Verzögerung bei dem Netzausbau (Brasilien[1208] und Italien[1209]) oder die fehlende Projektprüfung, bürokratische Hürden und schleppende Genehmigungsverfahren (Portugal)[1210]. Auch wenn die Gründe oder die Schwächen in jedem Land unterschiedlich waren, sodass sich Verallgemeinerungen verbieten[1211] und nicht alle auf Deutschland übertragbar sind, ergibt sich aus der internationalen Erfahrung eine Tendenz zu teilweise verzögerten oder kleineren Zubauraten.

Die Ergebnisse der weiteren Ausschreibungsrunden in Deutschland werden zeigen, ob das PV-Ausschreibungsmodell, die Ziele der Kosteneffizienz, der Weiterführung des Zubaus und des Umweltschutzes für die PV noch effizienter erreichen kann.

bb) Gemeinsame Ausschreibungen

Gemeinsame Ausschreibungen für Windenergieanlagen an Land und Solaranlagen wurden zum ersten Mal im Jahr 2017 durch die Verordnung zu den gemeinsamen Ausschreibungen (GemAV) eingeführt. Dies war ein Ergebnis der beihilferechtlichen Genehmigung des EEG 2017 durch die Europäische Kommission[1212]. § 39i EEG 2017 ermächtigt den Verordnungsgeber, gem. § 88c EEG eine Verordnung zu erlassen, um gemeinsame Ausschreibungen für

---

1206 AURES, Auctions for Renewable Support, 2016, S. 33; *Bruttel/Purkus/Gawel*, Auktionen als Förderinstrument für erneuerbare Energien, 2016, S. 31.

1207 *Bruttel/Purkus/Gawel*, Auktionen als Förderinstrument für erneuerbare Energien, 2016, S. 40.

1208 *Elizondo/Barroso et al.*, Performance of renewable energy auctions, 2014.

1209 AURES, Auctions for Renewable Support, 2016, S. 33.

1210 *Kopp* et al., Wege in ein wettbewerbliches Strommarktdesign für erneuerbare Energien, 2013, S. 76.

1211 *Kopp* et al., Wege in ein wettbewerbliches Strommarktdesign für erneuerbare Energien, 2013, S. 67.

1212 KOM, Entsch. v. 20.12.2016, SA.45461, C(2016) 8789 final, Rn. 50 – EEG 2017

Windenergieanlagen an Land und Solaranlagen für die Jahre 2018 bis 2020 zu testen. Ziel dieser Verordnung ist, der Entscheidung der Kommission und den EEAG Rechnung zu tragen, Wettbewerb zwischen den EE-Technologien zu schaffen[1213] und insgesamt die Netz- und Marktintegration der EE voranzutreiben.

(1) Das Ausschreibungsdesign

Wenn nicht anders in der GemAV geregelt, gelten in den gemeinsamen Ausschreibungen grundsätzlich für die Anlagen der Windenergie und der PV jeweils die allgemeinen und die technologiespezifischen Ausschreibungsregeln des EEG[1214]. Insgesamt werden jährlich 400 MW in zwei Runden ausgeschrieben (§ 4 GemAV).

Um ihre oben genannten Zwecke zu erreichen, führt die GemAV einige Abweichungen und Neuregelungen im Vergleich zum EEG ein. Wichtigste Neuregelungen sind die sog. Verteilernetzkomponente (§ 2 Abs. 1 Nr. 6 GemAV), die Terminobergrenze (§ 8 GemAV) und die in bestimmten Regionen begrenzte Anhebung der maximalen Gebotsgröße für Solaranlagen von 10 MW auf 20 MW[1215]. Da die Verteilernetzkomponente und die Terminobergrenze Anreize für eine bessere Allokation der Anlagen zur Bewältigung der Netzengpässe geben, wurden sie im entsprechenden Abschnitt bereits diskutiert. Grund für die dritte Neuregelung ist, dass diese Regionen ein großes Flächen- und Kostensenkungspotential aufweisen. Der Höchstwert entspricht im Fall der PV-Anlagen gem. § 12 GemAV dem letzten vor der Bekanntmachung des Gebotstermins der gemeinsamen Ausschreibung bekanntgemachten Höchstwert in den energieträgerspezifischen Ausschreibungen für PV-Anlagen nach den §§ 29 und 37b Abs. 2 EEG. Der Höchstwert für Windenergieanlagen ist für die Jahre 2019-2020 anders bestimmt. Dadurch soll Wettbewerb zwischen den Technologien entstehen.

Außer den Neuregelungen bzw. Abweichungen gelten für die EE-Anlagen der gemeinsamen Ausschreibungen im Übrigen die üblichen Regelungen des EEG. (Netzanschluss und -zugang, Vergütung nach dem AW).

1213 So auch der Verordnungsgeber in der Begründung der Verordnung zu Ausschreibungen für KWK-Anlagen und innovative KWK-Systeme, zu den gemeinsamen Ausschreibungen für Windenergieanlagen an Land und Solaranlagen sowie zur Änderung weiterer Verordnungen, BT-Drs. 18/12375, S. 101.

1214 Vgl. § 3 GemAV.

1215 Es geht um die vier Braunkohleregionen Deutschlands, BT-Drs. 18/12375, S. 103.

(2) Kritische Würdigung

Ziele der gemeinsamen EE-Ausschreibung sind die Ziele jeder EE-Ausschreibung: (aa) die Kosteneffizienz durch Senkung der Förderkosten – unter Wahrung der Wettbewerbsintensität und (bb) die kontinuierliche Weiterführung des Zubaus der Anlagen. Im Gegensatz zu der technologiespezifischen Ausschreibung soll allerdings die gemeinsame Ausschreibung bzgl. des ersten Ziels zusätzlich Wettbewerb zwischen den EE-Technologien schaffen und zur größeren Senkung nicht nur der Förder- sondern auch der Systemintegrationskosten führen.

(a) Das Ausschreibungsdesign

(aa) Die Kosteneffizienz

Bezüglich des ersten Ziels sind gegen die technologieneutralen Ausschreibungen grundsätzlich zwei Argumente hervorzubringen: Das erste ist, dass sie zu „Mitnahmeeffekten" durch kostengünstige Technologien führen[1216]. Das zweite ist, dass sie zur Abschaffung der Diversifizierung der EE-Technologien führen, welche zur Sicherstellung der Netzstabilität und Systemintegration der EE-Anlagen notwendig ist[1217].

Im Folgenden wird eine erste Abschätzung des konkreten Ausschreibungsdesigns der GemAV versucht. Mitnahmeeffekt ist der Effekt der Zahlung von einer Förderung, bei der auch ohne zusätzlichen Anreiz teilweise oder in vollem Umfang die gewünschte Verhaltensänderung bereits vorgelegen hätte[1218]. Im Fall der EE-Ausschreibungen würde es heißen, dass einzelne Anlagen über das EEG gefördert werden, die auch ohne diese Förderung, oder bei einer geringeren Förderung, am Strommarkt bestehen würden. Aus diesem Grund wurde vorgeschlagen, dass sowohl die Wind- als auch die PV-Technologie in ihren Potentialen voll ausgeschöpft sein müssen und nicht durch direkte Konkurrenz ausgebremst werden[1219]. Dies könnte geschehen, wenn sich die Spreizung bei den Vollkosten beider Technologien im Zeitverlauf reduziert[1220].

Auf der anderen Seite wird argumentiert, dass es sich im Fall der EEG-Förderungen nur um einen Deckungsbeitrag handelt[1221]. Darüber hinaus stehen diesen

1216 Vgl. BT-Drs. 18/8860, S. 155.

1217 BerlKommEnR/*Sänger/Martel*, Bd. 6, 4. Aufl. 2017, § 39i EEG 2017, Rn. 1.

1218 Gabler Wirtschaftslexikon, Mitnahmeeffekt, abrufbar auf https://wirtschaftslexikon.gabler.de/definition/mitnahmeeffekt-39313, zuletzt abgerufen am 22.03.2018.

1219 BWE, Stellungnahme zur GemAV, 2017, S. 1.

1220 *Kopp* et al., Wege in ein wettbewerbliches Strommarktdesign für erneuerbare Energien, 2013, S. 16, 17.

1221 Monopolkommission, Sondergutachten, 2017, S. 88.

Kosten die vermiedenen Kosten gegenüber, die eine bevorzugte Förderung kostengünstiger Technologien zur Folge hat[1222]. Ferner wird durch den Wettbewerb zwischen den Technologien die dynamische Effizienz gestärkt, welche zur Förderung von Innovationen führt[1223].

In Bezug auf das konkrete Ausschreibungsdesign von GemAV ist Folgendes festzustellen: Es ist bekannt, dass der Wettbewerbsdruck zur Kostensenkung führt. Zu diesem Zweck sollen die Elemente so ausgestaltet werden, dass die Technologien faire Chancen haben, miteinander zu konkurrieren. Das ist eine sehr komplexe Aufgabe, da die Technologien der PV und der Windenergie bedeutende Unterschiede bzgl. der Kosten, der Projektgröße, der materiellen und finanziellen Präqualifikationen und auch der Vorlaufzeiten zur Realisierung der Projekte aufweisen. So erfordern die Windenergieanlagen im Gegensatz zu PV-Anlagen eine Genehmigung nach dem BImSchG[1224]. Die Windenergieanlagen haben eine längere Vorlaufzeit zur Realisierung als die PV-Anlagen[1225]. Aus diesem Grund wird es diskutiert, ob bei einer gemeinsamen Ausschreibung die Elemente des Designs gemeinsam oder unterschiedlich für jede Technologie sein sollen.

Obwohl die Ausschreibungen in der GemAV „gemeinsam" heißen, gelten für sie außer einigen allgemeinen gleichzeitig auch die energieträgerspezifischen Bedingungen[1226]. So sind die Realisierungszeiträume unterschiedlich. Für Windenergie sind sie 30 Monate (§ 36 Abs. 1 EEG), für Solarenergie aber nur 24 Monate (§ 37d Abs. 2 EEG). Dies ist einerseits verständlich, da die Realisierungszeiträume beider Technologien unterschiedlich sind. Andererseits führt es dazu, dass die Windenergie unter Umständen stärker sinkende Einkaufspreise in ihren Projektkalkulationen zugrunde legen könnte[1227]. Auch die Sicherheiten sind unterschiedlich. Da bei der Windenergie die sog. späten Ausschreibungen stattfinden, fallen die Sicherheiten aufgrund der höheren Realisierungswahrscheinlichkeit mit 30 € je kW geringer aus als bei PV. Bei der PV ist die Sicherheit von insg. 50 € in zwei Teile aufgeteilt: Die erste i.H.v. 5 € ist bei der Gebotsabgabe

---

1222 Monopolkommission, Sondergutachten, 2017, S. 88.

1223 Frontier Economics, Technologieoffene Ausschreibungen für Erneuerbare Energien, 2014, S. 25.

1224 BT-Drs. 18/8860, S. 149. Für die PV-Anlagen ist nur ein Aufstellungsbeschluss oder Offenlegungsbeschluss nötig (§§ 37 Abs. 1 Nr. 3, 37 Abs. 2 Nr. 1 EEG).

1225 Frontier Economics, Studie „Technologieoffene Ausschreibungen für Erneuerbare Energien", 2014, S. 33.

1226 *Mohr*, RdE, 2018, 1, 9.

1227 BEE, Stellungnahme zur KWKAusV und zur GemAV, 2017, S. 17.

und die zweite i.H.v. 45 € ist nach Zuschlagserteilung zu leisten, da der Gesetzgeber der sog. frühen Ausschreibung aus Schutz der kleineren Investoren folgt. Dafür ist bei Gebotsabgabe keine höheren Sicherheiten zu leisten[1228].

Der Höchstwert ist nur für die gemeinsame Ausschreibung im Jahr 2018 gemeinsam. Für die Jahre 2019-2020 ist er technologiespezifisch (§ 12 GemAV i.V.m. §§ 29 und 37b Abs. 2 EEG). Der Höchstwert für Windenergieanlagen ist für die Jahre 2019-2020 anders bestimmt. Der Grund für die differenzierten Höchstwerte ist, dass wegen des Ausfalls des Referenzertragsmodells mögliche Renditen an den windstärkeren Standorten durch die sog. regional differenzierten Höchstwerte begrenzt werden sollen[1229].

Auch wenn die Vollkosten der Technologien nicht sehr nah liegen, müssen die Elemente des Designs zum Wettbewerbsdruck führen. Die Ergebnisse der letzten separaten Ausschreibungen zu PV und Windenergieanlagen zeigen, dass die durchschnittlichen Zuschlagspreise sehr nah zu einander liegen: Bei den Wind-Ausschreibungen lag der durchschnittliche Zuschlagspreis bei 4,73 ct/kWh[1230] und bei PV bei 4,33 ct/kWh[1231]. Zwar sind die Ergebnisse der Ausschreibungen nicht direkt vergleichbar und übermittelbar, da das Ausschreibungsdesign für jede Technologie unterschiedlich ausgestaltet ist. Nichtsdestotrotz ist der durchschnittliche Zuschlagspreis ein erster Indikator, dass unter richtiger Berücksichtigung aller Elemente der Ausschreibung ein Wettbewerb möglich wäre.

Die Diversifizierung und die Systemintegrationskosten sind Gründe, für die die EEAG eine technologiespezifische Ausschreibung als Ausnahme vom

---

1228 *Mohr*, RdE, 2018, 1, 8.

1229 Da das Referenzertragsmodell keine Anwendung findet, kann auch nicht der Höchstwert für Windenergieanlagen an Land in den technologiespezifischen Ausschreibungen herangezogen werden. Stattdessen wird der Höchstwert für Solaranlagen übertragen, BWMi, Gemeinsame Ausschreibungen für Windenergieanlagen und Solaranlagen, 2016, S. 4.

1230 BNetzA, Gebotstermin 1. Februar 2018 (Windenergieanlagen), abrufbar auf https://www.bundesnetzagentur.de/DE/Sachgebiete/ElektrizitaetundGas/Unternehmen_Institutionen/Ausschreibungen/Wind_Onshore/BeendeteAusschreibungen/Gebotstermin_01_02_2018/Gebotstermin_01_02_18_node.html, zuletzt abgerufen am 22.03.2018.

1231 BNetzA, Gebotstermin 1. Februar 2018 (Solar-Anlagen), abrufbar auf https://www.bundesnetzagentur.de/DE/Sachgebiete/ElektrizitaetundGas/Unternehmen_Institutionen/Ausschreibungen/Solaranlagen/BeendeteAusschreibungen/Ausschreibungen2018/Gebotstermin_01_02_2018/gebotstermin_01_02_2018_node.html, zuletzt abgerufen am 07.04.2018.

Grundsatz der Technologieneutralität erlauben[1232]. Es wird hervorgebracht, dass die technologieneutralen Ausschreibungen das Risiko zur Minderung der Diversifizierung[1233] oder sogar zur Bildung einer Monokultur erhöhen[1234]. Wenn sich eine Technologie durchsetzen sollte, würde dies einerseits zu systemischen Nachteilen wie zu einer stärkeren Konzentration der Erzeugung auf bestimmte Stunden führen[1235]. Dies würde die Volatilität der EE erhöhen. Andererseits würde dies zu der Konzentration auf nur eine Branche führen[1236] und würde die Akzeptanz der EE-Förderung gefährden.

Darüber hinaus kann sich das mit mehreren EE-Technologien differenzierte Portfolio auch unter Systemintegrationsgesichtspunkten als kostengünstiger erweisen als ein alleiniger Fokus auf die Technologie mit den niedrigsten Stromgestehungskosten[1237]. Ferner wird das Fehlen des sog. Referenzertragsmodells[1238], welches für die Wind-Ausschreibungen gilt, kritisiert. Es wird behauptet, dass ohne das Referenzertragsmodell das Risiko besteht, dass sich Standorte weitgehend auf besonders windhöffige Regionen konzentrieren, was dann aber wieder nicht von der Netzinfrastruktur abgebildet sein dürfte[1239].

Zwar kann die technologieneutrale Ausschreibung zu einer niedrigeren Diversifizierung des EE-Portfolios führen, allerdings könnte eine stärkere Marktintegration der EE auch eine stärkere Systemintegration begünstigen. Wenn EE-Anlagen sich stärker an dem künftigen Marktwert von Strom orientieren müssten, entstünden Anreize, Erzeugungsanlagen zu installieren, die in Zeiten eines geringen Angebots Strom erzeugten[1240]. Die Verteilernetzkomponente (§ 10 GemAV) versucht genau dieses Problem zu lösen[1241]. Insbesondere der sog. Kapazitätsfaktor welcher Bestandteil der Verteilernetzkomponente ist, hat folgende Funktion: Wenn in einem Landkreis, sehr viele Windenergieanlagen im Vergleich zu PV-Anlagen stehen, wird die installierte Leistung an

1232 EEAG Rn. 126 S. 4; S. auch *Kahl*, ZUR 2015, 67.

1233 So auch *Kopp* et al., Wege in ein wettbewerbliches Strommarktdesign für erneuerbare Energien, 2013, S. 15.

1234 BEE, Stellungnahme zur GemAV, 2017, S. 2.

1235 Die PV-Anlagen erzeugen beispielweise zu Mittagszeiten.

1236 BEE, Stellungnahme zur GemAV, 2017, S. 2.

1237 *Gawel/Purkus*, Wirtschaftsdienst 2016, 12, 13.

1238 Ausführlich dazu s. oben „Netzintegration".

1239 BEE, Stellungnahme zur GemAV, 2017, S. 2.

1240 Monopolkommission, Sondergutachten, 2017, S. 88; Vgl. auch *May*, et al., DIW-Wochenbericht 82(24), 2015, 555.

1241 So auch *Mohr*, RdE, 2018, 1, 9.

Windenergieanlagen mit einem hohen Kapazitätsfaktor gewichtet, und die installierte Leistung an PV-Anlagen mit einem kleinen Kapazitätsfaktor[1242]. Dies soll der effizienteren Verteilung der Anlagen beider Technologien in Bezug auf die Systemintegrationskosten dienen. Gleiches gilt für die Terminobergrenze (§ 8 GemAV)[1243], welche auf der Ebene der Übertragungsnetze gilt. Allerdings sollte die Steuerungswirkung der Verteilernetzkomponente keinesfalls so stark werden, dass Anlagen an ertragreichen Standorten nicht mehr errichtet werden können[1244].

Als Ergebnis lässt sich feststellen, dass die oben genannten Bedenken teilweise nachvollziehbar sind. Im Ergebnis kommt der Gestaltung des gesamten Ausschreibungsdesigns aber durchaus Bedeutung für eine Senkung der Systemintegrationskosten zu.

(bb) Die kontinuierliche Weiterführung des Zubaus der Anlagen

Hinsichtlich der kontinuierlichen Weiterführung des Zubaus der Anlagen als Ausschreibungsziel ist festzustellen, dass das Ausschreibungsvolumen der technologiespezifischen Ausschreibungen sich um die Summe der installierten Leistung der in der gemeinsamen Ausschreibung bezuschlagten Gebote verringert (§§ 28 Abs. 1a Nr. 2, 28 Abs. 2a Nr. 2 EEG). Damit soll das gesamte Ausbauziel gem. §§ 28 Abs. 1a, 28 Abs. 2a EEG für jede Technologie sichergestellt werden. Allerdings hat dies eine negative Auswirkung auf den Technologiemix der gemeinsamen Ausschreibung. Der Technologiemix, der sich durch die gemeinsamen Ausschreibungen ergibt, wird aufgrund der Anrechnung bei den Volumina der technologiespezifischen Ausschreibungen praktisch aufgehoben[1245]. Somit kann die gemeinsame Ausschreibung ihre steuernde Wirkung im Hinblick auf den Technologiemix nicht entfalten[1246]. Dieser wird im Ergebnis weiterhin nur über die technologiespezifischen Ausschreibungen vorgegeben[1247].

(b) Die Ergebnisse der ersten gemeinsamen Ausschreibung

Im Rahmen der ersten gemeinsamen Ausschreibung wurden im Ergebnis 200 MW ausgeschrieben. Es wurden 32 Gebote mit einem Gebotsvolumen von 395 MW abgegeben. Das Ausschreibungsvolumen wurde somit doppelt überzeichnet. Der niedrigste Zuschlagswert lag bei 3,96 ct/kWh. Der durchschnittliche,

1242 Monopolkommission, Sondergutachten, 2017, S. 103.
1243 *Nebel*, jurisPR-UmwR 5/2017, Anm. 1.
1244 BDEW, Stellungnahme zur GemAV, 2017, S. 4.
1245 Monopolkommission, Sondergutachten, 2017, S. 89.
1246 BDEW, Stellungnahme zur GemAV, 2017, S. 4.
1247 Monopolkommission, Sondergutachten, 2017, S. 89.

mengengewichtete Zuschlagswert betrug hingegen 4,67 ct/kWh und lag damit deutlich unter dem zulässigen Höchstwert von 8,84 ct/kWh. Es gingen 54 Gebote ein, davon 18 für Windenergieanlagen und 36 für PV-Anlagen[1248].

Überraschend war allerdings, dass ausschließlich Gebote für PV-Anlagen die Zuschläge erhielten. Dies lag scheinbar an den niedrigeren Kosten der PV. Der mengengewichtete Gebotswert betrug für PV-Anlagen 4,82 ct/kWh und für Windenergieanlagen 7,23 ct/kWh[1249]. Nichtdestotrotz lag in der letzten reinen Wind-Ausschreibung der durchschnittliche Zuschlagspreis bei 4,73 ct/kWh[1250], d.h. viel niedriger als der Wert von 7,23 ct/kWh. Darüber hinaus befanden sich die meisten Zuschläge in den Verteilernetzausbaugebieten. Schließlich bezog sich ein Viertel der Gebote, die einen Zuschlag erhielten, auf Acker- und Grünlandflächen in benachteiligten Gebieten in Bayern und in Baden-Württemberg[1251].

Die gemeinsame Ausschreibung war die erste dieser Art in Deutschland. Die Ergebnisse zeigen, dass die gemeinsame Ausschreibung mehr Schwächen als Stärken aufwies[1252]. Windenergieanlagen erhielten keinen Zuschlag. Dies bedeutet, dass es keinen Angleich zwischen den beiden Technologien gab und dass das Ausschreibungsdesign keine Chancen für einen fairen Wettbewerb zwischen den Technologien erlaubte. Wettbewerbsintensität war nur innerhalb der

1248 BNetzA, Pressemitteilung v. 12.04.2018, Ergebnisse der gemeinsamen Ausschreibung von Wind- und Solaranlagen, S. 1, abrufbar auf https://www.bundesnetzagentur.de/SharedDocs/Downloads/DE/Allgemeines/Presse/Pressemitteilungen/2018/20180411_GEMA.pdf?__blob=publicationFile&v=3, zuletzt abgerufen am 15.04.2018 (nachfolgend „BNetzA, Ergebnisse der gemeinsamen Ausschreibung von Wind- und Solaranlagen, v. 12.04.2018".

1249 BNetzA, Ergebnisse der gemeinsamen Ausschreibung von Wind- und Solaranlagen, v. 12.04.2018, S. 2.

1250 BNetzA, Gebotstermin 1. Februar 2018 (Windenergieanlagen), abrufbar auf https://www.bundesnetzagentur.de/DE/Sachgebiete/ElektrizitaetundGas/Unternehmen_Institutionen/Ausschreibungen/Wind_Onshore/BeendeteAusschreibungen/Gebotstermin_01_02_2018/Gebotstermin_01_02_18_node.html, zuletzt abgerufen am 22.03.2018.

1251 BNetzA, Ergebnisse der gemeinsamen Ausschreibung von Wind- und Solaranlagen, v. 12.04.2018, S. 1.

1252 Sogar BSW-Solar betrachtete das Experiment als gescheitert, BWE/BSW-Solar, Gemeinsame Pressemitteilung v. 12.04.2018, Solar- & Windenergie: Miteinander statt Gegeneinander erforderlich, abrufbar auf https://www.wind-energie.de/presse/pressemitteilungen/2018/gemeinsame-pressemitteilung-bsw-solar-und-bwe-solar-windenergie, zuletzt abgerufen am 15.04.2018.

PV vorhanden. Als Ergebnis gab es keine Diversifizierung. Darüber hinaus hatte die Verteilernetzkomponente keine erheblichen Auswirkungen auf die erfolgreichen Projekte, da die meisten Zuschläge sich auf die Verteilernetzausbaugebiete bezogen[1253]. Auf der anderen Seite wurden allerdings keine bedeutenden Mitnahmeeffekte kreiert, da der durchschnittliche Zuschlagswert der gemeinsamen Ausschreibung bei 4,67 ct/kWh lag, d.h. nicht viel höher als der durchschnittliche Zuschlagswert der letzten reinen Solar-Ausschreibung (4,33 ct/kWh). Schließlich kann zu der Realisierungsrate noch keine Schlussfolgerung gezogen werden, da die Bieter ihre Projekte innerhalb von zwei Jahren realisieren müssen[1254].

Abschließend ist festzustellen, dass die Gestaltung des Ausschreibungsdesigns insb. der gemeinsamen Ausschreibungen eine sehr komplexe Aufgabe ist. Eine EE-Ausschreibung soll in der Regel gegenseitige Interessen befriedigen. Eine gemeinsame EE-Ausschreibung hat allerdings zusätzliche Interessen, die sie berücksichtigen soll.

Die gemeinsamen Ausschreibungen für Windenergieanlagen an Land und Solaranlagen durch die GemAV war ein Ergebnis der beihilferechtlichen Genehmigung des EEG 2017[1255]. Die Einführung der gemeinsamen Ausschreibungen ist allerdings als frühzeitig zu betrachten, da in der Zeit der Gestaltung des Designs Deutschland noch keine Erfahrungen mit Ausschreibungen für Windenergieanlagen[1256] hatte[1257]. Auch wenn die EE-Technologien nicht komplett ausgeschöpft sind, soll eine gemeinsame Ausschreibung erst dann konzipiert und durchgeführt werden, wenn sowohl die Akteure als auch die ausgeschriebene Stelle Erfahrungen mit den technologiespezifischen Ausschreibungen gesammelt haben. Sonst entsteht das Risiko, dass die Ausschreibung ihre Ziele nicht erreicht. Das haben die Ergebnisse der ersten gemeinsamen Ausschreibung gezeigt. Es entstand keinerlei Wettbewerb zwischen beiden Technologien. Aus diesen Gründen muss das Design der gemeinsamen Ausschreibungen überarbeitet werden. Dabei ist eine Angleichung wichtiger Elemente des Ausschreibungsdesigns empfehlenswert.

1253 BNetzA, Ergebnisse der gemeinsamen Ausschreibung von Wind- und Solaranlagen, v. 12.04.2018, S. 2.

1254 § 37d Abs. 2 EEG.

1255 KOM, Entsch. v. 20.12.2016, SA.45461, C(2016) 8789 final, Rn. 50 – EEG 2017

1256 Die erste Ausschreibungsrunde für technologiespezifische Ausschreibungen Wind an Land fand am 1. Mai 2017 statt.

1257 So auch BWE, Stellungnahme zur GemAV, 2017, S. 1.

cc) Grenzüberschreitende Ausschreibungen

Für eine bessere Integration der EE in die europäischen Strommärkte verständigte sich Deutschland im Rahmen der beihilferechtlichen Genehmigung des EEG 2014 mit der Europäischen Kommission darauf[1258], ab 2017 die Förderung von 5 % der jährlich in Deutschland neu zu installierenden EE-Leistung für Anlagen in anderen EU-Mitgliedstaaten zu öffnen („anteilige" Öffnung). Zu diesem Zweck wurde im Juli 2016 die GEEV verabschiedet[1259].

(1) Das Ausschreibungsdesign

Die GEEV bestimmt insgesamt drei Voraussetzungen für die Zulässigkeit grenzüberschreitender Ausschreibungen. Zunächst ist eine völkerrechtliche Vereinbarung zwischen Deutschland und dem Kooperationsstaat i.S.v. Art. 5-8 oder Art. 11 EE-RL nötig[1260]. Die beteiligten Staaten sollen in der Vereinbarung auch die finanzielle Aufteilung der Kosten und die Anrechnung des Stroms aus den bezuschlagten Anlagen auf die nationalen Gesamtziele der EE-RL regeln[1261]. Zweitens müssen die Ausschreibungen nach dem Prinzip der Gegenseitigkeit durchgeführt werden. Die Öffnung des deutschen Fördersystems gilt für Anlagen des anderen Mitgliedstaates nur, wenn der andere Mitgliedstaat sein Fördersystem auch für deutsche Anlage öffnet. Drittens muss der Strom physikalisch importiert werden oder einen vergleichbaren Effekt auf den deutschen Strommarkt haben[1262].

Unter diesem Hintergrund öffneten im Jahr 2016 Deutschland und Dänemark durch eine Kooperationsvereinbarung spiegelbildlich jeweils ihre PV-Ausschreibungen[1263]. Eine PV-Pilotausschreibung hat jeweils für Gebote von PV-Anlagen mit Standort auf dem Hoheitsgebiet der anderen Vertragspartei stattgefunden.

1258 KOM, Entsch. v. 23.07.2014, SA.38632, C (2014) 5081 final, Rn. 337 - EEG 2014: Reform of the Renewable Energy Law, nachfolgend „EEG 2014".

1259 „Grenzüberschreitende-Erneuerbare-Energien-Verordnung (GEEV)" v. 11.07.2016 (BGBl. I S. 1629).

1260 § 1 Abs. 3 GEEV.

1261 § 43 Abs. 4 GEEV.

1262 GEEV, Referentenentwurf, S. 38.

1263 Abkommen zwischen der Regierung der Bundesrepublik Deutschland und der Regierung des Königreichs Dänemark über die Schaffung eines Rahmens für die teilweise Öffnung nationaler Fördersysteme zur Förderung der Energieerzeugung durch Photovoltaik-Anlagen und für die grenzüberschreitende Steuerung dieser Projekte im Rahmen eines einmaligen Pilotverfahrens im Jahr 2016, nachfolgend „Kooperationsvereinbarung„ v. 20.07.2016.

Jede Vertragspartei wendete für die Ausschreibung, welche sie durchführte, ihr nationales Recht an[1264]. Hinsichtlich der standortspezifischen Bedingungen (z. B. Flächenkulisse, baurechtliche Vorgaben oder Steuern) galt jedoch das Recht derjenigen Vertragspartei, auf deren Hoheitsgebiet die PV-Anlagen gelegen sind[1265].

(2) Kritische Würdigung

Im Rahmen der grenzüberschreitenden Ausschreibungen wurden in Deutschland insgesamt 50 MW ausgeschrieben. Dabei wurden 43 Gebote mit einem Gebotsvolumen in Höhe von 297 MW abgegeben, der niedrigste Gebotswert lag bei 5,38 ct/kWh (höchstes Gebot 10,00 ct/kWh) und damit deutlich unter dem zulässigen Höchstwert von 11,09 ct/kWh. Bezuschlagt wurden 5 Gebote jeweils von 10 MW. Dabei sollten alle Anlagen auf Ackerland errichtet werden und kamen von demselben Bieter aus Dänemark[1266].

In Dänemark wurden 20 MW ausgeschrieben; Anlagen aus Deutschland durften bis zu 2,4 MW bezuschlagt werden. Allerdings wurden keine Gebote aus Deutschland abgegeben. Insgesamt wurden 36 Gebote mit einem Volumen von ca. 79 MW abgegeben und 9 Gebote von jeweils 2,4 MW wurden bezuschlagt. Alle Projekte sind von demselben Unternehmen. Der Zuschlagswert lag bei 12,89 øre/kWh (1,2 ct/kWh)[1267].

Die Ergebnisse zeigen, dass die Anlagen mit einem Standort in Deutschland keinen Zuschlag bekommen haben. Dies ist auf spezifische Standortvorteile in Dänemark zurückzuführen. Das dänische Gesetz sieht keine Beschränkung der Flächenkulisse vor und erlaubt eine höhere Standortgüte. Alle bezuschlagten Gebote bei der deutschen Ausschreibung sollten auf Ackerflächen errichtet werden. Dies bedeutet, dass es keinen Angleich zwischen den Standort- und den Wettbewerbsbedingungen gab. Ein weiterer Grund war, dass die Bieter in Deutschland zu diesem Zeitpunkt bereits die nächste Chance hatten, einen Zuschlag bei der nationalen Ausschreibungsrunde zu bekommen[1268]. Außerdem waren die dänischen Projekte durchschnittlich deutlich günstiger (1,2 ct/kWh

1264 Art. 4 der Kooperationsvereinbarung.

1265 Kooperationsvereinbarung, S. 4.

1266 BNetzA, Ergebnisse der geöffneten Ausschreibung für Solaranlagen mit Dänemark, 2016, S. 3–4.

1267 Danish Energy Agency, Contracts in the first Solar PV tender in Denmark signed, abrufbar auf http://en-press.ens.dk/pressreleases/contracts-in-the-first-solar-pv-tender-in-denmark-signed-1716549, zuletzt abgerufen am 31.10.2017.

1268 BNetzA, Ergebnisse der geöffneten Ausschreibung für Solaranlagen mit Dänemark, 2016, S. 4.

statt 5,38 ct/kWh) und größer (9 MW statt 5,5 MW). Allerdings ist der dänische Zuschlagspreis vom 1,2 ct/kWh eine fixe Marktprämie und nicht der AW, wie bei der deutschen Ausschreibung. Bzgl. der Wettbewerbsintensität wurde einerseits das Ausschreibungsvolumen deutlich überhöht, aber andererseits erhielt alle Zuschläge beider Ausschreibungen jeweils ein einziges Unternehmen. Da die Bieter ihre Projekte bis Dezember 2018 realisieren müssen[1269], kann die Realisierungsrate noch nicht beurteilt werden.

Die grenzüberschreitende Ausschreibung mit Dänemark war die erste dieser Art in der EU. Die Ergebnisse zeigen deutlich, dass die Ausschreibung nicht erfolgreich war. Das Ausschreibungsdesign beider Länder war unterschiedlich hinsichtlich wichtiger Elemente wie z. B. der Vergütung der Anlagen (AW und fixe Marktprämie), der Flächenkulisse (mit und ohne Beschränkungen), des Ausschreibungsvolumens welches den Bietern zur Verfügung stand (50 MW und 2,4 MW) und der weiteren Umstände (mehrere Ausschreibungsrunden in Deutschland). Dadurch wurde kein echter Wettbewerb für die Akteure in beiden Länder kreiert.

Gegenwärtig ist Deutschland verpflichtet, seine EE-Förderung um 5 % zu anderen EU-Mitgliedstaaten zu öffnen. Gem. Art. 5 Vorschl. StromVO sollen mind. 10 % der in jedem Jahr zwischen 2021 und 2025 und mindestens 15 % der in jedem Jahr zwischen 2026 und 2030 neu geförderten Kapazität für Anlagen in anderen Mitgliedstaaten offen stehen. Aus diesen Gründen ist das Design der grenzüberschreitenden Ausschreibungen zu überarbeiten.

d) Der Mieterstromzuschlag

Der Mieterstromzuschlag wurde mir der sog. Mieterstromnovelle[1270] im Juli 2017 als neues Förderinstrument[1271] neben der Einspeisevergütung und der Marktprämie gem. § 19 Abs. 1 EEG eingeführt. Dieses Förderinstrument bezweckt, auch Hauseigentümern einen Anreiz zu geben, Solarstrom zu erzeugen, so dass letztlich Mieter und Vermieter an der Energiewende beteiligen. Auf diese Weise kann die Akzeptanz der Energiewende erhöht und ein Beitrag zur Erreichung des jährlichen PV-Ausbaupfads von 2.500 MW geleistet werden[1272].

1269 BNetzA, Ergebnisse der geöffneten Ausschreibung für Solaranlagen mit Dänemark, 2016, S. 3.

1270 „Gesetz zur Förderung von Mieterstrom und zur Änderung weiterer Vorschriften des Erneuerbare-Energien-Gesetzes“ v. 17.07.2017, (BGBl. I, S. 2532).

1271 BerlKommEnR/*Schulz*, Bd. 6, 4. Aufl. 2017, § 21 EEG 2017, Rn. 14.

1272 BT-Drs. 18/12728, S. 1.

aa) Förderung im gesetzlichen Schuldverhältnis

Das gesetzliche Schuldverhältnis zwischen dem Netzbetreiber und dem EE-Anlagenbetreiber gem. § 7 Abs. 1 EEG erstreckt sich auf alle Pflichten des Netzbetreibers nach EEG[1273]. Gem. § 19 Abs. 1 Nr. 3 EEG hat der Anlagenbetreiber gegen den Netzbetreiber einen Anspruch auf einen Mieterstromzuschlag nach § 21 Abs. 3 EEG, wenn er die gesetzlichen Voraussetzungen erfüllt. Wegen des gesetzlichen Schuldverhältnisses ist ein Vertragsschluss nicht erforderlich. Schuldner des Mieterstromzuschlags ist der Netzbetreiber, Gläubiger der Anlagenbetreiber.

bb) Die Anspruchsvoraussetzungen

Der Anspruch auf Mieterstromzuschlag besteht, wenn es sich um Mieterstrom handelt, mithin um Strom, der in einer Solaranlage auf dem Dach eines Wohngebäudes erzeugt und nicht in das Stromnetz eingespeist, sondern an Letztverbraucher (Mieter, Pächter, Wohnungseigentümer) in diesem Gebäude geliefert wird[1274].

Gem. § 19 Abs. 1 Nr. 3 EEG muss es sich um eine PV-Anlage mit einer installierten Leistung von insgesamt bis zu 100 kW, die auf, an oder in einem Wohngebäude installiert ist, handeln. Weiterhin soll der Strom an einen Letztverbraucher geliefert und innerhalb dieses Gebäudes oder im unmittelbaren räumlichen Zusammenhang verbraucht werden (§ 21 Abs. 3 S. 1 Nr. 1), ohne durch ein Netz durchgeleitet worden zu sein (§ 21 Abs. 3 S. 1 Nr. 2). Weitere Voraussetzung ist, dass mindestens 40 % der Fläche dieses Gebäudes dem Wohnen dient (vgl. § 21 Abs. 3 S. 2 i.V.m. § 3 Nr. 50). Schließlich soll das Datum, an dem die PV-Anlage nach § 21b Abs. 1 i.V.m. § 21c EEG erstmals der Veräußerungsform des Mieterstromzuschlags zugeordnet worden ist, im Register eingetragen werden (vgl. § 23b Abs. 2 Nr. 1 und 2).

Die Höhe des Mieterstromzuschlags wird gesetzlich bestimmt. Diese wird gem. § 23b Abs. 1 aus den AW nach § 48 Abs. 2 und § 49 EEG berechnet, wobei von diesen AW 8,5 ct/kW abzuziehen sind. Zudem kommt der Abzug i.H.v. 0,4 ct/kWh von den AW für Strom aus Solaranlagen gem. § 53 S. 1 Nr. 1 EEG. Demzufolge gelten für den Mieterstromzuschlag die Vergütungskategorien, die an die installierte Leistung der Solaranlage anknüpfen: bis 10 kW, über 10 kW bis 40 kW, über 40 kW bis 100 kW[1275]. Der Grund für den Abzug von 8,5 ct/kW

1273 Greb/Boewe/*Böcker*, BeckOK-EEG, 2. Aufl. 2014, § 4 EEG 2012, Rn. 9.
1274 BT-Drs. 18/12728, S. 9.
1275 BerlKommEnR/*Thorbecke*/*Greb*, Bd. 6, 4. Aufl. 2017, § 19 EEG 2017, Rn. 58.

ist, dass der Anlagenbetreiber nicht nur den Mieterstromzuschlag, sondern auch einen zusätzlichen Erlös durch den Kauf seines Stroms an die Mieter erhält[1276], ohne dass dafür Netzentgelte, netzseitige Umlagen, Stromsteuer und Konzessionsabgabe anfallen[1277]. Im Ergebnis spart ein Letztverbraucher somit ca. 1/3 der Strombezugskosten[1278].

Schließlich findet durch den Verweis auf § 49 auch der „atmende Deckel" auf den Mieterstromzuschlag Anwendung. Darüber hinaus ist die Förderung insgesamt auf eine Gesamtanlagenleistung von 500 MW gedeckelt (§ 23b Abs. 3 S. 1 EEG). So trägt das Förderinstrument des Mieterstromzuschlags dem Ausbaupfad Rechnung. Insgesamt wurden bis Februar 2018 PV-Anlagen mit einer Leistung von 1.748 kW im Rahmen des Mieterstrommodells installiert[1279].

Im Ergebnis ist die Regelung über den Mieterstromzuschlag zu begrüßen. Damit schließt der Gesetzgeber eine Förderlücke. Bislang gab es nach dem EEG einen direkten Förderanspruch, nur wenn der EE-Strom in das Netz eingespeist wurde. Die Eigenversorgung wird indirekt gefördert, indem der Eigenversorger gänzlich oder teilweise von der EEG-Umlage befreit wird. Mieterstromkonzepte waren ohne Förderung zumeist nicht wirtschaftlich[1280]. Dieses Förderinstrument dient der Akzeptanz der Energiewende, fördert den PV-Zubau ohne zusätzliche Fläche in Anspruch zu nehmen und belastet das EEG-Konto nur gering[1281].

e) Die Verteilung der Förderkosten

aa) Die EEG-Umlage als Kernpunkt des Ausgleichsmechanismus

Die Kosten für die finanzielle Förderung des EE-Stroms – unabhängig von dem angewandten Fördermodell – erfordern eine Finanzierungsgrundlage. Derzeit betragen die Förderkosten über 26 Mrd. €[1282]. Der deutsche Gesetzgeber

---

1276 Vgl. BT-Drs. 18/12728, S. 2.

1277 BT-Drs. 347/17, S. 18.

1278 Prognos/BH&W, Schlussbericht Mieterstrom, 2017, S. 13.

1279 BNetzA, EEG-Registerdaten und EEG-Fördersätze, abrufbar auf https://www.bundesnetzagentur.de/DE/Sachgebiete/ElektrizitaetundGas/Unternehmen_Institutionen/ErneuerbareEnergien/ZahlenDatenInformationen/EEG_Registerdaten/EEG_RegDaten_FoerdSaetze.html, zuletzt abgerufen am 30.03.2018.

1280 BerlKommEnR/*Schumacher*, Bd. 6, 4. Aufl. 2017, § 23b EEG 2017, Rn. 1. So auch Prognos/BH&W, Schlussbericht Mieterstrom, 2017.

1281 Nach Schätzungen des Gesetzgebers betragen die Auswirkungen auf die EEG-Umlage weniger als 0,1ct/kWh, BT-Drs. 18/12728, S. 4.

1282 BMWi, EEG in Zahlen: Vergütungen, Differenzkosten und EEG-Umlage 2000 bis 2018, 2017, S. 5.

versucht durch den sog. Ausgleichsmechanismus eine bundesweit gleichmäßige Verteilung von Lasten und Kosten zu schaffen[1283]. Dabei geht es um ein vierstufiges Umlagesystem[1284], welches dafür sorgt, dass die Mehrkosten der EE-Förderung letztendlich durch die Letztverbraucher nach ihrem Stromverbrauch (ct/kWh) abgedeckt werden. Kernstück des Ausgleichsmechanismus ist die sog. EEG-Umlage, welche die Lücke zwischen der den Anlagenbetreibern gezahlten Förderung und den erzielten Einnahmen durch die Vermarktung des Stroms an der Börse deckt[1285].

Der Ausgleichsmechanismus funktioniert zusammengefasst wie folgt: Auf der ersten Stufe ist der Anschlussnetzbetreiber verpflichtet, den EE-Strom vom Anlagenbetreiber abzunehmen und ihn dafür durch die Einspeisevergütung oder die Marktprämie zu vergüten[1286]. Auf der zweiten Stufe wird der Strom an den ÜNB gem. § 56 EEG weitergegeben. Der ÜNB erstattet dem Anschlussnetzbetreiber die nach § 19 oder § 50 geleisteten Zahlungen (§ 57 Abs. 1 EEG). Auf der dritten Stufe erfolgt gem. § 58 EEG der horizontale Ausgleich zwischen den vier deutschen ÜNB. Der Ausgleich betrifft die geleisteten Vergütungs- und Prämienzahlungen und der abgenommenen EE-Strommengen, so dass jeder ÜNB einen relativ gleichen Anteil an Strommengen und an zu zahlenden Beträgen trägt[1287]. Auf der vierten Stufe vermarkten die ÜNB den Strom an die Strombörse. Mit der AusglMechV findet die Wälzung auf der vierten Stufe nun ausschließlich finanziell statt. Die Differenz zwischen den erforderlichen Ausgaben und den Einnahmen aus der Vermarktung können die ÜNB als EEG-Umlage und nach Maßgabe der AusglMechV anteilig von den Elektrizitätsunternehmen (EVU) verlangen, die Strom an Letztverbraucher liefern (§ 60 Abs. 1 S. 1 EEG). Üblicherweise ist der Börsenstrompreis niedriger als die finanzielle Förderung, so dass die EEG-Umlage positiv ist[1288]. Obwohl das EEG keine fünfte Stufe explizit vorsieht[1289], geben in der Praxis die EVU die EEG-Umlage an ihre Letztverbraucher weiter[1290]. Die EEG-Umlage wird von den ÜNB festgelegt, ist im

1283 *Hazrat*, Die Förderung Erneuerbarer Energien, 2017, S. 217.

1284 Da die fünfte Stufe (Zahlung der EEG-Umlage durch die Letztverbraucher) im EEG nicht explizit geregelt ist, wird hier um vier Stufen gesprochen.

1285 *Rheker*, Die rechtliche Einordnung der EEG-Umlage, 2016, S. 59.

1286 § 11 i.V.m. 19 ff. EEG

1287 *Rheker*, Die rechtliche Einordnung der EEG-Umlage, 2016, S. 30.

1288 *Hazrat*, Die Förderung Erneuerbarer Energien, 2017, S. 219.

1289 *Salje*, EEG 2014, § 58 EEG 2014, Rn. 8.

1290 *Große/Zündorf*, NVwZ 2015, 338.

Gegensatz zu der Vergangenheit bundesweit einheitlich (ct/kWh) und beträgt für das Jahr 2018 6,79 ct/kWh[1291].

bb) Der Einfluss des Strommarkts auf die EEG-Umlage

Nach dem oben dargestellten Verfahren ergeben sich also die EEG-Differenzkosten als Differenz zwischen der an die Anlagenbetreiber geleisteten finanziellen Förderung (feste Einspeisevergütung und Marktprämie) und den Erlösen aus der Vermarktung des EEG-Stroms an der Börse[1292]. Dabei gibt es einen „Merit-order-effect". Da unter den günstigsten Kraftwerken immer das Kraftwerk mit den höchsten Grenzkosten den Preis bestimmt (Grenzkraftwerk), werden die EE mit Grenzkosten von fast null als erste am Markt verkauft. Die Folge ist, dass die teuersten konventionellen Kraftwerke außerhalb des Marktes bleiben und auf diese Weise der Marktpreis für Strom sinkt. So verdrängen die EE mit einem Anteil von 36,2 % am deutschen Stromverbrauch[1293] die Braunkohle von Platz eins. Die Preise an der Strombörse waren im Jahr 2013 mit 33 € so niedrig wie nie zuvor[1294], wobei die Stunden mit negativen Strompreisen bei 64 lagen[1295]. Bei den negativen Preisen entstehen zusätzliche Kosten, da der Strom durch die Einspeisevergütung und zusätzlich durch dessen Abnahme vergütet werden muss[1296].

Es ist leicht zu erkennen, dass je mehr EE-Strom eingespeist wird, desto niedriger der Strommarktpreis an der Börse ist und dass dies zur Folge hat, dass sich die EEG-Differenzkosten und somit auch die EEG-Umlage erhöhen. Aus diesem Grund sind die Börsenpreise in den letzten Jahren von 54,82 €/ MWh in 2008 auf 31,26 €/ MWh in 2016 gesunken, während die EEG Differenzkosten von

---

1291 BNetzA, EEG-Umlage, abrufbar auf https://www.bundesnetzagentur.de/SharedDocs/FAQs/DE/Sachgebiete/Energie/Verbraucher/Energielexikon/EEGUmlage.html, zuletzt abgerufen am 04.03.2018.

1292 Allgemeiner Teil EEG 2014, Gesetzesbegründung, S. 94.

1293 Umweltbundesamt, Erneuerbare Energien in Zahlen nach AGEE-Stat, Stand Dez. 2017, abrufbar auf https://www.umweltbundesamt.de/themen/klima-energie/erneuerbare-energien/erneuerbare-energien-in-zahlen#textpart-1, zuletzt abgerufen am 30.3.2018.

1294 *Becker*, ZNER, 2015, 88. Im Jahr 2017 lagt der durchschnittliche jährliche Börsenstrompreis auch bei 32,89 €/MWh.

1295 Im Jahr 2017 lag die Anzahl der Stunden mit negativen Strompreisen bei 146. *Statista*, Anzahl der Stunden mit negativen Strompreisen in Deutschland in den Jahren 2008 bis 2017, abrufbar auf https://de.statista.com/statistik/daten/studie/618751/umfrage/anzahl-der-stunden-mit-negativen-strompreisen-in-deutschland/, zuletzt abgerufen am 04.03.2018.

1296 Monopolkommission, Sondergutachten, 2013, S. 139.

5,1 Mrd. € auf 23,9 Mrd. € und die EEG-Umlage von 1,16 ct/kW auf 6,3 ct/kW gestiegen sind[1297]. Die Endverbraucher profitieren allerdings nicht automatisch von einer Senkung der Börsenpreise (keine Preis-Kosten-Bindung). Gleiches gilt für Griechenland.

cc) Privilegierte Gruppen

Da sich die Förderkosten auf mehr als 26 Mrd. € belaufen[1298], stellt sich die Frage nach der Verteilung dieser Kosten. Hier entsteht ein Interessenkonflikt zwischen einer gerechten Kostenverteilung und der Vermeidung einer unangemessenen Belastung bestimmter Gruppen wie der Eigenversorger und der stromkostenintensiven Unternehmen. Das EEG sieht bestimmte Regelungen zur partiellen Entlastung dieser Gruppen von der EEG-Umlage vor (§§ 61-66).

(1) Die Eigenversorgung

Bei einer Eigenversorgung ist die Person des Stromerzeugers identisch mit der Person des Stromverbrauchers[1299]. Dadurch wird die individuelle Versorgungssicherheit erhöht, da der Eigenversorger autark ist. Andererseits sind Stromverbraucher Teil des Energieversorgungssystems. Insbesondere diejenigen, die das Netz der allgemeinen Versorgung nutzen, um überschüssigen Strom einzuspeisen oder um im Bedarfsfall Strom aus diesem zu entnehmen. Diese stellen das Energieversorgungssystem vor Probleme[1300], insbesondere vor dem Hintergrund der steigenden Anteilen der Eigenversorgung und des steigenden EE-Ausbaus der letzten Jahre. Dies hat zwei Aspekte zur Folge: Die übrigen Stromverbraucher werden mehr belastet, denn die Kosten werden auf weniger Personen verteilt. Dies gefährdet die Akzeptanz der Energiewende[1301].

Aus diesen Gründen stellt sich die Frage, ob Eigenversorger von bestimmten Umlagen und Abgaben wie der EEG-Umlage befreit werden könnten oder sollten. Der deutsche Gesetzgeber hat versucht, die oben genannten widerstreitenden

---

1297 BDEW, EEG: Zahlen, Fakten, Grafiken (2016), S. 53, 56.

1298 BMWi, EEG in Zahlen: Vergütungen, Differenzkosten und EEG-Umlage 2000 bis 2018, 2017, S. 5.

1299 Die ausführliche Definition des EEG (§ 3 Nr. 19) ist folgende: „Eigenversorgung“ der Verbrauch von Strom, den eine natürliche oder juristische Person im unmittelbaren räumlichen Zusammenhang mit der Stromerzeugungsanlage selbst verbraucht, wenn der Strom nicht durch ein Netz durchgeleitet wird und diese Person die Stromerzeugungsanlage selbst betreibt“.

1300 Bt-Drs. 18/1304, S. 106.

1301 Bt-Drs. 18/1304, S. 106.

Interessen zu befriedigen. Seit dem EEG 2014 werden somit Eigenversorger grundsätzlich mit der EEG-Umlage belastet[1302]. Allerdings hat der Gesetzgeber eine Reihe von Ausnahmen geschaffen, die eine anteilige Ermäßigung oder eine vollständige Befreiung von der EEG-Umlage vorsehen.

Eine Verringerung der EEG-Umlage gilt für die EE- und KWK-Anlagen nach § 61 Abs. 1 EEG 2014 auf 30 % (bis 31.12.2015), 35 % (für 2016) oder 40 % (ab 2017). Die Voraussetzungen für eine Verringerung der EEG-Umlage ergeben sich aus § 3 Nr. 19 i.V.m. §§ 61, 61a, 61b, 61g EEG und müssen kumulativ vorliegen. Die Umlage ist zu verringern, wenn eine Eigenversorgung vorliegt, also ein eigener Stromverbrauch einer natürlichen oder juristischen Person im unmittelbaren räumlichen Zusammenhang mit der Stromerzeugungsanlage. Der Strom darf nicht durch ein Netz durchgeleitet werden. Die Person muss die Stromerzeugungsanlage selbst betreiben. Bei der Anlage muss es sich um eine EE-Anlage oder eine hocheffiziente KWK-Anlage i.S.v. § 53a Abs. 1 S. 3 EnergieStG handeln[1303], die einen Monats- oder Jahresnutzungsgrad von mindestens 70 % nach § 53a Abs. 1 S. 2 Nr. 2 EnergieStG erreicht (§ 61 Abs. 1 S. 2 Nr. 1 EEG). Schließlich muss der Eigenversorger die Meldepflicht nach § 74a bis zum 31. Mai des Folgejahres erfüllen. Insb. die erste Voraussetzung („im unmittelbaren räumlichen Zusammenhang“) hat Streitfragen aufgeworfen, denn das EEG enthält keine Definition dazu. Teile der Literatur und das BFH benutzen ein quantitatives Kriterium von einem konkreten Abstand in km[1304]. Die EEG 2012 Begründung verweist auf StromStG (§ 9 Abs. 1 Nr. 3 StromStG)[1305]. Dabei sollten Faktoren wie die Leistung der Anlage, der Abstand zwischen Anlagenstandort und der Anzahl der Entnahmestellen sowie ihrer Verteilung auf der Fläche im Einzelfall entscheidend sein[1306].

Eine komplette Befreiung von der EEG-Umlage gilt für speziell und abschließend geregelte Eigenversorgungs-Sonderkategorien, wie für den zeitgleichen Kraftwerkseigenverbrauch, die Eigenversorgung aus Inselanlagen, die vollständige Eigenversorgung mit EE-Strom und für kleine Eigenversorgungsanlagen

1302 BerlKommEnR/*Ahnsehl*, Bd. 6, 4. Aufl. 2017, § 61 EEG 2017, Rn. 3.

1303 „Energiesteuergesetz (EnergieStG)“ v. 15.07.2006 (BGBl. I S. 1534; 2008 I S. 660, 1007), das zuletzt durch Art. 2 des Gesetzes v. 27.08.2017 (BGBl. I S. 3299; 2018 I 126) geändert worden ist.

1304 *Kachel*, CuR 2011, 100, 104; BFH, Urt. v. 20.04.2004 – VII R 44/03, DstRE 2004, 1180, 1184.

1305 BT-Drs. 17/6071, S. 82 f.

1306 Bongartz/Jatzke/Schröer-Schallenberg/*Wundrack*, 10. Lfg., 2014, § 9 StromStG, Rn. 38; BerlKommEnR/*Ahnsehl*, Bd. 6, 4. Aufl. 2017, § 61b EEG 2017, Rn. 10.

bis zu einer Bagatellgrenze (§ 61a EEG)[1307]. Weitere vollständige Befreiung von der EEG-Umlage sieht letztlich das EEG in §§ 61c–61e EEG für die Bestandsanlagen: Die Eigenversorger[1308] bleiben unter den Voraussetzungen des Referenzsystems der Bestandsschutz-Regelungen weiterhin vollständig von der EEG-Umlagepflicht befreit. Ersatzinvestitionen (Erneuerung, Erweiterung, Ersetzung) bis zu einer Erhöhung der installierten Leistung um maximal 30 % sind vom Bestandsschutz umfasst[1309].

Wie *Säcker* erläutert, war die neue Regelung des Eigenverbrauchs (§ 61 EEG 2014) ein Kompromiss zwischen „Alles" oder „Nichts". Entweder hätten alle Eigenerzeuger mit der vollen EEG-Umlage belastet werden können oder der Eigenverbrauch hätte generell von der EEG-Umlage befreit werden können. Die erste Lösung hätte gegen den Vertrauensschutz verstoßen. Die zweite wäre im Verhältnis zu Fremdbeziehern von Strom i.S.v. Art. 3 Abs. 1 GG diskriminierend gewesen und hätte auch gegen Art. 107 Abs. 1 AEUV verstoßen[1310]. Die Regelung des § 61 EEG kam nach dem EU-Beihilfeprüfungsverfahren. In ihrer Entscheidung kam die Kommission zum Ergebnis, dass der Eigenerzeuger durch die im § 61 EEG vorgesehenen Ermäßigungen bzw. Befreiungen erstmals einen Vorteil hat und dass nur bestimmte Ausnahmen, die nach der inneren Logik des Belastungssystems gerechtfertigt sind, zugelassen werden können[1311].

Aus dem bereits Ausgeführten ist zu schlussfolgern, dass das EEG durch die §§ 61–61g EEG ein ausgewogenes Verhältnis zwischen folgenden Interessen schafft. Einerseits soll eine gerechtere Kostenverteilung erreicht werden, indem sich auch Eigenversorger mit bis zu 40 % an der EEG-Umlage beteiligen[1312]. Andererseits wird die Weiterförderung des EE-Stroms ermöglicht, so dass die Wirtschaftlichkeit von PV-Anlagen grundsätzlich gewahrt und der vorgesehene Ausbaukorridor eingehalten wird[1313]. Gleichzeitig soll die Regelung des Eigenstromprivilegs keine Beihilfe i.S.v. EEAG darstellen. Deswegen hat sich

---

1307 BNetzA, Leitfaden zur Eigenversorgung, 2016, S. 10.

1308 Nach alter Rechtslage wurden sie als „Eigenerzeuger" i. S. v. § 61 Abs. 3 oder 4 EEG 2014 bezeichnet.

1309 BNetzA, Leitfaden zur Eigenversorgung, 2016, S. 10.

1310 *Säcker*, EnWZ 2015, 260, 261.

1311 KOM, Entsch. v. 23.07.2014, SA.38632, C(2014) 5081 final, Rn. 164, 166 ff. – EEG 2014. Sie sind die Ausnahmen des § 61 Abs. 2 EEG 2014.

1312 Nach den Einschätzungen des Gesetzgebers trägt diese Neuregelung zu einer Reduktion der EEG-Umlage im Jahr 2020 in Höhe von etwa 0,3 ct/kWh bei, s. BT-Drs. 18/1304, S. 95.

1313 Bt-Drs. 18/1304, S. 92.

Deutschland verpflichtet, die § 61 Abs. 3 und 4 EEG[1314] bis zum Jahr 2017 zu überprüfen, ob die EEAG anzupassen und die Änderungen bis 2017 erneut bei der Kommission gem. Art. 108 AEUV anzumelden sind[1315].

(2) Die stromkostenintensiven Unternehmen und Schienenbahnen

Die Ausgleichsregelung räumt den stromkostenintensiven Unternehmen eine Begrenzung bei ihrer Pflicht, die EEG-Umlage zu zahlen ein und versucht, einen Kompromiss zwischen dem Interesse der Allgemeinheit an einer gleichmäßigen Verteilung der Kosten und dem Interesse der stromkostenintensiven Unternehmen am Erhalt ihrer internationalen Wettbewerbsfähigkeit zu erreichen[1316]. Der deutsche Gesetzgeber hält die Fortführung der Sonderregelungen für die partielle Entlastung der stromkostenintensiven Industrie weiterhin für erforderlich, um die internationale Wettbewerbsfähigkeit Deutschlands als Industriestandort zu sichern. Nur so könne die Energiewende nachhaltig erfolgreich sein[1317].

Die Besondere Ausgleichsregelung, die in den vergangenen Jahren zahlreiche Änderungen erfahren hat, wird auch mit dem EEG 2017 erneut geändert. Hervorzuheben sind die neue Härtefallregelung in § 64 EEG 2017, die den Kreis der privilegierten Unternehmen erweitert, sowie die Abrechnung der EEG-Umlage direkt gegenüber dem ÜNB in dem neu eingeführten § 60a EEG 2017[1318]. Die Listen der privilegierten Branchen sind in der Anlage 4 des EEG 2017 enthalten (§ 64 Abs. 1 EEG). Die Besondere Ausgleichsregelung ist

---

1314 Weil diese Vorschriften die Bestandsanlagen von der EEG-Umlage befreien. Mit Bestandsanlagen sind zwei Kategorien von Anlagen gemeint: Die erste betrifft solche Anlagen, die der Letztverbraucher vor Inkrafttreten des EEG 2014 (01.08.2014) als Eigenerzeuger betrieben hat, bzw. die vor dem 23.01.2014 nach dem BImSchG genehmigt worden sind, nach dem 01.08.2014 erstmals Strom erzeugt haben und vor dem 01.01.2015 genutzt worden sind (§ 61 Abs. 3 EEG). Die zweite betrifft die Anlagen, die bereits vor dem 01.09.2011 in Betrieb genommen worden sind (§ 61 Abs. 4 EEG).

1315 KOM, Entsch. v. 23.07.2014, SA.38632, C(2014) 5081 final, Rn. 323, 324 – EEG 2014. Die Kommission hat mit der Entscheidung v. 19.12.2017, SA.46526 eine Verlängerung der beihilfenrechtlichen Genehmigung der reduzierten EEG-Umlage für Eigenversorger, die bei der Genehmigung des EEG 2014 bis zum 31.12.2017 befristet wurde, gewährt. Die Einzelheiten sind allerdings nicht bekannt, da die Entscheidung noch nicht veröffentlicht ist.

1316 BerlKommEnR/*Küper/Denk*, Bd. 2, Sonderbd., 3. Aufl. 2015, § 64 EEG 2014, Rn. 2, 3.

1317 BT-Drs. 18/1449, S. 1 ff., 27.

1318 *Hazrat*, Die Förderung Erneuerbarer Energien, 2017, S. 183. S. zu weiteren Änderungen *Küper/Callejon*, RdE, 2016, 440, 441 ff.

eine Ausnahmevorschrift mit engen gesetzlichen Voraussetzungen[1319]. Seit dem 01.01.2017 können Unternehmen, die der Liste 1 der Anlage 4 zum EEG zuzuordnen sind, ab einer Stromkostenintensität (SKI) von mindestens 14 % einen Antrag auf Begrenzung der EEG-Umlage stellen, wenn sie die weiteren Voraussetzungen des § 64 Abs. 1 EEG 2017 erfüllen. Die EEG-Umlage wird bei einer SKI zwischen 14–17 % auf 20 % begrenzt. Bei einer SKI von über 17 % wird sie für die Unternehmen der Liste 1 auf 15 % begrenzt. Für die Unternehmen der Liste 2 der Anlage 4 kann die EEG-Umlage – sofern ihre SKI mindestens 20 % betragen hat – auf 15 % begrenzt werden (§ 64 Abs. 2 Nr. 2 EEG). Schließlich wird die EEG-Umlage für den Stromanteil bis einschließlich 1 GWh nicht begrenzt. In allen Fällen ist ein Antrag beim Bundesamt für Wirtschaft und Ausfuhrkontrolle (BAFA) notwendig (§ 63 EEG).

Die Notwendigkeit der internationalen Wettbewerbsfähigkeit bestimmter Branchen von stromkostenintensiven Unternehmen der Mitgliedstaaten hat auch die Kommission anerkannt: Die EEAG setzten u. a. die Voraussetzungen für die Vereinbarkeit der Ermäßigungen des Beitrags zur Finanzierung der EE mit dem Beihilferecht (Rn. 181-192). In ihrer letzten Entscheidung hat die Kommission die deutschen Regelungen für die Ermäßigung der EEG-Umlage für die stromkostenintensiven Unternehmen genehmigt, da sie den Anforderungen der Rn. 185, 187 EEAG erfüllten[1320].

Schließlich werden auch Schienenbahnen privilegiert. Auch für sie kann die EEG-Umlage auf nur 20% begrenzt werden, wenn sie die übrigen Voraussetzungen des § 65 EEG erfüllen.

Im Ergebnis ist festzustellen, dass die Deckung der hohen EE-Förderkosten sich als eine schwierige Aufgabe für den Gesetzgeber erwiesen hat. Es ist verständlich, dass einige Gruppen der Gesellschaft unterstützt werden und eventuell von den Kosten des Finanzierungsmechanismus partiell entlastet werden. Andererseits darf diese Begünstigung die restlichen Gruppen der Gesellschaft nicht übermäßig belasten. Aufgabe des Gesetzgebers ist es, diese Interessen in einem ausgewogenen Verhältnis zu halten. Letztendlich ist die Verteilung oder Umteilung der Förderkosten eine Aufgabe, die auch sozialpolitisch geprägt ist.

2. Der griechische Rechtsrahmen

Der griechische Rechtsrahmen sah die ersten Regelungen für die Förderung der EE im Jahr 1994 vor, bis 2006 gab es allerdings keine Entwicklung im

1319 BAFA, Merkblatt für stromkostenintensive Unternehmen 2018, S. 6.

1320 KOM, Entsch. v. 20.12.2016, SA.45461, C(2016) 8789 final, Rn. 294-297 – EEG 2017.

PV-Bereich. Mit dem G. 4254/2014 wird die Marktintegration der PV-Energie bezweckt. Allerdings brachte dieses Gesetz zwei Nachteile mit sich. Es führte nachträgliche Regelungen ein, z. B. die nachträgliche Kürzung der Tarife, welche erheblich in die Vertragsrechte der Anlagenbetreiber eingriffen. Außerdem waren die Regelungen sehr detailliert und lang[1321], änderten viele vorherige Vorschriften und waren deshalb schwierig anzuwenden. Schließlich wurde durch das G. 4254/2014 die Marktintegration von PV-Anlagen nur unzureichend sichergestellt, da die Vorschrift über Pilot-Ausschreibungen leer lief. Gegenwärtig soll mit der Novelle 4414/2016 das Fördersystem auf Ausschreibungen und Marktprämie umgestellt und auf diesem Weg für PV-Anlagen Wettbewerb eröffnet werden.

Es ist anzumerken, dass im Moment verschiedene Fördermodelle Anwendung finden. Die feste und für 20 Jahre garantierte Einspeisevergütung gilt für die Bestandsanlagen und für neue PV-Anlagen mit einer installierten Leistung ≤ 500 kW[1322]. Für PV-Anlagen mit einer Leistung > 500 kW wird die Höhe der Marktprämie durch das Instrument der Ausschreibung ermittelt[1323]. Kleine PV-Anlagen mit einer installierten Leistung ≤ 500 kW können optional an Ausschreibungen teilnehmen[1324], obwohl das Gesetz und der Min. Beschl. 172859/2018 zu den spezifischen Voraussetzungen schweigen.

a) Das Einspeisevergütungsmodell

Griechenland hat durch das G. 3468/2006 als erstes Fördersystem für PV-Anlagen feste und garantierte Einspeisevergütungen implementiert. Trotz der hervorragenden Sonnenintensität sah Griechenland im Vergleich zu anderen Staaten zu dieser Zeit (2006) die höchste Einspeisevergütung für PV-Strom vor. Diese Vergütung lag mit 450–500 €/MWh (Festland – Inseln) für PV-Anlagen mit einer installierten Leistung ≤ 100 kW und bei 400–450 €/MWh (Festland – Inseln) für PV-Anlagen mit einer installierten Leistung > 100 kW[1325] auch deutlich über derjenigen für andere Technologien[1326]. Ungeachtet der Erfahrungen aus der vorherigen Periode und trotz der bereits sehr hohen Investitionsbereitschaft

1321 Insgesamt umfasste das Gesetz 20 Seiten, 16 davon betreffen nur PV-Anlagen.
1322 Art. 4 Abs. 3 G. 4414/2016.
1323 Art. 3 Abs. 18 G. 4414/2016.
1324 Art. 7 Abs. 4 i.V.m. Art. 3 Abs. 3, 5 und Art. 4 Abs. 3 G. 4414/2016.
1325 Art. 13 Abs. 1 lit. b G. 3468/2006.
1326 Für die Windenergie lag sie bei 73–90 €/MWh, für Wasserkraft bei 73 €/MWh und für die Solarenergie (der PV ausgenommen) bei 250 €/MWh.

wurden die Einspeisetarife erst in den Jahren 2012 und 2013 gekürzt. Sie wurden insgesamt drei Mal geändert[1327]. Die Kürzungen waren dabei sehr groß. So wurden die Tarife innerhalb von 15 Monaten um 63-72 % gekürzt[1328]. Ziel war, dass die neuen Einspeisetarife mit einer Rendite (after-tax nominal project IRR) bis zu 17 % für PV-Dachanlagen und bis zu 12-14% für alle anderen PV-Anlagen einhergehen sollten[1329], so wie es in den meisten Mitgliedstaaten der Fall war[1330]. Die Kürzungen reichten nicht aus, um Probleme mit der zukünftigen Finanzierung von PV-Anlagen zu vermeiden. Letztlich passte das G. 4254/2014 die Tarife noch einmal an. Diesmal waren aber die Kürzungen rückwirkend, betrugen durchschnittlich 29 % und betrafen die PV-Anlagen, die schon seit 2009 in Betrieb waren. Die PV-Anlagen, die bei dem Inkrafttreten des G. 4254/2014 noch nicht angeschlossen wurden, werden nach der Tabelle des Min. Beschl. 1288/2013 vergütet. Für PV-Anlagen die im August 2014 angeschlossen werden

1327 Min. Beschl.Υ.Α.Π.Ε./Φ1/οικ/2262/31.01.2012, „Τιμολόγηση ηλεκτρικής ενέργειας που παράγεται από φωτοβολταϊκούς σταθμούς“ und Min. Beschl. 2266/30.01.2012, „Τροποποίηση του Ειδικού Προγράμματος Ανάπτυξης Φωτοβολταϊκών Συστημάτων σε κτιριακές εγκαταστάσεις και ιδίως σε δώματα και στέγες κτιρίων“ (FEK B' 97/31.01.2012); Min. Beschl. Υ.Α.Π.Ε./Φ1/2301/οικ.16933/09.08.2012 und Υ.Α.Π.Ε./Φ1/2302/16934/09.08.2012, „Τροποποίηση του Ειδικού Προγράμματος Ανάπτυξης Φωτοβολταϊκών Συστημάτων σε κτιριακές εγκαταστάσεις και ιδίως σε δώματα και στέγες κτιρίων“ (FEK B' 2317/10.08.2012); Υ.Α.Π.Ε./Φ1/1288/9011/30.04.2013 „Τ ροποποίηση της υπ' αριθμ. Υ.Α.Π.Ε./Φ1/οικ.2262/31.01.2012 (Β΄ 97/31.01.2012) απόφασης του Υπουργού Περιβάλλοντος Ενέργειας και Κλιματικής Αλλαγής με θέμα «Τιμολόγηση ηλεκτρικής ενέργειας που παράγεται από φωτοβολταϊκούς σταθμούς», όπως ισχύει“ und Y.A.P.E./F1/1289/9012/30.04.2013 „Τροποποίηση του Ειδικού Προγράμματος Ανάπτυξης Φωτοβολταϊκών Συστημάτων σε κτιριακές εγκατα στάσεις και ιδίως σε δώματα και στέγες κτιρίων“ (FEK B' 1103/02.05.2013);

1328 Für PV-Dachanlagen wurden die Tarife innerhalb von 15 Monaten z. B. für den Monat Februar 2013 von 446 €/MWh auf 125 €/MWh, nämlich um 72 % gekürzt. Für die PV-FFA wurden die Tarife innerhalb der gleichen Zeit z. B. für den Monat Februar 2013 von 252 €/MWh auf 95 €/MWh, also um 63 % gekürzt, s. Art. 1 Abs. 3 Min. Beschl. 2262/2012 und Art. 1 Min. Beschl. 1289/2013 und vgl. Art. 1 Min. Beschl. 2262/2012 und Art. 1 Min. Beschl. 1288/2013.

1329 RAE, Stellungnahme v. 01.08.2012, 5/2012, S. 4, abrufbar auf http://www.rae.gr/site/file/categories_new/about_rae/actions/aknowledge/2012_A0005?p=files&i=0, zuletzt abgerufen am 01.09.2016, S. 5.

1330 Nach dem Fraunhofer ISE lagen die Renditen in 2012 in Deutschland zwischen 4,5–8,7 %, Fraunhofer ISE, Aktuelle Fakten zur Photovoltaik in Deutschland, 2012, S. 16 f; Handelsblatt v. 27.06.2012: 7,3 % für Bestandsanlagen; Stiftung Warentest v. 03.07.2012: 6,73 % für Bestandsanlagen.

sollten, beliefen sich die Tarife auf 90 €/MWh für PV-Anlagen mit einer installierten Leistung > 100 kW und 115 €/MWh für PV-Anlagen mit einer installierten Leistung ≤ 100 kW.

Seit 2015 gelten für die Neuanlagen allerdings vorübergehend keine festen Tarife mehr[1331]. Die Vergütung für die PV-Anlagen beträgt das 1,1fache des durchschnittlichen OTS des vorigen Jahres[1332]. Diese Vorschrift gilt bis heute[1333].

aa) Förderung durch Kontrahierungszwang

Der Anspruch des Anlagenbetreibers auf die Einspeisevergütung erfolgt – im Gegensatz zu Deutschland – durch einen Kontrahierungszwang. Eine der Aufgaben des LAGIE ist es, gem. Art. 118 Abs. 2 lit. θ G. 4001/2011 mit den Anlagenbetreibern einen Vertrag für den Kauf des EE-Stroms abzuschließen und in diesem Vertrag eine entsprechende Vergütung vorzusehen. Der Anlagenbetreiber schließt demgemäß mit LAGIE einen Kaufvertrag, den sog. SEST-Vertrag, ab[1334].

Das Gesetz enthält eine Verordnungsermächtigung dergestalt, dass Inhalt, Form und jede Einzelbestimmung des Kaufvertrags durch einen Min. Beschl. festgelegt werden[1335]. Zu diesem Zweck wurde der Min. Beschl. 187701/2016 zu dem SEST-Vertrag entsprechend erlassen, der auch einen Mustervertrag des ganzen SEST-Vertrags enthält. Darüber hinaus wird auch die Kontrahentenwahlfreiheit des LAGIE beschränkt, da er die Vertragspartei nicht auswählen kann[1336]. Der SEST-Vertrag hat eine Laufzeit von zwanzig Jahren[1337].

Obwohl das Gesetz im Fall des SEST-Vertrages eine feste Einspeisevergütung für den Anlagenbetreiber vorsieht, erhält der Anlagenbetreiber[1338] seit 2015

1331 Siehe Min. Beschl. 1288/2013.

1332 Art. 1 Min. Beschl. 2262/2012, so wie er durch Art. 1 Min. Beschl. 1288/2013 geändert wurde.

1333 Näher dazu s. unten.

1334 Art. 10 G. 4414/2016. Der SEST-Vertrag ist – wie bereits erläutert – nicht derselbe Vertrag wie der „Vertrag für Transaktionen am IEP“, den die Anlagenbetreiber auch mit LAGIE abschließen müssen. Durch den SEST-Vertrag erfolgt die physikalische Abnahme und Vergütung des Stroms durch LAGIE und mit dem „Vertrag für Transaktionen am IEP“ erfolgt die kaufmännische Abnahme des Stroms durch die Teilnahme am IEP.

1335 Art. 10 Abs. 3 G. 4414/2016.

1336 So auch *Panagos*, NoB 2012, 874, 877.

1337 Art. 10 Abs. 3 G. 4414/2016.

1338 Diese Regelung gilt nur für die Anlagenbetreiber der PV und nicht für die Betreiber der restlichen EE-Technologien.

gem. Min. Beschl. 1288/2013 keine feste Vergütung. Diese beträgt vielmehr das 1,1fache des durchschnittlichen OTS des vorigen Jahres[1339]. Diese Regelung findet gegenwärtig immer noch Anwendung, da das neue G. 4414/2016 sie vorübergehend noch nicht geändert hat[1340]. Diese Vergütung ist allerdings zu niedrig, da der durchschnittliche OTS der Jahre 2015-2017 bei 50 €/MWh lag[1341] und keine Investitionen mehr erlaubt. Der Min. Beschl., der die TA seit 2017 anpassen sollte, ist noch nicht erlassen worden. Die Folge ist, dass die Vergütung für die Kategorie der kleineren PV-Anlagen mit einer installierten Leistung (P ≤ 500 kW), die nach dem neuen Regime des G. 4414/2016 immer noch einen Festpreis erhalten dürfen und nicht dem Wettbewerb unterliegen sollen, niedriger als die Vergütung der größeren PV-Anlagen ist, welche dem Regime der Marktprämie oder der Ausschreibungen unterliegen[1342].

bb) Die Anspruchsvoraussetzungen

Für einen Anspruch auf die Einspeisevergütung muss der Berechtigte im Besitz[1343] einer Anlage sein. Diese Anlagen sollen eine installierte Leistung von ≤ 500 kW haben. Die Novelle G. 4414/2016 betrifft alle PV-FFA die neu sind, aber auch diejenigen, für die bis zum 31.12.2015 ein Kaufvertrag geschlossen wurde,

---

1339 Art. 1 Min. Beschl. 2262/2012, so wie es durch Art. 1 Min. Beschl. 1288/2013 geändert wurde.

1340 Der Grund ist, dass der Gesetzgeber für die PV-Anlagen mit P ≤ 500 kW die Vergütung des alten Regimes als Referenzpreis (TA) für das neue Regime vorübergehend und bis zu der ersten PV-Pilotausschreibung im Jahr 2016 behalten wollte. Die Ergebnisse der PV-Pilotausschreibung sollten die aktuellen Kosten der PV-Anlagen spiegeln. Nach diesen Ergebnissen bezweckte der Gesetzgeber die Vergütung der PV-Anlagen mit P ≤ 500 kW an den aktuellen Kosten anzupassen, YPEKA, Περιγραφή σχήματος λειτουργικής ενίσχυσης στους τομείς των ΑΠΕ και ΣΥΘΗΑ, 2018, S. 26.

1341 Der durchschnittliche OTS für das Jahr 2015 lag bei 51 €/MWh, für das Jahr 2016 bei ca. 40 €/MWh und für das Jahr 2017 bei 57,7 €/MWh, LAGIE, Μηνιαίο Δελτίο Συστήματος Συναλλαγών ΗΕΠ, Jan. 2016, S. 11; Jan. 2017, S. 11; Feb. 2018, S. 10.

1342 Näher dazu s. unter „Marktprämie" und „Ausschreibungen".

1343 Art. 1 des Mustervertrages gem. Min. Beschl. 187701/2016 benutzt den Begriff Besitzer der Anlage. Da die griechischen Gesetze keine einheitliche Terminologie verwendet haben (s. Art. 12 G. 3468/2006 „Besitzer der Produktionsgenehmigung") wird in der vorliegenden Arbeit diese Person aus Vereinfachungsgründen „Anlagenbetreiber" genannt. In Griechenland ist in 99% der Fälle der Besitzer der Anlage dieselbe Person mit dem Anlagenbetreiber.

die aber bis zum 31.12.2017 nicht in Betrieb genommen worden sind[1344]. Der Anlagenbetreiber soll seinen Strom dem LAGIE zur Verfügung stellen. Diese Verpflichtung ergibt sich aus dem SEST-Vertrag zwischen Anlagenbetreiber und LAGIE[1345]. Die Wirksamkeit dieses Vertrags verlangt die Erteilung der Betriebsgenehmigung oder die erfolgreiche Vollendung der Aktivierung des Netzanschlusses durch den Probebetrieb (falls eine Betriebsgenehmigung nicht nötig ist)[1346]. Weitere Voraussetzung ist die Registrierung des Anlagenbetreibers im Register der Marktteilnehmer. Wie bereits ausführlich diskutiert, ist Voraussetzung dafür der Abschluss des „Vertrags für Transaktionen am IEP" und des „Vertrags für Transaktionen am Übertragungssystem"[1347].

PV-Dachanlagen mit einer installierten Leistung ≤ 10 kW sind Gegenstand eines gesonderten Min. Beschl., des 12323/2009. Rechtliche Grundlage für die Förderung ist auch hier ein Kaufvertrag. Für die Vergütung dieser Anlagen wird eine Eigenversorgung vorausgesetzt. Nach dem Min. Beschl. schließt der Produzent mit dem Stromlieferanten (und nicht mit dem Netzbetreiber), also meist DEI, einen Verrechnungsvertrag ab. Das Messsystem misst den durch den Anlagenbetreiber erzeugten und den durch ihn verbrauchten Strom. In jeder Messperiode werden die Rechnungen des Anlagenbetreibers als Stromverbrauchers und die Vergütung für den eingespeisten Strom verrechnet und der Unterschiedsbetrag dem Produzenten gutgeschrieben (Art. 3 Abs. 6 Min. Beschl. 12323/2009). DEI erhält sodann vom Netzbetreiber die gezahlte Geldsumme. Die Vergütung des eingespeisten Stroms erfolgt nach festen und garantierten Einspeisetarifen. Der Kaufvertrag hat eine Laufzeit von 25 Jahren[1348].

Schließlich können durch das neue G. 4512/2018 auch die sog. Bürgerenergiegesellschaften PV-Anlagen betreiben und Anspruch auf eine Einspeisevergütung haben. Die Bürgerenergiegesellschaften sind privilegiert, indem für ihre PV-Anlagen die Schwelle für die Einspeisevergütung nicht 500 kW sondern 1 MW beträgt[1349].

1344 Art. 3 Abs. 12 lit. b G. 4414/2016. Die älteren Anlagen werden gem. Art. 1 Min. Beschl. 2262/2012, so wie es durch Art. 1 Min. Beschl. 1288/2013 geändert wurde, vergütet.

1345 Art. 10 Abs. 1 G. 4414/2016.

1346 Art. 5 des Mustervertrages gem. Min. Beschl. 187701/2016.

1347 Art. 5 Abs. 1 G. 4414/2016.

1348 Art. 3 Min. Beschl. 12323/2009.

1349 Art. 3 Abs. 1 Min. Beschl. 184573/2017, so wie es durch Min. Beschl. 172858/2018 geändert wurde.

cc) Kritische Würdigung

Das Modell der Einspeisevergütungen war das erste EE-Fördermodell, das Griechenland eingesetzt hat. Auf dieses Modell ist die asymmetrische Entwicklung des griechischen PV-Markts zurückzuführen. In nur vier Jahren (2009-2013) ist die installierte Leistung von 46 MW auf 2.419 gestiegen[1350]. Seitdem ist der PV-Markt eingefroren. Die hohen Ausgangsvergütungen (450–500 €/MWh (Festland – Inseln) in Verbindung mit einer gesicherten Abnahme des EE-Stroms und die stark sinkenden Anlagenpreise führten zu einem unkontrollierten Wachstum des PV-Ausbaus. Wie auch in Deutschland und anderen europäischen Ländern[1351], führte das Einspeisevergütungsmodell zu einer fehlenden Steuerung des Zubaus und zu einer Überförderung. Auf diese Weise stieg das Defizit des Kontos für die Finanzierung der EE und dies wiederum führte zu einer Zahlung der Anlagenbetreiber mit einer achtmonatigen Verspätung[1352]. Die mengenmäßige Regulierung erfolgte über eine verspätete Senkung der Einspeisevergütungen und darüber, dass keine Anträge auf Produktionsgenehmigung und auf Netzanschluss nicht mehr gestellt werden konnten.

Wie bereits erläutert, wurde der Ausbaukorridor in Griechenland erst zu spät eingesetzt. Diese Maßnahmen reichten allerdings nicht aus. Aus diesem Grund hat Griechenland durch das G. 4254/2014 zwei harte Maßnahmen eingegriffen: die nachträgliche Besteuerung auf den Umsatz der PV-Anlagen in Höhe von bis zu 42%[1353] und die rückwirkende Kürzung der Einspeisetarife um (durchschnittlich) 29 %[1354]. Diese Maßnahmen legten in Verbindung mit der Finanzkrise Griechenlands den PV-Markt lahm.

1350 Die Daten stammen aus LAGIE, Μηνιαίο Δελτίο ΑΠΕ & ΣΥΘΗΑ, Dez. 2009, S. 8 und Dez. 2013, S. 2.

1351 So auch in Frankreich, Italien, Spanien, Tschechien, Bulgarien, s. KOM, REFIT evaluation of the Directive 2009/28/EC of the European Parliament and of the Council, SWD(2016) 416 final, S. 37.

1352 So hat z. B. LAGIE im April 2014 die EE-Anlagenbetreiber für den Strom vergütet, der im August 2013 eingespeist worden war, *Energypress*, abrufbar auf https://energypress.gr/news/synehizontai-oi-pliromes-lagie-gia-ta-timologia-aygoystoy, zuletzt abgerufen am 05.04.2018.

1353 Das betrifft die neuen Anlagen, die ab 01.07.2013 aktiviert werden würden (Paragraphos I, Ypoparagraphos I.4 Abs. 8 G. 4152/2013).

1354 Ypoparagraphos IΓ. Abs. 1 G. 4254/2014.

b) Die Marktprämie

Die große Kostensenkung der PV-Module in den letzten Jahren und die großen Schwierigkeiten bei der Finanzierung der Anlagen machen die Marktintegration des PV-Stromes nicht nur möglich, sondern auch erforderlich. Wesentliche Voraussetzung dafür ist, dass der Rechtsrahmen und die Rahmenbedingungen im Markt einen fairen Wettbewerb zwischen der PV und den konventionellen Energiequellen erlauben[1355]. Die Novelle 4414/2016 führte in Griechenland zum ersten Mal das Modell der Direktvermarktung durch die sog. Marktprämie ein und strebte auf diese Weise die bessere Marktintegration der EE an. Das Modell der Direktvermarktung durch die Marktprämie ist nur für die PV-Anlagen mit einer installierten Leistung > 500 kW anwendbar.

aa) Förderung durch Kontrahierungszwang

Wie auch in Deutschland verkauft der PV-Anlagenbetreiber im Fall der Direktvermarktung den Strom entweder selbst oder über ein Direktvermarktungsunternehmen (FoSE) direkt an den IEP.

Bei dem Modell der Marktprämie entstehen zwei Rechtsverhältnisse: eines zwischen dem Anlagenbetreiber und dem Marktbetreiber für die physikalische Abnahme und Vergütung des Stroms sowie eines zwischen dem Anlagenbetreiber und dem Käufer des Stroms. Das erste Rechtsverhältnis entsteht – auch wie bei dem Modell der Einspeisevergütungen – durch einen Kontrahierungszwang. Die Betreiber von PV-Anlagen müssen an dem neuen Fördersystem auf der Grundlage der Marktprämie teilnehmen. Sie schließen mit dem Marktbetreiber LAGIE einen Vertrag über die Förderung mittels einer Marktprämie (SEDP) ab (Art. 3 Abs. 2 G. 4414/2016). Die Laufzeit des Vertrags beträgt 20 Jahre[1356].

Nach dem Gesetz sollen die Einzelbestimmungen des SEDP-Vertrags (wie z. B. Inhalt und Form) durch Min. Beschl. festgelegt werden[1357]. Der Min. Beschl. 187706/2016 zu dem SEDP-Vertrag enthält einen Mustervertrag[1358]. Schuldner der Marktprämie ist der Marktbetreiber, der den Anlagenbetreibern die Marktprämie für den abgenommenen Strom am Ende jedes Monats bezahlt[1359]. Wie

---

1355 *Purkus/Gawel*, Promoting Market and System Integration of Renewable Energies, 2013, S. 17.

1356 Art. 9 Abs. 2 G. 4414/2016. So auch Art. 3 des SEDP-Mustervertrages gem. Min. Beschl. 187706/2016.

1357 Art. 7 Abs. 3 G. 4414/2016.

1358 Art. 1 Min. Beschl. 187706/2016.

1359 Art. 6 des SEDP-Mustervertrages gem. Min. Beschl. 187706/2016.

bereits im Abschnitt „Abnahme“ erläutert wurde, erfolgt die Abnahme des Stroms in diesem Fall nur physikalisch, da die Anlagenbetreiber – im Gegensatz zum Modell der Einspeisevergütung – ihren Strom selber an IEP verkaufen.

Das zweite Rechtsverhältnis ist das Verhältnis, welches aus der Vermarktung des Stroms entsteht. IEP ist der einzige Weg für die Anlagenbetreiber, ihren Strom zu verkaufen. Die Anlagenbetreiber müssen auch in diesem Fall den „Vertrag für Transaktionen am IEP“ mit LAGIE abschließen[1360]. Nun verkauft allerdings LAGIE nicht in seinem Namen – wie im Modell der Einspeisevergütungen – sondern im Namen der Anlagenbetreiber den Strom an IEP[1361]. Die Teilnahme am IEP erfolgt durch Registrierung am Teilnehmerregister[1362]. Im Gegensatz zu Deutschland sind die bilateralen außerbörslichen OTC-Verträge auf dem griechischen Strommarkt noch nicht erlaubt[1363]. Allerdings werden die EE ab Sommer 2018 auch durch bilaterale Verträge gehandelt werden können, wenn Griechenland – wie geplant – die griechische Strombörse und die dazu gehörenden Märkte gem. G. 4512/2018 schafft[1364]. Dadurch wird der Day-Ahead-Markt den IEP ersetzen, aber das wird das Verhältnis des Anlagenbetreibers und LAGIE nicht grundsätzlich ändern[1365].

An IEP kann der Anlagenbetreiber den Strom entweder selber (über LAGIE) oder durch einen Vertreter verkaufen, der mehrere Anlagenbetreiber vertritt (FoSE). In diesem Fall nimmt FoSe den Strom kaufmännisch ab. Er veräußert den Strom im eigenen Namen weiter, so dass er die Chancen und Risiken der Vermarktung trägt. Damit geht er selbst Rechte und Pflichten gegenüber Dritten ein[1366]. In diesem Sinne haben die FoSE die gleiche Funktion wie die Direktvermarktungsunternehmen des deutschen EEG. Für die Fälle, dass die FoSE den

1360 Art. 5 G. 4414/216.

1361 Vgl. auch Art. 5 Abs. 3 Min. Beschl. 187480/2016, Art. 5 Abs. 10 G. 4414/2016.

1362 Art. 5 Abs. 1 G. 4414/2016. Auch hier ist der Abschluss des Folgevertrags „Vertrag für Transaktionen am Übertragungssystem“ erforderlich.

1363 Dies wird erst mit der anstrebenden Reform des griechischen Strommarkts erfolgen.

1364 Die sind der Day-Ahead-Markt, der Intraday-Markt, den Terminmarkt und den Regelenergiemarkt.

1365 So sieht auch Art. 30 des Kodexes „des Betreibers der EE und der Herkunftsnachweise“(Entwurf), 2018, vor, dass die Gesellschaft, die nach der Reform des Elektrizitätsmarkts den LAGIE ersetzen wird, der sog. „Betreiber der erneuerbaren Energien und der Herkunftsnachweise“ die EE-Anlagenbetreiber, die mit ihm einen SEDP-Vertrag abschließen, an den Strommarkt vertreten wird.

1366 Art. 5 Abs. 2 G. S. 2 G. 4414/2016.

Anlagenbetreiber nicht vertreten können, wird auch ein FoSE letzter Instanz gegründet (FoSETeK)[1367].

Mit der Vermarktung des Stroms erhält der Anlagenbetreiber an IEP durch LAGIE den Preis für den verkauften Strom[1368]. Denn LAGIE ist Verwalter des IEP und verkauft und kauft den Strom im Namen der Erzeuger und Versorger und wickelt für alle Teilnehmer alle Zahlungen ab[1369]. Dazu erhält der Anlagenbetreiber von LAGIE noch die Marktprämie wegen des SEDP-Vertrags.

Die Förderung für den Anlagenbetreiber ist die Marktprämie, die sich variabel errechnet. Sie wird monatlich bestimmt durch Subtraktion des Sondermarktpreises (ETA) von dem Referenzwert. Das Gesetz regelt in Art. 3 Abs. 3 G. 4414/2016, dass der Referenzwert (€/MWh) entweder gesetzlich bestimmt[1370] oder im Rahmen einer Ausschreibung nach Art. 7 ermittelt wird. Da allerdings das Modell der Marktprämie nur die PV-Anlagen mit einer installierten Leistung > 500 kW betrifft, welche an einer Ausschreibung teilnehmen müssen, wird der TA für die PV mit einer installierten Leistung > 500 kW, die die Marktprämie erhalten, letztlich nur durch Ausschreibungen ermittelt.

Art. 6 Abs. 1 G. 4414/2016 sieht eine bestimmte Methode zur Bestimmung des ETA vor und differenziert zwischen den steuerbaren und den nicht steuerbaren Energieträgern[1371]. Die nicht steuerbaren EE wie die PV basieren im Gegensatz zu den steuerbaren nicht unmittelbar auf den Monatsmittelwert des OTS. Wie im deutschen EEG wird der Monatsmittelwert vielmehr auf der Grundlage des Einspeiseaufkommens der Anlagenbetreiber gewichtet, welches sich auf der Grundlage des OTS und der restlichen Mechanismen des Großhandelsmarkts ergibt (Art. 6 Abs. 1 S. 1 G. 4414/2016). Bei der Bestimmung der ETA ist folgende Regelung wichtig: Wenn der Wert des Stroms an Großhandelsmarkt in mindestens zwei aufeinanderfolgenden Stunden negativ ist, wird die Strommenge die in dieser Zeit eingespeist wird, von den gesamten eingespeisten Strommenge

1367 Art 5 Abs. 5 G. 4414/2016.

1368 Art. 72 Abs. 2 KSIE. So auch Art. 10 des SEDP-Mustervertrages, Min. Beschl. 187706/2016.

1369 Art. 14 Abs. 2 KSIE.

1370 Die Werte für die PV sind in der letzten Zeile der Tabelle des Art. 27A Abs. 3 G. 3734/2009 (a.F.) festgesetzt. Die Werte für die restlichen EE-Technologien werden in Art. 4 Abs. 1 G. 4414/2016 festgesetzt.

1371 Nach Art. 6 Abs. 1 S. 2 G. 4414/2016 ist für die steuerbaren Energien der ETA auf der Grundlage des tatsächlichen Monatsmittelwerts des OTS und der restlichen Mechanismen des Großhandelsmarkts in €/ MWh abzustellen.

subtrahiert[1372]. In der Praxis bedeutet es, dass die Anlage für diese Menge keine Marktprämie bekommt.

Ist die Differenz zwischen TA und ETA positiv, wird der Betrag aus dem Unterkonto des Sonderkontos des Art. 143 G. 4001/2011 dem Anlagenbetreiber gezahlt. Ist die Differenz hingegen negativ, wird der Betrag auf dem Unterkonto gutgeschrieben. In den relevanten Kodizes sind die Einzelbestimmungen geregelt (Art. 3 Abs. 15 G. 4414/2016).

bb) Die Anspruchsvoraussetzungen

Für einen Anspruch auf die Marktprämie müssen folgende Voraussetzungen erfüllt sein. Berechtigte der Marktprämie sind die Besitzer der Anlagen. Das Modell der Marktprämie betrifft alle PV-FFA mit einer installierten Leistung > 500 kW die neu sind, aber auch diejenigen, für die bis zum 31.12.2015 ein Kaufvertrag geschlossen wurde, die aber bis zum 31.12.2017 nicht in Betrieb genommen worden sind[1373]. Für PV-FFA mit einer installierten Leistung > 5 MW und einer Inbetriebnahme bis zum 31.12.2017 besteht dem Anlagenbetreiber ein Wahlrecht zu Marktprämie zu wechseln[1374].

Außerdem muss der Anlagenbetreiber im Register der Marktteilnehmer eingetragen sein. Wie bereits ausführlich diskutiert, ist Voraussetzung dafür der Abschluss des „Vertrags für Transaktionen am IEP“ und des „Vertrags für Transaktionen am Übertragungssystem“[1375].

Die nächste Voraussetzung ist die Bilanzausgleichsverantwortung des Anlagenbetreibers. Die Anlagenbetreiber sind bis zu dem Zeitpunkt, in dem der griechische Strommarkt nach dem „target model“ der EU gem. Kap. 4.3 G. 4336/2015 reformiert wird, verpflichtet, die Abweichungen zwischen Erzeugung und Nachfrage auszugleichen, sodass u.a. auch der finanzielle Ausgleich zwischen den Einnahmen und den Kosten jedes Anlagenbetreibers am Ende jedes Monats möglich ist[1376]. Nach Art. 5 Abs. 7 G. 4414/2016 fängt die Bilanzausgleichsverantwortung für den Anlagenbetreiber an, wenn der Intraday-Markt in

---

1372 Art. 5 Abs. 3 Min. Beschl. 187480/2016, Art. 5 Abs. 10 G. 4414/2016.

1373 Art. 3 Abs. 12 lit. b G. 4414/2016.

1374 In diesem Fall wird der bestehende Kaufvertrag aufgelöst. Für den Rest der 20-Jahres-Dauer schließen Anlagen- und Netzbetreiber nun einen Vertrag über die Förderung mittels einer Marktprämie SEDP ab. In diesem Fall ist der Referenzpreis identisch mit dem Preis, den sie als Vergütung im Rahmen des Kaufvertrags erhalten hätten (Art. 3 Abs. 13 G. 4414/2016).

1375 Art. 5 Abs. 1 G. 4414/2016.

1376 Art. 5 Abs. 6 G. 4414/2016.

Griechenland im Rahmen des „target model“ gegründet und liquide ist. Bis das „target model“ etabliert ist, ist der Anlagenbetreiber (oder die FoSE) weiterhin verpflichtet, die präziseste Prognose über die Einspeisung am IEP zu machen. Dazu wird ein temporärer Mechanismus über die präziseste Prognose gegründet[1377].

Letzte Voraussetzung für die Gewährung der Marktprämie ist die Installierung aller notwendigen technischen Einrichtungen (z. B. eines Messsystems) gem. der relevanten Kodizes (Art. 5 Abs. 14 G. 4414/2016)[1378].

c) Die Ausschreibungen

Das neue G. 4414/2016 strebt seit 2017 eine grundlegende Umstellung der Förderung für alle EE-Technologien einschließlich PV auf das Modell der Ausschreibungen an. Gegenwärtig sieht der griechische Rechtsrahmen drei unterschiedliche Arten von Ausschreibungen für die PV vor: die technologiespezifischen, die sog. gemeinsamen und die sog. grenzüberschreitenden Ausschreibungen. Allerdings hat bislang nur die erste Art von Ausschreibungen stattgefunden, die demzufolge als Diskussionsgrundlage für die vorstehende Untersuchung dient.

aa) PV-spezifische Ausschreibungen

Ebenso wie in Deutschland sind in Griechenland die Ausschreibungen kein eigenständiges Fördersystem, sondern vielmehr ein Annex zum Marktprämien- oder zum Einspeisevergütungsmodell[1379]. Die erfolgreichen Bieter, d.h. die den Zuschlag in einer Ausschreibung bekommen, erhalten die Förderung entweder in Form der Marktprämie oder in Form eines Festpreises. Zu diesem Zweck schließt der Anlagenbetreiber entweder einen SEDP- oder einen SEST-Vertrag ab mit dem Referenzwert der Förderung, der sich aus der Ausschreibung ergibt (Art. 7 Abs. 4 G. 4414/2016).

1377 Die Einzelheiten dazu werden mit einem Min. Beschl. bestimmt. Die Funktion dieses Mechanismus wird jährlich durch den Systembetreiber ADMIE überwacht, welcher der Regulierungsbehörde RAE Änderungen vorschlagen kann (Art. 5 Abs. 9 G. 4414/2016).

1378 Die relevanten Kodizes sind der KDS, der KSIE und die Leitlinien in Anwendung des „target models“ für den Elektrizitätsmarkt gem. Art. 3 Paragraphos Γ Kap. 4.3 Unterkapitel „Energie“, G. 4336/2015.

1379 Der Unterschied zu Deutschland ist, dass in Deutschland die Ausschreibungen ein Annex nur zum Marktprämienmodell sind.

Für PV-Anlagen mit einer installierten Leistung > 500 kW wird die Höhe der Marktprämie durch das Instrument der Ausschreibung ermittelt[1380]. Mit dem Marktbetreiber LAGIE schließen sie den SEDP-Vertrag ab. Kleine PV-Anlagen mit einer installierten Leistung ≤ 500 kW können optional an Ausschreibungen teilnehmen. In diesem Fall ist ihr Zuschlagspreis der AW ihrer festen Einspeisevergütung im Rahmen des SEST-Vertrages[1381]. Zu den weiteren Voraussetzungen einer Teilnahme der kleinen Anlagen schweigt der Min. Beschl. 172859/2018 jedoch, der weitere Einzelbestimmungen zu den Ausschreibungen enthält.

(1) Förderung durch Kontrahierungszwang

Ebenfalls wie im deutschen Modell gehen die Ausschreibungen mit zwei Arten von Rechtsverhältnissen einher. Es handelt sich dabei um privatrechtliche gesetzliche Schuldverhältnisse zwischen erstens dem Anlagenbetreiber und dem Netzbetreiber und zweitens zwischen dem Anlagenbetreiber und dem Käufer des Stroms[1382]. Des Weiteren handelt es sich um ein öffentlich-rechtliches Rechtsverhältnis zwischen dem Anlagenbetreiber als Bieter und der RAE als Ausschreibungsstelle.

Die privatrechtlichen gesetzlichen Schuldverhältnisse im Modell der Ausschreibungen sind identisch mit denen im Marktprämien- oder im Einspeisevergütungsmodell, da der erfolgreiche Bieter eine Vergütung nach einem dieser Fördermodelle bekommt[1383]. Im Hinblick auf die Einzelheiten wird auf die Ausführung in den jeweiligen Abschnitten „Einspeisevergütung“ und „Marktprämie“ verwiesen.

(2) Förderung als öffentliches Rechtsverhältnis: Das Ausschreibungsdesign

Die Ausschreibung für die EE ist wie in Deutschland ein transparentes, diskriminierungsfreies und wettbewerbliches Verfahren[1384] zur Bestimmung des Anspruchsberechtigten und des TA. Dadurch wird ein öffentlich-rechtliches Verhältnis zwischen dem Anlagenbetreiber als Bieter und der Ausschreibungsstelle RAE begründet. RAE ist nicht nur Ausschreibungsstelle. Die wichtigsten Elemente des sog. Ausschreibungsdesigns wie die Ausbaumengen, die

---

1380 Art. 3 Abs. 18 G. 4414/2016.

1381 Art. 7 Abs. 4 i.V.m. Art. 3 Abs. 3, 5 und Art. 4 Abs. 3 G. 4414/2016.

1382 Dem „Dritten“ gem. § 3 Nr. 16 EEG.

1383 Art. 7 Abs. 4 G. 4414/2016.

1384 So auch RAE, Entsch. v. 03.11.2016, 417/2016.

Gebotsobergrenzen oder die Höchstwerte werden auch durch Min. Beschl. des Umweltministers[1385] oder durch Beschluss der RAE festgelegt[1386].

19 Monate nach dem G. 4414/2016 sind die Min. Beschl. 184573/2017[1387], 172858/2018[1388] und 172859/2018 und der Entwurf der Bekanntmachungen der RAE 1/2018[1389] und 2/2018[1390] veröffentlicht worden, die die meisten Einzelbestimmungen der Ausschreibungen regeln. Im Folgenden werden die einzelnen Elemente des griechischen Ausschreibungsdesigns daraufhin untersucht, ob die gesetzten Ziele besser als die vorigen Modelle erreicht werden können. Wie bereits im deutschen Recht analysiert, sind folgende die wichtigsten Elemente des Ausschreibungsdesigns: (a) das Ausschreibungsverfahren, (b) das Ausschreibungsvolumen, (c) die Häufigkeit der Auktionsrunden, (d) die Begrenzung der zulässigen Gebote, (e) die Flächenkulisse, (f) die Präqualifikationskriterien und Pönalen und (g) die Preisbildungsregel (inkl. Höchstwert und Zahlungsberechtigung)[1391].

(a) Das Ausschreibungsverfahren

Im Gegensatz zu dem deutschen Ausschreibungsdesign folgt das griechische Design dem dynamischen Verfahren. Die Bieter haben die Möglichkeit, mehrere Angebote abzugeben[1392]. Das Verfahren dauert insgesamt 30 min. und wird

---

1385 Art. 7 Abs. 2 S. 1 G. 4414/2016.

1386 Art. 7 Abs. 5 G. 4414/2016.

1387 Min. Beschl. ΑΠΕΕΚ/Α/Φ1/οικ. 184573/13.12.2017 „Καθορισμός τεχνολογιών ή και κατηγοριών σταθμών παραγωγής ηλεκτρικής ενέργειας από Α.Π.Ε. και Σ.Η.Θ.Υ.Α. που εντάσσονται σε καθεστώς στήριξης με τη μορφή Λειτουργικής Ενίσχυσης μέσω ανταγωνιστικής διαδικασίας υποβολής προσφορών“ (ΦΕΚ Β' 4488/19.12.2017).

1388 Min. Beschl. ΑΠΕΕΚ/Α/Φ1/οικ. 172858/22.03.2018 „Τροποποίηση της αριθμ. ΑΠΕΕΚ/Α/Φ1/οικ. 184573/13.12.2017 (ΦΕΚ Β' 4488) υπουργικής απόφασης «Καθορισμός τεχνολογιών ή και κατηγοριών σταθμών παραγωγής ηλεκτρικής ενέργειας από Α.Π.Ε. και Σ.Η.Θ.Υ.Α. που εντάσσονται σε καθεστώς στήριξης με τη μορφή Λειτουργικής Ενίσχυσης μέσω ανταγωνιστικής διαδικασίας υποβολής προσφορών»“ (ΦΕΚ Β' 1263/10.04.2018).

1389 RAE, Entwurf der Bekanntmachung 1/2018 über das Ausschreibungsverfahren der PV mit einer Leistung P ≤ 1 MW, v. 23.03.2018, nachfolgend „RAE, Bekanntmachung 1/2018 (Entwurf)“.

1390 RAE, Entwurf der Bekanntmachung 2/2018 über das Ausschreibungsverfahren der PV mit einer Leistung 1 MW< P ≤ 20 MW, v. 23.03.2018, nachfolgend „RAE, Bekanntmachung 2/2018 (Entwurf)“.

1391 ZSW/Takon et al., Ausgestaltung des Pilotausschreibungssystems für PV-FFA, 2014, S. 20–39; *Bruttel/Purkus/Gawel*, Auktionen als Förderinstrument für erneuerbare Energien, 2016, S. 32 -39.

1392 Art. 14.2.1.5. u. 14.2.1.5. RAE, Bekanntmachungen 1/2018 u. 2/2018 (Entwurf).

elektronisch durchgeführt[1393]. Wenn zwei Angebote zum gleichen Preis abgegeben werden, bekommt zuerst das Gebot den Zuschlag, welches für die kleinere PV-Anlage abgegeben wird[1394]. Im Gegensatz zu anderen dynamischen Verfahren[1395] kennen im griechischen Design die Bieter die Gebote der anderen Bieter nicht. Deswegen gibt es kein Risiko für strategisches Verhalten, wie bei anderen dynamischen Verfahren, bei denen die Gebote der Bieter bekannt sind. Darüber hinaus setzt diese Unsicherheit über die Kosten der Technologie die Bieter unter Wettbewerbsdruck. Aus diesem Grund kombiniert das griechische System die Vorteile des statischen und des dynamischen Verfahrens.

Hier ist es wichtig zu betonen, dass der bezuschlagte Preis und die tatsächliche Vergütung nicht identisch sind, da der bezuschlagte Preis lediglich die Berechnungsgrundlage für die zusätzlich zum Erlös aus der Direktvermarktung zu zahlende Marktprämie darstellt. Der bezuschlagte Preis ist nämlich der TA, der die Basis für die Berechnung der gleitenden Marktprämie bildet[1396]. Gleiches gilt auch im EEG.

(b) Das Ausschreibungsvolumen

Das Ausschreibungsvolumen soll gegenläufige Interessen im Gleichgewicht halten. Je kleiner das Ausschreibungsvolumen, desto höher die Wettbewerbsintensität. Gleichzeitig soll allerdings die Kontinuität der EE-Projekte sichergestellt werden und das nationale Ausbauziel erreicht werden. Obwohl der PV-Ausbaupfad des Min. Beschl. 19598/2010 für eine PV-Leistung von 2.200 MW bis 2020 schon 2013 erreicht worden ist[1397], will Griechenland sein nationales Ausbauziel für einen EE-Anteil von 18% am Bruttoendenergieverbrauch erreichen. Dafür sind noch 2.200-2.700 MW Neukapazitäten von EE bis 2020 notwendig[1398]. Da die restlichen EE-Technologien nicht so gut vorangekommen sind, muss ein Teil der bis 2020 benötigten 2.700 MW installierter Leistung durch PV-Neukapazitäten abgedeckt werden. Nach dem Min. Beschl. 172859/2018 soll in den Jahren

---

1393 Art. 14.2.1.3. u. 14.2.1.3. RAE, Bekanntmachungen 1/2018 u. 2/2018 (Entwurf).

1394 Art. 14.2.3.3. u. 14.2.3.3. RAE, Bekanntmachungen 1/2018 u. 2/2018 (Entwurf).

1395 Dazu s. *Mohr*, EnWZ, 2015, 99, 104.

1396 Art. 2 Nr. 21 G. 4414/2016.

1397 Aus dem LAGIE, Μηνιαίο Δελτίο ΑΠΕ & ΣΥΘΗΑ, Nov. 2013, S. 2 und DEDDIE, Μηνιαίο Δελτίο ΑΠΕ & ΣΥΘΗΑ στα ΜΔΝ, Nov. 2013, S. 3 ergibt sich, dass im November 2013 die installierte Leistung der PV betrug 2.070 MW im Verbundsystem und 135,82 MW auf den Inseln, d.h. die gesamte installierte Leistung lag bei 2.205 MW. In diesen Zahlen ist die installierte Leistung der PV-Dachanlagen des Sonderprogramms nicht einbezogen, da für sie das Ziel der 2.200 MW nicht galt.

1398 KOM, Entsch. v. 16.11.2016, SA.44666, C(2016) 7272 final, Rn. 5 – Greece.

2018-2020 jährlich eine installierte Leistung für PV von 300 MW ausgeschrieben werden.

(c) Die Häufigkeit der Auktionsrunden

Die Ausschreibungsrunden sollen in einem ausgewogenen Verhältnis zu dem Ausschreibungsvolumen stehen. Die Vor- und Nachteile der mehreren Auktionsrunden wurden bereits bei der Analyse des deutschen Ausschreibungsdesigns diskutiert. Der griechische Gesetzgeber hat es für sinnvoll gehalten, zwei PV-Ausschreibungsrunden pro Jahr vorzusehen: die erste Runde ist für PV-Anlagen mit einer installierten Leistung ≤ 1 MW, die zweite für PV-Anlagen mit einer installierten Leistung 1 MW < P ≤ 20 MW[1399]. An den entsprechenden Kategorien der Ausschreibung können auch die „fast track"-Projekte teilnehmen[1400]. Somit nimmt jede Anlage nur einmal im Jahr an einer Ausschreibungsrunde teil. Dies erhöht den Wettbewerbsdruck und bezweckt die Kontinuität des PV-Zubaus. Gleichzeitig werden die negativen Effekte der mehreren Runden vermieden, wie z. B. die strategische Kollusion zwischen den Bietern. Andererseits besteht die Gefahr einer starken Segmentierung des ohnehin kleinen Markts in Griechenland[1401].

(d) Die Begrenzung der zulässigen Gebote

Die Begrenzung der zulässigen Gebote betrifft vor allem die Mindest- und Höchstgebotsmenge für PV-Anlagen. PV-Anlagen, welche diesen Mengenanforderungen nicht entsprechen, dürfen an Ausschreibungen nicht teilnehmen. Dadurch soll ein „Rosinenpicken" verhindert werden[1402]. Die Mindestgebotsmenge für die erste Kategorie ist noch nicht bekannt, aber das G. 4416/2016 und der Min. Beschl. 172859/2018 erlauben die Teilnahme auch der PV-Anlagen mit einer installierten Leistung < 500 kW. Auch die Bürgerenergiegesellschaften, die PV-Anlagen mit einer installierten Leistung < 500 kW dürfen an dieser Kategorie teilnehmen[1403]. Die Höchstgebotsmenge ist für beide Kategorien

1399 Nachfolgend: „Erste Kategorie" und „Zweite Kategorie" entsprechend.

1400 Die RAE hatte in ihrer Stellungnahme 2/2017 die „fast track"-Projekte wegen sehr begrenztes Interesse aus der Regime der Ausschreibungen vorübergehend ausgeschlossen, obwohl G. 4414/2016 für sie das Ausschreibungsvolumen von max. 300 MW bis 2020 festsetzt. Nur zwei „fast track"-Projekte hatten im Jahr 2017 Interesse an einer Ausschreibung gezeigt, RAE, Stellungnahme v. 23.02.2017, 2/2017, S. 17, 18.

1401 Vgl. Frontier Economics, Konsultation zum Ausschreibungsdesign für die Förderung von PV-FFA, 2014, S. 6.

1402 BT-Drs. 18/8860, S. 204.

1403 Art. 2 (Tabelle) Min. Beschl. 172859/2018. Noch die RAE, Bekanntmachung 1/2018 (Entwurf) hat eine Mindestgebotsmenge gesetzt.

der Ausschreibungsrunden selbst zu entnehmen. Sie beträgt 1 MW für die erste Kategorie und 20 MW für die zweite Kategorie. Das vierte Element ist sowohl mit dem Ausschreibungsvolumen als auch mit der Flächenkulisse eng verbunden.

(e) Flächenkulisse

Weder die Min. Beschl. 172858 u. 172859/2018 noch die RAE- Bekanntmachungen 1/2018 u. 2/2018 enthalten Bestimmungen über die Flächenkulisse. Gem. Art. 7 Abs. 5 G. 4414/2016 werden allerdings die Raumplanungsbeschränkungen der Ausschreibungen durch die RAE-Entscheidung festgelegt. Bei der Festlegung sind die gegenläufigen Interessen des Umweltschutzes einerseits und der Wettbewerbsintensität andererseits in Gleichgewicht zu halten. Denn die restriktive Flächenkulisse trägt dem Umweltschutz Rechnung, kann aber zur Beschränkung der Anzahl der Bieter führen.

(f) Präqualifikationskriterien und Pönalen

Die Präqualifikationskriterien und Pönalen sollen die Realisierungswahrscheinlichkeit der Projekte erhöhen. Je höher die Präqualifikationskriterien gesetzt werden, desto größer ist der Aufwand für die Teilnehmer und desto höher die Realisierungswahrscheinlichkeit der Projekte[1404]. Das griechische Ausschreibungssystem sieht eine Kombination von Präqualifikationskriterien und Pönalen vor. Hierzu zählt der Nachweis des Teilnehmers über den Betrieb einer Anlage. Besitzer ist der jenige, der Eigentümer der Anlage laut der Produktionsgenehmigung und des endgültigen Anschlussangebots oder/und des Netzanschlussvertrages ist[1405]. Weiterhin muss der Teilnehmer einen wirksamen Netzanschlussvertrag oder zumindest ein wirksames Anschlussangebot nachweisen[1406]. Darüber hinaus sehen die RAE-Bekanntmachungen 1/2018 u. 2/2018 eine Reihe von Gründen vor, welche die Teilnahme an der Ausschreibung ausschließen[1407].

Wichtiges Präqualifikationskriterium sind die sog. Sicherheiten wie die „Garantiezahlung für die Teilnahme“, die 10 €/kW beträgt. Eine zweite Art der Sicherheit ist eine Garantiezahlung zur „guten Durchführung der Investition“.

1404 Agora Energiewende, Ausschreibungen für Erneuerbare Energien, 2014, S. 21.

1405 Art. 1.6 RAE, Bekanntmachungen 1/2018 u. 2/2018 (Entwurf).

1406 Art. 1.5 lit. E RAE, Bekanntmachungen 1/2018 u. 2/2018 (Entwurf), vgl. Art. 7 Abs. 9, 10 G. 4414/2016.

1407 Art. 9 RAE, Bekanntmachungen 1/2018 u. 2/2018 (Entwurf). Die meisten betreffen die finanzielle Fähigkeit des Teilnehmers oder die Tatsache, dass er keine strafbaren Handlungen begangen ist.

Die zweite Sicherheit deckt den restlichen Betrag, so dass beide Sicherheiten zusammen bei 4% der Investitionskosten liegen. Der Teilnehmer ist verpflichtet, die sog. „Regel des 4%“ ständig und bis zur Realisierung des Projektes, zu halten[1408]. Die erste Garantie verfällt im Fall, dass der Teilnehmer die zweite Garantie nicht leistet oder wenn die zweite Garantie verfällt[1409]. Außerdem soll jeder Teilnehmer eine Teilnahmegebühr i.H.v. von 500 €/MW für die erste Kategorie und eine Teilnahmegebühr i.H.v. von 1.000 € für die zweite Kategorie der Ausschreibungen bezahlen[1410].

Die Nichtrealisierung eines Projekts führt zu einer Pönale. Es ist eine 12- oder 18- oder 24-Monats-Frist für die Aktivierung des Netzanschlusses nach der öffentlichen Bekanntgabe des Zuschlags vorgesehen[1411]. Wenn diese Frist nicht eingehalten wird, ist die PV-Anlage nicht förderberechtigt, die Garantien fallen der RAE zu[1412].

(g) Die Preisbildungsregel

Wie nun auch das deutsche Ausschreibungsdesign folgt auch das griechische Ausschreibungssystem dem „Pay-as-bid-Preisregel“, d.h. der anzulegende Wert für jeden Bieter entspricht dem Gebot. Die Vor- und Nachteile wurden bereits diskutiert. Die „Pay-as-bid-Preisregel“ ist verständlicher und auch für unerfahrene Akteure geeignet. Gleichzeitig ist es wenig wahrscheinlich, dass ihre Nachteile auftreten, da in Griechenland höchstwahrscheinlich keine „überhitzten“ Auktionen auftreten. Seitdem der PV-Markt im Jahr 2014 gestört ist, sind in den letzten Jahren nur 8 MW installiert worden. Aus diesen Gründen ist es durchaus sinnvoll, dass das griechische Ausschreibungssystem der „Pay-as-bid-Preisregel“ folgt.

Wie das deutsche Ausschreibungsdesign sieht das griechische Ausschreibungsdesign einen Höchstpreis vor. Bei der Pilotausschreibung betrug der Höchstwert je nach Kategorie 104 €/MWh und 94 €/MWh. Da der durchschnittliche

---

1408 Art. 16.7. u. Art. 16.6 RAE, Bekanntmachungen 1/2018 u. 2/2018 (Entwurf).

1409 Art. 11.2.6.1. u. Art. 11.2.7.1 RAE, Bekanntmachungen 1/2018 u. 2/2018 (Entwurf).

1410 Art. 1.6 RAE, Bekanntmachungen 1/2018 u. 2/2018 (Entwurf).

1411 Art. 11.2.6.2. u. Art. 11.2.7.2 RAE, Bekanntmachungen 1/2018 u. 2/2018 (Entwurf). Das variiert je nach PV-Kategorie. Für die kleineren PV-Anlagen mit einer installierten Leistung ≤ 1 MW ist die Frist 12 Monate, für eine Leistung 1 MW < P ≤ 5 MW ist die Frist 18 Monate, für eine installierte Leistung 5 MW < P ≤ 20 MW ist die Frist 21 Monate und für die PV-Anlagen, die noch eine Umspannstation installieren müssen, ist die Frist 24 Monate.

1412 Art. 11.2.6.2. u. Art. 11.2.7.2 RAE, Bekanntmachungen 1/2018 u. 2/2018 (Entwurf). Vgl. Art. 17 RAE, Entsch. v. 03.11.2016, 417/2016 (FEK B΄ 3627/09.11.2016).

Zuschlagswert bei der Pilotausschreibung bei 98 €/MWh und 83 €/MWh lag, setzt nun RAE für die PV-Ausschreibungen den Höchstwert niedriger, auf 85 €/ MWh und 80 €/MWh entsprechend[1413]. Der Höchstwert der darauffolgenden Ausschreibungen ist der Preis des höchsten Zuschlagswerts der vorigen Ausschreibung um 1% niedriger[1414].

Die Höchstwerte sind den deutschen ähnlich, sie liegen auch zwischen 8 und 9 ct/ kWh[1415]. Das heißt, dass unabhängig von dem restlichen Rechtsrahmen, den restlichen Marktkonditionen, und den Finanzierungsmöglichkeiten der Anlagenbetreiber, die PV-Förderkosten in beiden Staaten zukünftig ähnlich sein werden.

Wie auch in Deutschland, ist an den Zuschlag nicht automatisch der Vergütungsanspruch geknüpft. Der Bieter muss vielmehr innerhalb von 15 Tagen die Garantiezahlung leisten, die Anlage erstellen und tatsächlich betreiben[1416]. Im Gegensatz zum deutschen Recht, muss aber der Bieter in Griechenland keinen separaten Antrag auf Zahlungsberechtigung stellen. Nach der Zahlung der Garantie hat er Anspruch auf den Abschluss eines SEST- oder SEDP-Vertrags mit dem Marktbetreiber LAGIE. RAE fordert LAGIE in ihrer Entscheidung über die Veröffentlichung der Ergebnisse, den SEST- oder SEDP-Vertrag mit dem Bieter abzuschließen[1417].

(3) Kritische Würdigung

(a) Das Ausschreibungsdesign

Wie auch in Deutschland, bezweckt der Gesetzgeber in Griechenland durch die Umstellung auf das Ausschreibungsmodell die Marktintegration der PV und mehr Wettbewerb auf dem PV-Markt. Allerdings zeigt die vorstehende Analyse, dass das griechische Gesetz – ebenfalls wie in Deutschland – ein stark reguliertes Regime hervorgebracht hat.

Das Ausschreibungsdesign enthält konkrete Vorschriften, welche zu einer Überregulierung führen. Auktionsgut, Ausbaumengen, Höchstwerte usw. werden durch den Gesetzgeber oder die RAE festgelegt. Gleichzeitig hat die RAE umfangreiche Kompetenzen. Die RAE ist nicht nur die Ausschreibungsstelle. Mit ihrer Entscheidung werden die Kriterien der Teilnahme, die Umsetzungsfrist

1413 Art. 1.5 lit. Γ RAE, Bekanntmachungen 1/2018 u. 2/2018 (Entwurf).

1414 Art. 3 Abs. 2 a) Min. Beschl. 172858/2018.

1415 1 ct/ kWh ist gleich 10 €/MWh.

1416 Art. 11.2.6.2 u. 11.2.7.2 RAE, Bekanntmachungen 1/2018 u. 2/2018 (Entwurf).

1417 Lit. ΣΤ RAE, Entsch. v. 12.12.2016, 570/2016.

bis zur Inbetriebnahme der Anlage, die Sicherheiten und jede andere Einzelheit über den Ausschreibungsprozess festgelegt (Art. 7 Abs. 5 G. 4414/2016).

Die Erfahrungen sind bisher noch sehr begrenzt. Der Erfolg des Ausschreibungsmodells wird hier dennoch kursorisch an der Erreichung seiner Ziele gemessen. Es wird vor allem eine erste Abschätzung des griechischen Rechtsrahmens über das Ausschreibungsmodell versucht. Aus Art. 1 i.V.m. Art. 7 Abs. 2 S. 2 G. 4414/2016 ergeben sich folgende Ziele des neuen Fördermodells: (aa) Das nationale Ausbauziel soll erreicht werden. (bb) Die Marktintegration der EE soll auf dem volkswirtschaftlich kosteneffizientesten Weg stattfinden (Art. 1 Abs. 1 lit. b G. 4414/2016). (cc) Das Fördermodell soll kompatibel mit den neuen EEAG sein[1418]. Die Ziele sind im Ergebnis gleich mit denen der deutschen Ausschreibungen.

(aa) Erreichung des nationalen Ausbauziels

Die Erreichung des nationalen Ausbauziels eines EE-Anteils in Höhe von 18 % am Bruttoendenergieverbrauch bis 2020 bedarf noch 2.200 bis 2.700 MW Neukapazitäten[1419]. Obwohl der PV-Ausbaupfad des Min. Beschl. 19598/2010 für eine PV-Leistung von 2.200 MW bis 2020 bereits 2013 erreicht worden ist, muss angesichts der Stagnation bei den übrigen Technologien[1420] ein Teil durch PV-Neukapazitäten abgedeckt werden.

Nach dem Min. Beschl. 172859/2018 soll in den Jahren 2018-2020 jährlich eine PV-Leistung von 300 MW ausgeschrieben werden[1421]. Dazu kommen noch zwei gemeinsame Ausschreibungen von jeweils 400 MW und die zusätzliche gemeinsame Ausschreibung für die spezifische Netzregion, die sich durch die Verbindung N. Makri-Polypotamos-Euböa entstehen wird[1422]. Wenn die Ausschreibungen erfolgreich laufen und die Gebote der Teilnehmer die ausgeschriebene Kapazität übersteigen, wird das nationale EE-Ziel erreicht.

1418 Da die EEAG die Voraussetzungen für die Vereinbarkeit der Fördermodelle mit dem EU-Beiheilferecht festlegen, wird die Kompatibilität des griechischen Fördersystems im Kapitel „Beihilferecht“ diskutiert.

1419 Darauf hat sogar die Kommission in ihrer Beihilfeentscheidung hingewiesen, KOM, Entsch. v. 16.11.2016, SA.44666, C(2016) 7272 final, Rn. 5 – Greece.

1420 So wurde z. B. in den Jahren 2016-2017 die installierte Leistung der Biomasse- und Biogasanlagen von 47 MW auf erst 61 MW erhöht, LAGIE, Μηνιαίο Δελτίο ΑΠΕ & ΣΥΘΗΑ, Dez. 2015 und Dez. 2017, S. 10.

1421 Art. 2 (Tabelle) Min. Beschl. 172859/2018.

1422 Art. 2 (Tabelle) Min. Beschl. 172859/2018. Das Ausschreibungsvolumen für die Ausschreibung in der spezifischen Netzregion ist noch nicht bekannt.

Deswegen sollte dieses Ziel als „kontinuierlicher Zubau“ für die PV übersetzt werden. Es geht um die Wiederherstellung des griechischen PV-Marktes, der wegen der harten Maßnahmen des G. 4254/2014 lahm liegt. Seit der PV-Pilotausschreibung ist der PV-Markt erneut eingefroren. Die erwarteten Min. Beschl. 184573/2017, 172858/2018 und 172859/2018 und der Entwurf der Bekanntmachungen der RAE 1/2018 und 2/2018 wurden mit großer Verspätung, nämlich 19 Monate nach Inkrafttreten des G. 4414/2016 veröffentlicht worden. Darüber hinaus beträgt die gesamte Kapazität der reifen PV-Projekte (d.h. die bereits die PPD und ein endgültiges Netzanschlussangebot erhalten haben) 65,2 MW in der Kategorie > 1 MW und 8,3 MW in der Kategorie ≤ 1 MW[1423]. Diese installierte Leistung ist viel kleiner als die 300 MW, die jährlich für PV ausgeschrieben werden wird.

Es mag bezweifelt werden, ob das Interesse in den kommenden Jahren so groß sein wird, so dass das jährliche Volumen der PV-Ausschreibungen von 300 MW und der gemeinsamen Ausschreibungen von 400 MW abgedeckt werden wird. Darüber hinaus soll nach Art. 10.1.1.3. der RAE-Bekanntmachung die gesamte Kapazität der Gebote mind. 75 % höher als das Ausschreibungsvolumen sein[1424]. Ist dies nicht der Fall, wird das Ausschreibungsvolumen der Ausschreibungsrunde zur Gewährung der Wettbewerbsintensität entsprechend reduziert[1425]. In diesem Fall wird der Rest des Ausschreibungsvolumens an der darauffolgenden Ausschreibungsrunde hinzugefügt. Somit soll sichergestellt werden, dass die Ausbauziele bis 2020 erreicht werden.

Auf der anderen Seite und damit das Ausschreibungsmodell funktionieren kann, muss es einen Elektrizitätsmarkt geben, auf dem der Wettbewerb funktioniert. Aber noch ist dieser Markt nicht vorhanden[1426]. Das neue Strommarktmodell, welches die G. 4336/2015, 4425/2016 und 4512/2018 anstreben, braucht für seine Umsetzung noch Zeit und wird vor 2019 nicht funktionieren[1427], da die notwendigen Instrumente (wie die Einführung eines Intraday-Markts) noch nicht angewendet werden[1428]. Der funktionierende Wettbewerb auf dem Strommarkt ist wichtig, da die PV-Anlagen mit einer installierten Leistung > 500 kW

1423 RAE, Stellungnahme v. 07.02.2018, 2/2018, S. 10.

1424 Art. 10.1.1.3. u. Art. 10.1.1.3. RAE, Bekanntmachungen 1/2018 u. 2/2018 (Entwurf).

1425 Art. 10.1.1.3. u. Art. 10.1.1.3. RAE, Bekanntmachungen 1/2018 u. 2/2018 (Entwurf).

1426 *Papastamatiou*, i.E.

1427 *Tsipouridis*, in: Metaxas (Hrsg.), Η αναδιαμόρφωση της ελληνικής αγοράς ηλεκτρικής ενέργειας, Βασικοί άξονες και προκλήσεις, 2014, S. 25.

1428 *Papastamatiou*, i.E. Gleiches gilt für die Einführung eines Terminmarkts, *Tarnanidou*, Σύγχρονες ενεργειακές αγορές, 2016, S. 353; *Tarnanidou*, DEE 2017, 183 f.

nun gemäß dem neuen G. 4414/2016 ihren Strom direkt auf dem Markt verkaufen müssen. Die Instrumente sind nicht nur für die Funktion des Wettbewerbs auf dem Markt allgemein wichtig, sondern auch dafür, dass die Marktteilnehmer ihren Pflichten nachkommen können. Wie ELETAEN hervorhebt, sollen zuerst die nötigen Instrumente durch die Min. Beschlüsse geschaffen werden, damit dann die Marktteilnehmer ihre neuen Pflichte nach dem „target model" erfüllen können. Damit z. B. die Pflicht zur Regelenergie auferlegt werden kann, muss zunächst der Intraday Markt mit genügend Liquidität vorhanden sein[1429].

Letzter Faktor zur Erreichung des kontinuierlichen PV-Ausbaus ist die tatsächliche Realisierung der Projekte, die durch Präqualifikationsanforderungen und Pönalen wie im deutschen System sichergestellt werden soll. So sieht auch das griechische Gesetz eine Sicherheit in der Form von Garantiezahlung vor, oder normiert eine 12- bis 24-Monats-Frist für die Aktivierung des Netzanschlusses der Anlage nach der öffentlichen Bekanntgabe des Zuschlags[1430].

(bb) Die Kosteneffizienz

Das zweite Ziel, die Kosteneffizienz, wird durch eine gute „Wettbewerbsintensität" erreicht. Diese setzt wiederum eine Akteursvielfalt und die sog. Knappheitssituation voraus.

Um die Akteursvielfalt zu schaffen, muss zunächst das Ausschreibungsdesign einfach und verständlich gestaltet sowie Transparenz sichergestellt werden. Die Bekanntgabe des Höchstpreises und aller wichtigen Ausschreibungselemente im Vorfeld der Auktion dienen der Transparenz. Weiterhin hat der Gesetzgeber versucht, durch Regelungen die Teilnahme an der Ausschreibung zu erhöhen. Da eine der Voraussetzungen für die Teilnahme an der Ausschreibung das gültige Anschlussangebot ist, wurde die Dauer der Anschlussangebote verlängert[1431].

Die Knappheitssituation wird durch das Ausschreibungsvolumen und die verfügbaren Flächen bestimmt. Wie bereits angedeutet, ist zu bezweifeln, ob das Interesse der Investoren in Griechenland so groß ist, dass es zu einer Knappheitssituation oder sogar zur Deckung des Ausschreibungsvolumens führt. Es werden jährlich 300 MW für die zwei PV-Kategorien in jeweils einer Runde ausgeschrieben. Bei der Pilotausschreibung im Jahr 2016 war das Ausschreibungsvolumen

1429 ELETAEN, Τι υποστηρίζει η ΕΛΕΤΑΕΝ για το νέο καθεστώς στήριξης των ΑΠΕ, abrufbar auf http://energypress.gr/news/ti-ypostirizei-i-eletaen-gia-neo-kathestos-stirixis-ton-ape, zuletzt abgerufen am 01.09.2016.

1430 Art. 11.2.6.1., 11.2.6.2. u. Art. 11.2.7.1, 11.2.7.2 RAE, Bekanntmachungen 1/2018 u. 2/2018 (Entwurf).

1431 Art. 7 Abs. 11 G. 4414/2016.

4,8 MW für die erste und 35,2 MW für die zweite Kategorie. Die Bieter haben mit einer installierten Leistung von insgesamt 6,7 MW bei der ersten Kategorie und von insgesamt 50,2 MW bei der zweiten Kategorie geboten[1432]. Das Ausschreibungsvolumen war abgedeckt, es gab einen gewissen Wettbewerb aber es ist fraglich, ob die 300 MW pro Jahr abgedeckt werden. Dazu kommen noch 400 MW für die gemeinsame Ausschreibung für PV und Windenergieanlagen. Aus diesem Grund sollen die Ausschreibungen der sog. „Regel der Wettbewerbsintensität zu 75%" folgen. Dadurch wird das Ausschreibungsvolumen reduziert, damit die gesamte Kapazität der Gebote mind. 75 % höher als das Ausschreibungsvolumen ist[1433]. Dies gefährdet allerdings die Erreichung des Ausbauziels. Die Knappheitssituation wird auch durch die Flächenkulisse bestimmt. Dazu enthält allerdings weder das Gesetz noch die RAE in ihren Bekanntmachungen konkrete Anforderungen. Deswegen bleibt abzuwarten, ob die Flächenkulisse und nach welchen Kriterien beschränkt werden wird.

Letztlich müssen neben den Förderkosten auch die sog. indirekten Kosten reduziert werden, um Kosteneffizienz zu schaffen. Solche sind die Verwaltungskosten, die sich wegen der Durchführung der Ausschreibungen und wegen der hohen Anforderungen an Realisierungswahrscheinlichkeit und Planungssicherheit der Projekte ergeben[1434]. In Deutschland hat die BNetzA das Präqualifikationsverfahren als den aufwändigsten Arbeitsschritt bezeichnet[1435]. Solche Kosten entstehen auch in Griechenland, vor allem da die ausschreibende Stelle RAE noch keine nennenswerte Erfahrung mit Ausschreibungen hat. Diese Kosten müssen jedenfalls auf ein wettbewerbliches Niveau zurückgeführt werden[1436]. Zu den indirekten Kosten gehören auch die Systemintegrationskosten. Dabei geht es um die effizientere Standortwahl der EE-Anlagen zur Senkung der Kosten des Engpassmanagements und des Netzausbaus. Dies wurde bereits im Kap. 3 diskutiert.

(b) Die Ergebnisse der PV-Ausschreibung

Im Vergleich zu Deutschland hat in Griechenland bislang nur eine Ausschreibung stattgefunden. Deswegen können hier keine belastbaren Schlussfolgerungen gezogen werden, sondern nur eine Abschätzung über den Rechtsrahmen

1432 RAE, Entsch. v. 07.12.2016, 545/2016, S. 8–11.

1433 Art. 10.1.1.3. u. Art. 10.1.1.3. RAE, Bekanntmachungen 1/2018 u. 2/2018 (Entwurf).

1434 So auch *Breuer/Lindner*, REE, 2015, 10.

1435 BNetzA, Pilotausschreibungen zur Ermittlung der Förderhöhe für PV-FFA, 2016, S. 12.

1436 *Mohr*, EnWZ 2015, 99, 101.

vorgenommen werden. Insgesamt wurden am gleichen Tag zwei Runden für zwei unterschiedliche Anlagenkategorien durchgeführt: eine Runde für eine installierte Leistung ≤ 1 MW und eine Runde für eine installierte Leistung 1 MW < P ≤ 10 MW. Das Ausschreibungsvolumen lag bei 4,8 MW und bei 35,2 MW. Die Bieter haben mit einer installierten Leistung von insgesamt 6,7 MW in der ersten Kategorie und von insgesamt 50,2 MW in der zweiten Kategorie geboten. Was die Wettbewerbsintensität betrifft, überstiegen die Gebote in jeder Ausschreibung das Ausschreibungsvolumen um 42 %. Das ist ein erstes gutes Zeichen[1437]. Die Wettbewerbsintensität muss allerdings erhöht werden. Insgesamt wurden 35 Gebote in der ersten Kategorie und 446 Gebote in der zweiten Kategorie an der griechischen Ausschreibung abgegeben[1438]. Der Wettbewerb war in der zweiten Kategorie somit größer.

Was die Kosteneffizienz betrifft, lag die durchschnittliche Förderhöhe bei 98,78 €/MWh und 83,3 €/MWh deutlich unter dem jeweiligen Höchstpreis (104 €/MWh und 94 €/MWh)[1439]. Dies ist in erster Linie begrüßenswert, allerdings ist es noch nicht klar, ob diese Gebote die tatsächlichen Kosten widerspiegeln oder ob sie unterhalb der tatsächlichen Kosten liegen, damit die Bieter den Zuschlag erhalten. Dies wird erst zwei Jahre nach der Durchführung der Ausschreibung festgestellt werden können, da die Bieter eine Frist von zwei Jahren zur Realisierung der Projekte haben.

Was die Akteursvielfalt betrifft, hat die Teilnehmerstruktur gezeigt, dass von den insg. 14 Bietern 9 Bieter einen Zuschlag in der ersten Kategorie und von den 14 Bietern 7 Bieter in der zweiten Kategorie einen Zuschlag erhalten haben. Bei der ersten Kategorie erhielten die meisten Zuschläge die Personenhandelsgesellschaft oder Gesellschaft bürgerlichen Rechts, dann die AG und dann die GmbH. Bei der zweiten Kategorie haben alle Zuschläge die AG bekommen[1440]. Wie auch in Deutschland erhielten die meisten Zuschläge insgesamt größere Unternehmen, nicht jedoch Bürgerenergiegemeinschaften oder natürliche Personen. Dies zeigt, dass die Teilnehmer nicht heterogen sind. Dies könnte die Akteursvielfalt in den nächsten Ausschreibungsrunden noch weiter senken. Weiterhin ist es

---

1437 Auch RAE hat das Ergebnis als positiv für den Wettbewerb angesehen, RAE, Stellungnahme v. 23.02.2017, 2/2017, S. 17.

1438 RAE, Ρυθμιστικό πλαίσιο και χρονοδιάγραμμα ανταγωνιστικών διαδικασιών υποβολής προσφορών έργων ΑΠΕ για τα έτη 2018-2020, S. 20.

1439 RAE, Ρυθμιστικό πλαίσιο και χρονοδιάγραμμα ανταγωνιστικών διαδικασιών υποβολής προσφορών έργων ΑΠΕ για τα έτη 2018-2020, S. 21.

1440 RAE, Ρυθμιστικό πλαίσιο και χρονοδιάγραμμα ανταγωνιστικών διαδικασιών υποβολής προσφορών έργων ΑΠΕ για τα έτη 2018-2020, S. 15, 16.

zu erkennen, dass die meisten Zuschläge in der ersten Kategorie der Gebotsmengenkategorie 500–1.000 kW gehören. In der zweiten Kategorie waren die Zuschläge besser verteilt. Es ist abzuwarten, ob bei den nächsten Runden auch kleine Gebote erfolgreich sein können, oder ob die größeren Gebote die kleineren verdrängen werden.

Da das Gesetz keine Anforderungen an die Flächenkulisse für die PV-Pilotausschreibung gestellt hat, ist es an der RAE Entscheidung über die Ergebnisse nicht zu erkennen, welche die bevorzugten Flächenkategorien waren. Alle erfolgreichen Gebote wurden allerdings für PV-Anlagen an unterschiedlichen Orten abgegeben[1441]. Diese regionale Verteilung der Zuschläge ist begrüßenswert.

Die Realisierungsrate der Projekte der PV-Pilotausschreibung kann je PV-Kategorie erst 18 oder 24 Monate nach der Durchführung der Ausschreibung festgestellt werden, da G. 4414/2016 den Bietern eine Umsetzungsfrist von bis zwei Jahren bis zur Inbetriebnahme der Anlage einräumt[1442]. Da diese Frist noch nicht abgelaufen ist, können noch keine Ergebnisse zu der Realisierungsrate der PV-Projekte gezogen werden. Die Tendenz der internationalen Erfahrung für teilweise verzögerte oder kleinere Zubauraten wurde bereits diskutiert. Es ist abzuwarten, ob die Fördersätze die Realisierung der Projekte erlauben werden bzw. ob die Pönalen des griechischen Gesetzes die Bieter zu der Realisierung der Projekte zwingen werden.

bb) Gemeinsame Ausschreibungen

Um den Anforderungen der EEAG gerecht zu werden[1443] sieht nun der griechische Rechtsrahmen zum ersten Mal durch den Min. Beschl. 184573/2017 die Durchführung gemeinsamer EE-Ausschreibungen vor. Art. 5 Min. Beschl. 184573/2017 räumt die Möglichkeit für die Durchführung gemeinsamer Ausschreibungen auch in spezifischen Netzregionen ein. Es handelt sich um Netzregionen, die entweder nach der Verbindung einer oder mehrerer MDN entstehen, oder bereits ausgelastet sind und zukünftig wieder freie Kapazitäten zur Verfügung haben werden. Interessant ist, dass für alle Netzregionen, die sich zukünftig entstehen, gemeinsame Ausschreibungen geplant werden. Wie bereits im entsprechenden Abschnitt erklärt, ist das ein Steuerinstrument der Allokation der EE-Anlagen zur Bewältigung der Engpässe.

1441 RAE, Entsch. v. 07.12.2016, 545/2016, S. 11–12.

1442 Art. 7 Abs. 9 lit. e G. 4414/2016.

1443 EEAG, Rn. 126 S. 2.

Insgesamt werden 400 MW in zwei Runden in den Jahren 2018-2019 für PV und Windenergieanlagen ausgeschrieben[1444]. Die gemeinsamen Ausschreibungen sind nur für die größten Anlagen mit einer installierten Leistung P > 20 MW für PV und P > 50 MW für Windenergieanlagen vorgesehen[1445]. An diesen Ausschreibungen können auch die „fast track"-Projekte teilnehmen. Letztlich soll bis 2020 noch eine Ausschreibung für die spezifische Netzregion, die sich durch die Verbindung N. Makri-Polypotamos-Euböa entstehen wird, stattfinden[1446].

Der Höchstpreis der gemeinsamen Ausschreibungen ist der niedrigste Zuschlagspreis der technologiespezifischen PV-Ausschreibung und der technologiespezifischen Ausschreibung für Windenergie, jeweils multipliziert mit 0,99[1447]. Im Min. Beschl. ist noch keine Höchstgebotsmenge vorgesehen. Dies soll geändert werden, um die Gefahr einzudämmen, dass ein sehr großes Angebot das ganze Ausschreibungsvolumen deckt.

Die RAE-Bekanntmachung ist zu diesen Ausschreibungen noch nicht veröffentlicht worden und deswegen sind die restlichen Elemente des Ausschreibungsdesigns nicht bekannt. Da zuerst mind. eine technologiespezifische Ausschreibung für Windenergieanlagen stattfinden soll, ist mit einer gemeinsamen Ausschreibung vor 2019 nicht zu rechnen.

Abschließend ist festzustellen, dass die Erfahrung des Landes mit Ausschreibungen minimal ist. Bislang hat in Griechenland nur eine Pilotausschreibung für PV stattgefunden. Darüber ist der PV-Markt seit vier Jahren eingefroren. Nicht zuletzt ist der griechische Elektrizitätsmarkt noch nicht vollständig liberalisiert worden. Aus diesen Gründen ist es zu früh für gemeinsame Ausschreibungen in Griechenland.

cc) Grenzüberschreitende Ausschreibungen

Im Zuge der EEAG und des Beihilfeverfahrens[1448] hat Griechenland durch das G. 4414/2016 zum ersten Mal auch die partielle Öffnung der Ausschreibungen

---

1444 Art. 2 (Tabelle) Min. Beschl. 172859/2018.

1445 Hierzu gehören auch Parks die sich mind. aus einer Windenergie- und einer PV-Anlage bestehen, welche an einem gemeinsamen NVP an das System oder Verteilernetz angeschlossen sind und eine installierte Leistung > 50 MW haben, Art. 2 (Tabelle) Min. Beschl. 172859/2018. S. auch Art. 3 Abs. 1 lit. b u. c Min. Beschl. 184573/2017, so wie sie durch Min. Beschl. 172858/2018 geändert wurde.

1446 Art. 2 (Tabelle) Min. Beschl. 172859/2018.

1447 Art. 3 Min. Beschl. 172859/2018.

1448 KOM, Entsch. v. 16.11.2016, SA.44666, C(2016) 7272 final – Greece.

gegenüber den ausländischen EE-Erzeugern eingeführt[1449]. Unter dieser Bedingung wurde das griechische Abgabensystem durch die Kommission als in Einklang mit Art. 110 AEUV genehmigt[1450]. Zu diesem Zweck regeln die Min. Beschl. 184573/2017 und 172859/2018 einige Elemente der Öffnung gegenüber den ausländischen EE-Erzeugern. Nach Art. 2 Abs. 2 Min. Beschl. 172859/2018 soll RAE den ausländischen Anlagenbetreibern einen Teil des Ausschreibungsvolumens von mind. einer nationalen Ausschreibung im Jahr öffnen. Der Umfang der Öffnung der griechischen Ausschreibungen hängt von folgenden Parametern ab: vom importierten EE/SITHYA-Strom im Jahr vor der Ausschreibung, vom inländischen Endstromverbrauch und von der Neukapazität der EE/SITHYA-Anlagen in Griechenland im Jahr vor der Ausschreibung[1451]. Nach einer ersten Einschätzung liegt dieser Betrag bei ca. 3,5 % der Neukapazität der EE/SITHYA-Anlagen[1452]. Geöffnet werden die griechischen Ausschreibungen gegenüber allen Staaten der EU, des EWR und auch denen der Energiegemeinschaft[1453]. Einzige Voraussetzung für die Öffnung ist der tatsächliche zwischenstaatliche physikalische Handel des Stroms[1454].

Die weiteren Elemente des Ausschreibungsdesigns sind noch nicht bekannt, da sie durch einen Beschluss von RAE bestimmt werden[1455]. Ein solcher ist noch nicht erlassen worden. Ebenso wenig enthält die RAE-Bekanntmachung weitere Bestimmungen zu den grenzüberschreitenden Ausschreibungen. Wie bei den gemeinsamen Ausschreibungen, ist aus denselben Gründen zu früh für grenzüberschreitende Ausschreibungen in Griechenland.

d) Verteilung der Förderkosten

aa) Die ETMEAR

Die Vergütungszahlungen der EE brauchen eine Finanzierung. Wie bereits dargestellt, ist LAGIE durch Kontrahierungszwang verpflichtet, den EE-Strom vom

1449 Art. 7 Abs. 2 G. 4414/2016.

1450 KOM, Entsch. v. 16.11.2016, SA.44666, C(2016) 7272 final, Rn. 137 – Greece. Näher dazu s. im Abschn. „Vereinbarkeit mit Art. 110/30 AEUV".

1451 Art. 7 Abs. 1 Min. Beschl. 184573/2017.

1452 KOM, Entsch. v. 16.11.2016, SA.44666, C(2016) 7272 final, Rn. 76 – Greece.

1453 Rat der Europäischen Union, Beschl. v. 29.05.2006 über den Abschluss des Vertrags zur Gründung der Energiegemeinschaft durch die Europäische Gemeinschaft (ABl. L 198/15).

1454 KOM, Entsch. v. 16.11.2016, SA.44666, C(2016) 7272 final, Rn. 76 – Greece.

1455 Art. 7 Abs. 2 Min. Beschl. 184573/2017.

Anlagenbetreiber abzunehmen und ihn dafür durch die Einspeisevergütung oder die Marktprämie zu vergüten. Der grüne Strom wird dann durch oder über LAGIE an Großhandelsmarkt IEP vermarktet. Üblicherweise ist der Strompreis an IEP (OTS) niedriger als die finanzielle Förderung, die LAGIE den Anlagenbetreibern gezahlt hat.

Für die Finanzierung dieser Vergütungszahlungen wurde seit 1999 mit dem Liberalisierungsgesetz 2773/1999 ein Sonderkonto eingerichtet[1456] das sog. „LAGIE-Konto" mit verschiedenen Einnahmen und Ausgaben. Teil der Einnahmen ist auch die ETMEAR[1457]. Andere Einnahmen des LAGIE-Kontos sind grundsätzlich[1458] die Beträge aus dem IEP[1459] und die nachträgliche Anpassung des OTS nach den notwendigen Anpassungen (Grenzpreis der Anpassungen, „OTA"). Ausgaben des Kontos waren die Beträge für die Vergütung der EE bzw. der PV.

Weil die Vergütung der EE-Erzeuger deutlich höher als der OTS (zuzüglich OTA) ist, soll die ETMEAR (€/ MWh) diese Differenz abdecken[1460]. Die ETMEAR wird über die Stromrechnung der Endverbraucher an die Stromversorger gezahlt. Diese leiten den Betrag an den LAGIE weiter, der für die Bezahlung der Einspeisevergütung zuständig ist[1461].

bb) Der Einfluss des Strommarkts auf die ETMEAR

Es ist leicht zu erkennen, dass die Funktion des Stromgroßhandelsmarkts einen direkten Einfluss auf die ETMEAR hat. Je niedriger der OTS ist, desto größer

---

1456 Art. 40 G. 2773/1999, so wie es durch Art. 143 G. 4001/2011 und Art. 23 G. 4414/2016 geändert wurde.

1457 Früher hieß diese Gebühr „Sondergebühr für die erneuerbaren Energien", aber mit dem Art. 39 Abs. 3 G. 4062/2012 wurde sie zu ETMEAR umbenannt. ETMEAR ist die Abkürzung für „Sonderabgabe zur Reduzierung der Abgasemissionen".

1458 Wie im nächsten Abschn. analysiert wird, hat der griechische Gesetzgeber in den Jahren 2012-2014 für den Ausgleich des LAGIE Kontos noch mehrere Einnahmen für das LAGIE Konto vorgesehen.

1459 Nach Paragraphos I, Ypoparagraphos I.3 G. 4152/2013 sollen diese Beträge, die als Angebote beim IEP auftreten, mindestens die durchschnittlichen variablen Kosten der konventionellen Kraftwerke decken.

1460 Zum Beispiel lag im Jahr 2014 der OTS nach Einschätzungen des LAGIE bei 54–60 €/ MWh, wobei die durchschnittliche PV-Vergütung bei 320 €/ MWh und aller EE bei 179,5 €/ MWh lag, LAGIE, Μηνιαίο Δελτίο Ειδικού Λογαριασμού ΑΠΕ & ΣΥΘΗΑ, Juli 2014, S. 6 und 18.

1461 Art. 40 Abs. 3 lit. c G. 2773/1999 i.V.m. Art. 1 Min. Beschl. 17149/2010.

ist die Differenz „Vergütung – OTS" und daher desto größer die ETMEAR[1462]. Das ist der „Merit-order-effect", welcher sich – wie bereits analysiert – auch auf dem deutschen EE-Markt auftritt. Die Verbraucher profitierten aber von dieser Senkung der Kosten nicht, denn die Einzelmarktpreise wurden am Anfang vom Ministerium festgesetzt und folgten nicht dem Großhandelsmarktpreis[1463].

Wegen dieser Berechnungsmethode des OTS und des großen EE-Zubaus in den Jahren 2011-2013 stieg das Defizit des LAGIE-Kontos Ende 2013 auf 576 Mio. €[1464]. Aus diesem Grund ergriff der Gesetzgeber zögernd bestimmte Maßnahmen zur Deckung der Finanzierungslücke: Einnahmen des LAGIE-Kontos

---

1462 Nach der Studie von Kapros ist der OTS im Jahr 2011 wegen der Einspeisung von erneuerbaren Energien um 9,5 €/ MWh gesunken. Siehe *Kapros*, Το ειδικό τέλος ΑΠΕ, 2011, S. 5. Im Jahr 2013 ist der OTS im Vergleich zu 2012 von 56,6 €/MWh auf 41,5 €/MWh, also um 26,7 % weiter gesunken. Siehe DEI, Ετήσιος Απολογισμός 2013, S. 3; *Mpakirtzis/Mpiskas et al.*, Αυξημένη διείσδυση των φ/β σταθμών, 2012.

1463 Wie aber Studien von Universitäten gezeigt und Fachverbände unterstützt hatten, war die Berechnung des OTS falsch. Die Berechnungsmethode des OTS war verfälscht, denn in diesem Preis wurden bestimmte Kosten der konventionellen Stromproduktion nicht abgebildet. Das Ergebnis war, dass der OTS künstlich niedriger gehalten wurde, als er sein sollte. ESIAPE/SEF/ELETAEN, Κοινή ανακοίνωση: αλήθειες και ψέματα για τέλος ΑΠΕ, 2010, *Papastamatiou*, Ο καταναλωτής ηλεκτρικής ενέργειας και η μεγάλη διείσδυση ΑΠΕ, 2011, ESIAPE, Χρηματοδοτικός μηχανισμός δημόσιας στήριξης των ΑΠΕ, 2011; IOBE, Επιδράσεις και αναγκαίες προσαρμογές για τη μεγάλης κλίμακας διείσδυση των ΑΠΕ στην ηλεκτροπαραγωγή, 2011, SPEF, Αποφευγόμενο κόστος 223 εκατ. Ευρώ από τα φωτοβολταϊκά, 2012, *Pitarokoilis*, Η ανάπτυξη των ΑΠΕ και η έλλειψη κοινής λογικής, ELETAEN/ELLEBIOM, et al., Το λεγόμενο «Τέλος ΑΠΕ» επιδοτεί τα ορυκτά καύσιμα, 2011, *Loumakis*, Εισφορά στα Φωτοβολταϊκά, 2011, Aristoteles-Universität Thessaloniki, Μελέτη Υπολογισμού του Αποφευγόμενου Κόστους, 2012; *Pouliezos/Katsigiannis et al.*, Αναλογιστική μελέτη του ειδικού τέλους ΑΠΕ, 2013, S. 14 ff. Diese Kosten waren erstens die Fixkosten der fossilen Stromproduktion, zweitens die indirekten Zuschüsse der fossilen Stromproduktion, drittens die direkten Zuschüsse der fossilen Stromproduktion wie der „cost recovery Mechanismus" und die ADI, viertens die Kosten der OTA und fünftens die Kosten der fossilen Stromproduktion im System der nicht an das Verbundsystem angeschlossenen Inseln, SEF, Αλήθειες και ψέματα για το ειδικό τέλος ΑΠΕ, 2011, S. 5 ff.; *Kapros*, Το ειδικό τέλος ΑΠΕ, 2011, S. 3–4; *Lekatsas*, Η Αγορά Ηλεκτρισμού στην Ελλάδα, 2009, S. 10 ff.; *Vasilakos*, Ο μύθος του υψηλού κόστους των ΑΠΕ, 2006, S. 6 ff; *Filippou*, Η χονδρεμπορική αγορά ηλεκτρικής ενέργειας στην Ελλάδα, 2009, S. 13; Greenpeace, Αποτίμηση του κοινωνικού ωφέλους, 2011, S. 11; Greenpeace, Οι 7 πληγές της Ελλάδας, 2012, S. 7, 13.

1464 LAGIE, Μηνιαίο Δελτίο Ειδικού Λογαριασμού ΑΠΕ & ΣΥΘΗΑ, Jan. 2013 und Dez. 2013, S. 5.

waren nun auch folgende: Erstens, die Einnahmen aus der Ausschreibung der Treibhausgasemissionszertifikaten[1465], zweitens die Auferlegung allen Erzeugern von Strom aus Braunkohle einer Braunkohle-Gebühr von 2 €/MWh[1466], drittens die Teilnahme der Verbraucher zugunsten des staatlichen Fernseh- und Rundfunksenders ERT nun um 25 %[1467], viertens die nachträgliche Besteuerung auf den Umsatz der PV-Anlagen um bis zu 42% des Umsatzes (das sog. Solidaritätszuschlag)[1468]. Eine weitere Maßnahme war die rückwirkende Kürzung der Einspeisetarife der PV-Produzenten um (durchschnittlich) 29 %[1469] und die Pflicht der bestehenden PV-Anlagen, dem LAGIE einen Rabatt bis 37 % bei den erwarteten Zahlungen für den eingespeisten Strom des Jahres 2013 zu geben[1470].

Nach der vorstehenden Analyse war es notwendig, den geltenden Rechtsrahmen dahingehend zu ändern, dass der OTS richtig kalkuliert wird, indem alle vermiedenen Kosten berücksichtigt werden. Erst mit der Novelle 4414/2016 entschied sich der griechische Gesetzgeber für eine gerechtere Verteilung der Kosten, indem auch die Versorger verpflichtet wurden, sich an den Kosten zu beteiligen. Nun wird das EE-Sonderkonto in ein EE-Sonderkonto für das Verbundsystem und ein EE-Sonderkonto für die MDN aufgeteilt. Jedes EE-Sonderkonto wird noch einmal in zwei Teile unterteilt: in ein Unterkonto des Elektrizitätsmarkts und ein Unterkonto der Förderungen[1471]. Bestandteile des

1465 Art. 25 A2 Abs. 3 G. 3468/2006, so wie es durch Art. 196 Abs. 2 G. 4001/2011 und dann durch Art. 39 Abs. 2 G. 4062/2012 geändert wurde.

1466 Art. 52 Abs. 3 G. 4042/2012 „Ποινική προστασία του περιβάλλοντος – Εναρμόνιση με την Οδηγία 2008/99/ΕΚ – Πλαίσιο παραγωγής και διαχείρισης αποβλήτων – Ρύθμιση θεμάτων Υπουργείου Περιβάλλοντος, Ενέργειας και Κλιματικής Αλλαγής" [Sträflicher Schutz der Umwelt – Harmonisierung mit der RL 2008/99/EG – Rechtsrahmen über die Abfallerzeugung und -bewirtschaftung – und weitere Vorschriften zu Themen des Umweltministeriums] v. 13.02.2012 (FEK A' 24/13.02.2012), welches in Art. 143 Abs. 3 G. 4001/2011 aufgenommen wurde; Siehe auch Min. Beschl. Δ5/Β/οικ. 3982/16.02.2012 „Ειδικό τέλος παραγόμενης ηλεκτρικής ενέργειας από λιγνίτη" (FEK B' 342/16.02.2012).

1467 Min. Beschl. Υ.Α.Π.Ε./Φ1/2303/οικ.16935/09.08.2012 „Προσδιορισμός ποσοστού της εισφοράς υπέρ της Ε.Ρ.Τ. Α.Ε. του άρθρου 14 του ν. 1730/1987 [...]" (FEK B' 2317/10.08.2012).

1468 Das betrifft die neuen Anlagen, die ab 01.07.2013 aktiviert werden würden (Paragraphos I, Ypoparagraphos I.4 Abs. 8 G. 4152/2013).

1469 Ypoparagraphos IΓ. Abs. 1 G. 4254/2014.

1470 Ypoparagraphos IΓ. 3 G. 4254/2014. Bei den Landwirten betrug der Rabatt nur 20 % und für alle anderen Technologien (außer PV) nur 10 %.

1471 Art. 143 Abs. 1 und 3 G. 4001/2011, so wie es durch Art. 23 G. 4414/2016 geändert wurde.

Unterkontos des Elektrizitätsmarkts des Verbundsystems sind nun nicht nur die Beträge aus dem Großhandelsmarkt IEP und der nachträglichen Anpassung des OTS, sondern auch ein Betrag, den die Stromversorger bezahlen müssen.

Dieser Betrag ergibt sich aus dem Produkt der gelieferten Energie (MWh) und der Differenz (in €/MWh) zwischen dem OTS des Verbundsystems und dem eingeschätzten durchschnittlichen Preis, den der Stromversorger ohne die Teilnahme der EE und SITHYA am Großhandelsmarkt IEP bezahlen würde[1472]. Dieser Betrag variiert auf der Basis bestimmter Parameter, wie dem Anteil der EE bei der Deckung der Nachfrage[1473]. Dieser Betrag wurde den Stromversorgern wie folgt auferlegt: Für das Jahr 2017 lag der Betrag, den die Stromversorger bezahlen müssen, bei 75 %, und ab 2018 bei 100 % des Gesamtbetrags auf der Basis der oben beschriebenen Methode[1474]. Diese Maßnahme hat endlich tatsächlich geschafft, das Defizit des LAGIE-Kontos Ende 2017 nicht nur auszugleichen; Seit Dezember 2017 hat das Konto Gewinne i.H.v. 42 Mio. €[1475].

cc) Privilegierte Gruppen

Da die Förderkosten der EE in Griechenland mit ca. 1,9 Mrd. € jährlich hoch sind[1476], ist die angemessene Verteilung der EE-Förderkosten von großer Bedeutung. Wie auch in Deutschland gibt es widerstreitende Interessen: Einerseits die Beteiligung aller Stromverbraucher an den EE-Förderkosten und andererseits die Unterstützung bestimmter Gruppen der Gesellschaft. Wie auch in Deutschland sind diese Gruppen einerseits die Eigenerzeuger[1477] und andererseits die stromkostenintensiven Unternehmen.

(1) Die Eigenerzeuger

Bei dem sog. „net metering“ wird der erzeugte Strom mit dem Strombezug verrechnet[1478]. Bis lang erfolgt das „net metering“ nur für die PV. Die Vorteile der

1472 Art. 143 Abs. 3 lit. a. bb) G. 4001/2011, so wie es durch Art. 23 G. 4414/2016 geändert wurde.

1473 Die Berechnungsmethode kann Parameter berücksichtigen, welche durch die RAE nach dem Vorschlag von LAGIE bestimmt werden. Diese Parameter können alle sechs Monate neu bestimmt werden.

1474 Art. 143 Abs. 3, lit. a (bb), UAbs. 2 G. 4001/2011, so wie es durch Art. 23 G. 4414/2016 geändert wurde.

1475 LAGIE, Μηνιαίο Δελτίο Ειδικού Λογαριασμού ΑΠΕ & ΣΥΘΗΑ, Dez. 2017, S. 10.

1476 RAE, Entsch. v. 20.12.2017, 1101/2017.

1477 Der griechische Gesetzgeber benutzt den Begriff „Eigenerzeugung“ (Art. 3 Abs. 16 G. 4414/2016) welcher gleich zum Begriff „Eigenversorgung“ des EEG zu stellen ist.

1478 SEF, Προτάσεις για τη βέλτιστη εφαρμογή του net metering, 2013, S. 2.

Eigenerzeugung sind bekannt. Mit den Jahren sind die Kosten der Erzeugung von PV-Strom in Griechenland niedriger als der Einzelhandelsstrompreis für die Endverbraucher geworden[1479]. Daher ist es für Haushalte und kleine und mittlere Unternehmen günstiger, ihren eigenen Strombedarf mit selbst produziertem Strom zu decken, als diesen Strom zu kaufen. Das „net metering" schützt diese Anlagenbetreiber bzw. Stromkunden vor hohen Stromkosten,[1480] gleichzeitig dient es der Energieeffizienz und Energieeinsparung, fördert die weitere Entwicklung der EE und bewältigt Probleme mit der Spitzenlast auf den nicht an das Verbundsystem angeschlossenen Inseln[1481].

Der griechische Gesetzgeber erkennt die oben genannten Vorteile der Eigenerzeugung und befreit die Eigenerzeuger von einem Teil der ETMEAR. Das ist auch der größte finanzielle Vorteil für die Eigenerzeugung, denn die Eigenerzeuger müssen die ETMEAR nur für die Energie, die sie aus dem Netz ausspeisen, zahlen. Sie sind für den selbstverbrauchten Strom von der ETMEAR vollständig befreit[1482]. Dies soll neue Anreize für die Eigenerzeugung in Griechenland schaffen.

Das G. 4414/2016 und der Min. Beschl. 175067/2017[1483] regeln die Voraussetzungen für die Verrechnung der erzeugten und verbrauchten Energie, die Dauer der Abrechnungsperiode, die Art und den Inhalt der Verrechnungsverträge. Net metering erfolgt nur für Anlagen mit einer installierten Leistung bis 20 kW oder bis zu 50 % der vereinbarten verbrauchten Leistung[1484]. Betreiber dieser Anlagen

1479 So betragen die Kosten für die Stromerzeugung aus PV nach den neuen Tarifen nur ca. 9 ct/kWh, wobei die Einzelhandelsstrompreise für die Haushaltskunden durchschnittlich ca. 15–17 ct/kWh betragen. Zur Übersicht der Einzelhandelsstrompreise der unterschiedlichen Stromversorger in Griechenland siehe RAE, Τιμολόγια Προμήθειας, abrufbar auf http://www.rae.gr/site/el_GR/categories_new/electricity/market/supply/invoice/info.csp?viewMode=full zuletzt abgerufen am 01.04.2018.

1480 Es ist kalkuliert, dass der Eigenerzeuger ca. 0,14 € pro MWh spart, wenn er ein Haushaltskunde ist. Siehe *iQsolarpower*, Η νέα απόφαση για το net metering, abrufbar auf http://www.iqsolarpower.com/%CE%B7-%CE%BD%CE%AD%CE%B1-%CE%B1%CF%80%CF%8C%CF%86%CE%B1%CF%83%CE%B7-%CE%B3%CE%B9%CE%B1-%CF%84%CE%BF-net-metering/ zuletzt abgerufen am 01.09.2016.

1481 Greenpeace, Σχόλια και Παρατηρήσεις για την αυτοπαραγωγή από ΑΠΕ, 2014, S. 1.

1482 Art. 143 Abs. 3, lit. b (aa), S. 4 G. 4001/2011, so wie es durch Art. 23 G. 4414/2016 geändert wurde.

1483 Min. Beschl. ΑΠΕΗΛ/Α/Φ1/ οικ.175067/2017 „Εγκατάσταση φωτοβολταϊκών σταθμών από αυτοπαραγωγούς με εφαρμογή ενεργειακού υμψηφισμού ή εικονικού ενεργειακού συμψηφισμού […]." (FEK B' 1547/19.04.2017).

1484 Besonders bei Personen des öffentlichen Rechts darf die maximale Leistung bis 100 % der vereinbarten verbrauchten Leistung betragen.

können Eigentümer, aber auch Pächter sein[1485]. Die Anlagenbetreiber können vom Sonderprogramm „PV-Dachanlagen“ zu dem „Sonder-Verrechnungsprogramm“ wechseln[1486]. Der Anlagenbetreiber[1487] schließt den Verrechnungsvertrag mit dem jeweiligen Stromversorgungsunternehmen ab. Dies setzt einen Anschlussvertrag mit dem Netzbetreiber voraus[1488]. Nach drei Jahren findet die finale Verrechnung der erzeugten und der bezogenen Strommengen statt. Wenn die eingespeiste Energie die ausgespeiste übersteigt, erhält der Anlagenbetreiber hierfür auch eine Vergütung[1489].

Das G. 4414/2016 hat zum ersten Mal das virtuelle „net metering“ eingeführt (Art. 13 G. 4414/2016), so dass sich die Erzeugungsanlage an einem anderen Ort befinden kann als die Verbrauchsanlage. Die Möglichkeit des virtuellen „net metering“ gilt für Institutionen des öffentlichen Rechts, für Landwirte[1490] und auch für die Bürgerenergiegesellschaften gem. Art. 11 Abs. 10 G. 4513/2018. Dies ist für die Eigenerzeuger auch sehr vorteilhaft, denn nun können auch solche Erzeuger als Eigenerzeuger gelten, welche mehrere Erzeugungsanlagen, die weit voneinander und/oder weit von der Verbrauchsanlage entfernt liegen, haben. Die ermäßigte ETMEAR gilt auch für diejenigen, die das virtuelle „net metering“ verwenden, da sie auch unter „Eigenerzeuger“ zu verstehen sind.

(2) Die stromkostenintensiven Unternehmen

Der griechische Rechtsrahmen sieht auch für die stromkostenintensiven Unternehmen eine partielle Befreiung von der Bezahlung der ETMEAR vor. Ebenso wie in Deutschland muss in diesem Fall ein Gleichgewicht zwischen den gegenstreitigen Interessen der angemessenen Verteilung der Förderkosten einerseits und der Bewahrung der internationalen Wettbewerbsfähigkeit dieser Unternehmen gefunden werden. Nach dem griechischen Gesetz richtet sich der Betrag der ETMEAR nach der Kategorie von Stromverbrauchern. Die Methodologie zur Berechnung des Betrages der ETMEAR wird durch Min. Beschl. bestimmt. Dies erfolgt auf der Grundlage des Stromverbrauchs jeder Verbraucherkategorie

---

1485 Art. 3 Abs. 1 Min. Beschl. 175067/2017.

1486 In diesem Fall wird zwischen den PV-Betreibern und dem Stromversorger ein neuer Verrechnungsvertrag für den Rest der 25-jährigen Laufzeit des Kaufvertrages abgeschlossen (Art. 3 Abs. 6 Min. Beschl. 175067/2017).

1487 Nachfolgend „Eigenerzeuger“.

1488 Art. 7 Min. Beschl. 175067/2017.

1489 Art. 6 Abs. 1 lit. a Min. Beschl. 175067/2017.

1490 Neuer Abs. 13 Art. 2 G. 3468/2006 i.V.m. Art 14A G. 3468/2006, so wie sie mit Art. 13 Abs. 2 und 7 G. 4414/2016 eingeführt wurden.

und beinhaltet Koeffizienten, so dass der finale Betrag die finanziellen Auswirkungen auf die unterschiedlichen Stromverbraucher ausgleicht[1491].

Die Beträge der Koeffizienten sowie die Beträge der ETMEAR für jede Verbraucherkategorie (€/MWh) werden durch eine Entscheidung der RAE bestimmt[1492]. Der Min. Beschl. 290/2013 hat die Methodologie der Berechnung festgelegt[1493] und die Entscheidung von RAE 1101/2017 hat den Anteil der ETMEAR festgesetzt, den jede Verbraucherkategorie bezahlen muss[1494]. Da weder das Gesetz noch der Min. Beschl. eine Definition zu den stromkostenintensiven Unternehmen enthält, ist diese Verbraucherkategorie vom Vergleich mit den anderen Kategorien abzuleiten. Anhand der Tabelle der RAE-Entscheidung sind alle Verbraucher, die an der Höchstspannung und alle Verbraucher die an der Mittelspannung mit einem jährlichen Stromverbrauch von > 13 GWh mit nur 15 % der ETMEAR für das Jahr 2018 belastet[1495]. Die Befreiung von 85 % ist vergleichbar mit der Befreiung von der EEG-Umlage für eine Kategorie der stromkostenintensiven Unternehmen im EEG. Griechenland hat letztlich der Kommission einen neuen Betrag von Befreiung von ETMEAR für bestimmte Verbraucherkategorien angezeigt, damit die Kommission die Vereinbarkeit dieser Befreiung mit dem Beihilferecht prüft[1496]. Die Entscheidung der Kommission steht noch aus.

3. Rechtsvergleichende Bewertung

Gegenwärtig betonen sowohl Griechenland als auch Deutschland ihren Systemwechsel in den Fördersystemen von den Einspeisevergütungen, die keinen Wettbewerb fördern hin zu den technologieneutralen und vor allem wettbewerbsfördernden Ausschreibungen[1497]. Im Folgenden werden der deutsche und der griechische Rechtsrahmen in Bezug auf eingesetzte Instrumente verglichen.

1491 Art. 143 Abs. 3, lit. b (aa), S. 2 G. 4001/2011.

1492 Art. 143 Abs. 3, lit. b (aa), S. 5 G. 4001/2011, S. 21.

1493 Δ5/ΗΛ/Β/Φ.1.21/οικ.4123/05.03.2014 „Τροποποίηση της υπ' αριθμ. Δ5–ΗΛ/Β/Φ.1.20/οικ.290/08.01.2013 Υπουργικής Απόφασης με θέμα: «Μεθοδολογία επιμερισμού του Ειδικού Τέλους του άρθρου 143 παρ.2, περ. γ' του Ν. 4001/2011» (ΦΕΚ Β' 10/09.01.2013)" (FEK B' 719/21.03.2014), so wie sie Art. 1 Abs. 2 des Min. Beschl. ΥΑ Δ5–ΗΛ/Β'/Φ.1.20/οικ.290/08.01.2013 geändert hat.

1494 RAE, Entsch. v. 20.12.2017, 1101/2017.

1495 RAE, Entsch. v. 20.12.2017, 1101/2017, S. 21.

1496 Diese Anzeige ist nicht veröffentlicht.

1497 Monopolkommission, Sondergutachten 2017, S. 88.

a) Einspeisevergütungen

Beide Staaten setzen zunächst auf den Fördermechanismus der festen, gesetzlich bestimmten, für 20 Jahre garantierten Einspeisevergütungen. Damit sollte die Deckungslücke zwischen den Vollkosten der EE bzw. der PV und ihren Marktpreis geschlossen werden. Da sie jeweils das erste Instrument waren, hatten die Staaten keine Erfahrung mit dem Design von Förderregelungen. Vermutlich konnten sie die erhebliche Kostensenkung der PV-Module, die in den daraufkommenden Jahren erfolgte, nicht vorhersehen. Es zeigte sich nämlich, dass die ursprünglichen Tarife sehr hoch gesetzt worden waren. Deutschland hat im EEG 2000 Einspeisetarife i.H.v. 45,7 ct/kWh bis 62,4 ct/kWh[1498] und Griechenland sechs Jahre später im G. 3468/2006 ähnliche Einspeisetarife i.H.v. 450–500 €/MWh (Festland – Inseln) für PV-Anlagen ≤ 100 kW und i.H.v. 400–450 €/MWh (Festland – Inseln) für PV-Anlagen > 100 kW[1499] vorgesehen.

Die hohen Einspeisevergütungen deckten nicht nur die Vollkosten, sondern garantieren den Anlagenbetreibern hohe Renditen über 20 Jahren. Damit gab es eine hohe Investitionssicherheit, die wiederum zusammen mit der Kostensenkung der PV-Module zu einem rasanten Zubau von PV-Anlagen in beiden Ländern geführt hat. Die Höchstphase in Deutschland waren die Jahre 2010-2012[1500] und in Griechenland die Jahre 2011-2013[1501]. Da die Einspeisevergütungen nicht mit einer Mengensteuerung einhergingen, haben die Länder Instrumente genutzt, um den unkontrollierten Zubau zu steuern. Deutschland hat den sog. atmenden Deckel genutzt. In Griechenland erfolgte diese Steuerung über eine verspätete Senkung der Einspeisevergütungen und über die Einstellung der Anträge auf eine Produktionsgenehmigung und auf einen Netzanschluss. Griechenland hat den Ausbaukorridor erst zu spät, nach dem Einbruch des PV-Markts, eingesetzt. Bei der Mengensteuerung des Zubaus war Deutschland

---

1498 Mit bis 62,4 ct/ kWh wurden die kleineren PV-Anlagen auf Gebäuden vergütet (§ 8 Abs. 2 EEG 2000).

1499 Art. 13 Abs. 1 lit. b G. 3468/2006. Näher dazu *Vatalis*, Εισαγωγή στο Δίκαιο Ηλεκτροπαραγωγής από Ανανεώσιμες Πηγές Ενέργειας, 2007, S. 67 ff.

1500 Da wurde die installierte PV-Leistung in Deutschland von 10,5 GW auf 34 GW gestiegen, s. Statista, Installierte Leistung (kumuliert) der Photovoltaikanlagen in Deutschland in den Jahren 2000 bis 2016 (in Megawattpeak), abrufbar auf https://de.statista.com/statistik/daten/studie/13547/umfrage/leistung-durch-solarstrom-in-deutschland-seit-1990/, zuletzt abgerufen am 05.04.2018.

1501 Da wurde die installierte PV-Leistung in Griechenland von 400 MW auf 2.070 MW gestiegen, LAGIE, Μηνιαίο Δελτίο ΑΠΕ & ΣΥΘΗΑ, Nov. 2011, S. 7 und Nov. 2013, S. 10.

erfolgreicher. Gleichzeitig kam es in beiden Ländern zu einer Überförderung, welche erhebliche Überrenditen und eine Verteuerung des Stroms für die Verbraucher verursachte[1502].

Aus diesen Gründen haben sich die Staaten für marktfreundlichere Förderregelungen entschieden. Die Einspeisevergütungen gelten nun in Deutschland nur für die kleineren Anlagen mit einer installierten Leistung ≤ 100 kW[1503]. Die Anlagen mit einer installierten Leistung > 100 kW erhalten nur die sog. Ausfallvergütung[1504]. In Griechenland gelten die Einspeisevergütungen nur für Anlagen mit einer installierten Leistung ≤ 500 kW[1505]. Schließlich wird in Deutschland der Anspruch des Anlagenbetreibers für die Einspeisevergütung gegen den Netzbetreiber durch ein gesetzliches Schuldverhältnis gem. § 7 Abs. 1 EEG gesichert. Im Gegensatz dazu erfolgt der Anspruch des Anlagenbetreibers in Griechenland durch einen Kontrahierungszwang. Zu diesem Zweck sind die Parteien verpflichtet einen SEST-Vertrag abzuschließen.

b) Marktprämie

Die oben genannten Auswirkungen der Einspeisevergütungen machten die sog. Marktintegration der EE erforderlich. Die Anlagenbetreiber sollen ihren Strom selbst vermarkten und auf Preissignale besser reagieren. Zu diesem Zweck haben beide Länder die sog. Marktprämie eingeführt. Sie ist eine Prämie auf dem Marktpreis und bezweckt auch, die Vollkosten der EE abzudecken. In Deutschland wird sie monatlich bestimmt durch Subtraktion des Monatsmarktpreises für PV von dem Anzulegenden Wert (AW). In Griechenland ist die Methode zur Berechnung der Marktprämie genauso. Sie wird monatlich bestimmt durch Subtraktion des Sondermarktpreises (ETA) für PV von dem Referenzwert. In beiden Ländern wird der Monatsmittelwert anhand des Einspeiseaufkommens des jeweiligen Energieträgers gewichtet.

Dennoch unterscheiden sich die Instrumente bzgl. der Bestimmung des AW. In beiden Ländern kann der AW für die Marktprämie gesetzlich oder durch Ausschreibungen bestimmt werden. Allerdings soll der AW für die Marktprämie insb. für die PV in Griechenland ausschließlich durch Ausschreibungen ermittelt werden. In Griechenland ist andersrum die Teilnahme auch kleinerer

1502 *Haucap/Klein/Kühling*, Die Marktintegration der Stromerzeugung aus erneuerbaren Energien, S. 107.

1503 § 21 Abs. 1 Nr. 1 EEG.

1504 § 21 Abs. 1 Nr. 2 EEG.

1505 Art. 4 Abs. 3 G. 4414/2016.

Anlagen mit einer installierten Leistung < 500 kW an Ausschreibungen möglich[1506]. Der AW (das ist der Zuschlagpreis) ist dann auch ihre feste Vergütung im Rahmen des SEST-Vertrags. In Deutschland müssen die Anlagen, die an den Ausschreibungen teilnehmen, dann auch den Strom direkt vermarkten und erhalten neben dem Kaufpreis die Marktprämie. Auf der anderen Seite können PV-Anlagenbetreiber in Deutschland eine Marktprämie erhalten, ohne an Ausschreibungen teilnehmen zu müssen. Dies betrifft Anlagen mit einer installierten Leistung 100 kW < P ≤ 750 kW[1507].

Schließlich wird in Deutschland der Anspruch des Anlagenbetreibers für die Marktprämie – genauso wie im Fall der Einspeisevergütungen – durch ein gesetzliches Schuldverhältnis gem. § 7 Abs. 1 EEG gesichert; In Griechenland hingegen durch einen Kontrahierungszwang. Zu diesem Zweck schließen die Parteien einen SEDP-Vertrag ab[1508].

Obwohl die Marktprämie als ein Fördermechanismus für größere Marktintegration eingeführt wurde, schafft sie keine echte Integration der EE in den Strommarkt[1509], solange der Strom eine weitere Bezuschussung zum Marktpreis erhält. Marktintegration der EE bedeutet Integration in wettbewerbliche Märkte. Wettbewerb bedeutet aber nicht nur Reaktion auf Marktpreissignale der allgemeinen Strommärkte, sondern auch die Bestimmung der Vollkosten im Wettbewerb[1510]. Dies ist mit dem Marktprämienmodell nicht der Fall. Darüber hinaus haben die Anlagenbetreiber trotz der negativen Preisen in Deutschland in den ersten fünf Stunden immer noch einen Anreiz einzuspeisen und den Strom zu verkaufen, solange ihre Vergütung durch die Marktprämie höher als der negative Marktpreis an der Börse ist[1511]. § 51 EEG verringert den AW auf null aber erst nach sechs aufeinanderfolgenden Stunden mit negativen Preisen an der Börse[1512]. Aus diesem Grund ist es empfehlenswert, das Zeitintervall erheblich zu reduzieren.

1506 Nichtdestotrotz enthält der Min. Beschl. noch keine Einzelbestimmungen dazu.

1507 § 22 Abs. 3 EEG.

1508 Art. 9 G. 4414/2016.

1509 UFZ Diskussionspapier 12/2012, S. 21; *Purkus*, ZUR 2012, 587, 591; *Sliwiok-Born*, et 5/2013, 82, 84; *Lüdemann/Ortmann*, ZNER 2012, 2012, 325, 332; *Haucap/Kühling*, et 3/2013, 41.

1510 *Kopp* et al., Wege in ein wettbewerbliches Strommarktdesign für erneuerbare Energien, 2013, S. 2.

1511 So auch *Tamcke*, Die rechtlichen Regeln zur Förderung der EE und der KWK im Vergleich, 2017, S. 55.

1512 So auch BerlKommEnR/*Haug/Hübler*, Bd. 6, 4. Aufl. 2017, § 51 EEG 2017, Rn. 25, 28.

Sogar in Griechenland liegt das Zeitintervall bei nur zwei Stunden non negativen Preisen an IEP.

c) Ausschreibungen

Wegen der oben genannten negativen Auswirkungen der Marktprämie hat der deutsche Gesetzgeber das Ausschreibungsmodell mit dem EEG 2017 verpflichtend eingeführt, um einen neuen Rahmen für die Marktintegration und die Wettbewerbsfähigkeit der PV zu schaffen. Gleichzeitig wandelt sich nunmehr die Steuerungssystematik von einer Deckung der Stromgestehungskosten hin zu einer gezielten Mengensteuerung des PV-Ausbaus, damit letzterer mit dem notwendigen Netzausbau in Einklang ist[1513]. Denn die Ausschreibungen funktionieren in umgekehrter Weise zu den Einspeisevergütungen: Hier steht die maximale Ausbaukapazität fest und die finale Vergütung wird über das Ausschreibungsergebnis bestimmt[1514]. Die gezielte Mengensteuerung des PV-Ausbaus hilft auch, den Netzausbau zu koordinieren. Sie dient der Senkung der sog. indirekten Kosten des Systemumbaus. Deswegen wurde eine Regionalisierung des EE-Ausbaus durch die Ausschreibungen versucht[1515]. Die Ausschreibungen sind in Deutschland für die PV-Anlagen mit einer installierten Leistung > 750 kW verpflichtend.

In Griechenland wurden die Ausschreibungen im Ergebnis[1516] gleichzeitig mit der Marktprämie durch G. 4414/2016 eingeführt. Die Ausschreibung ist in Griechenland für die PV-Anlagen mit einer installierten Leistung > 500 kW verpflichtend[1517]. Sogar kleine PV-Anlagen mit einer installierten Leistung ≤ 500 kW können optional an Ausschreibungen teilnehmen[1518].

Nach der geltenden Rechtslage sind sowohl in Deutschland als auch in Griechenland drei Arten von Ausschreibungen vorgesehen: die PV-spezifischen, die gemeinsamen Ausschreibungen mit Windenergie und die grenzüberschreitenden Ausschreibungen. Deutschland hat bereits zehn PV-spezifische,

---

1513 *Bauer/Kantenwein*, EnWZ 2017, 3.

1514 *Fell*, Der Wechsel von Einspeisevergütungen zu Ausschreibungen, 2017, S. 3,

1515 Dieser Aspekt wurde bereits im Kap. 3 diskutiert.

1516 Die Ausschreibungen waren durch G. 4254/2014 sogar vor der Marktprämie in das griechische Recht eingeführt worden, aber die Vorschrift über Pilot-Ausschreibungen lief leer.

1517 Art. 3 Abs. 18 G. 4414/2016.

1518 In diesem Fall ist ihr Zuschlagspreis an der Ausschreibung der AW ihrer festen Einspeisevergütung, die sie im Rahmen des SEST-Vertrages erhalten werden, Art. 7 Abs. 4 i.V.m. Art. 3 Abs. 3, 5 und Art. 4 Abs. 3 G. 4414/2016.

grenzüberschreitende Ausschreibungen und eine gemeinsame Ausschreibung durchgeführt. Griechenland hat hingegen mit nur einer PV-spezifischen Pilotausschreibung und einer erst kürzlichen Konzeption des Ausschreibungsdesigns der restlichen Arten nur begrenzte Erfahrungen.

Der deutsche Gesetzgeber wollte mit der Umstellung auf das Ausschreibungsmodell mehr Wettbewerb für die EE. Um die unterschiedlichen Interessen in einem ausgewogenen Verhältnis zu befriedigen, enthält das Ausschreibungsdesign konkrete Vorschriften, welche zu einer Überregulierung führen[1519]: Alle wichtigen Elemente des Ausschreibungsdesigns (Ausbaumengen, Gebotsobergrenzen, Höchstwerte, Präqualifikationskriterien) werden auch durch den Gesetzgeber oder die Regulierungsbehörde festgelegt. Gleiches gilt für Griechenland.

Nichtdestotrotz zeigen die Erfahrungen aus den ersten Runden der PV-spezifischen Ausschreibungen in Deutschland, dass das Ausschreibungsmodell funktioniert. Die Gebote waren dreimal höher als das Ausschreibungsvolumen, der Zuschlagswert sank von Runde zu Runde (von 7,41 ct/kWh im April 2016[1520] auf 4,33 ct/kWh im Februar 2018). Ferner lag er unter dem Höchstpreis der jeweiligen Runde (11,09 ct/kWh und 8,84 ct/kWh) und gleich oder niedriger als die Einspeisetarife nach dem EEG 2014/2017[1521]. Kritisch anzusehen ist, dass fast ein Drittel der Gebotsmenge für Ackerflächen in Anspruch genommen wird. Problematisch ist auch die mangelnde Heterogenität, da die meisten Zuschläge große Unternehmen erhalten[1522]. Dies kann ein Zeichen für die weitere Senkung der Akteursvielfalt und dementsprechend des Wettbewerbsdrucks sein. Die Realisierungsrate der Projekte der ersten zwei Runden zeigt, dass ca. 90 % der Zuschlagsmenge errichtet worden sind[1523]. Nichtdestotrotz gibt es Bedenken,

1519 Die Gefahr einer Überregulierung sieht auch *Heine/Schwiederowski*, ZNER, 2016, 22, 29.

1520 An dieser Stelle wird die durchschnittliche Förderhöhe mit April 2016 verglichen, da die früheren Ausschreibungen die Einheitspreisregel verwendet worden war.

1521 BNetzA, Ergebnisse der EEG Ausschreibung für Solaranlagen vom 01.06.2017, S. 8.

1522 *Fell,* Der Wechsel von Einspeisevergütungen zu Ausschreibungen, 2017, S. 10.

1523 BNetzA, Pressemitteilung. Realisierungsrate der zweiten Photovoltaik-Ausschreibung v. 28.08.2017, abrufbar auf https://www.bundesnetzagentur.de/SharedDocs/Pressemitteilungen/DE/2017/28082017_PVAusschreibung.html, zuletzt abgerufen am 07.09.2017 und Pressemitteilung. Realisierungsrate der dritten Ausschreibungsrunde für Photovoltaik- Freiflächenanlagen, abrufbar auf https://www.bundesnetzagentur.de/SharedDocs/Pressemitteilungen/DE/2018/20180109_PVFreiflaechenanlagen.html, zuletzt abgerufen am 27.03.2018.

dass einige Projekte der daraufkommenden Runden nicht realisiert werden, da die Bieter eine Senkung der Kosten der PV-Anlagen in der Zukunft erwarten und niedrigere Gebote als ihre aktuellen Vollkosten abgeben. Ähnlich ist die internationale Erfahrung.

Zu dem griechischen Ausschreibungsdesign konnte hier nur eine Abschätzung vorgenommen werden, da nur eine Ausschreibung bislang stattgefunden hat. In Bezug auf die Wettbewerbsintensität überstiegen die Gebote das Ausschreibungsvolumen um 42 %. Das ist ein erstes gutes Zeichen[1524]; die Wettbewerbsintensität soll sich allerdings erhöhen. In Deutschland waren die Gebote um 297 % höher als das Ausschreibungsvolumen. Was die Kosteneffizienz betrifft, lag die durchschnittliche Förderhöhe bei 98,78 €/MWh und 83,3 €/MWh unter dem jeweiligen Höchstpreis (104 €/MWh und 94 €/MWh)[1525]. Nach drei Jahren Ausschreibungen in Deutschland liegen sowohl der Höchstpreis (8,84 ct/kWh) als auch die durchschnittliche Förderhöhe (4,33 ct/kWh) noch niedriger[1526]. Was die Akteursvielfalt betrifft, zeigt die Teilnehmerstruktur, dass ungefähr die Hälfte der Bieter einen Zuschlag bekommen haben. Wie auch in Deutschland erhielten die meisten Zuschläge insgesamt größere Unternehmen. Es ist abzuwarten, ob bei den nächsten Runden auch kleine Gebote erfolgreich sein können, oder ob die größeren Gebote die kleineren verdrängen werden.

Obwohl die Ergebnisse der PV-spezifischen Ausschreibungen positiv waren, war sowohl die gemeinsame als auch die grenzüberschreitende Ausschreibung Deutschlands nicht erfolgreich. In Bezug auf die gemeinsamen Ausschreibungen wurde es festgestellt, dass die Ausgestaltung des Ausschreibungsdesigns besonders komplex wegen der Unterschiede beider Technologien hinsichtlich Kosten und materieller und finanzieller Präqualifikationen ist. Die Ergebnisse der ersten gemeinsamen Ausschreibung haben gezeigt, dass das Ausschreibungsdesign keinen Angleich zwischen den beiden Technologien und keine Chancen für einen richtigen Wettbewerb zwischen den Technologien vollzieht. Windenergieanlagen erhielten keinen Zuschlag. Die Befürchtung für fehlende Diversifizierung wurde bestätigt. Die Verteilernetzkomponente hat sich als ineffizient erwiesen,

---

1524 Auch RAE hat das Ergebnis als positiv für den Wettbewerb angesehen, RAE, Stellungnahme v. 23.02.2017, 2/2017, S. 17.

1525 RAE, Ρυθμιστικό πλαίσιο και χρονοδιάγραμμα ανταγωνιστικών διαδικασιών υποβολής προσφορών έργων ΑΠΕ για τα έτη 2018-2020, S. 22.

1526 BNetzA, Ergebnisse der EEG Ausschreibung für Solaranlagen vom 01.02.2017, S. 8.

da die meisten Zuschläge sich doch in den Verteilernetzausbaugebieten befanden[1527].

Das Design dieser Ausschreibungen wurde ohnehin vor allem eilig und frühzeitig konzipiert. In der Zeit der Gestaltung des Designs hatte Deutschland noch keine Erfahrungen mit technologiespezifischen Ausschreibungen für Windenergieanlagen[1528]. Aus diesen Gründen soll das Ausschreibungsdesign der gemeinsamen Ausschreibungen neu gestaltet werden, bevor die nächsten Ausschreibungen stattfinden.

Auch die grenzüberschreitende Ausschreibung zwischen Deutschland und Dänemark hat ihre Ziele nicht erreicht. Die PV-Anlagen mit Standort Deutschland haben keinen Zuschlag bekommen. Der Grund ist die fehlende Angleichung des Ausschreibungsdesigns beider Länder in Bezug auf wichtige Elemente wie z. B. die Vergütung der Anlagen (AW und fixe Marktprämie), der Flächenkulisse (mit und ohne Beschränkungen), des Ausschreibungsvolumens (50 MW und 2,4 MW). Demzufolge fehlten die Chancen für einen fairen Wettbewerb für Akteure beider Länder. Im Ergebnis hat alle Zuschläge dasselbe dänische Unternehmen erhalten. Vor dem Hintergrund, dass Deutschland wie alle Mitgliedstaaten seine Förderung anderen Ländern bis zu 15 % der Neukapazitäten bis zum Jahr 2030 öffnen soll[1529], ist das Design der grenzüberschreitenden Ausschreibungen reformbedürftig. Von dieser Erfahrung Deutschlands kann Griechenland lernen, bevor dort ein eigenes Design für grenzüberschreitende Ausschreibungen gestaltet wird. Die Erfahrung aus der gemeinsamen und der grenzüberschreitenden Ausschreibung zeigt, dass eine gewisse Angleichung bestimmter Elemente des Designs erforderlich ist, damit die Ausschreibung ihre Ziele erreicht. Von dieser Erfahrung Deutschlands soll Griechenland lernen, um sein eigenes Design gut und effektiv zu gestalten.

Schließlich haben beide Länder zur Deckung der Förderkosten ein Abgabensystem aufgebaut. In Deutschland sollte die sog. EEG-Umlage die Differenz der gezahlten Förderung und den Einnahmen durch die Vermarktung des Stroms an der Börse decken. Auch wenn sie sich in den letzten Jahren deutlich erhöht wurde, hatten die ÜNB keine Probleme mit der Finanzierung der Anlagenbetreiber. Dies war in Griechenland nicht der Fall, da für die Finanzierung ein Sonderkonto, das sog. „LAGIE-Konto", eingerichtet wurde[1530]. Dieses Konto hat

1527 BNetzA, Ergebnisse der gemeinsamen Ausschreibung von Wind- und Solaranlagen, v. 12.04.2018, S. 2.

1528 So auch BWE, Stellungnahme zur GemAV, 2017, S. 1.

1529 Art. 5 Vorschl. StromVO.

1530 Art. 40 G. 2773/1999.

verschiedene Einnahmen und Ausgaben und die Abgabe ETMEAR ist nur eine Einnahme davon. Die falsche Berechnung der ETMEAR, die Tatsache, dass die Finanzierung der Förderkosten im Ergebnis von mehreren Einnahmequellen abhängig war, und der unkontrollierte PV-Zubau führten LAGIE zur erheblichen Zahlungsschwierigkeiten. Das Ergebnis war die Einführung zwei besonders harter Maßnahmen in Griechenland, des Solidaritätszuschlags und der rückwirkenden Kürzung der Einspeisetarife, die zum Einbruch des PV-Markts geführt haben[1531].

Erst mit der Novelle 4414/2016 wurde die Berechnung der ETMEAR geändert, indem auch die Versorger verpflichtet wurden, sich zum Teil an den Förderkosten zu beteiligen. Die Maßnahme war effektiv und nach mehreren Jahren ist das LAGIE-Konto seit Dezember 2017 ausgeglichen[1532].

Von der Finanzierung der Förderkosten sind in beiden Länder dieselben Gruppen zum Teil befreit: die Eigenversorger und die stromkostenintensiven Unternehmen. Eine gerechte Verteilung der Förderkosten ist allerdings eine große Herausforderung für den Gesetzgeber, da er ein Gleichgewicht zwischen der Unterstützung bestimmter Gruppen und der angemessenen Belastung der restlichen Stromverbraucher finden muss.

d) Zusammenfassung

Zusammenfassend ist auf die Frage, ob die Förderregime in Deutschland das Ziel der Kostensenkung durch die Wettbewerbsfähigkeit erreichen, Folgendes festzustellen: Das Modell der Einspeisevergütung stellt eine staatliche Marktintervention dar, was dem Grundkonzept des Wettbewerbs widerspricht. Die Anlagenbetreiber haben keine Anreize, auf den Markt zu reagieren. Dies führte zu Überförderungen. Obwohl die Marktprämie Ansätze für eine Marktintegration hat, schafft sie keine Marktintegration, solange Anlagenbetreiber eine Bezuschussung zur Deckung der Vollkosten (auch in negativen Preisen) bekommen. Deswegen wäre zumindest eine Abschaffung des 6-Stunden Intervalls, nach dem der AW bei negativen Preisen auf null reduziert wird, empfehlenswert. Zu einer Kostensenkung haben bislang am erfolgreichsten die PV-spezifischen Ausschreibungen durch den Wettbewerbsdruck geführt. Allerdings ist zweifelhaft, ob dies auch von gemeinsamen Ausschreibungen zu erwarten ist. Dafür ist eine Angleichung der wichtigsten Elemente des Ausschreibungsdesigns nötig. Gleiches gilt für die grenzüberschreitenden Ausschreibungen. Das Design dieser

1531 S. dazu *Mouratian*, Energeia & Dikaio, 23/2015, 57.

1532 LAGIE, Μηνιαίο Δελτίο Ειδικού Λογαριασμού ΑΠΕ & ΣΥΘΗΑ, Dez. 2017, S. 10.

zwei Arten von Ausschreibungen soll neu konzipiert werden. Die Ergebnisse der bislang geführten Ausschreibungen haben gezeigt, dass es keinerlei Wettbewerb zwischen den unterschiedlichen Technologien (in der gemeinsamen Ausschreibung) oder zwischen den beiden Ländern (in der grenzüberschreitenden Ausschreibung) entstand.

Hinsichtlich der Erreichung des Ziels der Umweltverträglichkeit, d.h. der kontinuierlichen Entwicklung der PV, ist zu schlussfolgern, dass die großzügigen und garantierten Einspeisetarife maßgeblich den Ausbau der PV vorangetrieben haben. Mithilfe des Zubaukorridors und des atmenden Deckels hat Deutschland den PV-Zubau zunächst gesteuert. Allerdings erreichte der PV-Ausbau im Oktober 2014 mit nur 75 MW einen Tiefststand. In den darauffolgenden Monaten August 2014 bis Mai 2015 lag der durchschnittliche Zubau bei 105 MW d.h. deutlich hinter den gesetzlich vorgesehenen Zielen[1533]. Der Gesetzgeber sieht die starke Senkung der Einspeisetarife und die Trägheit des atmenden Deckels hierfür als Gründe an.

Ob die PV-Entwicklung auch in Zukunft erfolgreich wird, hängt auch von der Effektivität und dem Erfolg der neu eingeführten Ausschreibungen, ab. Bislang war das Volumen der Gebote insgesamt dreimal mehr als das Ausschreibungsvolumen. Die Realisierungsrate kann allerdings noch nicht bewertet werden, da die Projekte eine Frist von zwei Jahren haben, um realisiert zu werden. Trotz der guten Realisierungsrate der ersten zwei Runden (90 %) gibt es Bedenken, dass einige Projekte der daraufkommenden Runden nicht realisiert werden können. Schließlich verringert sich das Ausschreibungsvolumen der technologiespezifischen Ausschreibungen um die Summe der installierten Leistung der in der gemeinsamen Ausschreibung bezuschlagten Gebote[1534] und somit wird das gesamte PV-Ausbauziel gem. §§ 28 Abs. 1a, 28 Abs. 2a EEG durch die gemeinsamen Ausschreibungen nicht beeinträchtigt.

Schließlich hat der Gesetzgeber versucht, den Kreis der beteiligten Personen oder Gruppen der Gesellschaft bei der Förderung der PV zu erhöhen. Dies erfolgte einerseits mit den Regelungen zu der Eigenversorgung und andererseits mit dem sog. Mieterstromzuschlag. Dadurch wird nicht nur die Akzeptanz der Energiewende erhöht, sondern auch ein Beitrag zur Erreichung des Ausbauziels geleistet.

1533 BT-Drs. 18/8860, S. 230.

1534 §§ 28 Abs. 1a Nr. 2, 28 Abs. 2a Nr. 2 EEG.

Insgesamt stellt das deutsche Recht etliche Instrumente bereit, die den kontinuierlichen Zubau der PV fördern. Gleichwohl existiert immer noch ein Bedarf an Optimierung.

Auf die Frage, ob die griechischen Förderinstrumente das energiepolitische Ziel der Wettbewerbsfähigkeit erreichen, ist zu zunächst festzustellen, dass auch hier mit dem Modell der Einspeisevergütung Wettbewerb nicht gefördert wurde. Deshalb erfolgt mit der Novelle 4414/2016 eine Umstellung auf Ausschreibungen und Marktprämie. Die griechischen Fördermodelle haben gegenwärtig einige gestreute Ansätze, die sogar marktfreundlicher als die im deutschen Recht sind, wie z. B. das kürzere nötige Zeitintervall der negativen Preise für die Senkung der AW auf null oder niedrigere Bagatellgrenze für die Teilnahme der PV-Anlagen an den Ausschreibungen (500 kW statt 750 kW). Auch die Ergebnisse der einzigen PV-Ausschreibung sind erstmals nicht so negativ, da der Wettbewerbsdruck (wenn auch klein) zur Senkung des Höchstpreises geführt hat.

Allerdings ist fraglich, ob der griechische PV-Markt für eine solche Umstellung reif ist. Zwei Jahre nach dem Einbruch des PV-Marktes, in denen nur 8 MW installiert wurden[1535], hat Ende 2016 die erfolgreiche PV-Pilotausschreibung stattgefunden. Seitdem ist der PV-Markt allerdings erneut eingefroren, da der Min. Beschl., welcher die Einzelbestimmungen regelt, erst 19 Monate nach dem G. 4414/2016 erstellt wurde. Diese Tatsache führte zu Planungsunsicherheit, unterbrach den PV-Zubau und stellte ein Hemmnis für die Wiederherstellung des PV-Marktes dar[1536].

Auf der anderen Seite ist für eine Umstellung auf marktfreundlichere Fördermodelle ein Elektrizitätsmarkt, auf dem der Wettbewerb funktioniert, unabdingbar. Genau hieran fehlt es aber in Griechenland[1537]. Darauf zielt aber das neue G. 4512/2018. Ohne einen Markt, auf dem der Wettbewerb ohne Verzerrungen funktioniert, können die marktfreundlichen Fördersysteme ihre Wirkung nicht ausfalten. Somit bestehen gegenwärtig Hindernisse für die Marktintegration der EE bzw. PV.

Was die Erreichung des Ziels der kontinuierlichen Entwicklung der PV betrifft, ist festzustellen, dass Griechenland – im Gegensatz zu Deutschland – eine

---

1535 Das ergibt sich aus LAGIE, Μηνιαίο Δελτίο ΑΠΕ & ΣΥΘΗΑ, Dez. 2014, S. 12; LAGIE, Μηνιαίο Δελτίο ΑΠΕ & ΣΥΘΗΑ, Jan. 2018, S. 13; DEDDIE, Μηνιαίο Δελτίο ΑΠΕ & ΣΥΘΗΑ στα ΜΔΝ, Dez. 2014, S. 6 und DEDDIE, Μηνιαίο Δελτίο ΑΠΕ & ΣΥΘΗΑ στα ΜΔΝ, Nov. 2017, S. 6.

1536 ELETAEN, Υπόμνημα επί του νομοσχεδίου «Νέο καθεστώς στήριξης των σταθμών ΑΠΕ», 2016, S. 5.

1537 *Papastamatiou*, i.E.

effektive Planung für einen zuverlässigen Rechtsrahmen fehlte, welcher die Förderung der PV-Energie auf einer sicheren und langfristigeren Basis regelt. Ergebnis der hohen Einspeisetarife und der mangelnden Bewältigung der Verzerrungen des Elektrizitätsmarkts war ein Defizit des LAGIE-Kontos, welches einerseits zu einem Einbruch des PV-Markts und andererseits zu neuen tief greifenden Maßnahmen für die PV führte. Aus diesem Grund war die nachhaltige Entwicklung der PV deutlich nicht erreicht.

Letztlich ist fraglich, ob die Umstellung des Förderregimes auf die Ausschreibungen und die Marktprämie dem PV-Markt tatsächlich einen neuen Schwung geben wird. Vor allem ist es zweifelhaft, ob das Land die sehr ambitionierten Ziele erreichen kann, welche durch die neuen Min. Beschl. zu den Ausschreibungen bis 2020 gesetzt wurden: einen jährlichen PV-Ausbau von mind. 300 MW und die zusätzlichen 400 MW aus den gemeinsamen Ausschreibungen für PV und Windenergieanlagen. Im Ergebnis ist das Ziel der kontinuierlichen Entwicklung der PV in Griechenland nicht erreicht. Die Vorteile einiger Neuregelungen, welche weiteren Gruppen der Gesellschaft einen Anreiz für die PV-Erzeugung geben (wie das reguläre und virtuelle net metering oder die Möglichkeit durch Bürgerenergiegesellschaften) können nicht genutzt werden, wenn der Markt nicht vorhanden ist.

Der Vergleich mit dem deutschen Rechtsrahmen zeigt, dass der griechische Gesetzgeber vorteilhafte Regelungen des deutschen Rechtsrahmens aufnehmen kann wie die Durchsetzung des Wettbewerbs auf dem griechischen Strommarkt durch grundlegende Strukturreformen sowie eine organisierte Umstellung des Förderregimes auf die Ausschreibungen und eine gute Durchführung der Ausschreibungsrunden. Griechenland kann aber weiterhin von den deutschen Erfahrungen bzgl. der gemeinsamen und der grenzüberschreitenden Ausschreibungen lernen und das entsprechende Ausschreibungsdesign von Anfang an besser und organisierter gestalten.

C. Vereinbarkeit des Rahmens mit dem EU-Recht

I. Die Unionsziele Wettbewerb und Klimaschutz im Spannungsverhältnis

Die Förderung der PV steht in einem Spannungsverhältnis zwischen der Garantie des unverfälschten Wettbewerbs und dem Klimaschutz, die beide gleichermaßen Unionsziele darstellten[1538]. Einerseits errichtet die EU gem. Art. 3 Abs. 3 S. 1 EUV einen Binnenmarkt, der nach Art. 26 Abs. 2 AEUV einen Raum ohne Binnengrenzen umfasst, in dem die Grundfreiheiten wie der freie Verkehr von Waren, Personen, Dienstleistungen und Kapital gewährleistet sind. Von den Grundfreiheiten ist insbesondere die Warenverkehrsfreiheit (Art. 34 AEUV) von besonderer Bedeutung für die Förderung der EE. Gleichzeitig umfasst der Binnenmarkt nach dem Protokoll Nr. 27 zu den Verträgen ein System, das den Wettbewerb vor Verfälschungen schützt. Das Wirtschaftssystem der EU ist insoweit das System der sozialen Marktwirtschaft[1539]. Zum Schutz des unverfälschten Wettbewerbs im Binnenmarkt sieht der AEUV Wettbewerbsregeln vor, die in drei Säulen einzuordnen sind: Art. 101 AEUV verbietet wettbewerbswidrige Absprachen, Art. 102 AEUV die missbräuchliche Ausnutzung einer beherrschenden Stellung und Art. 107 AEUV staatliche Beihilfen, die den Wettbewerb verfälschen. Von diesen drei Regeln sind es die Beihilferegeln, welche die Förderung der EE einschränken können[1540]. Andererseits ist Ziel der Union gem. Art. 3 Abs. 3 S. 2 EUV auch der Umweltschutz. Konkretisiert wird dies im Umwelttitel (Art. 191-193 AEUV) und teilweise auch im Energietitel (Art. 194 AEUV).

Umstritten ist, ob Binnenmarkt und Umweltschutz als Unionsziele gleichrangig sind oder ob das eine Ziel Vorrang gegenüber dem anderen hat. Die Befürworter des Vorrangs des Wettbewerbsprinzips führen an, dass der Umweltschutz

1538 *Steffens*, Erneuerbare Energien im Europäischen Binnenmarkt für Elektrizität, i.E., § 1, B.

1539 Calliess/Ruffert/*Ruffert*, EUV/AEUV, 5. Aufl. 2016, Art. 3 EUV, Rn. 25.

1540 Nach der Festlegung des EuGH „... gelten die Artikel 81 EG und 82 EG (Art. 101 und 102 AEUV) nur für wettbewerbswidrige Verhaltensweisen, die die Unternehmen aus eigener Initiative an den Tag legen.“, EuGH, Urt. v. 11.09.2003, 207/01, Slg. 2003, I-8875, Rn. 30 – Altair Chimica. Dies ist aber hier nicht der Fall; BerlKommEnR/*Mohr*, Bd. 6, 4. Aufl. 2017, § 1 EEG 2017, Rn. 15.

als nachrangiges (weil unpräziseres) Ziel nicht zu Maßnahmen führen darf, die das vorrangige Ziel der Marktintegration nicht mehr fördern, sondern seine Verwirklichung stören[1541]. Die Befürworter eines stärkeren Umweltschutzes beziehen sich demgegenüber auf die Aufnahme der Querschnittsklausel (Art. 130r Abs. 2 S. 2 EWG-Vertrag) in das Primärrecht[1542] und die Schaffung eines eigenen Umwelttitels[1543]. Auf dieser Grundlage sprechen sich für einen zumindest „vorläufigen uneingeschränkten Vorrang“ oder eine „relative Priorität“ des Umweltziels[1544] aus. Trotz dieser Diskussion unterstützen die Vertreter beider Linien letztlich einen schonenden Ausgleich des Binnenmarkt- und Umweltschutzziels durch Anwendung des Verhältnismäßigkeitsgrundsatzes[1545]. Auch nach der Rechtsprechung des EuGH sollen die Unionsorgane *„einen Ausgleich zwischen den verschiedenen Zielen vornehmen und sie nicht isoliert verfolgen, so dass die Verwirklichung anderer Ziele unmöglich gemacht wird“*[1546].

Wie bereits ausgeführt, ist die Förderung der EE auf Unionsebene durch die EE-RL, also durch Sekundärrecht geregelt. Dies ist jedoch nicht abschließend erfolgt[1547]. Nach der EE-RL haben die Mitgliedstaaten einen großen Spielraum zur Gestaltung ihrer Fördersysteme[1548]. Aus diesem Grund erfolgt durch die EE-RL keine vollständige Harmonisierung, so dass die nationalen Umsetzungsmaßnahmen am Primärrecht, insbesondere an den Grundfreiheiten und am Beihilfenrecht gemessen werden müssen[1549]. Von den Grundfreiheiten kommen

---

1541 *Basedow,* in: Due et al. (Hrsg.), FS Ulrich Everling, 1995, S. 49, 68; Nach *Basedow* dürften Umweltschutzmaßnahmen danach überhaupt nicht zu Rückschritten bei der Marktintegration führen; *Steffens*, Erneuerbare Energien im Europäischen Binnenmarkt für Elektrizität, i.E., § 1, B.

1542 Art. 130r Abs. 2 S. 3 EGV (Maastricht).

1543 Art. 130r-t EGV (Maastricht). Siehe *Steffens*, Erneuerbare Energien im Europäischen Binnenmarkt für Elektrizität, i. E, § 1, B.

1544 *Weigt*, Die Förderung der Stromerzeugung aus erneuerbaren Energien in der EU, S. 130; *Epiney/Möllers,* Freier Warenverkehr und nationaler Umweltschutz, 1992, S. 124: Im Zweifel sei dem Umweltschutz ein höherer Stellenwert zuzumessen als dem freien Warenverkehr. Siehe *Steffens*, Erneuerbare Energien im Europäischen Binnenmarkt für Elektrizität, i. E., § 1, B.

1545 *Steffens*, Erneuerbare Energien im Europäischen Binnenmarkt für Elektrizität, i. E, § 1, B m.w.H.

1546 EuGH, Urt. v. 06.12.1984, 59/83, Slg. 1984, 4057, Rn. 16 – Biovilac/EWG.

1547 *L. Scholz*, Die Rechtfertigung von diskriminierenden umweltpolitischen Steuerungsinstrumenten, 2012, S. 93; *Ekardt/Schmeichel*, ZEuS 2009, 171, 183.

1548 Art. 3 Abs. 3 EE-RL.

1549 *Schulz* in: Schulz (Hrsg.), Handbuch Windenergie, 2015, Kap. 1, Rn. 1064; *Lutz/Schütt/Behlau*, ZUR, 2011, 178 f.

außer der Warenverkehrsfreiheit (Art. 34 AEUV) auch die warenbezogenen Vorschriften der Art. 30 und 110 AEUV, die Spezialtatbestände zur Warenverkehrsfreiheit sind[1550], in Betracht. Das materielle Beihilferecht ist in Art. 107 AEUV geregelt.

II. Vereinbarkeit mit Art. 107 AEUV

1. Anforderungen des Art. 107 AEUV

Mit der Zunahme der EE in den letzten Jahren in Europa haben auch die rechtlichen Bedenken bzgl. der Vereinbarkeit der Förderungsinstrumente mit den Vorschriften des Beihilferechts zugenommen. Dies spiegelt sich an der großen Anzahl der Verfahren, die die Kommission eingeleitet hat[1551] und der Urteile, die der EuGH verkündet hat[1552].

Die Gewährung von Beihilfen stellt ein staatliches Eingreifen in die Funktion der Märkte dar, die in einer freien Marktwirtschaft (vgl. Art. 3 AEUV) grundsätzlich unterbleiben sollten, denn die Marktregeln sollen für die effiziente Allokation von Kosten und Ressourcen sorgen[1553]. Nichtdestotrotz kann ein Marktversagen entstehen, das allein der Markt nicht korrigieren kann. In diesen Fällen kann ein staatlicher Eingriff geboten erscheinen. Ein solches Marktversagen kann auf negative oder positive externe Effekte zurückgehen[1554]. Staatliche

---

1550 EuGH, Urt. v. 11.03.1992, 78/90, Slg. 1992, I-1847, Rn. 20 – Compagnie commerciale de l'Ouest; Streinz/*Kamann*, EUV/AEUV, 2. Aufl. 2012, Art. 110, Rn. 33.

1551 Siehe in etwa: in Österreich, KOM, Entsch. v. 22.07.2009, N 446/2008, C 24/2009, K(2009) 3548 endg., – Ökostromgesetz 2009; Mitt. v. 08.02.2012, SA.33384, C (2012) 565 final – Ökostromgesetz 2012; In Slowenien s. KOM, Entsch. v. 24.04.2007, K (2007) 1181 endg; In Italien s. KOM, Entsch. v. 28.4.2016, SA.43756, C(2016)2726 final – Italy; In Belgien s. KOM, Entsch. v. 08.12.2016, SA.45867, C(2016) 8426 final – Belgium.

1552 EuGH, Urt. v. 19.12.2013, C-262/12, EuZW 2014, 115 – Vent De Colère.

1553 *Kerber/Schwalbe* in: Säcker/Montag/Hirsch (Hrsg.), Competition Law: European Community Practice and Procedure, 2008, S. 238.

1554 Typisches Beispiel negativer externer Effekte sind die Kosten der Umweltverschmutzung welche ein einziges Unternehmen verursacht: Diese Kosten entstehen für die ganze Gesellschaft und sind höher als die eigenen Produktionskosten des Unternehmens. Deswegen gibt es keinen Anreiz für das Unternehmen, sie zu reduzieren. Typisches Beispiel negativer positiver Effekte ist der fehlende Anreiz der Unternehmen genügend zu investieren, wenn ein Teil der mit einer Investition erzielten Gewinne nicht nur dem Investor, sondern auch anderen Marktteilnehmern zugutekommt, Rn. 35 EEAG.

Beihilfen haben aber auch den Nachteil, dass sie den Wettbewerb zwischen den Unternehmen eines Staates verfälschen, indem sie bestimmten Unternehmen finanzielle Vorteile gegenüber ihren Konkurrenten gewähren[1555]. Darüber hinaus wird der grenzüberschreitende Wettbewerb verfälscht und dementsprechend der Binnenmarkt gefährdet. Denn durch die Beihilfe steigt die Produktionsmenge nationaler Unternehmen, so dass die Preise sinken. Sofern die zusätzliche Produktionsmenge im Nachbarstaat abgesetzt wird, aber im Inland besteuert wird, gewinnt der Staat, welcher die Beihilfe gewährt, an Wohlfahrt auf Kosten des Nachbarstaates[1556].

Die Beihilferegelung in Art. 107 AEUV versucht die oben genannten Interessen in einem ausgewogenen Verhältnis zu halten. Grundsätzlich ist eine Beihilfe, die in den Anwendungsbereich des Art. 107 Abs. 1 AEUV fällt, verboten. Dabei sehen Art. 107 Abs. 2 und 3 AEUV Ausnahmen vor. Gem. Art. 107 Abs. 1 AEUV liegt eine Beihilfe vor, wenn die folgenden fünf Voraussetzungen kumulativ erfüllt sind: Die Maßnahme a) ist staatlich oder aus staatlichen Mitteln finanziert, b) gewährt einen Vorteil, den die Unternehmen nicht am Markt anders hätten schaffen können, c) wird ausgewählten Unternehmen gewährt, d) verfälscht den Wettbewerb oder droht diesen zu verfälschen und e) beeinträchtigt den Handel zwischen Mitgliedstaaten.

Es wird nun auf die einzelnen fünf Voraussetzungen des Art. 107 Abs. 1 AEUV eingegangen, um zu prüfen, ob und wann die EE-Förderinstrumente eine Beihilfe i.S.v. Art. 107 Abs. 1 AEUV nach der EuGH-Rechtsprechung und der Anwendung der Kommission darstellen. Auf dieser Grundlage werden dann die deutschen und die griechischen Förderinstrumente anhand von Art. 107 Abs. 1 AEUV gesondert in den Abschnitten 3 und 4 geprüft.

a) Staatlichkeit

Die Voraussetzung, die die meisten Streitfragen hervorgebracht hat, ist die Staatlichkeit der Mittel, wörtlich: „*staatliche oder aus staatlichen Mitteln gewährte Beihilfen*". Die Kommission, das EuG und der EuGH haben dabei unterschiedliche Kriterien, und diese nicht immer konsequent, verwendet. Nach dem EuGH hat diese Voraussetzung zwei Tatbestandsmerkmale, die kumulativ erfüllt werden

1555 Birnstiel/Bungenberg/Heinrich/*Behrens*, Europäisches Beihilfenrecht, 2013, Einleitung, Rn. 163 ff. u. 173 ff; *Kerber*, in: Basedow/Wurmnest (Hrsg.), Structure and effects in EU competition law 2011, S. 241, 243.

1556 *Steffens*, Erneuerbare Energien im Europäischen Binnenmarkt für Elektrizität, i.E., § 4, C.

müssen. Erstens muss die Beihilfe aus Mitteln des Staates stammen, und zweitens muss der Übertragungsakt staatlich oder dem Staat zurechenbar sein[1557]. Geprüft werden somit die Herkunft und die Zurechnung der Beihilfe. Zu diesem Ergebnis kam der EuGH in dem wegweisenden *Stardust Marine*-Urteil, in dem er klären musste, ob die Voraussetzung „Mittel des Staates“ nur eine notwendige oder auch eine ausreichende Voraussetzung war[1558]. Das *Stardust Marine*-Urteil ist überdies wegweisend, weil der EuGH hier ausdrücklich die sog. „organisationsrechtliche“ Zurechnung vorgenommen hat. Zur Begründung der Staatlichkeit der Beihilfe überprüfte er die Organisation der erhebenden Stelle (im konkreten Fall des Unternehmens) in der staatlichen Verwaltung[1559]. Dazu hat er eine Reihe von Indizien zur Begründung der Zurechenbarkeit der Beihilfemaßnahme angeführt wie der Rechtsstatus der erhebenden Stelle und die Intensität der behördlichen Aufsicht über die Unternehmensführung. Entscheidend war die Beteiligung der Behörden am Erlass der Beihilfemaßnahme[1560].

1557 *Rusche/Micheau et al.*, in: Faull/Nikpay (Hrsg.), The EU Law of Competition, 2014, Kap. 17, S. 1928; *Jaeger*, EStAL 2012, 535; BerlKommEnR/*Steffens*, Bd. 6, 4. Aufl. 2017, Einleitung zum EEG 2017, Rn. 70.

1558 *Rusche/Micheau et al.*, in: Faull/Nikpay (Hrsg.) The EU Law of Competition, 2014, Kap. 17, S. 1928. EuGH stellte fest, „*... Auch wenn der Staat in der Lage ist, ein öffentliches Unternehmen zu kontrollieren und einen beherrschenden Einfluss auf dessen Tätigkeiten auszuüben, kann nicht ohne weiteres vermutet werden, dass diese Kontrolle in einem konkreten Fall tatsächlich ausgeübt wird. Ein öffentliches Unternehmen kann je nach dem Maß an Selbständigkeit, das ihm der Staat belässt, mehr oder weniger unabhängig handeln. [...] Die bloße Tatsache, dass ein öffentliches Unternehmen unter staatlicher Kontrolle steht, genügt daher nicht, um Maßnahmen dieses Unternehmens wie die fraglichen finanziellen Unterstützungsmaßnahmen dem Staat zuzurechnen. Es muss außerdem geprüft werden, ob davon auszugehen ist, dass die Behörden in irgendeiner Weise am Erlass dieser Maßnahmen beteiligt waren.*“ EuGH, Urt. v. 16.05.2002, C-482/99, Slg. 2002, I-4397, Rn. 52 – Frankreich/Kommission (Stardust Marine).

1559 Selbst das Gericht spricht über „organisationsrechtliche Faktoren“, EuGH, Urt. v. 16.05.2002, C-482/99, Slg. 2002, I-4397, Rn. 55 – Frankreich/Kommission (Stardust Marine). Näher dazu siehe unten.

1560 „*Weitere Indizien sind gegebenenfalls von Bedeutung, um auf die Zurechenbarkeit einer Beihilfemaßnahme eines öffentlichen Unternehmens an den Staat schließen zu können, wie insbesondere seine Eingliederung in die Strukturen der öffentlichen Verwaltung, die Art seiner Tätigkeit und deren Ausübung auf dem Markt unter normalen Bedingungen des Wettbewerbs mit privaten Wirtschaftsteilnehmern, der Rechtsstatus des Unternehmens, ob es also dem öffentlichen Recht oder dem allgemeinen Gesellschaftsrecht unterliegt, die Intensität der behördlichen Aufsicht über die Unternehmensführung oder jedes andere Indiz, das im konkreten Fall auf eine Beteiligung der Behörden oder auf die Unwahrscheinlichkeit einer fehlenden Beteiligung am Erlass einer Maßnahme*

Zum ersten Tatbestandsmerkmal *„aus staatlichen Mitteln“* („Herkunft“) ist hervorzuheben, dass darunter nicht nur öffentliche Mittel zu verstehen sind. Nach der Rechtsprechung kann eine Beihilfe auch durch Mittel öffentlicher Unternehmen in privater Rechtsform[1561] oder durch private Mittel gewährt werden, wenn diese ständig unter der Kontrolle des Staates stehen[1562]. Entscheidend ist hier der Bestimmungs-, Verfügungs- und Kontrollakt[1563].

Im Fall der EE-Fördersysteme geht es oft um eine (parafiskalische) Abgabe[1564]. Ein Kernelement davon ist die bereits vor ihrer Erhebung feststehende Zweckwidmung der Mittel, soweit diese auf Unionsebene existieren[1565]. Abgaben werden zwar grundsätzlich nicht an den Beihilfevorschriften gemessen, wenn mit ihnen aber die Beihilfeleistung finanziert wird, sind sie mit einer selektiven Bevorteilung so eng verbunden, dass der EuGH sie an Art. 107 ff. AEUV misst[1566]. Hier sind die Abgaben von den Einzelbeihilfen zu unterscheiden. Im Fall der Abgaben reicht es, wenn das ganze Abgabensystem und nicht jeder einzelne Anwendungsfall an Art. 107 AEUV gemessen wird[1567]. Aber auch im Fall der Abgaben müssen es die beiden Tatbestände der ersten Voraussetzung von Art. 107 AEUV, nämlich die staatliche „Herkunft“ und die staatliche „Zurechnung“, erfüllt werden. Hier ist es nochmal zu unterscheiden zwischen den Abgaben, die der Gesetzgeber per Gesetz anordnet und den Abgaben, die

---

hinweist, wobei auch deren Umfang, ihr Inhalt oder ihre Bedingungen zu berücksichtigen sind.“, EuGH, Urt. v. 16.05.2002, C-482/99, Slg. 2002, I-4397, Rn. 56 – Frankreich/Kommission (Stardust Marine).

1561 EuGH, Urt. v. 08.05.2003, C-328/99 u. C-399/00, Slg. 2003, I-4035, Rn. 33 – Italien und SIM 2 Multimedia/Kommission.

1562 EuGH, Urt. v. 12.06.1996, T-358/94, Slg. 1996, II-2109, Rn. 67 – Air France/Kommission; EuGH, Urt. v. 16.05.2000, C-83/98 P, Slg. 2000, I-3271, Rn. 50 – Ladbroke Racing.

1563 BerlKommEnR/*Steffens*, Bd. 6, 4. Aufl. 2017, Einleitung zum EEG 2017, Rn. 71.

1564 So auch BerlKommEnR/*Steffens*, Bd. 6, 4. Aufl. 2017, Einleitung zum EEG 2017, Rn. 92.

1565 BerlKommEnR/*Steffens*, Bd. 6, 4. Aufl. 2017, Einleitung zum EEG 2017, Rn. 80. m.w.H.

1566 BerlKommEnR/*Steffens*, Bd. 6, 4. Aufl. 2017, Einleitung zum EEG 2017, Rn. 81; EuGH, Urt. v. 25.06.1970, 47/69, Slg. 1970, 487, Rn. 16f. – Frankreich/Kommission (Textilabgabe); Urt. v. 22.03.1977, 74/76, Slg. 1977, 557, Rn. 14 – Iannelli & Volpi; Urt. v. 13.01.2005, C-174/02, Slg. 2005, I-85, Rn. 25 – Streekgewest.

1567 EuGH, Urt. v. 19.10.2000, C-15/98, Slg. 2000, I-8855, Rn. 51 – Italien und Sardegna Lines/Kommission.

Unternehmen oder andere Stellen selbst anordnen[1568]. Relevant für die vorliegende Arbeit ist nur der erste Fall, denn sowohl das deutsche als auch das griechische Abgabensystem sind durch Gesetz angeordnet.

Was die Herkunft betrifft, hat der EuGH bereits mit seinen ersten Entscheidungen die Mittel ohne weitere Begründung als staatlich qualifiziert nur weil die Belastung eine Abgabe war[1569]. Der EuGH stellte in seinem grundlegenden *Essent Netwerk*-Urteil fest: „*... diese Beträge auf dem den Elektrizitätskunden vom Staat auferlegten Tarifaufschlag beruhen, [...] es handelt sich um eine Abgabe. Diese Beträge gehen somit auf staatliche Mittel zurück*"[1570]. Wie *Steffens* ausführt, fungierte damit die Abgabeneigenschaft als Scharnier der Mittelzurechnung. Es gibt eine Verbindung zwischen der Eigenschaft der Abgaben und der Staatlichkeit der Mittel, da sie beide auf hoheitlicher Anordnung beruhen[1571]. Eine hoheitliche Anordnung ist im Fall eines Gesetzes oder einer Rechtsverordnung zu bejahen. Diese Anordnung darf aber keine einfache, sondern muss eine qualifizierte Anordnung sein. Die Erhebung und Verwendung der Mittel muss so konkret vorgeschrieben sein, dass die vergebende Stelle keine Entscheidungsautonomie mehr hat, die Mittel zu erheben und zu verwenden[1572].

Zum zweiten Tatbestandsmerkmal „*staatlich gewährte Beihilfen*" („Zurechnung") führte der EuGH bisher in den Fällen parafiskalischer Abgaben keine Prüfung der Zurechnung der Maßnahme durch[1573]. Grund war, dass bisher immer ein öffentlicher Fonds, eine Behörde oder sonstige Sonderverwaltungskörperschaft

---

1568 EuGH, Urt. v. 15.07.2004, C-345/02, Slg. 2004, I-7139 – Pearle; EuGH, Urt. v. 30.05.2013, C-677/11, EuZW 2013, 582 – Doux Élevages und Coopérative agricole UKL-AREE.

1569 EuGH, Urt. v. 22.03.1977, 78/76, Slg. 1977, 595, Rn. 22 – Steinike und Weinlig; Urt. v. 15.07.2004, C-345/02, Slg. 2004, I-7139, Rn. 38 – Pearle; EuGH, Urt. v. 17.07.2008, C-206/06, Slg. 2008, I-5497, Rn. 66 – Essent Netwerk Noord und EuGH, Urt. v. 19.12.2013, C-262/12, EuZW 2014, 115, Rn. 17 – Vent De Colére.

1570 EuGH, Urt. v. 17.07.2008, C-206/06, Slg. 2008, I-5497, Rn. 66 – Essent Netwerk Noord.

1571 BerlKommEnR/*Steffens*, Bd. 6, 4. Aufl. 2017, Einleitung zum EEG 2017, Rn. 86.

1572 BerlKommEnR/*Steffens*, Bd. 6, 4. Aufl. 2017, Einleitung zum EEG 2017, Rn. 90, 140 m.w.H auf *Jaeger*, Beihilfen durch Steuern und parafiskalische Abgaben, 2006, S. 293.

1573 KOM, Entsch. v. 22.07.2009, Mitt. v. 22.7.2009, K(2009) 3548 endg., Rn. 42; Entsch. v. 08.02.2012, SA.33384 (2011/N), C(2012) 565 final, Rn. 68ff. – Ökostromgesetz 2012; *Jaeger*, Beihilfen durch Steuern und parafiskalische Abgaben, 2006, S. 267, 307 f.; Streinz/*Koenig/Paul*, EUV/AEUV, 2. Aufl. 2012, Art. 107, Rn. 58.

die Abgaben erhoben und kontrolliert hat[1574]. Falls aber die Abgaben nicht von einer staatlichen Stelle erhoben werden, muss die Gewährungsentscheidung dem Staat zugerechnet werden.

Bezüglich der Zurechnung haben das EuG und der EuGH ihre Kriterien nicht immer konsequent verwendet, sondern mal auf eine gesetzliche, mal auf eine organisatorische Zurechnung abgestellt. Gleichzeitig haben sie in manchen Fällen die Staatlichkeit der Beihilfe wegen der staatlichen Zurechnung der Mittel, in manchen Fällen wegen der staatlichen Zurechnung der Gewährungsentscheidung angenommen[1575]. Dies stellt die Anwendung und Prüfung der ersten Voraussetzung des Art. 107 vor Herausforderungen. Im Hinblick auf die Zurechnung gibt es insgesamt drei Meilensteine in der Rechtsprechung: Mit dem Urteil *Ladbroke* wurde die „gesetzliche Zurechnung", mit den Urteilen *PresussenElektra* und *Stardust Marine* die „organisationsrechtliche Zurechnung" und mit den Urteilen *Essent Netwerk, ÖSG* und *Vent De Colère* wieder die „gesetzliche Zurechnung" verwendet[1576].

Ladbroke war der erste Fall, in dem die Abgabe durch eine private Stelle erhoben wurde und das Gericht eine „gesetzliche Zurechnung" vorgenommen hat. Die Staatlichkeit wurde geprüft und bejaht, da Beihilfeempfänger, Höhe der Beihilfe und ihr Zweck durch ein nationales Dekret, also gesetzlich, geregelt waren[1577].

1574 BerlKommEnR/*Steffens*, Bd. 6, 4. Aufl. 2017, Einleitung zum EEG 2017, Rn. 87. S. z. B. KOM, Entsch. v. 22.07.2009, Mitt. v. 22.7.2009, K(2009) 3548 endg. Rn. 42; Entsch. v. 08.02.2012, SA.33384 (2011/N), C(2012) 565 final – Ökostromgesetz 2012.

1575 „In Vent De Colère bejaht der EuGH beispielsweise die Staatlichkeit der Gewährungsentscheidung (in seinem Wortgebrauch „die Zurechenbarkeit der Maßnahme"), weil „der im Ausgangsverfahren fragliche Ausgleichsmechanismus durch das Gesetz Nr. 2000-108 eingeführt wurde und daher dem Staat zurechenbar ist", während er mit der gleichen Begründung noch in Essent Netwerk die Staatlichkeit der Mittel angenommen hatte." *Steffens*, Erneuerbare Energien im Europäischen Binnenmarkt für Elektrizität, i.E., § 8, B; EuGH, Urt. v. 19.12.2013, C-262/12, EuZW 2014, 115, Rn. 18 – Vent De Colère; EuGH, Urt. v. 17.07.2008, C-206/06, Slg. 2008, I-5497, Rn. 66 – Essent Netwerk Noord.

1576 Ausführlicher in *Steffens*, Erneuerbare Energien im Europäischen Binnenmarkt für Elektrizität, i.E., § 8, B.

1577 „*… daß, soweit die nationale Regelung die mögliche Verwendung dieser Beträge auf andere Tätigkeiten der Rennvereine als die ursprünglich festgelegten ausgedehnt habe, der nationale Gesetzgeber aufgrund dieser Erweiterung auf Mittel verzichtet habe, die sonst wieder in den Staatshaushalt gelangt wären.*", EuGH, Urt. v. 16.05.2000, C-83/98 P, Slg. 2000, I-3271, Rn. 48 – Frankreich/Ladbroke Racing und Kommission. Siehe auch Rn. 2 des selben Urteils.

In den Urteilen *PresussenElektra* und *Stardust Marine* hat der EuGH allerdings die Zurechenbarkeit nicht auf der Grundlage der gesetzlichen Kontrolle untersucht[1578]. Stattdessen wurde die Beihilfenqualität der Förderung anhand der organisationsrechtlichen Kontrolle geprüft. Im Fall *PreussenElektra* war entscheidend, dass private Unternehmen sowohl mit der Verpflichtung zur Abnahme des Stroms als auch mit der Aufteilung der sich für die privaten EVU aus der Abnahmepflicht ergebenden finanziellen Belastungen zwischen den privaten EVU und anderen privaten Unternehmen betraut waren[1579]. Auch im Fall *Stardust Marine* wurde auf die Stelle des erhebenden Unternehmens und die Beteiligung der Behörden am Erlass der Beihilfemaßnahme abgestellt[1580].

In den jüngeren Entscheidungen *Essent Netwerk*, *ÖSG* und *Vent De Colère* war nicht mehr die organisationsrechtliche Zurechnung, sondern wieder die gesetzliche Kontrolle entscheidend. Die organisationsrechtliche Kontrolle wird nunmehr in die gesetzliche Kontrolle integriert. Relevant für die Kontrolle ist nicht die Organisation der erhebenden Stelle in der staatlichen Verwaltung[1581],

---

1578 So in PresussenElektra-Urteil: „Der Umstand, dass die Abnahmepflicht auf einem Gesetz beruht und bestimmten Unternehmen unbestreitbare Vorteile gewährt, kann damit der Regelung nicht den Charakter einer staatlichen Beihilfe im Sinne von Artikel 92 Absatz 1 EGVertrag verleihen." EuGH, Urt. v. 13.03.2001, C-379/98, Slg. 2001, I-2099, Rn. 61 – PreussenElektra.

1579 EuGH, Urt. v. 13.03.2001, C-379/98, Slg. 2001, I-2099, Rn. 59, 60 – PreussenElektra.

1580 „*Weitere Indizien sind gegebenenfalls von Bedeutung, um auf die Zurechenbarkeit einer Beihilfemaßnahme eines öffentlichen Unternehmens an den Staat schließen zu können, wie insbesondere seine Eingliederung in die Strukturen der öffentlichen Verwaltung, die Art seiner Tätigkeit und deren Ausübung auf dem Markt unter normalen Bedingungen des Wettbewerbs mit privaten Wirtschaftsteilnehmern, der Rechtsstatus des Unternehmens, ob es also dem öffentlichen Recht oder dem allgemeinen Gesellschaftsrecht unterliegt, die Intensität der behördlichen Aufsicht über die Unternehmensführung oder jedes andere Indiz, das im konkreten Fall auf eine Beteiligung der Behörden oder auf die Unwahrscheinlichkeit einer fehlenden Beteiligung am Erlass einer Maßnahme hinweist, wobei auch deren Umfang, ihr Inhalt oder ihre Bedingungen zu berücksichtigen sind.*", EuGH, Urt. v. 16.05.2002, C-482/99, Slg. 2002, I-4397, Rn. 56 – Frankreich/Kommission (Stardust Marine).

1581 So das Gericht wörtlich: „*... Unter diesen Umständen ist es entgegen dem Vorbringen der Republik Österreich nicht erforderlich, die mögliche Eingliederung der ÖMAG in die Strukturen der öffentlichen Verwaltung, die Art ihrer Tätigkeit und deren Ausübung auf dem Markt, den Rechtsstatus der Einrichtung oder die Intensität der behördlichen Aufsicht über ihre Geschäftsführung näher zu prüfen.*" EuG, Urt. v. 11.12.2014, T-251/11, BRZ 2015, 36, Rn. 87 – Österreich/Kommission (ÖSG).

sondern die Eingliederung der die Abgabe verwaltenden Stellen in ein Korsett gesetzlicher Bestimmungen zur Aufsicht über die Mittelflüsse[1582].

Das *Vent De Colère* – Urteil machte das Verhältnis zwischen den beiden Tatbestandsmerkmalen (Herkunft und Zurechnung) noch komplexer, indem es, anders als in *Essent Netwerk* und *ÖSG*, mit dem Argument der „gesetzlichen Kontrolle" die Staatlichkeit der Mittel und nicht die Staatlichkeit der Gewährungsentscheidung begründet hat[1583]. Aber auch hier hat der EuGH die gleichen Kriterien wie in *Essent Netwerk* und *ÖSG* angewendet. Die begünstigten Anlagenbetreiber, der ganze Mechanismus, die Abnahmebedingungen und die Abnahmepreise waren in einem Dekret festgelegt[1584], so dass eine enge „gesetzliche Kontrolle" vorhanden war.

Im Ergebnis kann unter Berücksichtigung dieser aktuellen Entwicklungen in der Rechtsprechung festgestellt werden, dass nicht mehr die organisationsrechtliche Kontrolle entscheidend für die Zurechnung und die Annahme der Staatlichkeit ist, sondern die umfangreiche gesetzliche Vorgabe von Beihilfeempfängern, Zweck, Verwendung und Auszahlung der Abgabe[1585]. Die Indizien wie die von *Stardust Marine*-Urteil für die Zurechnung sind deshalb weiterhin anwendbar.

Diese Kriterien finden auch für die Zurechnung und die Annahme der Staatlichkeit der nationalen EE-Fördersysteme Anwendung. Es muss also geprüft werden, welcher der Zweck der finanziellen Förderinstrumente ist, wie und wem die Förderung gewährt wird und welche Rolle das Gesetz bei der Gestaltung und Sicherstellung der Zahlung der EE-Förderung spielt.

1582 *Steffens*, Erneuerbare Energien im Europäischen Binnenmarkt für Elektrizität, i.E., § 8, B. So im Urteil ÖSG: „… die ÖMAG (erhebende Stelle) *in eine vom österreichischen Gesetzgeber geregelte Struktur* integriert war, die nicht nur die Art ihrer Tätigkeit und deren konkrete Ausübung bestimmt, sondern auch eine Aufsicht durch nachträgliche Kontrolle seitens der zuständigen staatlichen Einrichtungen vorsieht und darüber hinaus den Spielraum der ÖMAG bei der Durchführung ihrer Konzession detailliert im Voraus festlegt…" EuG, Urt. v. 11.12.2014, T-251/11, BRZ 2015, 36, Rn. 87 – Österreich/Kommission (ÖSG).

1583 Das Gericht hat sich in diesem Urteil mit der Frage der Staatlichkeit der Gewährungsentscheidung nicht lange befasst.

1584 EuGH, Urt. v. 19.12.2013, C-262/12, EuZW 2014, 115, Rn. 4 f. – Vent De Colère.

1585 *Steffens*, Erneuerbare Energien im Europäischen Binnenmarkt für Elektrizität, i.E., § 8, C; EuGH, Urt. v. 17.07.2008, C-206/06, Slg. 2008, I-5497, Rn. 66 ff. – Essent Netwerk Noord; EuGH, Urt. v. 19.12.2013, C-262/12, EuZW 2014, 115, Rn. 4 f. – Vent De Colère.

b) *Gewährung eines Vorteils*

Damit die zweite Voraussetzung erfüllt ist, muss nach ständiger Rechtsprechung des EuGH eine wirtschaftliche Vergünstigung bewährt werden, die die Unternehmen unter normalen Marktbedingungen nicht erhalten hätten[1586]. Dies ist bei den EE genau der Fall, denn die Anlagenbetreiber erhalten eine Vergütung, welche höher als der Marktpreis ist. Genau daran liegt die Förderung der EE: Der wirtschaftliche Vorteil ist den Anlagenbetreibern gewährt, damit sie einen Anreiz haben, in EE zu investieren. Dadurch soll der EE-Ausbau beschleunigt werden. Im Fall der Einspeisevergütungen ist die wirtschaftliche Vergünstigung die feste und garantierte Vergütung, welche höher als der Marktpreis ist[1587]. Auch im Fall der Marktprämie, erhalten die Anlagenbetreiber zusätzlich zum Marktpreis einen Zuschlag, der entweder fest oder abhängig vom Marktpreis (gleitende Marktprämie) ist. Auch im Fördermodell der Ausschreibungen wird ein finanzieller Vorteil gewährt. In den Ausschreibungen wird der anzulegende Wert und somit die Grundlage für die Berechnung der Marktprämie bestimmt. Letztere wird den Anlagenbetreibern zusätzlich zum Marktpreis bezahlt. Aus diesen Gründen stellt die EE-Vergütung bei allen drei Fördersystemen einen wirtschaftlichen Vorteil, welchen die Anlagenbetreiber unter normalen Marktbedingungen nicht erhalten hätten. Im Ergebnis ist die zweite Voraussetzung erfüllt.

c) *Selektivität*

Dritte Voraussetzung ist sie sog. Selektivität. Art. 107 Abs. 1 AEUV spricht von „Begünstigung bestimmter Unternehmen oder Produktionszweige“. Das heißt, dass die Voraussetzung der Selektivität erfüllt ist, wenn entweder einzelne Unternehmen oder sogar die Unternehmen eines Produktionszweigs begünstigt werden. Um die Selektivität einer Maßnahme zu bestimmen, ist das Bezugssystem festzustellen, auf dessen Grundlage eine Abweichung für einige Unternehmen vorliegt[1588]: Bezugssystem ist immer das, was auf alle Unternehmen in

---

1586 EuGH, Urt. v. 11.07.1996, C-39/94, Slg. 1996, I-3547, Rn. 60 – SFEI; EuGH, Urt. v. 29.04.1999, C-342/96, Slg. 1999, I-2459, Rn. 41 – Spanien/Kommission.

1587 *Hazart*, Die Förderung Erneuerbarer Energien in Deutschland, dem Vereinigten Königreich und Frankreich, 2017, S. 93.

1588 *Steffens*, Erneuerbare Energien im Europäischen Binnenmarkt für Elektrizität, i.E., § 9, C.

vergleichbarer Situation anwendbar ist[1589]. Der Kreis der begünstigten Unternehmen muss aufgrund gemeinsamer Eigenschaften wie z. B. Größe begrenzt sein[1590].

Die Tatsache, dass der Vorteil mehreren und nicht nur einem Unternehmen gewährt wird, spricht nicht gegen eine Selektivität. Denn die einzelnen Unternehmen sind auch Begünstigte der Beihilfemaßnahme[1591]. Der Produktionszweig erfasst Beihilfen, die einer ganzen Branche zugute kommen[1592]. Er ist weit auszulegen und erfasst alle in einem bestimmten wirtschaftlichen Bereich tätigen Unternehmen[1593]. Im Ergebnis ist nach ständiger Rechtsprechung der EuGH die Selektivität zu bejahen, auch wenn der Vorteil einen ganzen Wirtschaftszweig betrifft[1594]. Der Unterschied ist nur, dass im Fall einer Begünstigung eines Wirtschaftszweigs die Beihilfen Teil einer Beihilferegelung und keine individuelle Beihilfen sind[1595]. Aus diesen Gründen kann der Auffassung von *Jaeger*, der eine Selektivität verneint, weil die Ökostromproduktion und nicht die Ökostromproduzenten gefördert werden[1596], nicht gefolgt werden. Im Fall der EE-Förderung ist der Vorteil selektiv, da nur diejenigen Anlagenbetreiber begünstigt werden, die Strom aus EE erzeugen. Da der „erneuerbare" und der „fossile" Strom physikalisch vollständig identisch und von den Endabnehmern in der Verwendung nicht unterscheidbare Produkte sind, besteht zwischen beiden ein Substitutionswettbewerb[1597]. Erst dadurch kommt es überhaupt zu Wettbewerbsverfälschungen[1598]. Die Tatsache, dass der Vorteil eine ganze Branche – wie in diesem Fall die EE-Anlagenbetreiber – betrifft, führt nicht zur Ablehnung der Selektivität.

1589 Dazu EuGH, Urt. v. 08.09.2011, C-78/08 bis C-80/08, EuZW 2011, 878 – Paint Graphos.

1590 Grabitz/Hilf/Nettesheim/*von Wallenberg/Schütte*, EUV/AEUV, 62. EL, 2017, Art. 107, Rn. 44.

1591 *Pomana*, Förderung erneuerbarer Energien, 2010, S. 361; Calliess/Ruffert/*Cremer*, EUV/AEUV, 5. Aufl. 2016, Art. 107 AEUV, Rn. 27.

1592 Streinz/*Kühling*, EUV/AEUV, 2. Aufl. 2012, Art. 107, Rn. 73.

1593 Calliess/Ruffert/*Cremer*, EUV/AEUV, 5. Aufl. 2016, Art. 107 AEUV, Rn. 27; Heidenhain/*Heidenhain*, European State Aid Law, 2010, § 4, Rn. 59.

1594 Der EuGH hat nämlich festgestellt, dass eine Maßnahme, die die Unternehmen eines bestimmten Wirtschaftszweigs teilweise von den finanziellen Lasten freistellen soll, [...] als Beihilfe anzusehen ist, EuGH, Urt. v. 17.06.1999, C-75/97, Slg. 1999, I-3671 Rn. 33 – Maribel; EuGH, Urt. v. 13.02.2003, C-409/00, Slg. 2003, I-1487, Rn. 49 – Spanien/Kommission.

1595 EuGH, Urt. v. 13.02.2003, C-409/00, Slg. 2003, I-1487, Rn. 49 – Spanien/Kommission.

1596 *Jaeger*, Beihilfen durch Steuern und parafiskalische Abgaben, S. 301 f.

1597 Iro, RdE, 1998, 11–14.

1598 *Altrock*, „Subventionierende" Preisregelungen, 2002, S. 47.

d) *Verfälschung des Wettbewerbs*

Eine „Verfälschung des Wettbewerbs“ liegt nicht nur bei einer tatsächlichen Verfälschung vor, sondern auch bei einer Drohung zur Verfälschung. Nötig ist allerdings ein Kausalzusammenhang zwischen dem gewährten Vorteil und der drohenden bzw. eingetretenen Wettbewerbsverfälschung[1599].

Die Beihilfe verfälscht den Wettbewerb, wenn sie die Stellung des begünstigten Unternehmens auf dem sog. relevanten Markt[1600] gegenüber den Konkurrenten verbessert[1601]. Es wird vertreten, dass jeder Beihilfengewährung eine wettbewerbsverfälschende Wirkung immanent ist[1602]. Bislang hat die Kommission lediglich allgemein auf den in einem bestimmten Sektor bestehenden Wettbewerb hingewiesen[1603], ohne eine echte Marktanalyse durchzuführen. Auch nach der EuGH nimmt eine Wettbewerbsverfälschung ohne eine besondere Marktanalyse an[1604]. Für die EE-Förderung sind insbesondere Betriebsbeihilfen relevant. Die sind Beihilfen an Unternehmen, mit denen ihnen Kosten abgenommen werden, die diese regelmäßig im Rahmen ihrer geschäftlichen Tätigkeit zu tragen hätten[1605]. Nach der EuGH-Rechtsprechung verfälschen sie grundsätzlich den Wettbewerb[1606].

1599 Grabitz/Hilf/Nettesheim/*von Wallenberg/Schütte*, EUV/AEUV, 62. EL, 2017, Art. 107, Rn. 69.

1600 Zu der Definiton des relevanten Marktes s. KOM, Bekanntmachung über die Definition des relevanten Marktes im Sinne des Wettbewerbsrechts der Gemeinschaft, (97/C 372 /03), ABl. 1997 Nr. C-372/5.

1601 *Kerber*, in: Basedow/Wurmnest (Hrsg.), Structure and effects in EU competition law, 2011, S. 241, 243; Birnstiel/Bungenberg/Heinrich/*Behrens*, Europäisches Beihilfenrecht, 2013, Einleitung, Rn. 163 ff. u. 173 ff.

1602 Calliess/Ruffert/*Cremer*, EUV/AEUV, 5. Aufl. 2016, Art. 107 AEUV, Rn. 32; Nach GA Lenz, Schlussanträge v. 15.05.1974, 173/73, 234/84, Slg. 1986, 2263, 2264, 2274 (Belgien/Kommission) und Thiesing, in: GBTE, EWGV, Art. 92, Rn. 31 sei eine Wettbewerbsverfälschung „im Zweifel anzunehmen“.

1603 Calliess/Ruffert/*Cremer*, EUV/AEUV, 5. Aufl. 2016, Art. 107 AEUV, Rn. 32.

1604 EuGH, Urt. v. 14.02.1990, C-301/87, Slg. 1990, I-307, Rn. 33 – Frankreich/Kommission, „Boussac Saint Frères“; EuGH, Urt. v. 06.11.1990, C-86/89, Slg. 1990, I-3891, Rn. 14 – Italien/Kommission.

1605 EuGH, Urt. v. 19.09.2000, C-156/98, Slg. 2000, I-6857, Rn. 30 – Deutschland/Kommission.

1606 Grabitz/Hilf/Nettesheim/*von Wallenberg/Schütte*, EUV/AEUV, 62. EL, 2017, Art. 107, Rn. 73; EuGH, Urt. v. 19.09.2000, C-156/98, Slg. 2000, I-6857, Rn. 30 – Deutschland/Kommission; EuGH, Urt. v. 05.10.2000, C-288/96, Slg. 2000, I-8237, Rn. 77 – Deutschland/Kommission.

Im Fall des Strommarkts fasst der relevante Markt nicht nur den konventionellen, sondern auch den EE-Strom um. Die EE-Anlagenbetreiber verkaufen genauso wie die Betreiber der konventionellen Kraftwerke ihren Strom an den Großhandelsmarkt. Da der Preis sich nach den Grenzkosten bildet und die EE-Anlagen geringe Grenzkosten haben, wird der EE-Strom zuerst am Markt verkauft. Durch den gewährten Vorteil in der Form der Einspeisevergütung oder Marktprämie decken die EE-Anlagenbetreiber ihre Gesamtkosten. Dies schaffen allerdings ihre Konkurrenten – die Betreiber der konventionellen Kraftwerke – nicht. Aus diesem Grund können sie gegen die EE nicht konkurrieren, der Preiswettbewerb wird nämlich eingeschränkt.

Im Ergebnis verfälschen die EE-Förderungen somit den Wettbewerb, denn durch die Einspeisevergütung oder die Marktprämie sie die Stellung der EE-Anlagenbetreiber auf dem relevanten Markt gegenüber den Betreibern der konventionellen Energie verbessern.

e) Beeinträchtigung des zwischenstaatlichen Handels

Schließlich ist zu prüfen, ob die finanziellen Förderinstrumente den zwischenstaatlichen Handel beeinträchtigen. Dabei muss es sich nicht um eine tatsächliche Beeinträchtigung handeln. Auch bei einer bloßen Eignung der Maßnahme zur Beeinträchtigung des zwischenstaatlichen Handels kann eine Beihilfe vorliegen[1607]. Eine Beeinträchtigung ist gegeben, wenn eine von einem Mitgliedstaat gewährte Finanzhilfe die Stellung eines oder mehrerer Unternehmen gegenüber anderen Wettbewerbern im innergemeinschaftlichen Handel verstärkt[1608]. Auch wenn die begünstigten Unternehmen selbst nicht grenzüberschreitend tätig sind, stehen die aber im Wettbewerb mit Unternehmen anderer Mitgliedstaaten, kann eine Beeinträchtigung des zwischenstaatlichen Handels vorliegen, wenn das inländische Angebot stabilisiert wird und damit die Wettbewerbschancen der Unternehmen anderer Mitgliedstaaten gemindert werden[1609]. Die Bedeutung dieser fünften Voraussetzung mag wegen der immer größeren Integration der

---

1607 EuGH, Urt. v. 17.09.1980, 730/79, Slg. 1980, 2671, Rn. 12 – Philip Morris; EuGH, Urt. v. 30.04.2009, C-494/06 P, Slg. 2009, I-3639, Rn. 50 – Kommission/Italien und Wam.

1608 EuGH, Urt. v. 19.09.2000, C-156/98, Slg. 2000, I-6857, Rn. 33 – Deutschland/Kommission.

1609 Grabitz/Hilf/Nettesheim/*von Wallenberg/Schütte*, EUV/AEUV, 62. EL, 2017, Art. 107, Rn. 76; EuGH, Urt. v. 21.03.1991, C-303/88, Slg. 1991, I-1433 Rn. 27 – Italien/Kommission; EuG, Urt. v. 29.09.2000, T-55/99, Slg. 2000, II-3207, Rn. 86 – CETM/Kommission.

nationalen Märkte stark abgenommen haben[1610]. Das ist vermutlich der Grund, warum die Kommission, nach der Ausführung des EuG, sich in ihren Entscheidungen „*auf eine bloße Wiederholung des Wortlauts von Art. 107 Abs. 1 AEUV beschränkt und keine Darstellung des Sachverhalts und der rechtlichen Erwägungen vornimmt*“[1611]. Im Fall der EE-Förderung kann der zwischenstaatliche Handel beeinträchtigt werden, wenn der inländische Strommarkt liberalisiert ist und die Wettbewerbslage (potentieller) Stromproduzenten und somit mittelbar (Export und Import der Stromproduzenten in andere Mitgliedstaaten) beeinflusst wird[1612]. In der Praxis der Kommission und des EuGH werden die letzten zwei Voraussetzungen (Verfälschung des Wettbewerbs und Beeinträchtigung des zwischenstaatlichen Handels) meistens untrennbar geprüft[1613] und liegen fast immer vor[1614].

Da die oben genannten fünf Voraussetzungen kumulativ erfüllt sind, stellen die nationalen EE-Fördersysteme eine Beihilfe i.S.d. Art. 107 Abs. 1 AEUV dar.

2. Die EEAG

Auch wenn eine Maßnahme eine Beihilfe darstellt, muss sie nicht zwingend verboten sein. Art. 107 Abs. 2 und 3 AEUV sehen eine Reihe von Beihilfen vor, die mit dem Binnenmarkt vereinbar sind (Abs. 2) oder sein können (Abs. 3). Im Fall der Förderung der EE wird die Vereinbarkeit der Beihilfen gem. Art. 107

1610 So z. B. *Müller-Graff*, ZHR 152/1988, 403.

1611 EuG, Urt. v. 17.05.2011, T-1/08, NZI 2011, 484, Rn. 104 ff. – Buczek. Somit fand EuG, dass die angefochtene Entscheidung unzureichend begründet i.S.v. Art. 253 EG sei.

1612 Calliess/Ruffert/*Cremer*, EUV/AEUV, 5. Aufl. 2016, Art. 107 AEUV, Rn. 39.

1613 EuGH, Urt. v. 14.9.1994, C-278/92, Slg. 1994, I-4103, Rn. 40 – Spanien/Kommission; EuG, Urt. v. 15.06.2000, T-298/97, Slg. 2000, II-2319, Rn. 81 – Alzetta u.a./Kommission; KOM, Entsch. v. 25.11.2014, SA.33995, C(2014) 8786 final, Rn. 64 – EEG 2012; KOM, Entsch. v. 23.07.2014, SA.38632, C(2014) 5081 final, Rn. 152, 160 – EEG 2014.

1614 EuGH, Urt. v. 17.09.1980, 730/79, Slg. 1980, 2671, Rn. 11 – Philip Morris/Kommission; EuGH, Urt. v. 21.03.1990, C-142/87, Slg. 1990, I-959, Rn. 35 – Belgien/Kommission (Tubemeuse); KOM, Entsch. v. 25.11.2014, SA.33995, C(2014) 8786 final, Rn. 64 – EEG 2012; KOM, Entsch. v. 23.07.2014, SA.38632, C(2014) 5081 final, Rn. 152, 160 – EEG 2014; „... Der [deutsche] Strommarkt ist liberalisiert worden und die Stromproduzenten nehmen am Handel zwischen Mitgliedstaaten teil, so dass es wahrscheinlich ist, dass der gewährte Vorteil den Wettbewerb verfälscht und den Handel zwischen Mitgliedstaaten beeinträchtigt“, KOM, Entsch. v. 23.07.2014, SA.38632, C(2014) 5081 final, Rn. 152 – EEG 2014. So auch SA des GA Jacobs v. 26.10.2000, C-379/98, Rn. 112 – PreussenElektra; *Witthohn*, Förderregelungen für erneuerbare Energien im Lichte des europäischen Wirtschaftsrechts, 2005, S. 161 ff.

Abs. 3 c) AEUV gemessen[1615]. Nach der Rechtsprechung verfügt die Kommission bei der Anwendung von Art. 107 Abs. 3 AEUV über ein weites Ermessen, das sie nach Maßgabe komplexer wirtschaftlicher und sozialer Wertungen ausübt[1616]. Nach Art. 108 AEUV überprüft die Kommission in Zusammenarbeit mit den Mitgliedstaaten die bestehenden Beihilferegelungen und schlägt ihnen die zweckdienlichen Maßnahmen zum Funktionieren des Binnenmarkts vor.

In diesem Zusammenhang erlässt die Kommission formale und informale Rechtsakte[1617]. Relevant für die Förderung der EE ist die Allgemeine Gruppenfreistellungsverordnung (AGVO)[1618] und die Leitlinien für staatliche Umweltschutz- und Energiebeihilfen 2014–2020 (EEAG)[1619]. Die Regelungen zu Umweltschutzbeihilfen in der AGVO sind im inhaltlichen Gleichklang mit den EEAG[1620]. Die AGVO stellt Betriebsbeihilfen[1621] zur Förderung der EE vom Anmeldeerfordernis nach Art. 108 Abs. 3 AEUV frei, jedoch nur unter der Bedingung, dass die durchschnittliche jährliche Mittelausstattung einer Beihilfenregelung 150 Mio. € nicht übersteigt (Art. 1 Abs. 2 Nr. 2 a) AGVO). Allerdings gehen die meisten EE-Fördersysteme diesen Schwellenwert hinaus[1622], so dass sie in diesem Fall am Maßstab der EEAG zu bewerten sind[1623]. Aus diesen Gründen wird im Folgenden der Fokus der Prüfung in den EEAG liegen.

1615 Art. 107 Abs. 3 c) lautet: *„Beihilfen zur Förderung der Entwicklung gewisser Wirtschaftszweige oder Wirtschaftsgebiete, soweit sie die Handelsbedingungen nicht in einer Weise verändern, die dem gemeinsamen Interesse zuwiderläuft"*.

1616 EuGH, Urt. v. 22.12.2008, C-333/07, Slg. 2008, I-10807, Rn. 78 – Regie Networks.

1617 *Kröger*, Die Förderung erneuerbarer Energien, 2015, S. 235; *Lutz/Schütt/Behlau*, ZUR, 2011, 178, 180; *Schütt*, ZNER 2012, 133, 136 f.

1618 Verordnung 651/2014/EU der Kommission v. 17.06.2014 zur Feststellung der Vereinbarkeit bestimmter Gruppen von Beihilfen mit dem Binnenmarkt in Anwendung der Artikel 107 und 108 des Vertrags über die Arbeitsweise der Europäischen Union (ABl. L 187/1), nachstehend die „AGVO".

1619 KOM, Mit. v. 28.6.2014, Leitlinien für staatliche Umweltschutz- und Energiebeihilfen 2014-2020, (ABl. C 200/1), nachstehend die „EEAG".

1620 Vgl. z. B. Art. 42 Abs. 2, 5 AGVO und EEAG Rn. 124 lit. a oder Art. 42 Abs. 8 AGVO und EEAG, Rn. 127 oder Art. 42 Abs. 9 AGVO und Rn. 125; So auch *Knauff/Chou*, EWeRK, 2016, 160, 160; *Lübbig/Martin-Ehlers*, Beihilfenrecht der EU, 2009, Rn. 722.

1621 Die KOM ordnet preis- und mengebasierte Förderinstrumente als Betriebsbeihilfe ein, KOM, The support of electricity from renewable energy sources, SWD, SEC(2008) 57, S. 4; Abschn. 3.3.2 EEAG.

1622 *Steffens*, Erneuerbare Energien im Europäischen Binnenmarkt für Elektrizität, i.E., § 7, B.

1623 Auch die Kommission hat in ihren beihilferechtlichen Entscheidungen die Vereinbarkeit der nationalen EE-Förderinstrumente mit dem Binnenmarkt nur anhand der

Die EEAG zählen ihrer Rechtsnatur nach[1624] nicht zu den in Art. 288 AEUV aufgeführten Rechtsquellen des europäischen Rechts, sondern stellen *soft law* dar. Sie sind dementsprechend weder für die Mitgliedstaaten selbst noch für die mitgliedstaatlichen Gerichte unmittelbar rechtsverbindlich[1625]. Die Kommission selbst ist aber nach dem EuGH in Ausübung ihres Ermessens bei der Prüfung der unter die Leitlinien fallenden Beihilfen durch die Grundsätze der Gleichbehandlung[1626] und des Vertrauensschutzes[1627] gebunden. Es gibt also eine Selbstbindung durch die Leitlinien, sofern diese Regeln enthalten, denen sich die von ihr zu verfolgende Politik entnehmen lässt und sie nicht vom höherrangigen Recht abweichen[1628]. Wenn die Leitlinien mit dem höherrangigen Recht vereinbar sind, kann die Kommission in Leitlinien die Kriterien präzisieren, die sie heranzieht, um die Vereinbarkeit einer Beihilfe mit dem Binnenmarkt zu prüfen[1629]. Trotz der Rechtsnatur der EEAG und der Bedenken eines Teils der Literatur an ihrer Rechtmäßigkeit[1630] hatten sie seit ihrem Erlass de facto eine große Auswirkung auf die nationalen Rechtsordnungen[1631].

EEAG und nicht anhand der AGVO gemessen. Zu dem Verhältnis der AGVO und der EEAG s. *Lutz/Schütt/Behlau/Bartl*, in: Lutz/Schütt/Behlau, Klimaschutz durch Beihilfen, 2012, S. 122 f; *Kröger*, Die Förderung erneuerbarer Energien, 2015, S. 243.

1624 *Knauff*, Der Regelungsverbund: Recht und soft law im Mehrebenensystem, 2010, S. 327.

1625 *Stumpf*, EurUP, 3/2016, 221, 238.

1626 EuG, Urt. v. 30.04.1998, T-214/95, Slg. 1998, II-717, Rn. 89 – Vlaams Gewest.

1627 EuGH, Urt. v. 13.12.2012, C-226/11, EuZW 2013, 113, Rn. 28 – Expedia

1628 EuGH, Urt. v. 05.10.2010, C-288/96, Slg. 2000, I-8237, Rn. 62 – Deutschland/Kommission.

1629 EuG, Urt. v. 30.04.1998, T-214/95, Slg. 1998, II-717, Rn. 89 – Vlaams Gewest.

1630 Siehe *Johnston*, in: Solvang (Hrsg.), EU Renewable Energy Law, 2014, S. 13 ff., 55f.; *Ekardt*, ZNER 2014, 317, 321; *Fuchs/Peters*, RdE 2014, 409, 415; *Kröger*, NUR, 2016, 85, 89; EREF hat am 22.09.2014 eine Nichtigkeitsklage gegen Abschn. 3.3.2 EEAG eingereicht. EuG musste aber in der Sache nicht entscheiden, da die Klage aufgrund fehlender unmittelbarer Betroffenheit als unzulässig abgewiesen wurde (EuG, Urt. v. 23.11.2015, T-694/14, (ABl. C 38/55).

1631 So stellen viele Mitgliedstaaten ihre EE-Fördersysteme von den Einspeisevergütungen auf die Marktprämie und die Ausschreibungen schrittweise um. S. z. B. KOM, Entsch. v. 28.4.2016, SA.43756, C(2016)2726 final – Italy; KOM, Entsch. v. 08.12.2016, SA.45867, C(2016) 8426 final – Belgium; KOM, Entsch. v. 28.11.2016, SA.40171, C(2016) 7827 final – Czech Republic; KOM, Entsch. v. 07.04.2015, SA.39399, C(2015) 2356 final – Netherlands; KOM, Entsch. v. 10.11.2017, SA.40348, C(2017) 7384 final – Spain; KOM, Entsch. v. 11.07.2017, SA.44076, C(2017) 4988 final – Hungary.

In den EEAG hat die Kommission sowohl die allgemeinen Grundsätze (Abschnitt 3.2) als auch die besonderen Voraussetzungen (Abschnitt 3.3) festgesetzt, die sie bei der Prüfung der Vereinbarkeit der Beihilfen anwendet. Die allgemeinen Grundsätze sind von der sog. Reform des Beihilfenrechts (State Aid Modernisation – „SAM")[1632] geprägt, welche in den Jahren 2012-2014 stattgefunden hat. Die Reform des Beihilfenrechts wurde stark durch den sog. „more economic approach" beeinflusst[1633], der zunächst die Auslegung und die Anwendung der Wettbewerbsregeln in den Art. 101 und 102 AEUV sowie der Fusionskontrolle reformiert hat[1634] und sich dann auf alle Bereiche der Wettbewerbspolitik erstreckt hat[1635]. Die wichtigste Änderung durch den „more economic approach" in der Beihilfekontrolle besteht darin, dass eine Beihilfe dann binnenmarktkonform ist, wenn ihre positiven Auswirkungen auf einem Ziel von gemeinsamem Interesse ihre negativen Auswirkungen auf den zwischenstaatlichen Handel und auf den Wettbewerb überwiegen[1636]. Überdies werden die Beihilfen mit nur kleiner wirtschaftlicher Bedeutung (die sog. De-minimis-Beihilfen) gar nicht in die Beihilfekontrolle einbezogen[1637].

In den EEAG sind sieben allgemeine Grundsätze aufgelistet[1638], die fast alle[1639] der traditionellen Verhältnismäßigkeit mit ihrem Erfordernis der Geeignetheit, der Erforderlichkeit und der Angemessenheit der Beihilfe zuzuordnen sind. Es wird nun auf die einzelnen Grundsätze der EEAG eingegangen, um zu prüfen, ob und wann die durch die EE-Förderinstrumente gewährte Beihilfe mit dem Binnenmarkt gem. Art. 107 Abs. 3 c) AEUV vereinbar ist. Die Prüfung der deutschen und der griechischen Förderinstrumente anhand der EEAG wird gesondert im Anschluss unter Abschn. 3 b) und 4 b) erfolgen.

1632 KOM, Mitt. v. 08.05.2012, COM(2012) 209 final, Rn. 18 lit. a – Modernisierung des EU-Beihilfenrechts; Europäisches Parlament, Resolution v. 17.01.2013, P7_TA(2013)0026.

1633 S. dazu Säcker/Montag/*Schwalbe*, European State Aid Law, 2016, Introduction, Rn. 73 ff.; *Heidhues/Nitsche*, in: Schmidtchen/Albert/Voigt (Hrsg.), The more economic approach to European competition law 2007, S. 321 ff.

1634 *Albers*, Der „more economic approach" bei Verdrängungsmissbräuchen, 2006, S. 1.

1635 *Monti*, EU Competition Policy, Vortrag am 31.10.2002, abrufbar auf unter: http://ec.europa.eu/competition/speeches/, zuletzt abgerufen am 15.05.2016.

1636 EEAG, Rn. 26

1637 Verordnung 1407/2013/EU der Kommission v. 18.12.2013 über die Anwendung der Artikel 107 und 108 des Vertrags über die Arbeitsweise der Europäischen Union auf De-minimis-Beihilfen (ABl. L 352/1).

1638 Ausführlich s. EEAG, Rn. 27.

1639 Außer der Transparenz.

a) *Geeignetheit*

Zunächst muss nach Rn. 27 lit. c die Beihilfemaßnahme geeignet sein, ein Ziel von gemeinsamem Interesse zu verwirklichen. Der Geeignetheit kann auch sowohl der Grundsatz des Rn. 27 lit. a als auch der Grundsatz des Rn. 27 lit. d zugeordnet werden, da sie eng mit der Geeignetheit verbunden sind. Beim ersten Grundsatz (Rn. 27 lit. a) geht es um den Beitrag der Beihilfe zu einem Ziel von gemeinsamem Interesse i.S.v. Art. 107 Abs. 3 AEUV. Die Förderung der EE ist eines der Ziele der EU-Energiepolitik gem. 194 AEUV, also ein Ziel von gemeinsamem Interesse.

Der andere Grundsatz ist der sog. Anreizeffekt: Die begünstigten Unternehmen nehmen zusätzliche Tätigkeiten auf, die sie ohne die Beihilfe nicht oder anders ausüben würden. Hätten die Unternehmen keinen Anreiz, würden sie das Ziel von gemeinsamem Interesse nicht verwirklichen. Manche Autoren ordnen der Erforderlichkeit und nicht der Geeignetheit diesen letzten Grundsatz zu[1640]. Dies hat bislang allerdings in der Praxis der Kommission keine Rolle gespielt, da die Kommission in einer Entscheidung „Geeignetheit" und „Anreizeffekt" zusammen[1641] und in einer späteren Entscheidung getrennt geprüft hat[1642]. Es geht somit nicht um ein striktes Prüfungssystem[1643]. Jedenfalls wird die Geeignetheit der Beihilfe durch die Kommission vermutet, sofern alle anderen Voraussetzungen erfüllt sind[1644]. Die Kommission legt also mehr Wert auf die Erforderlichkeit und die Angemessenheit.

b) *Erforderlichkeit*

Unter Erforderlichkeit versteht die Kommission die Behebung eines Marktversagens, die der Markt allein nicht herbeiführen kann[1645]. Das Marktversagen ist die Internalisierung externer Umweltkosten in Form von CO_2. Nach der Auffassung der Kommission können die Instrumente des EU-Emissionszertifikatehandelssystems und der nationalen CO_2-Abgaben diese Kosten nicht vollständig

1640 *Rusche/Micheau/Piffaut/van de Casteele*, State Aid, in: Faull/Nikpay (Hrsg.), The EU law of competition 2014, S. 1923 ff.
1641 KOM, Entsch. v. 23.07.2014, SA.38632, C(2014) 5081 final, Rn. 233 ff. – EEG 2014.
1642 KOM, Entsch. v. 20.12.2016, SA.45461, C(2016) 8789 final, Rn. 175 ff. – EEG 2017.
1643 *Jaeger*, WuW 2008, 1064, 1067.
1644 EEAG, Rn. 116. Damit sind die Erforderlichkeit und die Angemessenheit gemeint.
1645 EEAG, Rn. 27 lit. b.

internalisieren[1646]. Deswegen bleibt ein Marktversagen übrig, das die Förderung der EE beheben soll.

Bekannt ist der „Konflikt“ zwischen beiden Instrumenten, einerseits des EU Emissionszertifikatehandelssystems und andererseits der Förderung der EE, für die Reduzierung der CO_2-Abgaben[1647]. Der Grund ist, dass beide Instrumente in Wechselwirkung zueinander stehen. Steigt der EE-Anteil, werden die konventionellen Kraftwerke vom Markt verdrängt und somit wird die Nachfrage nach CO_2-Zertifikate sinken. Mit sinkender Nachfrage und steigendem Angebot von CO_2-Zertifikaten sinkt der Preis der Zertifikate auf ein niedrigeres Niveau als erwartet[1648]. Andere halten den gleichzeitigen Einsatz beider Instrumente für nötig, da das Emissionszertifikatehandelssystem von alleine keinen Anreiz für neue Technologien schafft, da der Ausbau konventioneller Kraftwerke unter Einbeziehung der Zertifikatpreise günstiger sei[1649]. Die Spannung zwischen den beiden Instrumenten kann gemildert werden, wenn die EE-Mengen am Anfang jeder Handelsperiode bei der Festlegung der Anzahl der auszustellenden Zertifikate berücksichtigt werden[1650]. Aus diesem Grund bevorzugt auch die Kommission in den EEAG eine Kombination beider Instrumente[1651].

c) Angemessenheit

Zur Bejahung der Angemessenheit müssen die positiven die negativen Auswirkungen auf den Wettbewerb und den zwischenstaatlichen Handel überwiegen (Rn. 27 lit. f). Gleichzeitig muss der Beihilfebetrag auf das für die Förderung zusätzlicher Investitionen oder Tätigkeiten im betreffenden Gebiet erforderliche Minimum begrenzt sein (Rn. 27 lit. e). Die positiven Auswirkungen sind die Internalisierung der externen Umweltkosten in Form von CO_2. Die negativen Auswirkungen sind an zwei Kriterien zu messen: Erstens ist das

1646 EEAG, Rn. 115.

1647 *Lehmann/Gawel*, Energy Policy 2013, 597; *Nagel*, ZNER 2004, 162; Monopolkommission, Sondergutachten, 2014.

1648 *Rathmann*, Energy Policy 2007, 342; *Steffens*, Erneuerbare Energien im Europäischen Binnenmarkt für Elektrizität, i.E., § 7, A.

1649 *Möst/Fichtner*, Energy Policy 2010, 2898, 2909; *Steffens*, Erneuerbare Energien im Europäischen Binnenmarkt für Elektrizität, i.E., § 7, A.

1650 *Kemfert/Diekmann*, in: Müller (Hrsg.), 20 Jahre Recht der Erneuerbaren Energien 2012, S. 449 ff.

1651 EEAG, Rn. 115.

kosteneffizienteste Eingriffsinstrument auszuwählen. Zweitens sind die Folgewirkungen auf benachbarte Märkte zu minimieren[1652].

In Bezug auf das erste Kriterium, dies des kosteneffizientesten Eingriffsinstruments ist anzumerken, dass mit Kosten vor allem Produktionskosten der Unternehmen, somit die Produktionskosten der Anlagenbetreiber, gemeint sind. Die allgemeine Voraussetzung des kosteneffizientesten Eingriffsinstruments spiegelt sich in der spezielleren Voraussetzung des EEAG Rn. 131. Danach darf die Beihilfe nicht über der Differenz zwischen den Gesamtgestehungskosten (LCOE) und dem Marktpreis der jeweiligen Energieform liegen. Die LCOE können allerdings eine normale Kapitalrendite umfassen[1653].

Die vorliegende Arbeit hat gezeigt, dass die Ausschreibungen und die Marktprämie im Vergleich zu den Einspeisevergütungen kosteneffizienter sind. Aus diesem Grund bevorzugt auch die Kommission die Ausschreibungen und die Marktprämie als Instrumente zur Förderung der EE. Im Fall der Ausschreibungen wird die Angemessenheit der Beihilfe von der Kommission sogar vermutet[1654]. Aber auch im Fall der Ausschreibungen soll die kosteneffizienteste Lösung bevorzugt werden. Deswegen bevorzugt die Kommission die technologieneutralen Ausschreibungen, bei denen alle EE-Technologien miteinander konkurrieren. Ausnahmsweise werden auch technologiespezifische Ausschreibungen unter bestimmten Voraussetzungen erlaubt. Gründe für die technologiespezifischen Ausschreibungen sind folgende: das längerfristige Potenzial einer bestimmten innovativen Technologie, die Diversifizierung oder die Netzstabilität und Systemintegration. In diesen Fällen führt die technologieneutrale Ausschreibung zu einem suboptimalen Ergebnis, das durch die Ausgestaltung des Verfahrens nicht verhindert werden kann[1655].

Die Bedingung, dass die Beihilfen durch Ausschreibungen gewährt sollen, gilt allerdings nicht für alle Anlagen. Insgesamt ist zwischen drei Kategorien zu unterscheiden. Die Ausschreibungen gelten als Bedingung für Anlagen mit einer installierten Leistung ≥ 1 MW. Für Anlagen mit einer installierten Leistung zwischen 500 kW und 1 MW können Beihilfen ohne Ausschreibungen gewährt

---

1652 *Steffens*, Erneuerbare Energien im Europäischen Binnenmarkt für Elektrizität, i.E., § 7, A.

1653 EEAG, Rn. 131 a) und b).

1654 EEAG, Rn. 126: „*Sofern an diesen Ausschreibungen alle Erzeuger, die Strom aus erneuerbaren Energiequellen erzeugen, zu diskriminierungsfreien Bedingungen teilnehmen können, wird die Kommission davon ausgehen, dass die Beihilfe angemessen ist und den Wettbewerb nicht in einem dem Binnenmarkt zuwiderlaufenden Maß verfälscht*".

1655 EEAG, Rn. 126.

werden[1656]. In diesem Fall gelten allerdings weitere Voraussetzungen, damit sie mit Art. 107 Abs. 1 AEUV vereinbar sind, die in Rn. 124 und 131 EEAG geregelt sind[1657]: a) Die Beihilfe wird als Marktprämie gewährt, b) die Beihilfeempfänger unterliegen einer Standardbilanzausgleichsverantwortung, es sei denn, dass es keine liquiden Intraday-Märkte gibt und c) die Stromerzeuger haben keinen Anreiz, Strom zu negativen Preisen zu erzeugen[1658]. Die Voraussetzung des Rn. 131 bzgl. der Gesamtgestehungskosten (LCOE) wurde bereits dargestellt. Für kleinere Anlagen mit einer installierten Leistung von weniger als 500 kW gilt nur die Voraussetzung des Rn. 131 EEAG. Letztlich sind die hier genannten Voraussetzungen (Rn. 124–131) die spezielleren Voraussetzungen des Abschnitts 3.3.2.1., die nur im Bereich der EE-Förderung Anwendung finden.

In Bezug auf die Minimierung der Folgewirkungen auf benachbarte Märkte ist festzustellen, dass sich die negativen Auswirkungen der Beihilfen auch auf benachbarte Märkte erstrecken. Wenn die Beihilfe nur nationalen und nicht auch ausländischen Unternehmen gewährt wird, werden Marktzugangsbarrieren gebildet, da die ausländischen Unternehmen benachteiligt werden. Dies isoliert die Märkte und behindert den zwischenstaatlichen Handel. Die Förderung und dementsprechend der massive Ausbau der EE hat aber erhebliche negative Auswirkungen nicht nur auf den Stromerzeugungsmarkt der Nachbarländer, sondern auch auf die Stromnetze der Nachbarländer. Wie auch die Untersuchung im Kapitel „Netzintegration" gezeigt hat, hat der massive EE-Ausbau in Deutschland durch die entstehenden Ringflüsse[1659] die Netze in Polen oder Tschechien belastet.

Wenn das nationale EE-Fördersystem den oben genannten Anforderungen der EEAG gerecht wird, ist es auf der Grundlage des Art. 107 Abs. 3 c) AEUV mit dem Binnenmarkt vereinbar.

3. Der deutsche Rechtsrahmen

a) Die Vereinbarkeit mit Art. 107 Abs. 1 AEUV

In den letzten vier Jahren stand das deutsche EEG unter der ständigen beihilferechtlichen Kontrolle. Bislang sind drei Entscheidungen der Kommission und eine Entscheidung des EuG ergangen. Die Kommission überprüfte die

1656 EEAG, Rn. 127.

1657 EEAG, Rn. 128.

1658 EEAG, Rn. 124.

1659 ACER/CEER, Annual Report on the Results of Monitoring the Internal Electricity and Natural Gas Markets in 2012, 2013, S. 71 ff.

Vereinbarkeit der Förderinstrumente des EEG 2012[1660], des EEG 2014[1661] und des EEG 2017[1662] mit Art. 107 AEUV und gelangte zu dem Ergebnis, dass die gewährten Förderungen eine staatliche Beihilfe darstellten, aber dass sie unter bestimmten Voraussetzungen mit dem EU-Beihilferecht im Einklang stünden. Gegen die erste Entscheidung der Kommission erhob Deutschland eine Klage gem. Art. 263 AEUV[1663]. Mit seinem Urteil bestätigte das EuG T-47/15 die Argumentation der Kommission bzgl. des Beihilfecharakters der deutschen Förderinstrumente und wies die Klage ab[1664]. Gegen das Urteil legte die Bundesrepublik Rechtsmittel ein[1665].

Da im EEG 2017 alle drei Förderinstrumente (Einspeisevergütungen, Marktprämie und Ausschreibungen) für jeweils unterschiedliche Kategorien von Anlagen vorgesehen sind, wird im Folgenden die Beihilfeeigenschaft aller Instrumente gem. Art. 107 AEUV geprüft. Wenn die deutschen Fördermodelle eine Beihilfe darstellen, wird im Anschluss ihre Vereinbarkeit mit dem Binnenmarkt auf der Grundlage des Art. 107 Abs. 3 AEUV geprüft.

Hinsichtlich der ersten Voraussetzung des Art. 107 AEUV („staatliche oder aus staatlichen Mitteln gewährte Beihilfen") ist bezüglich der Systematik der Entscheidungen der Kommission und des EuG Folgendes anzumerken: Wie im *Vent De Colère*-Urteil stellt das EuG auf den gesetzlichen Ursprung der Abgabe für das zweite Tatbestandsmerkmal („Zurechenbarkeit dem Staat") und nicht auf das erste Tatbestandsmerkmal („die Staatlichkeit der Mittel") ab. Bei der Prüfung der Staatlichkeit der Mittel benutzt das EuG in ständiger Rechtsprechung eine Reihe von Indizien, die die staatliche Kontrolle auf das Abgabensystem begründen. Wie *Steffens* andeutet, wird so das Abgabensystem des EEG dem Staat eigentlich wegen der gesetzlich vorgegebenen wesentlichen Parameter der Beihilfenempfänger, der Beihilfenhöhe und des Beihilfenzwecks zugerechnet.

1660 KOM, Entsch. v. 25.11.2014, SA.33995, C(2014) 8786 final – EEG 2012

1661 KOM, Entsch. v. 23.07.2014, SA.38632, C(2014) 5081 final – EEG 2014.

1662 KOM, Entsch. v. 20.12.2016, SA.45461, C(2016) 8789 final – EEG 2017.

1663 Antrag gem. Art. 263 AEUV auf Nichtigerklärung des Beschlusses (EU) 2015/1585 der Kommission v. 25.11.2014 über die Beihilferegelung SA.33995 (2013/C) (ex 2013/NN) [Deutschlands zur Förderung erneuerbaren Stroms und stromintensiver Unternehmen] (ABl. 2015, L 250, S. 122)

1664 EuG, Urt. v. 10.05.2016, T-47/15, EuZW 2016, 560 – Deutschland/Kommission (EEG 2012).

1665 Bundesrepublik Deutschland, Rechtsmittel gegen das Urteil des Gerichts (Dritte Kammer) v. 10.05.2016 in der Rechtssache T-47/15 (Deutschland/Kommission), eingelegt am 19.07.2016 (Rechtssache C-405/16 P), (2016/C 326/30).

Der Hauptteil der Argumentation, die das EuG auf die Staatlichkeit der Mittel verwendet, beweist eigentlich die Zurechnung der Gewährungsentscheidung[1666].

Zu den konkreten Argumenten der Kommission und des EuG ist anzuführen, dass anders als im StrEG, welches Gegenstand des *PreussenElektra*-Urteils war, die Kommission und das Gericht die Staatlichkeit des Fördersystems bejaht haben. Im Wesentlichen gibt es zwei Unterschiede zwischen dem *PreussenElektra*-Urteil und den jüngeren Entscheidungen zum EEG: Einen systematischen und einen materiellen Unterschied.

Der systematische Unterschied besteht darin, dass im *PreussenElektra*-Urteil der EuGH die Staatlichkeit der Mittel aufgrund der organisationsrechtlichen Zurechnung des Handelns einzelner Unternehmen geprüft und abgelehnt hat, anstatt die staatliche Kontrolle aufgrund der gesetzlichen Regelung des Beihilfenzwecks, der Empfänger und der Höhe zu bejahen[1667]. Der zweite Unterschied bezieht sich auf das Abgabensystem selbst. Weil die Kontrolle und die Aufsicht im EEG viel deutlicher und größer als im StrEG sind, wurde sie Staatlichkeit und die beihilfenrechtliche Einordnung des EEG-Abgabensystems bejaht. Wie bereits angedeutet, haben die Kommission und das EuG eine Reihe von Indizien verwendet, um die staatliche Kontrolle zu überprüfen. In *PreussenElektra* hatte der EuGH festgestellt, dass die Unternehmen nicht vom Staat beauftragt waren, staatliche Mittel zu verwalten, sondern nur verpflichtet, den EE-Strom durch Einsatz ihrer eigenen finanziellen Mittel abzunehmen[1668].

Im Gegensatz zu PreussenElektra sind die ÜNB durch EEG als gesetzliche Regelung vom Staat gemeinsam beauftragt, einen Zuschlag zu verwalten, welchen die EVU verpflichtet sind zu zahlen, ohne eine Gegenleistung zu erhalten[1669]. Die Legislative als Teil des Staates ist hier diejenige, die den ganzen Ausgleichsmechanismus gem. 56 ff. EEG erstellt hat. Der Staat organisiert somit eine Übertragung von Finanzmitteln durch die Gesetzgebung und etabliert, zu welchem Zweck diese Finanzmittel verwendet werden[1670]. Die ÜNB können

1666 *Steffens*, Erneuerbare Energien im Europäischen Binnenmarkt für Elektrizität, i.E., § 8, B.

1667 *Steffens*, Erneuerbare Energien im Europäischen Binnenmarkt für Elektrizität, i.E., § 8, B.

1668 EuGH, Urt. v. 13.03.2001, C-379/98, Slg. 2001, I-2099, Rn. 60 – PreussenElektra; EuG, Urt. v. 10.05.2016, T 47/15, Rn. 101 – Deutschland/Kommission (EEG 2012).

1669 KOM, Entsch. v. 25.11.2014, SA.33995, C(2014) 8786 final, Rn. 118 – EEG 2012; EuG, Urt. v. 10.05.2016, T-47/15, EuZW 2016, 560, Rn. 101 – Deutschland/Kommission (EEG 2012).

1670 KOM, Entsch. v. 25.11.2014, SA.33995, C(2014) 8786 final, Rn. 137 – EEG 2012.

daher nicht selbst über die Verwendung der damit erwirtschafteten finanziellen Ressourcen entscheiden[1671]. Weiterhin betraut das EEG die ÜNB mit einer Reihe von Pflichten und Überwachungsaufgaben in Bezug auf das EEG-System und macht sie zum zentralen Punkt in der Funktionsweise des Systems. Jeder der vier ÜNB zentralisiert für seinen eigenen Bereich den ganzen EEG-Strom und alle resultierenden Kosten aus dem Kauf von EEG-Strom und aus der Verwaltung der EEG-Umlage. Sie zentralisieren auch die Erlöse aus der EEG-Umlage für ihren jeweiligen Bereich[1672]. Im Falle eines Defizits oder eines Überschusses im EEG-Konto regelt der Staat vollständig das Verfahren. Entscheidend für die Annahme einer staatlichen Kontrolle ist nach Ausführung der Kommission, dass der Staat ein System erstellt hat, mit dem die den Netzbetreibern entstehenden Kosten durch die EEG-Umlage vollständig kompensiert werden und in dem die EVU die Kosten auf die Endkunden umlegen können[1673].

Vor diesem Hintergrund kann festgestellt werden, dass der Mittelfluss staatlich kontrolliert wird. Wie auch das EuG ausführte, fließen die Gelder „*nicht direkt von den Letztverbrauchern an die Erzeuger von EEG-Strom, d.h. zwischen autonomen Wirtschaftsteilnehmern, sondern erfordern das Eingreifen zwischengeschalteter Stellen, die insbesondere mit ihrer Einnahme und Verwaltung betraut sind*“[1674]. Daher sind „*die ÜNB insgesamt einer eine staatliche Konzession in Anspruch nehmenden Einrichtung gleichzustellen*“[1675]. Es sind nicht die Letztverbraucher, die freiwillig die EEG-Umlage bezahlen und es sind nicht die ÜNB, die freiwillig die Differenz zwischen Förderung und Marktpreis erheben, verwalten und weiterwälzen, vielmehr sind sie durch das EEG verpflichtet. Folglich ist *Frenz* nicht zuzustimmen, dass die ÜNB fachlich autonom handeln und lediglich eingerahmt durch gesetzliche Bestimmungen sind[1676].

Ferner regeln nach der Kommission die ÜNB nicht nur private Ansprüche untereinander, sondern erfüllen ihre gesetzlichen Verpflichtungen nach dem EEG[1677]. Unerheblich ist, dass die ÜNB Privatrechtssubjekte sind. Entscheidend

---

1671 EuG, Urt. v. 10.05.2016, T-47/15, EuZW 2016, 560, Rn. 95 – Deutschland/Kommission (EEG 2012).

1672 KOM, Entsch. v. 25.11.2014, SA.33995, C(2014) 8786 final, Rn. 118 – EEG 2012.

1673 KOM, Entsch. v. 25.11.2014, SA.33995, C(2014) 8786 final, Rn. 126 – EEG 2012.

1674 EuG, Urt. v. 10.05.2016, T-47/15, EuZW 2016, 560, Rn. 93 – Deutschland/Kommission (EEG 2012).

1675 EuG, Urt. v. 10.05.2016, T-47/15, EuZW 2016, 560, Rn. 94 – Deutschland/Kommission (EEG 2012).

1676 *Frenz*, WRP 2015, 6, 10.

1677 KOM, Entsch. v. 25.11.2014, SA.33995, C(2014) 8786 final, Rn. 118 – EEG 2012.

ist vielmehr, dass sie „*nicht wie typische Unternehmen am Markt tätig sind, die alle üblichen Risiken und Unwägbarkeiten einschließlich der finanziellen Risiken zu tragen haben, sondern als besondere Einheiten, deren Rolle durch die fraglichen Rechtsvorschriften streng abgegrenzt wird*“[1678].

Darüber hinaus wird die Kontrolle der ÜNB „*durch staatliche Stellen auf mehreren Stufen ausgeübt. Zum einen erfolgt eine Kontrolle durch die BNetzA. Nach § 61 EEG 2012 (nun § 85 Abs. 1 Nr. 3 b EEG 2017) hat die BNetzA (...) zu überwachen, dass die ÜNB den EEG-Strom entsprechend der Vorschriften des § 37 EEG 2012 (nun § 59 EEG 2017) vermarkten und die EEG-Umlage ordnungsgemäß ermitteln, festlegen und veröffentlichen sowie den Elektrizitätsversorgungsunternehmen berechnen. Zum anderen werden der BNetzA nach § 48 EEG 2012 (nun § 76 EEG 2017) die für den Ausgleichsmechanismus verwendeten Daten von den ÜNB übermittelt*“[1679]. Darüber hinaus kann die BNetzA im Rahmen des EnWG den Netzbetreibern Bußgelder auferlegen, um die Einhaltung der Vorschriften des EEG 2012 durchzusetzen[1680].

Im Ergebnis hat die Bundesrepublik durch Gesetz ein Umlagesystem zu einem bestimmten Zweck aufgebaut und so organisiert, dass der Staat als zentrale Stelle des Systems die ÜNB mit der Aufgabe beauftragt hat, sicherzustellen, dass die EE-Vergütung, die per Gesetz und zu einer festgesetzten Höhe bestimmt wird, bestimmten Empfängern gewährt wird und dass die entstehenden Kosten durch die EEG-Umlage vollständig kompensiert werden (§ 60 EEG). Die Begünstigung ist nach dem deutschen Gesetz die finanzielle Förderung der Anlagenbetreiber in der Form der Einspeisevergütungen oder der Marktprämie (§ 19 ff. EEG). Zu diesem Zweck erlegt das EEG den ÜNB bestimmte Pflichten auf. Die ÜNB agieren nicht eigenständig, sondern kommen ihren gesetzlich gesetzten Aufgaben nach (§§ 57–62 EEG). Genauso wie im Fall von Essent Netwerk und *Vent De Colère* werden bei dem deutschen EEG-System Beihilfeempfänger, Zweck, Verwendung und Auszahlung der Abgabe gesetzlich vollständig vorgegeben.

Aus der oben stehenden Analyse ist zu schlussfolgern, dass die deutschen Förderinstrumente eine staatliche und aus staatlichen Mitteln gewährte Beihilfe darstellen, so dass die erste Voraussetzung des Art. 107 AEUV erfüllt ist.

1678 EuG, Urt. v. 10.05.2016, T-47/15, EuZW 2016, 560, Rn. 123 – Deutschland/Kommission (EEG 2012).

1679 EuG, Urt. v. 10.05.2016, T-47/15, EuZW 2016, 560, Rn. 108, 109 – Deutschland/Kommission (EEG 2012).

1680 KOM, Entsch. v. 25.11.2014, SA.33995, C(2014) 8786 final, Rn. 120 – EEG 2012.

Weiterhin ist für das Vorliegen einer Beihilfe erforderlich, dass den Anlagenbetreibern mit der finanziellen Förderung ein Vorteil gewährt wird, den sie nicht am Markt anders hätten schaffen können. Im Fall der Einspeisevergütungen (§§ 19, 48 EEG) hat der Staat eine feste Vergütung garantiert, welche bis auf zehnmal höher als der Marktpreis ist[1681]. Auch mit der Marktprämie (§§ 19, 20, Anlage 1 EEG) erhalten die Anlagenbetreiber auf den Marktpreis eine Vergütung, welche den Unterschied zwischen Vermarktungserlösen und Gestehungskosten abdeckt[1682]. Ebenso gehen die Ausschreibungen mit einem Vorteil einher, da durch sie der AW und somit die Grundlage die Berechnung der Marktprämie bestimmt wird[1683]. Der Unterschied zu den Einspeisetarifen und zur gesetzlich bestimmten Marktprämie besteht darin, dass der Markt nicht nur den Marktpreis, sondern über den AW auch die Marktprämie bestimmt. Aus diesen Gründen ist die zweite Voraussetzung (Gewährung eines Vorteils) bei allen drei Förderinstrumenten des EEG erfüllt.

Zur Bestimmung der Selektivität als weitere Voraussetzung für eine Beihilfe muss zunächst das Bezugssystem, auf dessen Grundlage die wirtschaftliche Begünstigung für bestimmte Unternehmen vorliegt, bestimmt werden. Entscheidend für Bestimmung des Bezugssystems ist, dass es auf alle vergleichbaren Unternehmen anwendbar ist[1684]. Im Fall des deutschen Strommarkts sind die EE-Anlagenbetreiber in vergleichbarer Situation mit den Betreibern der konventionellen Kraftwerke, da alle ihren Strom an denselben Großhandelsmarkt verkaufen. Auf diesem Markt ist die Herkunft des Stroms nicht mehr zu erkennen. § 19 Abs. 1 EEG regelt ausdrücklich, dass „Betreiber von Anlagen, in denen ausschließlich erneuerbare Energien eingesetzt werden" einen Anspruch auf die Förderung in Form der Einspeisevergütung oder der Marktprämie haben. Das heißt, dass die Betreiber von konventionellen Anlagen ausgeschlossen sind. Auch wenn die Förderung allen EE-Anlagenbetreibern[1685], gewährt wird, kann im Einklang mit der Rechtsprechung des EuGH eine Selektivität im Hinblick auf alle drei Förderinstrumente bejaht werden[1686].

1681 S. z. B. KOM, Entsch. v. 20.12.2016, SA.45461, C(2016) 8789 final, Rn. 179 – EEG 2017.

1682 *Kopp et al.*, Wege in ein wettbewerbliches Strommarktdesign für erneuerbare Energien, 2013, S. 10.

1683 § 22 Abs. 3 EEG 2017.

1684 Dazu EuGH, Urt. v. 08.09.2011, C-78/08 bis C-80/08, Slg. 2011, I-07611 – Paint Graphos.

1685 Wenn sie die weiteren Voraussetzungen des EEG erfüllen.

1686 EuGH, Urt. v. 17.06.1999, C-75/97, Slg. 1999, I-3671, Rn. 32, 33 – Maribel; EuGH, Urt. v. 13.02.2003, C-409/00, Slg. 2003, I-1487, Rn. 49 – Spanien/Kommission.

Zur Feststellung einer Verfälschung des Wettbewerbs als Merkmal einer Beihilfe ist zu berücksichtigen, dass der deutsche Strommarkt liberalisiert worden ist. Sowohl die Betreiber der konventionellen Kraftwerke als auch die EE-Anlagenbetreiber verkaufen ihren Strom auf demselben Markt zu einem Preis, der nur die Grenzkosten deckt. Durch die EEG-Vergütung (Einspeisevergütung oder Marktprämie) sind die deutschen EE-Anlagenbetreiber besser gestellt als ihre Konkurrenten (Betreiber der konventionellen Kraftwerke), da sie zusätzlich zum Marktpreis ihre Gesamtkosten decken können. Diese Möglichkeit ist den konventionellen Stromerzeugern verwehrt. Daher können sie gegen die EE-Anlagenbetreiber nicht aus eigener Kraft konkurrieren und werden aus dem Markt verdrängt. Das ist der sog. „Merit-order-effect". Aus diesen Gründen haben die drei finanziellen Förderinstrumente eine wettbewerbsverfälschende Wirkung.

Schließlich ist zu prüfen, ob mit der Förderung der zwischenstaatliche Handel beeinträchtigt wird. Auf dem deutschen liberalisierten Strommarkt nehmen auch Stromproduzenten anderer Mitgliedstaaten teil. So betrug beispielsweise der physikalische Stromfluss in das deutsche Netz aus anderen Mitgliedstaaten im Zeitraum von Januar bis Dezember 2017 ca. 25 Mrd. Kwh[1687]. Daher ist es mindestens wahrscheinlich[1688], dass die gewährte EEG-Förderung (Einspeisevergütung oder Marktprämie) den Handel zwischen Deutschland und den anderen Mitgliedstaaten beeinträchtigt[1689].

Da alle fünf Voraussetzungen des Art. 107 Abs. 1 AEUV erfüllt sind, stellen die Instrumente der Einspeisevergütung, Marktprämie und Ausschreibungen im EEG eine Beihilfe i.S.v. Art. 107 AEUV dar.

b) Die Vereinbarkeit mit den EEAG

Für eine Beurteilung des Verbots der als staatlichen Beihilfe einzustufenden deutschen Förderinstrumente ist nunmehr ihre Vereinbarkeit auf der Grundlage des Art. 107 Abs. 3 AEUV mit dem Binnenmarkt zu prüfen. Hierfür sind die

---

1687 Statista, Deutscher Stromimport nach Ländern im Jahr 2017, abrufbar auf https://de.statista.com/statistik/daten/studie/202644/umfrage/deutsche-stromimporte-aus-europa-nach-laendern/, zuletzt abgerufen am 10.03.2018.

1688 Wie bereits erläutert, ist die fünfte Voraussetzung nicht nur durch die tatsächliche aber auch durch die potentielle Beeinträchtigung des zwischenstaatlichen Handels, erfüllt.

1689 So auch KOM, Entsch. v. 23.07.2014, SA.38632, C(2014) 5081 final, Rn. 152 – EEG 2014. So auch SA des GA Jacobs v. 26.10.2000, C-379/98, Rn. 112 – PreussenElektra; *Witthohn*, Förderregelungen für erneuerbare Energien im Lichte des europäischen Wirtschaftsrechts, 2005, S. 161 ff.

allgemeinen und spezielleren Voraussetzungen der EEAG für die Vereinbarkeit mit dem Binnenmarkt heranzuziehen. Zunächst wird auf die allgemeinen, im Anschluss auf die spezielleren Voraussetzungen der EEAG eingegangen.

Die finanziellen Förderinstrumente müssen geeignet im Sinne der EEAG sein, d.h. sie müssen zu einem Ziel von gemeinsamem Interesse dienen (Rn. 27 lit. a, c). Ziel des EEG ist die Steigerung des EE-Anteils am Bruttostromverbrauch auf 45% bis 2025 und auf 80 % bis 2050[1690]. Damit wird Deutschland das nationale Ziel des EE-Anteils auf 18% am Bruttoendenergieverbrauch erreichen, welches der Art. 3 i.V.m. der Tabelle in Anhang I Teil A der EE-RL festsetzt. Die nationalen Ausbauziele dienen der Erreichung des Unionsziels für den Ausbau der EE und somit auch für die Erreichung der Ziele der EU-Energiepolitik gem. 194 AEUV. So sieht es auch die Kommission in ihren Entscheidungen[1691]. Bezüglich des Anreizeffekts (Rn. 27 lit. d), nämlich des zweiten Teils der Geeignetheitsprüfung wurde bereits erläutert, dass die Kommission ihre Zuordnung nicht konsistent durchführt. In der Entscheidung zum EEG 2012 wurde der Anreizeffekt nicht geprüft, in der nächsten wurde er zusammen mit der Geeignetheit und in der dritten Entscheidung getrennt geprüft. Da die Stromgestehungskosten der EE (50 bis 270 €/MWh) höher als der Marktpreis (27-29 €/MWh) sind, ist der Anreizeffekt zu bejahen[1692]. Aus diesen Gründen erfüllen die finanziellen Förderinstrumente die Voraussetzung der Geeignetheit der Beihilfe (Rn. 27 lit. a, c und d EEAG).

Damit die Voraussetzung der Erforderlichkeit der Beihilfe erfüllt ist, muss nach den EEAG die Beihilfemaßnahme zur Behebung eines Marktversagens beitragen, das der Markt allein nicht aufhebeln kann (Rn. 27 lit. b). Aus den Gründen, die bereits dargestellt wurden, geht die Kommission davon aus, dass allein die Instrumente des EU-Emissionszertifikatehandelssystems und der nationalen CO_2-Abgaben die externen Umweltkosten nicht internalisieren können und dass mithilfe von Beihilfen der EE-Förderung das verbliebene Marktversagen behoben werden kann[1693]. Für das deutsche Fördersystem hat die Kommission dies wieder durch den Hinweis auf die Stromgestehungskosten der EE belegt, die deutlich höher als der Marktpreis sind[1694]. Hier ist es allerdings zu bemerken, dass der Unterschied zwischen Stromgestehungskosten und dem Marktpreis

1690 § 1 Abs. 2 EEG 2017.

1691 KOM, Entsch. v. 20.12.2016, SA.45461, C(2016) 8789 final, Rn. 170 – EEG 2017; KOM, Entsch. v. 23.07.2014, SA.38632, C(2014) 5081 final, Rn. 231 – EEG 2014.

1692 KOM, Entsch. v. 20.12.2016, SA.45461, C(2016) 8789 final, Rn. 179 – EEG 2017.

1693 EEAG, Rn. 115.

1694 KOM, Entsch. v. 20.12.2016, SA.45461, C(2016) 8789 final, Rn. 174 – EEG 2017.

zunächst die Notwendigkeit der Beihilfe belegt, die die Anlagenbetreiber zur Deckung ihrer Kosten benötigen, um überhaupt auf dem Markt tätig zu sein. Durch die EE-Stromerzeugung wird dann im nächsten Schritt auch das Marktversagen behoben. Im Ergebnis erfüllen die deutschen finanziellen Fördersysteme die Voraussetzung der Erforderlichkeit der Beihilfe (Rn. 27 lit. b EEAG).

Für die Prüfung der Angemessenheit finden die spezifischeren Voraussetzungen (Rn. 124–131 EEAG) Anwendung, welche die allgemeinen Voraussetzungen der Rn. 27 lit. e und f EEAG präzisieren[1695]. Hier ist zwischen den drei PV-Kategorien zu unterscheiden.

Die erste Kategorie von PV-Anlagen umfasst solche mit einer installierten Leistung < 500 kW. Für sie gilt Rn. 131 EEAG[1696]. Danach darf die Beihilfe nicht über der Differenz zwischen den Gesamtgestehungskosten der PV (LCOE) und dem Marktpreis liegen. Dadurch soll sichergestellt werden, dass die EE-Förderung nicht übermäßig ist, wie es der Fall in den ersten Jahren der Anwendung der Einspeisevergütung war. Die Voraussetzung der Rn. 131 EEAG findet auf die Einspeisevergütungen und auf die Marktprämie Anwendung. Durch die Einspeisevergütung werden in der Regel Anlagen mit einer installierten Leistung ≤ 100 kW in Deutschland gefördert (§ 21 Abs. 1 Nr. 1 EEG). Deutschland hat durch die Vorlage einer detaillierten Berechnung der Stromgestehungskosten[1697] nachgewiesen, dass die Kapitalrendite zur Berechnung der Produktionskosten anhand von Marktbeobachtungen ermittelt wurde und die den WACC (gewichteten durchschnittlichen Kapitalkosten) entspricht. Darüber hinaus wird die Beihilfe nur für den Abschreibungszeitraum gewährt. Letztlich hat sich Deutschland verpflichtet, die Erzeugungskosten jährlich zu aktualisieren[1698]. Die Einspeisevergütungen werden nach § 49 EEG jährlich angepasst bzw. gekürzt, so dass sie der Senkung der Produktionskosten entsprechen. Somit werden alle Voraussetzungen der Rn. 131 lit. a bis d EEAG für diese Anlagenkategorie erfüllt[1699].

Die zweite Kategorie von PV-Anlagen sind diejenigen mit einer installierten Leistung zwischen 500 und 1 MW[1700], für die die Voraussetzungen von Rn. 124 und 131 EEAG gelten[1701]. Die Beihilfe muss als Marktprämie (und nicht als Einspeisevergütung) gewährt werden. Bei dem deutschen Förderregime sind die

---

1695 EEAG, Rn. 25.
1696 Dies ergibt sich aus Rn. 124, 125, 128 EEAG.
1697 KOM, Entsch. v. 23.07.2014, SA.38632, C(2014) 5081 final, Rn. 114 – EEG 2014.
1698 KOM, Entsch. v. 23.07.2014, SA.38632, C(2014) 5081 final, Rn. 256-266 – EEG 2014.
1699 KOM, Entsch. v. 20.12.2016, SA.45461, C(2016) 8789 final, Rn. 276 – EEG 2017.
1700 EEAG, Rn. 127.
1701 EEAG, Rn. 128.

Bagatellgrenzen für die Marktprämie sogar niedriger. Die Direktvermarktung und die Marktprämie sind nun für PV-Anlagen mit einer installierten Leistung ab 100 kW (und nicht ab 500 kW) verpflichtend[1702]. Die Einspeisevergütung besteht derzeit nur in den § 21 Abs. 1 Nr. 2 und 2 EEG 2017 geregelten Ausnahmefällen, der sog. Ausfallvergütung. Da die Dauer dieser Ausfallvergütung begrenzt ist, die Vergütung nur bei 80% der Einspeisevergütung liegt, sie durch eine geringe Anzahl von Anlagenbetreibern in den letzten zwei Jahren in Anspruch genommen wurde und die Bagatellgrenzen des EEG für die Marktprämie niedriger sind als die der EEAG, hielt die Kommission zu Recht die Ausnahmeregelung für gerechtfertigt[1703].

Weiterhin müssen die Beihilfeempfänger einer Standardbilanzausgleichsverantwortung unterliegen, es sei denn, es keine liquiden Intraday-Märkte gibt. Gem. § 20 Abs. 1 Nr. 4 EEG 2017 erhalten die Anlagenbetreiber eine Marktprämie nur wenn der Strom in einem Bilanz- oder Unterbilanzkreis bilanziert wird, so dass diese Bedingung auch erfüllt ist. Die dritte Bedingung, dass die Stromerzeuger keinen Anreiz haben, Strom zu negativen Preisen zu erzeugen, wird durch § 51 EEG erfüllt[1704].

Schließlich erfordert Rn. 131 EEAG, dass die Beihilfe nicht die Differenz zwischen den Gesamtgestehungskosten (LCOE) und dem Marktpreis der jeweiligen Energieform übersteigen darf. Die Berechnungsmethode des EEG für die Marktprämie steht im Einklang mit Rn. 131 EEAG. Wie bereits im Kapitel „Marktprämie" dargestellt, ist die Marktprämie der Unterschied zwischen AW und dem Monatsmarktpreis. Der AW basiert auf den Produktionskosten der betreffenden EE-Technologie (Investitionskosten, Betriebskosten und Marketingkosten). Bei den nicht steuerbaren Technologien wie der PV ist für die Berechnung nicht der Monatsmittelwert am EPEX Spot, sondern der Monatsmittelwert anhand des Einspeiseaufkommens entscheidend. Bezug wird also ausschließlich auf die Online-Hochrechnung des erzeugten Stroms nach Nr. 3.1 der Anlage 1 EEG genommen[1705]. Dadurch wird sichergestellt, dass die Anlagenbetreiber nicht mehr als die Differenz zwischen dem AW und dem Marktpreis erhalten, den sie auf dem Markt effektiv erhalten. Dies ist insb. für den PV-Strom wichtig, der meist zu einem höheren Preis als den durchschnittlichen Marktpreis verkauft

1702 § 21 Abs. 1 Nr. 2 EEG i.V.m. §§ 19. Abs. 1 und 20 EEG.

1703 KOM, Entsch. v. 20.12.2016, SA.45461, C(2016) 8789 final, Rn. 187 ff. – EEG 2017.

1704 § 51 Abs. 1 EEG. Dieser Aspekt wurde ausführlicher im Kaptiel „Netzintegration" diskutiert.

1705 BerlKommEnR/*Hermeier*, Bd. 6, 4. Aufl. 2017, § 23a EEG 2017, Rn. 13.

wird, da er oft zu Zeiten hoher Nachfrage erzeugt wird[1706]. Aus diesen Gründen werden alle Voraussetzungen des Rn. 131 lit. a bis d EEAG für diese zweite Kategorie von EE bzw. PV-Anlagen erfüllt[1707].

Die dritte Kategorie, die die EEAG vorsehen, betrifft Anlagen mit einer installierten Leistung von mehr als 1 MW, für die Ausschreibungen verpflichtend sind, sofern nicht die Voraussetzungen von Rn. 126 S. 2 EEAG erfüllt sind. Rn. 126 S. 1 EEAG bestimmt, dass die Ausschreibungen diskriminierungsfrei und technologieneutral stattfinden. In diesem Fall wird die Angemessenheit der Beihilfe vermutet. Technologiespezifisch dürfen sie nur dann erfolgen, wenn sie anderenfalls zu einem suboptimalen Ergebnis bzgl. Diversifizierung, Netzstabilität oder Systemintegrationskosten führen würden. Das deutsche Förderregime hat wie im Fall der Marktprämie auch im Fall der Ausschreibungen eine niedrigere Bagatellgrenze als die EEAG (auf 750 kW und nicht auf 1 MW) vorgesehen.

Eine technologieneutrale Ausschreibung ist gegenwärtig schwierig, da die unterschiedlichen Technologien sehr unterschiedliche Merkmale (bzgl. Kosten, Netzanschluss, Potential) haben, die einen richtigen Wettbewerb zwischen den Technologien nicht erlauben würden. Der Ausbau von Offshore-Windenergieanlagen verlangt z. B. einen Ausbau von Offshore-Netzanbindungen, die zeit- und kostenintensiv sind[1708]. Wasserkraft ist teurer als PV und Onshore-Windenergie[1709]. Ebenso wenig könnte Biomasse gegen PV und Onshore-Windenergie wegen ihres kleineren Potentials und ihrer höheren LCOE erfolgreich konkurrieren[1710]. Aus diesen Gründen sieht das EEG 2017 noch keine technologieneutralen Ausschreibungen vor.

Nichtdestotrotz sieht das EEG erstmals eine gemeinsame Ausschreibung für PV und Windenergie vor, die das Ergebnis der Entscheidung der Kommission zu der ersten Fassung des EEG 2017 war. Bei der gemeinsamen Ausschreibung werden allerdings jährlich nur 400 MW ausgeschrieben[1711]. Die übrige Kapazität wird weiterhin durch technologiespezifische Ausschreibungen gefördert. Die Bundesrepublik hat argumentiert, dass auch die gemeinsame Ausschreibung (zumindest für die gesamte geförderte Kapazität) aus Gründen der Diversifizierung, Netzstabilität oder Systemintegrationskosten zu suboptimalen Ergebnissen führt, denn die Erzeugungszentren sind in Norddeutschland, während die

1706 KOM, Entsch. v. 23.07.2014, SA.38632, C(2014) 5081 final, Rn. 256 – EEG 2014.
1707 KOM, Entsch. v. 20.12.2016, SA.45461, C(2016) 8789 final, Rn. 276 – EEG 2017.
1708 So auch KOM, Entsch. v. 20.12.2016, SA.45461, C(2016) 8789 final, Rn. 230 – EEG 2017.
1709 KOM, Entsch. v. 20.12.2016, SA.45461, C(2016) 8789 final, Rn. 211 – EEG 2017.
1710 KOM, Entsch. v. 20.12.2016, SA.45461, C(2016) 8789 final, Rn. 248 – EEG 2017.
1711 § 4 GemAV.

Verbraucherzentren in Süddeutschland sind. Die Windenergieanlagen sind zum größten Teil in Norddeutschland, die PV-Anlagen in Süddeutschland errichtet, da im Norden ein größeres Windpotential als im Süden ist und im Süden eine höhere Sonneneinstrahlung[1712]. Die PV-Anlagen haben allerdings niedrigere Gesamtgestehungskosten (LCOE) als die Windenergieanlagen[1713], was bedeutet, dass bei technologieneutralen Ausschreibungen PV-Anlagen und nicht Windenergieanlagen die Zuschläge erhalten würden. Ferner sind die Windenergieanlagen zur Netzstabilität auch in Süddeutschland notwendig, da sie dazu tendieren, zu Zeiten in Betrieb zu sein, wenn die PV-Anlagen es nicht sind und umgekehrt[1714]. Diese Situation wird noch komplexer, wenn der EE-Strom wegen der fehlenden oder ausgelasteten Netzkapazität nicht von Norden nach Süden transportiert werden kann. Wie im vorigen Kapitel dargestellt wurde, haben die Ergebnisse der gemeinsamen Ausschreibung vom April 2018 zwischen PV- und Windenergieanlagen das Argument der Bundesrepublik über die Kosten bestätigt. Wegen ihrer niedrigeren Kosten sind bislang alle Zuschläge auf PV entfallen. Aus diesen Gründen sind technologiespezifische Ausschreibungen durchaus noch gerechtfertigt.

Aus diesen Gründen sind alle Voraussetzungen für die Vereinbarkeit der deutschen finanziellen Förderinstrumente mit den EEAG erfüllt. Vor diesem Hintergrund lässt sich feststellen, dass die deutschen finanziellen Förderinstrumente staatliche Beihilfen darstellen, welche aber zugleich die Vereinbarkeitskriterien der EEAG erfüllen und deswegen mit dem EU-Beihilferecht im Einklang stehen[1715].

4. Der griechische Rechtsrahmen

a) Die Vereinbarkeit mit Art. 107 Abs. 1 AEUV

Das G. 4414/2016 sieht Einspeisevergütungen (für PV-Anlagen mit einer installierten Leistung ≤ 500 kW) und Marktprämien (für PV-Anlagen mit einer installierten Leistung > 500 kW) vor. Für die Marktprämie müssen die Anlagenbetreiber an einer Ausschreibung teilnehmen und einen Zuschlag erhalten[1716].

1712 KOM, Entsch. v. 20.12.2016, SA.45461, C(2016) 8789 final, Rn. 90 ff. – EEG 2017.

1713 Bei Windanlagen liegen die LCOE bei 8 ct/kWh und bei PV-Anlagen bei 7,25 ct/kWh, KOM, Entsch. v. 20.12.2016, SA.45461, C(2016) 8789 final, Rn. 262 – EEG 2017.

1714 Fraunhofer ISE, Aktuelle Fakten zur Photovoltaik in Deutschland, 2018, S. 64.

1715 So auch KOM, Entsch. v. 23.07.2014, SA.38632, C(2014) 5081 final, Rn. 273 – EEG 2014; KOM, Entsch. v. 20.12.2016, SA.45461, C(2016) 8789 final, Rn. 279 – EEG 2017.

1716 Art. 3 Abs. 17 i.V.m. Art. 4 Abs. 3 G. 4414/2016. Mehr dazu in den Kapiteln „Marktprämie“ und „Ausschreibungen“.

Da im G. 4414/2016 somit Einspeisevergütungen, Marktprämie und Ausschreibungen für jeweils unterschiedliche Kategorien von EE-Anlagen angewendet werden, wird im Folgenden die Vereinbarkeit aller dieser Förderinstrumente mit dem Beihilferecht analysiert. Wenn die griechischen Fördermodelle eine Beihilfe darstellen, wird im Anschluss ihre Vereinbarkeit mit dem Binnenmarkt auf der Grundlage des Art. 107 Abs. 3 AEUV geprüft.

Es ist zunächst zu klären, ob die Voraussetzungen des Beihilfebegriffs des Art. 107 Abs. 1 AEUV erfüllt sind. Hinsichtlich der ersten Voraussetzung des Art. 107 AEUV („staatliche oder aus staatlichen Mitteln gewährte Beihilfen") müssen die Merkmale der Herkunft und der Zurechenbarkeit erfüllt sein.

Zuerst wird das Tatbestandsmerkmal der Herkunft geprüft. Gem. Art. 143 G. 4001/2011 werden dem Marktbetreiber LAGIE (und im Fall der MDN der Netzbetreiber DEDDIE) die Geldsummen für die Förderung, die er den Anlagenbetreibern gezahlt hat, durch das EE-Sonderkonto vollständig erstattet. LAGIE wurde mit dem G. 4001/2011 gegründet, nachdem der ehemalige ÜNB DESMIE aufgelöst wurde. Nun sind die Aufgaben von DESMIE zwischen dem ÜNB ADMIE und dem Marktbetreiber LAGIE aufgeteilt. DESMIE war ebenso wie LAGIE staatlich[1717]. Zu den Aufgaben von LAGIE gehört, den IEP durchzuführen, den OTS zu bestimmen, den Anlagenbetreibern die vertragliche Vergütung zu zahlen[1718] sowie das EE-Sonderkonto zu verwalten[1719]. Das EE-Sonderkonto wurde ebenso durch den DESMIE gegründet[1720].

Wie bereits detailliert ausgeführt, hat das G. 4414/2016 das EE-Sonderkonto in zwei Teile untergliedert: in das Unterkonto des Elektrizitätsmarkts und in das Unterkonto der Förderungen[1721]. Bestandteile des Unterkontos des Elektrizitätsmarkts sind nun nicht nur die Beträge aus dem Großhandelsmarkt IEP und der nachträglichen Anpassung des OTS, sondern auch ein Betrag, den die EVU bezahlen müssen. Die Bestandteile des Unterkontos der Förderungen sind die ETMEAR, die Einnahmen aus der Ausschreibung der

1717 Gem. Art 16 des PD 328/2000 hat der Staat 51 % und die staatliche DEI die 49 % der Anteile an DESMIE. Der einzige Anteilseigner an LAGIE ist der griechische Staat. LAGIE ist staatlich gem. Art. 117 Abs. 1 und 2 i.V.m. Art. 99 Abs. 6 G. 4001/2011.

1718 Gem. Art. 12 G. 3468/2006.

1719 Art. 118 G. 4001/2011.

1720 Art. 40 Abs. 2 G. 2773/1999.

1721 Art. 143 Abs. 1 und 3 G. 4001/2011, so wie es durch Art. 23 G. 4414/2016 geändert wurde.

Treibhausgasemissionszertifikate, die Gebühr in Höhe von 2 € pro MWh für Braunkohle und die vorhandenen Überschüsse des Unterkontos der Förderungen der MDN[1722].

Wie bereits dargestellt, kann eine Beihilfe nach der Rechtsprechung auch durch private Mittel gewährt werden, wenn diese unter der Kontrolle des Staates stehen[1723]. Die Erhebung und Verwendung der Mittel muss so konkret vorgeschrieben sein, dass die vergebende Stelle keine Entscheidungsautonomie mehr hat[1724]. Das ist hier der Fall, da LAGIE ein staatliches, ein direkt vom Staat kontrolliertes Unternehmen ist, welches durch G. 4001/2011 das EE-Sonderkonto gründen und verwalten muss(te). Das Gesetz hat dem LAGIE bestimmte Pflichten in Bezug auf das griechische EE-Fördersystem auferlegt und aus diesem Grund ist LAGIE der zentrale Punkt in der Funktionsweise des Systems.

Die ETMEAR wird über die Stromrechnung der Letztverbraucher an die Stromversorger gezahlt[1725]. Diese leiten den Betrag an den Marktbetreiber LAGIE weiter, der die EE-Förderung zahlt[1726]. Die ETMEAR ist nur ein Teil der Einnahmen des EE-Sonderkontos, dessen Zweck in der Vergütung der Anlagenbetreiber besteht. Sogar der Staat selbst ist an dem Prozess beteiligt, indem das Umweltministerium die Berechnungsmethode für die ETMEAR durch Min. Beschl. bestimmt. Entscheidend ist auch die Rolle der Regulierungsbehörde in Griechenland: RAE verwendet die Berechnungsmethode des Umweltministeriums und bestimmt jährlich die Höhe der ETMEAR[1727] und kann auch die maximale jährliche Belastung der Stromverbraucher anpassen. Das Gesetz regelt auch, dass die maximale jährliche Belastung des Stromverbrauchers 1 Mio. € sein darf. Die wesentlichen Parameter, wie Geldfluss, Höhe und Zweck hat das Gesetz auch bei den weiteren Einnahmen des Sonderkontos (Einnahmen aus

1722 Art. 143 Abs. 3 lit. b G. 4001/2011, so wie es durch Art. 23 G. 4414/2016 geändert wurde.

1723 EuGH, Urt. v. 12.06.1996, T-358/94, Slg. 1996, II-2109, Rn. 67 – Air France/Kommission; EuGH, Urt. v. 16.05.2000, C-83/98 P, Slg. 2000, I-3271, Rn. 50 – Ladbroke Racing.

1724 BerlKommEnR/*Steffens*, Bd. 6, 4. Aufl. 2017, Einleitung zum EEG 2017, Rn. 90 m.w.H auf *Jaeger*, Beihilfen durch Steuern und parafiskalische Abgaben, 2006, S. 293.

1725 Dies ist mittelbar aus Art. 37 Abs. 4 Nr. 9 des Kodexes über die Versorgung abzuleiten, welcher ETMEAR als Teil der Stromrechnungen im Rahmen des Liefervertrages listet. Kodex über die Versorgung, Beschl. v. 29.03.2013 (FEK B' 832/09.04.2013).

1726 Art. 40 Abs. 3c G. 2773/1999 i.V.m. Art. 1 Min. Beschl. 17149/2010.

1727 Art. 143 Abs. 3 lit. aa G. 4001/2011, so wie es durch Art. 23 G. 4414/2016 geändert wurde.

der Ausschreibung der Treibhausgasemissionszertifikate oder die Gebühr für Braunkohle) bestimmt. Die fließen von den Stromerzeugern in das Sonderkonto und haben als Zweck die Finanzierung der EE-Förderung.

Letztendlich organisiert der Staat im griechischen Fördersystem – wie auch im deutschen – eine Übertragung von Finanzmitteln durch die Gesetzgebung und legt fest, zu welchem Zweck diese Finanzmittel verwendet werden. Wie auch bei dem deutschen Fördersystem hat LAGIE als erhebende Stelle keine Freiheit, selbst über die Verwendung der Geldmittel zu entscheiden. Weder bezahlen die Letztverbraucher die ETMEAR freiwillig, noch bezahlen die Stromerzeuger die Gebühr für Braunkohle freiwillig. Ebenso wenig gleicht LAGIE das EE-Sonderkonto freiwillig aus, indem er das EE-Sonderkonto verwaltet und u.a. die ETMEAR erhebt. Wäre LAGIE nicht per Gesetz durch Kontrahierungszwang verpflichtet, würde er nicht den ganzen Finanzierungsmechanismus verwalten und finanzielle Förderung an die Anlagenbetreiber zahlen.

Hinsichtlich der Zurechenbarkeit hat die Analyse der einschlägigen EuGH-Urteile gezeigt, dass die organisationsrechtliche Kontrolle nunmehr in die gesetzliche Kontrolle integriert wird. Bei dem griechischen Fördersystem ist die erhebende Stelle ein staatliches Unternehmen. Darüber hinaus bestimmt der Staat durch eine umfangreiche und detaillierte Gesetzgebung die Einnahmen und Ausgaben des EE-Sonderkontos, zu welchem Zweck die ETMEAR verwendet wird und welchen Beihilfeempfängern die Beihilfe gewährt wird.

Aus diesen Gründen sind beide Tatbestandsmerkmale der ersten Voraussetzung des Art. 107 AEUV, nämlich Herkunft und Zurechnung, erfüllt[1728].

Weiterhin erfordert der Beihilfenbegriff, dass die Förderinstrumente einen Vorteil gewähren, den die Anlagenbetreiber am Markt nicht anders hätten erlangen können. Die Anlagenbetreiber erhalten eine Vergütung, welche höher als der Marktpreis ist. Im Fall der Einspeisevergütungen hat der Staat eine feste Vergütung garantiert, welche auch nach der Kürzung der Tarife höher als der Marktpreis ist[1729]. Mit der Marktprämie erhalten die PV-Anlagenbetreiber eine

---

1728 Siehe auch *Metaxas*, EfimDD 2013, 727 ff.; auch *Nicolaides/Metaxas*, EStAL 1/2014, 1, 5.

1729 Heute gelten seit 2015 allerdings keine festen Tarife. Die Vergütung für die PV-Anlagen beträgt 1,1 * durchschnittlichen OTS des vorigen Jahres, Art. 1 Min. Beschl. 2262/2012, so wie es durch Art. 1 Min. Beschl. 1288/2013 geändert wurde). Der Gesetzgeber wollte diese Regelung mit dem neuen G. 4414/2016 ändern, aber der Min. Beschl. welcher die neuen festen Einspeisevergütungen gem. den Ergebnissen der ersten PV-Ausschreibung vom 2016 bestimmen würde, ist noch nicht erlassen worden, YPEKA, Beschreibung des Fördersystems für die EE/SITHYA-Anlagen, Konsultationspapier, 2016, S. 20, abrufbar unter http://www.ypeka.gr/LinkClick.

Vergütung, welche den Unterschied zwischen Vermarktungserlösen und Gestehungskosten abdeckt. Nach Art. 6 Abs. 1 S. 1 G. 4414/2016 ist die Marktprämie die Differenz zwischen TA (Referenzpreis) und dem Sondermarktpreis (ETA). Auch im Fall der Ausschreibungen erhalten die PV-Anlagenbetreiber die Marktprämie. Der einzige Unterschied ist, dass die Ausschreibungen den Referenzpreis und somit die Grundlage für die Berechnung der Marktprämie bestimmen[1730]. Aus diesen Gründen gewähren auch die griechischen Förderinstrumente einen Vorteil.

Zur Erfüllung der Voraussetzung der Selektivität soll zuerst das Bezugssystem bestimmt werden. Ebenso wie in Deutschland ist das Bezugssystem der griechische Elektrizitätsmarkt. An diesem Markt konkurrieren die EE-Anlagenbetreiber die Betreiber der konventionellen Kraftwerke. Art. 3 Abs. 2 u. 5 G. 4414/2016 regeln ausdrücklich, dass „die EE-Anlagen" am Elektrizitätsmarkt teilnehmen und für sie das Förderregime der Marktprämie oder der Einspeisevergütungen (unter den im G. 4414/2016 genannten Voraussetzungen) Anwendung findet. Diese Regelung schließt im Ergebnis eine Vergütung für die konventionellen Anlagenbetreiber aus. Auf diese Weise wird der wirtschaftliche Vorteil nur den EE-Anlagenbetreibern und somit ausgewählten Unternehmen gewährt. Auch wenn die Begünstigung einem ganzen Wirtschaftszweig gewährt wird, ist die Selektivität zu bejahen[1731]. Aus diesen Gründen ist die Selektivität bei allen drei griechischen Förderinstrumenten gegeben.

Vierte Voraussetzung ist die Verfälschung des Wettbewerbs. Bis zur Umstellung des griechischen Elektrizitätsmarkts ist der Day-Ahead-Markt IEP der einzige Markt an dem alle Stromerzeuger, EE-Anlagenbetreiber und Betreiber konventioneller Kraftwerke ihren Strom verkaufen[1732]. IEP ist nämlich der relevante Markt. Wie auch in Deutschland, wird der Strom auf diesem Markt zu einem Preis verkauft, welcher nur die Grenzkosten der Stromerzeuger deckt. Die Einspeisevergütung und die Marktprämie stellen die EE-Anlagenbetreiber besser als die Betreiber konventioneller Kraftwerke, denn sie decken auch ihre Gesamtkosten. Aus diesem Grund haben die Betreiber konventioneller

---

aspx?fileticket=xWlvcv51hrw%3D&tabid=232&language=el-GR, zuletzt abgerufen am 11.03.2018. Jedenfalls liegt die Vergütung nach dem aktuellen Regime (1,1 * durchschnittlichen OTS des vorigen Jahres) über den Marktpreis. Auch nach dem erwarteten Min. Beschl. wird die Vergütung über den Marktpreis liegen.

1730 Art. 2 Abs. 21 G. 4414/2016.

1731 EuGH, Urt. v. 17.06.1999, C-75/97, Slg. 1999, I-3671 Rn. 32, 33 – Maribel; EuGH, Urt. v. 13.02.2003, C-409/00, Slg. 2003, I-1487, Rn. 49 – Spanien/Kommission.

1732 Art. 1, 4 Abs. 1 KSIE; Art. 5 Abs. 1 G. 4414/2016.

Kraftwerke keine Marge, gegen die EE-Anlagenbetreiber zu konkurrieren. Aus diesen Gründen verfälschen die drei griechischen finanziellen Förderinstrumente den Wettbewerb.

Zur Feststellung einer Beeinträchtigung des zwischenstaatlichen Handels als Merkmal einer Beihilfe ist zu berücksichtigen, dass am griechischen Großhandelsmarkt auch Stromproduzenten anderer Mitgliedstaaten teilnehmen. So betrugen die Stromimporte und -exporte aus und in andere EU-Mitgliedstaaten, die Nachbarländer Griechenlands sind, im März 2018 ca. 732.000 Mwh[1733], nämlich ca. 19 % der gesamten griechischen Netto-Stromerzeugung. Daher ist es mindestens wahrscheinlich[1734], dass die gewährten finanziellen Förderinstrumente den Handel zwischen Griechenland und den anderen EU-Mitgliedstaaten beeinträchtigen[1735].

Aus diesen Gründen stellen die griechischen EE-Fördersysteme eine staatliche Beihilfe im Sinne des Art. 107 Abs. 1 AEUV dar. Dieses Ergebnis entspricht auch der Auffassung der Kommission, die allerdings in ihrer Entscheidung eine Analyse des griechischen Systems im Lichte des Art. 107 Abs. 1 AEUV vermissen lässt[1736].

b) Die Vereinbarkeit mit den EEAG

Da die griechischen EE-Fördersysteme eine staatliche Beihilfe im Sinne des Art. 107 Abs. 1 AEUV darstellen, stellt sich die Frage, ob sie den Anforderungen der EEAG gerecht werden und deshalb eine europarechtskonforme Beihilfe auf der Grundlage des Art. 107 Abs. 3 AEUV darstellen.

1733 LAGIE, Μηνιαίο Δελτίο Συστήματος Συναλλαγών ΗΕΠ, März. 2018, S. 12. Diese Beträge sind nur in Bezug auf die Nachbarländer Griechenlands (Italien, Bulgarien), die EU-Mitgliedstaaten sind. Wenn noch die restlichen Nachbarländer Türkei, Albanien und FYROM einbezogen sind, betrugen die gesamten Stromimporte und -exporte im März 2018 ca. 1.212.000 Mwh, nämlich ca. 32 % der gesamten griechischen Netto-Stromerzeugung.

1734 Wie bereits erläutert, ist die fünfte Voraussetzung nicht nur durch die tatsächliche aber auch durch die potentielle Beeinträchtigung des zwischenstaatlichen Handels, erfüllt.

1735 So auch KOM, Entsch. v. 16.11.2016, SA.44666, C(2016) 7272 final, Rn. 92 – Greece; KOM, Entsch. v. 04.01.2018, SA.48143, C(2017) 9102 final, Rn. 54 – Greece; *Witthohn*, Förderregelungen für erneuerbare Energien im Lichte des europäischen Wirtschaftsrechts, 2005, S. 161 ff.

1736 KOM, Entsch. v. 16.11.2016, SA.44666, C(2016) 7272 final, Rn. 92 – Greece; KOM, Entsch. v. 04.01.2018, SA.48143, C(2017) 9102 final, Rn. 54 – Greece.

Zur Erfüllung der Geeignetheit der Beihilfe muss nach den EEAG die Beihilfe zunächst einem Ziel von gemeinsamem Interesse dienen (Rn. 27 lit. a, c). Ziel des griechischen Fördergesetzes ist der EE-Anteil auf 40% am Bruttostromverbrauch bis 2020[1737] und der EE-Anteil auf 20 % am Bruttoendenergieverbrauch bis 2020[1738]. Durch das Fördergesetz wird Griechenland das nationale Ziel des EE-Anteils auf 20 % am Bruttoendenergieverbrauch[1739] erreichen. Das nationale Ausbauziel dient dem Unionsziel für den Ausbau der EE[1740].

Weiterhin gibt die Förderung den Anlagenbetreibern einen Anreiz, den die EEAG in Rn. 49 verlangen, da die Stromgestehungskosten der EE (50 bis 270 €/MWh) höher als der Marktpreis (27-29 €/MWh) sind. Die Referenzwerte des G. 4414/2016 stützen sich auf den Gesamtgestehungskosten (LCOE) und erlauben einen IRR von bis 10%. Die Referenzwerte betragen 98 bis 278 €/MWh[1741] und sind damit höher als der Marktpreis[1742]. Dieser Preisunterschied zeigt, dass ohne die Förderung die Anlagenbetreiber keine PV zur Stromerzeugung nutzen würden. Der notwendige Anreizeffekt besteht somit, so dass die griechischen Förderinstrumente für die Verwirklichung des Ziels von gemeinsamem Interesse geeignet sind.

Die Beihilfe ist nach den EEAG erforderlich (Rn. 27 lit. b), wenn sie zur Beseitigung eines Marktversagens notwendig ist, weil dieses durch Marktmechanismen allein nicht behoben werden kann[1743]. Wie bereits erläutert, sind nach Auffassung der Kommission umfangreiche Investitionen in EE für die Reduktion der externen Effekte notwendig. Letztere würden ohne die Förderung finanziell nicht realisierbar sein. An dieser Stelle bedient sich die Kommission erneut des Arguments der höheren Stromgestehungskosten im Vergleich zu den Marktpreisen[1744]. Diese Tatsachen machen die Beihilfemaßnahme erforderlich.

Zur Prüfung der Angemessenheit der Beihilfe finden die Bedingungen von Rn. 124–131 EEAG Anwendung[1745]. Die EEAG unterscheiden zwischen drei

---

1737 Art. 1 Abs. 3 lit. b G. 3468/2006, wie es durch 3851/2010 geändert wurde.

1738 Art. 1 Abs. 3 lit. a G. 3468/2006, wie es durch 3851/2010 geändert wurde.

1739 Art. 3 i.V.m. der Tabelle in Anhang I Teil A der EE-RL.

1740 So auch KOM, Entsch. v. 16.11.2016, SA.44666, C(2016) 7272 final, Rn. 96-98 – Greece.

1741 Nach den Data, welche Griechenland der Kommission vorgelegt hat, KOM, Entsch. v. 16.11.2016, SA.44666, C(2016) 7272 final, Rn. 34 – Greece.

1742 Beispielweise lag im Jahr 2016 der durchschnittliche Marktpreis OTS in Griechenland bei ca. 40 €/MWh und für das Jahr 2017 bei 57,7 €/MWh, LAGIE, Μηνιαίο Δελτίο Συστήματος Συναλλαγών ΗΕΠ, Jan. 2017, S. 11; Feb. 2018, S. 10.

1743 EEAG, Rn. 27 b).

1744 KOM, Entsch. v. 16.11.2016, SA.44666, C(2016) 7272 final, Rn. 100 – Greece.

1745 EEAG, Rn. 25.

PV-Kategorien: Für Anlagen mit einer installierten Leistung < 500 kW gilt nur die Voraussetzung des Rn. 131 EEAG[1746]. Für Anlagen mit einer installierten Leistung zwischen 500 kW und 1 MW können Beihilfen ohne Ausschreibungen gewährt werden[1747]. In diesem Fall gelten die weiteren Voraussetzungen von Rn. 124 und 131 EEAG. Die dritte Kategorie betrifft Anlagen mit einer installierten Leistung > 1 MW. Sie dürfen nur dann eine Beihilfe erhalten, wenn sie dem Fördersystem der Ausschreibungen unterliegen, es sei denn die Voraussetzungen von Rn. 126 S. 2 EEAG sind erfüllt.

Nach Art. 3 Abs. 5 G. 4414/2016 erhalten die PV-Anlagen mit einer installierten Leistung < 500 kW eine Einspeisevergütung. Sie unterliegen den Voraussetzungen der Rn. 131 EEAG. Danach darf die Beihilfe nicht über der Differenz zwischen den Gesamtgestehungskosten der PV (LCOE) und dem Marktpreis liegen. Zurzeit erhält diese Anlagenkategorie eine Vergütung, die dem 1,1fachen des durchschnittlichen OTS des vorigen Jahres[1748] entspricht, da die neuen Werte für die Einspeisevergütungen noch nicht festgelegt sind. Aus diesem Grund ist es im Moment schwierig, abzuschätzen, ob die neuen Einspeisevergütungen des neuen Gesetzes in Griechenland die Voraussetzungen der EEAG (Rn. 131) in vollem Umfang erfüllen werden. Nichtdestotrotz wollte der Gesetzgeber die neuen Einspeisevergütungen anhand der Ergebnisse des Markts bestimmen, so wie sie sich nach der ersten PV-Pilotausschreibung vom 2016 ergaben[1749]. Allerdings ist der Min. Beschl. noch nicht erlassen worden. Für die restlichen Kategorie der PV-Anlagen mit einer installierten Leistung zwischen 500 kW und 1 MW und > 1 MW hat der Gesetzgeber ihre LCOE berücksichtigt[1750]. Es ist demzufolge anzunehmen, dass der erwartete Min. Beschl. die neuen Werte für die Einspeisevergütungen so bestimmen wird, dass sie nicht über der Differenz zwischen den LCOE der PV und dem Marktpreis liegen.

Die zweite Kategorie der EEAG betrifft Anlagen mit einer installierten Leistung zwischen 500 kW und 1 MW. Diesen Anlagen können Beihilfen ohne Ausschreibungen gewährt werden[1751]. In diesem Fall gelten allerdings weitere

---

1746 Dies ergibt sich aus Rn. 124, 125, 128 EEAG.

1747 EEAG, Rn. 127.

1748 Art. 1 Min. Beschl. 2262/2012, so wie es durch Art. 1 Min. Beschl. 1288/2013 geändert wurde.

1749 YPEKA, Beschreibung des Fördersystems für die EE/SITHYA-Anlagen, Konsultationspapier, 2016, S. 20, abrufbar unter http://www.ypeka.gr/LinkClick.aspx?fileticket=xWlvcv51hrw%3D&tabid=232&language=el-GR, zuletzt abgerufen am 11.03.2018.

1750 Näher dazu s. unten.

1751 EEAG, Rn. 127.

Voraussetzungen, damit sie mit Art. 107 Abs. 1 AEUV vereinbar sind, die in Rn. 124 und 131 EEAG geregelt sind[1752]. Nichtsdestotrotz ist eine solche Kategorie nach der aktuellen Rechtslage für die PV in Griechenland nicht vorgesehen. Die Gewährung der Marktprämie ist für die PV-Anlagen möglich, nur wenn letztere an Ausschreibungen teilnehmen und einen Zuschlag erhalten[1753]. Das griechische Gesetz hat sogar die Schwelle für die Teilnahme an den Ausschreibungen viel niedriger als die EEAG, nämlich bei 500 kW (statt bei 1 MW) gesetzt. Auf diese Weise geht Griechenland für die PV-Anlagen mit einer installierten Leistung zwischen 500 kW und 1 MW über die Bedingungen der EEAG hinaus[1754].

Das griechische Gesetz wird überdies den Voraussetzungen der Rn. 124 und 131 EEAG gerecht, da es einen einheitlichen Rechtsrahmen für die Förderung aller EE-Anlagen und nicht nur der PV-Anlagen vorsieht. Demzufolge unterliegen im Ergebnis die PV-Anlagen mit einer installierten Leistung von mehr als 500 kW doch den weiteren Voraussetzungen der Rn. 124 und 131 EEAG, obwohl die EEAG dies nicht vorsehen. Zu den Voraussetzungen der Rn. 124 und 131 EEAG zählen die Standardbilanzausgleichsverantwortung[1755], der Wegfall der Förderung für die Erzeugung von Strom zu negativen Preisen[1756], die Bestimmung der Beihilfe als die Differenz zwischen den LCOE und dem Marktpreis einer normalen Kapitalrendite einbezogen und die Gewährung der Beihilfen nur bis zur vollständigen Abschreibung der Anlage[1757].

Da das griechische Gesetz für alle PV-Anlagen mit einer installierten Leistung von mehr als 500 kW eine Förderung (in der Form der Marktprämie) nur im Fall eines Zuschlags an einer Ausschreibung vorsieht, unterliegen sie genauso wie die dritte Kategorie der EEAG (mit P > 1 MW) den Voraussetzungen der Rn. 126 EEAG. Diese sieht vor, dass EE-Anlagen mit einer installierten Leistung > 1 MW eine Förderung durch Ausschreibungen anhand eindeutiger, transparenter und diskriminierungsfreier Kriterien gewährt werden soll. Im Fall, dass die Ausschreibungen technologieneutral sind, wird die Angemessenheit der Beihilfe vermutet.

1752 EEAG, Rn. 128.

1753 Art. 3 Abs. 18 G. 4414/2016.

1754 So auch KOM, Entsch. v. 04.01.2018, SA.48143, C(2017) 9102 final, Rn. 26, Fn. 10 – Greece.

1755 Art. 5 Abs. 7 G. 4414/2016.

1756 Art. 5 Abs. 3 Min. Beschl. 187480/2016, Art. 5 Abs. 10 G. 4414/2016.

1757 Dies ergibt sich aus Art. 3 Abs. 19 G. 4414/2016.

Zu der Verpflichtung für Gewährung der Förderung durch Ausschreibungen als auch zu der Verpflichtung für technologieneutrale Ausschreibungen sieht Rn. 126 EEAG Ausnahmen vor. Gründe für eine Ausnahme von den Ausschreibungen sind folgende: Die Ausschreibung führt wegen strategischen Bietverhaltens zu einem höheren Förderniveau oder nur wenige Vorhaben werden wegen Unterbietung verwirklicht (Rn. 126 S. 2 b) und c) EEAG). Letzteres ist der Fall mit den restlichen EE-Technologien außer PV- und Windenergieanlagen in Griechenland. Dabei geht es um kleine Wasserkraft, Biomasse und Biogas, Solarthermie und Geothermie. Das Potential dieser Technologien ist entweder bereits ausgeschöpft (Wasserkraft)[1758] oder wird durch die Geomorphologie Griechenlands nicht unterstützt (Biomasse, Biogas, Solarthermie)[1759]. Die Exploration geothermischer Lagerstätten ist zur Zeit aufwendig und braucht zusätzliche Expertise und Erfahrung[1760]. Aus diesen Gründen besteht die Gefahr, dass die Teilnahme potentieller Interessenten an Ausschreibungen für diese EE-Technologien so klein sein würde, dass es keine Wettbewerbsintensität entstehen würde und dass wegen Unterbietung von nur wenigen Vorhaben realisiert werden würden. Im Ergebnis werden diese Technologien zurecht aus den Ausschreibungen zur Zeit ausgenommen.

Grund für eine Ausnahme von den technologieneutralen Ausschreibungen ist das suboptimale Ergebnis dieser Ausschreibungen, welches wegen der Notwendigkeit einer Diversifizierung oder wegen Netzeinschränkungen und Netzstabilität oder wegen System(integrations)kosten gem. Rn. 126 S. 4 EEAG nicht verhindern werden kann. Da die restlichen EE-Technologien aus den oben genannten Gründen nicht so gut entwickelt sind und da sie viel höhere LCOE als die PV und die Windenergie aufweisen, würden gemeinsame Ausschreibungen für alle EE-Technologien zu einem suboptimalen Ergebnis führen[1761].

Nichtsdestotrotz sind nach dem griechischen Gesetzgeber und der Kommission gemeinsame Ausschreibungen zwischen PV- und Windenergieanlagen möglich. Griechenland hat sich dafür entschieden, um Erfahrungen zu sammeln und den Anforderungen der EEAG (Rn. 126) gerecht zu werden. Bislang ist in Griechenland nur eine PV-Pilotausschreibung von einem Ausschreibungsvolumen von 40 MW stattgefunden[1762]. Die Ausschreibung war erfolgreich[1763], das

1758 KOM, Entsch. v. 04.01.2018, SA.48143, C(2017) 9102 final, Rn. 39 – Greece.

1759 KOM, Entsch. v. 04.01.2018, SA.48143, C(2017) 9102 final, Rn. 42, 46 – Greece.

1760 KOM, Entsch. v. 04.01.2018, SA.48143, C(2017) 9102 final, Rn. 44 – Greece.

1761 So auch KOM, Entsch. v. 04.01.2018, SA.48143, C(2017) 9102 final, Rn. 67, 68 – Greece.

1762 RAE, Entsch. v. 12.12.2016, 570/2016.

1763 Näher dazu s. im Kap. „finanzielle Förderung des Stroms aus Photovoltaikanlagen".

Ausschreibungsvolumen war allerdings viel niedriger als dies der gemeinsamen Ausschreibungen. Darüber hinaus hat das Land noch keine Erfahrung mit Ausschreibungen. Zudem sind die LCOE der PV viel niedriger als die der Windenergie[1764]. Dennoch plant Griechenland nach der Entscheidung der Kommission, 200 MW pro Jahr durch gemeinsame Ausschreibungen zu erreichen. Insgesamt werden 400 MW in zwei Runden von gemeinsamen Ausschreibungen bis 2020 für PV und Windenergieanlagen ausgeschrieben[1765].

Allerdings ist seit 2014 der PV-Markt eingefroren. Demzufolge ist es zu bedenken, ob das Interesse der Investoren so groß sein wird, dass das angestrebte jährliche Ausschreibungsvolumen von 300 MW der separaten Ausschreibungen zuzüglich das jährliche Ausschreibungsvolumen von 200 MW der gemeinsamen Ausschreibungen durch genügende Gebote gedeckt werden wird. Aus den bereits genannten Gründen besteht die Gefahr, dass eine gemeinsame Ausschreibung bereits im Jahr 2018 zu einem suboptimalen Ergebnis führen würde. Deswegen hat die Kommission in ihrer Entscheidung zurecht die Ausnahme von einer gemeinsamen Ausschreibung freigegeben[1766].

Im Ergebnis genügen die Förderinstrumente den Anforderungen der EEAG (Rn. 124–131), obwohl es Bedenken über den Erfolg der Ausschreibungen gibt. Vor diesem Hintergrund lässt sich feststellen, dass die griechischen Förderinstrumente staatliche Beihilfen i.S.v. Art. 107 AEUV darstellen, welche aber zugleich die Vereinbarkeitsvoraussetzungen der EEAG erfüllen und deswegen mit dem EU-Beihilferecht vereinbar sind[1767].

III. Vereinbarkeit mit Art. 34 AEUV

1. Verhältnis zwischen Art. 34 und 107 AEUV

Die Förderinstrumente könnten aufgrund ihrer territorialen Beschränkung Maßnahmen mit handelsbeschränkender Wirkung darstellen, die dem grundsätzlichen Verbot des Art. 34 AEUV unterliegen. Dabei stellt sich aber zunächst die Frage, ob und inwieweit für eine Prüfung anhand von Art. 34 AEUV Raum

1764 Nach den Angaben, die Griechenland vorgelegt hat, sind die LCOE der PV 18% niedriger als die der Windenergieanlagen, KOM, Entsch. v. 04.01.2018, SA.48143, C(2017) 9102 final, Rn. 13 – Greece.

1765 Art. 2 (Tabelle) Min. Beschl. 172859/2018.

1766 KOM, Entsch. v. 04.01.2018, SA.48143, C(2017) 9102 final, Rn. 63 – Greece.

1767 So auch KOM, Entsch. v. 23.07.2014, SA.38632, C(2014) 5081 final, Rn. 273 – EEG 2014; KOM, Entsch. v. 20.12.2016, SA.45461, C(2016) 8789 final, Rn. 279 – EEG 2017.

bleibt angesichts der bereits erfolgten Beihilfenprüfung. Dies hängt vom Verhältnis zwischen Art. 34 und Art. 107 AEUV ab.

Umstritten ist, ob das Beihilfenrecht lex specialis zu den Grundfreiheiten ist oder nicht[1768]. Diese Diskussion geht auf die Tatsache zurück, dass es sowohl bei der Warenverkehrsfreiheit (Art. 34 AEUV)[1769] als auch beim Beihilfenverbot (Art. 107 AEUV)[1770] um eine Ungleichbehandlung geht, die das Element der „Selektivität" gemeinsam hat. Bei Art. 34 AEUV erfolgt die Ungleichbehandlung von Waren aufgrund der „Herkunft" und „Grenzüberschreitung". Bei Art. 107 AEUV liegt die Ungleichbehandlung darin, dass eine Beihilfe nur bestimmten Unternehmen gewährt wird[1771].

Die Funktion des Art. 34 AEUV ist durch das Verbot von mengenmäßigen Einfuhrbeschränkungen Ungleichbehandlungen aufgrund der Herkunft zu beseitigen und die nationalen Märkte dem binnenmarktweiten Wettbewerb zu öffnen[1772]. Ebenso wollen auch die Beihilferegelungen den Wettbewerb in der EU vor Verfälschungen durch staatliche selektive Förderungen schützen und Handelshemmnisse vermeiden[1773]. Das problematische Verhältnis zwischen Art. 34 und 107 AEUV hat die weite *Dassonville*-Formel des EuGH zu den „Maßnahmen gleicher Wirkung" etwas entschärft. Nach dieser Formel ist eine Maßnahme gleicher Wirkung *„jede Handelsregelung der Mitgliedstaaten, die geeignet ist, den innergemeinschaftlichen Wettbewerb unmittelbar oder mittelbar, tatsächlich oder*

1768 Calliess/Ruffert/*Cremer*, EUV/AEUV, 5. Aufl. 2016, Art. 107 AEUV, Rn. 83 ff; Grabitz/Hilf/Nettesheim/*Leible/Streinz*, EUV/AEUV, 2. Aufl. 2012, Art. 34 AEUV, Rn. 50; Birnstiel/Bungenberg/Heinrich//*Bungenberg*, Europäisches Beihilfenrecht, 2013, Einleitung, Rn. 119; *Wende*, Die einheitliche Auslegung von Beihilfen- und Vergaberecht, 2011, S. 49; *Steffens*, Erneuerbare Energien im Europäischen Binnenmarkt für Elektrizität, i.E., § 9; *Pomana*, Förderung erneuerbarer Energien, 2010, S. 294.

1769 Art. 34 AEUV lautet: *„Mengenmäßige Einfuhrbeschränkungen sowie alle Maßnahmen gleicher Wirkung sind zwischen den Mitgliedstaaten verboten."*

1770 Art. 107 Abs. 1 AEUV lautet: *„Soweit in den Verträgen nicht etwas anderes bestimmt ist, sind staatliche oder aus staatlichen Mitteln gewährte Beihilfen gleich welcher Art, die durch die Begünstigung bestimmter Unternehmen oder Produktionszweige den Wettbewerb verfälschen oder zu verfälschen drohen, mit dem Binnenmarkt unvereinbar, soweit sie den Handel zwischen Mitgliedstaaten beeinträchtigen."*

1771 *Steffens*, Erneuerbare Energien im Europäischen Binnenmarkt für Elektrizität, i.E., § 12, § 9.

1772 *Müller-Graff*, Unternehmensinvestitionen und Investitionssteuerung im Marktrecht, 1984, S. 5.

1773 *Altrock*, „Subventionierende" Preisregelungen, 2002, S. 87.

potenziell zu behindern“[1774]. Die Folge ist, dass eine Beihilfe oft in den tatbestandlichen Anwendungsbereich des Art. 34 AEUV fällt[1775].

So wird in der Literatur vertreten, dass Art. 107 AEUV als lex specialis Vorrang vor Art. 34 AEUV hat[1776]. Nichtsdestotrotz hat der EuGH in manchen Urteilen beide Normen nebeneinander anwendet[1777], so dass eine strikte Spezialität auszuschließen ist.

Dieser Streitstand wird durch die unklare Linie mancher Urteile des EuGH befruchtet. Im Fall „*Ianelli*“ stellte EuGH fest: „*Wenn ein System staatlicher oder aus staatlichen Mitteln gespeister Beihilfen lediglich infolge der Begünstigung bestimmter einheimischer Unternehmen oder Produkte geeignet ist, die Einfuhr ähnlicher oder konkurrierender Erzeugnisse aus den übrigen Mitgliedstaaten zumindest mittelbar zu beeinträchtigen, so genügt dieser Umstand für sich allein genommen gleichfalls nicht, um eine Beihilfe als solche einer Maßnahme mit gleicher Wirkung wie eine mengenmäßige Beschränkung im Sinne von Artikel 30 (nun Art. 34 AEUV) gleichzustellen*“[1778]. Dies spricht für eine Spezialität des Art. 107 zu 34 AEUV.

Gleichzeitig hat der EuGH im Fall *Ianelli* das sog. Trennbarkeitskriterium eingeführt: „*Die Prüfung ihrer [der untrennbar verbundenen Modalitäten] Auswirkung auf die Vereinbarkeit oder Nichtvereinbarkeit der Beihilfe insgesamt hat in einem solchen Fall zwangsläufig nach dem Verfahren des Artikels [nun Art. 108 AEUV] zu erfolgen*“[1779]. Die Folge ist, dass Bestandteile, die von der Beihilfengewährung untrennbar sind, nicht getrennt von der Beihilfe sondern im Beihilfeverfahren durch die Kommission geprüft werden sollen[1780]. Wenn aber ein Bestandteil einer Beihilferegelung „zur Verwirklichung ihres Zwecks oder zu ihrem Funktionieren nicht unerlässlich“ ist, so können die „einzelstaatlichen

---

1774 EuGH, Urt. v. 11.07.1974, 8/74, Slg. 1974, 837, Rn. 5 – Dassonville.

1775 *Riewe*, Versorgungssicherheit durch Kapazitätsmechanismen, 2015, S. 628. So z. B. Geiger/Khan/Kotzur/*Kotzur*, EUV/AEUV, 6. Aufl. 2016, Art. 34 AEUV, Rn. 8; *Altrock*, „Subventionierende“ Preisregelungen, 2002, S. 87 f.

1776 Calliess/Ruffert/*Cremer*, EUV/AEUV, 5. Aufl. 2016, Art. 107 AEUV, Rn. 84; Grabitz/Hilf/Nettesheim/*Leible/Streinz*, EUV/AEUV, 62. EL, 2017, Art. 34 AEUV, Rn. 50.

1777 Näher dazu s. unten. *Birnstiel/Bungenberg/Heinrich/Bungenberg*, Europäisches Beihilfenrecht, 2013, Einleitung, Rn. 119; *Wende*, Die einheitliche Auslegung von Beihilfen- und Vergaberecht, 2011, S. 49.

1778 EuGH, Urt. v. 22.03.1977, 74/76, Slg. 1977, 557, Rn. 9/10 – Iannelli & Volpi/Meroni.

1779 EuGH, Urt. v. 22.03.1977, 74/76, Slg. 1977, 557, Rn. 14 – Iannelli & Volpi/Meroni.

1780 *Steffens*, Erneuerbare Energien im Europäischen Binnenmarkt für Elektrizität, i.E., § 9, A.

Gerichten eine Verletzung sonstiger Vertragsbestimmungen" gesondert prüfen[1781]. Unter „sonstiger Vertragsbestimmungen" sind hier sowohl die Art. 34 als auch die Art. 30/110 AEUV[1782] zu verstehen.

Im Vertragsverletzungsverfahren Kommission/Frankreich führt der EuGH allerdings aus: „*Der Umstand, dass eine einzelstaatliche Maßnahme möglicherweise als Beihilfe im Sinne von Artikel 92 (nun Art. 107 AEUV) betrachtet werden kann, stellt deshalb keinen hinreichenden Grund dafür dar, sie vom Verbot des Artikels 30 (nun Art. 34 AEUV) auszunehmen*"[1783]. Er nimmt somit keine Spezialität des Art. 107 zu 34 AEUV an. Ähnlich war die Argumentation des EuGH in den zwei weiteren Vertragsverletzungsverfahren[1784]. Der gemeinsame Aspekt dieser Vertragsverletzungsverfahren war, dass für den Fall, dass ein Beihilfeverfahren einzuleiten wäre, dies ein laufendes Vertragsverletzungsverfahren auf der Basis von Art. 34 AEUV nicht aushebeln können soll[1785].

Es lässt sich feststellen, dass der EuGH einem pragmatischen Ansatz folgt, indem er Art. 107 AEUV im Verhältnis zu Art. 34 AEUV so anwendet, dass Wettbewerb und freier Warenverkehr lückenlos geschützt werden. In den genannten Urteilen wollte der EuGH die Effektivität der jeweils anhängigen Verfahren schützen, des Beihilfeverfahrens im Fall Iannelli und der auf der Verletzung des freien Warenverkehrs beruhenden Verfahren[1786].

Auf der Grundlage der vorstehenden Ausführungen zum allgemeinen Verhältnis zwischen Art. 34 und Art. 107 AEUV muss nunmehr geklärt werden, ob die nationalen Förderregelungen einer Prüfung des Art. 34 AEUV noch Stand halten müssen, wenn letztere eine Beihilfe darstellen. Auch wenn Art. 107 AEUV eine gegenüber Art. 34 AEUV spezielle Regelung darstellen würde, soll für die Abgrenzung der unterschiedlichen Modalitäten das Trennbarkeitskriterium von *Ianelli* verwendet werden. Danach sind Beihilfetatbestandteile, die für das Funktionieren der Förderregelung unerlässlich sind, am Beihilferecht zu messen. Nichtsdestotrotz ist es fraglich, ob sich die Inlandsbeschränkung, die im Zentrum der warenverkehrsrechtlichen Prüfung stünde, als untrennbar und

1781 EuGH, Urt. v. 22.03.1977, 74/76, Slg. 1977, 557, Rn. 14 – Iannelli & Volpi/Meroni.

1782 Näher zu Art. 30/110 AEUV siehe unten.

1783 EuGH, Urt. v. 07.05.1985, 18/84, Slg. 1985, 1339, Rn. 13 – Kommission/Frankreich.

1784 EuGH, Urt. v. 24.11.1982, C-249/81, Slg. 1982, 4005, – Kommission/Irland (Buy Irish); EuGH, Urt. v. 05.06.1986, 103/84, Slg. 1986, 1759 – Kommission/Italien.

1785 *Steffens*, Erneuerbare Energien im Europäischen Binnenmarkt für Elektrizität, i.E., § 9, A.

1786 *Steffens*, Erneuerbare Energien im Europäischen Binnenmarkt für Elektrizität, i.E., § 9, A.

unentbehrlich für das Funktionieren der Förderregelungen i.S.d. Trennbarkeitskriteriums von *Ianelli* anzusehen sei[1787]. Es stellt sich in diesem Zusammenhang die Frage, ob die generelle Nichtberücksichtigung von Strom, der grundsätzlich den Kriterien einer Förderung entspricht (weil er aus erneuerbaren Energien erzeugt wird), aber in den anderen Staaten produziert wird, gerade eine solche Modalität des Fördermechanismus ist, die anders gestaltet – und damit abgetrennt werden könnte, ohne dabei den Zweck und das Funktionieren des Fördersystems in seinem Kern zu gefährden[1788]. Diese Frage ist positiv zu beantworten. Förderinstrumente können auch ohne Inlandsbeschränkung funktionieren[1789]. Die Förderinstrumente wirken grundsätzlich unabhängig jeglicher territorialen Begrenzung[1790]. Ein Beispiel ist der grenzüberschreitende Handel von Grünstromzertifikaten zwischen Schweden und Norwegen[1791]. Der Zweck der Förderung verlangt es notwendigerweise nicht, vorrangig Anlagen, die sich im Inland befinden, zu fördern, sondern zielt auf die Förderung schlechthin ab. Daher ist der Zweck indifferent[1792]. Deswegen ist diese Beihilfenmodalität der nationalen Fördersysteme einer Prüfung am Maßstab der Warenverkehrsfreiheit zugänglich. Aus diesen Gründen werden im Folgenden die nationalen Förderregelungen auch an Art. 34 AEUV geprüft.

2. Anforderungen des Art. 34 AEUV

Art. 34 AEUV schützt die Warenverkehrsfreiheit und verbietet mengenmäßige Einfuhrbeschränkungen sowie Maßnahmen gleicher Wirkung zwischen den Mitgliedstaaten. Dabei hat gerade die Ausgestaltung nationaler Fördersysteme zu inzwischen einer beachtlichen Rechtsprechungslinie des EuGH geführt. Diese begann mit *PreussenElektra*[1793] und reicht zu *Ålands Vindkraft*[1794] und

1787 *Kröger*, Die Förderung erneuerbarer Energien, 2015, S. 250.

1788 Dafür *Altrock*, „Subventionierende" Preisregelungen, 2002, S. 90; *Weigt*, Die Förderung der Stromerzeugung aus erneuerbaren Energien in der EU, S. 166

1789 *Weigt*, Die Förderung der Stromerzeugung aus erneuerbaren Energien in der Europäischen Union, S. 166.

1790 *Kröger*, Die Förderung erneuerbarer Energien, 2015, S. 250.

1791 Näher s. z. B. IEA, Norway-Sweden Green Certificate Scheme for electricity production, abrufbar auf https://www.iea.org/policiesandmeasures/pams/norway/name-21865-en.php, zuletzt abgerufen am 01.04.2018.

1792 *Altrock*, „Subventionierende" Preisregelungen, 2002, S. 90 So auch im Ergebnis *Gellermann*, DVBl 2000, 509, 514; *Iro*, RdE 1998, 11, 18; *Salje*, RIW 1998, 186, 189 f.

1793 EuGH, Urt. v. 13.03.2001, C-379/98, Slg. 2001, I-02099 – PreussenElektra.

1794 EuGH, Urt. v. 01.07.2014, C-573/12, EuZW 2014, 115 – Ålands Vindkraft/Energimyndigheten.

Essent Belgium[1795]. An diesen Urteilen ist insbesondere das Spannungsverhältnis zwischen der nationalen Förderung der EE einerseits und der Warenverkehrsfreiheit als Garantie des europäischen Binnenmarkts andererseits deutlich geworden.

Es wird nun auf die einzelnen Merkmale des Art. 34 AEUV eingegangen, um zu prüfen, ob und wann ein nationales Fördersystem die Warenverkehrsfreiheit i.S.v. Art. 34 AEUV beschränkt und gegen Art. 34 AEUV verstößt. Die Prüfung des deutschen und des griechischen nationalen Fördersystems anhand Art. 34 AEUV wird gesondert unter Abschnitten 3 und 4 erfolgen.

a) *Die Beschränkung als Folge von Vergütungszahlungen und Abnahmepflichten*

EuGH hat den Begriff Ware weit ausgelegt. Unter Ware ist nach dem EuGH auch der Strom zu verstehen[1796]. Es muss nun also geklärt werden, was unter Art. 34 AEUV verboten ist. Art. 34 AEUV gibt keine Definition zu den mengenmäßigen Einfuhrbeschränkungen. EuGH nimmt an, dass darunter nicht nur die Maßnahmen, die die Einfuhr einer Ware vollständig verbieten[1797], sondern auch solche Maßnahmen, die sich als teilweise Untersagung der Einfuhr oder als vollständige oder teilweise Untersagung der Durchfuhr darstellen[1798]. Aus Art. 36 AEUV ergibt sich, dass das Verbot von mengenmäßigen Durchfuhrbeschränkungen neben dem Verbot mengenmäßiger Einfuhrbeschränkungen in Art. 34 AEUV enthalten ist[1799]. Angesichts der Tatsache, dass eine Ware für die Zwecke der Durchfuhr zuerst auf einen nationalen Markt gelangen muss, um aus diesem wieder austreten zu können, ist die Durchfuhr von dem die Einfuhr regelnden Art. 34 AEUV umfasst[1800].

Neben den mengenmäßigen Einfuhrbeschränkungen verbietet Art. 34 AEUV auch die sog. Maßnahmen gleicher Wirkung. Der Unterschied zwischen den

---

1795 EuGH, Urt. v. 11.09.2014, C-204/12 bis 208/12, Rn. 88 – Essent Belgium.

1796 EuGH, Urt. v. 27.04.1994 – C-393/92, Slg. 1994, I-1477, EuZW 1994, 241 m. Anm. Rapp-Jung, Rn. 28 – Almelo; EuGH, Urt. v. 13.03.2001, C-379/98, Slg. 2001, I-2099, Rn. 68 ff. – PreussenElektra.

1797 EuGH, Urt. v. 14.12.1979, C-34/79, Slg. 1979, 3795, Rn. 12 – Pornographise Artikel.

1798 EuGH, Urt., v. 12.07.1973, C-2/73, Slg. 1973, 865, Rn. 7 – Geddo; EuGH, Urt. v. 29.03.1979, C-118/78, Slg. 1979, 1387, Rn. 3 f. – Meijer.

1799 Groeben, von der/Schwarze/Hatje/*Müller-Graff*, EUV/AEUV, 7. Aufl. 2015, Art. 34, Rn. 23.

1800 *L. Scholz*, Die Rechtfertigung von diskriminierenden umweltpolitischen Steuerungsinstrumenten, 2012, 117.

beiden ist es, dass durch die mengenmäßigen Einfuhrbeschränkungen Waren überhaupt nicht oder nur zu einem mengen- oder wertmäßig begrenzten Teil eingeführt werden können, so dass sie zu einer unüberwindbaren Einfuhrbeeinträchtigung führen, wobei die Maßnahmen gleicher Wirkung die Einfuhr zulassen aber sie erschweren[1801].

Eine Definition zu den Maßnahmen gleicher Wirkung gab der EuGH in dem berühmten *Dassonville*-Urteil. Nach der sehr weiten Formel[1802] des *Dassonville*-Urteils ist eine Maßnahme gleicher Wirkung *„jede Handelsregelung der Mitgliedstaaten, die geeignet ist, den innergemeinschaftlichen Handel unmittelbar oder mittelbar, tatsächlich oder potentiell zu behindern"*[1803]. Obwohl Art. 34 AEUV von „Maßnahmen" spricht, hat der EuGH in der *Dassonville*-Formel das Wort „Handelsregelungen" verwendet. Allerdings verwendet EuGH in den darauffolgenden Rechtssachen die Termini „Regelungen" und „Maßnahmen" nebeneinander[1804] ohne eine Unterscheidung zu treffen[1805]. Aus diesem Grund ist die „Handelsregelung" kein unabdingbares Merkmal des Art. 34 AEUV[1806]. Weiteres Merkmal der Maßnahmen gleicher Wirkung – wie auch der mengenmäßigen Einfuhrbeschränkungen – ist die Beeinträchtigung des zwischenstaatlichen Handels. An dieser Stelle unterscheidet die EuGH-Rechtsprechung zwischen den sog. direkt und indirekt diskriminierenden Maßnahmen[1807]. Direkt diskriminierende Maßnahmen knüpfen an den Herkunftsort der Ware an und aufgrund dessen wird die ausländische Ware benachteiligt[1808]. Die indirekt diskriminierenden Maßnahmen sind unterschiedslos auf inländische und eingeführte Waren anwendbar[1809] aber sie knüpfen an Anforderungen oder Merkmalen an, die grundsätzlich nur

---

1801 Grabitz/Hilf/Nettesheim/*Leible/Streinz*, EUV/AEUV, 62. EL, 2017, Art. 34, Rn. 52.

1802 *Craig/de Burca,* EU Law, Text, case and materials, 2011, S. 639.

1803 EuGH, Urt. v. 11.07.1974, 8/74, Slg. 1974, 837, Rn. 5 – Dassonville.

1804 EuGH, Urt. v. 14.07.1976, C-3, 4, 6/76 Slg. 1976, 1279, Rn. 53-55 – Kramer u.a.

1805 EuGH, Urt. v. 14.07.1998, C-389/96, Slg. 1998, I-4473, Rn. 17 – Aher-Waggon.

1806 *L. Scholz,* Die Rechtfertigung von diskriminierenden umweltpolitischen Steuerungsinstrumenten, 2012, 121.

1807 Andere Formulierungen sind die offene und versteckte Diskriminierung oder die unmittelbare und mittelbare Diskriminierung, oder die nicht-unterschiedslos und unterschiedslos anwendbaren Maßnahmen, s. Groeben, von der/Schwarze/Hatje/*Müller-Graff*, EUV/AEUV, 7. Aufl. 2015, Art. 34, Rn. 194 ff.

1808 EuGH, Urt. v. 25.07.1991, C-1/90 u. 176/90, Slg. 1991, I-04151, Rn. 13 – Aragonesa de Publicidad Exterior.

1809 EuGH, Urt. v. 25.07.1991, C-1/90 u. 176/90, Slg. 1991, I-04151, Rn. 13 – Aragonesa de Publicidad Exterior.

von inländischen Waren erfüllt werden können[1810]. De facto werden also nur die importierten ausländischen Waren belastet.

Schließlich ist nach der *Dassonville*-Formel ausreichend, wenn die Maßnahme geeignet ist, den Handel potentiell zu beeinträchtigen. Es genügt, wenn die Maßnahme die Einfuhr oder Ausfuhr von Waren verhindern kann, die ohne diese Maßnahme stattfinden könnte[1811].

Im Hinblick auf die nationalen Fördersysteme stellt sich die Frage, ob diese den Stromhandel zwischen Mitgliedstaaten beschränken und unter das Verbot des Art. 34 AEUV fallen. Das nationale Fördersystem kann aus zwei Gründen den zwischenstaatlichen Handel gem. Art. 34 AEUV beschränken.

Einerseits ist die Beschränkung Folge der Vergütungszahlungen. Die Einspeisevergütungen oder die Prämienzahlungen gewähren den EE-Anlagenbetreibern eine Vergütung, die über dem Marktpreis liegt. Damit wird der Absatz von Strom aus EE gefördert. Der EuGH hat sich in der Vergangenheit mehrmals mit Absatzfördermaßnahmen befasst. So hat das Gericht in der Rechtsache *Prantl* entschieden, dass „nationale Rechtsvorschriften über die Vermarktung eines Erzeugnisses, die unterschiedslos für inländische wie für eingeführte Erzeugnisse gelten, unter das Verbot des Artikels 30 EWG-Vertrag (Art. 34 AEUV) fallen, wenn sie in der Praxis Schutzwirkungen entfalten, indem sie eine typische inländische Produktion begünstigen und gewisse Arten von Erzeugnissen aus anderen Mitgliedstaaten entsprechend benachteiligen"[1812]. Dieser Rechtsprechung folgten weitere Urteile[1813].

Angesichts der den Vergütungsinstrumenten innewohnenden Absatzförderung und Bevorzugung ist auch diesen eine Wirkung zuzuerkennen, welche den zwischenstaatlichen Handel beeinträchtigt[1814]. Diese Vergütungszahlungen

---

1810 EuGH, Urt. v. 10.11.1982, 261/81, Slg. 1982, 3961, Rn. 10 ff. – Rau/De Smedt; s. näher Rn. 989 ff; *L. Scholz*, Die Rechtfertigung von diskriminierenden umweltpolitischen Steuerungsinstrumenten, 2012, 122.

1811 EuGH, Urt. v. 20.02.1975, 12/74, Slg. 1975, 181, Rn. 14 – Kommission/Deutschland; EuGH, Urt. v. 16.02.1986, 124/85, Slg. 1986, 3935, Rn. 7 – Kommission/Griechenland.

1812 EuGH, Urt. v. 13.03.1984, 16/83, Slg. 1984, 1299, Rn. 21 – Prantl.

1813 So z. B. EuGH, Urt. v. 24.11.1982, C-249/81, Slg. 1982, 4005, Rn. 29 i.V.m. 20 – Kommission/Irland (Buy Irish); EuGH, Urt. v. 11.12.1985, C-192/84, Slg. 1985, 3967, Rn. 21 i.V.m. 10 – Kommission/Griechenland; EuGH, Urt. v. 05.06.1986, C-103/84, Slg. 1986, 1759, Rn. 24 i.V.m. 18 – Kommission/Italien.

1814 *L. Scholz*, Die Rechtfertigung von diskriminierenden umweltpolitischen Steuerungsinstrumenten, 2012, 148.

decken den Unterschied zwischen den höheren Stromgestehungskosten und den niedrigeren Großhandelsmarktpreisen. Auf diese Weise können Anlagenbetreiber ihren Strom zu niedrigen Preisen auf dem Großhandelsmarkt verkaufen, die nur ihre Grenzkosten spiegeln. Wenn allerdings die Einspeisevergütungen oder die Prämienzahlungen nur den Anlagen im Inland gewährt werden, wird die Teilnahme der Anlagen im Ausland erschwert[1815]. So wird der zwischenstaatliche Handel gehemmt und der Binnenmarkt segmentiert.

Zweitens ist die Beschränkung des zwischenstaatlichen Handels auch Folge der Abnahme- bzw. Ankaufspflichten[1816], welchen den Stromlieferanten auferlegt werden. Bei vielen Fördersystemen haben die Stromlieferanten (oder die Netzbetreiber und mittelbar die Stromlieferanten) die Verpflichtung, den Strom vorrangig abzunehmen bzw. anzukaufen. Durch Abnahme- bzw. Ankaufspflichten befinden sich die Strommengen, die der Abnahmepflicht unterliegen, der Verfügungsgewalt der Stromlieferanten. Die Stromlieferanten decken also einen Teil ihrer Lieferverpflichtungen gegenüber ihren Letztverbrauchern[1817]. Auf diesem Weg sind die Stromlieferanten gehindert, ihr Stromportfolio auf dem Markt nach den Marktregeln frei zu gestalten. Demzufolge entsteht ein Rückgang der Nachfrage in Höhe der von den Abnahmepflichten erfassten Strommengen. Dieser Rückgang reduziert wiederum das Absatzpotential für ausländischen Strom[1818]. Dies ist erkennbar sowohl bei den Netzbetreibern, die z. B. weniger Regelenergie nachfragen, weil sie diese mit abzunehmendem EE-Strom abdecken, als auch bei den Stromlieferanten, welche einen Teil des Stroms, den sie an die Letztverbraucher liefern, bereits durch die im Inland abzunehmenden Strommengen gedeckt haben. Im Ergebnis kann die Abnahmepflicht inländischen Stromlieferanten davon abhalten, einen Teil ihres Strombedarfs auch durch Stromimporte aus anderen Mitgliedstaaten zu decken[1819]. Die Folge ist, dass der Zugang zum inländischen Strommarkt in dem Ausmaß der Abnahmeverpflichtung sowohl für konventionelle als auch für erneuerbare Strommengen beschränkt ist[1820]. Die Abnahmepflicht kann nämlich zu einer Abschottung des

---

1815 *Altrock*, „Subventionierende" Preisregelungen, 2002, S. 91; *Kröger*, Die Förderung erneuerbarer Energien, 2015, S. 253; *Gellermann*, DVBl 2000, 509, 514.

1816 So auch *Jacobs*, Europäischer Emissionshandel, Erneuerbare-Energien-Gesetz und das Recht der Umweltbeihilfen, 2016 S. 242.

1817 *L. Scholz*, Die Rechtfertigung von diskriminierenden umweltpolitischen Steuerungsinstrumenten, 2012, 136.

1818 *L. Scholz*, Die Rechtfertigung von diskriminierenden umweltpolitischen Steuerungsinstrumenten, 2012, 138.

1819 *Ehricke*, RdE 2003, 57, 62; *Gebauer/Wollenteit/Hack*, ZNER, 2001, 12, 13.

1820 *Kröger*, Die Förderung erneuerbarer Energien, 2015, S. 251.

inländischen Markts führen[1821]. Im Ergebnis beeinträchtigt die Abnahme- bzw. Ankaufspflicht die Einfuhr von Strom aus anderen Mitgliedstaaten.

Auf die Frage, ob eine nationale Okkupation von Absatzpotenzialen durch Abnahmeinstrumente eine Handelsbeeinträchtigung i.S.d. *Dassonville*-Formel darstellt, hat sich der EuGH in der Rechtssache *Campus Oil* positiv geäußert[1822]. Wenn die nationale Regelung (die Abnahmepflicht) nur die nationalen Sachverhalte erfasst, handelt es sich um eine direkt diskriminierende Maßnahme. Die Abnahmepflicht sperrt nämlich einen Marktanteil des Stroms aufgrund seiner Herkunft. Letztlich ist auch eine potentielle Handelsbeeinträchtigung nach der *Dassonville*-Formel genügend.

Im Ergebnis stellt eine nationale Regelung über die Vergütungszahlungen und eine nationale Regelung über die Abnahme- bzw. Ankaufspflicht des EE-Stroms, der nur im Inland erzeugt wird, eine Maßnahme gleicher Wirkung dar.

b) Die Rechtfertigung der beschränkenden Regelung

Da die EE-Förderungen durch die Vergütungszahlungen und die Abnahme- bzw. Ankaufspflicht des nationalen EE-Stroms eine Maßnahme gleicher Wirkung darstellen, unterliegen sie dem grundsätzlichen Verbot des Art. 34 AEUV, so dass sich die Frage nach der Rechtfertigung stellt. Die Rechtfertigung setzt voraus, dass der Rückgriff auf die primärrechtlichen Rechtfertigungsgründe nicht sekundärrechtlich versperrt ist, dass ein primärrechtlicher Rechtfertigungsgrund vorliegt und dass der Grundsatz der Verhältnismäßigkeit gewahrt ist[1823].

aa) Keine Sperrwirkung durch abschließende Harmonisierung

Nach ständiger Rechtsprechung des EuGH hat das Sekundärrecht eine Sperrwirkung, wenn die Materie durch das Sekundärrecht abschließend harmonisiert ist. Dann ist die nationale Maßnahme anhand der Bestimmungen dieser Harmonisierungsmaßnahme und nicht des Primärrechts zu beurteilen[1824]. Sofern die Materie nicht abschließend harmonisiert ist, ist die nationale Maßnahme

---

1821 *Karpenstein/Schneller*, RdE 2005, 6, 7.

1822 EuGH, Urt. v. 10.07.1984, C-72/83, Slg. 1984, 2727, Rn. 16 – Campus Oil.

1823 So z. B. EuGH, Urt. v. 01.07.2014, C-573/12, EuZW 2014, 115, Rn. 76 – Ålands Vindkraft/Energimyndigheten; EuGH, Urt. v. 11.09.2014, C-204/12 bis 208/12, Rn. 89 – Essent Belgium; *Kröger*, Die Förderung erneuerbarer Energien, 2015, S. 270.

1824 EuGH, Urt. v. 13.12.2001, C-324/99, Slg. 2001, I-9897 – DaimlerChrysler; Urt. v. 13.02.2003, C-228/00, Slg. 2003, I-1939 – Kommission/Deutschland.

am Primärrecht zu beurteilen und primärrechtliche Rechtfertigungsgründe sind anwendbar.

Als Sekundärrecht käme an dieser Stelle die EE-RL in Betracht, welche die Förderung der EE auf Unionsebene regelt. Entscheidend ist hier, ob die EE-RL eine abschließende Harmonisierung i.S. einer erschöpfenden Regelung vornimmt, so dass die Mitgliedstaaten keine Abweichungsmöglichkeiten mehr haben[1825].

Einige Stimmen im Schrifttum sprechen für eine abschließende Harmonisierung der Fördermechanismen[1826]. Diese verkennen jedoch, dass insbesondere Art. 2 S. 2 lit. k und Art. 3. Abs. 3 UAbs. 2 EE-RL den Mitgliedstaaten einen großen Spielraum und die Freiheit gewähren, die EE-Förderung selbst zu gestalten. Dies betrifft sowohl die Erreichung der nationalen EE-Ziele als auch die Förderinstrumente. Die Mitgliedstaaten können frei bestimmen, wie sie die Förderung der EE auf die einzelnen Sektoren (Elektrizität, Wärme, Kälte) verteilen. Nur für den Verkehrssektor sieht die EE-RL ein konkretes Sektorziel (10%) vor[1827]. Eine ähnliche Freiheit besteht hinsichtlich der Förderinstrumente. Die nicht abschließende Aufzählung der Förderinstrumente in Art. 2 S. 2 lit. k EE-RL erlaubt den Mitgliedstaaten, selbst über die geeignetsten Förderinstrumente zu entscheiden. Deswegen haben die EU-Mitgliedstaaten bislang eine Reihe sehr unterschiedlicher Förderinstrumente angewendet[1828]. Zweck dieses Umsetzungsspielraums nach der EE-RL war, das ungestörte Funktionieren der nationalen Förderregelungen sicherzustellen. Man war davon ausgegangen, dass die Mitgliedstaaten am besten Wirkung und Kosten von Maßnahmen anhand des bei ihnen jeweils bestehenden Potentials kontrollieren können. Auch sollte das Vertrauen von Investoren geschützt werden[1829]. In der Literatur wird auch vertreten, dass eine Harmonisierung der Fördersysteme selbst heute noch voreilig wäre, da die

---

1825 *Wagner*, Das Konzept der Mindestharmonisierung, 2011, S. 45 ff; Streinz/*Leible/Schröder*, EUV/AEUV, 2. Aufl. 2012, Art. 114 AEUV, Rn. 26.

1826 So z. B. *Haucap/Klein/Kühling*, Die Marktintegration der Stromerzeugung aus erneuerbaren Energien, 2013, S. 39, die damit argumentieren, dass die RL in Art. 3 Abs. 3 UAbs. 2 den Ausschluss der Förderung des in anderen Mitgliedstaaten produzierten EE-Stroms gerade zulässt. Weitere Stimme sind Frenz/Müggenborg et al./*Ehricke*, EEG, 4. Aufl. 2015, Europäisches Recht, Rn. 44; Altrock/Oschmann/Theobald/*Altrock/Oschmann*, EEG, 4. Aufl. 2013, Einf. Rn. 114.

1827 *Pomana*, Förderung erneuerbarer Energien, 2010, S. 150.

1828 Siehe z. B. *Johnston/Block*, EU Energy Law, 2012, Rn. 12.121 ff.; *Fouquet/Jones* (Hrsg.), EU Energy Law, Bd. III/2, 1. Teile 1 und 2; *Held/Ragwitz et al.*, Design features of support schemes for renewable electricity, 2014, S. 1.

1829 EE-RL, Erwägungsgrund Nr. 25. Darauf wies auch der EuGH mit dem Urt. v. 01.07.2014, C-573/12, EuZW 2014, 115, Rn. 99 – Ålands Vindkraft/

Übertragungskapazität der die nationalen Netze verbindenden Grenzkuppelstellen unzureichend ist[1830].

Aus diesen Gründen nimmt die EE-RL keine abschließende Harmonisierung vor, so dass das Sekundärrecht im Fall der Förderung der EE keine Sperrwirkung hat. Demzufolge ist als zweiter Schritt nach den primärrechtlichen Rechtfertigungsgründen für die Rechtfertigung der Vergütungszahlungen und der Abnahme- bzw. Ankaufspflicht des EE-Stroms als Maßnahmen gleicher Wirkung zu suchen.

bb) Rechtfertigungsgründe

Art. 34 AEUV stellt kein absolutes Verbot dar[1831]. Zunächst ist zu prüfen, ob eine Rechtfertigung nach Art. 36 AEUV greift, der geschriebene Rechtfertigungsgründe wie den Schutz der Gesundheit und des Lebens von Menschen, Tieren und Pflanzen enthält und mit dem eine Rechtfertigung von direkt diskriminierenden Maßnahmen als auch von indirekt diskriminierenden Maßnahmen möglich ist.

Maßnahmen gleicher Wirkung lassen sich aber auch durch ungeschriebene und nicht abschließend durch den EuGH entwickelte Allgemeinwohlinteressen rechtfertigen. Im Gegensatz zu den geschriebenen Rechtfertigungsgründen konnten die ungeschriebenen zwingenden Erfordernisse in den ersten Jahren der EuGH-Rechtsprechung nur indirekt diskriminierende Maßnahmen rechtfertigen[1832].

Grundlage hierfür ist die Cassis-Rechtsprechung. Danach müssen „*Hemmnisse für den Binnenhandel der Gemeinschaft, die sich aus den Unterschieden der nationalen Regelungen über die Vermarktung dieser Erzeugnisse ergeben, hingenommen werden, soweit diese Bestimmungen notwendig sind, um zwingenden Erfordernissen gerecht zu werden, insbesondere den Erfordernissen einer wirksamen steuerlichen Kontrolle, des Schutzes der öffentlichen Gesundheit, der Lauterkeit des Handelsverkehrs und des Verbraucherschutzes*“[1833].

Energimyndigheten hin. So auch EuGH, Urt. v. 11.09.2014, C-204/12 bis 208/12, Rn. 102 – Essent Belgium.

1830 BerlKommEnR/*Steffens*, Bd. 2, Sonderbd., 3. Aufl. 2015, Einleitung zum EEG 2014, Rn. 22; *Calliess/Hey*, JEEPL 2013, 87; *Johnston/Block*, EU Energy Law, 2012, Rn. 12.142 ff.

1831 *Epiney*, in: Ehlers (Hrsg.), Europäische Grundrechte und Grundfreiheiten, 2015, § 8, Rn. 57.

1832 EuGH, Urt. v. 17.06.1981, 113/80, Slg. 1981, 1625, Rn. 11 – Kommission/Irland.

1833 EuGH, Urt. v. 20.02.1979, 120/78, Slg. 1979, 649, Rn. 8 – Cassis de Dijon.

Grund für die Cassis-Formel war, die zu weite *Dassonville*-Formel einzuschränken. Diese Einschränkung dient zugleich der Akzeptanz unionsrechtlicher Begriffsbildung und des Unionsrechts in den Mitgliedstaaten im allgemein. An der Cassis-Formel ist der Widerstreit zwischen den Anforderungen des Warenverkehrs und den zwingenden, im öffentlichen Interesse liegenden Regelungsbedürfnissen der Mitgliedstaaten erkennbar[1834]. Die Cassis-Formel ist nicht abschließend und wurde in den daraufkommenden Jahren weiter bereichert[1835].

Es stellt sich also die Frage, welcher Grund die Vergütungszahlungen und die Abnahme- bzw. Ankaufspflicht des EE-Stroms als Maßnahme gleicher Wirkung rechtfertigen könnte. In Betracht kämen der Schutz der Gesundheit und des Lebens von Menschen, Tieren und Pflanzen und der Umweltschutz.

Der Schutz der Gesundheit und des Lebens von Menschen, Tieren und Pflanzen ist ein geschriebener Grund des Art. 36 AEUV. Der Umweltschutz ist wiederum in Art. 36 AEUV nicht genannt. Es stellt sich erstmals die Frage, ob der Umweltschutz sich von dem Schutz der Gesundheit und des Lebens von Menschen, Tieren und Pflanzen unterscheidet oder ob unter Schutz der Gesundheit und des Lebens von Menschen, Tieren und Pflanzen auch der Umweltschutz enthalten ist.

Der EuGH hat in seinen Entscheidungen zwischen Schutz der Gesundheit und Schutz der Umwelt differenziert. In Rechtssache *Wallonische Abfälle* verneinte er eine Rechtfertigung aus zwingenden Erfordernissen des Gesundheitsschutzes und bejahte eine Rechtfertigung aus zwingenden Erfordernissen des Umweltschutzes. Noch bevor die Ansammlung von Abfällen die Gesundheit gefährdete, stellt sie angesichts der beschränkten Aufnahmekapazität der Region eine Gefahr für die Umwelt[1836]. Daraus ergibt sich, dass die zwei Rechtsgüter unterschiedlich sind. Folglich ist es zu fragen, ob der Schutz der Gesundheit und des Lebens von Menschen, Tieren und Pflanzen in Art. 36 AEUV sich auf den Schutz der Umwelt erstreckt[1837]. In der Rechtssache *Marinex/Italienische Finanzverwaltung* hat er festgestellt, dass Art. 36 AEUV als Ausnahme von der Grundregel, dass alle Hindernisse für den freien Warenverkehr zwischen den Mitgliedstaaten zu beseitigen sind, eng auszulegen ist[1838]. Dies entspricht dem

---

1834 Groeben, von der/Schwarze/Hatje/*Müller-Graff*, EUV/AEUV, 7. Aufl. 2015, Art. 34, Rn. 190.

1835 *Craig/de Burca*, EU Law, Text, case and materials, 2011, S. 649.

1836 EuGH, Urt. v. 09.07.1992, C-2/90, Slg. 1992, I-4431, Rn. 29-30 – Wallonische Abfälle.

1837 *Scholz*, Die Rechtfertigung von diskriminierenden umweltpolitischen Steuerungsinstrumenten, 2012, S. 163.

1838 EuGH, Urt. v. 14.12.1972, C-27/72, Slg. 1972, 1309, Rn. 29-30 – *Marinex/Italienische Finanzverwaltung*.

Grundsatz, dass Ausnahmen von wesentlichen Grundsätzen des Unionsrechts eng auszulegen sind[1839]. Schließlich ist es zu fragen, ob der Schutz der Gesundheit und des Lebens von Menschen, Tieren und Pflanzen ein Rechtfertigungsgrund für die EE-Förderungen sein kann. Die Vergütungsregelungen stellen zusammen mit der Abnahme- und Ankaufspflicht des EE-Stroms[1840] einen vollständigen Rahmen für die Förderung der EE. Die EE werden allerdings vor allem aus Klimaschutzgründen gefördert. Zwar verursacht der Klimawandel Gefahren für die Gesundheit und des Lebens von Menschen, Tieren und Pflanzen, aber es kann nicht hieraus abgeleitet werden, dass die EE-Förderung primär den Schutz dieser Güter bezweckt[1841]. Der Ausbau der EE erfolgt primär aus Umwelt- und Klimaschutzgründen. Die politischen Auswirkungen auf die Gesundheit und das Leben von Menschen, Tieren und Pflanzen sind nur mittelbar[1842]. Anderenfalls würde der Rechtfertigungsgrund der Gesundheit und des Lebens von Menschen, Tieren und Pflanzen konturenlos, da sich letztlich jede Maßnahme des Umweltschutzes mittelbar positiv auf die Gesundheit und das Leben von Menschen, Tieren und Pflanzen auswirkt[1843].

Im Ergebnis kommt in Betracht zur Rechtfertigung der Fördersysteme der Umweltschutz. Wie bereits am Anfang dieses Kapitels erläutert, ist der Umweltschutz eines der Ziele der Union gem. Art. 3 Abs. 3 S. 2 EUV. Da der Umweltschutz nicht zu den geschriebenen Rechtfertigungsgründen des Art. 36 AEUV gehört, stellt sich die Frage, wie er systematisch einzuordnen ist.

Der EuGH hat zum ersten Mal den Umweltschutz als ungeschriebenen Rechtfertigungsgrund mit dem Urteil *Kommission/Dänemark* anerkannt[1844]. Das führende Urteil für die EE-Fördersysteme war jedoch lange das *PreussenElektra-Urteil.* Da hat der EuGH den Umweltschutz[1845] als ungeschriebenen Rechtfertigungsgrund herangezogen, um die diskriminierenden Förderinstrumente des deutschen StrEG zu rechtfertigen. Dies ist allerdings mit folgender dogmatischer Schwierigkeit verbunden: Wie bereits betont, hatte der EuGH ursprünglich durch die ungeschriebenen Rechtfertigungsgründe nur indirekt diskriminierende

1839 So auch EuGH, Urt. v. 27.10.1977, C-30/77, Slg. 1972, 1309, Rn. 33/35 – Bouchereau.

1840 In den jenigen Systemen, in denen sie Anwendung findet.

1841 *Kröger*, Die Förderung erneuerbarer Energien, 2015, S. 266.

1842 *Lecheler*, RdE, 2001, 140, 140.

1843 *Kröger*, Die Förderung erneuerbarer Energien, 2015, S. 266; *Heselhaus*, EuZW, 2001, 645, 647.

1844 EuGH, Urt. v. 20.09.1988, 302/86, Slg. 1988, 4607, Rn. 9 – Kommission/Dänemark (Dänische Pfandflaschen).

1845 EuGH, Urt. v. 13.03.2001, C-379/98, Slg. 2001, I-2099, Rn. 73 ff. – PreussenElektra.

Maßnahmen gerechtfertigt[1846]. Die Fördersysteme, die die Förderung der EE in der Form von Förderregelungen oder/und Abnahme- bzw. Ankaufspflichten im Inland beschränken, stellen allerdings direkt diskriminierende Maßnahmen dar. Vielleicht war genau dies der Grund, warum der EuGH neben dem Umweltschutz auch den geschriebenen Rechtfertigungsgrund des Schutzes der Gesundheit und des Lebens von Menschen, Tieren und Pflanzen zur Rechtfertigung der Diskriminierung angewandt hat[1847]. Auch wenn sich das Gericht nicht ausdrücklich dazu äußerte, ob die Abnahme- und Vergütungspflicht eine direkt diskriminierende Maßnahme war. Das Gericht hat nämlich parallel beide Arten von Rechtfertigungsgründen herangezogen, ohne jedoch klar zu machen, ob der entscheidende Grund der Umweltschutz war. Das Gericht hat also keine ausdrückliche Anerkennung des Umweltschutzes als Rechtsfertigungsgrund für diskriminierende Maßnahmen vorgenommen[1848].

Sechzehn Jahre später hat der EuGH in dem *Ålands Vindkraft*-Urteil die Vereinbarkeit des nationalen schwedischen Fördersystems geprüft. Auch in diesem Fall hat das Gericht nicht ausdrücklich festgestellt, ob die Förderregelungen direkt diskriminierende Maßnahmen darstellten, da es sie als „Beschränkung“ und nicht als „Diskriminierung“ einordnete. Der Fokus lag nämlich nicht im ungleichen Förderanspruch und in der auf diesen bezogenen direkten Diskriminierung ausländischer Grünstromproduzenten, sondern in der handelsbehindernden Wirkung des Fördersystems in der Verhinderung von Stromimporten[1849].

Die Maßnahme stellte allerdings eine direkte Diskriminierung dar, da sie die Förderung an die Herkunft der Ware knüpfte. In der Rechtssache *Ålands Vindkraft* ging es um eine schwedische Zertifikateregelung, die Stromversorger und Nutzer dazu verpflichtete, eine bestimmte Quote ihres Strombedarfs aus EE-Strom zu beziehen. Aus den Materialien zu dem schwedischen Gesetz von 2003 war es deutlich, dass für die Zuteilung von Stromzertifikaten lediglich in Schweden befindliche EE-Anlagen zugelassen werden könnten, obgleich eine solche

---

1846 EuGH, Urt. v. 17.06.1981, 113/80, Slg. 1981, 1625, Rn. 11 – Kommission/Irland; EuGH, Urt. v. 11.05.1989, 25/88, Slg. 1989, 1105, Rn. 10 – Wurmser.

1847 EuGH, Urt. v. 13.03.2001, C-379/98, Slg. 2001, I-2099, Rn. 75 – PreussenElektra.

1848 *Klein*, Rechtliche Rahmenbedingungen für den Ausbau von Wettbewerbselementen bei der Förderung EE, 2015, S. 138. So auch *L. Scholz*, Die Rechtfertigung von diskriminierenden umweltpolitischen Steuerungsinstrumenten, 2012, S. 165 ff; *Scholz*, in: Säcker/Scholz/Sveen, Renewable Energy Law in Europe, S. 83, 95.

1849 *Steffens*, Erneuerbare Energien im Europäischen Binnenmarkt für Elektrizität, i.E., § 7, B.

Beschränkung nicht ausdrücklich im Gesetz von 2011 enthalten sei[1850]. Auf dieser Grundlage verweigerte die zuständige schwedische Behörde dem klagenden Windenergieanlagenbetreiber auf der finnischen Insel Åland, die allerdings über einen Netzanschluss nach Schweden verfügt, die Erteilung von Zertifikaten[1851]. Auch wenn eine solche Beschränkung nicht ausdrücklich im Gesetz von 2011 geregelt war, hat EuGH entschieden, dass die schwedische Förderregelung im Einklang mit Art. 34 AEUV steht[1852]. Zur Rechtfertigung der Maßnahme hat der EuGH auch hier zugleich zum Umweltschutz den Schutz der Gesundheit und des Lebens von Menschen, Tieren und Pflanzen herangezogen[1853].

Aus der oben durchgeführten Analyse ist zu schlussfolgern, dass allein der Umweltschutz als Rechtfertigungsgrund der EE-Förderung in der Form einer Abnahmepflicht und/oder einer finanziellen Förderregelung anzuwenden ist. Es ist deutlich, dass der EuGH Schwierigkeiten hatte, die Fördermaßnahmen als direkt oder indirekt diskriminierende Maßnahmen einzuordnen. Schließlich hat der EuGH die direkt diskriminierenden Maßnahmen der EE-Förderung nicht explizit als solche zugeordnet. Als Rechtfertigungsgrund benutzte er neben dem ungeschriebenen Umweltschutz den geschriebenen Grund des Schutzes der Gesundheit und des Lebens von Menschen, Tieren und Pflanzen. Im Blick hatte der EuGH allerdings den Umweltschutz, wie aus der Vorgehensweise der Urteile abzuleiten ist[1854]. Wäre der Grund tatsächlich der Schutz der Gesundheit, hätte das Gericht den ungeschriebenen Umweltschutz nicht gebraucht. Stimmen im Schrifttum bezeichnen an dieser Stelle den Schutz der Gesundheit als

---

1850 EuGH, Urt. v. 01.07.2014, C-573/12, EuZW 2014, 115, Rn. 12 – Ålands Vindkraft/Energimyndigheten.

1851 *Kahles*, in: T. Müller/Kahl (Hrsg.), Erneuerbare Energien in Europa, 2015, S. 149.

1852 EuGH, Urt. v. 01.07.2014, C-573/12, EuZW 2014 – Ålands Vindkraft/Energimyndigheten.

1853 EuGH, Urt. v. 01.07.2014, C-573/12, EuZW 2014, 115, Rn. 78, 80, 93 – Ålands Vindkraft/Energimyndigheten.

1854 S. z. B. Nach der Heranziehung des Umweltschutzes führt das Gericht fort: „Wie der Gerichtshof bereits ausgeführt hat, bezweckt eine solche vermehrte Nutzung zugleich den Schutz der Gesundheit und des Lebens von Menschen, Tieren und Pflanzen, der in Art. 36 AEUV unter den Gründen des Allgemeininteresses aufgeführt ist (vgl. in diesem Sinne EuGH, Urt. v. 13.03.2001, C-379/98, Slg. 2001, I-02099, Rn. 75 – PreussenElektra)", EuGH, Urt. v. 01.07.2014, C-573/12, EuZW 2014, Rn. 80 – Ålands Vindkraft/Energimyndigheten.

Hilfsargument[1855]. Um solche dogmatische Schwierigkeiten zu beseitigen, ist es empfehlenswert, den Rechtfertigungsgrund des Umweltschutzes auch auf diskriminierende Maßnahmen zu erweitern[1856].

cc) Verhältnismäßigkeit

Die Verhältnismäßigkeit ist ein „allgemeiner Rechtsgrundsatz des Unionsrechts“[1857]. Sowohl bei der Heranziehung der geschriebenen als auch der ungeschriebenen Rechtfertigungsgründe muss die nationale Maßnahme im Einklang mit dem Grundsatz der Verhältnismäßigkeit stehen: „ *[Sie] muss nämlich geeignet sein, die Erreichung des verfolgten Ziels zu gewährleisten, und darf nicht über das hinausgehen, was zu seiner Erreichung erforderlich ist*“[1858]. Die Maßnahme muss also geeignet zur Erreichung des Ziels, erforderlich und angemessen sein. Das Schrifttum ist geteilt, ob das Vorliegen eines legitimen Ziels ein gesonderter Schritt, vor der Geeignetheit der Maßnahme der Verhältnismäßigkeitsprüfung darstellt[1859]. Es wird nun anhand der Schritte der Verhältnismäßigkeit geprüft, ob die nationale beschränkende Maßnahme verhältnismäßig und vereinbar mit der Warenverkehrsfreiheit ist.

(1) Legitimes Ziel

Legitimes Ziel ist nach der EuGH-Rechtsprechung der Schutz der in den grundfreiheitlichen Rechtfertigungsgründen, den ungeschriebenen „zwingenden Erfordernissen“ und den Grundrechten erhaltenen Güter[1860]. Wie bereits erklärt,

---

1855 *L. Scholz*, Die Rechtfertigung von diskriminierenden umweltpolitischen Steuerungsinstrumenten, 2012, S. 165. So auch *Weck*, Die garantierte Einspeisevergütung für Strom nach dem Gesetz über den Vorrang erneuerbarer Energien, 2004, S. 163.

1856 Im Ergebnis auch: *Knebel*, in: Franzius et al., (Hrsg.), FS Klöpfer, 2013, S. 415, 429; *Steffens*, Erneuerbare Energien im Europäischen Binnenmarkt für Elektrizität, i.E., § 7, B; *Frenz*, Handbuch Europarecht, Bd. 1, 2. Aufl. 2012, Kap. 6, Rn. 1200 f.; Auf eine flexiblere Haltung hinsichtlich der zwingenden Erfordernisse hatte bereits GA Jakobs in Rechtssache PreussenElektra hingewiesen, GA Jacobs, EuGH, C-379/98, Slg. 2001, I-2099, Rn. 229 – PreussenElektra.

1857 Seit EuGH, Urt. v. 29.11.1956, 8/55, Slg. 1955/1956, S. 197, 311 – Federation Charbonniere. Ausführlich dazu *Koch*, der Grundsatz der Verhältnismäßigkeit in der Rechtsprechung des Gerichtshofs der Europäischen Gemeinschaft, 2003, S. 174 ff.

1858 EuGH, Urt. v. 11.12.2008, C-524/07, Slg. 2008, I-187, Rn. 54 – Kommission/Österreich; EuGH, Urt. v. 01.07.2014, C-573/12, EuZW 2014, 115, Rn. 76 – Ålands Vindkraft/Energimyndigheten.

1859 Calliess/Ruffert/*Kingreen*, EUV/AEUV, 5. Aufl. 2016, Art. 34-36 AEUV, Rn. 89, m.w.V.

1860 Calliess/Ruffert/*Kingreen*, EUV/AEUV, 5. Aufl. 2016, Art. 34-36 AEUV, Rn. 90.

ist Ziel der EE-Fördersysteme der Umwelt- und Klimaschutz. Der Umweltschutz ist gem. Art. 3 Abs. 3 S. 2 EUV ein Unionsziel. Die Union bezweckt in ihrer Politik ein hohes Maß an Umweltschutz. Gleichzeitig ist der Umweltschutz Teil einer eigenständigen Unionspolitik gem. Art. 191 AEUV. Die EE-Förderung ist eine der Hauptmaßnahmen, die die EU zur Verringerung der CO_2 und zur Einhaltung des Kyotoprotokolls von 2007 und des Pariser Übereinkommens von 2015 eingesetzt hat[1861]. Die Verringerung der CO_2 Emissionen ist wiederum eine der Hauptursachen der Klimaänderungen[1862]. Wie bereits dargestellt, hat auch der EuGH in seinen Entscheidungen den Umweltschutz als legitimes Ziel der EE-Fördersysteme betrachtet[1863].

Nichtdestotrotz bezwecken die EE-Förderregelungen außer dem Umweltschutz auch energiewirtschaftliche Ziele. Die EE-Förderung geht nämlich mit der Lenkung der Energiewirtschaft einher[1864]. Wie bereits ausgeführt, sind die Förderregelungen Instrumente indirekter Verhaltenssteuerung. Sie lenken durch bestimmte (meistens finanzielle) Anreize die Entscheidung der Akteure, so dass sie in EE investieren. Allerdings können nach der EuGH-Rechtsprechung grundfreiheitenbeschränkende Maßnahmen nicht durch Gründe mit wirtschaftlichem Charakter gerechtfertigt werden[1865]. Der Grund hierfür ist, dass die Warenverkehrsfreiheit der Verwirklichung des Binnenmarktes als wirtschaftliches Ziel dient. Dem Ziel des Binnenmarkts würde es ausweislich Art. 4 Abs. 3 EUV zuwiderlaufen, wenn die Mitgliedstaaten die Warenverkehrsfreiheit unter Berufung auf wirtschaftliche Interessen beschränken könnten[1866]. Nichtdestotrotz kann eine andere Bewertung vorgenommen werden, wenn das wirtschaftliche Ziel als Zwischenziel dient, mit Hilfe dessen ein primäres nicht- wirtschaftliches Ziel erreicht werden soll[1867]. Aus diesen Gründen ist es zu schlussfolgern, dass das primäre Ziel der nationalen Fördersysteme der Umweltschutz ist und dass

---

1861 So Erwägungsgrund 1, EE-RL und auch Erwägungsgrund 2 des Vorschl. EE-RL.

1862 EuGH, Urt. v. 01.07.2014, C-573/12, EuZW 2014, 115, Rn. 78 ff. – Ålands Vindkraft/ Energimyndigheten.

1863 EuGH, Urt. v. 01.07.2014, C-573/12, EuZW 2014, 115, Rn. 78 – Ålands Vindkraft/ Energimyndigheten.

1864 *Kröger*, Die Förderung erneuerbarer Energien, 2015, S. 272.

1865 EuGH, Urt. v. 19.12.1961, 7/61, Slg. 1961, 693, 720 – Kommission/Italien; EuGH, Urt. v. 28.04.1998, C-120/95, Slg. 1998, I-1831, Rn. 39 – Decker.

1866 *Frenz*, Handbuch Europarecht, Bd. 1, 2. Aufl. 2012, Kap. 6, Rn. 1077.

1867 Streinz/*Schröder*, EUV/AEUV, 2. Aufl. 2012, Art. 36 AEUV, Rn. 49; *Epiney*, in: Ehlers (Hrsg.), Europäische Grundrechte und Grundfreiheiten, 2015, § 8, Rn. 71; *Kröger*, Die Förderung erneuerbarer Energien, 2015, S. 272.

die damit verbundene Lenkung der Energiewirtschaft nur als Zwischenziel zu betrachten ist. Im Ergebnis ist diese erste Voraussetzung der Verhältnismäßigkeit erfüllt.

(2) Geeignetheit

Weiterhin soll die beschränkende Maßnahme zur Erreichung des Zieles geeignet sein. Nach der EuGH-Rechtsprechung genügt es, wenn die Maßnahme nicht offensichtlich ungeeignet zur Verwirklichung des angestrebten Zwecks ist[1868]. Die territoriale Beschränkung bietet hier Anreize für die Investoren, in EE-Anlagen zu investieren. Dadurch wird die EE-Erzeugung gefördert[1869]. Der „Merit-order-effect" zeigt, dass die EE die konventionellen Kraftwerke aus dem Markt verdrängen. Im Vergleich zu den fossilen Energieträgern weisen die EE einen kleineren Treibhausgasemissionspotenzial auf[1870]. Somit ist die Maßnahme zur Erreichung des Zieles geeignet.

(3) Erforderlichkeit

Weiterhin muss die Maßnahme erforderlich sein. Der Grundsatz der Erforderlichkeit setzt voraus, dass der angestrebte Zweck nicht durch Maßnahmen erreicht werden kann, die den Handel innerhalb der Union weniger beschränken[1871]. Das Ziel – der Umweltschutz – darf also nicht durch ein milderes Mittel erreicht werden können.

Diskutiert als milderes Mittel wurde in der Rechtsprechung und in der Literatur die Öffnung der nationalen Fördersysteme auf in anderen Mitgliedstaaten erzeugten EE-Strom[1872] mit dem Argument, dass der Umweltschutz ein gemeinsames Unionsziel ist, so dass es unerheblich für die Erreichung dieses Zieles sein muss, in welchem Mitgliedstaat der EE-Strom erzeugt wird. Der Beitrag des EE-Stroms zur Verringerung des Abgasausstoßes hängt nämlich nicht von seiner

---

1868 EuGH, Urt. v. 07.02.1973, 40/72, Slg. 1973, Rn. 14 – Schröder.

1869 *Pomana*, Förderung erneuerbarer Energien, 2010, S. 336.

1870 Im Jahr 2016 konnten z. B. in Deutschland 119 Mio. t CO2 vermieden werden, AGEE-Stat aktuell, abrufbar auf https://www.umweltbundesamt.de/service/newsletter/archiv/agee-stat-aktuell-nr-32017, zuletzt abgerufen am 05.04.2018.

1871 EuGH, Urt. v. 20.05.1992, 106/91, Slg. 3351, Rn. 51 – Ramrat.

1872 S. z. B. GA *Jacobs*, Schlussanträge v. 26.10.2000, C-379/98, Rn. 236 – PreussenElektra; GA Bot, Schlussanträge C-204/12 v. 08.05.2013, Rn. 104, 110 ff. – Essent Belgium; GA Bort, Schlussanträge v. 28.01.2014, C-573/12, EuZW 2014, 115, Rn. 103 ff – Ålands Vindkraft; *Iro*, RdE, 1998, 11, 19; *Erk*, Die zukünftige Vereinbarkeit des EEG mit Verfassungs- und Europarecht, 2008, S. 109.

Herkunft ab. Deswegen sei die territoriale Beschränkung nicht erforderlich. Dies war auch das Argument des Generalanwaltes Bot in seinen Schlussanträgen in beiden Rechtssachen *Essent* und *Ålands Vindkraft*[1873].

Auf der anderen Seite ist zu berücksichtigen, dass nach der Einspeisung in das Stromnetz die Herkunft des grünen Stroms nicht mehr bestimmt werden kann. Aus diesem Grund kann eine wirksame Verfolgung der mit den EE verbundenen Umweltschutzziele nur im Stadium der Erzeugung erfolgen[1874].

Darüber hinaus soll die Souveränität des Mitgliedstaates, differenzierte umwelt- und energiepolitische Ziele zu verfolgen, auch berücksichtigt werden. Gem. Art. 194 UAbs. 2 AEUV erlassen die Unionsorgane Maßnahmen zur Verfolgung der Ziele der europäischen Energiepolitik und berühren unbeschadet des Art. 192 Abs. 2 lit. c AEUV *„nicht das Recht eines Mitgliedstaats, die Bedingungen für die Nutzung seiner Energieressourcen, seine Wahl zwischen verschiedenen Energiequellen und die allgemeine Struktur seiner Energieversorgung zu bestimmen"*. Nach der Umweltkompetenz des Art. 192 Abs. 2 lit. c AEUV kann der Rat nur einstimmig Maßnahmen erlassen, welche die Wahl eines Mitgliedstaats zwischen verschiedenen Energiequellen und die allgemeine Struktur seiner Energieversorgung erheblich berühren[1875].

Aus diesem Grund hat jeder Mitgliedstaat eine unterschiedliche Ausgangslage für die Förderung der EE. Darüber hinaus hat jeder Mitgliedstaat ein unterschiedliches EE-Potential. Aufgrund der standortbedingt unterschiedlichen EE-Potentiale und der damit einhergehenden unterschiedlichen Stromgestehungskosten haben die Fördersysteme bislang stets vor dem Hintergrund der konkreten energiewirtschaftlichen Rahmenbedingungen in den Mitgliedstaaten funktioniert[1876]. Jeder Mitgliedstaat verwendet also sein eigenes Fördersystem. Da diese gewissen Vorteile den EE-Erzeugern gewähren, muss jeder Mitgliedstaat die Kosten und die Wirkungen des nationalen Fördersystems kontrollieren können. Es ist bekannt, dass die Kosten der EE-Fördersysteme mehrere Mrd.

1873 GA Bot, Schlussanträge v. 08.05.2013, C-204/12, Rn. 104, 110 ff. – Essent Belgium; GA Bort, Schlussanträge v. 28.01.2014, C-573/12, EuZW 2014, 115, Rn. 103 ff – Ålands Vindkraft/Energimyndigheten.

1874 EuGH, Urt. v. 01.07.2014, C-573/12, EuZW 2014, 115, Rn. 86 – Ålands Vindkraft/Energimyndigheten.

1875 Streinz/*Kahl*, EUV/AEUV, 2. Aufl. 2012, Art. 192 AEUV, Rn. 31 ff; Calliess/Ruffert/*Calliess*, EUV/AEUV, 5. Aufl. 2016, Art. 34-36, Art. 192 AEUV, Rn. 34. Näher zu dem schwierigen Verhältnis zwischen Art. 194 UAbs. 2 AEUV und Art. 192 Abs. 2 lit. c AEUV s. *Ehricke/Hackländer*, ZEuS 2008, 579, 599 f.

1876 *Kröger*, Die Förderung erneuerbarer Energien, 2015, S. 277.

€ pro Jahr betragen. Die Effekte der EE-Förderung wären dann für die Mitgliedstaaten nicht mehr kontrollierbar. Die Steuerungswirkungen nationaler EE-Fördersysteme sollen nämlich den EE-Ausbau begünstigen, der sich in die gesamtwirtschaftlichen Rahmenbedingungen der Mitgliedstaaten einfügt[1877]. Diese Steuerungswirkung wäre unter den gegebenen Bedingungen durch eine Öffnung der nationalen Fördersysteme geschwächt[1878].

Mangels einer einheitlichen europäischen Förderpolitik, mangels eines europäischen Fördermechanismus, eines einheitlichen Förderniveaus, und eines europaweiten Belastungsausgleichs würde damit weiterhin eine ungleichmäßige Belastung nationaler Stromverbraucher einhergehen[1879]. Die EU ist weit von einem europäischen Fördermechanismus entfernt.

Auch der EuGH hat in seinen Entscheidungen *Ålands Vindkraft* und *Essent Belgium* die Erforderlichkeit der beschränkenden Maßnahme bejaht. Dazu beruft er sich auf die EE-RL. Nach dem Gericht machen die Gründe, die der Richtliniengeber in Erwägungsgrund 25 der EE-RL erwähnt, eine territoriale Beschränkung erforderlich[1880]. Diese Gründe sind das ungestörte Funktionieren der nationalen Fördersysteme. Letzteres verlangt, dass die Mitgliedstaaten die Wirkung und die Kosten der nationalen Fördersysteme ihrem jeweiligen Potenzial kontrollieren können. Nur auf diesem Weg bleibt das Vertrauen der Investoren erhalten und können die Mitgliedstaaten wirksame nationale Fördersysteme ausgestalten. Im Ergebnis ist die Beschränkung der nationalen Fördersysteme für die Erreichung des Zieles des Umweltschutzes erforderlich.

(4) Angemessenheit

Zur Erfüllung der Angemessenheit muss die beschränkende Maßnahme in einem angemessenen Verhältnis zum verfolgten Ziel stehen[1881]. Die national ausgerichteten EE-Fördersysteme beschränken einerseits die Warenverkehrsfreiheit, dienen aber andererseits dem Umweltschutz als legitimem Ziel. Bei der Prüfung der Angemessenheit der beschränkenden nationalen EE-Fördersysteme muss der Beitrag für den Umweltschutz mit den Nachteilen für die Warenverkehrsfreiheit

1877 *Kröger*, Die Förderung erneuerbarer Energien, 2015, S. 278.

1878 *Scholz/Moench/Herz*, Grundsatzfragen einer EEG-Reform, 2014, § 8 Rn. 99.

1879 *Kröger*, Die Förderung erneuerbarer Energien, 2015, S. 277.

1880 EuGH, Urt. v. 01.07.2014, C-573/12, EuZW 2014, 115, Rn. 92 ff. – Ålands Vindkraft/Energimyndigheten.

1881 EuGH, Urt. v. 20.09.1988, 302/86, Slg. 1988, 4607, Rn. 6 – Dänische Pfandflaschen.

abgewogen werden[1882]. Das Verhältnis zwischen beiden Unionszielen wurde am Anfang dieses Kapitels bereits diskutiert. Beide Ziele sollen in einem schonenden Ausgleich erfüllt werden. Einerseits ist die Warenverkehrsfreiheit als eine der Grundfreiheiten eine der Grundlagen für die Binnenmarktintegration. Andererseits soll der Binnenmarkt auch aufgrund der Querschnittsklausel des Art. 11 AEUV die Erfordernisse des Umweltschutzes umsetzen.

Im Ergebnis hängt die Angemessenheit einerseits von den Entwicklungen der Binnenmarktintegration und andererseits von den Entwicklungen in der Struktur der Stromerzeugung bzw. von dem Anteil der EE in der Stromerzeugung. Die Prüfung der Angemessenheit kann nämlich nicht statisch sein. Mit der Erhöhung des EE-Anteils an der Stromerzeugung soll sie neu bewertet werden[1883]. Je größer die Binnenmarktintegration und je größer der EE-Anteil, desto stärker sind die handelsbeschränkenden Auswirkungen der nationalen EE-Fördersysteme. Ein weiterer Faktor in diesem Zusammenhang ist die Marktintegration der EE. Je größer die Marktintegration der EE, desto schwächer wird die rechtfertigende Wirkung für eine diskriminierende Förderung außerhalb wettbewerblicher Marktmechanismen[1884].

Eine Milderung der handelsbeschränkenden Auswirkungen erfolgt durch die Öffnung der nationalen EE-Fördersysteme gegenüber anderen Mitgliedstaaten. Unter dem Einfluss der EEAG und den eingeleiteten Beihilfeverfahren der Kommission haben die Mitgliedstaaten ihre Fördersysteme zu einem bestimmten Prozentsatz gegenüber anderen Mitgliedstaaten geöffnet.

Ein weiterer Faktor, der bei der Prüfung der Angemessenheit zu berücksichtigen ist, ist die Dauer der beschränkenden Maßnahme. Der EuGH tendiert dazu, dass eine Beschränkung der Warenverkehrsfreiheit als verhältnismäßig beurteilt werden kann, wenn der Eingriff nur eine vorübergehende Maßnahme darstellt[1885]. Für die EE-Fördersysteme würde es bedeuten, dass eine dauerhaft nationale Ausrichtung irgendwann nicht mehr verhältnismäßig sein muss[1886].

1882 Streinz/*Schroeder*, EUV/AEUV, 2. Aufl. 2012, Art. 36 AEUV, Rn. 56; *Epiney*, Umweltrecht in der Europäischen Union, S. 132.

1883 *Kröger*, Die Förderung erneuerbarer Energien, 2015, S. 281.

1884 BerlKommEnR/*Steffens*, Bd. 2, Sonderbd., 3. Aufl. 2015, Einleitung zum EEG 2014, Rn. 168.

1885 EuGH, Urt. v. 09.07.1992, C-2/90, Slg. 1992, I-4431, Rn. 29 – Kommission/Belgien, EuGH, Urt. v. 12.06.2003, C-112/00, Slg. 2003 I-5659, Rn. 85 – Schmidberger; *Klein*, Rechtliche Rahmenbedingungen für den Ausbau von Wettbewerbselementen auf europäischer Ebene, 2015, S. 149.

1886 So auch *Gundel*, EnWZ, 2014, 99, 105; *Klein*, Rechtliche Rahmenbedingungen für den Ausbau von wettbewerbselementen auf europäischer Ebene, 2015, S. 150.

Ein Prozentsatz, ab dem die Einführungsphase für die EE abgeschlossen sein könnte, und damit eine Beschränkung der Warenverkehrsfreiheit als unverhältnismäßig zu werten wäre, kann allerdings nicht pauschal festgelegt werden[1887].

Der EuGH hat in seinen Urteilen über die EE-Fördersysteme im Wesentlichen die Angemessenheit der Maßnahme im Rahmen der Erforderlichkeit geprüft[1888]. Auch hier hat er auf die EE-RL berufen. Hauptargument war hier die fehlende Harmonisierung durch EE-RL weil die Förderung der EE insgesamt nicht so fortgeschritten war, um auf Unionsebene harmonisiert zu sein. Aus diesem Grund stellte der EuGH fest, dass es den Mitgliedstaaten grundsätzlich frei stehe, durch nationale Regelungen nur die in ihrem Hoheitsgebiet stattfindende EE-Erzeugung zu fördern[1889]. An dieser Stelle verweist der EuGH auf Art. 3 Abs. 3 UAbs. 2 EE-RL, der Ausdruck des Zielkonfliktes zwischen Klimaschutz und Warenverkehrsfreiheit sei, indem er eine Nichtberücksichtigung der EE-Erzeugung im Ausland und somit eine Abweichung der Warenverkehrsfreiheit erlaube[1890]. Art. 3 Abs. 3 UAbs. 2 EE-RL akzeptiert die beschränkenden Wirkungen der nationalen Fördersysteme, sieht aber gleichzeitig eine Erleichterung des zwischenstaatlichen Handels durch Kooperationsmechanismen zwischen den Mitgliedstaaten vor[1891]. So hat der EuGH die handelsbeschränkenden Wirkungen der nationalen Fördersysteme in den Urteilen *Ålands Vindkraft* und *Essent* aus Gründen des Umweltschutzes gerechtfertigt. Diese Entscheidungen waren insofern überraschend, als Generalanwalt Bot in seinen Schlussanträgen die beschränkende Maßnahme ebenso wie Teil der Literatur als unverhältnismäßig erachtet hatte[1892].

1887 *Klein*, Rechtliche Rahmenbedingungen für den Ausbau von Wettbewerbselementen auf europäischer Ebene, 2015, S. 150.

1888 So auch *Kahl*, Umweltprinzip und Gemeinschaftsrecht, 1992, S. 194; *Pomana*, Förderung erneuerbarer Energien, 2010, S. 340; Im Ergebnis auch *Klein*, Rechtliche Rahmenbedingungen für den Ausbau von Wettbewerbselementen bei der Förderung EE, 2015, S. 143.

1889 EuGH, Urt. v. 01.07.2014, C-573/12, EuZW 2014, 115, Rn. 94 – Ålands Vindkraft/Energimyndigheten.

1890 *Kröger*, Die Förderung erneuerbarer Energien, 2015, S. 279.

1891 *Kröger*, Die Förderung erneuerbarer Energien, 2015, S. 279.

1892 In beiden Rechtssachen EuGH, Urt. v. 01.07.2014, C-573/12, EuZW 2014, 115, Rn. 92 ff. – Ålands Vindkraft/Energimyndigheten, EuGH, Urt. v. 11.09.2014, C-204/12 bis 208/12, Rn. 111 ff. – Essent Belgium; *Erk*, Die zukünftige Vereinbarkeit des EEG mit Verfassungs- und Europarecht, 2008, S. 211, 213; BerlKommEnR/*Steffens*, Bd. 2, Sonderbd., 3. Aufl. 2015, Einleitung zum EEG 2014, Rn. 168.

Beide Argumente des EuGH (Heranziehung der Kontrolle der Kosten und Heranziehung der EE-RL) wurden kontrovers diskutiert. Mit der Heranziehung der Kontrolle der Kosten der nationalen Fördersysteme verwendete der EuGH ein Argument wirtschaftlicher Natur, was ein Bruch in der EuGH-Rechtsprechung[1893] war, die bisher grundfreiheitenbeschränkende Maßnahmen nicht durch wirtschaftliche Gründe rechtfertigte[1894]. In *PreussenElektra* war der EE-Anteil noch geringer, und der EuGH hat die wirtschaftliche Dimension des Rechtfertigungsgrundes nicht gebraucht. In den Urteilen *Ålands Vindkraft* und *Essent* war der EE-Anteil allerdings höher und die Befürchtung des EuGH, dass die Mitgliedstaaten die Förderkosten nicht mehr kontrollieren würden, war ersichtlich.

Mit der Heranziehung der EE-RL verwies das Gericht auf Erwägungsgrund 25 und Art. 3 Abs. 3 UAbs. 2 EE-RL, um die Verhältnismäßigkeit der beschränkenden Maßnahme zu beweisen. Dies ist durchaus kritisch zu bewerten. Das Gericht hat sich auf die Richtlinie berufen, die es zuvor als nicht abschließend bewertet hat[1895], um die Maßnahme zu rechtfertigen, die es eigentlich unmittelbar an der Warenverkehrsfreiheit messen müsste. Dies ist aber eine Umgehungspraktik[1896]. Bereits aus diesem Grund kann die Richtlinie keine rechtfertigende Wirkung haben[1897].

Der EuGH hatte Schwierigkeiten, die Fördermaßnahme als direkt oder indirekt diskriminierende Maßnahmen einzuordnen. Weiterhin hat er in zwei Aspekten seine vorige Praxis gebrochen. Einerseits hat er zur Rechtfertigung von direkt diskriminierenden Maßnahmen auch ungeschriebene Gründe (hier den Umweltschutz) herangezogen. Andererseits hat er bei der Verhältnismäßigkeitsprüfung auch Argumente wirtschaftlicher Natur benutzt.

Aus den obigen Ausführungen lässt sich schlussfolgern, dass die Bewertung der Angemessenheit der beschränkenden national ausgerichteten EE-Fördersysteme nicht statisch erfolgen kann und sich auch nicht pauschal beantworten lässt.

1893 Siehe z. B. EuGH, Urt. v. 19.12.1961, 7/61, Slg. 1961, 693, 720 – Kommission/Italien; EuGH, Urt. v. 28.04.1998, C-120/95, Slg. 1998, I-183, Rn. 39 – Decker.

1894 *Steffens*, Erneuerbare Energien im Europäischen Binnenmarkt für Elektrizität, i.E., § 7, B.

1895 EuGH, Urt. v. 01.07.2014, C-573/12, EuZW 2014, 115, Rn. 57-59 – Ålands Vindkraft/Energimyndigheten.

1896 *Steffens*, Erneuerbare Energien im Europäischen Binnenmarkt für Elektrizität, i.E., § 7, B.

1897 So im Ergebnis der GA Bot, Schlussanträge v. 08.05.2013, C-204/12, Rn. 62 – Essent Belgium; *Gundel*, EnWZ 2014, 99, 102.

Sie hängt von Stadium der Binnenmarktintegration und von weiteren Faktoren wie von dem EE-Anteil in der Stromerzeugung und dem Volumen des zwischenstaatlichen Handels des jeweiligen Mitgliedstaates ab. Aus diesem Grund gebietet sich eine einzelfallbezogene Prüfung, die in Bezug auf das deutsche und das griechische Fördersystem in dem jeweiligen Abschnitt jeweils gesondert erfolgt.

3. Der deutsche Rechtsrahmen

Die deutschen EE-Fördersysteme können den zwischenstaatlichen Handel durch zwei Arten von Maßnahmen beschränken: durch finanzielle Förderregelungen und durch die Abnahme- und Ankaufspflicht.

Zunächst ist es festzustellen, dass gem. § 5 Abs. 1 EEG nur Anlagen in den Anwendungsbereich des EEG fallen, wenn und soweit die Erzeugung des Stroms im Staatsgebiet der Bundesrepublik Deutschland einschließlich der deutschen ausschließlichen Wirtschaftszone erfolgt[1898]. Somit gewähren sowohl die Einspeisevergütungen (§§ 19, 48 EEG) als auch die Marktprämie (§§ 19, 20, Anlage 1 EEG) nur den Anlagen auf deutschem Hoheitsgebiet eine Bezuschussung, welche deutlich höher als der Marktpreis ist[1899].

Diese Bezuschussung deckt den Unterschied zwischen Vermarktungserlösen und Gestehungskosten ab[1900]. Ihnen wird letztlich ein Strompreis garantiert, den sie unter normalen Wettbewerbsbedingungen nicht realisieren könnten[1901]. Auf diese Weise können sie ihren Strom zu niedrigen Preisen auf dem Großhandelsmarkt verkaufen, die nur ihre Grenzkosten spiegeln. Anlagen aus anderen Mitgliedstaaten erleiden in Deutschland einen Wettbewerbsnachteil dadurch, dass EE-Strom im Inland unterstützt wird, ihr Strom allerdings nicht[1902]. Den Anlagen aus anderen Mitgliedstaaten, die in das deutsche Netz einspeisen, werden die Vergütungszahlungen verwehrt, so dass ihre Teilnahme am deutschen Strommarkt erschwert wird, da sie im Gegensatz zu den Anlagen in Deutschland

1898 Die Öffnung des deutschen Fördersystems um 5 % (§ 5 Abs. 2 und 6 EEG) wird im Anschluss diskutiert.

1899 S. z. B. KOM, Entsch. v. 20.12.2016, SA.45461, C(2016) 8789 final, Rn. 179 – EEG 2017.

1900 *Kopp et al.*, Wege in ein wettbewerbliches Strommarktdesign für erneuerbare Energien, 2013, S. 10.

1901 *Baer*, Abnahmepflichten und Vergütungspflichten in der Energiewirtschaft, 2008, S. 141.

1902 *Pomana*, Förderung erneuerbarer Energien, 2010, S. 302.

nicht kostendeckend erfolgen kann[1903]. Der Wettbewerbsvorsprung der Anlagen auf deutschem Hoheitsgebiet und der ausschließlichen Wirtschaftszone wirkt sich im Ergebnis nachteilig auf das Importvolumen aus. Aus diesen Gründen beeinträchtigen die deutschen finanziellen Förderregelungen den zwischenstaatlichen Stromhandel und stellen daher eine Maßnahme gleicher Wirkung i.S.d. *Dassonville*-Formel und Art. 34 AEUV dar.

Wie bereits im Abschnitt „Netzintegration“ erläutert, finden im Fördersystem der Einspeisevergütung beide Arten der Abnahme Anwendung. Bei der Direktvermarktung erfolgt allerdings nur die physikalische Abnahme. Die Pflicht, den Strom anzukaufen, in einen Bilanzkreis einzustellen und an die Börse zu verkaufen, hat der Netzbetreiber nur für diejenigen Strommengen, die der Einspeisevergütung unterliegen (§ 11 Abs. 1 S. 2 EEG)[1904]. Das ist die kaufmännische Abnahme, die Gegenstand der vorliegenden Prüfung ist. Die Privilegierung des EE-Stroms liegt darin, dass der Strom durch den Netzbetreiber angekauft wird. Diese Pflicht des Netzbetreibers besteht auch bei negativen Preisen an der Strombörse[1905]. Da zudem der EE-Strom einen niedrigeren Preis als konventioneller Strom hat, verdrängt der EE-Strom den konventionellen aus dem Markt. Dieser „Merit-order-effect“ wurde in dieser Arbeit bereits analysiert[1906].

Der Gesetzgeber hat im Fall des EEG 2014 festgestellt, dass der weiterentwickelte Ausgleichsmechanismus die bestehende Marktabschottung aufgehoben hat[1907]. Dem ist nicht zuzustimmen. In der Zeit der *PreussenElektra*-Rechtsprechung war die AusglMechV noch nicht eingeführt worden. Damals wurden die EVU verpflichtet, eine Quote an EE-Strom zu erfüllen. Diesen EE-Strom mussten sie physikalisch von den Netzbetreibern abnehmen[1908]. Nach der Einführung der AusglMechV trat für die EVU anstelle der Abnahme des EE-Stroms die Pflicht zur Zahlung der EEG-Umlage und somit konnten die EVU ihren Strom an die Börse kaufen bzw. ihr Stromportfolio bestimmen[1909]. Die Tatsache, dass nun die EVU mit der physischen Abnahme nicht mehr belastet sind,

1903 *Kröger*, Die Förderung erneuerbarer Energien, 2015, S. 251; *Pünder*, NVwZ 1999, 1059, 1061; *Bündenbender*, in: Reiff/Habeler/Hendler/Proelß, (Hrsg.) Jahrbuch des Umwelt- und Technikrechts, 2013, S. 92 f.

1904 BT-Drs. 18/1304, S. 123; So auch BerlKommEnR/Steffens, Bd. 6, 4. Aufl. 2017, Einleitung zum EEG, Rn. 6.

1905 Näher dazu s. oben unter „Netzintegration“.

1906 S. unter „Der Einfluss des Strommarkts auf die EEG-Umlage“.

1907 BT-Drs. 16/13188, S. 13.

1908 EuGH, Urt. v. 13.03.2001, C-379/98, Slg. 2001, I-2099, Rn. 5, 6 – PreussenElektra.

1909 *Kröger*, Die Förderung erneuerbarer Energien, 2015, S. 252.

bedeutet nicht, dass die Abnahmepflicht der Netzbetreiber keine Abschottungswirkung mehr hat. Die Senkung des Börsenpreises zeigt, dass der teurere Strom aus konventionellen Kraftwerken wegen des billigeren EE-Stroms aus dem Markt verdrängt wird[1910]. Durch diese Abnahme- bzw. Ankaufspflicht decken also die Stromlieferanten, die den Strom an der Börse kaufen, einen Teil ihrer Lieferverpflichtungen gegenüber ihren Letztverbrauchern.

Darüber hinaus gilt die Abnahme- bzw. Ankaufspflicht der Netzbetreiber nur für den Strom, der in Deutschland erzeugt wird. Ergebnis der Abnahme- bzw. Ankaufspflicht für den deutschen EE-Strom ist, dass die deutschen Stromlieferanten einen Teil des Stroms, den sie an die Letztverbraucher liefern, bereits durch die in Deutschland abzunehmenden Strommengen gedeckt haben und sie diesen Teil nicht durch Stromimporte aus anderen Mitgliedstaaten zu decken brauchen[1911]. Im Ausmaß der Abnahmeverpflichtung ist der Einfuhr von Strom aus anderen Mitgliedstaaten beschränkt. Es handelt sich also um eine Handelsbeeinträchtigung i.S.d. *Dassonville*-Formel, und da die deutsche Regelung nur den deutschen Strom erfasst, handelt es um eine direkt diskriminierende Maßnahme. Der ausländische Strom wird aufgrund seiner Herkunft diskriminiert.

Nunmehr ist die Rechtfertigung der direkt diskriminierenden Maßnahmen des deutschen Fördersystems, nämlich der finanziellen Förderregelungen und der Abnahme- bzw. Ankaufspflicht zu prüfen. Als Rechtfertigungsgrund kommt der Umweltschutz in Betracht. Auch wenn der EuGH bislang die direkt diskriminierenden Maßnahmen der EE-Förderung nicht explizit als solche zugeordnet hat, hat er sie durch die Heranziehung auch des ungeschriebenen Grundes des Umweltschutzes gerechtfertigt. Der Grund des Gesundheitsschutzes müsste als Hilfsargument herangezogen sein, damit das Gericht die dogmatischen Probleme der Rechtfertigung einer direkt diskriminierenden Maßnahme durch einen ungeschriebenen Grund umgehen konnte. Das deutsche Fördersystem kann im Ergebnis durch den Umweltschutz gerechtfertigt werden. Wie bereits ausgeführt, sinken durch die Förderung der EE die Treibhausgasemissionen[1912].

Schließlich soll geprüft werden, ob die beschränkenden EE-Förderregelungen im Einklang mit dem Grundsatz der Verhältnismäßigkeit stehen. Legitimes Ziel ist der Umweltschutz. Nichtdestotrotz bezwecken die EE-Förderregelungen des

---

1910 BerlKommEnR/*Steffens*, Bd. 6, 4. Aufl. 2017, Einleitung zum EEG, Rn. 162.

1911 *Ehricke*, RdE 2003, 57, 62; *Gebauer/Wollenteit/Hack*, ZNER, 2001, 12, 13.

1912 Im Jahr 2016 konnten z. B. in Deutschland 119 Mio. t CO2 vermieden werden, AGEE-Stat aktuell, abrufbar auf https://www.umweltbundesamt.de/service/newsletter/archiv/agee-stat-aktuell-nr-32017, zuletzt abgerufen am 05.04.2018.

EEG außer dem Umweltschutz auch energiewirtschaftliche Ziele wie die Verringerung der volkswirtschaftlichen Kosten (§ 1 EEG). Im Rahmen der Energiewende wird die ganze Energieversorgung in Deutschland umstrukturiert. Es besteht eine Lenkung der Energiewirtschaft[1913]. Dies ist in Hinsicht auf die Tatsache, dass die Rechtfertigungsgründe der grundfreiheitenbeschränkenden Maßnahmen keinen wirtschaftlichen Charakter haben sollen[1914], nicht problematisch. Das wirtschaftliche Ziel dient hier als Zwischenziel mit Hilfe dessen der Umweltschutz erreicht werden soll[1915].

Für die Geeignetheit ist nach der EuGH-Rechtsprechung der Maßstab niedrig, denn es genügt, wenn die Maßnahme nicht offensichtlich ungeeignet zur Erreichung des Zieles ist[1916]. Sowohl die finanziellen Förderungen als auch die Abnahme- bzw. Ankaufspflicht als Säule des Fördermechanismus der festen Einspeisevergütungen haben den Einspeisewilligen die nötige Sicherheit gewährt, in EE-Anlagen zu investieren. Dadurch wurden die EE gefördert und dadurch haben sie den Strom der fossilen Energieträger aus dem Markt verdrängt. Da sie ein kleineres Treibhausgasemissionspotenzial aufweisen[1917], ist die Maßnahme zur Erreichung des Zieles geeignet.

Hinsichtlich der Erforderlichkeit, hat die vorstehende Analyse gezeigt, dass die unterschiedlichen Förderpolitiken der Mitgliedstaaten und die unterschiedlichen Ausgangslagen für die Förderung der EE eine Harmonisierung der EE-Förderregelungen noch nicht erlauben. Mangels einer einheitlichen europäischen Förderpolitik, eines europaweiten Fördermechanismus und eines europaweiten Belastungsausgleichs können die Fördersysteme nur innerhalb der Mitgliedstaaten wirksam und effizient sein. Anderenfalls würden die EE-Förderkosten nicht gleichmäßig verteilt mit der Folge, dass einige Mitgliedstaaten übermäßig belastet werden würden. Auch wenn der heutige Stand des Unionsrechts auf dem Strommarkt – im Gegensatz zu der Zeit der Rechtssache *PreussenElektra* – viele

1913 *Kröger*, Die Förderung erneuerbarer Energien, 2015, S. 272.

1914 EuGH, Urt. v. 19.12.1961, 7/61, Slg. 1961, 693, 720 – Kommission/Italien; EuGH, Urt. v. 28.04.1998, C-120/95, Slg. 1998, I-1831, Rn. 39 – Decker.

1915 Streinz/*Schröder*, EUV/AEUV, 2. Aufl. 2012, Art. 36 AEUV, Rn. 49; *Epiney*, in: Ehlers (Hrsg.), Europäische Grundrechte und Grundfreiheiten, 2015, § 8, Rn. 71; *Kröger*, Die Förderung erneuerbarer Energien, 2015, S. 272.

1916 EuGH, Urt. v. 07.02.1973, 40/72, Slg. 1973, Rn. 14 – Schröder.

1917 Im Jahr 2012 konnten z. B. 101 Mio. t CO2 vermieden werden, BMU, Erneuerbare Energien in Zahlen, S. 26. Im Jahr 2016 stieg diese Angabe auf 119 Mio. t CO2, AGEE-Stat aktuell, abrufbar auf https://www.umweltbundesamt.de/service/newsletter/archiv/agee-stat-aktuell-nr-32017, zuletzt abgerufen am 05.04.2018.

Hemmnisse für den zwischenstaatlichen Stromhandel beseitigt hat, sind die Mitgliedstaaten wegen der hohen EE-Förderkosten für einen einheitlichen europäischen Fördermechanismus noch nicht bereit. Aus diesen Gründen sind die nationalen Fördersysteme für ihre wirksame Funktion weiterhin erforderlich zur Erreichung des Umweltschutzes.

Gleiches gilt auch für das deutsche Fördersystem. Derzeit betragen die Förderkosten der deutschen EE-Erzeugung jährlich über 26 Mrd. €[1918]. Eine komplette Öffnung des deutschen Systems würde die deutschen Letztverbraucher mit zusätzlichen Kosten erheblich belasten. Aus diesen Gründen ist das deutsche, national ausgerichtete Fördersystem, immer noch erforderlich zur Erreichung des Umweltschutzes. Der Umweltschutz kann damit derzeit in erster Linie national erreicht werden.

Nichtdestotrotz müssen die Beschränkungen durch das nationale Fördersystem auch angemessen sein. Sie werden dabei mit den Vorteilen für den Umweltschutz abgewogen. Wie bereits erklärt, wird die Angemessenheit nicht statisch, sondern dynamisch bewertet. Wichtig sind einerseits der Prozess der Binnenmarktintegration und andererseits die Entwicklung der nationalen EE-Erzeugung.

Deutschland strebt die Energiewende und hat als hochambitioniertes Ziel eine Erhöhung des EE-Anteils auf 80% am Bruttostromverbrauch bis 2050. Seit der Zeit des *PreussenElektra*-Urteils (2001) ist der EE-Anteil von 7 % auf 42 % an der Stromerzeugung erheblich gestiegen[1919]. Deshalb stammt fast die Hälfte des erzeugten Stroms in Deutschland gegenwärtig aus EE. Darüber hinaus hat seit 2001 die EU einen viel größeren Grad der Binnenmarktintegration geschafft[1920]. Im Vergleich zu 2001 hat sich im Ergebnis die handelsbeschränkende Auswirkung des deutschen EE-Fördersystems erheblich verschärft[1921]. Auf der anderen

---

1918 BMWi, EEG in Zahlen: Vergütungen, Differenzkosten und EEG-Umlage 2000 bis 2018, 2017, S. 5.

1919 Fraunhofer ISE, Jährlicher Anteil erneuerbarer Energien an der Stromerzeugung in Deutschland, 2018, abrufbar auf https://www.energy-charts.de/ren_share_de.htm?source=ren-share&period=annual&year=all, zuletzt abgerufen am 05.04.2018.

1920 Näher dazu s. z. B. *Haffner/Batura et. al*, Competition policy and an internal energy market, 2017, S. 17 ff.

1921 *Klein*, Rechtliche Rahmenbedingungen für den Ausbau von Wettbewerbselementen bei der Förderung EE, 2015, S. 148. Vgl. *Haucap/Klein/Kühling*, Die Marktintegration der Stromerzeugung aus erneuerbaren Energien, 2013, S. 38; *Erk*, Die zukünftige Vereinbarkeit des EEG mit Verfassungs- und Europarecht, 2008, S. 212 f.; *Pielow*, EurUP 2013, 150, 163.

Seite sind die Mitgliedstaaten angeregt, die sog. Kooperationsmechanismen (Art. 5-8 EE-RL) zur Öffnung der nationalen Fördersysteme einzusetzen. Unter diesem Hintergrund wurde das deutsche Fördersystem seit 2014 anderen Mitgliedstaaten zum 5 % der jährlich zu installierenden Leistung geöffnet (§ 5 Abs. 6 EEG). Diese Öffnung ist eine Minderung der beschränkenden Wirkung der nationalen Ausrichtung des deutschen Fördersystems. Es stellt sich also die Frage, ob die Öffnung zum 5 % die negativen Auswirkungen der Beschränkung ausgleichen kann.

Es muss aber auch berücksichtigt werden, dass der deutsche Gesetzgeber sich bereits seit dem ersten EEG im Jahr 2000 mit der Förderung der EE auseinandergesetzt und Ziele für die Zukunft formuliert hat[1922]. Inzwischen verfügt er über langfristige Erfahrungen mit der Förderung der EE und stellt die hoch ambitionierten Ausbauziele bis 2050. Die Einführungsphase ist seit dem Jahr 2000 abgeschlossen[1923].

Aus diesen Gründen reicht die Öffnung des deutschen Fördersystems gegenüber anderen Mitgliedstaaten um 5 % nicht aus, um die handelsbeschränkenden Auswirkungen des deutschen EE-Fördersystems auszugleichen. Das deutsche Fördersystem genügt deshalb nicht den Anforderungen der Angemessenheit. Im Ergebnis stellt das deutsche Fördersystem durch die Vergütungszahlungen und durch die Abnahme- und Ankaufspflicht eine Einfuhrbeschränkung i.S.d. Art. 34 AEUV dar, die nicht mehr verhältnismäßig zur Erreichung des Umweltschutzes ist. Es lässt sich schlussfolgern, dass das deutsche Fördersystem gegen Art. 34 AEUV verstößt.

4. Der griechische Rechtsrahmen

Wie bereits in dieser Arbeit dargestellt, fördert der griechische Gesetzgeber die EE durch ein Fördersystem, welches – genauso wie das deutsche – sich auf den finanziellen Förderregelungen einerseits und auf der Abnahme- bzw. Kaufpflicht des LAGIE andererseits stützt.

Zunächst ist es festzustellen, dass Art. 3 Abs. 2 u. 5 G. 4414/2016 ausdrücklich regeln, dass die EE-Anlagen, welche am System oder am Verteilernetz

1922 *Klein*, Rechtliche Rahmenbedingungen für den Ausbau von Wettbewerbselementen bei der Förderung EE, 2015, S. 150.

1923 So auch *Klein*, Rechtliche Rahmenbedingungen für den Ausbau von Wettbewerbselementen bei der Förderung EE, 2015, S. 151; *Ludwigs*, EuZW 2014, 620, 628; *Gundel*, EnWZ 2014, 99, 105; Im Ergebnis BerlKommEnR/*Steffens*, Bd. 2, Sonderbd., 3. Aufl. 2015, Einleitung zum EEG 2014, Rn. 168.

angeschlossen und in Betrieb sind, durch das Förderregime der festen Einspeisevergütungen oder der Marktprämie gefördert werden[1924]. Daraus ergibt sich, dass das griechische Fördersystem nur Anlagen betrifft, welche im Staatsgebiet Griechenlands ansässig sind.

Sowohl die Einspeisevergütungen[1925] als auch die Marktprämie[1926] gewähren den in Griechenland ansässigen Anlagenbetreibern einen Zuschuss, der über dem Marktpreis liegt[1927]. Die Vergütung deckt den Unterschied zwischen Vermarktungserlösen und Gestehungskosten ab. Nur dadurch können sie am IEP teilnehmen, welcher nur die Grenzkosten der Erzeuger abdeckt. Durch die Vergütungszahlungen erhalten sie einen Wettbewerbsvorteil, den sie unter normalen Marktbedingungen nicht erlangen könnten. In dieser Stärkung der Wettbewerbsposition von ausschließlich inländischer Erzeugung liegt eine Absatzerschwernis für ausländische Stromerzeuger[1928]. Anlagen in anderen Mitgliedstaaten, die in das griechische Netz einspeisen, erhalten die Vergütungszahlungen nicht. Sie nehmen deswegen nicht am griechischen IEP teil. Ihre Teilnahme am IEP würde ihre (Voll)kosten nicht abdecken. Demzufolge ist der Zugang zum griechischen Strommarkt beschränkt. Dies bedeutet, dass der ausländische Strom aufgrund seiner Herkunft diskriminiert wird. Aus diesen Gründen beeinträchtigen die griechischen finanziellen Förderregelungen den Stromhandel zwischen den Mitgliedstaaten und stellen daher eine Maßnahme gleicher Wirkung i.S.v. Art. 34 AEUV dar.

Weiterhin legt das griechische Fördersystem der Einspeisevergütungen – genauso wie das deutsche – den Netzbetreibern eine Abnahme- bzw. Kaufpflicht des EE-Stroms auf. Alle Stromerzeuger nehmen am Großhandelsmarkt IEP teil, indem sie ihre Einspeisungsangebote vorliegen[1929]. Im Fall der EE ist LAGIE

1924 Die Öffnung des griechischen Fördersystems den im Ausland ansässigen Anlagenbetreibern (Art. 7 Abs. 2 G. 4414/2016) wird im Anschluss diskutiert.

1925 Art. 3 Abs. 5 u. 18 i.V.m. Art. 10 G. 4414/2016.

1926 Art. 3 Abs. 2 u. 15 i.V.m. Art. 9 G. 4414/2016.

1927 Wie bereits erläutert, gelten heute seit 2015 allerdings keine festen Tarife. Die Vergütung für die PV-Anlagen beträgt 1,1 * durchschnittlichen OTS des vorigen Jahres, Art. 1 Min. Beschl. 2262/2012. Der Gesetzgeber wollte dise Regelung mit dem G. 4414/2016 ändern, aber der einschlägige Min. Beschl. ist noch nicht erlassen worden, YPEKA, Beschreibung des Fördersystems für die EE/SITHYA-Anlagen, Konsultationspapier, 2016, S. 20, abrufbar unter http://www.ypeka.gr/LinkClick.aspx?fileticket=xWlvcv51hrw%3D&tabid=232&language=el-GR, zuletzt abgerufen am 11.03.2018.

1928 *Kröger*, Die Förderung erneuerbarer Energien, 2015, S. 254.

1929 Art. 23 KSIE.

verpflichtet, den Strom von den Anlagenbetreibern jede Stunde abzunehmen und ihn am IEP „ohne Preis“ anzubieten (Art. 13 B i.V.m. 29 Abs. 4 KSIE). Diese Regelung bezweckt die kaufmännische Abnahme des EE-Stroms, da er immer abgerufen und verkauft wird. Gegenwärtig und bis die griechische Strombörse geschaffen wird, müssen auch die Anlagenbetreiber die der Direktvermarktung (durch Marktprämie und Ausschreibungen) unterliegen, den „Vertrag für Transaktionen am IEP“ mit LAGIE abschließen und ihren Strom an IEP verkaufen[1930]. Nun verkauft allerdings LAGIE nicht in seinem Namen – wie im Modell der Einspeisevergütungen – sondern im Namen der Anlagenbetreiber ihren EE-Strom an IEP[1931]. In diesem Fall leitet LAGIE lediglich die EE-Strommengen an den IEP „durch“. Die andere Möglichkeit der Anlagenbetreiber im Fördersystem der Marktprämie und Ausschreibungen ist es, den Strom durch die Direktvermarktungsunternehmen (FoSE) an IEP zu verkaufen. Ab Sommer 2018 werden die Anlagenbetreiber auch bilaterale Verträge abschließen werden können, wenn Griechenland die griechische Strombörse und die dazu gehörenden Märkte gem. G. 4512/2018 schafft[1932]. Aus den vorstehenden Ausführungen ergibt sich, dass der LAGIE nur im Fördersystem der Einspeisevergütungen eine Pflicht für die kaufmännische Abnahme und den Weiterverkauf des Stroms hat.

Wie auch im EEG, sind die Anlagen im Fördersystem der Einspeisevergütungen privilegiert, da ihr Strom auf alle Fälle durch den Netzbetreiber angekauft und an IEP weitergekauft wird. Auch in Griechenland wird der teurere konventionelle Strom aus dem Markt verdrängt. Demzufolge decken die Stromlieferanten, die den Strom an IEP kaufen, durch diese Abnahme- bzw. Ankaufspflicht einen Teil ihrer Lieferverpflichtungen gegenüber ihren Letztverbrauchern. Die Abnahme- bzw. Ankaufspflicht des LAGIE besteht nur für den Strom der in Griechenland erzeugt wird[1933]. Wie auch das EEG sieht das griechische G. 4414/2016 die Öffnung des griechischen Fördersystems der Ausschreibungen an andere Mitgliedstaaten zu einem kleinen Prozentanteil (Art. 7 Abs. 2). Für diese Strommengen hat allerdings der LAGIE keine Abnahme- bzw. Ankaufspflicht. Im Ergebnis ist ein Teil des Stroms der griechischen Stromlieferanten bereits durch die in Griechenland abzunehmenden Strommengen gedeckt. Dieser Teil wird nicht durch Stromimporte aus anderen Mitgliedstaaten gedeckt. Demzufolge ist

1930 Art. 5 G. 4414/216.

1931 Vgl. auch Art. 5 Abs. 3 Min. Beschl. 187480/2016, Art. 5 Abs. 10 G. 4414/2016.

1932 Die sind der Day-Ahead-Markt, der Intraday-Markt, den Terminmarkt und den Regelenergiemarkt.

1933 Dies ergibt sich aus Art. 3 Abs. 2 u. 5 G. 4414/2016 i.V.m. Art. 9 Abs. 1 lit. a G. 3468/2006.

der Zugang zum griechischen Strommarkt in dem Ausmaß der Abnahmeverpflichtung beschränkt. Im Ergebnis stellt die Abnahme- bzw. Ankaufspflicht des griechischen Gesetzes eine Handelsbeschränkung i.S.d. *Dassonville*-Formel dar und da die griechische Regelung nur den griechischen Strom erfasst, wird der ausländische Strom aufgrund seiner Herkunft diskriminiert. Wie in Deutschland handelt es um eine direkt diskriminierende Maßnahme.

Es soll weiterhin geprüft werden, ob die diskriminierenden Maßnahmen des griechischen Fördersystems gerechtfertigt werden können. Die vorstehende Analyse hat gezeigt, dass der Umweltschutz als primärrechtlicher Grund die beschränkenden Maßnahmen zur Förderung der EE rechtfertigt[1934].

Schließlich soll die Verhältnismäßigkeit der Maßnahmen geprüft werden. Legitimes Ziel ist der Umweltschutz. Auch wenn das griechische Gesetz auch energiewirtschaftliche Ziele wie die Optimierung der Kosten-Nutzen-Relation für die Gesellschaft oder die Diversifizierung des nationalen Energiemixes bezweckt[1935], dienen diese Ziele hier als Zwischenziele mit Hilfe dessen das primäre Ziel des Umweltschutzes erreicht werden soll.

Weiterhin sind die beschränkenden Maßnahmen zur Erreichung des Zieles des Umweltschutzes geeignet. Das griechische Fördersystem hat durch die Vergütungszahlungen und die Abnahme- bzw. Ankaufspflicht den Anlagenbetreibern den entscheidenden Anreiz gegeben, um in EE-Anlagen zu investieren. Dadurch wurden die EE massiv gefördert.

Darüber hinaus muss die nationale Maßnahme zur Erreichung des Zieles erforderlich sein. Der heutige Stand der Entwicklung der EE europaweit, das Fehlen eines einheitlichen europäischen Fördermechanismus und eines Wälzungsmechanismus macht die Beschränkung der nationalen Fördersysteme in ihrem Hoheitsgebiet noch erforderlich. Die Mitgliedstaaten sind weit von einem einheitlichen Förderregime entfernt. Damit das griechische Fördersystem ungestört funktionieren kann, muss das Land Wirkung und Kosten des Fördersystems kontrollieren können. Derzeit betragen die Förderkosten der griechischen EE-Erzeugung ca. 1,9 Mrd. € jährlich[1936]. Eine komplette Öffnung des griechischen Fördersystems würde das LAGIE-Konto, welches nach mehreren Jahren erst Dezember 2017 wieder ausgeglichen ist[1937], aber auch die griechischen Letztverbraucher erheblich belasten. Im Ergebnis ist das national ausgerichtete

1934 Näher dazu s. oben.

1935 Art. 1 lit. b, c G. 4414/2016.

1936 RAE, Entsch. v. 20.12.2017, 1101/2017.

1937 LAGIE, Μηνιαίο Δελτίο Ειδικού Λογαριασμού ΑΠΕ & ΣΥΘΗΑ, Dez. 2017, S. 10.

griechische Fördersystem weiterhin erforderlich zur Erreichung des Umweltschutzes.

Allerdings muss die Beschränkung des griechischen Fördersystems auch angemessen zur Erreichung des Zieles sein. Bei der Angemessenheitsprüfung wird die Beschränkung der Warenverkehrsfreiheit mit dem Umweltschutz abgewogen.

Griechenland hat sein nationales Ziel auf einen EE-Anteil bei 20 % am Brutto-Endenergieverbrauch (Art. 1 Abs. 3 G. 3851/2010) festgesetzt. Gegenwärtig liegt der EE-Anteil am Strommix in Griechenland (installierte Netto-Leistung zur Stromerzeugung) bei 30 %[1938]. Weiterhin stammte 20 % der tatsächlichen Stromerzeugung im Februar 2018 aus EE[1939]. Diese Angaben belegen, dass auch in Griechenland die EE seit der Einführung des griechischen Fördersystems durch G. 3468/2006 erheblich gestiegen sind. Im Ergebnis ist auch die handelsbeschränkende Auswirkung des griechischen EE-Fördersystems deutlich verschärft.

Auf der anderen Seite kommt Griechenland seinen Verpflichtungen, so wie sie in Art. 5-8 EE-RL und in der Entscheidung der Kommission festgesetzt sind[1940], für die Öffnung des griechischen Fördersystems nach. Das Land hat durch Art. 7 Abs. 2 G. 4414/2016 die partielle Öffnung der Ausschreibungen gegenüber den EE-Erzeugern aus anderen Mitgliedstaaten in einer bestimmten Höhe der jährlich geplanten Neukapazitäten eingeführt[1941]. Der Umfang der Öffnung der griechischen Ausschreibungen gegenüber jedem einzelnen Land „RESCref_country" ergibt sich aus einer Formel, welche den pro Land importierte EE/SITHYA-Strom im Jahr vor der Ausschreibung, den inländischen Endstromverbrauch und die Neukapazität der EE/SITHYA-Anlagen in Griechenland im Jahr vor der Ausschreibung berücksichtigt[1942]. Nach Einschätzungen wird die Öffnung bei ca. 3,5 % der Neukapazität der EE/SITHYA-Anlagen liegen[1943].

Schließlich stellt sich die Frage, ob die Einführungsphase des Fördersystems in Griechenland als abgeschlossen betrachtet werden kann. Das griechische Fördersystem ist jünger als das deutsche, gleichwohl werden die EE-Anlagen auch

1938 LAGIE, Μηνιαίο Δελτίο Συστήματος Συναλλαγών ΗΕΠ, Feb. 2018, S. 7.

1939 LAGIE, Μηνιαίο Δελτίο Συστήματος Συναλλαγών ΗΕΠ, Feb. 2018, S. 16.

1940 KOM, Entsch. v. 16.11.2016, SA.44666, C(2016) 7272 final, Rn. 76 – Greece.

1941 Diese Vorschrift sieht lediglich vor, dass die Methodologie und der Prozess der Bestimmung der Kapazität, welche den Anlagenbetreibern aus EU und EWR-Ländern geöffnet wird, durch Min. Beschluss geregelt werden wird.

1942 Art. 7 Abs. 1 Min. Beschl. 184573/2017.

1943 KOM, Entsch. v. 16.11.2016, SA.44666, C(2016) 7272 final, Rn. 76 – Greece.

in Griechenland seit 2006 durch ein umfassendes Fördersystem gefördert. Vor diesem Hintergrund kann die Einführungsphase als abgeschlossen betrachtet werden.

Aus diesen Gründen ist der Umfang der Öffnung des griechischen Fördersystems gegenüber den anderen Mitgliedstaaten um 3,5 % nicht ausreichend, um die handelsbeschränkenden Auswirkungen des Fördersystems auszugleichen. Die Voraussetzung der Angemessenheit der beschränkenden Maßnahme ist nicht erfüllt. Aus dem Vorstehenden folgt, dass das griechische Fördersystem durch die Vergütungszahlungen und durch die Abnahme- und Ankaufspflicht eine Einfuhrbeschränkung i.S.d. Art. 34 AEUV darstellt, welche nicht mehr verhältnismäßig zur Erreichung des Umweltschutzes ist. Im Ergebnis verstößt das griechische Fördersystem gegen Art. 34 AEUV.

IV. Vereinbarkeit mit Art. 30 und 110 AEUV

1. Verhältnis zwischen Art. 30/110 und 107 AEUV

Weiterhin stellt sich die Frage, ob die Ausgestaltung der Fördersysteme auch den Vorgaben der Art. 30 und 110 AEUV entsprechen müssen. Hierfür ist das Verhältnis dieser beiden Vorschriften zu Art. 107 AEUV maßgebend.

Die Art. 30 und 110 AEUV verbieten fiskalische Handelsbeschränkungen. So verbietet Art. 30 AEUV Zölle oder Abgaben gleicher Wirkung zwischen den Mitgliedstaaten. Unter Abgaben gleicher Wirkung sind u.a. auch die *„einseitig auferlegten Belastungen, die dadurch, dass sie speziell die aus einem Mitgliedstaat eingeführten Waren, nicht aber gleichartige einheimische Waren treffen, jene Waren verteuert…“*[1944]. Das entscheidende Kriterium ist der Grenzübertritt der Ware[1945]. Art. 110 AEUV verbietet die unterschiedliche Besteuerung zu Lasten ausländischer Waren, wenn die besteuerten Waren gleichartig (Abs. 1) oder nicht ungleichartig aber dennoch konkurrierend (Abs. 2) sind[1946]. Das Wort Abgabe ist weit erfasst, so dass unter Art. 110 AEUV auch solche Abgaben fallen, die nicht in den allgemeinen Haushalt des Staates fließen oder die als

1944 EuGH, Urt. v. 14.12.1962, 2, 3/62, Slg. 1962, 813 – Kommission/Luxemburg, Belgien; EuGH, Urt. v. 21.09.2000, C-441/98 und C-442/98, Slg. 2000, I-7145 – Michaïlidis.

1945 Seit EuGH, Urt. v. 14.12.1962, 2, 3/62 Slg. 1962, 813 – Kommission/Luxemburg, Belgien.

1946 *Steffens*, Erneuerbare Energien im Europäischen Binnenmarkt für Elektrizität, i.E., § 5, B.

„Sonderabgabe“ getrennt vom Staatshaushalt verwaltet werden[1947]. Für die Öffnung des Anwendungsbereichs sowohl des Art. 30 als auch des Art. 110 AEUV muss die Maßnahme eine Abgabenqualität haben[1948]. Nach der EuGH-Rechtsprechung bedeutet die Abgabeneigenschaft eine einseitig[1949] und hoheitlich auferlegte Geldleistung[1950], die gegenleistungsfrei ist[1951].

Wie Art. 34 AEUV haben die Art. 30 und 110 AEUV ein mit dem Beihilfenbegriff gemeinsames Element. Dies ist im Fall der Art. 30 und 110 AEUV die „Staatlichkeit“. Wie bereits diskutiert, verlangt Art. 107 AEUV, dass die Begünstigung staatlich oder aus staatlichen Mitteln finanziert ist. Art. 30 und 110 AEUV verbieten fiskalische Handelshemmnisse, mithin um Abgaben, die nach dem EuGH durch den Staat erhoben werden[1952]. Auch wenn private Stellen Abgabemittel erheben, können diese Mittel eine Beihilfe darstellen, wenn der Staat die Kontrolle über die Mittel und über die Entscheidung zur Erhebung der Mittel ausübt, wenn also sie dem Staat „zugerechnet“ werden können[1953].

Im Ergebnis ist auch das Verhältnis zwischen Art. 30 und 110 AEUV und Art. 107 AEUV – wie das Verhältnis zwischen Art. 34 AEUV und Art. 107 AEUV – nicht trennscharf. Entscheidend ist hier das Trennbarkeitskriterium, welches EuGH im Fall *Ianelli* eingeführt hat. Wenn die Beihilfe und die Abgabe untrennbar verbunden sind, wenn also ein „zwingender Zusammenhang“[1954]

1947 Calliess/Ruffert/*Waldhoff*, EUV/AEUV, 5. Aufl. 2016, Art. 110 AEUV, Rn. 10; EuGH, Urt. v. 22.03.1977, 74/76, Slg. 1977, 557, Rn. 9/10 – Iannelli & Volpi/Meroni.

1948 EuGH, Urt. v. 11.06.1992, C-149/91 u. C-150/91, Slg. 1992, I-3899, Rn. 20 – Sanders Adour.

1949 Siehe z. B. EuGH, Urt. v. 16.06.1966, 52/65, Slg. 1966, 227, 235 – Deutschland/Kommission der EWG.

1950 Siehe z. B. EuGH, Urt. v. 19.06.1973, 77/72, Slg. 1973, 611, Rn. 12 – Capolongo/Azienda Agricola Maya.

1951 Siehe z. B. EuGH, Urt. v. 09.11.1983, 158/82, Slg. 1983, 3573, Rn. 19 – Kommission/Dänemark: Erdnüsse.

1952 EuGH, Urt. v. 27.09.1988, 18/87, Slg. 1988, 5427, Rn. 5 – Kommission/Deutschland; EuGH, Urt. v. 25.11.1981, 4/81, Slg. 1981, 2835, Rn. 20 – Hauptzollamt Flensburg/Andresen.

1953 Näher dazu s. oben.

1954 Kriterien für das Vorhanden des zwingenden Zusammenhangs sind die feste Verwendungsbestimmung der Abgabe zur Finanzierung der Beihilfe und die Verknüpfung der Abgabenhöhe mit dem Beihilfeumfang (Siehe z. B. EuGH, Urt. v. 22.12.2008, C-333/07, Slg. 2008, I-10807, Rn. 99 – Regie Networks; EuGH, Urt. v. 21.10.2003, C-261/01 u. C-262/01, Slg. 2003, I-12249, Rn. 46 – van Calster und Cleeren). Dies ist der Fall wenn z. B. „die Beiträge (also die Abgabe) speziell und ausschließlich für die zwischen den beiden besteht, ist eine Maßnahme im Beihilfeverfahren durch die Kommission zu prüfen[1955]. Im Beihilfeverfahren wird auch die Vereinbarkeit mit sonstigem Primärrecht geprüft. Dies hat der EuGH in jüngeren Entscheidungen bestätigt[1956]. Die Kommission ist dem im Fall der EE-Fördersysteme in Bezug auf Art. 110 AEUV bereits gefolgt[1957]. Überdies sehen auch die EEAG der Kommission einen solch umfänglichen Prüfungsumfang vor[1958]. Diese prozedurale Konzentrationswirkung bedeutet allerdings keine materielle Konzentrationswirkung[1959].

Der EuGH hat in Rechtssache *Sovraprezzo* zwischen der Abgabenverwendung und der Abgabenerhebung unterschieden[1960]. Die Verwendung der Abgabe

---

Finanzierung der Beihilfemaßnahmen erhoben werden" (EuGH, Urt. v. 21.10.2003, C-261/01 u. C-262/01, Slg. 2003, I-12249, Rn. 55 – van Calster und Cleeren).

1955 EuGH, Urt. v. 22.03.1977, 74/76, Slg. 1977, 557, Rn. 14 – Iannelli & Volpi/Meroni.

1956 EuGH, Urt. v. 21.10.2003, C-261/01 u. C-262/01, Slg. 2003, I-12249, Rn. 49 – van Calster und Cleeren; EuGH, Urt. v. 27.11.2003, C-34/01 bis C-38/01, Slg. 2003, I-14243, Rn. 44 – Enirisorse; EuGH, Urt. v. 15.07.2004, C-345/02, Slg. 2004, I-7139, Rn. 29 – Pearle; EuGH, Urt. v. 14.04.2005, C-128/03 und 129/03, Slg. 2005, I-2861, Rn. 45 – AEM.

1957 KOM, Entsch. v. 19.3.2003, N 707 und 708/2002, C 148/12 v. 25.06.2003 (Einspeiseregelung); Entsch. v. 24.04.2007, K(2007) 1181, C 7/2005, Rn. 56 (Slowenische EE-Förderung); So hat sie auch im Beihilfeverfahren für das EEG getan.

1958 „*Wenn eine Beihilfemaßnahme oder die mit ihr verbundenen Bedingungen (einschließlich der Finanzierungsmethode, wenn dieser feste Bestandteil der Maßnahme ist) zwangsläufig zu einem Verstoß gegen Unionsrecht führen würden, kann die Beihilfe nicht für mit dem Binnenmarkt vereinbar erklärt werden. So muss im Bereich Energie jede auf die Finanzierung einer staatlichen Beihilfe ausgerichtete Abgabe insbesondere mit den Artikeln 30 und 110 AEUV im Einklang stehen.*", EEAG, Rn. 29.

1959 *Steffens*, Erneuerbare Energien im Europäischen Binnenmarkt für Elektrizität, i.E., § 6, A.

1960 „*Selbst wenn die Finanzierungsweise die anderen Voraussetzungen des EG-Vertrags, insbesondere die des Artikels 95 EG-Vertrag (nun Art. 110 AEUV), erfüllt, bedeutet dies nicht, dass die betreffende Maßnahme im Hinblick auf die Artikel 92 und 93 EG-Vertrag (nun Art. 107 und 108 AEUV) rechtmäßig ist (vgl. in diesem Sinne das eben erwähnte Urteil Frankreich/Kommission, Randnr. 13). Es ist denkbar, dass eine Beihilfe im eigentlichen Sinne den Handel zwischen Mitgliedstaaten nicht wesentlich verändert und daher als zulässig anerkannt werden kann, aber ihre störende Wirkung durch eine Finanzierungsweise verstärkt wird, die die gesamte Regelung als unvereinbar mit einem einheitlichen Markt und dem gemeinsamen Interesse erscheinen lässt (vgl. das eben erwähnte Urteil Frankreich/Kommission, Randnr. 16).*", EuGH, Urt. v. 21.05.1980, 73/79, Slg. 1980, 1533, Rn. 11 – Kommission/Italien (Sovraprezzo).

ist an Art. 107 Abs. 3 AEUV zu messen. Die Erhebungsmodalitäten[1961], in anderen Worten die „Finanzierungsmodalitäten", sind aber weiterhin an Art. 30/110 AEUV zu messen[1962]. Am Beispiel des deutschen und des griechischen EE-Fördersystems bedeutet dies, dass die finanzielle Förderung (Abgabeverwendung) an Art. 107 Abs. 3 AEUV und die EEG-Umlage/ETMEAR (Erhebungs- oder Finanzierungsmodalität) an Art. 110/30 AEUV zu messen sind. Die finanzielle Förderung wurde bereits an Art. 107 Abs. 3 AEUV geprüft. Im Folgenden werden die Abgaben zur Finanzierung der EE – d.h. die EEG-Umlage und die ETMEAR – an Art. 30/110 AEUV geprüft.

2. Anforderungen der Art. 30 und 110 AEUV

Es wird zunächst auf die einzelnen Merkmale der Art. 30/110 AEUV eingegangen, um zu prüfen, ob und wann eine Abgabe, die zur Finanzierung der EE auferlegt wird, eine Abgabe i.S.v. Art. 30 oder 110 AEUV darstellt. Die Prüfung der deutschen EEG-Umlage und der griechischen ETMEAR anhand Art. 30/110 AEUV wird gesondert unter Abschnitten 3 und 4 erfolgen.

Nach der EuGH-Rechtsprechung liegt eine Abgabe bei einer einseitig[1963] und hoheitlich auferlegten Geldleistung[1964], die gegenleistungsfrei ist[1965], vor. Die Abgabe ist weit zu verstehen[1966], sie besteht unabhängig von den nationalen finanziellen Belastungsformen[1967] und erfasst neben den Steuern insbesondere äquivalent bemessene Abgaben wie Gebühren und Beiträge[1968] sowie parafiskalische Abgaben[1969]. Demzufolge sind für das Vorliegen einer Abgabe

1961 Anders genannt: „Finanzierungsmodalitäten" oder „Finanzierungsweise".

1962 So auch *Steffens*, Erneuerbare Energien im Europäischen Binnenmarkt für Elektrizität, i.E., § 6, A.

1963 Siehe z. B. EuGH, Urt. v. 16.06.1966, 52/65, Slg. 1966, 227, 235 – Deutschland/Kommission der EWG.

1964 Siehe z. B. EuGH, Urt. v. 19.06.1973, 77/72, Slg. 1973, 611, Rn. 12 – Capolongo/Azienda Agricola Maya.

1965 Siehe z. B.EuGH, Urt. v. 09.11.1983, 158/82, Slg. 1983, 3573, Rn. 19 – Kommission/Dänemark: Erdnüsse.

1966 Grabitz/Hilf/Nettesheim/*Seiler*, EUV/AEUV, 62. EL, 2017, Art. 110, Rn. 20.

1967 *Wiebe*, Das Verbot der Erhebung von Abgaben zollgleicher Wirkung in Abgrenzung zu anderen Regelungen des EG-Vertrags 1999, S. 53.

1968 EuGH, Urt. v. 22.03.1977, 78/76, Slg. 1977, 595, Rn. 27 f., 30 – Steinicke und Weinling/Bundesrepublik Deutschland.

1969 EuGH, Urt. v. 22.3.1977, 74/76, Slg. 1977, 557, Rn. 18 f. – Iannelli & Volpi S. p. A./Meroni.

die hoheitliche Erhebung der Abgabe, die Einseitigkeit der Auferlegung und das Fehlen einer Gegenleistung entscheidend. Zur Bejahung der hoheitlichen Erhebung ist es nicht erforderlich, dass der Staat oder eine öffentlich-rechtliche Körperschaft selbst die Geldleistungspflicht auferlegt. Nach der EuGH-Rechtsprechung ist die öffentlich-rechtliche Dienstleistung[1970] sowie die Wirkungen solcher Belastungen, nicht aber Einzelheiten ihrer Erhebung entscheidend[1971]. Aus diesem Grund ist es unerheblich, dass die finanzielle Belastung nicht vom Staat erhoben wird[1972] oder ob sie über eine Reihe privatrechtlicher Vereinbarungen erfolgt[1973]. Darüber hinaus hat der EuGH wiederholt entschieden, dass die Abgabe „einseitig auferlegt" werden muss[1974]. Dubois-Rechtsprechung hat allerdings angenommen, dass entscheidend nicht die Art der Handlung ist, mit der die Geldleistungspflicht auferlegt wird, so dass sie auch über eine Reihe privatrechtlicher Vereinbarungen auferlegt sein kann[1975]. Letztlich darf es keine Gegenleistung geben, d.h. der Abgabe darf kein angemessenes Entgelt für eine erbrachte Dienstleistung gegenüberstehen[1976]. Sonst bildet sie keine wirtschaftliche Belastung mehr, sondern gleicht einen gezogenen Vorteil aus[1977]. Weiteres gemeinsames Element von Art. 30 und 110 AEUV ist, dass die Abgabe einen

1970 EuGH, Urt. v. 11.08.1995, C-16/94, Slg. 1995, I-2421, Rn. 3 – Dubois und Cargo/Garonor.

1971 EuGH, Urt. v. 18.06.1975, 94/74, Slg. 1975, 699, Rn. 10/13 – IGAV/Ente nazionale per la Cellulosa.

1972 EuGH, Urt. v. 17.07.2008, C-206/06, Slg. 2008, I-5497, Rn. 4 – Essent Netwerk Noord.

1973 EuGH, Urt. v. 11.08.1995, C-16/94, Slg. 1995, I-2421, Rn. 20 – Dubois und Cargo/Garonor. GA La Pergola hatte sogar festgestellt: „*... in dem vom Gerichtshof verstandenen sehr weiten Sinne, der diesem Bereich jede ‚Einrichtung' zurechnet, die unabhängig von ihrer Rechtsform kraft staatlichen Rechtsakts unter staatlicher Aufsicht eine Dienstleistung im öffentlichen Interesse zu erbringen hat und die hierzu mit besonderen Rechten ausgestattet ist, die über das hinausgehen, was für die Beziehungen zwischen Privatpersonen gilt.*" GA La Pergola, Schlussanträge v. 18.05.1995, C-16/94, Slg. 1995, I-2421, Rn. 5 – Dubois und Général Cargo Services

1974 EuGH, Urt. v. 21.09.2000, C-441/98, Slg. 2000, I-7145, Rn. 15 – Michailidis; EuGH, Urt. v. 08.11.2005, C-293/02, Slg. 2005, I-9543, Rn. 55 – Jersey Produce Marketing Organisation.

1975 EuGH, Urt. v. 11.08.1995, C-16/94, Slg. 1995, I-2421 Rn. 20 – Dubois.

1976 EuGH, Urt. v. 09.11.1983, 158/82, Slg. 1983, 3573, Rn. 19 – Kommission/Dänemark: Erdnüsse, So auch *Meyer*, Die Bewertung parafiskalischer Abgaben aus der Sicht des europäischen Beihilferechts, S. 67.

1977 *Frenz*, Handbuch Europarecht, Bd. 1, 2. Aufl. 2012, Kap. 5, Rn. 660.

Warenbezug haben muss[1978]. EuGH hat den Begriff Ware weit ausgelegt und hat unter den Begriff auch Abgaben auf die Benutzung von Waren erfasst[1979]. Unter Ware ist nach dem EuGH auch der Strom zu verstehen[1980].

Ferner sind sowohl Art. 30 als auch Art. 110 AEUV bei pekuniären Diskriminierungen anwendbar und schützen den Binnenmarkt vor fiskalischen oder finanziellen Handelsbeschränkungen. Sie zielen auf die Herstellung steuerlicher Wettbewerbsneutralität im Binnenmarkt[1981]. Wegen der gemeinsamen Merkmale der Abgabe, des Warenbezugs und des Diskriminierungsverbots, ist eine Abgrenzung zwischen Art. 30 und Art. 110 AEUV erforderlich.

Zur Feststellung einer Diskriminierung gem. Art. 110 AEUV sind der Vergleichsmaßstab die „gleichartigen" inländischen Waren. Auch eine zur Vergleichbarkeit führende Ähnlichkeit der Warenart ist ausreichend[1982]. Entscheidend ist nach EuGH, ob die Waren „in den Augen des Verbrauchers die gleichen Eigenschaften haben und denselben Bedürfnissen dienen"[1983]. Durch Art. 110 AEUV sind sowohl die unmittelbaren als auch die mittelbaren Diskriminierungen verboten[1984]. Eine unmittelbare Diskriminierung liegt vor, wenn ein importiertes Produkt erkennbar mit einer höheren Abgabe belastet ist als ein inländisches[1985]. Eine mittelbare Diskriminierung liegt vor, wenn zwar nicht ausdrücklich nach der Herkunft der Produkte unterschieden wird, aber eine warenbezogene Abgabenregelung inhaltlich so gestaltet ist, dass inländische Produkte mittelbar begünstigt werden[1986]. Dies ist der Fall, wenn eine äußerlich neutrale Sondersteuer faktisch nur die importierten Produkte belastet[1987].

1978 Der EuGH legt den Begriff Ware weit aus. Siehe EuGH, Urt. v. 16.02.1977, 20/76, Slg. 1977, 247, Rn. 16 – Schöttle & Söhne OHG/Finanzamt Freudenstadt.

1979 EuGH, Urt. v. 03.03.1988, 252/86, Slg. 1988, 1343, Rn. 27 – Bergandi/Directeur général des impôts.

1980 EuGH, Urt. v. 27.04.1994 – C-393/92, Slg. 1994, I-1477, EuZW 1994, 241 m. Anm. Rapp-Jung, Rn. 28 – Almelo; EuGH, Urt. v. 13.03.2001, C-379/98, Slg. 2001, I-2099, Rn. 68 ff. – PreussenElektra.

1981 Calliess/Ruffert/*Waldhoff*, EUV/AEUV, 5. Aufl. 2016, Art. 110 AEUV, Rn. 9.

1982 Grabitz/Hilf/Nettesheim/*Seiler*, EUV/AEUV, 62. EL, 2017, Art. 110, Rn. 27.

1983 EuGH 168/78, Slg. 1980, 347 Rn. 5 – Kommission/Frankreich.

1984 EuGH, Urt. v. 05.05.1970, 77/69, Slg. 1970, 237, Rn. 1 ff. – Kommission/Belgien; Urt. v. 20.02.1973, 54/72, Slg. 1973, 193, Rn. 5 ff. – FOR/VKS.

1985 Grabitz/Hilf/Nettesheim/*Seiler*, EUV/AEUV, 62. EL, 2017, Art. 110, Rn. 32.

1986 Grabitz/Hilf/Nettesheim/*Seiler*, EUV/AEUV, 62. EL, 2017, Art. 110, Rn. 33.

1987 EuGH, Urt. v. 09.05.1985, 112/84, Slg. 1985, 1367, Rn. 12 ff. – Humblot. Anderes Beispiel sind die unterschiedlichen Abgabenbemessungsgrundlagen hinsichtlich einheimischer und importierter Waren, EuGH, Urt. v. 05.05.1970, 77/69, Slg. 1970, 237, Rn. 1 ff. – Kommission/Belgien.

Art. 30 AEUV verbietet wiederum Zölle und Abgaben zollgleicher Wirkung. Zölle sind „*Abgaben, die nach Maßgabe des Zolltarifs von der Warenbewegung über die Zollgrenze erhoben werden*"[1988]. Eine Abgabe zollgleicher Wirkung ist nach dem EuGH eine „*bei der Einfuhr oder später erhobene, einseitig auferlegte Belastung, die dadurch, daß sie speziell die aus einem Mitgliedstaat eingeführten Waren, nicht aber gleichartige einheimische Waren trifft jene Waren verteuert und damit die gleiche Auswirkung auf den freien Warenverkehr hat wie ein Zoll*"[1989]. Der Unterschied zwischen dem Zoll und der Abgabe zollgleicher Wirkung ist, dass letztere nicht als Zoll bezeichnet und in der Regel nicht nach Maßgabe eines Zolltarifs erhoben wird[1990]. Der Preis des importierten bzw. exportierten Produkts erhöht sich wegen der Erhebung der Abgabe und somit beschränkt sie in gleicher Weise den freien Warenverkehr wie ein Zoll[1991].

Nach den obigen Ausführungen verbietet Art. 30 AEUV eine Ungleichbehandlung ausländischer Waren bei Grenzübertritt. Art. 110 AEUV verbietet wiederum die Ungleichbehandlung bzw. höhere Besteuerung eingeführter Waren nach Grenzübertritt im Vergleich zu den gleichartigen inländischen Waren. Art. 30 und 110 AEUV werden alternativ angewendet, denn nach dem EuGH[1992] besteht zwischen beiden Abgabenarten ein Verhältnis der Alternativität[1993]. Eine Abgabe ist entweder eine inländische diskriminierende Abgabe (erfasst durch Art. 110 AEUV) oder eine Abgabe zollgleicher Wirkung (erfasst durch Art. 30 AEUV). Zollgleich ist eine Abgabe nämlich nur, wenn sie ausschließlich eingeführte oder auszuführende Waren trifft. Inländische Steuersysteme i.S.v. Art. 110 AEUV belasten allerdings auch inländische Waren[1994].

Das wegweisende *Essent*-Urteil legt den Schwerpunkt der Differenzierung zwischen Art. 30 und Art. 110 AEUV auf Folgendes: „*Eine Abgabe, die auf inländische und eingeführte Erzeugnisse nach denselben Kriterien erhoben wird, kann*

1988 *Köhler*, Abgaben zollgleicher Wirkung, S. 26 ff.

1989 EuGH, Urt. v. 14.12.1962, 2,3/62, Slg. 1962, 813 – Kommission/Luxemburg, Belgien.

1990 EuGH, Urt. v. 22.03.1977, 78/76, Slg. 1977, 595 – Steinike und Weinlig; EuGH Urt. v. 10.12.1968, 7/68, Slg. 1968, 627 – Kommission/Italien

1991 Grabitz/Hilf/Nettesheim/*Herrmann*, EUV/AEUV, 62. EL, 2017, Art. 30, Rn. 11.

1992 EuGH, Urt. v. 16.06.1966, 57/65, Slg. 1966, 293 – Lütticke GmbH/Hauptzollamt Saarlouis; EuGH, Urt. v. 17.07.1997, C-90/94, Slg. 1997, I-4085, Rn. 19 – Haahr Petroleum; Urt. v. 02.04.1998, C-213/96, Slg. 1998, I-1777, Rn. 19 – Outokumpu; *Wiebe*, Das Verbot der Erhebung von Abgaben zollgleicher Wirkung, 1998, S. 128 ff.

1993 Calliess/Ruffert/*Waldhoff*, EUV/AEUV, 5. Aufl. 2016, Art. 110 AEUV, Rn. 11.

1994 *Steffens*, Erneuerbare Energien im Europäischen Binnenmarkt für Elektrizität, i.E., § 5, B.

jedoch nach dem Vertrag verboten sein, wenn das Aufkommen aus dieser Belastung dazu bestimmt ist, Tätigkeiten zu fördern, die speziell den belasteten inländischen Erzeugnissen zugutekommen. Gleichen die Vorteile, die diesen Erzeugnissen zugutekommen, die Abgabe, mit der sie belastet sind, vollständig aus, treten deren Wirkungen nur gegenüber den eingeführten Erzeugnissen ein, und die Belastung stellt eine Abgabe gleicher Wirkung dar“[1995]. In diesem Fall ist Art. 30 AEUV anwendbar. Aber wenn „*diese Vorteile nur einen Teil der Belastung der inländischen Erzeugnisse ausgleichen, ist die betreffende Abgabe eine diskriminierende Abgabe im Sinne von Art. 90 EG (Art. 110 AEUV), deren Erhebung in Höhe des Teilbetrags untersagt ist, der zum Ausgleich zugunsten der inländischen Erzeugnisse verwendet wird…*“[1996]. Der EuGH stellt allerdings nicht klar, ob in jedem Einzelfall der Art. 30 oder der Art. 110 AEUV anwendbar ist. Der Grund ist, dass es dem nationalen Gericht zu bestimmen obliegt, ob der Ausgleich der Abgabe und der Vorteilen vollständig ist oder nicht[1997].

Nach *Steffens* ist der Referenzmaßstab das Kriterium für die Unterscheidung zwischen Art. 110 und Art. 30 AEUV, der entweder die gesamte belastete Warengruppe oder ein konkreter Kostenvergleich der Zusatzbelastung und der Begünstigung ist[1998].

Sind diese Referenzmaßstäbe im Fall der EE-Förderung anzuwenden, ist im Hinblick auf den ersten Referenzmaßstab (gesamte belastete Warengruppe) Folgendes zu erläutern: Wenn zu der gesamten von der Abgabe belasteten Warengruppe der einheimische und importierte Strom aus EE und konventionellen Quellen gehören, das Umlageaufkommen allerdings nur einem Teil der belasteten Ware zugute kommt – nämlich dem einheimischen EE-Strom – und der konventionelle heimische Strom nicht davon profitiert, wird die Belastung pro Kwh für inländische Waren nur zum Teil ausgeglichen[1999]. Damit ist Art. 110 AEUV anwendbar und Art 30 AEUV ausgeschlossen.

Im Fall des konkreten Kostenvergleichs der Zusatzbelastung und der Begünstigung (zweiter Referenzmaßstab) ist zu vergleichen, ob die Umlagebelastungen die Zusatzkosten der EE-Produktion vollständig ausgleichen oder ob Anlagenbetreiber einen Teil der Zusatzkosten selbst zu tragen hätten[2000]. In diesem Fall

---

1995 EuGH, Urt. v. 17.07.2008, C-206/06, Slg. 2008, I-5497, Rn. 42 – Essent Netwerk Noord.
1996 EuGH, Urt. v. 17.07.2008, C-206/06, Slg. 2008, I-5497, Rn. 42 – Essent Netwerk Noord.
1997 EuGH, Urt. v. 17.07.2008, C-206/06, Slg. 2008, I-5497, Rn. 51, 53 – Essent Netwerk Noord
1998 BerlKommEnR/*Steffens*, Bd. 6, 4. Aufl. 2017, Einleitung zum EEG 2017, Rn. 97.
1999 BerlKommEnR/*Steffens*, Bd. 6, 4. Aufl. 2017, Einleitung zum EEG 2017, Rn. 97.
2000 BerlKommEnR/*Steffens*, Bd. 6, 4. Aufl. 2017, Einleitung zum EEG 2017, Rn. 97.

wäre Art. 30 AEUV anwendbar. Überzeugender scheint eine Abgrenzung nach der gesamten belasteten Warengruppe, da ansonsten die Gefahr bestünde, dass die Bildung der relevanten Vergleichsposten einen Zirkelschluss erzeugt[2001].

Auch bzgl. der Maßstäbe für die Vereinbarkeit einer Abgabe unterscheiden sich Art. 30 und 110 AEUV. Die Zollfreiheit von Art. 30 AEUV stellt ein absolutes und unbedingtes Verbot dar[2002]. Im Gegensatz zu Art. 34 AEUV gibt es für Art. 30 AEUV weder geschriebene noch ungeschriebene Ausnahmen oder Rechtfertigungsgründe[2003]. Gleiches gilt für Art. 110 AEUV. Allerdings sorgt Art. 110 AEUV für die Steuerautonomie der Mitgliedstaaten. Aus diesem Grund können steuerliche Differenzierungen anhand bestimmter objektiver Kriterien erlaubt sein[2004]. Steuerliche Differenzierungen anhand der Herkunft der Waren sind jedoch unzulässig[2005].

In der Rechtssache *Outokumpu Oy* hatte Finnland ein Steuersystem mit unterschiedlichen Steuersätzen für unterschiedliche Arten der einheimischen Erzeugung der Elektrizität (aus Kernkraft, Steinkohle, Wasserkraft usw.) eingeführt. Diese steuerliche Differenzierung hatte ökologische Gründe. Für eingeführte Elektrizität galt eine Einheitssteuer, die etwas niedriger als die höchste Steuer aber viel höher als die niedrigste Steuer für inländische Elektrizität war. Nach dem EuGH verfolgte die Differenzierung das Ziel des Umweltschutzes und somit ein mit der EU kompatibles Ziel[2006]. Da das differenzierte Steuersystem für eingeführte Elektrizität nicht galt, lag ein Verstoß gegen Art. 110 AEUV vor. Das Ziel des Umweltschutzes rechtfertigte die Differenzierung der Steuersätze innerhalb des inländischen Steuersystems, aber nicht die unterschiedliche Besteuerung von inländischer und ausländischer Elektrizität. Wenn das differenzierte

---

2001 EuGH, Urt. v. 09.05.1985, 112/84, Slg. 1985, 1367, Rn. 14 – Humblot/Directeur des services fiscaux; So auch BerlKommEnR/*Steffens*, Bd. 6, 4. Aufl. 2017, Einleitung zum EEG 2017, Rn. 97.

2002 *Frenz*, Handbuch Europarecht, Bd. 1, 2. Aufl. 2012, Kap. 5, Rn. 631.

2003 EuGH, Urt. v. 01.07.1969, 2 u. 3/69, Slg. 1969, 211, Rn. 19 – Sociaal Fonds voor de Diamantarbeiders/Brachfeld u.a.: „… das an den Grundsatz des freien Warenverkehrs geknüpfte Verbot neuer Zölle oder Abgaben gleicher Wirkung eine wesentliche Vorschrift ist, die unbeschadet anderer Bestimmungen des Vertrages keine Ausnahmen zuläßt."

2004 EuGH, Urt. v. 07.04.1987, 196/85, Slg. 1987, 1597, Rn. 6 – Kommission/Frankreich; EuGH, Urt. v. 04.03.1986, 243/84, Slg. 1986, 875, Rn. 22 – Walker/Ministeriet for Skatter og Afgifter.

2005 *Steffens*, Erneuerbare Energien im Europäischen Binnenmarkt für Elektrizität, i.E., § 7, C.

2006 EuGH, Urt. v. 14.01.1981, 46/80, Slg. 1981, 77, Rn. 13 – Vinal/Orbat.

Steuersystem mit unterschiedlichen Steuersätzen nicht auch für die eingeführte Elektrizität angewandt werden kann, soll es abgeschafft werden, da es zu einer Diskriminierung der eingeführten Ware (hier Elektrizität) führt[2007].

Die Prüfung von objektiven Kriterien bzw. von Zielen, welche mit den Erfordernissen des AEUV und des abgeleiteten Rechts vereinbar sind[2008], bedeutet allerdings nicht, dass der EuGH eine Zweckmäßigkeits- oder Inhaltskontrolle vornimmt. Er prüft lediglich, ob die Zielverfolgung als solche ein Indiz für die an sich verbotenen diskriminierenden Auswirkungen ist[2009]. Aus diesem Grund können im Einklang mit der Rechtsprechung des EuGH die Rechtfertigungsgründe des Allgemeinwohls von Art. 36 AEUV auf Art. 110 AEUV nicht angewandt werden[2010]. Für die Förderung der EE wäre interessant, ob der Umweltschutz als Rechtfertigungsgrund nicht nur im Rahmen des Art. 34 AEUV, sondern auch im Rahmen des Art. 110 AEUV greift. Da es aber nicht klar ist, ob der Umweltschutz als ungeschriebener Grund der Cassis-Formel unmittelbar diskriminierende Regelungen rechtfertigen kann, ist die Übertragung des Umweltschutzes auf direkt diskriminierende Steuern- oder Abgabensysteme des Art. 110 AEUV fragwürdig[2011].

In der EuGH-Rechtsprechung haben die Art. 30 und 110 AEUV bei der Prüfung nationaler EE-Fördersysteme lange ein Schattendasein geführt[2012] und erst das *Essent Netwerk*-Urteil hat die Aufmerksamkeit von Art. 34 EUV auf diese Teile der AEUV gerichtet[2013]. Hier stellte der EuGH fest, dass Art. 30 oder 110 AEUV einer gesetzlichen Maßnahme entgegenstehen, durch die das Aufkommen aus einer Abgabe auf übertragene Elektrizität vollständig oder teilweise für die Bestreitung nicht marktkonformer Kosten verwendet wird[2014]. Dabei hat das Gericht keine Rechtfertigungsgründe diskutiert.

Auch vor aber viel mehr noch nach dem *Essent Netwerk*-Urteil hat die Kommission im Beihilfeverfahren[2015] die Vereinbarkeit der nationalen Abgabensysteme

---

2007 EuGH, Urt. v. 02.04.1998, C-213/96, Slg. 1998, I-1777, Rn. 17, 30 ff. – Outokumpu Oy.

2008 EuGH, Urt. v. 02.04.1998, C-213/96, Slg. 1998, I-1777, Rn. 30 – Outokumpu Oy.

2009 *Steffens*, Erneuerbare Energien im Europäischen Binnenmarkt für Elektrizität, i.E., § 7, C; *Schön*, EuR 2001, 341, 357.

2010 EuGH, Urt. v. 27.02.2002, C-302/00, Slg. 2002, I-2055, Rn. 33 – Kommission/Frankreich.

2011 *Steffens*, Erneuerbare Energien im Europäischen Binnenmarkt für Elektrizität, i.E., § 7, C.

2012 Siehe auch *Johnston/Block*, EU Energy Law, Rn. 1.11.

2013 BerlKommEnR/*Steffens*, Bd. 6, 4. Aufl. 2017, Einleitung zum EEG 2017, Rn. 95.

2014 EuGH, Urt. v. 17.07.2008, C-206/06, Slg. 2008, I-5497, Rn. 57 – Essent Netwerk Noord.

2015 Zu dem Verhältnis zwischen Art. 107 und Art. 30/110 AEUV s. oben.

auch mit Art. 110/30 AEUV geprüft[2016]. Bei fast allen Beihilfeverfahren hat die Kommission Diskriminierungswirkungen gegen den importierten Grünstrom festgestellt[2017] und am Ende die Vereinbarkeit der nationalen Abgabensysteme mit Art. 30 bzw. Art. 110 AEUV bestätigt, nachdem die Mitgliedstaaten Verpflichtungszusagen abgegeben hatten. Diese waren entweder eine Rückerstattung der Abgaben, die importiertem Grünstrom auferlegt worden sind[2018] oder die Öffnung eines nationalen Fördersystems für Strom aus anderen Mitgliedsstaaten[2019] oder die Reinvestition in Verbindungsinfrastruktur zur Erhöhung der Verbindungskapazität zwischen den Mitgliedstaaten[2020].

Die Kommission hat allerdings keine inhaltliche Kontrolle durchgeführt, so dass es nicht zu einer Prüfung von Rechtfertigungsgründen kam. Sie hat nur behauptet[2021] oder festgestellt[2022], dass ein nationales Abgabensystem

---

2016 Wie bereits betont, steht nun auch in den EEAG (Rn. 29), dass jede auf die Finanzierung einer staatlichen Umweltschutz- und Energiebeihilfe ausgerichtete Abgabe insbesondere mit den Art. 30 und 110 AEUV im Einklang stehen muss

2017 KOM, Entsch. v. 28.4.2016, SA.43756, C(2016)2726 final – Italy; KOM, Entsch. v. 08.12.2016, SA.45867, C(2016) 8426 final – Belgium; KOM, Entsch. v. 28.11.2016, SA.40171, C(2016) 7827 final – Czech Republic; KOM, Entsch. v. 07.04.2015, SA.39399, C(2015) 2356 final – Netherlands; KOM, Entsch. v. 10.11.2017, SA.40348, C(2017) 7384 final – Spain; KOM, Entsch. v. 11.07.2017, SA.44076, C(2017) 4988 final – Hungary; KOM, Entsch. v. 17.9.2009, N 437/2009, Rn. 63 ff. – Romania; KOM, Entsch. v. 4.7.2006, NN 162/A/2003 und N 317/A/2006, Rn. 74 – (Österreich). Nur im Verfahren gegen das Fördersystem von Zypern KOM, Entsch. v. 02.07.2009, N 143/2009, C(2009)5398 – Cyprus hat die Kommission die Vereinbarkeit mit Art. 110/30 AEUV nicht geprüft und im Verfahren gegen Österreich hat sie keine Bedenken geäußert, da die Zählpunktpauschale, auf der das österreichische Fördersystem beruht, keine Probleme mit den Abgabenvorschriften aufwarf, KOM, Entsch. v. 4.7.2006, NN 162/A/2003 und N 317/A/2006, Rn. 74 – (Österreich).

2018 KOM, Entsch. v. 4.5.2015, SA.37177, Rn. 30 ff. – Romania; KOM, Entsch. v. 17.9.2009, N 437/2009, Rn. 63 ff. – Romania. KOM, Entsch. v. 28.1.2009, NN 75/01, Rn. 83 – Luxemburg.

2019 KOM, Entsch. v. 28.4.2016, SA.43756, C(2016)2726 final – Italy; KOM, Entsch. v. 08.12.2016, SA.45867, C(2016) 8426 final – Belgium; KOM, Entsch. v. 10.11.2017, SA.40348, C(2017) 7384 final – Spain.

2020 KOM, Entsch. v. 28.11.2016, SA.40171, C(2016) 7827 final – Czech Republic; KOM, Entsch. v. 10.11.2017, SA.40348, C(2017) 7384 final – Spain.

2021 KOM, Entsch. v. 23.04.2015, SA. 39347, C(2015) 2678 final, Rn. 58, 60 – Portugal.

2022 KOM, Entsch. v. 04.05.2015, SA.37177, Rn. 30 ff. – Romania; KOM, Entsch. v. 17.9.2009, N 437/2009, Rn. 63 ff. – Romania; KOM, Entsch. v. 10.11.2017, SA.40348, C(2017) 7384 final – Spain; KOM, Entsch. v. 28.4.2016, SA.43756, C(2016)2726 final – Italy.

Diskriminierungswirkungen gegen den ausländischen EE-Strom hat und dass die Mitgliedstaaten Verpflichtungszusagen abgegeben haben. Was die Verpflichtungszusagen betrifft, hat die Kommission keine Maßstäbe gesetzt. Deshalb ist ungeklärt, ob der ganze Betrag der Abgaben zurückerstattet werden oder in Verbindungsinfrastruktur investiert werden soll. Ebenso ist ungeklärt, inwieweit das nationale Fördersystem auf ausländischen Strom zu öffnen ist. Die Menge der Kapazität, welche den ausländischen EE-Erzeugern jedes einzelnen Mitgliedstaates geöffnet werden muss, hängt in den meisten Fällen[2023] von der Menge der Importe des EE-Stroms, der Menge des inländischen Stromverbrauchs und dem Anteil der EE im Strommix in jedem einzelnen Mitgliedstaat ab. Ferner hat die Kommission die in den Entscheidungen genannten Verpflichtungszusagen akzeptiert, ohne Alternativen zu prüfen.

3. Der deutsche Rechtsrahmen

Anhand der oben genannten Maßstäbe wird im Folgenden die Primärrechtskonformität der EEG-Umlage mit Art. 30/110 AEUV geprüft. Zunächst soll die Abgabeneigenschaft der EEG-Umlage geprüft werden. Die EEG-Umlage wird durch die ÜNB gem. § 60 EEG erhoben. Wie bereits erläutert, ist zur Bejahung der hoheitlichen Auferlegung für den EuGH irrelevant, ob die Abgabe direkt durch den Staat oder indirekt durch eine andere Stelle erhoben wird. Dass die EEG-Umlage von den ÜNB erhoben wird, ist daher unerheblich[2024]. Ferner ist es unerheblich, dass die EEG-Umlage durch privatrechtliche Verträge zwischen den Letztverbrauchern und den EVU oder zwischen den EVU und den ÜNB gewälzt wird[2025]. Die ÜNB sind zwar Personen des Privatrechts, aber sie sind mit besonderen Rechten ausgestattet und sind damit Teil des Abgabensystems. Ein Vertragsschluss mit ihnen ist lediglich eine Frage der Abwicklung, nicht hingegen kennzeichnend für das bestehende Rechtsverhältnis[2026]. Entscheidend ist, dass die ÜNB im EEG und somit vom Staat beauftragt sind, die EEG-Umlage zu erheben und zu verwalten. Damit ist die Abgabenerhebung letztlich staatlich

---

2023 In Fall des portugiesischen Fördersystems ist die dritte Komponente (Anteil der EE im Strommix in jedem einzelnen Mitgliedstaat) nicht berücksichtigt, KOM, Entsch. v. 23.04.2015, SA. 39347, C(2015) 2678 final – Portugal.

2024 So auch EuGH, Urt. v. 17.07.2008, C-206/06, Slg. 2008, I-5497, Rn. 46 – Essent Netwerk Noord; EuGH, Urt. v.17.05.1983, 132/82, Slg. 1983, 1649, Rn. 8 – Kommission/ Belgien.

2025 EuGH, Urt. v. 17.07.2008, C-206/06, Slg. 2008, I-5497, Rn. 45 – Essent Netwerk Noord.

2026 Frenz, Handbuch Europarecht, Bd. 1, 2. Aufl. 2012, Kap. 5, Rn. 651.

veranlasst und die „vertragliche" Vereinbarung durch Private bildet nur eine Form des Vollzugs[2027].

Darüber hinaus gibt es keinen Dienst oder Vermögenswert, für den die EEG-Umlage eine angemessene Gegenleistung ist. Die Qualität des Stroms als Grünstrom ist für die EVU nicht nutzbar, da es vom eigentlichen EEG-Strom getrennt übertragen wird[2028]. Ferner können die ÜNB, die Inhaber der Grünstromeigenschaft werden und dafür die Prämie zahlen, diese nicht gesondert verkaufen, da der EE-Strom an der Börse zusammen mit grauem Strom zu einem einheitlichen Preis verkauft werden muss[2029]. Aus diesen Gründen stellt die EEG-Umlage eine Abgabe i.S.v. Art. 30/110 AEUV dar. Deswegen kann der gegenteiligen Auffassung der Bundesrepublik nicht zugestimmt werden, sondern der Entscheidung der Kommission[2030]. Letztlich hat die EEG-Umlage einen Warenbezug. Sie wird pro Kilowattstunde erhoben und aus diesem Grund betrifft sie das Erzeugnis selbst[2031].

Da Art. 110/30 AEUV (pekuniäre) Diskriminierungen verbieten, ist die Diskriminierungswirkung der EEG-Umlage zu prüfen. Zentrale Voraussetzung für eine Diskriminierung ist die Vergleichbarkeit der einheimischen und der importierten Waren. Die Ähnlichkeit der Waren ist ausreichend[2032]. Sie basiert nach der EuGH-Rechtsprechung nicht auf der Grundlage des Kriteriums der identischen Natur der Produkte, sondern der ähnlichen und vergleichbaren Nutzung[2033]. Die Ware ist im vorliegenden Fall der Strom. Aus diesem Grund findet das Argument Deutschlands, dass eine Diskriminierungswirkung i.S.v. Art. 30/110 AEUV fehlt, da das geförderte und das belastete Produkt unterschiedlich waren[2034], keine Stütze.

Im vorliegenden Fall sind mit der EEG-Umlage belastete Waren der heimische und der eingeführte Strom aus erneuerbaren und konventionellen Quellen. Mit der EEG-Förderung (in der Form der Einspeisevergütung oder der Marktprämie) wird allerdings in der Regel nur der heimische EE-Strom gefördert. Die ausländischen Stromerzeuger können am deutschen Fördersystem nur sehr begrenzt, nämlich in Höhe von 5 % der geplanten Neukapazitäten teilnehmen

2027 Frenz, Handbuch Europarecht, Bd. 1, 2. Aufl. 2012, Kap. 5, Rn. 652.
2028 So auch KOM, Entsch. v. 25.11.2014, SA.33995, C(2014) 8786 final, Rn. 232 – EEG 2012.
2029 BerlKommEnR/*Steffens*, Bd. 6, 4. Aufl. 2017, Einleitung zum EEG 2017, Rn. 97.
2030 KOM, Entsch. v. 25.11.2014, SA.33995, C(2014) 8786 final, Rn. 230–232 – EEG 2012.
2031 EuGH, Urt. v. 17.07.2008, C-206/06, Slg. 2008, I-5497, Rn. 44 – Essent Netwerk Noord.
2032 EuGH, Urt. v. 27.02.1980, 168/78, Slg. 1980, 347, Rn. 5 – Kommission/Frankreich.
2033 EuGH, Urt. v. 27.02.1980, 171/78, Slg. 1980, 447, Rn. 5 – Commission v. Denmark.
2034 KOM, Entsch. v. 25.11.2014, SA.33995, C(2014) 8786 final, Rn. 231 – EEG 2012.

(§ 2 Abs. 6 EEG 2014 und § 5 Abs. 2–6 EEG 2017). Zu diesem Zweck hat bereits die grenzüberschreitende Ausschreibung zwischen Deutschland und Dänemark stattgefunden[2035]. Der importierte EE-Strom wird also aufgrund seiner Herkunft durch die Erhebung der EEG-Umlage versteckt, mithin unmittelbar diskriminiert[2036]. Die äußerlich neutrale Abgabe (die EEG-Umlage) die sowohl dem importierten als auch dem heimischen Strom auferlegt wird, belastet faktisch nur den importierten Strom[2037]. Eine unmittelbare Diskriminierung würde demgegenüber vorliegen, wenn der importierte Strom erkennbar mit einer höheren EEG-Umlage belastet wäre als der inländische[2038].

Im vorliegenden Fall ist diese Diskriminierung i.S.v. Art. 110 und nicht i.S.v. 30 AEUV verboten. Die EEG-Umlage wird nicht auf den Strom aufgrund seines Grenzübertritts erhoben. Die EEG-Umlage wird unterschiedslos und nach einheitlichen Kriterien sowohl dem importierten als auch dem heimischen Strom auferlegt. Darüber hinaus kommt das Umlageaufkommen nur einem Teil der belasteten Waren zugute, nämlich heimischen EE-Strom. Konventioneller inländischer Strom profitiert nicht davon. Daher erfolgt der Ausgleich der Belastung pro Kilowattstunde für heimische Waren nur zu einem Teil[2039].

Art. 110 AEUV sieht keine Rechtfertigungsgründe vor. Die Übertragung des Umweltschutzes auf direkt diskriminierende Steuern- oder Abgabensysteme des Art. 110 AEUV ist fragwürdig[2040]. Auf die Frage der Übertragbarkeit der Argumentation des *Ålands Vindkraft*-Urteils auf den deutschen Fall (EEG 2012) hat die Kommission ausdrücklich festgestellt, dass es keine Rechtfertigungsgründe (auch nicht den Umweltschutz) für Diskriminierungen i.S.v Art. 30/110 AEUV gibt[2041]. Dies war die erste Entscheidung der Kommission in Bezug auf die Kompatibilität nationaler Abgabensysteme, in der sie diesen Punkt so deutlich

---

2035 Dies wurde ausführlicher im Kap. „finanzielle Förderung des Stroms aus Photovoltaikanlagen“ diskutiert.

2036 So auch BerlKommEnR/*Steffens*, Bd. 6, 4. Aufl. 2017, Einleitung zum EEG 2017, Rn. 97 f.

2037 EuGH, Urt. v. 09.05.1985, 112/84, Slg. 1985, 1367, Rn. 12 ff. – Humblot. Anderes Beispiel sind die unterschiedlichen Abgabenbemessungsgrundlagen hinsichtlich einheimischer und importierter Waren, EuGH, Urt. v. 05.05.1970, 77/69, Slg. 1970, 237, Rn. 1 ff. – Kommission/Belgien.

2038 Grabitz/Hilf/Nettesheim/*Seiler*, EUV/AEUV, 62. EL, 2017, Art. 110, Rn. 32.

2039 So auch BerlKommEnR/*Steffens*, Bd. 6, 4. Aufl. 2017, Einleitung zum EEG 2017, Rn. 97.

2040 *Steffens*, Erneuerbare Energien im Europäischen Binnenmarkt für Elektrizität, i.E., § 7, C.

2041 KOM, Entsch. v. 25.11.2014, SA.33995, C(2014) 8786 final, Rn. 234 – EEG 2012.

gemacht hat. Diese Feststellung steht auch mit der in dieser Arbeit durchgeführten Analyse im Einklang[2042].

Unter diesem Hintergrund stellt sich im Ergebnis die Frage, ob die EEG-Umlage gegen Art. 110 AEUV verstößt. Wie bereits dargestellt, stellt die Auferlegung der EEG-Umlage auf den importierten EE-Strom eine mittelbare Diskriminierung i.S.v. Art. 110 AEUV dar, da dieser Strom und im Gegensatz zu dem heimischen EE-Strom in Deutschland nicht gefördert wird. Nach der aktuellen Rechtslage wird nur 5 % des ausländischen EE-Stroms in Deutschland gefördert.

Fraglich ist, ob die Öffnung um bis zu 5 % der jährlich in Deutschland zu installierenden Leistung, die diskriminierenden Wirkungen und einen Verstoß gegen Art. 110 AEUV vermeiden kann. Die Öffnung war der Grund dafür, dass die Kommission in den Beihilfenentscheidungen zum EEG 2014 und zum 2017 keinen Verstoß gegen Art. 30 oder 110 AEUV feststellen konnte[2043]. Dem ist allerdings nicht zuzustimmen. In Anbetracht des gesamten Fördervolumens für deutsche EE-Anlagen ist die Öffnung im Umfang von 5 % nicht ausreichend, um die fortbestehende nationale Förderausrichtung auszugleichen[2044], vor allem dann nicht, wenn nicht jeder konkreter Importeur ausländischen EE-Stroms von der Abgabenwirkung entlastet ist, sondern nur diejenigen, die bei der Ausschreibung einen Zuschlag bekommen werden. Diese begrenzte Teilnahme der ausländischen EE-Erzeuger scheint unverhältnismäßig im Vergleich zur Höhe der EEG-Umlage[2045]. Aus diesem Grund mag am Ende die Kommission darauf hingewiesen haben, dass die Öffnung schrittweise erfolgen soll, damit das ordnungsgemäße Funktionieren der nationalen Förderregelungen gewährleistet ist[2046].

Darüber hinaus ist die Öffnung des deutschen Fördersystems nicht bedingungslos. § 5 Abs. 3 EEG knüpft die Zulässigkeit grenzüberschreitender Ausschreibungen erstens an eine völkerrechtliche Vereinbarung zwischen Deutschland und dem Kooperationsstaat i.S.v. Art. 5-8 oder Art. 11 EE-RL, zweitens an die Öffnung des Fördersystems des anderen Mitgliedstaates für deutsche

---

2042 Siehe auch *Balke*, Steuerliche Gestaltungsfreiheit der Mitgliedstaaten und freier Warenverkehr, 1998, S. 121.

2043 KOM, Entsch. v. 23.07.2014, SA.38632, C(2014) 5081 final, Rn. 337 – EEG 2014; KOM, Entsch. v. 20.12.2016, SA.45461, C(2016) 8789 final, Rn. 291 ff. – EEG 2017.

2044 *Klein*, Rechtliche Rahmenbedingungen für den Ausbau von Wettbewerbselementen bei der Förderung Erneuerbarer Energien, 2015, S. 174.

2045 *Steffens*, Erneuerbare Energien im Europäischen Binnenmarkt für Elektrizität, i.E., § 10, B.

2046 KOM, Entsch. v. 23.07.2014, SA.38632, C(2014) 5081 final, Rn. 336 – EEG 2014.

Anlagen nach dem Prinzip der Gegenseitigkeit und drittens an den physikalischen Import des Stroms oder einen vergleichbaren Effekt auf den deutschen Strommarkt. Auch wenn die erste und dritte Bedingung nachvollziehbar sind, besteht durch die zweite Bedingung die Gefahr, dass die Öffnung in der Praxis nicht oder erst zu einem noch kleineren Prozent als 5 % stattfindet.

Aus den oben genannten Gründen ist zu schlussfolgern, dass die deutsche EEG-Umlage trotz der Öffnung des nationalen Fördersystems um 5 % gegen Art. 110 AEUV verstößt. Um den Verstoß gegen Art. 110 AEUV zu vermeiden, müsste das EEG den importierten EE-Strom von der EEG-Umlagebelastung ausnehmen. Eine solche Regelung wurde auch nicht als Verpflichtungszusage nach der Feststellung des Verstoßes im Verfahren gegen EEG 2012[2047] vorgeschlagen. Nach der EuGH-Rechtsprechung zu Art. 30/110 AEUV sollen die Verpflichtungszusagen die diskriminierenden Wirkungen beseitigen, indem sie dem einzelnen Abgabenbelasteten die Mehrbelastung zurückerstatten[2048]. Deshalb müssten die ausländischen EE-Erzeuger, die zu Unrecht mit der EEG-Umlage belastet waren, eine Rückerstattung erhalten[2049]. Wenn dies wegen der fehlenden Erkennbarkeit der Herkunft des Stroms nicht möglich ist, muss nach dem EuGH das ganze Abgabensystem abgeschafft werden[2050].

Anstatt die diskriminierenden Umlageanteile zurückzuzahlen, hatte Deutschland eine Verpflichtungszusage mit dem Inhalt abgegeben, Investitionen in Höhe von 50 Mio. € in ein Infrastrukturprojekt zum Ausbau grenzüberschreitender Übertragungskapazitäten zu tätigen[2051]. Vor diesem Hintergrund ist fragwürdig, dass die Kommission die Verpflichtungszusage für den Ausbau grenzüberschreitender Übertragungskapazitäten akzeptiert hat. Dieses Projekt kommt nicht

---

2047 Am Ende stellte in diesem Verfahren die Kommission einen Verstoß gegen Art. 30/110 AEUV fest: „Obwohl die EEG-Umlage die EE-Stromerzeugung nur in Deutschland fördert, war sie auch auf den Verbrauch des importierten EE-Stroms auferlegt, die Hersteller dessen auch für diese Förderung im Rahmen des EEG 2012 berechtigt wären, wären sie in Deutschland ansässig", KOM, Entsch. v. 25.11.2014, SA.33995, C(2014) 8786 final, Rn. 50, 230 ff. – EEG 2012.

2048 EuGH, Urt. v. 08.03.2001, C-397/98 u. C-410/98, Slg. 2001, I-1727, Rn. 84 – Metallgesellschaft und die dort angeführte Rspr.; EuGH, Urt. v. 02.10.2003, C-147/01, Slg. 2003, I-11365, Rn. 93 – Weber's Wine World.

2049 So im Ergebnis *Steffens*, Erneuerbare Energien im Europäischen Binnenmarkt für Elektrizität, i.E., § 10, B.

2050 EuGH, Urt. v. 02.04.1998, C-213/96, Slg. 1998, I-177, Rn. 39 f. – Outokumpu Oy; EuGH, Urt. v. 08.01.1980, 21/79, Slg. 1980, 1, Rn. 16 – Kommission/Italien; *Steffens*, Erneuerbare Energien im Europäischen Binnenmarkt für Elektrizität, i.E., § 10, B.

2051 KOM, Entsch. v. 25.11.2014, SA.33995, C(2014) 8786 final, Rn. 243, 230 ff. – EEG 2012.

unbedingt oder nicht nur den belasteten EE-Erzeugern, sondern den Parteien der auszubauenden Infrastruktur zugute[2052].

4. Der griechische Rechtsrahmen

Im Folgenden wird die Vereinbarkeit der griechischen ETMEAR mit Art. 110/30 AEUV geprüft. Zuerst soll die Abgabeneigenschaft der ETMEAR festgestellt werden. Die ETMEAR wird durch LAGIE gem. Art. 143 Abs. 3 lit. b (aa) G. 4001/2011 erhoben. Wie bereits erklärt, ist es für die Bejahung der hoheitlichen Auferlegung nicht erforderlich, dass der Staat selbst die Abgabe erhebt. Entscheidend ist, dass die Abgabeerhebung im Rahmen einer öffentlich-rechtlichen Dienstleistung erfolgt[2053]. Dies ist hier der Fall. LAGIE ist eine juristische Person doppelter Natur[2054], welche sowohl privatrechtliche als auch öffentlich-rechtliche Dienstleistungen erbringt. Darüber hinaus ist es unerheblich, dass die ETMEAR Teil privatrechtlicher Verträge ist und zwischen den Letztverbrauchern und den EVU oder zwischen den EVU und LAGIE gewälzt wird[2055]. Als juristische Person doppelter Natur ist LAGIE im vorliegenden Fall vom Staat mit besonderen Rechten ausgestattet, die ETMEAR zu erheben. Im vorliegenden Fall liegt

2052 So auch *Steffens*, Erneuerbare Energien im Europäischen Binnenmarkt für Elektrizität, i.E., § 10, B.

2053 So auch EuGH, Urt. v. 17.07.2008, C-206/06, Slg. 2008, I-5497, Rn. 46 – Essent Netwerk Noord; EuGH, Urt. v. 17.05.1983, 132/82, Slg. 1983, 1649, Rn. 8 – Kommission/ Belgien; KOM, Entsch. v. 23.07.2014, SA.38632, C(2014) 5081 final, Rn. 331, Fn. 66 – EEG 2014.

2054 Die juristischen Personen „doppelter Natur" sind nicht im positiven Recht zu finden, sondern wurden von der Rechtsprechung entwickelt StE, Urt. 191/931 und 566/1934. Das Phänomen der Heranziehung privater Personen zur Durchführung bestimmter Verwaltungsaufgaben ist nicht neu und auch nicht nur griechisch. In Deutschland wird hauptsächlich von der sog. Beleihung oder Indienstnahme privater gesprochen. Nach der StE-Rechtsprechung sind solche Personen juristische Personen des Privatrechts, welche, wenn sie privatrechtliche Tätigkeiten ausüben als Personen des Privatrechts agieren und wenn sie Tätigkeiten des Verwaltungsrechts ausüben, als Personen des öffentlichen Rechts agieren. Die juristischen Personen „doppelter Natur" sind ein Konstrukt der Rechtsprechung (*Kasimatis,* D. 2002) für die Beauftragung privater Personen mit der Ausübung hoheitlicher Gewalt, *Papaioannou*, Άσκηση δημόσιας διοικήσεως μέσω νομικών προσώπων ιδιωτικού δικαίου, 1985, S. 188. *Papaioannou* macht weiterhin deutlich, dass jeder Fall ad hoc anhand der konkreten Sachverhalte geprüft werden soll, um dem dazugehörigen Recht (Privatrecht oder öffentlichem Recht) die konkrete Rechtsbeziehung zuzuordnen, S. 188.

2055 EuGH, Urt. v. 17.07.2008, C-206/06, Slg. 2008, I-5497, Rn. 45 – Essent Netwerk Noord.

die staatliche Steuerung vor, da hinter dem Handeln Privater eine zwingende staatliche Regulierung steht, die eine Abgabenerhebung vorgibt[2056]. Damit ist die Abgabenerhebung staatlich. Durch die Verträge wird lediglich die angefallene ETMEAR weitergegeben, so dass diese die Einseitigkeit der Auferlegung nicht beeinflussen[2057]. Darüber hinaus fehlt es bei dem griechischen Abgabensystem an einer Gegenleistung. Es gibt keinen Dienst, für den die ETMEAR eine angemessene Zahlung ist. Das EE-Konto entsteht aus unterschiedlichen Ausgaben und Einnahmen und aus diesem Grund fehlt es an einer Gegenleistungspflicht für die mit der ETMEAR belasteten Personen (Letztverbraucher). Letztere haben kein Nutzen von der ETMEAR. Das Nutzen der ETMEAR besteht für den LAGIE, der als Verwalter des EE-Kontos für seinen Ausgleich sorgt.

Aus diesen Gründen stellt die ETMEAR eine Abgabe i.S.v. Art. 30/110 dar. Dies hat auch die Kommission in ihrer Entscheidung festgestellt[2058]. Letztlich hat die ETMEAR einen Warenbezug. Sie wird pro verbrauchter MWh erhoben und aus diesem Grund betrifft sie die Ware selbst[2059].

Auf die Frage, ob die ETMEAR eine Diskriminierung i.S.v. Art. 30/110 AEUV darstellt, ist zu berücksichtigen, dass genauso wie in Deutschland, der heimische und der eingeführte Strom aus erneuerbaren und konventionellen Quellen mit der ETMEAR belastet wird. ETMEAR wird nämlich auf den Verbrauch jeder Megawattstunde erhoben[2060]. Das Gesetz differenziert dabei nicht an der Quelle des Stroms. Mit der Förderung in der Form der Einspeisevergütung oder der Marktprämie wird allerdings nur der heimische EE-Strom gefördert[2061].

Ausländische Erzeuger können nur begrenzt am griechischen Fördersystem teilnehmen. Das G. 4414/2016 sieht nämlich eine partielle Öffnung der Ausschreibungen gegenüber ausländischen EE-Erzeugern in einer bestimmten Höhe der jährlich geplanten Neukapazitäten vor (Art. 7 Abs. 2)[2062]. Die einzige Voraussetzung ist der tatsächliche zwischenstaatliche Energiehandel. Die Komponente der Berechnung des Umfangs der Öffnung ist der pro Land importierte EE/

2056 *Frenz*, Handbuch Europarecht, Bd. 1, 2. Aufl. 2012, Kap. 5, Rn. 652.

2057 *Frenz*, Handbuch Europarecht, Bd. 1, 2. Aufl. 2012, Kap. 5, Rn. 652.

2058 KOM, Entsch. v. 16.11.2016, SA.44666, C(2016) 7272 final, Rn. 88, 132 ff. – Greece.

2059 EuGH, Urt. v. 17.07.2008, C-206/06, Slg. 2008, I-5497, Rn. 44 – Essent Netwerk Noord.

2060 Art. 143 Abs. 3 lit. b (aa) G. 4001/2011.

2061 Das ergibt sich aus Art. 3 Abs. 1 G. 4414/2016, welcher vorsieht, dass förderfähig die EE-Anlagen sind, die am Verbundsystem oder am Verteilernetz sind.

2062 Diese Vorschrift sieht lediglich vor, dass die Methodologie und der Prozess der Bestimmung der Kapazität, welche den Anlagenbetreibern aus EU und EWR-Ländern geöffnet wird, durch Min. Beschluss geregelt werden wird.

SITHYA-Strom im Jahr vor der Ausschreibung, der inländische Endstromverbrauch und die Neukapazität der EE/SITHYA-Anlagen in Griechenland im Jahr vor der Ausschreibung[2063]. Nach einer ersten Einschätzung soll der Umfang der Öffnung bei ca. 3,5 % der Neukapazität der EE/SITHYA-Anlagen liegen[2064]. Der Betrag der Kapazität, die bei jeder Ausschreibung den ausländischen EE-Erzeugern geöffnet wird, wird zusammen mit den anderen Parametern der Ausschreibung durch Beschluss von RAE bestimmt[2065]. Die Förderung des importierten EE-Stroms unterliegt dem Nachweis des physischen Imports des importierten EE-Stroms durch bilaterale Verträge, Zugangsrechte zu Verbindungskapazitäten oder Teilnahme des Imports an den Schedules des Day-Ahead-Markts, solange dieser Nachweis möglich ist. Die Öffnung kann der Bedingung des Abschlusses von Kooperationsvereinbarungen unterliegen[2066]. Letztlich gilt die Öffnung gegenüber allen Staaten des EWR und der der Energiegemeinschaft. Für Griechenland ist die Öffnung auch gegenüber Drittstaaten wichtig, da es sich teilweise um Nachbarländer handelt[2067], mit denen ein physischer Stromhandel möglich ist bzw. bereits stattfindet[2068].

Im Ergebnis wird der importierte EE-Strom diskriminiert, da er mit der ETMEAR belastet, aber nicht mit der Förderung des griechischen Fördersystems vergütet wird. Da die äußerlich neutrale ETMEAR unterschiedslos sowohl dem eingeführten als auch dem heimischen Strom auferlegt wird, aber de facto den eingeführten belastet, handelt es sich um eine mittelbare Diskriminierung[2069]. Im griechischen Abgabensystem liegt ebenfalls eine Diskriminierung i.S.v. Art. 110,

---

2063 Art. 7 Abs. 1 Min. Beschl. 184573/2017. Die Formel lautet: RESCref_country = (RES_Eimp_country / FECElectricity_GR) * RESCGR _NEW. „RESCref_country„ ist der Umfang der Öffnung der griechischen Ausschreibungen gegenüber jedem einzelnen Land, „RES_Eimp_country" ist der pro Land importierte EE/SITHYA-Strom im Jahr vor der Ausschreibung, „FECElectricity_GR" ist der inländische Endstromverbrauch und „RESCGR_NEW" ist die Neukapazität der EE/SITHYA-Anlagen in Griechenland im Jahr vor der Ausschreibung.

2064 KOM, Entsch. v. 16.11.2016, SA.44666, C(2016) 7272 final, Rn. 76 – Greece.

2065 Art. 7 Abs. 2 Min. Beschl. 184573/2017.

2066 KOM, Entsch. v. 16.11.2016, SA.44666, C(2016) 7272 final, Rn. 77 – Greece.

2067 Albanien, FYROM.

2068 So liegt die letzten Jahre die Summe der Exporte und Importe bei 30–40 % der gesamten Netto-Stromerzeugung, s. LAGIE, Μηνιαίο Δελτίο Συστήματος Συναλλαγών ΗΕΠ, März 2016, S. 12; März 2018, S. 12.

2069 EuGH, Urt. v. 09.05.1985, 112/84, Slg. 1985, 1367, Rn. 12 ff. – Humblot. Anderes Beispiel sind die unterschiedlichen Abgabenbemessungsgrundlagen hinsichtlich einheimischer und importierter Waren, EuGH, 77/69, Rn. 1 ff. – Kommission/Belgien.

und nicht i.S.v. 30 AEUV vor. Die Erhebung der ETMEAR erfolgt nicht anlässlich des Grenzübertritts des Stroms. Darüber hinaus gleichen die Vorteile nur einen Teil der Belastung des inländischen Stroms aus, da der konventionelle inländische Strom nicht von der Förderung profitiert[2070].

Unter der Bedingung der Öffnung in der Höhe von 3,5 % hat die Kommission die Vereinbarkeit des griechischen Abgabensystems mit Art. 110 AEUV genehmigt. Die partielle Öffnung in der Höhe von 3,5 % der Neukapazität der EE/SITHYA-Anlagen war für die Kommission demnach ausreichend. Wie bereits erläutert, verlangt sie für den Umfang der Öffnung keinen festen Prozentsatz. Die Berechnungsmethode des Umfangs der Öffnung des griechischen Fördersystems ist allerdings sehr ähnlich wie die der meisten Mitgliedstaaten, welche die gleiche Verpflichtungszusage abgegeben haben. Neu ist, dass auch Strom aus SITHYA-Anlagen eine Rolle bei der Berechnung des Umfangs spielt. Dies bedeutet, dass der Anteil des reinen EE-Stroms kleiner ist, wenn auch SITHYA-Strom importiert wird. Wie auch in der deutschen Entscheidung ist der physische Import des Stroms eine der Komponenten.

Wie auch bei dem deutschen Abgabensystem, kann nach der hier vertretenen Meinung die Öffnung des griechischen Fördersystems um bis zu 3,5 % der jährlich in Griechenland zu installierenden Leistung die diskriminierenden Wirkungen und einen Verstoß gegen Art. 110 AEUV nicht vermeiden. Der Feststellung der Kommission ist im Ergebnis nicht zuzustimmen. Insbesondere der Umfang von nur 3,5 % der Neukapazitäten ist kritisch anzusehen: Im Vergleich des gesamten Fördervolumens für griechische EE-Anlagen reicht die Öffnung im Umfang von 3,5 % nicht aus, um die nationale Förderung auszugleichen[2071].

Aus den oben genannten Gründen ist es zu schlussfolgern, dass das griechische Abgabensystem trotz der Öffnung des nationalen Fördersystems um 3,5 % gegen Art. 110 AEUV verstößt. Um den Verstoß gegen Art. 110 AEUV zu vermeiden, müsste der eingeführte grüne Strom von der ETMEAR-Belastung ausgenommen werden.

2070 EuGH, Urt. v. 17.07.2008, C-206/06, Slg. 2008, I-5497, Rn. 42 – Essent Netwerk Noord.

2071 *Klein*, Rechtliche Rahmenbedingungen für den Ausbau von Wettbewerbselementen bei der Förderung EE, 2015, S. 174.

D. Schlussfolgerungen

I.

Vor zehn Jahren erreichte das europäische Energierecht eine neue Qualität. Grund hierfür war die Einführung eines eigenständigen Kapitels für die Energiepolitik im Primärrecht mit Art. 194 AEUV, die Verabschiedung der EE-RL und des Dritten Energiebinnenmarktpakets. Dies ging mit Herausforderungen für die nationalen Energiepolitiken einher. Deutschland und Griechenland – als Mitgliedstaaten der EU – müssen seit 2010 nicht nur die ambitionierten EE-Ziele der EE-RL erreichen, sondern dabei den Grundsätzen eines liberalisierten, wettbewerbsfunktionierenden und versorgungssicheren Elektrizitätsmarkts entsprechen, so dass zum Ende dieses Jahrzehnts die EU einen umweltfreundlichen, sicheren, kostengünstigen und funktionierenden Elektrizitätsbinnenmarkt hat.

II.

Der Ausbau der erneuerbaren Energien (EE) stellt einen zentralen Bestandteil der Energiepolitik beider Mitgliedstaaten dar. Die Bundesrepublik fördert den Ausbau der EE mit dem EEG und Griechenland mit den G. 3468/2006 und 4414/2016. Als Hauptträger der EE-Technologien erwies sich in beiden Ländern neben der Windenergie, die PV. Hauptgründe für den großen Zubau dieser Technologie sind die im Vergleich zu anderen EE-Technologien niedrigeren Investitionskosten und die einfache Errichtung der PV-Anlagen (insb. der Dachanlagen). Für Griechenland spielten offenbar auch die idealen Wetterbedingungen eine große Rolle.

III.

Diese Arbeit hat den Rechtsrahmen zweier unterschiedlicher Länder zum Gegenstand. Es bestehen Unterschiede im Hinblick auf die Größe, die Geomorphologie, das Potential an Solarenergie, die Grundstrukturen des Strommarkts und die finanzielle Lage. Deutschland ist ein großes, flaches, hochentwickeltes Industrieland mit relativ geringem Solarpotential, aber mit einer der größten Volkswirtschaften der Welt. Gleichzeitig ist der deutsche Strommarkt seit dem EnWG 1998 liberalisiert worden und der Wettbewerb funktioniert in den wettbewerblichen Teilen des Strommarkts. Auf der anderen Seite ist Griechenland ein kleines Land, mit vielen Inseln und Gebirgen und großem Solarpotential, welches in den letzten zehn Jahren in erhebliche finanzielle Schwierigkeiten geraten ist. Darüber hinaus ist der griechische Elektrizitätsmarkt seit dem ersten G. 2773/1999 immer noch nicht vollständig liberalisiert worden. Dies versucht das Land mit dem letzten Gesetzespaket (G. 4336/2015, 4425/2016, 4512/2018), welches die Schaffung einer griechischen Strombörse und der vier Teilmärkte, des Day-Ahead-Markts, des Intraday-Markts, des Terminmarkts und des Regelenergiemarkts bezweckt.

IV.

Unterschiedlich sind auch die langfristigen Ziele, die beide Staaten für die Entwicklung der EE gesetzt haben. Obwohl beide Länder bis 2020 als bindendes nationales Ziel den EE-Anteil am Brutto-Endenergieverbrauch auf 18-20 % festgesetzt haben, haben die langfristigen Ziele eine ganz unterschiedliche Dimension. Deutschland treibt die Förderung der EE und somit der PV im Rahmen des flächendeckenden Mammutprojekts der Energiewende voran. Nach § 1 Abs. 2 EEG soll der EE-Anteil am Bruttostromverbrauch bis 2025 bei 40–45 % und bis 2050 bei 80 % liegen. Gleichzeitig soll das Land bis 2022 aus der Kernenergie vollständig aussteigen. Die Ziele sind hochambitioniert, die Dimensionen des Projektes sind groß. Im Gegensatz dazu hat Griechenland noch kein derartiges langfristiges Ziel. Aktuell wird ein Energieplan diskutiert, der auf einen EE-Anteil am Bruttostromverbrauch auf 30% bis zum Jahr 2030 zielt.

V.

Trotz der strukturellen Unterschiede, der unterschiedlichen Ausgangspunkte und der Ziele der EE-Politik, hatten und haben beide Staaten die gleichen Schwierigkeiten im Hinblick auf den Ausbau der PV. Es gab bei dem Ausbau dieser in ihrem Ursprung unreifen EE-Technologie sowohl rechtliche als auch finanzielle Herausforderungen. Die raschen Entwicklungen des Marktes (Senkung der Kosten pro PV-Modul) und eine unerwartete Investitionslust haben die Gesetzgeber unter Druck gesetzt, in kurzer Zeit Lösungen zu finden und den Rechtsrahmen effizienter auszugestalten. Diese Herausforderungen waren zu einem gewissen Maß unerwartet. Die vorliegende Arbeit hat gezeigt, dass der Gesetzgeber insb. in Griechenland oft mit Verzögerung auf die Entwicklungen des Markts reagiert hat. Das Ausmaß der Herausforderungen zeigt sich beispielsweise in Instrumenten, welche der Gesetzgeber zum ersten Mal eingesetzt hat. Ein solches ist z. B. die Erstellung eines Umlagesystems in Deutschland (§§ 58 ff. EEG) oder eines EE-Sonderkontos für die Finanzierung der EE und PV in Griechenland (Art. 143 G. 4001/2011). Das Ausmaß der Herausforderungen zeigt sich auch in Instrumenten, die aus erster Sicht ineffizient erscheinen, wie die Entschädigung für die Abregelung der Anlagen (§ 15 EEG) oder die Bezahlung der Stromverbraucher, den überschüssigen Strom zu kaufen (§ 13 Abs. 6 EnWG, Min. Beschl. 184898/2015).

VI.

Die Arbeit hat den Rechtsrahmen beider Länder in Bezug auf diejenigen Parameter verglichen, die die Entwicklung der PV-Energie fördern oder behindern. Es handelt sich um den Nationalen Ausbauplan, die Planungs-, und Genehmigungserfordernisse, drittens die Netzintegration des PV-Stroms und viertens die finanzielle Förderung des Stroms aus PV-Anlagen. Die Effektivität der eingesetzten Instrumente der jeweiligen Rechtsordnungen wurde anhand des sog. energiepolitischen Zieldreiecks beurteilt, welchem eine Leitbildfunktion zukommt. Ziele dieses Dreiecks sind die Wettbewerbsfähigkeit, die Versorgungssicherheit und die Umweltverträglichkeit. Dies gilt sowohl für das europäische Energierecht (Art. 194 AEUV) als auch für das nationale Energierecht in Deutschland und Griechenland.

VII.

Im Hinblick auf den Nationalen Ausbauplan als ersten Parameter hat sich die Vorausplanung und die Steuerung des PV-Zubaus für beide Länder als schwierig erwiesen. Zur Erreichung der Energiewende wird Deutschland bis 2050 ca. 200 GW installierte Leistung von PV benötigen. Davon werden 52 GW gefördert (§ 49 Abs. 5 EEG). Trotz eines notwendigen EE-Mixes ist die Förderung der PV in diesem Ausmaß in Deutschland wegen seiner niedrigen Sonneneinstrahlung kritisch zu betrachten. Als Steuerungsinstrument hat Deutschland den atmenden Deckel und den Zubaukorridor verwendet (§ 49 EEG). Die Kombination dieser Instrumente hat den Rhythmus des PV-Zubaus relativ zielgerichtet gesteuert, trotz einiger Vorzieheffekte in den Jahren des großen PV-Zubaus (2011-2013) und trotz der kleineren Zubaurate als die des Zielkorridors. Insgesamt hat bislang die deutsche Planung den PV-Zubau begünstigt. Deutschland hat bereits eine Steigerung des EE-Anteils am Stromverbrauch auf 38,6 % erzielt[2072], so dass es das EE-RL Ziel von 18 % EE-Anteil am Bruttoendenergieverbrauch bis 2020 erreichen wird[2073], wenn sich die EE-Stromerzeugung in den

2072 BDEW, EEG: Zahlen, Fakten, Grafiken (2017), S. 4.
2073 Das EE-RL Ziel entspricht einem EE-Anteil am Stromverbrauch von 38,6 %.

nächsten zwei Jahren ähnlich weiterentwickelt. Auf diese Weise trägt die deutsche Planung dem energiepolitischen Ziel der Umweltverträglichkeit, welches durch die quantitative sowie die qualitative Weiterentwicklung der EE bzw. PV bestimmt ist, Rechnung.

Im Gegensatz zu Deutschland fehlt Griechenland ein konkreter Nationaler Ausbauplan, der den PV-Zubau zielgesteuert und kontinuierlich fördert. Griechenland hat mit einer „cool off" – „cool on" Taktik auf den unkontrollierten Zubau hektisch reagiert. Griechenland erteilte deshalb in den Jahren 2010-2014 zeitweise keine Produktionsgenehmigungen mehr, Anträge auf Netzanschlussangebote wurden nicht mehr beschieden und der Abschluss von Netzanschluss- und Kaufverträgen erfolgte in dieser Zeit teilweise nicht mehr. Steuerungsinstrumente wie im deutschen Rechtsrahmen, z. B. die jährliche Zubaumenge in Kombination mit dem Mechanismus des atmenden Deckels, hätten den PV-Zubau in Griechenland effektiver kontrolliert. Ein jährlicher Ausbaukorridor wurde eingeführt, nachdem der PV-Markt bereits lahm lag. Zur Erreichung des EE-Ziels sollen in Griechenland bis 2020 noch 1,4 GW aus PV installiert werden. Da allerdings in den letzten vier Jahren nur 8 MW installiert wurden, ist es zweifelhaft, ob Griechenland sein EE-Ziel erreichen wird. Im Ergebnis hat der griechische Nationale Ausbauplan das energiepolitische Ziel der Umweltverträglichkeit nicht erreicht.

VIII.

Im Hinblick auf den zweiten Parameter, die Genehmigungserfordernisse, braucht der Einspeisewillige in Deutschland nur eine Genehmigung für die Errichtung, oder Änderung einer PV-Anlage, die Baugenehmigung. Gebäudeabhängige PV-Anlagen und PV-FFA mit einer Höhe bis in der Regel zu 3 m und einer Gesamtlänge bis zu 9 m sind genehmigungsfrei (§ 61 Abs. 1 Nr. 3, lit. b MBO). Die Erteilung einer Genehmigung unterliegt weiteren öffentlich-rechtlichen Vorschriften und trägt somit den öffentlich-rechtlichen Belangen Rechnung. Nach mehreren Studien ist Deutschland einer der Mitgliedstaaten, deren Genehmigungssystem als nicht hemmend angesehen werden kann und deshalb als Vorbild für den griechischen Rechtsrahmen dienen kann.

Der potenzielle PV-Anlagenbetreiber braucht in Griechenland bis zu max. fünf Genehmigungen, die Produktionsgenehmigung, die Umweltgenehmigung (PPD oder AEPO), die Installationsgenehmigung, die Betriebsgenehmigung und die Genehmigung für die Durchführung von Bautätigkeiten kleines Umfangs. Die große Anzahl von Genehmigungen und die fehlende Koordination der Behörden stellen ein Hindernis für den PV-Ausbau dar. Ein erster Schritt zur

Konvergenz des Genehmigungsprozesses sind die sog. PPD, da sie nun in die Installations- und später auch in die Betriebsgenehmigung einbezogen werden (Art. 3 Abs. 2 Min. Beschl. 3791/2013). Anzuraten ist die Abschaffung der Produktionsgenehmigung, der Installationsgenehmigung und der Betriebsgenehmigung, deren Funktion heute nicht mehr erkennbar ist. Alle übrigen im Genehmigungsverfahren zu prüfenden Vorschriften können in den PPD integriert werden. In diesem Fall würde die zuständige Behörde wie im deutschen Bundesimmissionsschutzrecht als „One Stop Shop"-Behörde funktionieren. Im Ergebnis fördert der griechische Rechtsrahmen im Hinblick auf den Genehmigungsprozess der PV-Anlagen das energiepolitische Ziel der Umweltverträglichkeit nicht.

IX.

Der dritte Parameter, die Netzintegration der PV, stellt eine der größten Herausforderungen für beide Länder dar. Zentrale Säulen der Netzintegration der PV sind in beiden Rechtsordnungen erstens der Netzanschluss und Netzzugang der PV und zweitens die Bewältigung der Netzengpässe. Zur Bewältigung der Netzengpässe werden wiederum drei Instrumente eingesetzt: Der Netzausbau (Anpassung des Netzes der Erzeugung/Last), das Engpassmanagement (Abstimmung von Netz und Erzeugung/Last) und das Standortmanagement (Anpassung der Erzeugung/Last dem Netz).

In Deutschland erfolgen der Netzanschluss und der Netzzugang durch ein gesetzliches Schuldverhältnis (§ 7 Abs. 1 EEG). Dies bedeutet, dass die Parteien keinen Vertrag abschließen müssen; Rechte und Pflichten werden unmittelbar aus dem Gesetz abgeleitet. Die durch ein gesetzliches Schuldverhältnis gesicherten Instrumente des vorrangigen und unverzüglichen Netzanschlusses (§ 8 EEG) und Netzzugangs (§ 11 EEG) sowie die nachrangige Abregelung der PV-Anlagen gegenüber den konventionellen Kraftwerken (§ 15 EEG) haben einen Beitrag zur kontinuierlichen Entwicklung der PV und dementsprechend der Umweltverträglichkeit geleistet. Allerdings stellt der massive EE bzw. PV-Ausbau die Versorgungssicherheit weiterhin vor erhebliche Herausforderungen. Grund ist die fehlende Synchronisation zwischen dem EE-Zubau mit dem Ausbau der Netze. Die beispiellosen Ausbaumaßnahmen von 3.600 km Neubautrassen auf der Übertragungs- und zwischen ca. 130.000 km und ca. 280.000 km auf der Verteilernetzebene werden vor 2030 nicht fertiggestellt. Gründe sind die Dimension der Ausbauvorhaben und der aufwändige Netzplanungsprozess. Der verzögerte Netzausbau macht Regulierungsinstrumente der weiteren zwei Gruppen (Engpassmanagement und Standortmanagement der Anlagen) zur Bewältigung der

Engpässe erforderlich. Der zunehmende Einsatz von teuren Maßnahmen des Engpassmanagements zeigt, dass der deutsche Rechtsrahmen verbesserungsbedürftig ist. Der steigende Zubau der EE bzw. PV-Anlagen erfordert von allen Beteiligten, flexibler, intelligenter und systemverantwortlicher zu werden. Dies betrifft insbesondere die VNB, denen eine neue, zentrale Rolle zukommt. In diesem Zusammenhang braucht die Energiewende die Digitalisierung. Das Ziel der Versorgungssicherheit erreicht das Land gegenwärtig nur zum Teil. Die Kosteneffizienz bzw. Kostengünstigkeit durch die freie Entfaltung der Marktmechanismen ist das dritte Ziel des Zieldreiecks. Dieses Ziel erfordert die Abschaffung von Privilegien der EE. Empfehlenswert ist die Abschaffung des Einspeisevorrangs und die Reduzierung der Entschädigung des Einspeisemanagements. Weiterer Vorschlag ist die effizientere Standortwahl der EE-Anlagen zur Senkung der Systemintegrationskosten. Empfehlenswert ist eine sog. EE-Regionalkomponente, da die bereits eingesetzte Verteilernetzkomponente nicht zur Senkung der Vergütung und folglich der Netzentgelte führt. Willkommen ist die wettbewerbliche Ermittlung von Maßnahmen des Engpassmanagements wie das Lastmanagement, die Kapazitätsreserve und das Angebot der Regelenergie. An letzterer nehmen nun sogar auch die EE teil. Als Ergebnis ist das Ziel der Kosteneffizienz und Kostengünstigkeit nur teilweise erfüllt.

Griechenland erreicht das Ziel der Umweltverträglichkeit im Gegensatz zu Deutschland nur teilweise. Im Gegensatz zu dem deutschen Rechtsrahmen sieht der griechische Rechtsrahmen nur eine vorrangige Abnahme des PV-Stroms (Art. 9 Abs. 1 lit. a G. 3468/2006), aber keinen vorrangigen und unverzüglichen Anschluss der PV-Anlagen an das Netz vor. Anschluss und Abnahme sind durch einen Kontrahierungszwang geregelt. Wegen des Kontrahierungszwangs bedarf der Netzanschluss eines Vertrages. Aufgrund der ständigen Änderungen des Rechtsrahmens und des mehrstufigen Anschlussverfahrens wird der Anschluss der PV-Anlagen gehindert und dies erschwert die weitere Entwicklung der PV. Weiterhin erfordert der weitere PV-Zubau langfristig ein organisiertes Einspeisemanagement mit klaren Regelungen bzgl. der Technologien und der Leistung der abzuregelnden Anlagen. Dies ist jedoch nicht vorhanden. Der griechische Gesetzgeber könnte nach dem Vorbild des deutschen Einspeisemanagements ein organisiertes Einspeisemanagement für den weiteren PV-Zubau implementieren. Das griechische System erreicht auch die Versorgungssicherheit nur teilweise, da Engpässe in den Netzen entstehen, die Netzausbaumaßnahmen erfordern. Obwohl die Dimension und die Dringlichkeit der Ausbauvorhaben kleiner als in Deutschland ist, hat auch Griechenland Probleme, den PV-Zubau und den Netzausbau zu synchronisieren. Es fehlt vor allem eine ganzheitliche Planung für die Signalisierung des richtigen Netzausbaubedarfs. Daher sind

Maßnahmen des Engpassmanagements und des Standortmanagements notwendig. Zu begrüßen ist das Instrument des Standortwettbewerbs für belastete Netzregionen, die nach dem Netzausbau über freie Kapazitäten verfügen (Min. Beschl. 172859/2018). Dem Ziel der Kosteneffizienz durch die freien Marktmechanismen wird Griechenland nicht gerecht. Vorhandene Marktmechanismen wie die Ausschreibung von abschaltbaren Lasten (Min. Beschl. 184898/2015) oder von ADI (143D Abs. 1 G. 4001/2011) können nur in einem liberalisierten und funktionierenden Elektrizitätsmarkt ihre Wirkung entfalten. Letzteren gibt es noch nicht. Das letzte Reformpaket vom G. 4512/2018 bezweckt 20 Jahre nach dem ersten Liberalisierungsgesetz die Schaffung der Strombörse und der dazu gehörenden Märkte. Nach der Reform des Elektrizitätsmarkts können auch in Griechenland die Abschaffung des Einspeisevorrangs der PV oder ihre Teilnahme am Regelenergiemarkt wirksam sein.

X.

Hinsichtlich des vierten Parameters, der finanziellen Förderung, erhalten die Anlagenbetreiber finanzielle Anreize als Instrumente indirekter Verhaltenssteuerung, um in EE zu investieren. Somit werden die Staaten den Anforderungen des Klimaschutzes gerecht. Zu diesem Zweck bekommen die Anlagenbetreiber durch die sog. Fördersysteme finanzielle Vorteile, die sie unter normalen Marktbedingungen nicht erhalten. Deutschland und Griechenland setzten zur Förderung der PV dieselben Förderinstrumente ein: die Einspeisevergütungen, die Marktprämie und die Ausschreibungen.

In Deutschland gilt die Einspeisevergütung nur für PV-Anlagen mit einer installierten Leistung ≤ 100 kW (§ 21 Abs. 1 i.V.m. 19 EEG)[2074]. Die Marktprämie findet Anwendung für PV-Anlagen mit einer installierten Leistung > 100 kW[2075]. Seit Inkrafttreten des EEG 2017 wird die Höhe der Marktprämie für PV-Anlagen mit einer installierten Leistung ≥ 750 kW durch Ausschreibungen ermittelt (§ 22 Abs. 3 EEG). Im Hinblick auf das Ziel der Kostensenkung durch die Wettbewerbsfähigkeit ist in Deutschland festzustellen, dass weder die Einspeisevergütungen (§§ 19, 48 EEG) noch die Marktprämie (§§ 19, 20, Anlage 1 EEG) den Wettbewerb der Anlagen fördern. Die festen und garantierten Einspeisevergütungen geben keine Anreize, auf die Entwicklungen des Markts zu

---

2074 Die PV-Anlagen mit einer installierten Leistung von mehr als 100 kW können nur ausnahmsweise durch die Einspeisevergütungen gefördert werden (§ 21 Abs. 1 Nr. 2 EEG).

2075 § 2 Abs. 2 i.V.m. §§ 19 Abs. 1 Nr. 1 u. 21 Abs. 1 Nr. 2 EEG.

reagieren. Auch das Fördersystem der Marktprämie gewährt den Anlagenbetreibern einen Zuschlag auf dem Marktpreis, so dass die Vollkosten gedeckt werden. Die Marktprämie wird nämlich durch die Formel MP = AW – MW („Marktprämie = Anzulegender Wert – Monatsmarktwert") definiert, wobei der AW identisch mit der Höhe der Einspeisevergütung ist, die der Anlagenbetreiber bekommen würde, wenn die Anlage der durch die Einspeisevergütung gem. § 21 Abs. 1 i.V.m. 19 EEG gefördert wäre. Die Marktprämie wird gewährt, auch wenn der Marktpreis in den ersten sechs aufeinanderfolgenden Stunden negativ ist. Anzuraten ist die Abschaffung des 6-Stunden Intervalls (§ 51 Abs. 1 EEG), nach dem der AW bei negativen Preisen auf null reduziert wird. Nur die PV-spezifischen Ausschreibungen (§§ 22 Abs. 3, 37 ff. EEG) haben bislang in Deutschland zu einer Kostensenkung geführt. Diesen Wettbewerbsdruck und dementsprechend die Senkung des AW gab es bei den gemeinsamen Ausschreibungen von PV- und Windenergieanlagen (§ 39i EEG) und den grenzüberschreitenden Ausschreibungen (§ 5 Abs. 2 EEG) nicht. Dafür wäre eine Angleichung der wichtigsten Elemente des Ausschreibungsdesigns erforderlich. Demzufolge soll das Ausschreibungsdesign dieser Ausschreibungen neu gestaltet werden. In Bezug auf die Umweltverträglichkeit bzw. die kontinuierliche Entwicklung der PV haben die hohen Einspeisevergütungen den PV-Zubau enorm weitergetrieben. Deswegen war auch der Einsatz des atmenden Deckels zur Steuerung des Zubaus notwendig. Prequalifikationskriterien und Pönalen in beiden Systemen erhöhen die Realisierungswahrscheinlichkeit der Projekte, denn trotz einer tatsächlichen 90 %igen Realisierung der Projekte der ersten zwei Ausschreibungsrunden zeigt die internationale Erfahrung, dass ein bedeutender Teil der Projekte nicht realisiert werden. Eine stärkere Einbeziehung der an der Energiewende beteiligten Gesellschaftsgruppen versucht schließlich der Gesetzgeber durch Vorschriften zu der Eigenversorgung (§§ 61-61k EEG) und zum Mieterstromzuschlag (§ 19 Abs. 1 Nr. 3 EEG). Im Ergebnis enthält der deutsche Rechtsrahmen vorteilhafte Regelungen zur weiteren Entwicklung der PV, weist aber auch Verbesserungspotential auf.

In Griechenland gilt die Einspeisevergütung für PV-Anlagen mit einer installierten Leistung ≤ 500 kW (Art. 4 Abs. 3 G. 4414/2016). Für PV-Anlagen mit einer Leistung > 500 kW wird die Höhe der Marktprämie durch das Instrument der Ausschreibung ermittelt[2076]. In Griechenland ist die Methode zur

---

2076 Art. 3 Abs. 18 G. 4414/2016. Kleine PV-Anlagen mit einer installierten Leistung von ≤ 500 kW können optional an Ausschreibungen teilnehmen (Art. 7 Abs. 4 i.V.m. Art. 3 Abs. 3, 5 und Art. 4 Abs. 3 G. 4414/2016), obwohl das Gesetz und der Min. Beschl. 172859/2018 zu den spezifischen Voraussetzungen schweigen.

Berechnung der Marktprämie genauso wie in Deutschland. Sie wird monatlich durch Subtraktion des Sondermarktpreises (ETA) für PV von dem Referenzwert bestimmt (Art. 6 Abs. 1 S. 1 G. 4414/2016). Im Gegensatz zu Deutschland kann der AW für die Marktprämie jedoch nur durch Ausschreibungen bestimmt werden (Art. 3 Abs. 18 G. 4414/2016). Auch in Griechenland wurde mit Einspeisevergütungen (Art. 13 Abs. 1 G. 3468/2006, Art. 10 G. 4414/2016) kein Wettbewerb erreicht. Die Ergebnisse der bislang einzigen PV-Ausschreibung zeigen, dass selbst die geringe Wettbewerbsintensität den Höchstpreis gesenkt hat. Zu begrüßen sind weitere Ansätze der Fördermodelle in Griechenland, die auch marktfreundlicher als die in Deutschland sind, wie der kürzere notwendige Zeitintervall der negativen Preise zur Senkung der AW auf null (Art. 5 Abs. 10 G. 4414/2016) oder die nötige Mindestgebotsmenge der PV-Anlagen für ihre Teilnahme an den Ausschreibungen (500 kW statt 750 kW, Art. 3 Abs. 18 G. 4414/2016). Die richtige Marktintegration der PV verlangt allerdings eine wettbewerbliche Öffnung des griechischen Elektrizitätsmarkts, welche erst mit dem neuen G. 4512/2018 erfolgen soll. Nach den bisherigen Erfahrungen ist die zügige und richtige Umstellung des griechischen Elektrizitätsmarkts fraglich. Abzuwarten ist auch, inwieweit der PV-Markt dieser Umstellung folgen wird. Das Ziel der Umweltverträglichkeit im Sinne der kontinuierlichen Entwicklung der PV wurde durch das Fördersystem der Einspeisevergütungen nicht erreicht. Sie erzeugten Fehlanreize und demzufolge einen unkontrollierten PV-Zubau. Ergebnis waren tiefgreifende Maßnahmen des Gesetzgebers wie die Kürzung der Einspeisevergütungen, welche in Verbindung mit der Finanzkrise zum Einbruch des PV-Markts führten. Seit 2014 hat sich der PV-Markt mit einer neu installierten Leistung von nur 8 MW nicht erholt. Aus den bereits genannten Gründen ist die zügige Wiederherstellung des PV-Markts wegen der Umstellung des Förderregimes auf die Ausschreibungen zweifelhaft. Noch fraglicher ist die Erreichung der erst kürzlich gesetzten ambitionierten Ziele Griechenlands für einen jährlichen Zubau von mind. 300 MW und zusätzlichen 400 MW aus den gemeinsamen Ausschreibungen für Windenergieanlagen und PV (Art. 2 Min. Beschl. 172859/2018). Zu begrüßen sind Neuregelungen wie die Möglichkeit der Teilnahme von Bürgerenergiegesellschaften (Art. 11 Abs. 10 G. 4513/2018) oder durch das reguläre und virtuelle net metering (Art. 13 G. 4414/2016). Auch diese Instrumente brauchen allerdings einen funktionierenden Markt.

Durch den Rechtsvergleich mit dem deutschen Recht wird deutlich, dass der griechische Gesetzgeber vorteilhafte Regelungen im Hinblick auf die Strukturreform des Elektrizitätsmarkts und auf eine ordentliche Umstellung des Förderregimes auf die Ausschreibungen aufnehmen kann. Auf der anderen Seite sollte Griechenland auf Grundlage der Erfahrungen Deutschlands mit den gemeinsamen und den grenzüberschreitenden Ausschreibungen sein Ausschreibungsdesign von Anfang an durchdenken und ihn organisierter konzipieren. Wegen der früheren Liberalisierung des deutschen Strommarkts und der größeren Herausforderungen der Energiewende sind die Instrumente des deutschen Rechtsrahmens insgesamt reifer als die des griechischen Rechts. Insoweit gibt es nicht viele Regelungen im griechischen Recht, welche der deutsche Gesetzgeber aufnehmen könnte. Eine solche ist aber das kürzere notwendige Zeitintervall der negativen Preise zur Senkung der AW auf null oder die Senkung der Bagatellgrenze (von 750 kW auf 500 kW) für die Teilnahme der PV-Anlagen an den Ausschreibungen. Letzteres würde die Teilnahme mehrerer Bieter an den Ausschreibungen ermöglichen. Dabei muss aber die kontinuierliche Weiterführung des jährlichen PV-Zubaus beachtet werden.

XI.

Da die EE-Förderkosten höher als der Börsenpreis sind, versuchen beide Staaten durch ein Abgabensystem die EE und somit die PV-Förderung zu finanzieren. Der deutsche Gesetzgeber schuf ein vierstufiges Umlagesystem, bei dem die ÜNB die Mehrkosten der EE-Förderung über die Stromversorger letztendlich an die Letztverbraucher umwälzen (§ 56 ff. EEG). Zentraler Bestandteil des sog. Ausgleichsmechanismus ist die sog. EEG-Umlage, welche bereits die Lücke zwischen der höheren EE-Förderung und den niedrigeren Einnahmen durch die Vermarktung des Stroms an der Börse deckt. Der griechische Gesetzgeber hat zur Finanzierung der EE ein Sonderkonto mit verschiedenen Einnahmen und Ausgaben gegründet. Eine der Einnahmen ist auch die ETMEAR, welche die Letztverbraucher über die Stromrechnung an die Stromversorger und sie an den Marktbetreiber LAGIE, Verwalter des Sonderkontos, zahlen (Art. 143 G. 4001/2011). Da die EE-Förderung Kosten in Milliardenhöhe (26 Mrd. € in Deutschland und ca. 1,9 Mrd. € in Griechenland) beträgt, soll die Teilnahme der unterschiedlichen Gruppen der Gesellschaft an den Förderkosten angemessen sein. Dies verlangt, eventuelle gegenseitige Interessen in einem ausgewogenen Verhältnis zu halten. Dies betrifft vor allem die partielle Befreiung der Eigenversorger und der stromkostenintensiven Unternehmen von der EEG-Umlage (§§ 61-61k und 64 EEG) und der ETMEAR (Min. Beschl. 175067/2017)[2077].

2077 Bzgl. der stromkostenintensiven Unternehmen s. RAE, Entsch. v. 20.12.2017, 1101/2017, S. 21.

XII.

Im Ergebnis lässt sich aus dem Rechtsvergleich beider Rechtsordnungen anhand der Ziele des Zieldreiecks Folgendes feststellen: Nicht alle Ziele können gleichzeitig und vollständig realisiert werden, da sie teilweise im Konflikt miteinander stehen. Zeitweise stand das eine Ziel mehr im Fokus des Gesetzgebers und zeitweise das andere. Auch wenn die Ziele nicht isoliert bestehen, ist anzumerken, dass in den ersten Jahren der PV-Förderung der kontinuierliche Zubau im Fokus stand, indem die hohen Einspeisetarifen eine feste Vergütung garantiert haben. Der unerwartete und teilweise unkontrollierte Zubau führte zu Netzengpässen und aus diesem Grund kam die Versorgungssicherheit in Vordergrund. Letztere erfordert eine zügige Netzintegration der PV. Nach der erheblichen Senkung der Kosten der PV-Module und der zugleich sehr hohen Förderkosten der PV kommt die Kostensenkung durch die Wettbewerbsfähigkeit in Fokus, welche eine Marktintegration der PV verlangt. Im Ergebnis soll der Gesetzgeber versuchen, die drei Ziele in einem ausgewogenen Verhältnis zu halten.

XIII.

Die Förderung der EE und somit der PV ist auf Unionsebene durch Sekundärrecht (die EE-RL) geregelt. Die Materie ist nicht abschließend geregelt, da die Mitgliedstaaten einen großen Gestaltungsspielraum für ihre nationalen Fördersysteme haben. Aus diesem Grund müssen die nationalen Maßnahmen am Primärrecht, insbesondere an den Grundfreiheiten und am Beihilfenrecht gemessen werden. Der EE-Zubau der letzten Jahre in den Mitgliedstaaten führte zu einer Zunahme der Kontrolle der Vereinbarkeit der nationalen Förderregime mit den Vorschriften des europäischen Wirtschaftsrechts durch die europäischen Institutionen. Dies ist an der großen Anzahl der durch die Kommission eingeleiteten Verfahren und an den Urteilen des EuGH erkennbar. Insbesondere die Europäische Kommission drängte in den letzten Jahren die Umstellung der nationalen EE-Fördersysteme auf marktfreundlichere Regimen. Ihre Praxis hat an Kritik gestoßen, insbesondere da sie dies durch soft law (die EEAG) zu erreichen bezweckte. An der Prüfung der Vereinbarkeit mit den Vorschriften des europäischen Primärrechts ist ein Spannungsverhältnis zwischen der nationalen Energiepolitik und der europäischen Ziele der Binnenmarktintegration erkennbar.

XIV.

Am europäischen Primärrecht werden die nationalen EE-Fördersysteme und die nationalen Finanzierungsmechanismen – Abgabensysteme – geprüft. Sowohl das deutsche als auch das griechische Fördersystem stellen eine Beihilfe i.S.v. Art. 107 AEUV dar. Die meisten Fragen wirft die Erfüllung der ersten Voraussetzung („staatliche oder aus staatlichen Mitteln gewährte Beihilfen") des Art. 107 AEUV auf. Die Tatsache, dass die Förderung (im Fall Deutschlands) durch die Netzbetreiber als Rechtssubjekte des Privatrechts gezahlt wird, ist unerheblich. Entscheidend für die staatliche Zurechnung ist nicht mehr die organisationsrechtliche Kontrolle, sondern die Tatsache, dass der Staat durch eine umfangreiche gesetzliche Vorgabe Beihilfeempfänger, Zweck, Verwendung und Auszahlung der Abgabe vollständig vorgibt. Letztlich sind beide nationalen Fördersysteme gem. Art. 107 Abs. 3 c) AEUV mit dem Binnenmarkt allerdings vereinbar, da sie die speziellen Vereinbarkeitsvoraussetzungen der EEAG (Rn. 124–131) erfüllen.

Weiterhin stellen sowohl das deutsche als auch das griechische nationale Fördersystem durch die EE-Förderregelungen und die Abnahme- und Ankaufspflicht des einheimischen EE-Stroms eine Einfuhrbeschränkung i.S.d. Art. 34 AEUV dar. Es handelt sich um direkt diskriminierende Maßnahmen, da der ausländische Strom aufgrund seiner Herkunft diskriminiert wird. Die Diskriminierung liegt im Fall der EE-Förderregelungen darin, dass ausschließlich die einheimischen EE-Stromerzeuger eine Förderung erhalten, welche ihre Teilnahme am Großhandelsmarkt möglich macht. Im Fall der Abnahme- und Ankaufspflicht liegt die Diskriminierung darin, dass die einheimischen Stromlieferanten einen Teil des Stroms, den sie an ihre Endkunden liefern, durch die im Inland abzunehmenden Strommengen gedeckt haben und sie diesen Teil nicht aus anderen Mitgliedstaaten zu importieren brauchen. Die nationalen Fördersysteme können durch den ungeschriebenen Grund des Umweltschutzes nicht gerechtfertigt werden, da sie nicht allen Verhältnismäßigkeitsanforderungen gerecht werden. Sie fördern die EE-Erzeugung und dementsprechend sind sie geeignet zur Erreichung des Umweltschutzes. Weiterhin sind sie erforderlich, da die Mitgliedstaaten wegen der hohen EE-Förderkosten für ein einheitliches europäisches Fördersystem und einen einheitlichen Belastungsausgleich noch nicht bereit sind. Nichtdestotrotz sind die nationalen Fördersysteme nicht angemessen. Die Angemessenheit erfordert eine dynamische Bewertung, bei der die Entwicklungen der Binnenmarktintegration und die Erhöhung des EE-Anteils in der Stromerzeugung berücksichtigt werden sollen. Seit der Einführung der Fördersysteme ist der EE-Anteil an der Stromerzeugung erheblich (auf 42 %

in Deutschland und auf 30 % in Griechenland) gestiegen[2078]. Die Öffnung der nationalen Fördersysteme bis zu 5% (in Deutschland, § 5 Abs. 2 EEG) oder 3,5 % (in Griechenland, Art. 7 Abs. 1 Min. Beschl. 184573/2017) der neu zu installierenden Leistung kann die beschränkenden Auswirkungen des deutschen und des griechischen Fördersystems entsprechend nicht ausgleichen. Deswegen stellen sie eine Einfuhrbeschränkung dar, welche gegen Art. 34 AEUV verstößt.

Schließlich stellt die EEG-Umlage eine Abgabe i.S.v. Art. 110 AEUV dar. Die EEG-Umlage, die sowohl dem importierten als auch dem deutschen EE-Strom auferlegt wird, belastet faktisch nur den importierten Strom. Es handelt sich um eine mittelbare Diskriminierung. Die ausländischen EE-Erzeuger werden mit der EEG-Umlage belastet, ohne an der deutschen EE-Förderung teilzunehmen. Im Gegensatz zu Art. 34 AEUV sind für Art. 110 AEUV keine Ausnahmen oder Rechtfertigungsgründe vorgesehen. Die Kommission hat wegen der Öffnung der nationalen Fördersysteme einen Verstoß gegen Art. 110 AEUV nicht feststellen können. Kritisch ist allerdings anzusehen, dass die Öffnung der Ausschreibungen um nur bis zu 5 % der jährlich in Deutschland zu installierenden Leistung, die diskriminierenden Wirkungen und einen Verstoß gegen Art. 110 AEUV vermeiden kann. Gleiches gilt für die griechische Abgabe, die ETMEAR, welche allen EE-Erzeugern auferlegt wird, ohne dass die ausländischen EE-Erzeuger von der griechischen Förderung profitieren. Eine Öffnung der Ausschreibungen den ausländischen EE-Erzeugern um nur bis zu 3,5 % kann die Diskriminierung und einen Verstoß gegen Art. 110 AEUV nicht vermeiden. Wird das gesamte Fördervolumen für einheimische EE-Anlagen mit der Öffnung im Umfang von 5 % oder 3,5 % verglichen, ist die Öffnung nicht ausreichend, um die nationale Förderung auszugleichen. Zur Vermeidung des Verstoßes gegen Art. 110 AEUV, müsste der importierte EE-Strom von der Abgabebelastung vollständig ausgenommen werden.

Als Ergebnis lässt sich feststellen, dass die nationalen Gesetzgeber Schwierigkeiten haben, das nationale Fördersystem und das Abgabensystem europarechtskonform zu gestalten. Die entsprechenden Regelungen sind reformbedürftig.

2078 Fraunhofer ISE, Jährlicher Anteil erneuerbarer Energien an der Stromerzeugung in Deutschland, 2018, abrufbar auf https://www.energy-charts.de/ren_share_de.htm?source=ren-share&period=annual&year=all, zuletzt abgerufen am 05.04.2018.

XV.

Nach alledem lässt sich das Fazit ziehen, dass Deutschland sich mitten in der Energiewende befindet. Die Energiewende verlangt die Umstellung der ganzen Energieversorgung und somit eine bessere Netz- und Marktintegration der EE. Hierfür ist eine Flexibilität aller Marktakteure notwendig. Zu diesem Zweck könnte Deutschland neben den traditionellen Instrumenten wie dem des Einspeisemanagements neue, marktfreundlichere Instrumente (wie die Abschaffung des Einspeisevorrangs oder der Reduzierung des AW bei negativen Preisen) einsetzen und die neuen Technologien nutzen. Nur auf diesem Weg könnte Deutschland den ständig neuen Herausforderungen der Energiewende begegnen und dieses Mammutprojekt realisieren.

Griechenland befindet sich demgegenüber an einem kritischen Punkt. Einerseits steht das Land vor der grundlegenden Reform des Elektrizitätsmarkts, andererseits ist der EE bzw. PV-Markt seit vier Jahren eingefroren. Griechenland könnte die Umstrukturierung des Elektrizitätsmarkts als Anfang nutzen, den EE-Markt mit klaren Regeln zu organisieren. Nur auf diesem Weg wird Griechenland den PV-Markt wiederherstellen und sein enormes Solarpotential nutzen können. Dies könnte der Anfang für eine griechische Energiewende sein.

Anhang: Die wichtigsten relevanten Vorschriften des griechischen Rechtsrahmens der Photovoltaikenergie

G. 3468/2006, so wie es durch die Gesetze 3734/2009, 3851/2010, 4062/2012, 4093/2012, 4152/2013, 4254/2014 und 4414/2016 geändert wurde.

[…]

Art. 3. Produktionsgenehmigung

1. Die Produktionsgenehmigung zur Stromerzeugung aus erneuerbaren Energien oder SITHYA wird durch die RAE anhand der folgenden Kriterien erteilt: a) der nationalen Sicherheit, b) der öffentlichen Gesundheit, c) der technischen Sicherheit des Systems und des Netzes, d) der Energieeffizienz des Vorhabens […], e) der Reife des Vorhabens, f) der Fähigkeit des Antragstellers, das Vorhaben insbesondere auf Grundlage der Finanzierungsmöglichkeiten zu realisieren, […], g) der Erfüllung der Vorschriften der Raumordnung.

[…]

Art. 4. Ausnahme von der Pflicht zur Einholung einer Produktionsgenehmigung

1. Von der Pflicht zur Einholung einer Produktionsgenehmigung sind natürliche oder juristische Personen ausgenommen, welche Strom aus erneuerbaren Energien oder SITHYA aus folgenden Anlagen erzeugen: […] c) aus PV- oder solarthermischen Anlagen mit einer installierten Leistung ≤ 1 MW.

[…]

Art. 8. Genehmigungen

1. Die Installation der EE/SITHYA-Anlagen bedarf einer Installationsgenehmigung
[…]

2. Der Betrieb der EE/SITHYA-Anlagen bedarf einer Betriebsgenehmigung

[...]

4. Der zuständige Netzbetreiber erteilt innerhalb von 4 Monaten ab Antragstellung das Anschlussangebot, welches verbindlich und endgültig wie folgt wird: a) Für die PV-Anlagen, die eine Produktionsgenehmigung benötigen, reicht der Erzeuger dem Netzbetreiber den AEPO oder die PPD falls nötig ein, um ein endgültiges Anschlussangebot zu bekommen, welches den Netzbetreiber und den Inhaber für 3 Jahre bindet, b) Für die PV-Anlagen, die von der Einholung der Produktionsgenehmigung befreit sind, aber dem AEPO oder der PPD unterliegen, reicht der Antragsteller dem Netzbetreiber den AEPO oder die PPD ein, um ein endgültiges Anschlussangebot zu bekommen, welches den Netzbetreiber und den Inhaber für 6 Monate bindet, c) Für die PV-Anlagen, die von der Einholung der Produktionsgenehmigung und auch von der Einholung des AEPO oder der PPD [...] befreit sind, erteilt der Netzbetreiber sofort das Anschlussangebot, welches den Netzbetreiber und den Inhaber für 6 Monate ab dem Moment der Erteilung bindet,
unter der Voraussetzung, dass das Netz freie Kapazität zum Zeitpunkt der Vorlage des AEPO oder der PPD beim Netzbetreiber (in den ersten beiden Fällen) und des Antrags für das Anschlussangebot (im dritten Fall) hat. Wenn das Netz zu diesem Zeitpunkt keine freie Kapazität hat, erteilt der Netzbetreiber in den ersten beiden Fällen ein modifiziertes endgültiges Anschlussangebot mit möglichst gleichartigen technischen und wirtschaftlichen Bedingungen im Vergleich zu dem nicht gültigen Anschlussangebot.

[...]

Die Verbindlichkeit des Anschlussangebots dauert [...] bis zum Tag der Vervollständigung des Anschlusses der PV-Anlage an das Netz durch den Netzbetreiber. Die gesamte Dauer der Verbindlichkeit des Anschlussangebots darf: a) nicht länger als 18 Monate sein, wenn die Anlagen an das Netz angeschlossen werden und keine zusätzlichen Arbeiten am Mittel-/Hochspannungsschalter notwendig sind und b) 24 Monate sein, wenn die Anlagen an das Netz angeschlossen werden und zusätzliche Arbeiten [...] notwendig sind.
Falls der Netzbetreiber [...] eine längere Frist für den Abschluss der zusätzlichen Anschlussarbeiten setzt, wird die Dauer der Verbindlichkeit des Anschlussangebots bis zum Ablauf der vom Netzbetreiber gesetzten Frist verlängert.

Mit der Annahme des endgültigen Anschlussangebots [...] wird dem Netzbetreiber ein Garantieschreiben eingereicht. Die Annahme des endgültigen Anschlussangebots muss innerhalb von 2 Monaten ab seiner Erteilung erfolgen [...]. Die Dauer des Garantieschreibens beträgt mindestens 2 Jahre und wird automatisch bis zum Probebetrieb oder zur Inbetriebnahme des Anschlusses der PV-Anlage verlängert.
Das Garantieschreiben beträgt je Einheit der Nennleistung in MW, die beantragt wurde, 60.000 € für eine Leistung < 1 MW, [...] 30.000 € für eine Leistung P, die 1 MW < P < 10 MW ist [...].
Der Betrag des Garantieschreibens verfällt zugunsten des Sonderkontos des Art. 40 G. 2773/1999, falls [...] der Netzanschlussvertrag der PV-Anlage innerhalb der Zeit, in der das endgültige Anschlussangebot gültig ist, nicht zustandekommt.

5. Wenn das Anschlussangebot verbindlich wird, soll der Inhaber alle Schritte vornehmen a) zur Einholung der Installationsgenehmigung und b) zum Abschluss des Netzanschlussvertrages und des Kaufvertrages gem. Art. 9, 10 und 12. [...]. Diese Verträge sind wirksam ab der Erteilung der Installationsgenehmigung, falls diese erforderlich ist. Der Abschluss des Kaufvertrages erfolgt nach dem Abschluss des Netzanschlussvertrages.

[...]

13. Die PV-Anlagen, welche von einer Produktionsgenehmigung befreit sind, sind auch von einer Installationsgenehmigung oder Betriebsgenehmigung befreit.

Art. 9. Integration der EE/SITHYA-Anlagen am System oder am Netz

1. Der zuständige System- oder Netzbetreiber ist verpflichtet, unbeschadet der System- oder Netzsicherheit, bei der Abnahme des Stroms Vorrang: a) den bestehenden Erzeugungsanlagen zu geben, aus denen Energie aus erneuerbaren Quellen unabhängig von der installierten Leistung erzeugt wird.

[...]

Art. 11. Anschluss der EE/SITHYA-Anlagen an das System oder Netz

[...]

4. Der Anschlussvertrag wird innerhalb von drei Monaten nach Antragstellung abgeschlossen für die PV-Anlagen, die von der Einholung der Produktionsgenehmigung befreit sind und innerhalb von 6 Monaten für die Anlagen des Art. 3. Die Netzbetreiber nehmen alle notwendigen Netzanschlussarbeiten vor innerhalb von: a) 12 Monaten, wenn für die PV-Anlagen die an das Netz angeschlossen werden keine neuen Arbeiten am Mittel-/Hochspannungsschalter notwendig sind, b) 18 Monaten, wenn […] neue Arbeiten am Mittel-/Hochspannungsschalter notwendig sind, und c) 24 Monaten, wenn die Anlagen an das System angeschlossen werden. Die Frist kann […] in bestimmten Fällen verlängert werden […]. Die Verpflichtung der Netzbetreiber, die Netzanschlussarbeiten innerhalb der gesetzten Fristen abzuschließen gilt für […] Großprojekte nicht.

[…]

Art. 13. Preise für die elektrische Energie aus EE oder SITHYA

1. Die elektrische Energie, welche aus EE oder SITHYA erzeugt wird und gem. Art. 9, 10, 12 von dem System oder dem Netz abgenommen wird, a) wird vergütet […] auf der Grundlage des Preises pro MWh (Euro/MWh) auf Basis der Vorgaben der Tabelle. b) […] Für die PV-Anlagen gelten gesonderte Preise der Tabelle gem. G. 3734/2009. Die Preise der Tabelle A für die Eigenerzeuger aus EE/SITHYA-Anlagen gelten für den Überschuss des Stroms, der in das System oder Netz eingespeist wird, wobei der Überschuss bis zu 20 % des auf jährlicher Basis insgesamt erzeugten Stroms betragen kann.

[…]

Art. 14A Installation von PV-Anlagen und kleinen Windanlagen durch Eigenerzeuger

1. Die Installation von PV-Anlagen und kleinen Windanlagen […] durch die Eigenerzeuger zur Deckung ihrer eigenen Bedürfnisse in Form von „net metering“ ist erlaubt. Insbesondere für Institutionen der öffentlichen Hand […] und für Landwirte ist die Installation von PV-Anlagen und kleinen Windanlagen durch die Eigenerzeuger […] auch in der Form des virtuellen „net metering“ möglich.

[…]

Min. Beschl. 12323/04.06.2009

Art. 1. Ziel und Geltungsbereich

1. Das Sonderprogramm für den Ausbau von PV-Anlagen mit einer Leistung von bis zu 10kWp auf Gebäuden [...] wird mit einer Dauer bis zum 31.12.2019 eingerichtet.

[...]

Art. 3. Verträge

1. Der Verrechnungsvertrag wird zwischen dem Eigentümer der PV-Anlage und DEI oder einem anderen Stromversorger für 25 Jahre abgeschlossen.

[...]

3. Der Preis der erzeugten Energie, die eingespeist wird, wird für die Verträge die in den Jahren 2009, 2010, 2011 abgeschlossen werden, auf 0,55 €/kWh festgesetzt. Der Preis sinkt jährlich um 5 % für die Verträge, die vom 01.01.2012 bis zum 31.12.2019 abgeschlossen werden.
4. Der Preis wird jedes Jahr um 25 % der sich aus dem Verbraucherindex des vorherigen Jahres ergebenden Änderung angepasst.

[...]

Min. Beschl. KYA 17149/30.08.2010

Art. 1. Form und Inhalt des Vertrags über den Ankauf der (eingespeisten) EE-Energie in das System und das Netz.

Art 1. des Mustervertrags. DESMIE ist verpflichtet, den erzeugten Strom aus EE gem. den relevanten Vorschriften [...] von dem EE-Produzenten zu kaufen und der EE-Produzent ist verpflichtet, den Strom dem DESMIE zu verkaufen [...].

[...]

Art 6. des Mustervertrags. Der Kaufvertrag […] hat eine Laufzeit von zwanzig Jahren. Diese fängt mit der Erteilung der Betriebsgenehmigung oder mit der erfolgreichen Vollendung des Probebetriebs (falls der Erzeuger von der Betriebsgenehmigung befreit ist) an […].

Art 7. des Mustervertrags. Der Erzeuger ist berechtigt, für die gesamte Stromerzeugung, die in das System oder Netz eingespeist und abgenommen wird, vergütet zu werden […]. Elektrische Energie (ausgenommen Windenergie) welche aus Gründen der System- und Netzsicherheit nicht abgenommen werden kann, wird nicht vergütet.

[…]

Min. Beschl. KYA 19598/01.10.2010

Art. 1. Angestrebte proportionale Zuteilung der installierten Leistung

1. Die angestrebte proportionale Zuteilung der installierten Leistung der einzelnen EE-Technologien und ihre zeitliche Verteilung im Hinblick auf die Jahre 2014 und 2020 ist aus der Tabelle abzuleiten: PV: 1500 MW bis 2014 und 2.200 MW bis 2020.

[…]

G. 4001/2011, so wie so wie es durch die Gesetze 4389/2016 und 4414/2016 geändert wurde

[…]

Art. 97. Zweck des Betreibers des griechischen Übertragungssystems der elektrischen Energie

1. Der Betrieb des griechischen Übertragungssystems der elektrischen Energie (ESMIE) wird dem Unabhängigen Stromübertragungsnetzbetreiber (ADMIE), Tochtergesellschaft von DEI S.A., übertragen. ADMIE S.A. hat die Funktion des Unabhängigen Übertragungsnetzbetreibers gem. RL 2009/72.

2. Das Eigentum des ESMIE wird von DEI an ADMIE S.A. durch Abspaltung und Übernahme gem. Art. 98 übertragen.
3. ADMIE S.A. ist verpflichtet, die Aufgaben und Pflichten des Eigentümers und des Betreibers des Systems gem. G. 4001/2011 zu erfüllen.

[…]

Art. 117. Unabhängiger Betreiber des Strommarktes

1. Nach der Übertragung der Tätigkeiten der DESMIE S.A. an die ADMIE S.A. wird die DESMIE S.A. zu LAGIE S.A. umbenannt, welche den Regeln der Privatwirtschaft unterliegt und gem. G. 2190/1920 und dem G. 4001/2011 funktioniert. Entsprechend passt LAGIE ihre Satzung an.
2. Gem. Art. 118, 119 übernimmt LAGIE S.A. die Aufgaben, welche bislang DESMIE ausübte, außer denjenigen, welche an ADMIE S.A. gem. Art. 99 übertragen werden.
3. Der griechische Staat kann seinen Anteil an LAGIE beschränken.

[…]

Art. 118 Zweck – Aufgaben des Marktbetreibers

1. Der Marktbetreiber wendet die Regeln für den Betrieb des Strommarktes […] an.
2. Zu diesem Zweck hat der Marktbetreiber folgende Aufgaben: a) Er führt den IEP, aa) er plant die Ein- und Ausspeisungen in und aus dem ESMIE, bb) er bestimmt den OTS, […] e) er vermeidet jegliche Diskriminierung zwischen den Teilnehmern auf dem Strommarkt […] h) er schließt Kaufverträge gem. Art. 12 G. 3468/2006 und jede Art von Förderungsverträgen, ausgenommen die PV-Anlagen des Sonderprogramms, und er bezahlt die Zahlungen, die diese Verträge vorsehen, aus dem Sonderkonto des Art. 143 G. 4001/2011 […].

[…]

Art. 123 Rechtliche und funktionale Entflechtung der Aufgabe der Verteilung der Stromenergie (Art. 24 RL 2009/72).

1. Innerhalb von acht Monaten nach dem Inkrafttreten des Gesetzes muss DEI S.A. die rechtliche und funktionale Entflechtung der Aufgaben des Betriebs des

EDDIE von den üblichen Tätigkeitsbereichen des vertikal integrierten Unternehmens vornehmen. Dies erfolgt durch die Übernahme der Abteilung des Verteilernetzes durch die Tochtergesellschaft von DEI „DEDDIE".
2. […] Als Abteilung des Verteilernetzes ist Folgendes zu verstehen: Die Leitung der Verteilung von DEI S.A., die Leitung des Betriebs der MDN inklusive der Vermögenswerte von DEI […] welche zu dem Aufgabenbereich dieser Leitung gehören, ausgenommen der Vermögenswerte des Verteilernetzes und des Netzes der MDN.

[…]

Art. 143 Das Sonderkonto

1. Das EE/SITHYA Sonderkonto des Art. 40 G. 2773/1999 wird in a) „EE/SITHYA-Sonderkonto für das Verbundsystem" und in b) „EE/SITHYA-Sonderkonto für die MDN" aufgeteilt. Der Überschuss oder das Defizit des EE/SITHYA-Sonderkontos für die MDN ist Einnahme oder Ausgabe für das EE/SITHYA-Sonderkonto für das Verbundsystem […].
2. LAGIE S.A. ist der Betreiber des EE/SITHYA-Sonderkontos für das Verbundsystem und DEDDIE S.A. der Betreiber des EE/SITHYA-Sonderkontos für die MDN. Die LAGIE und DEDDIE S.A. zahlen ihren Vertragsparteien die Vergütung gem. Art. 118 Abs. 2 lit. i und Art. 129 Abs. 2, welche sie aus dem Sonderkonto gem. Art. 143 zurückerstattet bekommen.
3. Das EE/SITHYA-Sonderkonto für das Verbundsystem wird in zwei Teilen unterteilt: a) In das Unterkonto des Elektrizitätsmarkts und b) in das Unterkonto der Förderungen […].
a. Einnahmen des Unterkontos des Elektrizitätsmarkts sind: aa) Die Beträge, welche die Stromerzeuger und die Versorger im Rahmen des IEP und der nachträglichen Anpassung des OTS […] für den Strom aus EE/SITHYA-Anlagen inkl. der PV-Anlagen des Sonderprogramms v. Art. 14A G. 3468/2006 und der EE-Verrechnungsverträge bezahlen. Diese Beträge spiegeln zumindest die durchschnittlichen variablen Kosten der konventionellen Kraftwerke und entsprechen dem Strom, der vorrangig in das System und Netz gem. Art. 9 G. 3468/2006 eingespeist wird […]. bb) Die Beträge, welche jeder Stromversorger für den von ihm ausgespeisten und im Anschluss den Endverbrauchern gelieferten Strom bezahlen. Diese Beträge werden auf der Basis der Methode berechnet, die der KSIE vorsieht. Die Beträge ergeben sich aus dem Produkt der gelieferten Energie (MWh) und der Differenz (in €/MWh) zwischen dem OTS Preis des Verbundsystems und dem eingeschätzten durchschnittlichen Preis, den der Stromversorger ohne

die Teilnahme der EE und SITHYA am Großhandelsmarkt IEP bezahlen würde. Dieser Betrag variiert auf der Basis bestimmter Parameter, wie die Teilnahme der EE bei der Deckung der Nachfrage. Die Berechnungsmethode kann Parameter berücksichtigen, welche durch die RAE nach dem Vorschlag von LAGIE bestimmt werden. Diese Parameter können im Dezember und Juni jedes Jahres neu bestimmt werden. [...]. Dieser Betrag wird den Stromversorgern in den folgenden Jahren wie folgt auferlegt: Im Jahr 2016 liegt der Betrag, den die Stromversorger bezahlen müssen bei 50 %, im Jahr 2017 bei 75%, und ab 2018 bei 100% des Gesamtbetrags auf der Basis der oben beschriebenen Methode. [...]. cc) Die Einnahmen aus einer Rechnung, welche den Stromversorgern ab 2018 durch Min. Beschl. [...] auferlegt werden kann, welche die schrittweise und proportionale Senkung des Betrages bezweckt, welcher heute durch die ETMEAR gem. Art. 143 Abs. 3b lit. aa abgedeckt wird. Der Min. Beschl. bestimmt die jährliche Rechnung in €/MWh. dd) Weitere Beträge, welche in den Gesetzen vorgesehen sind.
b. Einnahmen des Unterkontos der Förderungen sind: aa) Einnahmen aus der ETMEAR, welche auf den Stromverbrauch erhoben wird. Die ETMEAR ist unterschiedlich für jede Verbraucherkategorie inkl. der Eigenerzeuger. Die Berechnungsmethode wird jährlich durch Min. Beschl. bestimmt. [...]. Auf dieser Grundlage wird die ETMEAR für jede Verbraucherkategorie durch die RAE-Entscheidung im zwölften Monat jedes Jahres bestimmt. Falls nötig, wird die ETMEAR [...] im sechsten Monat jedes Jahres angepasst. [...] Die maximale jährliche Belastung des Stromverbrauchers darf 1 Mio. € nicht überschreiten. [...]. bb) Teil der Einnahmen aus der Ausschreibung der Treibhausgasemissionszertifikate gem. Art. 25 G. 3468/2006. (cc) Die Beträge, die von den Braunkohlestromerzeugern bezahlt werden. Die Braunkohle-Gebühr liegt bei 2 € pro MWh und [...] kann durch Min. Beschl. angepasst werden. (dd) Die Beträge, die der Betreiber der MDN bezahlt, im Fall, dass das EE/SITHYA-Sonderkonto für die MDN Überschüsse aufweist. (ee) Weitere Beträge, welche in den Gesetzen vorgesehen sind. [...].

[...]

Art. 143D. Übergangsmechanismus für die Vergütung der Flexibilität

1. Der Übergangsmechanismus für die Vergütung der Flexibilität wird eingerichtet. Er tritt ab dem 01.05.2016 in Kraft. Seine Dauer beträgt max. ein Jahr und bis zur Gründung des permanenten Kapazitätsmechanismus [...].
2. Unter Übergangsmechanismus für die Vergütung der Flexibilität ist die Vergütung der Erzeugungsanlagen für ihre Verfügbarkeit zur Gewährung einer Flexibilitätsleistung zu verstehen.

3. Flexibilitätsleistung ist die schnelle Erhöhung oder Reduzierung der Leistung der Erzeugungsanlage, so dass die Nachfrage abgedeckt ist […].
4. Als Vergütung für die Flexibilitätsleistung ist die Vergütung, die der Systembetreiber den berechtigten Stromerzeugern gewährt, zu verstehen. Der Betrag liegt bei 45 €/ kW für die verfügbare Leistung und die Vergütung darf 15 Mio. € pro Anlage nicht überstreiten […].
5. Die gesamten Kosten des Mechanismus betragen 225 Mio. € und werden den Verbrauchern auferlegt.

[…]

G. 4093/2012

[…]

Ypoparagraphos I2. Regelungen zu EE und SITHYA

1. Den EE-Stromerzeugern wird eine außerordentliche Solidaritäts-Sonderabgabe auf den Erlös der Verkäufe ihres Stroms, die in dem Zeitraum vom 01.07.2012 bis zum 30.06.2014 stattfinden, auferlegt und sie beträgt a) 25 % für PV-Anlagen, deren Anschluss bis zum 31.12.2011 aktiviert wurde, b) 30 % für PV-Anlagen, deren Anschluss ab 01.01.2012 aktiviert wurde […].
2. […] Im Kaufvertrag für die PV-Energie entspricht die (Einspeise)vergütung dem Betrag der vorstehenden Tabelle, der dem Datum des Beginns des Probelaufs entspricht, oder, sofern kein Zeitraum für einen Probelauf vorgesehen ist, dem Tag der Aktivierung des Anschlusses der PV-Anlage […].

[…]

G. 4152/2013

Ypoparagraphos I1. Regelungen zum Netzzugang

[…]

7. Mit der Unterzeichnung des Netzanschlussvertrags [...] erfolgt die Zahlung des Betrages für die Netzanschlussarbeiten durch den Anlagenbetreiber zugunsten des Netzbetreibers in einer Höhe von mind. 250.000 € [...]. Die Zahlung dieses Betrags ist die Voraussetzung dafür, dass der Netzanschlussvertrag zustande kommt [...].

[...]

Ypoparagraphos I4. Regelungen zu den PV-Anlagen

1. Garantieschreiben, welche vor dem Abschluss des Netzanschlussvertrages eingereicht wurden, werden rückerstattet, nachdem dem Netzbetreiber eine eidesstattliche Erklärung des Investors vorgelegt wurde, dass dieser die Errichtung der PV-Anlage nicht fortsetzen wird. [...] Mit der Vorlage der eidesstattlichen Erklärung werden entsprechend der Netzanschlussvertrag und der Kaufvertrag automatisch aufgelöst [...].

[...]

Min. Beschl. YA 3791/21.01.2013

Art. 1. Geltungsbereich – Zweck

1. Die Vorschriften des Min. Beschl. bestimmen die Bedingungen für die Umweltverträglichkeit (PPD) [...] für die EE-Vorhaben, die in Kategorie B der Gruppe 10 „Erneuerbare Energien“ der Anlage X des Min. Beschl. 1958/2012 eingestuft sind.

Art. 2. Zuständige Behörde

2. [...] Die PPD werden in die Installations- und Betriebsgenehmigung inkorporiert.

[...]

G. 4254/2014

[…]

Ypoparagraphos IΓ.1: Neubestimmung der Vergütung der elektrischen Energie aus bestehenden EE/SITHYA-Anlagen

1. Die Preise der Tabelle des Art. 13 Abs. 1 lit. b und der Tabelle des Art. 27A Abs. 3 G. 3734/2009 […] werden mit dem Inkrafttreten dieses Absatzes für die schon in Betrieb gesetzten EE/SITHYA-Anlagen auf der Basis der nachstehenden Tabelle neu bestimmt […].

[…]

4. LAGIE, DEDDIE und die Stromversorger (im Fall der Dachanlagen) passen die Preise der Einspeisevergütung nach dem Inkrafttreten dieser Regelung an.

[…]

Ypoparagraphos IΓ.3: Gewährung eines Rabattes

1. Innerhalb von zwei Monaten nach dem Inkrafttreten dieses Absatzes müssen die EE/SITHYA-Stromerzeuger (ausgenommen der Dachanlagen) einen […] Rabatt […] von 34 % bis […] 37 % bei den erwarteten Zahlungen für den eingespeisten Strom des Jahres 2013 gewähren.

[…]

Ypoparagraphos IΓ.4: Anpassung – Verlängerung der Verträge

1. Der Kaufvertrag (oder der Verrechnungsvertrag im Fall der Dachanlagen) sowie die notwendigen Produktions- und Betriebsgenehmigungen aller EE-Anlagen, die in den Geltungsbereich des Ypoparagraphos IΓ.1 fallen […] und weniger als 12 Jahre in Betrieb sind, werden automatisch um 7 Jahre verlängert. Für den Zeitraum der Verlängerung der Verträge werden den EE-Erzeugern zwei Möglichkeiten der Vergütung der erzeugten Energie angeboten: a) Auf der Grundlage der Methode, die mit Beschluss des YPEKA […] unter Berücksichtigung der Merkmale der Technologien und der Preise auf dem freien Markt

bestimmt wird, oder b) Zum Preis von 90 €/MWh für die maximale Energie, welche aus der Formel Energie (kwh) = installierte Leistung (kW) * Leistungsfaktor (kWh/kW) errechnet wird. Der Leistungsfaktor pro Technologie ist der Tabelle zu entnehmen [...]. Im Fall b) wird der Überschuss der Energie in das System oder Netz ohne Vergütung eingespeist.

[...]

Kodex über den Betrieb des Systems (KDS)

[...]

Art. 56 Aufträge zur Verteilung und zur Beschränkung der Einspeisung

[...] Der Systembetreiber kann Aufträge zur Beschränkung der Einspeisung, insbesondere des Stroms aus EE oder SITHYA, aus Gründen der Betriebssicherheit des Systems erteilen.

[...]

G. 4389/2016 so wie es durch G. 4393/2016 geändert wurde

[...]

Art. 135 Ausschreibung von Strom-Terminprodukten mit physischer Lieferung

1. Es wird der Mechanismus zum Verkauf von elektrischer Energie durch Ausschreibungen von Strom-Terminprodukten mit physischer Lieferung gegründet. Die Strom-Terminprodukte werden durch die DEI S.A. durch Ausschreibungen zu einem administrativ festgelegten Einstiegspreis den ausgewählten Stromlieferanten des Art. 136 verkauft. Ziel des Mechanismus ist es, die Marktanteile von DEI S.A. auf dem Einzelhandelsmarkt des Verbundsystems von dem Prozentsatz des Monats August 2015 auf einen Prozentsatz kleiner als 50 % bis zum Jahr 2019 zu senken [...].

[…]

Art. 139 Methodologie zur Bestimmung des Einstiegspreises bei der Ausschreibung der Strom-Terminprodukte

1. Durch gemeinsamen Min. Beschl. von Wirtschaftsministerium und YPEKA nach Einholung einer Stellungnahme der RAE wird die Methodologie zur Bestimmung des Einstiegspreises sowie der Betrag des Einstiegspreises bei der Ausschreibung der Strom-Terminprodukte festgelegt […].
2. Die Methodologie zur Bestimmung des Einstiegspreises wird auf der Grundlage der variablen Kosten der Braunkohle- und Wasserkraftwerke von DEI festgelegt […].

[…]

Art. 142 Zweck – Grundlagen der eigentumsrechtlichen Entflechtung

1. Mit den Vorschriften des Unterkapitels B erfolgt die eigentumsrechtliche Entflechtung der Gesellschaft „ADMIE S.A.“ von der DEI S.A. in Anwendung von Art. 9 RL 2009/72/EG und des Alternativplans im Vergleich zu der vollständigen eigentumsrechtlichen Entflechtung in 4.3 G. 4336/2015.
2. Aus diesem Grund werden die Anteile an der Gesellschaft ADMIE S.A. neu bestimmt, so dass die vollständige Entflechtung der DEI S.A. und zugleich die Beibehaltung der staatlichen Kontrolle über die ADMIE sichergestellt sind. Die Kontrolle über ADMIE S.A. erfolgt durch andere öffentlich-rechtliche Stellen als die DEI S.A. oder als ein Unternehmen, welches in der Versorgung von Strom oder Gas gem. Art. 110 G. 4001/2011 tätig ist.
Die direkte oder indirekte Beteiligung des griechischen Staates oder von Gesellschaften, die der Staat direkt oder indirekt kontrolliert, an ADMIE S.A. darf nicht unter 51 % der ADMIE S.A.-Anteile sein. Die neue Anteilstruktur von ADMIE ist folgende: a) 51 % der ADMIE Anteile werden von DEI an eine Holding Co übertragen, welche an den griechischen Kapitalmarkt (Börse) gehen muss. Zunächst ist einziger Anteilseigner der Holding Co die DEI und nach dem Gang an die Börse werden ihre Anteilseigner die Anteilseigner von DEI sein. b) Der griechische Staat wird als einziger Anteilseigner der neu gegründeten Gesellschaft „DES ADMIE S.A.“ mind. 25 % der Anteile an ADMIE behalten und c) mind. 20 % der ADMIE-Anteile werden an einen strategischen Investor verkauft.

[…]

144. Einzelbestimmungen und Durchführungsprozess der internationalen Ausschreibung

[…]

2. Nach der Vollendung der vollständigen eigentumsrechtlichen Entflechtung […] soll sichergestellt werden, dass: aa) Der Vorstand von ADMIE wird neun Mitglieder haben. Fünf Mitglieder werden durch den griechischen Staat und mindestens drei Mitglieder durch den strategischen Investor bestimmt […].

[…]

G. 4414/2016

[…]

Art. 3 Neues Förderregime für die EE/SITHYA-Anlagen

[…]

2. Ab 01.01.2016 nehmen alle EE/SITHYA-Anlagen, die im Verbundsystem- und -netz in Betrieb genommen sind, bezüglich des Stroms, den sie in das Verbundsystem- und -netz einspeisen, an dem Förderregime der Marktprämie teil. […].
3. Die Marktprämie wird monatlich in (€/MWh) bestimmt, indem der Sondermarktpreis (ETA) […] von dem Referenzwert (TA) abgezogen wird. […] Der TA wird entweder je Technologie von der Tabelle 1 des Art. 4 Abs. 1 lit. b entnommen oder wird je EE/SITHYA-Anlage, durch die Ausschreibungen gem. Art. 7 bestimmt.

[…]

5. Die Marktprämie der […] b. sonstigen EE/SITHYA-Anlagen mit einer Leistung ≤ 500 kW […] wird auf der Grundlage eines Festpreises ermittelt. Der Festpreis ist identisch mit dem TA und die Inhaber dieser Anlagen schließen einen Vertrag über die Förderung mittels eines Festpreises (SEST) gem. Art. 10 ab.

Der TA wird […] entweder der Tabelle 1 des Art. 4 Abs. 1 lit. b entnommen oder durch die Ausschreibungen gem. Art. 7 mit Ausnahme der PV-Anlagen der Abs. 17 und 18.
6. Die Vergütung der EE/SITHYA-Anlagen – ausgenommen der heliothermischen Anlagen – wird entweder auf der Grundlage der Marktprämie oder des Festpreises für 20 Jahre gewährt.

[…]

15. Bezüglich der Vergütung a) im Rahmen des SEDP: Wenn die Differenz TA minus ETA für den Inhaber der EE/SITHYA-Anlage positiv ist, wird der Betrag aus dem Unterkonto des Sonderkontos des Art. 143 G. 4001/2011 […] dem EE-Erzeuger bezahlt. Wenn die Differenz […] negativ ist, wird der Betrag auf dem Unterkonto gutgeschrieben. b) im Rahmen des SEST: Die Vergütung wird aus dem Unterkonto der Vergütungen und dem Unterkonto des Elektrizitätsmarkts des Sonderkontos v. Art. 143 G. 4001/2011 bezahlt.

[…]

17. Die Inhaber der PV-Anlagen des Sonderprogramms PV-Dachanlagen […] schließen einen Verrechnungsvertrag und werden gem. dem Sonderprogramm PV-Dachanlagen vergütet.
18. Die Inhaber der PV-Anlagen mit einer installierten Leistung < 500kW werden auf der Grundlage eines Referenzpreises vergütet, welcher anhand Art. 4 Abs. 3 bestimmt wird, und die Inhaber der PV-Anlagen mit einer installierten Leistung ≥ 500kW erhalten eine Vergütung nur im Rahmen der Ausschreibungen des Art. 7.

Art. 4 Referenzpreis für die Vergütung der EE/SITHYA-Anlagen

[…]

3. Der Referenzpreis für die PV-Anlagen mit einer installierten Leistung < 500kW, welche ab 01.01.2016 in Betrieb gesetzt werden, werden anhand dem letzten Satz der Tabelle des Art. 27A Abs. 3 G. 3734/2009 […] bestimmt, mit Ausnahme der PV-Anlagen, welche an Ausschreibungen des Art. 7 teilnehmen.

[…]

Art. 5 Teilnahme der EE/SITHYA-Anlagen, welche einen SEDP abgeschlossen haben, am IEP

[…]

2. Die Inhaber der EE/SITHYA-Anlagen, welche einen SEDP abschließen, können am IEP und am System der Transkationen durch die FoSE teilnehmen, mit denen sie einen Vertretungsvertrag abschließen.

[…]

6. Die EE/SITHA-Anlagebesitzer […] sind bis zum Zeitpunkt der Funktion des griechischen Strommarkts nach dem „target model" der EU gem. Kap. 4.3 G. 4336/2015 […] verpflichtet, die Abweichungen zwischen Erzeugung und Nachfrage auszugleichen, so dass u.a. auch der finanzielle Ausgleich zwischen den Einnahmen und den Kosten jedes Anlagebesitzers am Ende jedes Monats möglich ist […].
7. Die EE/SITHYA-Anlagebesitzer […] sind zur Bilanzausgleichsverantwortung im Rahmen des „target models" […] verpflichtet. Diese Verpflichtung fängt an, wenn der Intraday Markt in Griechenland im Rahmen des „target models" gegründet und liquid ist.
8. Bis das „target model" […] etabliert ist, sind die EE/SITHYA-Anlagebesitzer für die Übergangsphase verpflichtet, eine möglichst präzise Prognose über die Einspeisung am IEP zu machen. Zu diesem Zweck wird ein temporärer Mechanismus über die präziseste Prognose eingerichtet.

[…]

10. Die EE/SITHYA-Anlagen, welche einen SEDP abschließen und am IEP teilgenommen haben, erhalten keine Vergütung in dem Fall, dass der OTS Preis für zwei aufeinanderfolgende Stunden bei 0 € liegt.

[…]

Art. 6 Methode zur Bestimmung des Sondermarktpreises (ETA)

1. Bei den nicht steuerbaren EE-Anlagen entspricht der ETA dem Monatsmittelwert, welcher sich auf der Grundlage des OTS und der restlichen Mechanismen des Großhandelsmarkts ergibt. Bei den steuerbaren EE-Anlagen wird der ETA

auf der Grundlage des tatsächlichen Monatsmittelwerts des OTS und der restlichen Mechanismen des Großhandelsmarkts in €/ MWh bestimmt.

[…]

Art. 7 Durchführung von Ausschreibungen für die EE/SITHYA-Anlagen

1. Ab 01.01.2017 tritt für die EE/SITHYA-Anlagen das Förderregime der Ausschreibungen in Kraft.
4. Die Bieter […], die in der Ausschreibung einen Zuschlag bekommen, erhalten eine Förderung und schließen entweder einen SEDP- oder einen SEST-Vertrag gem. Art. 3 Abs. 3 und 5 ab. Referenzwert der Förderung ist der Preis, der sich aus der Ausschreibung ergibt.

[…]

Art. 9 Vertrag über die Förderung mittels einer Marktprämie für den Strom aus EE/SITHYA-Anlagen

1. Zur Integration der EE/SITHYA-Anlagen in das System und Netz schließen der LAGIE und der Inhaber der EE/SITHYA-Anlage ab dem 01.01.2016 einen Vertrag über die Förderung mittels einer Marktprämie (SEDP) gem. Art. 3, 4, 6.
2. SEDP hat eine Dauer von 20 Jahren.

[…]

Art. 10 Vertrag über die Förderung mittels eines Festpreises für den Strom aus EE/SITHYA Anlagen

1. Zur Integration EE/SITHYA-Anlagen im System und Netz schließen der LAGIE und der Inhaber der EE/SITHYA-Anlage der Art. 3 Abs. 5 […] ab 01.01.2016 einen Vertrag über die Förderung mittels eines Festpreises gem. Art. 3, 4, 8.
2. Der Vertrag hat eine Dauer von 20 Jahren.

[…]

G. 4512/2018

[…]

Art. 73

Der Art. 4 G. 4425/2016 (A΄185) wird wie folgt ersetzt:
Zweck dieses Kapitels ist: a) die Reform des griechischen Elektrizitätsmarkts zur Umsetzung der Rechtsvorschriften zur Vollendung des Elektrizitätsbinnenmarkts und insb. der Vorschriften der Verordnung 714/2009 des Europäischen Parlaments und des Rates v. 13.07.2009 über die Netzzugangsbedingungen für den grenzüberschreitenden Stromhandel und zur Aufhebung der Verordnung (EG) Nr. 1228/2003 (L 211/15 v. 14.8.2009) sowie der Verordnung 2015/1222 der Kommission v. 24.072015 zur Festlegung einer Leitlinie für die Kapazitätsvergabe und das Engpassmanagement (L 197/24 v. 25.7.2015), der Verordnung 2016/1719 der Kommission v. 26.09.2016 zur Festlegung einer Leitlinie für die Vergabe langfristiger Kapazität (L 259/42/ v. 27.9.2016) und der Verordnung 2017/2195 der Kommission v. 23.11.2017 zur Festlegung einer Leitlinie über den Systemausgleich im Elektrizitätsversorgungssystem (L 312/6/ v. 28.11.2017) und b) die Vollendung des griechischen Elektrizitätsmarkts als Großhandelsmarkt von Energieprodukten gem. der Verordnung 1227/2011 des Europäischen Parlaments und des Rates v. 25.10.2011 über die Integrität und Transparenz des Energiegroßhandelsmarkts (L 326/1 v. 8.12.2011) oder (des griechischen Elektrizitätsmarkts) als Markt verwandter Finanzinstrumente gem. dem Gesetz zur Umsetzung der MiFID II Richtlinie und der Verordnung 600/2014 des Europäischen Parlaments und des Rates v. 15.05.2014 über Märkte für Finanzinstrumente und zur Änderung der Verordnung (EU) Nr. 648/2012 (L 173/84 v. 12.6.2014).

[…]

Art. 77

1. Art. 7 G. 4425/2016 wird wie folgt geändert: Strom wird im Verbundsystem auf folgenden Märkten gehandelt: Dem Day-Ahead-Markt, dem Intraday-Markt, dem Regelenergiemarkt und/oder dem Terminmarkt. Letzterer funktioniert gem. Art. 15 u. 16. Zudem wird Strom auch bilateral gehandelt. […].

[…]

Art. 80

Ein neuer Art. 9 wird in das G. 4425/2016 mit dem Titel „Strombörse“ eingeführt. Dieser lautet wie folgt:

1. Die Strombörse wird nach Genehmigung von RAE eröffnet. Mit demselben Beschluss werden auch der Day-Ahead-Markt und der Intraday-Markt genehmigt. […].
2. Zweck der Strombörse ist die Organisation und Verwaltung des Day-Ahead- und Intraday-Stromhandels, des Gashandels und des Handels von Emissionszertifikaten.

Literaturverzeichnis

ACER, Opinion No 09/2014 of 15.04.2014 on the appropriate range of transmission charges paid by electricity producers, abrufbar auf https://www.acer.europa.eu/Official_documents/Acts_of_the_Agency/Opinions/Opinions/ACER%20Opinion%2009-2014.pdf, zuletzt abgerufen am 01.04.2018 (zit. als: ACER, Opinion No 09/2014 of 15.04.2014 on the appropriate range of transmission charges paid by electricity producers).

ACER/CEER, Annual Report on the Results of Monitoring the Internal Electricity and Natural Gas Markets in 2012, 2013, abrufbar auf http://www.acer.europa.eu/Official_documents/Acts_of_the_Agency/Publication/ACER%20Market%20Monitoring%20Report%202013.pdf, zuletzt abgerufen am 01.04.2018 (zit. als: ACER/CEER, Annual Report on the Results of Monitoring the Internal Electricity and Natural Gas Markets in 2012, 2013).

AEE, Erneuerbare Energien 2020, Potenzialatlas Deutschland, 2010, abrufbar auf https://www.unendlich-viel-energie.de/media/file/319.Potenzialatlas_2_Auflage_Online.pdf, zuletzt abgerufen am 01.09.2016 (zit. als: AEE, Erneuerbare Energien 2020, Potenzialatlas Deutschland, 2010).

AG 3 „Interaktion", Bericht an den Steuerungskreis der Plattform Erneuerbare Energien, die Bundeskanzlerin und die Ministerpräsidentinnen und Ministerpräsidenten der Länder, 2012, abrufbar auf https://www.bmwi.de/BMWi/Redaktion/PDF/A/abschlussbericht-ag-3-plattform-erneuerbare-energien,property=pdf,bereich=bmwi2012,sprache=de,rwb=true.pdf, zuletzt abgerufen am 01.09.2016 (zit. als: AG 3 „Interaktion").

Agora Energiewende, Assessing the winter package in light of the Energy Union objectives, 2016, abrufbar auf https://www.agora-energiewende.de/fileadmin2/Projekte/2016/De-Risking/Agora_RAP_2016-Assessing_the_Winter_Package_in_Light_of_Energy_Union_objectives_FINAL.pdf, zuletzt abgerufen am 01.04.2018 (zit. als: Agora Energiewende, Assessing the winter package in light of the Energy Union objectives, 2016).

dies., Ausschreibungen für Erneuerbare Energien. Welche Fragen sind zu prüfen, 2014, abrufbar auf https://www.agora-energiewende.de/fileadmin/downloads/publikationen/Hintergrund/Ausschreibungsmodelle/Agora_Ausschreibungen_fuer_Erneuerbare_Energien_web.pdf, zuletzt abgerufen am 01.09.2017 (zit. als: Agora Energiewende, Ausschreibungen für Erneuerbare Energien, 2014).

Albers Michael, Der „more economic approach" bei Verdrängungsmissbräuchen: Zum Stand der Überlegungen der Europäischen Kommission, 2006 (zit. als: *Albers*, Der „more economic approach" bei Verdrängungsmissbräuchen, 2006).

Altrock Martin, „Subventionierende" Preisregelungen. Die Förderung erneuerbarer Energieträger durch das EEG, München, 2002 (zit. als: *Altrock*, „Subventionierende" Preisregelungen, 2002).

ders./Vollprecht Jens, Zur Entwicklung des Einspeisemanagements zwischen dem Vorrang Erneuerbarer Energien und dem Ausbau fluktuierender Stromerzeugungskapazitäten, ZNER 2011, 231 (zit. als: *Altrock/Vollprecht*, ZNER 2011, 231).

ders./Oschmann Volker/Theobald Christian (Hrsg.), EEG, Kommentar, 4. Aufl., München, 2013 (zit. als: Altrock/Oschmann/Theobald/*Bearbeiter*, EEG, 4. Aufl. 2013).

AURES, Auctions for Renewable Support: Lessons Learnt from International Experiences, 2016, https://www.ecofys.com/files/files/aures-wp4-synthesis-report-final.pdf, zuletzt abgerufen am 01.09.2017 (zit. als: AURES, Auctions for Renewable Support, 2016).

Baer Ant, Abnahmepflichten und Vergütungspflichten in der Energiewirtschaft, Frankfurt a.M. 2008, (zit. als: *Baer*, Abnahmepflichten und Vergütungspflichten in der Energiewirtschaft, 2008,).

BAFA, Merkblatt für stromkostenintensive Unternehmen 2018 zu den gesetzlichen Regelungen nach § 63 ff. Erneuerbare-Energien-Gesetz 2017 einschließlich der Regelungen zur Zertifizierung des Energieverbrauchs und der Energieminderungspotenziale, 2018 (zit. als: BAFA, Merkblatt für stromkostenintensive Unternehmen, 2018).

Bahmer Larissa/Loers Sophia, Ausschreibungswettbewerb im Erneuerbare-Energien-Gesetz (EEG) 2017: Vom Vergaberecht lernen?, GewArch, 2017, 406 (zit. als: *Bahmer/Loers*, GewArch, 2017, 406).

Balke Barbara, Steuerliche Gestaltungsfreiheit der Mitgliedstaaten und freier Warenverkehr im Europäischen Binnenmarkt, Baden-Baden 1998 (zit. als: *Balke*, Steuerliche Gestaltungsfreiheit der Mitgliedstaaten und freier Warenverkehr, 1998).

Basedow Jürgen, Zielkonflikte und Zielhierarchien im Vertrag über die Europäische Gemeinschaft. in: Due Ole/Lutter Marcus/Schwarze Jürgen (Hrsg.), FS Ulrich Everling, Baden-Baden, 1995 (zit. als: *Basedow*, in: Due et al. (Hrsg.), FS Ulrich Everling, 1995).

Bauer Christian/Kantenwein Korbinian, Auswirkungen des EEG 2017 auf die Projektfinanzierung, EnWZ 2017, 3 (zit. als *Bauer/Kantenwein*, EnWZ 2017, 3).

Baur Jürgen/Salje Peter/Schmidt-Preuß Matthias (Hrsg.), Regulierung in der Energiewirtschaft, 2. Aufl., Köln 2016, (zit. als: Baur/Salje/Schmidt-Preuß/*Bearbeiter,* Regulierung in der Energiewirtschaft, 2016).

BBSR (Hrsg.), Strategische Einbindung Regenerativer Energien in Regionale Energiekonzepte – Folgen und Handlungsempfehlungen aus Sicht der Raumordnung, BMVBS-Online-Publikation, Nr. 23/2011, 2011, abrufbar auf http://www.bbsr.bund.de/BBSR/DE/Veroeffentlichungen/BMVBS/Online/2011/DL_ON232011.pdf?__blob=publicationFile&v=2, zuletzt abgerufen am 5.10.2016 (zit. als: BBSR, Strategische Einbindung Regenerativer Energien in Regionale Energiekonzepte, 2011).

BDEW, Erneuerbare Energien und das EEG: Zahlen, Fakten, Grafiken, abrufbar auf https://www.bdew.de/internet.nsf/res/7BD63123F7C9A76BC1257F61005AA45F/$file/160218_Energie-Info_Erneuerbare%20Energien%20und%20das%20EEG_2016_final.pdf, zuletzt abgerufen am 01.04.2018 (zit. als: BDEW, EEG: Zahlen, Fakten, Grafiken (Jahr)).

ders., Stellungnahme zum Entwurf einer Verordnung zu den gemeinsamen Ausschreibungen für Windenergieanlagen an Land und Solaranlagen, 2017 (zit. als: BDEW, Stellungnahme zur GemAV, 2017).

ders., Stellungnahme zu den Eckpunkten des BMWi für ein Ausschreibungsdesign für Photovoltaik-Freiflächenanlagen, 2014, (zit. als: BDEW, Stellungnahme zum Ausschreibungsdesign für PV-FFA, 2014).

Becker Peter, Die paradoxe Krise der deutschen Solarindustrie in den Boom-Jahren 2010–2012: Auch eine verfassungsrechtliche Fragestellung, ZNER, 2015, 88 (zit. als: *Becker*, ZNER, 2015, 88).

ders., Die Stromwende: Start, Status und Lösungswege, ZNER, 2013, 559 (zit. als: *Becker*, ZNER, 2013, 559).

Beckmeyer Uwe, Die Energiewende zum Erfolg führen: Zum Inkrafttreten der EEG-Reform, EnWZ 2014, 433 (zit. als: *Beckmeyer,* EnWZ 2014, 433).

BEE, Stellungnahme zum Entwurf einer Verordnung zu Ausschreibungen für KWK-Anlagen und innovative KWK-Systemen sowie zum Entwurf einer Verordnung und zu den gemeinsamen Ausschreibungen für Windenergieanalgen an Land und Solaranlagen, Mai 2017 (zit. als: BEE, Stellungnahme zur KWKAusV und zur GemAV, 2017).

ders., Stellungnahme zum Referentenentwurf des BMWi (IIIB2) Verordnung zu den gemeinsamen Ausschreibungen für Windenergieanlagen an Land und Solaranlagen, 2017 (zit. als: BEE, Stellungnahme zur GemAV, 2017).

ders., Stellungnahme für das Anhörungsverfahren des BMWi zum Verordnungsentwurf für ein Ausschreibungsdesign für Photovoltaik-Freiflächenanlagen,

2015 abrufbar auf http://www.bee-ev.de/fileadmin/Publikationen/Positionspapiere_Stellungnahmen/BEE/BEE-Stellungnahme_zum_BMWi-Verordnungsentwurf_zum_PVFF-Ausschreibungsverfahren.pdf, zuletzt abgerufen am 01.09.2016 (zit. als: BEE, Stellungnahme für ein Ausschreibungsdesign für PV-FFA, 2015).

ders.,/Greenpeace/IZES, Kompasstudie Marktdesign – Leitideen für ein Design eines Stromsystems mit hohem Anteil fluktuierender Erneuerbarer Energien, 2012, abrufbar auf http://www.bee-ev.de/fileadmin/Publikationen/Studien/Plattform/BEE-Plattform-Systemtransformation-Kompassstudie-Marktdesign.pdf, zuletzt abgerufen am 15.09.2016 (zit. als: BEE/Greenpeace et al., Kompasstudie Marktdesign, 2012).

ders., Versorgungssicherheit in der Elektrizitätsversorgung, Kritische Würdigung der dena-Kurzanalyse zur Kraftwerks- und Netzplanung in Deutschland bis 2020. Ergebnisse, Vorgehensweise, Annahmen und Schlussfolgerungen, 2009, abrufbar auf http://www.umweltbundesamt.de/sites/default/files/medien/publikation/long/3853.pdf, zuletzt abgerufen am 01.09.2016 (zit. als: BET, Versorgungssicherheit in der Elektrizitätsversorgung, 2009).

Birnstiel Alexander/Bungenberg Marc/Heinrich Helge (Hrsg.), Europäisches Beihilfenrecht, Baden-Baden, 2013 (zit. als: Birnstiel/Bungenberg/Heinrich/*Bearbeiter*, Europäisches Beihilfenrecht, 2013).

BMU, Erneuerbare Energien in Zahlen, 2013, abrufbar auf www.erneuerbare-energien.de, zuletzt abgerufen am 01.012.2017 (zit. als: BMU, Erneuerbare Energien in Zahlen, 2013).

BMUB, Verfahrensvorschlag zur Neuregelung des EEG, 2012, abrufbar auf http://www.hans-josef-fell.de/content/index.php/dokumente-mainmenu-77/doc_download/746-verfahrensvorschlag-altmaier-zum-eeg, zuletzt abgerufen am 27.02.2015 (zit. als: BMUB, Verfahrensvorschlag zur Neuregelung des EEG, 2012).

dass., Mit dem Entwurf eines umweltpolitischen Schwerpunktprogrammes neue Etappe in der Umweltpolitik eingeleitet, 1998, abrufbar auf http://www.bmub.bund.de/presse/pressemitteilungen/pm/artikel/mit-dem-entwurf-eines-umweltpolitischen-schwerpunktprogrammes-neue-etappe-in-der-umweltpolitik-eingeleitet/, zuletzt abgerufen am 01.09.2016 (zit. als: BMUB, Mit dem Entwurf eines umweltpolitischen Schwerpunktprogrammes neue Etappe in der Umweltpolitik eingeleitet, 1998).

BMWi, EEG in Zahlen: Vergütungen, Differenzkosten und EEG-Umlage 2000 bis 2018, 2017, abrufbar auf https://www.erneuerbare-energien.de/EE/Redaktion/DE/Downloads/eeg-in-zahlen-pdf.pdf%3F__blob%3DpublicationFile, zuletzt abgerufen am 08.04.2018 (zit. als: BMWi, EEG in Zahlen: Vergütungen, Differenzkosten und EEG-Umlage 2000 bis 2018, 2017).

dass., Eckpunktepapier: Gemeinsame Ausschreibungen für Windenergieanlagen und Solaranlagen, 2017, abrufbar auf https://www.bmwi.de/Redaktion/DE/Downloads/Energie/eeg-eckpunktepapier.pdf?__blob=publicationFile&v=10, zuletzt abgerufen am 01.04.2018 (zit. als: BMWi, Eckpunktepapier: Gemeinsame Ausschreibungen für Windenergieanlagen und Solaranlagen, 2017).

dass., Monitoring der Direktvermarktung, Quartalsbericht 12/2017, (zit. als: BMWi, Monitoring der Direktvermarktung, Quartalsbericht 12/2017).

dass., Öffnung des EEG für Strom aus anderen EU-Mitgliedstaaten im Rahmen der Pilot-Ausschreibung für Photovoltaik- Freiflächenanlagen – Eckpunktepapier, 2016, abrufbar auf https://www.bmwi.de/BMWi/Redaktion/PDF/M-O/oeffnung-eeg-eckpunktepapier,property=pdf,bereich=bmwi2012,sprache=de,rwb=true.pdf, zuletzt abgerufen am 01.09.2016 (zit. als: BMWi, Öffnung des EEG für Strom aus anderen EU-Mitgliedstaaten, 2016).

dass., Die Digitalisierung der Energiewende, abrufbar auf https://www.bmwi.de/Redaktion/DE/Artikel/Energie/digitalisierung-der-energiewende.html, zuletzt abgerufen am 26.03.2018 (zit. als: BMWi, Die Digitalisierung der Energiewende).

dass., EEG-Novelle 2016, Fortgeschriebenes Eckpunktepapier zum Vorschlag des BMWi für das neue EEG, abrufbar auf https://www.bmwi.de/BMWi/Redaktion/PDF/E/eckpunkte-eeg-novelle-2016,property=pdf,bereich=bmwi2012,sprache=de,rwb=true.pdf, zuletzt abgerufen am 14.01.2016 (zit. als: BMWi, EEG-Novelle 2016, Eckpunktepapier).

dass., EEG 2016: Erneuerbare Energien wettbewerblich vergüten, abrufbar auf http://www.bmwi.de/DE/Themen/Energie/Erneuerbare-Energien/eeg-2016-wettbewerbliche-verguetung.html, zuletzt abgerufen am 20.06.2016 (zit. als: BMWi, EEG 2016: Erneuerbare Energien wettbewerblich vergüten).

dass., Erneuerbare Energien in Deutschland. Daten zur Entwicklung im Jahr 2015, abrufbar auf http://www.connaissancedesenergies.org/sites/default/files/pdf-actualites/erneuerbare-energien-in-zahlen-2015.pdf, zuletzt abgerufen am 01.09.2016 (zit. als: BMWi, Erneuerbare Energien in Deutschland. Daten zur Entwicklung im Jahr 2015).

dass., Eckpunkte für die Reform des EEG, EEG Urfassung-Gesetzgebungsverfahren, 2014, abrufbar auf http://www.bmwi.de/BMWi/Redaktion/PDF/E/eeg-reform-eckpunkte,property=pdf,bereich=bmwi2012,sprache=de,rwb=true.pdf, zuletzt abgerufen am 01.09.2016 (zit. als: BMWi, Eckpunkte für die Reform des EEG, 2014).

dass., Strommarktgesetz beschlossen: Strommarkt fit für die Erneuerbaren Energien, abrufbar auf http://www.bmwi.de/DE/Themen/Energie/Strommarkt-der-Zukunft/strommarkt-2-0.html zuletzt abgerufen am 19.09.2016 (zit.

als: BMWi, Strommarktgesetz beschlossen: Strommarkt fit für die Erneuerbaren Energien).

dass., nach AGEE-Stat, Entwicklung des Anteils erneuerbarer Energien am Bruttostromverbrauch in Deutschland, Stand Aug. 2014, abrufbar auf http://www.bmwi.de/DE/Themen/Energie/erneuerbare-energien,did=645894.html, zuletzt abgerufen am 01.09.2016 (zit. als: BMWi nach AGEE-Stat, Entwicklung des Anteils erneuerbarer Energien am Bruttostromverbrauch in Deutschland, Stand Aug. 2014).

dass., Ein Strommarkt für die Energiewende, Grünbuch, 2014, abrufbar auf http://www.bmwi.de/Redaktion/DE/Publikationen/Energie/weissbuch.pdf?__blob=publicationFile&v=29, zuletzt abgerufen am 03.02.2018 (zit. als: BMWi, Ein Strommarkt für die Energiewende, Grünbuch, 2014).

dass., Pressemitteilung, Staatssekretär Baake: „Ausschreibungen und eine hohe Realisierungsrate sind kein Widerspruch", abrufbar auf https://www.bmwi.de/Redaktion/DE/Pressemitteilungen/2017/20170828-baake-ausschreibungen-und-eine-hohe-realisierungsrate-sind-kein-widerspruch.html, zuletzt abgerufen am 07.09.2017 (zit. als: BMWi, Pressemitteilung, Staatssekretär Baake: „Ausschreibungen und eine hohe Realisierungsrate sind kein Widerspruch").

BNetzA, Stromnetze zukunftssicher gestalten, abrufbar auf http://www.netzausbau.de/cln_1431/DE/Wissenswertes/WarumNetzausbau/WarumNetzausbau-node.html, zuletzt abgerufen am 12.02.2015 (zit. als: BNetzA, Stromnetze zukunftssicher gestalten).

dies., Pressemitteilung v. 12.04.2018, Ergebnisse der gemeinsamen Ausschreibung von Wind- und Solaranlagen, S. 1, abrufbar auf https://www.bundesnetzagentur.de/SharedDocs/Downloads/DE/Allgemeines/Presse/Pressemitteilungen/2018/20180411_GEMA.pdf?__blob=publicationFile&v=3, zuletzt abgerufen am 15.04.2018 (zit. als: BNetzA, Pressemitteilung v. 12.04.2018, Ergebnisse der gemeinsamen Ausschreibung von Wind- und Solaranlagen).

dies., Gebotstermin 1. Februar 2018 (Solar-Anlagen), abrufbar auf https://www.bundesnetzagentur.de/DE/Sachgebiete/ElektrizitaetundGas/Unternehmen_Institutionen/Ausschreibungen/Solaranlagen/Beendete-Ausschreibungen/Ausschreibungen2018/Gebotstermin_01_02_2018/gebotstermin_01_02_2018_node.html, zuletzt abgerufen am 07.04.2018 (zit. als: BNetzA, Gebotstermin 1. Februar 2018 (Solar-Anlagen)).

dies., Gebotstermin 1. Februar 2018 (Windenergieanlagen), abrufbar auf https://www.bundesnetzagentur.de/DE/Sachgebiete/ElektrizitaetundGas/Unternehmen_Institutionen/Ausschreibungen/Wind_Onshore/BeendeteAusschreibungen/Gebotstermin_01_02_2018/Gebotstermin_01_02_18_node.html, zuletzt abgerufen am 22.03.2018 (zit. als: BNetzA, Gebotstermin 1. Februar 2018 (Windenergieanlagen)).

dies., Quartalsbericht zu Netz- und Systemsicherheitsmaßnahmen für das erste, zweite und dritte Quartal 2017, 2017 (zit. als: BNetzA, Quartalsbericht zu Netz- und Systemsicherheitsmaßnahmen für das erste, zweite und dritte Quartal 2017).

dies., Ergebnisse der EEG Ausschreibung für Solaranlagen vom Monat, Jahr, (zit. als: BNetzA, Ergebnisse der EEG Ausschreibung für Solaranlagen vom Monat, Jahr)

dies., Bericht Pilotausschreibungen zur Ermittlung der Förderhöhe für Photovoltaik-Freiflächenanlagen, 2016, (zit. als: BNetzA, Pilotausschreibungen zur Ermittlung der Förderhöhe für PV-FFA, 2016).

dies., Ergebnisse der geöffneten Ausschreibung für Solaranlagen mit dem Königreich Dänemark v. 23.11.2016 (zit. als: BNetzA, Ergebnisse der geöffneten Ausschreibung für Solaranlagen mit Dänemark, 2016).

dies., Bericht der Bundesnetzagentur zur Netzentgeltsystematik Elektrizität, 2015 (zit. als: BNetzA, Bericht zur Netzentgeltsystematik Elektrizität, 2015).

dies., Entwurf einer Verordnung zur Änderung der Erneuerbare-Energien-Ausführungsverordnung, 2017 (zit. als: BNetzA, Entwurf einer Verordnung zur Änderung der Erneuerbare-Energien-Ausführungsverordnung, 2017).

dies., EEG-Umlage, abrufbar auf https://www.bundesnetzagentur.de/SharedDocs/FAQs/DE/Sachgebiete/Energie/Verbraucher/Energielexikon/EEGUmlage.html, zuletzt abgerufen am 04.03.2018 (zit. als: BNetzA, EEG-Umlage).

dies., „Smart Grid“ und „Smart Market“. Eckpunktepapier zu den Aspekten des sich verändernden Energieversorgungssystems, 2011, abrufbar auf http://www.bundesnetzagentur.de/SharedDocs/Downloads/DE/Sachgebiete/Energie/Unternehmen_Institutionen/NetzzugangUndMesswesen/SmartGridEckpunktepapier/SmartGridPapierpdf.pdf?__blob=publicationFile, zuletzt abgerufen am 01.09.2016 (zit. als: BNetzA, „Smart Grid“ und „Smart Market“, 2011).

dies., Einspeisevergütung für PV-Anlagen sinkt um 2,2 Prozent, 2013, abrufbar auf https://www.bundesnetzagentur.de/SharedDocs/Pressemitteilungen/DE/2013/130131_Verguetg_PV_Anl.html, zuletzt abgerufen am 01.09.2016 (zit. als: BNetzA, Einspeisevergütung für PV-Anlagen sinkt um 2,2 Prozent, 2013).

dies., Stromnetze zukunftssicher gestalten, Leitungsvorhaben, abrufbar auf https://www.netzausbau.de/leitungsvorhaben/de.html?cms_map=2, zuletzt abgerufen am 28.03.2018 (zit. als: BNetzA, Stromnetze zukunftssicher gestalten, Leitungsvorhaben).

dies., Netzausbau. Bundesfachplanung, 2016, S. 2, abrufbar auf https://www.netzausbau.de/SharedDocs/Downloads/DE/Publikationen/BroschuereBundesfachplanung.pdf?__blob=publicationFile, zuletzt abgerufen am 19.02.2018 (zit. als: BNetzA, Netzausbau. Bundesfachplanung, 2016).

dies., Regelenergie, abrufbar auf https://www.bundesnetzagentur.de/DE/Sachgebiete/ElektrizitaetundGas/Unternehmen_Institutionen/Versorgungssicherheit/Engpassmanagement/Regelenergie/regelenergie-node.html#doc266958bodyText1, zuletzt abgerufen am 26.03.2018 (zit. als: BNetzA, Regelenergie).

dies., Pressemitteilung. Realisierungsrate der zweiten Photovoltaik-Ausschreibung v. 28.08.2017, abrufbar auf https://www.bundesnetzagentur.de/SharedDocs/Pressemitteilungen/DE/2017/28082017_PVAusschreibung.html, zuletzt abgerufen am 07.09.2017, Pressemitteilung. Realisierungsrate der dritten Ausschreibungsrunde für Photovoltaik- Freiflächenanlagen, abrufbar auf https://www.bundesnetzagentur.de/SharedDocs/Pressemitteilungen/DE/2018/20180109_PVFreiflaechenanlagen.html, zuletzt abgerufen am 27.03.2018 (zit. als: BNetzA, Pressemitteilung. Realisierungsrate der zweiten Photovoltaik-Ausschreibung v. 28.08.2017).

dies., Gebotstermin 1. Februar 2018, abrufbar auf https://www.bundesnetzagentur.de/DE/Sachgebiete/ElektrizitaetundGas/Unternehmen_Institutionen/Ausschreibungen/Wind_Onshore/BeendeteAusschreibungen/Gebotstermin_01_02_2018/Gebotstermin_01_02_18_node.html, zuletzt abgerufen am 29.03.2018 (zit. als: BNetzA, Gebotstermin 1. Februar 2018).

dies./BKartA, Monitoringbericht, 2016, 2017 (zit. als: BNetzA/BKartA, Monitoringbericht, 2017).

Bode Sven, 52 GW Photovoltaik – und dann?, et 3/2013, 22 (zit. als: *Bode*, et 3/2013, 22).

Bongartz Mathias/Jatzke Harald/Schröer-Schallenberg Sabine, Kommentar, EnergieStG, StromStG, 10. Lfg., 2014 (zit. als: Bongartz/Jatzke/Schröer-Schallenberg/*Bearbeiter*, EnergieStG, StromStG, 10. Lfg. 2014).

Brandstätt Cristine/Brunekreeft Gert/Jahnke Katy, Systemintegration von erneuerbarem Strom: flexibler Einsatz freiwilliger Abregelungsvereinbarungen, et 3/2011, 8 (zit. als: *Brandstätt/Brunekreeft et al.*, et 3/2011, 8).

Brandt Robert, Die optimale Standortwahl von Stromerzeugungsanlagen. Politikwissenschaftliche Analyse von Steuerungsinstrumenten, Baden-Baden, 2017 (zit. als: *Brandt*, Die optimale Standortwahl von Stromerzeugungsanlagen, 2017).

Breuer Daniel, Rechtliche Rahmenbedingungen für die Direktvermarktung von „Grünstrom“ nach dem EEG 2012, VersorgW 2012, 89 (zit. als: *Breuer*, VersorgW 2012, 89).

ders.//*Lindner Thomas*, Die Ausschreibung der finanziellen Förderung für PV-Freiflächenanlagen, REE, 2015, 10 (zit. als: *Breuer/Lindner*, REE, 2015, 10).

ders./ders., Die verpflichtende Direktvermarktung nach dem. EEG 2014, REE 2014, 129 (zit. als: *Breuer/Lindner*, REE 2014, 129).

Brezski Holger/Bauer Christoph, Anreize für eine optimierte Netzauslastung im deutschen Netzentgeltsystem – § 19 StromNEV in der Praxis, et 1-2/2009, 72 (zit. als: *Brezski/Bauer*, et 1-2/2009, 72).

Britz Gabriele/Hellermann Johannes/Hermes Georg, EnWG, Kommentar, 3. Aufl. München, 2015 (zit. als: Britz/Hellermann/Hermes/*Bearbeiter*, EnWG, 3. Aufl. 2015).

Bruttel Franziska/Purkus Alexandra/Gawel Erik, Auktionen als Förderinstrument für erneuerbare Energien: Eine institutionenökonomische Bewertung unter besonderer Berücksichtigung der Photovoltaik-Freiflächenausschreibungsverordnung, 2016, abrufbar auf https://www.econstor.eu/bitstream/10419/140870/1/859167356.pdf, zuletzt abgerufen am 05.04.2018 (zit. als: *Bruttel/Purkus/Gawel*, Auktionen als Förderinstrument für erneuerbare Energien, 2016).

BSW-Solar, Photovoltaik Preismonitor, 2/2014, abrufbar auf http://www.solarwirtschaft.de/fileadmin/media/pdf/2013_2_BSW_Solar_Faktenblatt_Photovoltaik.pdf, zuletzt abgerufen am 11.02.2015 (zit. als: *BSW-Solar*, Photovoltaik Preismonitor, 2/2014).

BUND, EU-Energiepaket: Verlorenes Jahrzehnt für die Energiewende in Europa, 2016, abrufbar auf https://www.bund.net/fileadmin/user_upload_bund/publikationen/energiewende/energiewende_hintergrund_eu-energiepaket.pdf, zuletzt abgerufen am 01.04.2018 (zit. als: BUND, EU-Energiepaket: Verlorenes Jahrzehnt für die Energiewende in Europa, 2016).

Bündenbender, Energiewende 2011 und Wettbewerb in der Elektrizitätswirtschaft – zugleich ein Beitrag zur europarechtlichen Zulässigkeit", in: Reiff Peter/Habeler Timo/Hendler Reinhard/Proelß Alexander (Hrsg.), Jahrbuch des Umwelt- und Technikrechts 2013, Umwelt und Technikrecht, Berlin, 2013 (zit. als: *Bündenbender*, in: Reiff Reiff/Habeler/Hendler/Proelß, (Hrsg.) Jahrbuch des Umwelt- und Technikrechts, 2013).

Bundesregierung, Energiekonzept für eine umweltschonende, zuverlässige und bezahlbare Energieversorgung, 2010, BT-Drs. 17/3049, abrufbar auf https://www.bundesregierung.de/ContentArchiv/DE/Archiv17/_Anlagen/2012/02/energiekonzept-final.pdf?__blob=publicationFile&v=5, zuletzt abgerufen am 01.04.2018 (zit. als: Bundesregierung, Energiekonzept, 2010).

Bundesrepublik Deutschland, Nationaler Aktionsplan für erneuerbare Energien gemäß der Richtlinie 2009/28/EG zur Förderung der Nutzung von Energie aus erneuerbaren Quellen, abrufbar auf https://www.clearingstelle-eeg.de/files/Nationaler_Aktionsplan_100804.pdf, zuletzt abgerufen am 01.04.2018 (zit. als: Bundesrepublik Deutschland, Nationaler Aktionsplan für die EE).

Burgi Martin, Die Energiewende und das Recht, JZ, 2013, 745 (zit. als: *Burgi*, JZ, 2013, 745).

BWE, Stellungnahme zum Referentenentwurf der Verordnung zu den gemeinsamen Ausschreibungen für Windenergie an Land und Solaranlagen des Bundesministeriums (GemAV) für Wirtschaft und Energie (BMWi) v. 11.4.2017, abrufbar auf https://www.bmwi.de/Redaktion/DE/Downloads/Stellungnahmen/Stellungnahmen-GemAV/bwe.pdf?__blob=publicationFile&v=2 zuletzt abgerufen am 15.04.2018 (zit. als: BWE, Stellungnahme zur GemAV, 2017).

ders./BSW-Solar, Gemeinsame Pressemitteilung v. 12.04.2018, Solar- & Windenergie: Miteinander statt Gegeneinander erforderlich, abrufbar auf https://www.wind-energie.de/presse/pressemitteilungen/2018/gemeinsame-pressemitteilung-bsw-solar-und-bwe-solar-windenergie, zuletzt abgerufen am 15.04.2018 (zit. als: BWE/BSW-Solar, Gemeinsame Pressemitteilung v. 12.04.2018, Solar- & Windenergie: Miteinander statt Gegeneinander erforderlich).

Calliess Christian/Hey Christian, Multilevel Energy Policy in the EU: Paving the Way for Renewables?, JEEPL 2013, 87 (zit. als: *Calliess/Hey*, JEEPL 2013, 87).

ders./Ruffert Matthias (Hrsg.), EUV/AEUV, Kommentar, 5. Aufl., München, 2016 (zit. als: Calliess/Ruffert /*Bearbeiter*, EUV/AEUV, 5. Aufl. 2016).

Carstensen Uwe Thomas/Schulze Lothar/von Geldern Wolfgang, Deutschland braucht ein Marktmodell Energewende – ein Masterplan zur Energiewende, ZNER 2013, 581 (zit. als: *Carstensen/Schulze/von Geldern*, ZNER 2013, 581).

CE Delft, Mid-term evaluation of the Renewable Energy Directive. A study in the context of the REFIT programme, Commissioned by the European Commission, 2015, abrufbar auf https://ec.europa.eu/energy/sites/ener/files/documents/CE_Delft_3D59_Mid_term_evaluation_of_The_RED_DEF.PDF, zuletzt abgerufen am 01.09.2017 (zit. als: CE Delft, Mid-term evaluation of the Renewable Energy Directive, 2015).

Clearingstelle, EEG 2017 (Urfassung) und WindSeeG-Gesetzgebungsverfahren, abrufbar auf https://www.clearingstelle-eeg.de/eeg2017, zuletzt abgerufen am 01.09.2016 (zit. als: Clearingstelle, EEG 2017 (Urfassung) und WindSeeG-Gesetzgebungsverfahren).

dies., Was änderte sich durch die sog. PV-Novelle des EEG 2012?, abrufbar auf https://www.clearingstelle-eeg.de/beitrag/1934, zuletzt abgerufen am 01.09.2016 (zit. als: Clearingsstelle EEG, Was änderte sich durch die sog. PV-Novelle des EEG 2012?).

Climate Action Network, The revised renewable energy Directive and electricity market design, 2017, abrufbar auf https://www.dnr.de/fileadmin/Publikationen/Steckbriefe_Factsheets/17_10_25_EUK_Strombinnenmarkt_Factsheet.pdf, zuletzt abgerufen am 21.03.2018 (zit. als: Climate Action Network, The revised renewable energy Directive and electricity market design, 2017).

Constantinesco Léontin-Jean, Rechtsvergleichung, Band II, Die rechtsvergleichende Methode, Köln, Berlin, Bonn, München, 1972 (zit. als: *Constantinesco,* Rechtsvergleichung, Bd. II, Die rechtsvergleichende Methode, 1972).

Craig Paul/de Burca Grainne, EU Law, Text, case and materials, Oxford, 2011 (zit. als: *Craig/de Burca,* EU Law, Text, case and materials, 2011).

Danish Energy Agency, Contracts in the first Solar PV tender in Denmark signed, abrufbar auf http://en-press.ens.dk/pressreleases/contracts-in-the-first-solar-pv-tender-in-denmark-signed-1716549, zuletzt abgerufen am 31.10.2017 (zit. als: Danish Energy Agency, Contracts in the first Solar PV tender in Denmark signed).

Danner Wolfgang/Theobald Christian (Hrsg.), Energierecht, Kommentar 94. EL, München, 2017 (zit. als: Danner/Theobald/*Bearbeiter*, Energierecht, 94. EL, 2017).

Delvaux Bram, EU law and the development of a sustainable, competitive and secure energy policy. Opportunities and shortcomings, Cambridge, 2013 (zit. als: *Delvaux*, EU law and the development of a sustainable, competitive and secure energy policy, 2013).

dena, Integration der erneuerbaren Energien in den deutsch-europäischen Strommarkt, Endbericht, 2012 abrufbar auf http://www.dena.de/fileadmin/user_upload/Presse/Meldungen/2012/Endbericht_Integration_EE.pdf, zuletzt abgerufen am 30.04.2014 (zit. als: dena, Integration der erneuerbaren Energien in den deutsch-europäischen Strommarkt, 2012).

dies., Einführung von Smart Meter in Deutschland. Analyse von Rolloutszenarien und ihrer regulatorischen Implikationen, 2014, abrufbar auf https://shop.dena.de/fileadmin/denashop/media/Downloads_Dateien/esd/9092_dena-Smart-Meter-Studie.pdf, zuletzt abgerufen am 31.03.2018 (zit. als: dena, Einführung von Smart Meter in Deutschland, 2014).

dies., Verteilnetzstudie. Ausbau- und Innovationsbedarf der Stromverteilernetze in Deutschland bis 2030, Endbericht, 2012 abrufbar auf http://www.dena.de/fileadmin/user_upload/Projekte/Energiesysteme/Dokumente/denaVNS_Abschlussbericht.pdf, zuletzt abgerufen am 30.04.2014 (zit. als: dena, Verteilnetzstudie, 2012).

Deutsche Presse-Agentur, CDU verteidigt Windradpläne von Sachsen und Bayern abrufbar auf http://www.freiepresse.de/NACHRICHTEN/SACHSEN/CDU-verteidigt-Windradplaene-von-Sachsen-und-Bayern-artikel8449195.

php, zuletzt abgerufen am 01.09.2016 (zit. als: *Deutsche Presse-Agentur*, CDU verteidigt Windradpläne von Sachsen und Bayern).

de Witt Siegfried/Scheuten Frank-Jochen (Hrsg.), NABEG, Kommentar, 1. Aufl., München, 2013 (zit. als: de Witt/Scheuten/*Bearbeiter*, NABEG, 2013).

DIHK, Faktenpapier Ausbau der Stromnetze, 2015, abrufbar auf https://webcache.googleusercontent.com/search?q=cache:gXsShpIOjPoJ:https://www.dihk.de/ressourcen/downloads/faktenpapier-stromnetze-2015/+&cd=1&hl=de&ct=clnk&gl=de, zuletzt abgerufen am 05.04.2018 (zit. als: DIHK, Faktenpapier Ausbau der Stromnetze, 2015).

DLR/Fraunhofer IWES/IfnE, Langfristszenarien und Strategien für den Ausbau der erneuerbaren Energien in Deutschland bei Berücksichtigung der Entwicklung in Europa und global, „Leitstudie 2011" im Auftrag des BMU, Schlussbericht, 2012, abrufbar auf http://www.dlr.de/dlr/Portaldata/1/Resources/bilder/portal/portal_2012_1/leitstudie2011_bf.pdf,zuletzt abgerufen am 01.09.2016 (zit. als: DLR, Fraunhofer IWES et al., Langfristszenarien und Strategien für den Ausbau der erneuerbaren Energien, 2012).

Dummer Anrea/Popelka Herbert, Engpassmanagement im hohausgelasteten Übertragungsnetz von Verbun-Austrian Power Grid, e&i, 2004, 420 (zit. als: *Dummer/Popelka*, e&i, 2004, 420).

Durner Georg, Planfeststellung und Energienetzplanung im System des NABEG, in: Quass Michael/Deutsches Anwaltsinstitut e.V. (Hrsg.), Rechtsprobleme der Energiewende, Baden-Baden, 2015 (zit. als: *Durner*, in: Quass /Deutsches Anwaltsinstitut e.V. (Hrsg.), Rechtsprobleme der Energiewende, 2015).

E-Bridge Consulting, Zukünftige Rolle des Verteilnetzbetreibers in der Energiewende, 2017 abrufbar auf http://verteilnetze.de/wp-content/uploads/2017/08/Langbericht.pdf zuletzt abgerufen am 01.04.2018 (zit. als: E-Bridge, Zukünftige Rolle des Verteilnetzbetreibers in der Energiewende, 2017).

dies./IAEW/Office, „Moderne Verteilernetze für Deutschland" (Verteilernetzstudie) Abschlussbericht Studie im Auftrag des Bundesministeriums für Wirtschaft und Energie (BMWi) 12. September 2014, abrufbar auf http://www.bmwi.de/BMWi/Redaktion/PDF/Publikationen/Studien/verteilernetzstudie,property=pdf,bereich=bmwi2012,sprache=de,rwb=true.pdf, zuletzt abgerufen am 01.04.2018 (zit. als: E-Bridge/IAEW/et al., Verteilernetzstudie, 2014).

Ecofys/AURES, Small-scale PV Auctions in France: Instruments and lessons learnt, Report, March 2016, abrufbar auf http://www.auresproject.eu/files/media/countryreports/pdf2_france.pdf, zuletzt abgerufen am 01.04.2018 (zit. als: Ecofys/AURES, Small-scale PV Auctions in France, 2016).

dass./Fraunhofer ISE/Energy Economics Group, Renewable energy progress and biofuels sustainability, orderd by European Commission, 2014, abrufbar auf https://ec.europa.eu/energy/sites/ener/files/documents/Final%20report%20-November%202014.pdf, zuletzt abgerufen am 01.09.2017 (zit. als: Ecofys/Fraunhofer ISE et al., Renewable energy progress, 2014).

dass./Fraunhofer ISI/Energy Economics Group, PROGRESS, promotion and growth of renewable energy sources and systems, Final report, 2008, abrufbar auf http://eugcc.epu.ntua.gr/LinkClick.aspx?fileticket=gJqEqBjMQGo%3D&tabid=190, zuletzt abgerufen am 01.09.2016 (zit. als: Ecofys/Fraunhofer ISI et al., PROGRESS, promotion and growth of renewable energy sources, 2008).

EEX, Strom-Terminmarkt, abrufbar auf https://www.eex.com/de/produkte/strom-terminmarkt, zuletzt abgerufen am 30.03.2018.

dass./EPEX SPOT, Stellungnahme zur Anhörung der Monopolkommission zur Vorbereitung eines Sondergutachtens gemäß § 62 EnWG – Elektrizität und Gas, v. 27.02.2015, abrufbar auf https://www.eex.com/blob/7404/3ba553de3235ca9559c03b668948bb49/20150227-stellungnahme-monopolkommission-sondergutachten-2015-eex-epex-spot-data.pdf, zuletzt abgerufen am 01.11.2017 (zit. als: EEX/EPEX SPOT, Stellungnahme zur Anhörung der Monopolkommission zur Vorbereitung eines Sondergutachtens gemäß § 62 EnWG – Elektrizität und Gas, v. 27.02.2015).

EFZN, Eignung von Speichertechnologien zum Erhalt der Systemsicherheit, 2013, abrufbar auf http://www.speicherinitiative.at/assets/Uploads/24-eignung-von-speichertechnologien-zum-erhalt-der-systemsicherheit.pdf, zuletzt abgerufen am 01.09.2016 (zit. als: EFZN, Eignung von Speichertechnologien zum Erhalt der Systemsicherheit, 2013).

Ehricke Ulrich, Staatliche Maßnahmen zur Förderung umweltfreundlicher Energien und europäisches Wettbewerbsrecht, RdE 2003, 57 (zit. als: *Ehricke*, RdE 2003, 57).

ders./Hackländer Daniel, Europäische Energiepolitik auf der Grundlage der neuen Bestimmungen des Vertrags von Lissabon, ZEuS 2008, 579 (zit. als: *Ehricke/Hackländer*, ZEuS 2008, 579).

Ekardt Felix, Verfassungs- und unionsrechtliche Probleme des EEG 2014, ZNER 2014, 317 (zit. als: *Ekardt*, ZNER 2014, 317).

ders./Valentin Florian, Das neue Energierecht. EEG-Reform, Nachhaltigkeit, Europäischer und internationaler Klimaschutz, Baden-Baden, 2015 (zit. als: *Ekardt/Valentin*, Das neue Energierecht, 2015).

ders./Schmeichel Andrea, Erneuerbare Energien, Warenverkehrsfreiheit und Beihilfenrecht – Nationale Klimaschutzmaßnahmen im EG-Recht, ZEuS 2009, 171 (zit. als: *Ekardt/Schmeichel*, ZEuS 2009, 171).

ders./Wulf Justus, Energiespeicherung und Energieleitungsbau als Governance- und Rechtsproblem, JbUTR 2012, 63 (zit. als: *Ekardt/Wulf*, JbUTR 2012, 63).

Elizondo Gabriela Azuela/Luiz Barroso/Ashish Khanna/Xiaodong Wang/Yun Wu/Gabriel Cunha, Performance of renewable energy auctions: experience in Brazil, China and India, 2014, abrufbar auf http://documents.worldbank.org/curated/en/842071468020372456/pdf/WPS7062.pdf, zuletzt abgerufen am 30.03.2018 (zit. als: *Elizondo/Barroso et al.*, Performance of renewable energy auctions, 2014).

Energiestatistik NRW, Terminmarkt, abrufbar auf http://www.energiestatistik-nrw.de/wirtschaft/energiepreise/strompreise, zuletzt abgerufen am 30.03.2018. (zit. als: Energiestatistik NRW, Terminmarkt).

Energybrainpool, Vergleichende Untersuchung aktueller Vorschläge für das Strommarktdesign mit Kapazitätsmechanismen, Kurzstudie im Auftrag des BMU, 2013, abrufbar auf http://www.energybrainpool.com/fileadmin/download/Studien/Studie_2013-12-12_BMU_Vergleich_Kapazit%C3%A4tsmechanismen_EnergyBrainpool.pdf, zuletzt abgerufen am 01.09.2016 (zit. als: Energybrainpool, Vergleichende Untersuchung, 2013).

Enquete-Kommission, Erster Bericht „Schutz der Erdatmosphäre" zum Thema „Klimaänderung gefährdet die globale Entwicklung", 1992, BT-Drs. 12/2400, abrufbar auf https://dip21.bundestag.de/dip21/btd/12/024/1202400.pdf, zuletzt abgerufen am 01.09.2016 (zit. als: Enquete-Kommission, Erster Bericht „Schutz der Erdatmosphäre" zum Thema „Klimaänderung gefährdet die globale Entwicklung", 1992, BT-Drs. 12/2400).

dies., Dritter Bericht „Vorsorge zum Schutz der Erdatmosphäre" zum Thema „Schutz der Erde", 1990, BT-Drs. 11/8030, abrufbar auf http://dip21.bundestag.de/dip21/btd/11/080/1108030.pdf, zuletzt abgerufen am 01.09.2016 (zit. als: Enquete-Kommission, Dritter Bericht „Vorsorge zum Schutz der Erdatmosphäre" zum Thema „Schutz der Erde", 1990, BT-Drs. 11/8030).

dies., Bericht „Zukünftige Kernenergie-Politik", 1980, BT-Drs. 8/4341, abrufbar auf http://dip21.bundestag.de/dip21/btd/09/024/0902438.pdf, zuletzt abgerufen am 01.09.2016 (zit. als: Enquete-Kommission, Bericht „Zukünftige Kernenergie-Politik", 1980, BT-Drs. 8/4341).

ENTSOE, Yearly statistics and adequacy retrospcct 2014, European Electricity system data, abrufbar auf https://www.entsoe.eu/Documents/Publications/Statistics/YSAR/entsoe_ys_ar_2014_web.pdf, zuletzt abgerufen am 01.09.2016 (zit. als: ENTSOE, Yearly statistics and adequacy retrospect, 2014).

Epiney Astrid, Freiheit des Warenverkehrs, in: Ehlers Dirk (Hrsg.), Europäische Grundrechte und Grundfreiheiten, 4. Aufl., Berlin, 2015 (zit. als: *Epiney*, in: Ehlers (Hrsg.), Europäische Grundrechte und Grundfreiheiten, 2015).

dies., Umweltrecht in der Europäischen Union, 2. Aufl., Baden-Baden, 2005 (zit. als: *Epiney*, Umweltrecht in der Europäischen Union, 2005).

dies./Möllers Thomas, Freier Warenverkehr und nationaler Umweltschutz: zu dem den EG-Mitgliedstaaten verbleibenden Handlungsspielraum im europäischen Umweltschutzrecht unter besonderer Berücksichtigung der Verhältnismäßigkeitsprüfung, Köln, 1992 (zit. als: *Epiney/Möllers*, Freier Warenverkehr und nationaler Umweltschutz, 1992).

Epping, Volker/Hillgruber, Christian (Hrsg.), Beck'scher Online Kommentar Grundgesetz, 2. Aufl., 2013 (zit. als: Epping/Hillgruber/*Bearbeiter*, BeckOK-GG, 2. Aufl. 2013).

Erbring Hans-Peter, Energiewende in Deutschland und deren Auswirkungen auf den sicheren Netzbetrieb, Vortrag auf der Konferenz „13. Brandeburger Energietag" der 50Hertz Transmission GmbH, 2011, abrufbar auf http://docplayer.org/67428017-Energiewende-in-deutschland-und-deren-auswirkungen-auf-den-sicheren-systembetrieb.html, zuletzt abgerufen am 01.11.2017 (zit. als: *Erbring*, Energiewende in Deutschland und deren Auswirkungen auf den sicheren Netzbetrieb, 2011).

ders./Kuring Matthias/Ruge Reinhard, Die Operative Steuerung der Elektrizitätsnetze, in: Säcker Franz Jürgen (Hrsg.), Handbuch zum deutsch-russischen Energierecht, 2010 (zit. als: *Erbring/Kuring/Ruge*, in: Säcker (Hrsg.), Handbuch zum deutsch-russischen Energierecht, 2010).

EREC, Mapping Renewable Energy Pathways towards 2020, 2011, abrufbar auf http://www.eufores.org/fileadmin/eufores/Projects/REPAP_2020/EREC-roadmap-V4.pdf, zuletzt abgerufen am 01.09.2016 (zit. als: EREC, Mapping Renewable Energy Pathways towards 2020, 2011).

Erk Claudia, Die zukünftige Vereinbarkeit des EEG mit Verfassungs- und Europarecht, Baden-Baden, 2008 (zit. als: *Erk*, Die zukünftige Vereinbarkeit des EEG mit Verfassungs- und Europarecht, 2008).

Ernst & Young GmbH, Kosten-Nutzen-Analyse für einen flächendeckenden Einsatz intelligenter Zähler, Endbericht zur Studie im Auftrag des BMWi, 2013, S. 182, abrufbar auf http://www.ey.com/Publication/vwLUAssets/Kosten-Nutzen-Analyse_Roll-out_Smart_Meter/%24FILE/BMWI-Endbericht-KNA-Smart-Metering-2013.pdf, zuletzt abgerufen am 26.03.2018 (zit. als: Ernst & Young GmbH, Kosten-Nutzen-Analyse für einen flächendeckenden Einsatz intelligenter Zähler, 2013, abrufbar auf http://www.ey.com/Publication/vwLUAssets/Kosten-Nutzen-Analyse_Roll-out_Smart_Meter/%24FILE/BMWI-Endbericht-KNA-Smart-Metering-2013.pdf, zuletzt abgerufen am 26.03.20189 (zit. als: Ernst & Young GmbH, Kosten-Nutzen-Analyse für einen flächendeckenden Einsatz intelligenter Zähler, 2013).

Eurostat, Renewable energy statistics, 2018, abrufbar auf http://ec.europa.eu/eurostat/statistics-explained/index.php/Energy_from_renewable_sources, zuletzt abgerufen am 01.04.2018 (zit. als: Eurostat, Renewable energy statistics, 2018).

Fehling Michael, Zulassung von Erzeugungsanlagen, in: *Schneider Jens-Peter/Theobald Christian*, Recht der Energiewirtschaft, 4. Aufl., München, 2013 (zit. als: *Fehling*, in: Schneider/Theobald, Recht der Energiewirtschaft, 4. Aufl. 2013).

Fell Hans-Josef, Der Wechsel von Einspeisevergütungen zu Ausschreibungen behindert den Umbau der Energieversorgung zu Erneuerbaren Energien, Policy Paper für IRENA, 2017, abrufbar auf http://energywatchgroup.org/wp-content/uploads/2018/01/2017-07-15-Policy_Paper_Einspeiseverg%C3%BCtungen_Ausschreibungen.pdf, zuletzt abgerufen am 01.03.2018 (zit. als: *Fell*, Der Wechsel von Einspeisevergütungen zu Ausschreibungen, 2017).

Fellenberg Frank/Schiller Genort, Die Zulassung von Energieanlagen, in: Gerstner Stephan (Hrsg.), Grundzüge des Rechts der Erneuerbaren Energien, Berlin/Boston, 2013 (zit. als: *Fellenberg/Schiller*, in: Gerstner (Hrsg.), Grundzüge des Rechts der Erneuerbaren Energien, 2013).

Feudel Melanie, Die deutsche Energiewirtschaft im Wandel. Projektmanagement im Energiebereich, Wiesbaden, 2013 (zit. als: *Feudel*, Die deutsche Energiewirtschaft im Wandel, 2013)

Fischer Jochen/Lorenzen Olde, Risiken des Vergütungsrechts bei der Planung von Fotovoltaik-Großanlagen, RdE 2004, 209 (zit. als: *Fischer/Lorenzen*, RdE 2004, 209).

Fischer Severin, Energie- und Klimapolitik im Vertrag von Lissabon: Legitimationserweiterung für wachsende Herausforderungen, integration, 1/2009, 50 (zit. als: *Fischer*, integration, 1/2009, 50).

Fouquet Doerte, (EREF) Report, Prices for Renewable Energies in Europe, 2011-2012, abrufbar auf http://citeseerx.ist.psu.edu/viewdoc/download;jsessionid=F8C693F9C44A968925AB514C926E2D02?doi=10.1.1.189.4011&rep=rep1&type=pdf, zuletzt abgerufen am 19.09.2014 (zit. als: *Fouquet*, (EREF) Report, Prices for Renewable Energies in Europe, 2011-2012).

dies.,/*Jones Christopher* (Hrsg.), EU Energy Law, Bd. III/2, 1. Aufl., Leuven, 2010 (zit. als: *Fouquet/Jones* (Hrsg.), EU Energy Law, Bd. III/2, 2010).

Fraunhofer ISE, Aktuelle Fakten zur Photovoltaik in Deutschland, 2012; 2014; 2016, 2018 abrufbar auf https://www.ise.fraunhofer.de/de/veroeffentlichungen/veroeffentlichungen-pdf-dateien/studien-und-konzeptpapiere/aktuelle-fakten-zur-photovoltaik-in-deutschland.pdf, zuletzt abgerufen am

01.04.2018 (zit. als: Fraunhofer ISE, Aktuelle Fakten zur Photovoltaik in Deutschland, Jahr).

dass., Jährlicher Anteil erneuerbarer Energien an der Stromerzeugung in Deutschland, 2018, abrufbar auf https://www.energy-charts.de/ren_share_de.htm?source=ren-share&period=annual&year=all, zuletzt abgerufen am 05.04.2018 (zit. als: Fraunhofer ISE, Jährlicher Anteil erneuerbarer Energien an der Stromerzeugung in Deutschland, 2018).

dass., Energy Charts, Jährliche Börsenstrompreise in Deutschland, abrufbar auf https://www.energy-charts.de/price_avg_de.htm?year=all&price=nominal&period=annual, zuletzt abgerufen am 30.03.2018 (zit. als: Fraunhofer ISE, Energy Charts, Jährliche Börsenstrompreise in Deutschland)

Fraunhofer ISI, Working Paper Sustainability and Innovation No. S 1/2013 – Nutzenwirkung der Marktprämie, 2013, abrufbar auf http://www.isi.fraunhofer.de/isi-wAssets/docs/e-x/working-papers-sustainability-and-innovation/WP01-2013_Working_Paper_Nutzenwirkung_1.pdf, zuletzt abgerufen am 01.09.2016 (zit. als: Fraunhofer ISI, Working Paper Sustainability and Innovation No. S 1/2013 – Nutzenwirkung der Marktprämie, 2013).

dass.,/EEG/Ecofys, Recent developments of feed-in systems in the EU – A research paper for the International Feed-In Cooperation, 2012, abrufbar auf http://www.feed-in-cooperation.org/wDefault_7/download-files/research/101105_feed-in_evaluation_update-January-2012_draft_final_ISI.pdf, zuletzt abgerufen am 01.09.2016 (zit. als: Fraunhofer ISI et al., Recent developments of feed-in systems in the EU, 2012).

dass.,/Fraunhofer IWES/bbh/IKEM, Laufende Evaluierung der Direktvermarktung von Strom aus Erneuerbaren Energien, Monitoring, 13. Quartalsbericht, Stand 05/2015, abrufbar auf https://www.erneuerbare-energien.de/EE/Redaktion/DE/Downloads/Berichte/laufende-evaluierung-direktvermarktung-strom-erneuerbare-energie-2015-mai.pdf?__blob=publicationFile&v=4, zuletzt abgerufen am 01.09.2016 (zit. als: Fraunhofer ISI/Fraunhofer IWES et al., Laufende Evaluierung der Direktvermarktung von Strom aus Erneuerbaren Energien, Stand 05/2015).

Frenz Walter, Handbuch Europarecht, Bd. 1, 2. Aufl., 2012 (zit. als: *Frenz*, Handbuch Europarecht, Bd. 1, 2. Aufl. 2012).

ders., Europarecht, Berlin – Heidelberg, 2011, (zit. als: *Frenz*, Europarecht, 2011).

ders., Solarausschreibungen, ZNER 2016, 298 (zit. als: *Frenz*, ZNER 2016, 298).

ders., EU-geprägte solare Freiflächenausschreibung, Einstieg in die regenerative Marktwirtschaft, ER 2014, 231 (zit. als: *Frenz*, ER 2014, 231).

ders., Reduzierte Solarförderung – keine Abkehr von der Energiewende, IR 2012, 76 (zit. als: *Frenz*, IR 2012, 76).

ders., Befreiung von der EEG-Umlage und Beihilfenverbot, WRP 2015, 6 (zit. als: *Frenz,* Befreiung von der EEG-Umlage und Beihilfenverbot, WRP 2015, 6).

ders. in: *Huller Felix*, Klimaschutz, Versorgungssicherheit und Wirtschaftlichkeit in der Energiewende, Tagung an der Julius-Maximilians-Universität Würzburg am 31.3.2017, NVwZ 2017, 774 (zit. als: *Frenz* in: Huller, NVwZ 2017, 774).

ders./Muggenborg Hans-Jürgen/Cosack Tilman/Ekardt Felix (Hrsg.), EEG, Kommentar, 4. Aufl., Berlin, 2015 (zit. als: Frenz/Muggenborg et al./*Bearbeiter*, EEG, 4. Aufl. 2015).

ders./ders./ders./ders.(Hrsg.), EEG, Kommentar, 2. Aufl., Berlin, 2011 (zit. als: Frenz/Muggenborg et al./*Bearbeiter*, EEG, 2. Aufl. 2011).

Frondel Manuel/Ritter Nolan/Schmitt Christoph, Die Förderung der Photovoltaik: Ein Kosten-Tsunami, et 12/2010, 36 (zit. als: *Frondel/Ritter/Schmitt,* et 12/2010, 36).

Frontier Economics, Studie „Technologieoffene Ausschreibungen für Erneuerbare Energien", Ein Bericht für EFET Deutschland, 2014, abrufbar auf http://www.efet-d.org/Files/Veroffentlichungen%20-%20Gutachten/EFET-Deutschland-Studie-26-06-2014.pdf, zuletzt abgerufen am 16.03.2018 (zit. als: Frontier Economics, Technologieoffene Ausschreibungen für Erneuerbare Energien, 2014).

dass., Konsultation zum Ausschreibungsdesign für die Förderung von PV-Freiflächenanlagen, 2014, abrufbar auf https://www.erneuerbare-energien.de/EE/Redaktion/DE/Stellungnahmen/stellungnahmen-photovoltaik-pilotausschreibung/frontier-economics.pdf?__blob=publicationFile&v=2, zuletzt abgerufen am 16.03.2018 (zit. als: Frontier Economics, Konsultation zum Ausschreibungsdesign für die Förderung von PV-FFA, 2014).

dass./Consentec, Bedeutung von etablierten nationalen Gebotszonen für die Integration des europäischen Strommarkts – ein Ansatz zur wohlfahrtorientierten Beurteilung – Ein Bericht für die Bundesnetzagentur, 2011, abrufbar auf http://www.consentec.de/wp-content/uploads/2011/10/GutachtenPreiszonenLang.pdf, zuletzt abgerufen am 16.03.2018 (zit. als: Frontier Economics/Consentec, Bedeutung von etablierten nationalen Gebotszonen, 2011).

dass./dass., Notwendigkeit und Ausgestaltung geeigneter Anreize für eine verbrauchsnahe und bedarfsgerechte Errichtung neuer Kraftwerke, 2008, abrufbar auf http://www.consentec.de/wp-content/uploads/2011/12/anreize-errichtung-neuer-kraftwerke-abschlussbericht.pdf, zuletzt abgerufen am 18.03.2018 (zit. als: Frontier Economics/Consentec, Notwendigkeit und Ausgestaltung geeigneter Anreize, 2008).

dass./FORMAET, Strommarkt in Deutschland – Gewährleistet das derzeitige Marktdesign Versorgungssicherheit?, 2014, abrufbar auf https://www.frontier-economics.com/documents/2014/07/strommarkt-in-deutschland-gewahrleistet-das-derzeitige-marktdesign-versorgungssicherheit-frontier-report.pdf, zuletzt abgerufen am 05.04.2018 (zit. als: Frontier Economics, Ltd./FORMAET, Strommarkt in Deutschland – Gewährleistet das derzeitige Marktdesign Versorgungssicherheit?, 2014).

Fuchs Marie-Christine/Peters Franziska, Die Europäische Kommission und die Förderung erneuerbarer Energien in Deutschland – Eine Bewertung des EEG- Beihilfeverfahrens und der neuen Umwelt- und Energiebeihilfeleitlinien mit einem kritischen Blick auf die Leitlinienpolitik der Kommission, RdE 2014, 409 (zit. als: *Fuchs/Peters*, RdE 2014, 409).

Heidenhain Martin (Hrsg.), European State Aid Law, Baden-Baden, 2010 (zit. als: Heidenhain/*Bearbeiter*, European State Aid Law, 2010).

Heidhues Paul/Nitsche Reiner, Comments on State Aid Reform, in: Schmidtchen Dieter/Albert Max/Voigt Stefan (Hrsg.), The more economic approach to European competition law, Tübingen, 2007, (zit. als: Heidhues/Nitsche, in: Schmidtchen/Albert/Voigt (Hrsg.), The more economic approach to European competition law, 2007).

Heine Christian/Schwiederowski Thorben, Drohendes Ausschreibungsmodell im EEG? Erfahrungswerte, ZNER 2016, 22 (zit. als: *Heine/Schwiederowski*, ZNER, 2016, 22).

Gabler Andreas/Metzenthin Andreas (Hrsg.), EEG, Der Praxiskommentar, Frankfurt a. Main, 2011 (zit. als: Gabler/Metzenthin/*Bearbeiter*, EEG, Der Praxiskommentar, 2011).

Gabler Wirtschaftslexikon, Mitnahmeeffekt, abrufbar auf https://wirtschaftslexikon.gabler.de/definition/mitnahmeeffekt-39313, zuletzt abgerufen am 22.03.2018 2011 (zit. als: Gabler Wirtschaftslexikon, Mitnahmeeffekt).

Garbers Marco, Einspeisenetze und Netzanschlussleitungen für 0nshore-Windparks, EnWZ 2016, 347 (zit. als: *Garbers*, EnWZ 2016, 347).

Gawel/Purkus, EEG 2017 – Mehr Markt bei der Erneuerbare-Energien-Förderung? Wirtschaftsdienst 2016, 12 (zit. als: *Gawel/Purkus,* Wirtschaftsdienst 2016, 12).

ders./dies., Markt- und Systemintegration erneuerbarer Energien: Probleme der Marktprämie nach EEG 2012, ZUR 2012, 587 (zit. als: *Gawel/Purkus*, ZUR 2012, 587).

Gebauer Jochen/Wollenteit Ullrich/Hack Martin, Der EuGH und das Stromeinspeisegesetz: Ein neues Paradigma zum Verhältnis von Grundfreiheiten und

Umweltschutz?, ZNER, 2001, 12 (zit. als: *Gebauer/Wollenteit/Hack*, ZNER, 2001, 12).

Geiger Rudolf/Khan Daniel-Erasmus/Kotzur Markus (Hrsg.), EUV/AEUV, Kommentar, 6. Aufl., München, 2016 (zit. als: Geiger/Khan/Kotzur/*Bearbeiter*, EUV/AEUV, 6. Aufl. 2016).

dies. (Hrsg.), European Union Treaties, A Commentray. Treaty on European Union, Treaty on the Functioning of the European Union, Charter of Fundamental Rights of the European Union, München, 2014 (zit. als: Geiger/Khan/Kotzur/*Bearbeiter*, European Union Treaties, 2014).

Gellermann Martin, Das Stromeinspeisungsgesetz auf dem Prüfstand des Europäischen Gemeinschaftsrechts, DVBl 2000, 509 (zit. als: *Gellermann*, DVBI 2000, 509).

Gent Kai, Mindestpreise und Abnahmezwang als Beitrag zum Europäischen Umweltschutz?, Frankfurt a. Main, 1999 (zit. als: *Gent*, Mindestpreise und Abnahmezwang als Beitrag zum Europäischen Umweltschutz?, 1999).

ders./Maring Dieter, Anschluss- und Abnahmeverweigerung im Rahmen des § 3 EEG, ZNER 2003, 289 (zit. als: *Gent/Maring*, ZNER 2003, 289).

Gerstner Verena/Kanatschnig Johanna, Elektromobilität als dezentrale Speichertechnologie, ZNER, 2015, 424 (zit. als: *Gerstner/Kanatschnig*, ZNER, 2015, 424).

Grabitz Eberhard /Hilf Meinhard/Nettesheim Martin (Hrsg.), Das Recht der Europäischen Union. EUV/AEUV, Kommentar 62. EL, München, 2017 (zit. als: Grabitz/Hilf/Nettesheim/*Bearbeiter*, EUV/AEUV, 62. EL, 2017).

Greb Klaus/Boewe Marius (Hrsg.), EEG, Beck'scher Onlinekommentar, 6. Aufl., München, 2017 (zit. als: Greb/Boewe/*Bearbeiter*, BeckOK-EEG, 6. Aufl. 2017).

ders./ders. (Hrsg.), EEG, Beck'scher Onlinekommentar, 2. Aufl., München, 2014 (zit. als: Greb/Boewe/*Bearbeiter*, BeckOK-EEG, 2. Aufl. 2014).

Grimm Veronika/Zöttl Gregor/Rückel Bastian/Sölch Christian, Regionale Preiskomponenten im Strommarkt. Gutachten im Auftrag der Monopolkommission, 2015, abrufbar auf http://www.wirtschaftstheorie.wiso.uni-erlangen.de/wp-content/uploads/2016/02/gutachten_regionale-preiskomponenten07.10.15.pdf, zuletzt abgerufen am 01.04.2018 (zit. als: *Grimm* et al., Regionale Preiskomponenten im Strommarkt, 2015).

Groeben, Hans von der/Schwarze Jürgen/Hatje Armin (Hrsg.), Europäisches Unionsrecht. EUV/AEUV/Charta der Grundrechte der Europäischen Union, Kommentar, 7. Aufl., Baden-Baden, 2015 (zit. als: Groeben, von der/Schwarze/Hatje/*Bearbeiter*, EUV/AEUV, 7. Aufl. 2015).

Groß Thomas, Die Bedeutung des Umweltstaatsprinzips für die Nutzung erneuerbarer Energien, NVwZ 2011, 129 (zit. als: *Groß*, NVwZ 2011, 129).

Große Andreas, Öffentlich-rechtliche Zulässigkeit von Photovoltaik-Anlagen, in: Dagenhart/Hohlbein/Schomerus (Hrsg.), Recht, Finanzierung und Versicherung von Photovoltaikanlagen, Baden-Baden, 2012 (zit. als: *Große*, in: Degenhart Heinrich/Hohlbein Bernhard/Schomerus Thomas (Hrsg.), Recht, Finanzierung und Versicherung von Photovoltaikanlagen, 2012).

Große Andreas/Zündorf Philipp, Nachzahlung von EEG-Umlage durch stromkostenintensive Unternehmen, NVwZ 2015, 338 (zit. als: *Große/Zündorf*, NVwZ 2015, 338).

Gundel Jörg, Die Vorgaben der Warenverkehrsfreiheit für die Förderung erneuerbarer Energien – Neue Lösungen für ein altes Problem?, EnWZ 2014, 99 (zit. als: *Gundel*, EnWZ 2014, 99).

ders., Probleme des neuen Energiekompetenztitels in Art. 194 AEUV, in: Ehricke Ulrich (Hrsg.), Energiewirtschaftsrecht im Spannungsfeld von marktlicher Freiheit und hoheitlichen Einschränkungen, Baden-Baden, 2011 (zit. als: *Gundel*, in: Ehricke (Hrsg.), Energiewirtschaftsrecht im Spannungsfeld von marktlicher Freiheit und hoheitlichen Einschränkungen, 2011).

Häder Michael, Die Förderung erneuerbarer Energien in der Europäischen Union: eine kritische Analyse aus Sicht der Ordnungspolitik, ET 54/2004, 366 (zit. als: *Häder*, et, 54/2004, 366).

Haffner Robert /Batura Olga/Ryszka Karolina/van den Bergen Kimberley, Competition policy and an internal energy market, study for the European Parliament, 2017, abrufbar auf http://www.europarl.europa.eu/RegData/etudes/STUD/2017/607327/IPOL_STU(2017)607327_EN.pdf, zuletzt abgerufen am 01.04.2018 (zit. als: *Haffner/Batura et. al*, Competition policy and an internal energy market, 2017).

Haucap Justus, Die Vorstellungen der Monopolkommission zur Integration erneuerbarer Energien, Vortrag auf der Tagung des enreg, 2014, abrufbar auf http://files.enreg.eu/2014/20_01_14/20_01_14_haucap.pdf, zuletzt abgerufen am 01.09.2016 (zit. als: *Haucap*, Die Vorstellungen der Monopolkommission zur Integration erneuerbarer Energien, 2014).

ders./Klein Carolin/Kühling Jürgen, Die Marktintegration der Stromerzeugung aus erneuerbaren Energien. Eine ökonomische und juristische Analyse, Baden-Baden, 2013 (zit. als: *Haucap/Klein/Kühling*, Die Marktintegration der Stromerzeugung aus erneuerbaren Energien, 2013).

ders./Kühling Jürgen, Zeit für eine grundlegende Reform der EEG-Förderung, et 3/2013, 41 (zit. als: *Haucap/Kühling*, et 3/2013, 41).

Hazrat Jessika, Die Förderung Erneuerbarer Energien in Deutschland, dem Vereinigten Königreich und Frankreich. Eine vergleichende Untersuchung unter Einbeziehung europarechtlicher und ökonomischer Aspekte, Baden-Baden, 2017 (zit. als: *Hazrat*, Die Förderung Erneuerbarer Energien, 2017).

Held Anne/Ragwitz Mario/Gephart Malte/Visser Erika de/Klessmann Corinna, Design features of support schemes for renewable electricity, A report compiled within the European project „Cooperation between EU MS under the Renewable Energy Directive and interaction with support schemes", Januar 2014, abrufbar auf https://ec.europa.eu/energy/sites/ener/files/documents/2014_design_features_of_support_schemes.pdf, zuletzt abgerufen am 01.09.2016 (zit. als: *Held/Ragwitz et al.*, Design features of support schemes for renewable electricity, 2014).

Hermes Georg, Rechtsprobleme der Energiewende – verfassungsrechtliche Grundlagen, in: Quass Michael/Deutsches Anwaltsinstitut e.V. (Hrsg.), Rechtsprobleme der Energiewende, Baden-Baden, 2015 (zit. als: *Hermes*, in: Quass/Deutsches Anwaltsinstitut e.V. (Hrsg.), Rechtsprobleme der Energiewende, 2015).

ders., Planungsrechtliche Sicherung einer Energiebedarfsplanung – ein Reformvorschlag, ZUR 2014, 259 (zit. als: *Hermes*, ZUR 2014, 259).

ders., in: *Faßbender Kurt/Köck Wolfgang* (Hrsg.), Versorgungssicherheit in der Energiewende – Anforderungen des Energie-, Umwelt- und Planungsrechts, 2014, S. 71 (zit. als: *Hermes,* in: Faßbender/Köck (Hrsg.), Versorgungssicherheit in der Energiewende, 2014).

Herz Steffen/Hennig Bettina, Ausgewählte Rechtsfragen dezentraler Energiekonzepte – Teil 2: Mobile Energiespeicherung (Elektromobilität), ZNER 2016, 132 (zit. als: *Herz/Hennig*, ZNER 2016, 132).

ders./Valentin Florian, Direktvermarktung, Direktlieferung und Eigenversorgung nach dem EEG 2014 – Ein Überblick über den neuen Rechtsrahmen und die verschiedenen Optionen für die Vermarktung von Strom aus Erneuerbaren Energien, EnWZ 2014, 358 (zit. als: *Herz/Valentin,* EnWZ 2014, 358).

Heselhaus Sebastian, Europäisches Energie- und Umweltrecht als Rahmen der Energiewende in Deutschland, EurUP 2013, 137 (zit. als: *Heselhaus*, EurUP 2013, 137).

Hirth Lion/ZiegenhagenInka, Wind, Sonne und Regelleistung, et 10/2013, 4. (zit. als: *Hirth/Ziegenhagen,* et 10/2013, 4).

Hofmann Holger, Aktuelle Entwicklungen auf dem Stromerzeugungsmarkt im Jahr 2014, EnWZ 2015, 70 (zit. als: *Hofmann,* EnWZ 2015, 70).

Hoffmann Volker, Damals war's – Ein Rückblick auf die Entwicklung der Photovoltaik in Deutschland, Sonnenenergie 2008/6, 38 (zit. als: *Hoffmann*, Sonnenenergie 6/2008, 38).

Huld Thomas/Pascua Irene Pinedo, Global irradiation and solar electricity potential (für Deutschland bzw. Griechenland), European Commission, DG Joint Research Centre, Institute for Energy and Trasport, Renewable Energy

Unit, 2017, abrufbar auf http://re.jrc.ec.europa.eu/pvgis/cmaps/eur.htm#DE, zuletzt abgerufen am 03.02.2018 (zit. als: *Huld/Pascua*, Global irradiation and solar electricity potential, 2017).

Hvelplund Frede, Political prices or political quantities? A comparison of renewable energy supportsystems, New Energy 5, 2001, 18. (zit. als: *Hvelplund*, New Energy 5, 2001, 18).

IEA, Renewables 2017, Analysis and Forecasts to 2022. Executive summary, 2017, abrufbar auf https://www.iea.org/Textbase/npsum/renew2017MRSsum.pdfIEA, zuletzt abgerufen am 01.04.2018 (zit. als: IEA, Renewables 2017, Analysis and forecast, 2017).

dies., Norway-Sweden Green Certificate Scheme for electricity production, abrufbar auf https://www.iea.org/policiesandmeasures/pams/norway/name-21865-en.php, zuletzt abgerufen am 01.04.2018 (zit. als: IEA, Norway-Sweden Green Certificate Scheme for electricity production).

Iro, Stephan Philipp Die Vereinbarkeit des Stromeinspeisungsgesetzes mit dem EG-Vertrag, RdE, 1998, 11–14. (zit. als: *Iro*, RdE, 1998, 11).

IWR, Netzausbau: Bayern droht mit Klage, abrufbar auf http://www.iwr.de/news.php?id=28669, zuletzt abgerufen am 01.09.2016 (zit. als: IWR, Netzausbau: Bayern droht mit Klage).

Jacobs Max, Europäischer Emissionshandel, Erneuerbare-Energien-Gesetz und das Recht der Umweltbeihilfen. Plädoyer für einen ‚more environmental approach' im EU-Wettbewerbsrecht, Baden-Baden, 2016 (zit. als: *Jacobs*, Europäischer Emissionshandel, Erneuerbare-Energien-Gesetz und das Recht der Umweltbeihilfen, 2016).

Jaeger Thomas, Goodbye Old Friend: Article 107's Double Control Criterion, EStAL 2012, 535 (zit. als: *Jaeger*, EStAL 2012, 535).

ders., Beihilfen durch Steuern und parafiskalische Abgaben, Wien, 2006 (zit. als: *Jaeger*, Beihilfen durch Steuern und parafiskalische Abgaben, 2006).

ders., Systemfragen des More Economic Approach im Beihilferecht, WuW 2008, 1064 (zit. als: *Jaeger*, WuW 2008, 1064).

Jarass Lorenz, Rechtliche Defizite fördern überdimensionierten Stromnetzausbau, ZNER 2014, 231 (zit. als: *Jarass*, ZNER 2014, 231).

ders., Stromnetzausbau für erneuerbare Energien erforderlich oder für unnötige Kohlestromeinspeisung?, EWeRK 2013, 320 (zit. als: *Jarass*, EWeRK 2013, 320).

Johnston Angus, The impact of the new EU Commission guidelines on State aid for environmental protection and energy on the promotion of renewable energies, in: Solvang Trond (Hrsg.), EU Renewable Energy Law. Legal challenges and new perspectives, Oslo, 2014 (zit. als: *Johnston*, in: Solvang (Hrsg.), EU Renewable Energy Law, 2014).

ders./Block Guy, EU Energy Law, Oxford, 2012 (zit. als: *Johnston/Block*, EU Energy Law, 2012).

Jones Alison/Sufrin Brenda, EU competition law, Oxford, 2011 (zit. als: *Jones/Sufrin*, EU competition law, 2011).

Kachel Markus, Das Eigenstromprivileg im EEG, CuR 2011, 100 (zit. als: *Kachel*, CuR 2011, 100).

Kahl Wolfgang, Viele Wege führen nach Rom: Die Preisfindung bei der Förderung erneuerbarer Energien im Beihilferecht der EU und Subventionsrecht der WTO, ZUR 2015, 67 (zit. als: *Kahl*, ZUR 2015, 67).

ders., Umweltprinzip und Gemeinschaftsrecht. Eine Untersuchung zur Rechtsidee des „bestmöglichen Umwetschutzes" im EWG-Vertrag, Augsburg, 1992 (zit. als: *Kahl*, Umweltprinzip und Gemeinschaftsrecht, 1992).

Kahle Christian, Ermittlung der Förderhöhe für PV-Freiflächenanlagen nach dem EEG-2014 – Ausschreibungsmodell, RdE 2014, 372 (zit. als: *Kahle*, RdE 2014, 372).

Kahles Markus, Aktuelle Entwicklungen in der Rechtsprechung des EuGH zur Vereinbarkeit von Ökostrom-Fördersystemen mit der Warenverkehrsfreiheit, in: Müller Thorsten/Kahl Hartmut (Hrsg.), Erneuerbare Energien in Europa, Baden-Baden, 2015 (zit. als: *Kahles*, in: T. Müller/Kahl (Hrsg.), Erneuerbare Energien in Europa, 2015).

Kantenwein Korbinian, Die Vergütung von Strom aus solarer Strahlungsenergie. Lenkungswirkung und Zielkonflikte, in: Müller Thorsten (Hrsg.), 20 Jahre Recht der Erneuerbaren Energien, Baden-Baden, 2012 (zit. als: *Kantenwein*, in: T. Müller (Hrsg.), 20 Jahre Recht der Erneuerbaren Energien, 2012).

Kaplum Viktoria, Entscheidungsspielräume des Netzbetreibers im EEG unter besonderer Berücksichtigung des Vorrangprinzips und des Einspeisemanagements, Hamburg, 2013 (zit. als: *Kaplum*, Entscheidungsspielräume des Netzbetreibers im EEG, 2013).

Karpenstein Ulrich, Europarechtliche Rahmenbedingungen, in: Gerstner (Hrsg.), Grundzüge des Rechts der Erneuerbaren Energien, Berlin/Boston, 2013 (zit. als: *Karpenstein*, in: Gerstner (Hrsg.), Grundzüge des Rechts der Erneuerbaren Energien, 2013).

ders./Schneller Christian, Die Stromeinspeisungsgesetze im Energiebinnenmarkt, RdE 2005, 6 (zit. als: *Karpenstein/Schneller*, RdE 2005, 6).

Kemfert Claudia/Diekmann Jochen, Das Zusammenwirken verschiedener Klimaschutzinstrumente: Förderung Erneuerbarer Energien und Emissionshandel, in: Müller (Hrsg.), 20 Jahre Recht der Erneuerbaren Energien 2012, (zit.

als: *Kemfert/Diekmann*, in: Müller (Hrsg.), 20 Jahre Recht der Erneuerbaren Energien 2012).

Kerber Wolfgang, EU State aid policy, economic approach, bailouts, and merger policy: two comments, in: Basedow Jürgen/Wurmnest Wolfgang (Hrsg.), Structure and effects in EU competition law. Studies on exclusionary conduct and state aid, Alphen aan den Rijn, 2011, (zit. als: *Kerber*, in: Basedow/Wurmnest (Hrsg.), Structure and effects in EU competition law 2011).

ders./Schwalbe Ulrich, Economic Principles of Competition Law in: Säcker Franz Jürgen/Montag Frank Montag/Hirsch Günther (Hrsg.), Competition Law: European Community Practice and Procedure. Article-by-Article Commentary, London, 2008 (zit. als: *Kerber/Schwalbe*, in: Säcker/Montag/Hirsch (Hrsg.), Competition Law: European Community Practice and Procedure, 2008).

Klein Carolin, Rechtliche Rahmenbedingungen für den Ausbau von Wettbewerbselementen bei der Förderung Erneuerbarer Energien, Baden-Baden, 2015 (zit. als: *Klein*, Rechtliche Rahmenbedingungen für den Ausbau von Wettbewerbselementen bei der Förderung EE, 2015).

Klöpfer Michael, Umweltrecht, 3. Aufl., München, 2004 (zit. als: *Klöpfer*, Umweltrecht, 2004).

Knauff Matthias, Der Regelungsverbund: Recht und soft law im Mehrebenensystem, Tübingen, 2010 (zit. als: *Knauff*, Der Regelungsverbund: Recht und soft law im Mehrebenensystem, 2010).

ders./Chou Hsin-I, Die Ausschreibung der Ökostromförderung nach dem EEAG aus verfahrensrechtlicher Perspektive, EWeRK, 2016, 160 (zit. als: *Knauff/Chou*, EWeRK, 2016, 160).

Knebel Jürgen, Umweltschutz im Lissabon-Vertrag und als Rechtfertigung für Handelsbeschränkungen, in: Franzius Claudio/Lejeune Stefanie/Lewinski Kai von/Meßerschmidt Klaus/Michael Gerhard/Rossi Matthias/Schilling Theodor/Wysk Peter (Hrsg.), FS Klöpfer, Beharren, Bewegen, Berlin, 2013 (zit. als: *Knebel*, in: Franzius et al., (Hrsg.), FS Klöpfer, 2013).

Koch Oliver, der Grundsatz der Verhältnismäßigkeit in der Rechtsprechung des Gerichtshofs der Europäischen Gemeinschaft, Berlin, 2003 (zit. als: *Koch*, der Grundsatz der Verhältnismäßigkeit in der Rechtsprechung des Gerichtshofs der Europäischen Gemeinschaft, 2003).

Köck Wolfgang, Flächenausweisung für Erneuerbare Energien durch die Raumplanung, in: Jarass Hans (Hrsg.), Erneuerbare Energien in der Raumplanung, Berlin, 2011 (zit. als: *Köck*, in: Jarass (Hrsg.), Erneuerbare Energien in der Raumplanung, 2011).

ders./Salzborn Nadja, Handlungsfelder zur Fortentwicklung des Umweltschutzes im raumbezogenen Fachplanungsrecht – eine Skizze, ZUR 2012, 203 (zit. als: *Köck/Salzborn*, ZUR 2012, 203).

Köhler Joachim, Abgaben zollgleicher Wirkung im Recht der Europäischen Gemeinschaften, Berlin, 1978 (zit. als: *Köhler*, Abgaben zollgleicher Wirkung, 1978).

KOM, REFIT evaluation of the Directive 2009/28/EC of the European Parliament and of the Council, SWD(2016) 416 final, abrufbar auf https://ec.europa.eu/energy/sites/ener/files/documents/2_en_autre_document_travail_service_part1_v2_416.pdf, zuletzt abgerufen am 01.094.2018 (zit. als: KOM, REFIT evaluation of the Directive 2009/28/EC of the European Parliament and of the Council, SWD(2016) 416 final).

dies., Leitlinien für staatliche Umweltschutz- und Energiebeihilfen 2014-2020, Mitt. v. 28.06.2014, ABl. C 200/01, abrufbar auf http://eur-lex.europa.eu/legal-content/DE/TXT/PDF/?uri=CELEX:52014XC0628(01)&from=DE, zuletzt abgerufen am 01.09.2016 (zit. als: EEAG).

dies., Eine Energiepolitik für die Europäische Union, Weissbuch, KOM(95) 682 v. 13.12.1995, abrufbar auf http://europa.eu/documents/comm/white_papers/pdf/com97_599_de.pdf, zuletzt abgerufen am 01.09.2016 (zit. als: KOM, Eine Energiepolitik für die Europäische Union, Weissbuch, KOM(95) 682 v. 13.12.1995).

dies., Energy Strategy and Energy Union: Secure, competitive, and sustainable energy, abrufbar auf https://ec.europa.eu/energy/en/topics/energy-strategy-and-energy-union, zuletzt abgerufen am 03.02.2018 (zit. als: KOM, Energy Strategy and Energy Union: Secure, competitive, and sustainable energy).

dies., The support of electricity from renewable energy sources, SWD, SEC(2008) 57, abrufbar auf https://eur-lex.europa.eu/legal-content/EN/TXT/?uri=CELEX%3A52008SC0057, zuletzt abgerufen am 03.02.2018 (zit. als: KOM, The support of electricity from renewable energy sources, SWD, SEC(2008) 57).

König Carsten, Engpassmanagement in der deutschen und europäischen Elektrizitätsversorgung, Baden-Baden, 2013 (zit. als: *König*, Engpassmanagement, 2013).

ders., Informelles Verwaltungshandeln der Bundesnetzagentur durch Leitfäden und Positionspapiere, N&R, 2015, 130 (zit. als: *König*, N&R, 2015, 130).

Krawinkel Holger, Der Infrastrukturausbau im Rahmen der Energiewende benötigt umfassende Planungsinstrumente, ZNER 2012, 461 (zit. als: *Krawinkel*, ZNER 2012, 461).

Krebs Walter, Baurecht, in: Schmidt-Aßmann Eberhard/Schoch Friedrich (Hrsg.), Besonderes Verwaltungsrecht, 14. Aufl., Berlin, 2008 (zit. als: *Krebs*, in: Schmidt-Aßmann/Schoch (Hrsg.), Besonderes Verwaltungsrecht, 2008).

Kreuter-Kirchhof Charlotte, Der künftige Ausbau der erneuerbaren Energien in der EU, EuZW 2017, 829, 834 (zit. als: *Kreuter-Kirchhof*, EuZW 2017, 829, 834).

Kröger James, Die Förderung erneuerbarer Energien im Europäischen Elektrizitätsbinnenmarkt. Binnenmarktintegration erneuerbarer Energien durch Europäisierung nationaler Fördersysteme, Baden-Baden, 2015 (zit. als: *Kröger*, Die Förderung erneuerbarer Energien, 2015).

ders., Das EEG 2014 im Lichte der Europäisierung des Rechts der Erneuerbaren Energien, NuR 2016, 85 (zit. als: *Kröger*, NuR 2016, 85).

Küper Michael/Callejon Daniel, Änderungen der Besonderen Ausgleichsregelung durch das Erneuerbare-Energien-Gesetz 2017, RdE, 2016, 440 (zit. als: *Küper/Callejon*, RdE, 2016, 440).

Lamott Julien, Marktintegration erneuerbarer Energien am Beispiel der Direktvermarktungsregelung des EEG 2012 wie auch des EEG 2014, Baden-Baden, 2015 (zit. als: *Lamott*, Marktintegration erneuerbarer Energien, 2015).

Lecheler Helmut, Anmerkung zu EuGH, Urt. v. 13.3.2001 – Rs. C-379/98 – Preussen- Elektra, RdE 2001, 140 (zit. als: *Lecheler*, RdE 2001, 140).

Lehmann Paul/Gawel Erik, Why should support schemes for renewable electricity complement the EU emissions trading scheme?, Energy Policy 2013, 597 (zit. als: *Lehmann/Gawel*, Energy Policy 2013, 597).

Lehnert Wieland, Markt- und Systemintegration der Erneuerbaren-Energien: Eine rechtliche Analyse der Regeln zur Direktvermarktung im EEG 2012, ZUR 2012, 4 (zit. als: *Lehnert*, ZUR 2012, 4).

ders./Vollprecht Jens, Neue Impulse von Europa: Die Erneuerbare-Energien Richtlinie der EU, ZUR 2009, 307 (zit. als: *Lehnert/Vollprecht*, ZUR 2009, 307).

Lettenbauer Susanne, Warum Bayern die Energiepolitik blockiert, abrufbar auf http://www.deutschlandfunk.de/kampf-gegen-stromtrassen-warum-bayern-die-energiepolitik.724.de.html?dram:article_id=322312, zuletzt abgerufen am 01.09.2016 (zit. als: *Lettenbauer*, Warum Bayern die Energiepolitik blockiert).

Lloyd's Register, Technology Radar – Renewable Energy, executive summary, abrufbar auf https://www.lr.org/techradar, zuletzt abgerufen am 05.04.2018 (zit. als: Lloyd's Register, Technology Radar – Renewable Energy, executive summary).

Lübbig Thomas/Martin-Ehlers Andres, Beihilfenrecht der EU. Das Recht der Wettbewerbsaufsicht über staatliche Beihilfen in der Europäischen Union,

2. Aufl., München, 2009, (zit. als: *Lübbig/Martin-Ehlers*, Beihilfenrecht der EU, 2009).

Lüdemann Volker/Ortmann Manuel Christian, Direktvermarktung im EEG, EnWZ 2014, 387 (zit. als: *Lüdemann/Ortmann*, EnWZ 2014, 387).

Ludwigs Markus, EuGH: Energierecht: Keine Pflicht zur Erstreckung der Ökostromförderung auf in anderen Mitgliedstaaten erzeugten Strom, EuZW 2014, 620 (zit. als: *Ludwigs*, EuZW 2014, 620).

Lutz Jana/Schütt Manuel/Behlau Volker, Klimaschutz durch nationale Energiebeihilfen, Möglichkeiten und Grenzen nationaler Maßnahmen zur Förderung Erneuerbarer Energien und Energieeffizienz unter dem europäischen Beihilferegime, ZUR, 2011 (zit. als: *Lutz/Schütt/Behlau*, ZUR, 2011).

dies./ders./ders./Bartl Francisca, in: Lutz Jana/Schütt Manuel/Behlau Volker, Klimaschutz durch Beihilfen. Eine Analyse des beihilferechtlichen Rahmens für energie- und umweltpolitische Maßnahmen, Baden-Baden, 2012 (zit. als: *Lutz/Schütt/Behlau/Bartl*, in: Lutz/Schütt/Behlau, Klimaschutz durch Beihilfen, 2012).

MacKay David, Sustainable energy without the hot air, Cambridge, 2009 (zit. als: *MacKay*, Sustainable energy without the hot air, 2009).

Maichel Gert, Das Energiekapitel in der Europäischen Verfassung, in: Hendler Reinhardt/Ibler Martin/Martínez-Soria Jose (Hrsg.), Für Sicherheit, für Europa, FS Götz, 2005, (zit. als: *Maichel*, in: Hendler/Ibler/Soria (Hrsg.), FS Götz).

Mäntysaari Petri, EU Electricity Trade Law. The Legal Tools of Electricity Producers in the Internal Electricity Market, Cham, 2015 (zit. als *Mäntysaari*, EU Electricity Trade Law, 2015)

Martini Mario, Der Markt als Instrument hoheitlicher Verteilungslenkung, Tübingen, 2008 (zit. als: *Martini*, Der Markt als Instrument hoheitlicher Verteilungslenkung, 2008).

Maslaton Martin, Handbuch des Rechts der Photovoltaik, 2. Auf., Leipzig, 2011 (zit. als: *Maslaton*, Handbuch des Rechts der Photovoltaik, 2011).

May Nils/Neuhoff Karsten/Borggrefe Frieder, Marktanreize für systemdienliche Auslegung von Windkraftanlagen, DIW-Wochenbericht 82(24), 2015, 555 (zit. als: *May* et al., DIW-Wochenbericht 82(24), 2015, 555).

Meyer Matthias, Die Bewertung parafiskalischer Abgaben aus der Sicht des europäischen Beihilferechts, Frankfurt a. Main, 2007 (zit. als: *Meyer*, Die Bewertung parafiskalischer Abgaben aus der Sicht des europäischen Beihilferechts, 2007).

Mitschang Stephan, Fachliche und rechtliche Anforderungen an die Zulassung und planerische Steuerung von Fotovoltaikfreiflächenanlagen, NuR 2009, 821 (zit. als: *Mitschang*, NuR 2009, 821).

Mohr Jochen, Sicherung der Vertragsfreiheit durch Wettbewerbs- und Regulierungsrecht, Tübingen, 2015 (zit. als: *Mohr*, Sicherung der Vertragsfreiheit durch Wettbewerbs- und Regulierungsrecht, Tübingen, 2015).

ders., Ausschreibungen von Förderberechtigungen und Förderhöhen für Elektrizität aus erneuerbaren Energien und aus Kraft-Wärme-Kopplung, RdE, 2018, 1 (zit. als *Mohr*, RdE, 2018, 1).

ders., Ausschreibung von Förderberechtigungen für Erneuerbare-Energien-Anlagen nach dem geplanten EEG 2016, VersorgW 2016, 165 (zit. als: *Mohr*, VersorgW 2016, 165).

ders, Die neue Freiflächenausschreibungsverordnung – Wettbewerbliche Ermittlung der finanziellen Förderung von Photovoltaik-Freiflächenanlagen zwischen Kosteneffizienz und Ausbaueffektivität, N&R 2015, 76 (zit. als: *Mohr*, N&R 2015, 76).

ders., Ausschreibung der finanziellen Förderung von Strom aus erneuerbaren Energien, EnWZ 2015, 99 (zit. als: *Mohr*, EnWZ 2015, 99).

ders., Integration von EE-Strom in wettbewerbliche Strommärkte, RdE 2015, 433 (zit. als: *Mohr*, RdE 2015, 433).

Monopolkommission, Energie 2017: Gezielt vorgehen, Stückwerk vermeiden, Sondergutachten 77, 2017 abrufbar auf http://www.monopolkommission.de/images/PDF/SG/s77_volltext.pdf, zuletzt abgerufen am 20.03.2018 (zit. als: Monopolkommission, Sondergutachten, 2017).

dies., Energie 2013: Wettbewerb in Zeiten der Energiewende, Sondergutachten 65, 2013, abrufbar auf http://www.monopolkommission.de/images/PDF/SG/s65_volltext.pdf, zuletzt abgerufen am 01.09.2016 (zit. als: Monopolkommission, Sondergutachten, 2013).

Monti, Mario EU Competition Policy, Vortrag am 31.10.2002, abrufbar auf unter: http://ec.europa.eu/competition/speeches/, zuletzt abgerufen am 15.05.2016 (zit. als: Monti, EU Competition Policy, Vortrag am 31.10.2002).

Möst Dominik/Fichtner Wolf, Renewable energy sources in European energy supply and interactions with emission trading, Energy Policy 2010 (zit. als: *Möst/Fichtner*, Energy Policy 2010).

Müller-Graff Peter-Christian, Die Erscheinungsformen der Leistungssubventionstatbestände aus wirtschaftsrechtlicher Sicht, ZHR 152/1988, 403 (zit. als: *Müller-Graff*, ZHR 152/1988, 403).

ders., Unternehmensinvestitionen und Investitionssteuerung im Marktrecht: zu Maßstäben und Schranken für die überbetriebliche Steuerung von

Produktionsinvestitionen aus dem Recht des wettbewerbsverfassten Marktes, Tübingen, 1984, (zit. als: *Müller-Graff*, Unternehmensinvestitionen und Investitionssteuerung im Marktrecht, 1984).

Müller-Kirchenbauer Joachim/Nailis Dominic, Novellierung der EU-Richtlinien und Harmonisierung der Netztarifierung aus kommunaler Sicht – Untersuchung, Wirkungsanalyse und Gestaltung von Vorgaben der EU zur Netznutzungstarifierung im Auftrag kommunaler Unternehmen (G: T: L-Studie), 2002, abrufbar auf https://www.bet-energie.de/fileadmin/redaktion/PDF/Studien_und_Gutachten/BET_GTL-Studie.pdf, zuletzt abgerufen am 18.03.2018 (zit. als: *Müller-Kirchenbauer/Nailis,* Novellierung der EU-Richtlinien und Harmonisierung der Netztarifierung aus kommunaler Sicht, 2002).

MVV/arrhenius/Ecofys/Takon, Wege in ein wettbewerbliches Strommarktdesign für erneuerbare Energien, 2013, abrufbar auf https://www.mvv-energie.de/media/media/downloads/mvv_energie_gruppe_1/nachhaltigkeit_1/MVV_Studie_EE_Marktdesign_2013.pdf, (zit. als: *Kopp et al.*, Wege in ein wettbewerbliches Strommarktdesign für erneuerbare Energien, 2013).

Nagel Bernhard, Sind Stromeinspeisung nach dem EEG und Emissionshandel kompatibel?, ZNER 2004, 162 (zit. als: *Nagel*, ZNER 2004, 162).

Nebel Julian Asmus, Einführung von Ausschreibungen für Kraft-Wärme-Kopplung-Anlagen sowie von gemeinsamen Ausschreibungen für Wind-Onshore- und Solaranlagen, jurisPR-UmwR 5/2017, Anm. 1 (zit. als: *Nebel*, jurisPR-UmwR 5/2017, Anm. 1).

Nestle Uwe, Gleitende Marktprämie im EEG: Chancen oder Risiko für die Erneuerbaren?, et 3/2011, 14 (zit. als: *Nestle*, et 3/2011, 14).

Oberste Baubehörde im Bayerischen Staatsministerium des Innern, Rundschreiben IIB5-4112.79-037/09 v. 19.11.2009 zur bau- und landesplanungsrechtlichen Behandlung von Freiflächen-Photovoltaikanlagen. (zit. als: Oberste Baubehörde im Bayerischen Staatsministerium des Innern, Rundschreiben IIB5-4112.79-037/09 v. 19.11.2009 zur bau- und landesplanungsrechtlichen Behandlung von Freiflächen-Photovoltaikanlagen).

Ohms Martin, Recht der Erneuerbaren Energien. Klimaschutz im Wirtschaftsverwaltungsrecht, München, 2014 (zit. als: *Ohms*, Recht der Erneuerbaren Energien, 2014).

Oldiges Martin, Baurecht, in: Steiner Brinktrine (Hrsg.), Besonderes Verwaltungsrecht, Heidelberg, 2006 (zit. als: *Oldiges* in: Steiner (Hrsg.), Besonderes Verwaltungsrecht, 2006.

Oschmann Volker/Sösemann Fabian, Erneuerbare Energien im deutschen und europäischen Recht – Ein Überblick, ZUR 2007, 1 (zit. als: *Oschmann/Sösemann*, ZUR 2007, 1).

ders., Zehn Jahre Erneuerbare-Energien-Gesetz (EEG) – Bilanz und Ausblick, ZNER 2010, 117 (zit. als: *Oschmann*, ZNER 2010, 117).

PHOTON, Herr Altmaier, so geht's! PHOTON hat eine Vollversorgung mit Sonne und Wind bis 2030 durchgerechnet – ein Handlungsleitfaden, 2012, abrufbar auf http://docplayer.org/16622001-Herr-altmaier-so-geht-s.html, zuletzt abgerufen am 01.09.2016 (zit. als: PHOTON, Vollversorgung mit Sonne und Wind bis 2030, 2012).

Pomana Andrea, Förderung erneuerbarer Energien in Deutschland und im Vereinigten Königreich im Lichte des europäischen Wirtschaftsrechts, Baden-Baden, 2010 (zit. als: *Pomana*, Förderung erneuerbarer Energien, 2010).

Prognos/BH&W, Schlussbericht Mieterstrom. Rechtliche Einordnung, Organisationsformen, Potenziale und Wirtschaftlichkeit von Mieterstrommodellen, 2017, abrufbar auf https://www.prognos.com/uploads/tx_atwpubdb/20170124_Prognos_Schlussbericht_Mieterstrom.pdf, zuletzt abgerufen am 30.03.2018 (zit. als: Prognos/BH&W, Schlussbericht Mieterstrom, 2017).

Pritzsche Kai Uwe/Vacha Vivien, Energierecht: Einführung und Grundlagen, München, 2017 (zit. als: *Pritzsche/Vacha*, Energierecht, 2017).

Pünder Hermann, Die Förderung alternativer Energiequellen durch das Stromeinspeisungsgesetz auf dem Prüfstand des europäischen Gemeinschaftsrechts, NVwZ 1999, 1059 (zit. als: *Pünder*, NVwZ 1999, 1059).

Purkus Alexandra/Gawel Erik, Promoting Market and System Integration of Renewable Energies through Premium Schemes: A Case Study of the German Market Premium, Energy Transitions Conference, 2013, abrufbar auf http://elib.dlr.de/104881/1/s13705-015-0040-1.pdf, zuletzt abgerufen am 01.09.2016 (zit. als: *Purkus/Gawel*, Promoting Market and System Integration of Renewable Energies, 2013).

dies./ders./Deissenroth Marc/Nienhaus Kristina/Wassermann Sandra, Beitrag der Marktprämie zur Marktintegration Erneuerbarer – Erfahrungen aus dem EEG 2012 und Perspektiven der verpflichtenden Direktvermarktung, et 12/2014, 8 (zit. als: *Purkus/Gawel et al.*, et 12/2014, 8).

Pustlauk Maria, Ausschreibung für PV-Freiflächenanlagen – das EEG auf dem Weg zu einer wettbewerblichen Förderung erneuerbarer Energien? EweRK 2016, 71, 72 (zit. als: *Pustlauk*, EWeRK 2016, 71, 72).

PwC, Entflechtung und Regulierung in der deutschen Energiewirtschaft, 3. Aufl., 2012, Freiburg, München (zit. als PwC/*Bearbeiter*, Entflechtung und Regulierung, 2012).

Rasbach *Winfried*, Gesucht: Ein Marktdesign, das seinen Namen verdient, EnWZ 2013, 433 (zit. als: *Rasbach*, EnWZ 2013, 433).

Rathmann Max, ‚Do Support Systems for RES-E Reduce EU-ETS-Driven Electricity Prices?', Energy Policy 2007, 342 (zit. als: *Rathmann*, Energy Policy 2007, 342).

REN21, Renewables 2016 Global Status Report, 2016, abrufbar auf http://www.ren21.net/wp-content/uploads/2016/06/GSR_2016_Full_Report.pdf, zuletzt abgerufen am 01.09.2016 (zit. als: REN21, Renewables 2016 Global Status Report, 2016).

Rheker Marleen, Die rechtliche Einordnung der EEG-Umlage als Sonderabgabe oder als Preisregelung, Baden-Baden, 2016, (zit. als: *Rheker*, Die rechtliche Einordnung der EEG-Umlage, 2016).

Riemer Konrad, Investitionspflichten der Betreiber von Elektrizitätsübertragungsnetzen, Baden-Baden, 2017 *(zit. als: Riemer*, Investitionspflichten der Betreiber von Elektrizitätsübertragungsnetzen, 2017).

Runge Karsten/Schomerus Thomas, Klimaschutz in der Strategischen Umweltprüfung – am Beispiel der Windenergienutzung in der Ausschließlichen Wirtschaftszone, ZUR 2007, 410 (zit. als: *Runge/Schomerus*, ZUR 2007, 410).

Rusche Tim Maxian/Micheau Claire/Piffaut Henri/van de Casteele Koen, *State aid*, in: Faull Jonathan/Nikpay Ali (Hrsg.) The EU Law of Competition, 3. Aufl., Oxford, 2014 (zit. als: *Rusche/Micheau et al.*, in: Faull/Nikpay (Hrsg.) The EU Law of Competition, 2014).

r2b Energy Consulting/Brandenburgische Technische Universität Cottbus, Ausgestaltung eines Auktionsmodells für EE-Anlagen in Deutschland, Gutachten im Auftrag des BDEW, September 2015, abrufbar auf https://www.bdew.de/internet.nsf/id/47C5F14138FD3513C1257ECF002BE0C6/$file/Gutachten_Auktionsdesign_r2b_BTU_FINAL.pdf, zuletzt abgerufen am 01.09.2016 (zit. als: r2b Energy Consulting et al., Ausgestaltung eines Auktionsmodells für EE-Anlagen, 2015).

ders./Consentec, Förderung der Direktvermarktung und der bedarfsgerechten Einspeisung von Strom aus Erneuerbaren Energien. Studie im Auftrag des Bundesministeriums für Wirtschaft und Technologie (BMWi), Endbericht, 2010, abrufbar auf http://www.bmwi.de/BMWi/Redaktion/PDF/Publikationen/Studien/foerderung-direktvermarktung-und-einspeisung-von-strom,property=pdf,bereich=bmwi2012,sprache=de,rwb=true.pdf, zuletzt abgerufen am 01.09.2016 (zit. als: r2b Energy Consulting/Consentec, Förderung der Direktvermarktung, 2010).

Säcker Franz Jürgen (Hrsg.), Berliner Kommentar zum Energierecht, Bd. 6, 4. Aufl., Frankfurt a. Main, 2017, EEG 2017 (zit. als: BerlKommEnR/*Bearbeiter*, Bd. 6, 4. Aufl. EEG 2017*)*.

ders. (Hrsg.), Berliner Kommentar zum Energierecht, Bd. 2, Sonderbd., 3. Aufl., Frankfurt a. Main, 2015, EEG 2014 (zit. als: BerlKommEnR/*Bearbeiter*, Bd. 2, Sonderbd., 3. Aufl. 2015, EEG 2014).

ders. (Hrsg.) Berliner Kommentar zum Energierecht, Bd. 1, 3. Aufl. Frankfurt a. Main, 2014, EnWG 2014 (zit. als: BerlKommEnR/*Bearbeiter*, Bd. 1, 3. Aufl. EnWG 2014).

ders. (Hrsg.), Berliner Kommentar zum Energierecht, Bd. 1, 2. Aufl., Berlin, 2010 (zit. als: BerlKommEnR/*Bearbeiter*, Bd. 1, 2. Aufl. 2010).

ders. (Hrsg.), Münchener Kommentar zum Bürgerlichen Gesetzbuch: BGB, Bd. 1, 7. Aufl., München, 2015 (zit. als: MünchKommBGB/*Bearbeiter*, Bd. 1, 7. Aufl. 2015).

ders./Montag Frank (Hrsg.), European State Aid Law. A Commentary, München, 2016 (zit. als: Säcker/Montag/*Bearbeiter,* European State Aid Law, 2016).

ders., Die Aufgaben der Verteilnetzbetreiber bei zunehmender Erzeugung erneuerbarer Energien und der Digitalisierung der Energiemärkte, EnWZ, 2016, 294 (zit. als: *Säcker*, EnWZ, 2016, 294).

ders., Eigenversorgung im EEG 2014, EnWZ 2015, 260 (zit. als: *Säcker*, EnWZ 2015, 260).

ders., Energiewende – Brauchen wir eine neue Wende? Einführung in das Thema, in: Stiftung Gesellschaft für Rechtspolitik Trier/Institut für Rechtspolitik Trier (Hrsg.), Bitburger Gespräche Jahrbuch 2014, München, 2015 (zit. als: *Säcker,* in: Bitburger Gespräche Jahrbuch 2014).

ders./König Carsten/Scholz Lydia, Der regulierungsrechtliche Rahmen für ein Offshore-Stromnetz in der Nordsee. Rechtliche Hemmnisse und Vorschläge für deren Überwindung, Frankfurt a. Main, 2014 (zit. als: *Säcker/König/Scholz*, Der regulierungsrechtliche Rahmen für ein Offshore-Stromnetz in der Nordsee, 2014).

Salje Peter, EEG, Kommentar, 7. Aufl., Köln, 2015 (zit. als: *Salje*, EEG, 7. Aufl. 2015).

ders., EEG, Kommentar, 6. Aufl., Köln, 2012 (zit. als: *Salje*, EEG, 6. Aufl. 2012).

ders., Pflichten des Netzbetreibers bei konkurrierenden Anschlussanfragen nach dem EEG, VersorgW 2008, 153 (zit. als: *Salje*, VersorgW 2008, 153).

ders., Die Vereinbarkeit des Stromeinspeisungsgesetzes mit dem EG-Vertrag, RIW 1998, 186 (zit. als: *Salje*, RIW 1998, 186).

Sawin Janet, Mainstreaming Renewable Energy in the 21st Century, 2004, abrufbar auf http://www.hamburger-illustrierte.de/content/htm/tic/2004/06/01/WWP169.pdf, zuletzt abgerufen am 01.04.2018 (zit. als: *Sawin*, Mainstreaming Renewable Energy in the 21st Century, 2004).

Schadtle Kai, Neue Leitungen braucht das Land – und Europa!, ZNER 2013, 126 (zit. als: *Schadtle*, ZNER 2013, 126).

Schäfer Rudolf, Anforderungen an die planerische Steuerung von Photovoltaik- und Biogasanlagen, in: Mitschang Stephan (Hrsg.), Stadt- und Regionalplanung vor neuen Herausforderungen, Frankfurt a. Main, 2007 (zit. als: *Schäfer* in: Mitschang (Hrsg.), Stadt- und Regionalplanung vor neuen Herausforderungen, 2007).

Schäfermeier Andreas/Reshöft Jan, Die Abgrenzung zwischen Netzanschluss und Netzausbau nach dem Erneuerbare-Energien-Gesetz, ZNER 2007, 34 (zit. als: *Schäfermeier/Reshöft*, ZNER 2007, 34).

Schmidt Andrea, Die Nutzung von Solarenergie. Rechtsrahmen und Gestaltungsfragen der Anlagenzulassung und der kommunalen Steuerung zur Umsetzung von Klimaschutzzielen durch solare Energiegewinnung, Diss., Hamburg, 2014 (zit. als: *Schmidt*, Die Nutzung von Solarenergie, 2014).

Schmidt-Preuß Matthias, Das Regulierungsrecht als interdisziplinäre Disziplin – am Beispiel des Energierechts, in: Baur Jürgen/Sandrock Otto/Scholtka Boris/-Shapira Amos, FS Kühne, Frankfurt a. Main, 2009 (zit. als: *Schmidt-Preuß*, in: Baur/Sandrock et al., FS Kühne, 2009).

Schmidtchen Marcus, Klimagerechte Energieversorgung im Raumordnungsrecht, Tübingen, 2014 (zit. als: *Schmidtchen,* Klimagerechte Energieversorgung im Raumordnungsrecht, 2014).

Schmitz Holger/Jornitz Philipp, Regulierung des deutschen und des europäischen Energienetzes: Der Bundesgesetzgeber setzt Maßstäbe für den kontinentalen Netzausbau, NVwZ 2012, 332 (zit. als: *Schmitz/Jornitz,* NVwZ 2012, 332).

Schneider Jens-Peter, Technologieförderung durch eingerichtete Märkte: Erneuerbare Energien, in: Eifert Martin/Hoffmann-Riem Wolfgang, Innovation und Recht II – Innovationsfördernde Regulierung, Berlin, 2009 (zit. als: *Schneider*, in: Eifert/Hoffmann-Riem, Innovationsfördernde Regulierung, 2009).

Scholtka Boris/Baumbach Antje/Hinsch Solveig/Helmes Sebastian/Günther Reinald, ER aktuell, ER 2/2013, 71 (zit. als: *Scholtka/Baumbach et al.*, ER 2/2013, 71).

Scholz Lydia, The dialogue between the principle of free movement of goods and the national law of renewable energies in: Säcker/Scholz/Sveen, Renewable Energy Law in Europe, Frankfurt a. Main, 2015 (zit. als: *Scholz,* in: Säcker/Scholz/Sveen, Renewable Energy Law in Europe, 2015).

dies., Die Rechtfertigung von diskriminierenden umweltpolitischen Steuerungsinstrumenten. Eine Untersuchung der Reichweite der Warenverkehrsfreiheit und ihrer Begrenzung durch den Umweltschutz als Vertragsziel am Beispiel der deutschen Energiefördergesetze EEG und KWKModG, Frankfurt

a. Main, 2012 (zit. als: *L. Scholz*, Die Rechtfertigung von diskriminierenden umweltpolitischen Steuerungsinstrumenten, 2012).

Scholz Rupert/Moench Christoph/Herz Benjamin, Verfassungs- und europarechtliche Grundsatzfragen einer EEG-Reform, Baden-Baden, 2014 (zit. als: *R. Scholz/Moench/Herz*, Grundsatzfragen einer EEG-Reform, 2014).

Schroeder Andreas/Oei Pao-Yu/Sander Aram/Hankel Lisa/Laurisch Lilian Charlotte, The Integration of Renewable Energies into the German Transmission Grid: A Scenario Comparison, Energy Policy 61/2013, 140 (zit. als: *Schroeder/Oei* et al., Energy Policy 61/2013, 140).

Schulenberg Sebastian, Die Energiepolitik der Europäischen Union. Eine kompetenzrechtliche Untersuchung unter besonderer Berücksichtigung finaler Kompetenznormen, Baden-Baden, 2009 (zit. als: *Schulenberg*, Die Energiepolitik der Europäischen Union, 2009).

Schulte Martin/Kloos Joachim, Das Elektrizitätsnetz als Bezugspunkt im EEG – Anschluss, Zugang, Vorrang und Ausbau, in: Müller Thorsten, 20 Jahre Recht der Erneuerbaren Energien, 2012 (zit. als: *Schulte/Kloos*, in: T. Müller, 20 Jahre Recht der Erneuerbaren Energien, 2012).

Schulz Thomas, Verfassungs- und europarechtliche Fragen, in: Schulz Thomas (Hrsg.), Handbuch, Windenergie, Berlin, 2014 (zit. als: *Schulz,* in: Schulz (Hrsg.), Handbuch, Windenergie, 2014).

Schütt Manuel, Die Auflösung des Spannungsverhältnisses zwischen Umweltschutz und Binnenmarkt im europäischen Beihilferecht, Ein Rechtsrahmen für nationale Umweltschutzbeihilfen, ZNER 2012, 133 (zit. als: *Schütt*, ZNER 2012, 133).

Schwarze Jürgen/Becker Ulrich/Hatje Armin/Schoo Johann (Hrsg.), EU-Kommentar, 3. Aufl., Baden-Baden, 2012 (zit. als: Schwarze et al./*Bearbeiter*, EU-Kommentar, 3. Aufl. 2012).

Schwintowski Hans-Peter, Rechtswissenschaftliche Analyse zum Fördersystem des Erneuerbare-Energien-Gesetzes auf dem Prüfstand des Verfassungs- und Europarechts, EWeRK 2/2016, 73 (zit. als: *Schwintowski*, EWeRK 2/2016, 73).

Sellner Dieter/Fellenberg Frank, Atomausstieg und Energiewende 2011 – das Gesetzespaket im Überblick, NVwZ 2011, 1025 (zit. als: *Sellner/Fellenberg*, NVwZ 2011, 1025).

Sliwiok-Born Daniel, Vermarktungsgemeinschaften als potenzieller Fördergegenstand des EEG?, et 5/2013, 82 (zit. als: *Sliwiok-Born*, et 5/2013, 82).

SolarPower Europe, Tenders for solar projects, 2016, abrufbar auf http://www.solarpowereurope.org/fileadmin/user_upload/documents/Policy_Papers/Tenders_for_solar_FINAL_VERSION__004_.pdf, zuletzt abgerufen am 01.09.2017 (zit. als: SolarPower Europe, Tenders for solar projects, 2016).

SRU, Wege zur 100% erneuerbaren Stromversorgung, Sondergutachten, 2011, abrufbar auf http://www.umweltrat.de/SharedDocs/Downloads/DE/02_Sondergutachten/2011_07_SG_Wege_zur_100_Prozent_erneuerbaren_Stromversorgung.pdf?__blob=publicationFile, zuletzt abgerufen am 01.09.2016 (zit. als: SRU, Wege zur 100% erneuerbaren Stromversorgung, Sondergutachten, 2011).

Stäsche Uta, Entwicklungen des Klimaschutzrechts und der Klimaschutzpolitik 2016/17, EnWZ 2017, 308 (zit. als: *Stäsche*, EnWZ 2017, 308).

Statista, Installierte Leistung (kumuliert) der Photovoltaikanlagen in Deutschland in den Jahren 2000 bis 2016 (in Megawattpeak), abrufbar auf https://de.statista.com/statistik/daten/studie/13547/umfrage/leistung-durch-solarstrom-in-deutschland-seit-1990/, zuletzt abgerufen am 05.04.2018 (zit. als: Statista, Installierte Leistung (kumuliert) der Photovoltaikanlagen in Deutschland in den Jahren 2000 bis 2016 (in Megawattpeak).

dies., Stromaustauschsaldo Deutschlands in den Jahren 1990 bis 2016 (in Terawattstunden), abrufbar auf https://de.statista.com/statistik/daten/studie/153533/umfrage/stromimportsaldo-von-deutschland-seit-1990/ (zit. als: Statista, Stromaustauschsaldo Deutschlands in den Jahren 1990 bis 2016 (in Terawattstunden).

Stecher Michaela, Verträge unerwünscht? – Zum Einfluss des EEG 2009 auf vertragliche Vereinbarungen zwischen Anlagen- und Netzbetreiber, ZNER 2009, 216 (zit. als: *Stecher*, ZNER 2009, 216).

Steffens Juliane, Erneuerbare Energien im Europäischen Binnenmarkt für Elektrizität. Zugleich eine Abgrenzung von Warenverkehrs- und Beihilfenrecht, Diss., i.E. (zit. als: *Steffens*, Erneuerbare Energien im Europäischen Binnenmarkt für Elektrizität, i.E.).

Streinz Rudolf (Hrsg.), EUV/AEUV, Kommentar, 2. Aufl., München, 2012 (zit. als: Streinz/*Bearbeiter*, EUV/AEUV, 2. Aufl. 2012).

Stumpf Gerit Hellmuth, Kommissionsleitlinien als Instrument zur Durchsetzung einer europäischen Energieumweltpolitik?, EurUP, 3/2016, 221 (zit. als: *Stumpf*, EurUP, 3/2016, 221).

Šuri Marcel/Huld Thomas/Dunlop Ewan/Ossenbrink Heinz, Potential of solar electricity generation in the European Union member states and candidate countries. Solar Energy, European Commission, DG Joint Research Centre, Institute for Environment and Sustainability, Renewable Energies Unit, 2007, abrufbar auf http://web.mit.edu/cron/Backup/project/urban-sustainability/Old%20files%20from%20summer%202009/Bjorn/solar/Potential%20of%20solar%20electricity%20generation_EU.pdf, zuletzt abgerufen am 01.09.2016 (zit. als: *Šuri, Huld, et al.*, Potential of solar electricity generation in the European Union member states and candidate countries, 2007).

Tamcke Christoph, Die rechtlichen Regeln zur Förderung der Erneuerbaren Energien und der Kraft-Wärme-Kopplung im Vergleich, Baden-Baden, 2017 (zit. als: *Tamcke*, Die rechtlichen Regeln zur Förderung der EE und der KWK im Vergleich, 2017).

Tenhagen Thomas, Die Legitimation der Regulierung von Märkten durch die Theorie des Marktversagens: eine wohlfahrtstheoretische Analyse am Beispiel des öffentlichen Personennahverkehrs, 1997, Berlin (zit. als *Tenhagen*, Die Legitimation der Regulierung, 1997).

Thömes Daniel Callejon, Stromerzeugung aus ‚Erneuerbaren Energien'. Planungs- und energierechtliche Vorgaben im spanisch-deutschen Rechtsvergleich, Baden-Baden 2016, (zit. als: *Thömes*, Stromerzeugung aus ‚Erneuerbaren Energien', 2016).

UFZ Diskussionspapier 12/2012, abrufbar auf https://www.ufz.de/export/data/global/38007_12%202012%20Gawel_Purkus_Marktpr%C3%A4mie%20EEG%202012_gesamt_internet.pdf, zuletzt abgerufen am 01.09.2016 (zit. als: UFZ Diskussionspapier 12/2012).

Umweltbundesamt, Energieziel 2050: 100% Strom aus erneuerbaren Quellen, 2010, abrufbar auf http://www.umweltbundesamt.de/sites/default/files/medien/378/publikationen/energieziel_2050.pdf, zuletzt abgerufen am 01.09.2016 (zit. als: Umweltbundesamt, Energieziel 2050: 100% Strom aus erneuerbaren Quellen, 2010).

dass., Datenbank „Kraftwerke in Deutschland", abrufbar auf https://www.umweltbundesamt.de/dokument/datenbank-kraftwerke-in-deutschland, zuletzt abgerufen am 08.04.2018 (zit. als: Umweltbundesamt, Datenbank „Kraftwerke in Deutschland").

ÜNB, NEP Strom 2030, Zweiter Entwurf, 2017, https://www.netzentwicklungsplan.de/de/netzentwicklungsplaene/netzentwicklungsplaene-2030-2017, zuletzt abgerufen am 01.04.2018 (zit. als: ÜNB, NEP Strom 2030, Zweiter Entwurf, 2017).

dies., Zahlen zum NEP, abrufbar auf https://www.netzentwicklungsplan.de/de, zuletzt abgerufen am 17.03.2018 (zit. als: ÜNB, Zahlen zum NEP).

van der Linden/ Uyterlinde/Vrolijk/ J. Nilsson/J. Khan/K. Åstrand/K. Ericsson/R. Wiser, Review of International Experience with Renewable Energy Obligation Support Mechanisms, 2005, abrufbar auf https://www.ecn.nl/docs/library/report/2005/c05025.pdf, zuletzt abgerufen am 17.02.2018 (zit. als: *van der Linden et al.*, Review of International Experience with Renewable Energy Obligation Support Mechanisms, 2005).

von Oppen Margarete, Rechtliche Aspekte der Entwicklung von Photovoltaikprojekten, ZUR 2010, 295 (zit. als: *v. Oppen*, ZUR 2010, 295).

von Seht Hauke, Raumordnung für die Windkraftnutzung an Land, DÖV 2011, 915 (zit. als: *v. Seht*, DÖV 2011, 915).

Valentin Florian, Der Anspruch auf Netzanschluss und Erweiterung der Netzkapazität nach dem EEG 2009, et 8/2009, 68 (zit. als: *Valentin*, et 8/2009, 68).

VDE, Energiespeicher für die Energiewende, 2012, abrufbar auf http://www.chemieingenieurwesen.de/VDE-Studie_Energiespeicher_Kurzfassung.pdf, zuletzt abgerufen am 01.09.2016 (zit. als: VDE, Energiespeicher für die Energiewende, 2012).

Vergoßen Judith, Das Einspeisemanagement nach dem Erneuerbare-Energien-Gesetz im Spannungsverhältnis der Versorgungssicherheit und des Vorrangprinzips, Baden-Baden, 2011 (zit. als: *Vergoßen*, Das Einspeisemanagement nach dem EEG, 2011).

Vollprecht Jens/Clausen Fabian, Auf dem Weg zum EEG 2014 – ein Werkstattbericht, EnWZ 2014, 112 (zit. als: *Vollprecht/Clausen*, EnWZ 2014, 112).

Wagner Matthias, Das Konzept der Mindestharmonisierung, Berlin, 2011 (zit. als: *Wagner*, Das Konzept der Mindestharmonisierung, 2011).

Weck Markus, Die garantierte Einspeisevergütung für Strom nach dem Gesetz über den Vorrang erneuerbarer Energien. Anwendungsprobleme, europa- und verfassungsrechtliche Fragen, Frankfurt a. Main, 2004 (zit. als: *Weck*, Die garantierte Einspeisevergütung für Strom nach dem Gesetz über den Vorrang erneuerbarer Energien, 2004).

Weigt Jürgen, Die Förderung der Stromerzeugung aus erneuerbaren Energien in der Europäischen Union, Frankfurt a. Main, 2009, (zit. als: *Weigt*, Die Förderung der Stromerzeugung aus erneuerbaren Energien in der EU, 2009).

Weingarten Elke/Peters Wolfgang/Müller-Pfannenstiel Klaus, Bürgerbeteiligung in den Planungsverfahren zum Höchstspannungsnetzausbau nach EnWG und NABEG, ET 2013, 74 (zit. als: *Weingarten/Peters/Müller-Pfannenstiel*, et 2013, 74).

Weise Michael/Hartmann Thies Christian/Wöldeke Frank, Energiewende und Netzstabilität – die neuen rechtlichen Rahmenbedingungen für Übertragungs- und Verteilnetzbetreiber nach §§ 13, 14 EnWG, RdE 2012, 181 (zit. als: *Weise/Hartmann/Wöldeke*, RdE 2012, 181).

Wende Susanne, Die einheitliche Auslegung von Beihilfen- und Vergaberecht als Teilgebiete des europäischen Wettbewerbsrechts, Frankfurt a. Main, 2011 (zit. als: *Wende*, Die einheitliche Auslegung von Beihilfen- und Vergaberecht, 2011).

Wiebe Alexander, Das Verbot der Erhebung von Abgaben zollgleicher Wirkung in Abgrenzung zu anderen Regelungen des EG-Vertrags, Frankfurt

a. Main,1998 (zit. als: *Wiebe*, Das Verbot der Erhebung von Abgaben zollgleicher Wirkung, 1998).

Wilke Reinhard, Die „Klimaschutznovelle“ als erste Stufe zur Reform des Bauplanungsrechts, BauR 2011, 1744 (zit. als: *Wilke*, BauR 2011, 1744).

Witthohn Alexander, Förderregelungen für erneuerbare Energien im Lichte des europäischen Wirtschaftsrechts, Berlin, 2005 (zit. als: *Witthohn*, Förderregelungen für erneuerbare Energien im Lichte des europäischen Wirtschaftsrechts, 2005).

WWF, Powerful power markets, 2017, S. 8, http://d2ouvy59p0dg6k.cloudfront.net/downloads/wwf_mdi_overview_briefing__1_.pdf (zit. als: WWF, Powerful power markets, 2017).

Wustlich Guido/Müller Dominik, Die Direktvermarktung von Strom aus erneuerbaren Energien im EEG 2012 – Eine systematische Einführung in die Marktprämie und die weiteren Neuregelungen zur Marktintegration, ZNER 2011, 380 (zit. als: *Wustlich/Müller*, ZNER 2011, 380).

Zimmermann Uwe, Weiterentwicklung marktbasierter Engpassmanagement-Maßnahmen, 4. Systemsicherheitskonferenz der 50Hertz Transmission GmbH, 2011, abrufbar auf http://www.50hertz.com/de, zuletzt abgerufen am 25.10.2014 (zit. als: *Zimmermann*, Weiterentwicklung marktbasierter Engpassmanagement-Maßnahmen, 4. Systemsicherheitskonferenz der 50Hertz Transmission GmbH, 2011).

ZSW/Takon/BBG und Partner/Ecofys, Ausgestaltung des Pilotausschreibungssystems für Photovoltaik-Freiflächenanlagen. Wissenschaftliche Empfehlung, 2014, abrufbar auf https://www.ecofys.com/files/files/ecofys-zsw-takon-bbg-und-partner-pv-ausschreibungssystem-konsultationspapier.pdf, zuletzt abgerufen am 07.04.2018 (zit. als: ZSW/Takon et al., Ausgestaltung des Pilotausschreibungssystems für PV-FFA, 2014).

ZVEI/BDEW, Smart grids in Deutschland. Handlungsfelder für Verteilernetzbetreiber auf dem Weg zu intelligenten Netzen, 2012, abrufbar auf https://www.bdew.de/internet.nsf/res/86B8189509AE3126C12579CE0035F374/$file/120327%20BDEW%20ZVEI%20Smart-Grid-Broschuere%20final.pdf, zuletzt abgerufen am 01.09.2016 (zit. als: ZVEI/BDEW, Smart grids in Deutschland, 2012).

Zweigert Konrad/Kötz Hein, Einführung in die Rechtsvergleichung auf dem Gebiet des Privatrechst, 3. Aufl., Tübingen, 1996 (zit. als: *Zweigert/Kötz*, Einführung in die Rechtsvergleichung auf dem Gebiet des Privatrechst, 1996).

50Hertz et al., 10-Punkte-Programm der 110-kV-Verteilnetzbetreiber (VNB) und des Übertragungsnetzbetreibers (ÜNB) der Regelzone 50Hertz, zur Weiterentwicklung der Systemdienstleistungen (SDL) mit Integration der

Möglichkeiten von dezentralen Energieanlagen 2013 (zit. als: 50Hertz et al., 10-Punkte-Programm, 2013).

50 Hertz, Geschäftsbericht 2014, abrufbar auf http://2014.gb-50hertz.com/50hertz-auf-einen-blick, zuletzt abgerufen am 01.09.2017. (zit. als: 50 Hertz, Geschäftsbericht 2014).

Griechische Literatur

ADMIE, Δεκαετές Πρόγραμμα Ανάπτυξης Συστήματος Μεταφοράς, Jahr [Zehnjähriger Netzentwicklungsplan], abrufbar auf http://www.admie.gr/to-systima-metaforas/anaptyxi-systimatos/dekaetes-programma-anaptyxis-systimatos-metaforas-dpa/, zuletzt abgerufen am 05.03.2018 (zit. als: ADMIE, DPA, Jahr).

ders., Μελέτη επάρκειας ισχύος για την περίοδο 2017–2027, 2017 [Kapazitätsstudie 2017–2027], 2017, abrufbar auf http://www.admie.gr/fileadmin/groups/EDAS_DSS/AnaptixiSistimatos/Meleti_eparkeias_2017_2027.pdf, zuletzt abgerufen am 05.03.2018 (zit. als: ADMIE, Μελέτη επάρκειας ισχύος για την περίοδο 2017–2027, 2017).

ders., Εκκρεμή Ατήματα για έκδοση Προσφοράς Σύνδεσης για Σταθμούς ΑΠΕ και ΣΗΘΥΑ [Angehängte Anträge auf ein Anschlussangebot der EE/SITHYA-Anlagen] abrufbar auf http://www.admie.gr/ape-sithya/ekkremi-atimata-gia-ekdosi-prosforas-syndesis-gia-stathmoys-ape-kai-sithya/, zuletzt abgerufen am 01.09.2016 (zit. als: ADMIE, Εκκρεμή Ατήματα για έκδοση Προσφοράς Σύνδεσης για Σταθμούς ΑΠΕ και ΣΗΘΥΑ).

ders., Δημοπρασίες [Ausschreibungen], abrufbar auf http://www.admie.gr/leitoyrgia-dedomena/ypiresia-diakoptomenoy-fortioy/dimoprasies/doc-cat/list/Document/731/, zuletzt abgerufen am 18.07.2016 (zit. als: ADMIE, Δημοπρασίες).

ders., Επιστολή προς ΡΑΕ. Διαδικασία χειρισμού αιτημάτων σύνδεσης σε περιοχές με κορεσμένο δίκτυο [Schreiben an die RAE bezüglich des Vorgehens für Regionen und Landstriche mit Netzengpässen], v. 28.02.2013, O-52943, abrufbar auf http://www.rae.gr/site/file/system/docs/misc1/12042013_1, zuletzt abgerufen am 01.09.2016 (zit. als: ADMIE, Επιστολή προς ΡΑΕ. Διαδικασία χειρισμού αιτημάτων σύνδεσης σε περιοχές με κορεσμένο δίκτυο v. 28.02.2013, O-52943).

ders., Transmission system description, abrufbar auf http://www.admie.gr/en/transmission-system/system-data-description/transmission-system-description/, zuletzt abgerufen am 24.04.2016 (zit. als: ADMIE, Transmission system description).

Argyropoulos Dimitrios, Σρατηγική Μελέτη Περιβαλλοντικών Επιπτώσεων Δεκαετούς Προγράμματος Ανάπτυξης Συστήματος Μεταφοράς 2017-2026 [Strategische Studie für die Umweltverträglichkeit im Auftrag des ADMIE], 2016, abrufbar auf http://www.admie.gr/fileadmin/groups/ADMIE_DNEM/SMPE_DPA_ADMIE_TELIKO.pdf, zuletzt abgerufen am 05.06.2018 (zit. als: ADMIE, SMPE zu DPA 2017-2026, 2016).

Aristoteles-Universität Thessaloniki, Fakultät der Elektroingenieur und Informatikingenieur, Μελέτη Υπολογισμού του Αποφευγόμενου Κόστους από τη Λειτουργία των Φ/Β Σταθμών [Studie zur Berechnung der vermiedenen Kosten, die sich aus dem Betrieb von PV-Anlagen ergeben], 2012, abrufbar auf http://www.spef.gr/index.php/el/nea/deltia-typou/item/325-meleti-apth-gia-to-apofevgomeno-kostos-apo-tin-leitourgia-ton-f-v-sto-diasyndedemeno-systima-to-2012, zuletzt abgerufen am 05.10.2016 (zit. als: Aristoteles-Universität Thessaloniki, Μελέτη Υπολογισμού του Αποφευγόμενου Κόστους, 2012).

Bankingnews, Επιμένει η DG.Comp για το ύψος των ΑΔΙ να ζητά πρόσθετη τεκμηρίωση από την ελληνική πλευρά [Aufforderung der DG Wettbewerb an die griechische Regierung, zusätzliche Belege für die Höhe der ADI-Zertifikate einzureichen], abrufbar auf http://bankingnews.gr/index.php?id=354803, zuletzt abgerufen am 02.04.2018 (zit. als: Bankingnews, Επιμένει η DG.Comp για το ύψος των ΑΔΙ να ζητά πρόσθετη τεκμηρίωση από την ελληνική πλευρά).

Behörde der erneuerbaren Energien, Ετήσια Έκθεση Υπηρεσίας ΑΠΕ [Jährlicher Bericht zu erneuerbaren Energien], 2010, abrufbar auf http://www.ypeka.gr/LinkClick.aspx?fileticket=G3A0b8ZdmNA%3D&tabid=546&, zuletzt abgerufen am 01.09.2016 (zit. als: Behörde der erneuerbaren Energien, Ετήσια Έκθεση Υπηρεσίας ΑΠΕ, 2010).

Chatzigeorgiou Eleni-Melina, Διοικητική πρακτική και νομοθετικά εμπόδια στην ανάπτυξη των ΑΠΕ, νομολογιακά παραδείγματα – Προτάσεις, [Praxis der Verwaltung und gesetzliche Hindernisse für die Entwicklung der EE – Beispiele aus der Rechtsprechung – Vorschläge], Energeia & Dikaio 3/2005, 55 (zit. als: *Chatzigeorgiou*, Energeia & Dikaio 3/2005, 55).

Dagoumas Athanasios, Ενεργειακές αγορές στην Ελλάδα: Ηλεκτρισμός, φυσικό αέριο και δικαιώματα εκπομπής αερίων θερμοκηπίου, in: Farantouris Nikolaos (Hrsg.), Ενέργεια. Δίκαιο, Οικονομία & Πολιτική [Energiemärkte in Griechenland: Elektrizität, Gas und Treibhausgas-Emissionshandel in: Energie. Recht Wirtschaft & Politik], 2012 (zit. als: *Dagoumas*, in: Farantouris (Hrsg.), Ενέργεια. Δίκαιο, Οικονομία & Πολιτική, 2012).

DEDDIE, Σχέδιο Ανάπτυξης Δικτύου 2018–2022 [Ausbauplan des Verteilernetzes (Entwurf)], 2017, abrufbar auf https://www.deddie.gr/Documents2/DIAVOULEY-SEIS%202017/DD%20NETWORK%20DEVELOPMENT%202018-2022/%CE%A3%CF%87%CE%AD%CE%B4%CE%B9%CE%BF%20%CE%91%CE%BD%CE%AC%CF%80%CF%84%CF%85%CE%BE%CE%B7%CF%82%20%CE%94%CE%B9%CE%BA%CF%84%CF%8D%CE%BF%CF%85%20(%CE%A3%CE%91%CE%94)%202018-2022_3%20new.pdf, zuletzt abgerufen am 01.04.2018 (zit. als: DEDDIE, Σχέδιο Ανάπτυξης Δικτύου 2018–2022).

ders., Μηνιαίο Δελτίο ΑΠΕ & ΣΥΘΗΑ στα ΜΔΝ [Monatsbericht über die EE auf den MDN], abrufbar auf http://www.deddie.gr/, zuletzt abgerufen am 01.04.2018 (zit. als: DEDDIE, Μηνιαίο Δελτίο ΑΠΕ & ΣΥΘΗΑ στα ΜΔΝ, Monat, Jahr).

ders., Key figures of the electricity network, abrufbar auf http://www.deddie.gr/en/to-diktuo-ilektrismou/vasika-megethi-tou-diktuou-ilektrismou, zuletzt abgerufen am 24.03.2017 (zit. als: DEDDIE, Key figures of the electricity network).

ders., Αιτήσεις για Φωτοβολταϊκούς Σταθμούς [Anträge der PV-Anlagenbetreiber (zum Netzanschluss)], abrufbar auf http://www.deddie.gr/el/sundeseis-stathmwn-ananewsimwn-pigwn-energeias-ape/entupa-aitisewn/aitiseis-gia-fwtovoltaikous-stathmous, zuletzt abgerufen am 01.04.2018 (zit. als: DEDDIE, Αιτήσεις για Φωτοβολταϊκούς Σταθμούς).

DEI, Ετήσιος Απολογισμός [Geschäftsbericht], 2013, abrufbar auf https://www.dei.gr/Documents2/INVESTORS/ANNUAL%20REPORTS/2013/Annual%20Report%202013%20GR_low.pdf, zuletzt abgerufen am 01.02.2018 (zit. als: DEI, Ετήσιος Απολογισμός, 2013).

dies., Δεύτερη ανακοίνωση της ΔΕΗ σε εφαρμογή του ν. 3851/2010 [Zweite Ankündigung zur Anwendung des G. 3851/2010], v. 30.06.2010, abrufbar auf httpQ//www.deddie.gr/Documents2/%CE%A6%CE%A9%CE%A4%CE%9F%CE%92%CE%9F%CE%9B%CE%A4%CE%91%CE%99%CE%9A%CE%91/%CE%A6%CE%92%20%20%CE%9D%203851%202%CE%B7%20%CE%B1%CE%BD%CE%B1%CE%BA%CE%BF%CE%AF%CE%BD%CF%89%CF%83%CE%B7%20%CE%94%CE%95%CE%97.pdf, zuletzt abgerufen am 01.09.2017 (zit. als: DEI, Δεύτερη ανακοίνωση της ΔΕΗ σε εφαρμογή του ν. 3851/2010, v. 30.06.2010).

dies., Τρίτη ανακοίνωση της ΔΕΗ σε εφαρμογή του ν. 3851/2010 [Dritte Ankündigung zur Anwendung des G. 3851/2010], v. 27.08.2010, abrufbar auf https://www.dei.gr/Documents/3%20ANAKOINWSI%20DEI.pdf, zuletzt abgerufen am 01.09.2016 (zit. als: Τρίτη ανακοίνωση της ΔΕΗ σε εφαρμογή του ν. 3851/2010, v. 27.08.2010).

dies., Πέμπτη ανακοίνωση της ΔΕΗ σε εφαρμογή του ν. 3851/2010 [Fünfte Ankündigung zur Anwendung des G. 3851/2010], v. 30.12.2010 abrufbar auf https://www.dei.gr/Images/5%CE%B7%20%CE%B1%CE%BD%CE%B1%CE%BA%CE%BF%CE%AF%CE%BD%CF%89%CF%83%CE%B7%20%CE%94%CE%95%CE%97.doc(1).pdf, zuletzt abgerufen am 01.09.2016 (zit. als: DEI, Πέμπτη ανακοίνωση της ΔΕΗ σε εφαρμογή του ν. 3851/2010, v. 30.12.2010).

DESMIE, Μελέτη Ανάπτυξης Συστήματος Μεταφοράς (ΜΑΣΜ) 2010-2014 [Entwicklungsplan des Übertragungssystems 2010-2014] abrufbar auf http://www.ypeka.gr/LinkClick.aspx?fileticket=HifGHsj90vo%3D&tabid=278&language=el-GR, zuletzt abgerufen am 01.09.2016 (zit. als: DESMIE, Μελέτη Ανάπτυξης Συστήματος Μεταφοράς (ΜΑΣΜ) 2010-2014).

ders., Μηνιαίο Δελτίο ΑΠΕ & ΣΥΘΗΑ [Monatsbericht zu EE und SITHYA], abrufbar auf http://www.desmie.gr/, zuletzt abgerufen am 01.12.2017 (zit. als: DESMIE, Μηνιαίο Δελτίο ΑΠΕ & ΣΥΘΗΑ, Monat, Jahr).

ELETAEN, Τι υποστηρίζει η ΕΛΕΤΑΕΝ για το νέο καθεστώς στήριξης των ΑΠΕ [Die Stellung von ELETAEN über das neue EE-Förderregime], abrufbar auf http://energypress.gr/news/ti-ypostirizei-i-eletaen-gia-neo-kathestos-stirixis-ton-ape, zuletzt abgerufen am 01.09.2016 (zit. als: ELETAEN, Τι υποστηρίζει η ΕΛΕΤΑΕΝ για το νέο καθεστώς στήριξης των ΑΠΕ).

dies., Υπόμνημα απόψεων και προτάσεων της ΕΛΕΤΑΕΝ επί του νομοσχεδίου «Νέο καθεστώς στήριξης των σταθμών ηλεκτρικής ενέργειας από ΑΠΕ και ΣΗΘΥΑ» [Stellungnahme zu dem Gesetzentwurf „Neues Förderregime für die Erneuerbaren Energien und die SITHYA"], 2016 abrufbar auf http://energypress.gr/news/ti-ypostirizei-i-eletaen-gia-neo-kathestos-stirixis-ton-ape, zuletzt abgerufen am 01.09.2017 (zit. als: ELETAEN, Υπόμνημα επί του νομοσχεδίου «Νέο καθεστώς στήριξης των σταθμών ΑΠΕ», 2016).

dies./ELLEBIOM/ELBIO/ESIAPE/ESMYE/ESSITH/PASYF/SEBFO/SEF/SPEF, Το λεγόμενο «Τέλος ΑΠΕ» επιδοτεί τα ορυκτά καύσιμα, Οι ΑΠΕ μειώνουν το κόστος του ρεύματος, [Die Sondergebühr für die Erneuerbaren Energien fördert die konventionellen Stromquellen, Die erneuerbaren Energien senken die Stromkosten], 2011, abrufbar auf http://helapco.gr/pdf/Telos_APE_Common_PR_20122011.pdf, zuletzt abgerufen am 12.02.2015 (zit. als: ELETAEN/ELLEBIOM, et al., Το λεγόμενο «Τέλος ΑΠΕ» επιδοτεί τα ορυκτά καύσιμα, 2011).

Energypress, Μέχρι τέλος καλοκαιριού κατατίθεται στην Κομισιόν το Εθνικό Σχέδιο για την Ενέργεια και το Κλίμα – Τι ειπώθηκε στην ημερίδα του ΥΠΕΝ, [Bis Ende des Sommers wird der Kommission der Nationale Energieplan vorgelegt – Dies wurde auf der Tagung des YPEN berichtet] abrufbar auf https://energypress.gr/news/mehri-telos-kalokairioy-katatithetai-stin-komision-ethniko-shedio-gia-tin-energeia-kai-klima-ti, zuletzt abgerufen am 01.04.2018 (zit. als: Energypress, Μέχρι τέλος καλοκαιριού κατατίθεται στην Κομισιόν το Εθνικό Σχέδιο για την Ενέργεια και το Κλίμα – Τι ειπώθηκε στην ημερίδα του ΥΠΕΝ).

ders., Με το «παλιό» σχέδιο της ΡΑΕ ο προσωρινός μηχανισμός των νέων ΑΔΙ για το 2016 – Στα 225 εκατ. ευρώ το κόστος [Der Übergangsmechanismus der neuen ADI wird nach dem alten Plan von RAE erstellt – Die Kosten betragen 225 Mio. €], abrufbar auf http://energypress.gr/news/me-palio-shedio-tis-rae-o-prosorinos-mihanismos-ton-neon-adi-gia-2016-sta-225-ekat-eyro-kostos, zuletzt abgerufen am 01.09.2016 (zit. als: Energypress, Με το «παλιό» σχέδιο της ΡΑΕ ο προσωρινός μηχανισμός των νέων ΑΔΙ για το 2016 – Στα 225 εκατ. ευρώ το κόστος).

EPIA/SEF et al., PV-legal, Reduction of Bureaucratic Barriers for successful deployment in Europe, final report, 2012, abrufbar auf https://ec.europa.eu/energy/intelligent/projects/sites/iee-projects/files/projects/documents/pv_legal_pv_status_report_en.pdf, zuletzt abgerufen am 01.09.2016 (zit. als: EPIA/SEF et al., PV-legal, final report, 2012).

ESIAPE, Χρηματοδοτικός μηχανισμός δημόσιας στήριξης των ΑΠΕ: Αποτίμηση και προοπτικές [Finanzierungsmechanismus der erneuerbaren Energien: Evaluierung und Perspektiven], 2011, abrufbar auf http://www.ypeka.gr/LinkClick.aspx?fileticket=oqhe0aRf6aw%3D&tabid=763&language=el-GR, zuletzt abgerufen am 12.02.2017. (zit. als: ESIAPE, Χρηματοδοτικός μηχανισμός δημόσιας στήριξης των ΑΠΕ, 2011).

ders./SEF/ELETAEN, Κοινή ανακοίνωση: αλήθειες και ψέματα για τέλος ΑΠΕ [Gemeinsame Ankündigung: Wahrheiten und Lüge über die Sondergebühr für erneuerbare Energien], 2010, abrufbar auf http://helapco.gr/pdf/esiape.pdf, zuletzt abgerufen am 27.01.2014 (zit. als: ESIAPE/SEF/ELETAEN, Κοινή ανακοίνωση: αλήθειες και ψέματα για τέλος ΑΠΕ, 2010).

EWEA, Design options for wind energy tenders, 2015, abrufbar auf http://www.ewea.org/fileadmin/files/library/publications/position-papers/EWEA-Design-options-for-wind-energy-tenders.pdf, zuletzt abgerufen am 01.04.2018 (zit. als: EWEA, Design options for wind energy tenders, 2015).

Filippou Michalis, Η χονδρεμπορική αγορά ηλεκτρικής ενέργειας στην Ελλάδα, προκλήσεις και εξέλιξη, παρουσίαση στην ημερίδα του ΤΕΕ/Πανεπιστημίου Πατρών/Ε.Ε. CIGRE «Δίκτυα, διασυνδέσεις και προμήθεια ηλεκτρικής ενέργειας στην Ελλάδα» [Der Großhandelsmarkt in Griechenland, Herausforderungen und Entwicklungen], Vortrag auf der Tagung der TEE/Universität Patras/griechischer Kommittee CIGRE zum Thema „Netze, Netzverbindungen und Energieversorgung“, 2009, abrufbar auf http://library.tee.gr/digital/

m2367/m2367_filippou.pdf, zuletzt abgerufen am 12.02.2015, (zit. als: *Filippou*, Η χονδρεμπορική αγορά ηλεκτρικής ενέργειας στην Ελλάδα, 2009).

Fortsakis Theodoros, Δίκαιο της ενέργειας, [Das Energierecht], Athen-Komotini, 2. Aufl., 2016 (zit. als: *Fortsakis*, Δίκαιο της ενέργειας, 2016).

Gerontas Apostolos, Επιτομή Γενικού Διοικητικού Δικαίου, [Allgemeines Verwaltungsrecht] Athen-Thessaloniki, 2014 (zit. als: *Gerontas*, Επιτομή Γενικού Διοικητικού Δικαίου, 2014).

Giannakourou Georgia, Ο θεσμός της χωροθέτησης στη νομολογία του ΣτΕ [Der Begriff der Raumordnung in der StE Rechtsprechung], in: FS StE 2004 (zit. als: *Giannakourou*, in: FS StE 2004).

Giannakourou Tzina, Το θεσμικό πλαίσιο χωροταξικού σχεδιασμού στην Ελλάδα: Επίκαιρα διλήμματα και προκλήσεις για το μέλλον [Der Rechtsrahmen des Raumordnungsplans in Griechenland: Aktuelle Schwächen und Herausforderungen für die Zukunft], Nomos & Physis 2008, abrufbar auf http://nomosphysis.org.gr/11271/to-thesmiko-plaisio-tou-xorotaksikou-sxediasmou-stin-ellada-epikaira-dilimmata-kai-prokliseis-gia-to-mellon-febrouarios-2008/, zuletzt abgerufen am 01.09.2016 (zit. als: *Giannakourou*, Nomos & Physis 2008).

Gitsi Alexandra, Στρατηγική επένδυση 400 εκατ. ευρώ στα φωτοβολταϊκά είναι στον προθάλαμο του fast track [Strategische Investition von 400 Mio. € in PV am Anfang des „fast- track" Prozesses], abrufbar auf http://energypress.gr/news/stratigiki-ependysi-400-ekat-eyro-sta-fotovoltaika-einai-ston-prothalamo-toy-fast-track, zuletzt abgerufen am 01.09.2016 (zit. als: *Gitsi*, Στρατηγική επένδυση 400 εκατ. ευρώ στα φωτοβολταϊκά είναι στον προθάλαμο του fast track).

Greenpeace, Σχόλια και Παρατηρήσεις Greenpeace για το Σχέδιο Υπουργικής Απόφασης για την αυτοπαραγωγή από ΑΠΕ και τον ενεργειακό συμψηφισμό (net metering) [Anmerkungen zum Entwurf des Ministeriellen Beschlusses zur Eigenerzeugung aus EE und zum net metering], 2014, abrufbar auf http://helapco.gr/wp-content/uploads/GP_Net-Metering_Comments.pdf, zuletzt abgerufen am 01.09.2016 (zit. als: Greenpeace, Σχόλια και Παρατηρήσεις για την αυτοπαραγωγή από ΑΠΕ, 2014).

dass., Οι 7 πληγές της Ελλάδας. Το κόστος σε ανθρώπινες ζωές και στην εθνική οικονομία από τη λειτουργία των 7 λιγνιτικών σταθμών της χώρας [Die sieben Wunden Griechenlands. Die durch die sieben Braunkohleanlagen verursachten Kosten für das menschliche Leben und die nationale Wirtschaft in Griechenland], 2012, abrufbar auf http://www.greenpeace.org/greece/Global/greece/image/2012/climate/dei/img/20120214_Human_and_economic_cost_of_lignite.pdf, zuletzt abgerufen am 01.09.2016 (zit. als: Greenpeace, Οι 7 πληγές της Ελλάδας, 2012).

dass., Αποτίμηση του κοινωνικού ωφέλους από την ανάπτυξη των φωτοβολταϊκών [Bewertung des sozialen Nutzens durch die Entwicklung der Photovoltaik], 2011, abrufbar auf http://www.greenpeace.org/greece/Global/greece/report/2011/GP_PV_benefits_july2011.pdf, zuletzt abgerufen am 01.09.2016 (zit. als: Greenpeace, Αποτίμηση του κοινωνικού ωφέλους, 2011).

Holland Erica/Bedin Donato, et al., PVs in Bloom - Farming photovoltaic flower, Im Rahmen des Programms Intelligent Energy Europe der Europäischen Kommission, Εγχειρίδιο διοικητικών διαδικασιών: Εγκατάσταση φωτοβολταϊκών (PVPP) επί εδάφους: Ευρωπαϊκοί Κανονισμοί, διαδικασίες και κύριες διαφορές μεταξύ των Κρατών, [Handbuch der Verwaltungsprozesse, Installation von Freiflächenanlagen: Europäische Regelungen, Prozesse und Hauptunterschiede zwischen den Staaten], 2011, abrufbar auf http://www.pvsinbloom.eu/upload/adninistrative_handbook_gr[1].pdf, zuletzt abgerufen am 01.09.2016 (zit. als: *Holland/Bedin et al.*, PVs in Bloom, 2011).

Iliadou Aikaterini, Η διείσδυση του Δημοσίου Δικαίου στη ρύθμιση αγορών δικτύου [Die Durchdringung des öffentlichen Rechts in die Regulierung der Netzmärkte], Athen, 2010 (zit. als: *Iliadou*, Η διείσδυση του Δημοσίου Δικαίου στη ρύθμιση αγορών δικτύου, 2010).

Iliopoulos Konstantinos, Ζητήματα Ευρωπαϊκού Δικαίου Ενέργειας. Ευρωπαϊκή Πολιτική Ενέργειας, Δίκαιο Συνθηκών, Ασφάλεια Εφοδιασμού, Διευρωπαϊκά Δίκτυα Ενέργειας, Διεθνείς Συμβάσεις της Ελλάδος [Fragen des europäischen Energierechts. Europäische Energiepolitik, Verträge der Union, Versorgungssicherheit, transeuropäische Netze, internationale Verträge Griechenlands], Athen-Komotini, 2014 (zit. als: *Iliopoulos*, Ζητήματα Ευρωπαϊκού Δικαίου Ενέργειας, 2014).

IOBE, Επιδράσεις και αναγκαίες προσαρμογές για τη μεγάλης κλίμακας διείσδυση των ΑΠΕ στην ηλεκτροπαραγωγή [Auswirkungen und nötige Anpassungen der breiten Marktdurchdringung erneuerbarer Energiequellen bei der Herstellung von elektrischem Strom], 2011, abrufbar auf http://www.iobe.gr/docs/research/RES_05_E_05072011REP_GR.pdf, zuletzt abgerufen am 12.02.2018 (zit. als: IOBE, Επιδράσεις και αναγκαίες προσαρμογές για τη μεγάλης κλίμακας διείσδυση των ΑΠΕ στην ηλεκτροπαραγωγή, 2011).

iQsolarpower, Η νέα απόφαση για το net metering [Der neue Min. Beschluss über net metering], abrufbar auf http://www.iqsolarpower.com/%CE%B7-%CE%BD%CE%AD%CE%B1-%CE%B1%CF%80%CF%8C%CF%86%CE%B1%CF%83%CE%B7-%CE%B3%CE%B9%CE%B1-%CF%84%CE%BF-net-metering/, zuletzt abgerufen am 01.09.2016 (zit. als: *iQsolarpower*, Η νέα απόφαση για το net metering).

KAPE, Το θεσμικό, αδειοδοτικό και χρηματοοικονομικό πλαίσιο της υλοποίησης των έργων ΑΠΕ στην Ελλάδα [Der institutionelle, genehmigungs- und finanzielle Rahmen für die Realisierung von Projekten der erneuerbaren Energien in Griechenland], 2006, abrufbar auf http://www.cres.gr/kape/pdf/download/02_Thesmiko%20Adeiodotiko%20&%20Xrimatooikomkio%20plaisio%20ergon%20APE%20stin%20Ellada.pdf, zuletzt abgerufen am 01.09.2017 (zit. als: KAPE, Το θεσμικό, αδειοδοτικό και χρηματοοικονομικό πλαίσιο της υλοποίησης των έργων ΑΠΕ στην Ελλάδα, 2006).

Kapros Pantelis/Nationale Technische Universität Athen, Το ειδικό τέλος ΑΠΕ, ανάλυση και προβλέψεις [Die Sondergebühr für erneuerbare Energien: Analyse und Prognosen], 2011, abrufbar auf http://www.pospief.gr/wp-content/uploads/2014/01/meleti_emp-kapros-martios-2011.pdf, zuletzt abgerufen am 12.02.2015 (zit. als: *Kapros*, Το ειδικό τέλος ΑΠΕ, 2011).

Karageorgou Vasiliki/Manolkidis Sotirios, Αντιμετώπιση των κλιματικών αλλαγών και ανανεώσιμες πηγές ενέργειας – Η Ευρωπαϊκή και Ελληνική προοπτική [Bewältigung des Klimawandels und erneuerbare Energien – Die Europäische und die griechische Perspektive], Energeia & Dikaio 5/2006, 5 (zit. als: *Karageorgou/Manolkidis*, Energeia & Dikaio 5/2006, 5).

Karamali/Giannakoulia/Gasteratou/Chatzidimitriou/Koukouletsou, Εκφάνσεις και όρια της ελευθερίας των συμβάσεων, [Facetten und Grenzen der Vertragsfreiheit] Digesta 2009 (zit. als: *Karamali et al.*, Εκφάνσεις και όρια της ελευθερίας των συμβάσεων, Digesta 2009).

Kasimatis, Η παρά το νόμο απόρριψη της πρόσθετης παρέμβασης ως αναιρετικός λόγος που τον επικαλείται ο υπερ ού η παρέμβαση [Die Ablehnung der Beiladung als Revisionsgrund, der die Person heranzieht, auf deren Seite der Beizuladende steht] D. 2002 (zit. als: *Kasimatis*, D. 2002).

Keramidas Nikos, Ο διαχωρισμός δραστηριότητας μεταφοράς σύμφωνα με την Οδηγία 2009/72/ΕΚ – Το μοντέλο του Ανεξάρτητου Διαχειριστή Μεταφοράς («ΑΔΜ») και ο λειτουργός της αγοράς στην ελληνική αγορά ηλεκτρικής ενέργειας', [Die Entflechtung der Übertragungsnetze gem. RL 2009/72/EG – Das Modell des Unabhängigen Übertragungsnetzbetreibers und die Rolle des Marktbetreibers auf dem griechischen Elektrizitätsmarkt] Energeia & Dikaio 2011, 40 (zit. als: *Keramidas*, Energeia & Dikaio 2011, 40).

Kounenou, Διακοψιμότητα: πλαίσιο – απόψεις- εξελίξεις [Abschaltbare Lasten: Rechtsrahmen – Meinungen – Entwicklungen] Energeia & Dikaio 3/2005, 56 (zit. als: *Kounenou*, Energeia & Dikaio 3/2005, 56).

Koutzoukos, Georgios/Aslanoglou Miltiadis/Trokoudi Alexia, Εσωτερική αγορά ηλεκτρικής ενέργειας: Από την πρώτη στην τρίτη ενεργειακή δέσμη και ο ρόλος του ρυθμιστή και του διαχειριστή, in: Farantouris (Hrsg.), Ενέργεια. Δίκαιο, Οικονομία & Πολιτική [Der Elektrizitätsbinnenmarkt: Vom ersten zum dritten Energiepaket und die Rolle der Regulierungsbehörde und des Netzbetreibers, in: Energie. Recht, Wirtschaft & Politik], Athen, 2012 (zit. als: *Koutzoukos/Aslanoglou/Trokoudi,* in: Farantouris Nikolaos (Hrsg.), Ενέργεια. Δίκαιο, Οικονομία & Πολιτική, 2012).

Ksypolias Konstantinos, Η αναγκαστική σύμβασις [Der Kontrahierungszwang], Athen, 1971 (zit. als: *Ksypolias*, Η αναγκαστική σύμβασις, 1971).

LAGIE, Μηνιαίο Δελτίο Συστήματος Συναλλαγών ΗΕΠ, [Monatsbericht zum IEP], abrufbar auf http://www.lagie.gr/agora/analysi-agoras/miniaia-deltia-iep/, zuletzt abgerufen am 01.04.2018 (zit. als: LAGIE, Μηνιαίο Δελτίο Συστήματος Συναλλαγών ΗΕΠ, Monat, Jahr).

ders., Μηνιαίο Δελτίο ΑΠΕ & ΣΥΘΗΑ [Monatsbericht zu EE und SITHYA], abrufbar auf http://www.lagie.gr/systima-eggyimenon-timon/ape-sithya/miniaia-deltia-eidikoy-logariasmoy-ape-sithya/, zuletzt abgerufen am 01.04.2018 (zit. als: LAGIE, Μηνιαίο Δελτίο ΑΠΕ & ΣΥΘΗΑ, Monat, Jahr).

ders., Μηνιαίο Δελτίο Ειδικού Λογαριασμού ΑΠΕ & ΣΥΘΗΑ [Monatsbericht zum Sonderkonto von EE und SITHYA], abrufbar auf http://www.lagie.gr/systima-eggyimenon-timon/ape-sithya/miniaia-deltia-eidikoy-logariasmoy-ape-sithya/ zuletzt abgerufen am 01.04.2018 (zit. als: LAGIE, Μηνιαίο Δελτίο Ειδικού Λογαριασμού ΑΠΕ & ΣΥΘΗΑ, Monat, Jahr).

Lekatsas Euaggelos, Η Αγορά Ηλεκτρισμού στην Ελλάδα. Ρυθμιστικό Πλαίσιο, Ανταγωνισμός και Ασφάλεια Εφοδιασμού, παρουσίαση στην ημερίδα του ΕΒΕΑ: Η σημερινή θέση και το μέλλον της αγοράς ηλεκτρικής ενέργειας στην Ελλάδα [Der Elektrizitätsmarkt in Griechenland. Regulierung, Wettbewerb und Versorgungssicherheit auf der Tagung von EBEA, DEI „Die heutige Rolle und Zukunft des Elektrizitätsmarkts in Griechenland"], 2009 (zit. als: *Lekatsas*, Η Αγορά Ηλεκτρισμού στην Ελλάδα, 2009).

Lelovitis Dimitris, Ο Διαχωρισμός στην Τρίτη Δέσμη [Die Entflechtung nach dem dritten Energiebinnenmarktpaket], Energeia kai Dikaio, 2009, 21 (zit. als: *Lelovitis*, Energeia kai Dikaio, 2009, 21).

Liappis Dimitris, Ηλεκτρική ενέργεια και δίκαιο συμβάσεων. Από το Μονοπώλιο στο Unbundling και στο Χρηματιστήριο Ενέργειας [Strom und Vertragsrecht. Vom Monopol zu Entflechtung und zur Strombörse] 2018, Athen (zit. als: *Liappis*, Ηλεκτρική ενέργεια και δίκαιο συμβάσεων, 2018).

Loumakis Stelios (SPEF), Εισφορά στα Φωτοβολταϊκά: ποιους καταστρέφει και γιατί δεν θα αποδώσει από μόνη της [Solidaritätsabgabe, die den PV-Anlagen auferlegt wird: wen zerstört sie und warum sie alleine nicht funktionieren wird], 2011, abrufbar auf http://library.tee.gr/digital/m2599/m2599_loumakis.pdf, zuletzt abgerufen am 12.02.2015 (zit. als: *Loumakis*, Εισφορά στα Φωτοβολταϊκά, 2011).

Lytras Theodoros, Η απελευθέρωση της αγοράς ηλεκτρικης ενέργειας και η σύμβαση προμήθειας [Die Liberalisierung des Elektrizitätsmarktes und der Stromliefervertrag] i.E., S. 71.

Maniatis Giannis (IOBE), Η αγορά ηλεκτρικής ενέργειας [Der Elektrizitätsmarkt], 2005, abrufbar auf http://iobe.gr/index.asp?a_id=166&news_id=235, zuletzt abgerufen am 12.02.2014 (zit. als: *Maniatis*, Η αγορά ηλεκτρικής ενέργειας, 2005).

Marinos Michael-Theodoros, Θεσμικοί μηχανισμοί απελευθέρωσης δικτυακών αγορών [Institutionelle Instrumente zur Liberalisierung der leitungsgebundenen Märkte], EEMPD, 2007, 511 (zit. als: *Marinos*, EEMPD, 2007, 511).

ders., Η πρόσβαση σε ενεργειακό δίκτυο – η απελευθέρωση της αγοράς ηλεκτρικής ενέργειας, [Der Zugang zum Energienetz – Die Liberalisierung des Elektrizitätsmarktes], Αθηνα Κομοτηνη, 2003.

Menoudakos Konstantinos, Ο Χωροταξικός Σχεδιασμός στη Νομολογία του Συμβουλίου της Επικρατείας, [Der Raumordnungsplan in der Rechtsprechung von StE], Nomos & Physis 2008, abrufbar auf http://nomosphysis.org.gr/11507/o-xorotaksikos-sxediasmos-sti-nomologia-tou-sumbouliou-epikrateias/?format=pdf, zuletzt abgerufen am 01.09.2016 (zit. als: *Menoudakos*, Nomos & Physis 2008).

Mentis Georgios: Οι έννομες σχέσεις στην ελληνική αγορά ηλεκτρικής ενέργειας – Ιδίως ο ρόλος του ΛΑΓΗΕ [Die Rechtsbeziehungen auf dem griechischen Elektrizitätsmarkt – insbesondere die Rolle von LAGIE] in: FS Karakostas Ioannis, 2016, Athen, 2016 (zit. als: *Mentis*, in: FS Karakostas, 2016).

Metaxas, Antonios, Greece, in: Hancher Leigh/Hauteclocque Adrien de/Sadowska Malgorzata (Hrsg.), Capacity mechanisms in the EU energy markets. Law, policy and economics, Oxford, 2015 (zit. als: *Metaxas*, in: Hancher et. al. (Hrsg.), Capacity mechanisms in the EU energy markets, 2015).

ders., Επιτακτική ανάγκη αποσαφήνισης του στίγματος της ενεργειακής μας πολιτικής [Die dringende Notwendigkeit für eine klare Richtung in unserer Energiepolitik], Greek Energy Market 2015, 36 (zit. als: *Metaxas*, Greek Energy Market 2015, 36).

ders., Μέτρα «ασσύμετρης» φορολόγησης, ενεργειακή ρύθμιση και ενωσιακό δίκαιο κρατικών ενισχύσεων. Η επιβληθείσα «έκτακτη εισφορά αλληλεγγύης» στους παραγωγούς ηλεκτρικής ενέργειας από ανανεώσιμες πηγές [Maßnahmen „asymmetrischer" Besteuerung, Energieregulierung und EU-Beihilferecht. Der den EE-Stromerzeugern auferlegte Solidaritätszuschlag], EfimDD 2013, 727 (zit. als: *Metaxas*, EfimDD 2013, 727).

ders., Η ρύθμιση της ενεργειακής αγοράς με βάση το ευρωπαϊκό δίκαιο, [Die Regulierung des Elektrizitätsmarkts auf der Grundlage des Europarechts], abrufbar auf http://energypress.gr/news/greece/Antwnhs-Metaxas:-H-rythmish-ths-energeiakhs-agoras-me-bash-to-eyrwpaiko-dikaio, zuletzt abgerufen am 18.09.2014. (zit. als: *Metaxas*, Η ρύθμιση της ενεργειακής αγοράς με βάση το ευρωπαϊκό δίκαιο).

ders., Τιμολόγια ηλεκτρικής ενέργειας και ελεύθερος ανταγωνισμός, [Stromrechnungen und freier Wettbewerb], abrufbar auf http://www.capital.gr/Articles.asp?id=1075796, zuletzt abrufbar am 18.09.2014 (zit. als: *Metaxas*, Τιμολόγια ηλεκτρικής ενέργειας και ελεύθερος ανταγωνισμός).

ders./Tsinisizelis Michael, The development of renewable energy governance in Greece: examples of a failed (?) policy, in: Michalena/Hills (eds.), Renewable Energy Governance – Complexities and Challenges, Lectures Notes in Energy, Volume 57, London, 2013 (zit. als: *Metaxas/Tsinisizelis,* in: Michalena/Hills (eds.), Renewable Energy Governance, 2013).

Mouratian Alkistis, Ανανεώσιμες πηγές ενέργειας – Η προστατευτική προνομιακή μεταχείρισή τους ενόψει της ικανοποίησης του γενικού συμφέροντος προστασίας του περιβάλλοντος, [Erneuerbare Energien, ihre vorrangige Behandlung im Hinblick auf das allgemeine Interesse des Umweltschutzes], Energeia & Dikaio 12/2009, 30 (zit. als: *Mouratian,* Energeia & Dikaio 12/2009, 30).

dies., Η δια νόμου μείωση της εγγυημένης τιμής [Die gesetzliche Kürzung der garantierten Einspeisevergütung], Energeia & Dikaio, 23/2015, 57 (zit. als *Mouratian*, Energeia & Dikaio, 23/2015, 57).

dies./Synodinos Charis, Απλοποίηση αδειοδοτικής διαδικασίας ενεργειακών έργων: κοινοτική υποχρέωση και απαραίτητη προϋπόθεση για την πραγματοποίηση σχετικών επενδύσεων, [Vereinfachung des Genehmigungsprozesses für Energievorhaben: Eine Pflicht des Gemeinschaftsrechts und eine Voraussetzung für die Realisierung von Investitionen], Energeia & Dikiao, 4/2005, 19 (zit. als: *Mouratian/Synodinos,* Energeia & Dikiao, 4/2005, 19).

Mpakirtzis Anastasios, Οριακή Τιμή Ελληνικού Συστήματος σύμφωνα με τις διατάξεις του ΚΔΣ&ΣΗΕ, Ημερίδα «Δίκτυα, Διασυνδέσεις και Προμήθεια Ηλεκτρικής Ενέργειας στην Ελλάδα», 2009 [Der griechische Grenzsystempreis OTS nach dem KDS&SHE Kodex], Tagung zum Thema „Netze, Netzverbindungen und Energieversorgung in Griechenland", abrufbar auf http://library.tee.gr/digital/m2367/m2367_bakirtzis.pdf, zuletzt abgerufen am 01.09.2016 (zit. als: *Mpakirtzis*, Οριακή Τιμή Ελληνικού Συστήματος, 2009).

ders./Mpiskas Pantelis/Aristoteles-Universität Thessaloniki, Αυξημένη διείσδυση των φ/β σταθμών στο ελληνικό σύστημα ηλεκτρικής ενέργειας, Επιπτώσεις στη αγορά ηλεκτρικής ενέργειας [Die große Marktdurchdringung der Photovoltaik in das griechische Elektrizitätsnetz. Der Einfluss auf den Elektrizitätsmarkt], 2012, abrufbar auf http://helapco.gr/pdf/HELAPCO_Presentation_Bakirtzis_29-11-2012.pdf, zuletzt abgerufen am 12.02.2015 (zit. als: *Mpakirtzis/Mpiskas et al.*, Αυξημένη διείσδυση των φ/β σταθμών, 2012).

Mpravou Sofia, Αναδασωτέες εκτάσεις και έργα ΑΠΕ. Μια ιστορία με αίσιο (;) τέλος [Aufzuforstende Flächen und EE-Anlagen. Ende gut, alles gut?],

Energeia & Dikaio 11/2011, 83 (zit. als: *Mpravou*, Energeia & Dikaio 11/2011, 83).

Nicolaides Phedon/Metaxas Antonios, Assymetric tax measures and EU state aid law. The „Special Solidarity Levy" on Greek Producers of Electricity from Renewable Energy Sources, EStAL 1/2014, 1 (zit. als: *Nicolaides/Metaxas*, EStAL 2014, 1).

Panagos Theodoros, Η νομική φύση και η λειτουργία του Ειδικού Διαχειριστικού Λογαριασμού [Die Rechtsnatur und die Funktion des Sonderkontos] NoB 2012, 874 (zit. als: *Panagos*, NoB 2012, 874).

ders., Το θεσμικό πλαίσιο της αγοράς ηλεκτρικής ενέργειας. Η οργάνωση και η λειτουργία της απελευθερωμένης αγοράς ενέργειας στην Ελλάδα, [Der Rechtsrahmen des Elektrizitätsmarkts. Die Organisation und die Funktion des griechischen liberalisierten Energiemarkts], Athen-Thessaloniki, 2012 (zit. als: *Panagos*, Το θεσμικό πλαίσιο της αγοράς ηλεκτρικής ενέργειας, 2012).

ders., Η ανάπτυξη των ΑΠΕ στην Ελλάδα: Σημερινή κατάσταση, προβλήματα και προοπτικές, open forum για ΑΠΕ/ΣΗΘ [Die Entwicklung von Erneuerbaren Energien in Griechenland: Heutiger Stand, Probleme und Perspektiven, open forum für die erneuerbaren Energien und die KWK], 2008, abrufbar auf http://www.rae.gr/old/Presentations/open_forum_zappeio.pdf, zuletzt abgerufen am 01.09.2016 (zit. als: *Panagos*, Η ανάπτυξη των ΑΠΕ στην Ελλάδα, 2008).

Panagoulis Thodoris, Φωτοβολταϊκά για αγρότες: Σήμερα η εγκύκλιος για παραλαβή αιτήσεων από τη ΔΕΗ [Agrar-PV: Anleitungen des Umweltministeriums für den Empfang der Anträge durch DEI], abrufbar auf http://energypress.gr/news/fotovoltaika-gia-agrotes-simera-i-egkyklios-gia-paralavi-aitiseon-apo-ti-dei, zuletzt abgerufen am 27.04.2016 (zit. als: *Panagoulis*, Φωτοβολταϊκά για αγρότες: Σήμερα η εγκύκλιος για παραλαβή αιτήσεων από τη ΔΕΗ).

ders., 500 «κλειδωμένα» φωτοβολταϊκά Μεγαβάτ μέχρι το 2015 για τους αγρότες [500 MW sind für die Agrar-PV bis 2015 bereits gebucht], abrufbar auf http://www.paseges.gr/el/news/500-kleidwmena-fwtoboltaika-Megabat-mehri-to-2015-gia-toys-agrotes, zuletzt abgerufen am 27.04.2016 (zit. als: *Panagoulis*, 500 «κλειδωμένα» φωτοβολταϊκά Μεγαβάτ μέχρι το 2015 για τους αγρότες).

Papaioannou Zoi, Ασκηση δημόσιας διοικήσεως μέσω νομικών προσώπων ιδιωτικού δικαίου [Die Durchführung von Verwaltungsaufgaben durch juristische Personen des Privatrechts], Athen-Komotini, 1985 (zit. als: *Papaioannou*, Ασκηση δημόσιας διοικήσεως μέσω νομικών προσώπων ιδιωτικού δικαίου, 1985).

Papanikolaou *Panagiotis*, Περί των ορίων της προστατευτικής παρεμβάσεως του δικαστή στη σύμβαση [Über die Grenzen der schützenden Intervention des

Richters in Verträgen] Athen, 1991 (zit. als: *Papanikolaou*, Περί των ορίων της προστατευτικής παρεμβάσεως του δικαστή στη σύμβαση, 1991).

Papapetropoulos Andreas, Δίκαιο και πολιτική του χωροταξικού σχεδιασμού [Recht und Politik der Raumordnungsplanung], Athen, 2008 (zit. als: *Papapetropoulos*, Δίκαιο και πολιτική του χωροταξικού σχεδιασμού, 2008).

ders., Η νομολογιακή διαμόρφωση της έννοιας του ευρύτερου χωροταξικού Σχεδιασμού [Die Enwicklung der Rechtsprechung zum Begriff des Raumordnungsplans], Nomos & Physis 2005 abrufbar auf http://nomosphysis.org.gr/9404/i-nomologiaki-diamorfosi-tis-ennoias-tou-euruterou-xorotaksikou-sxediasmou-martios-2005/, zuletzt abgerufen am 25.05.2016 (zit. als: *Papapetropoulos*, Nomos & Physis 2005).

Papastamatiou Panagiotis, Για το νέο μηχανισμό στήριξης της αιολικής ενέργειας με βάση τις Κατευθυντήριες Γραμμές (ΚΓ) για τις Κρατικές Ενισχύσεις στους τομείς Περιβάλλοντος και Ενέργειας 2014-2010 [Der neue Fördermechanismus für die Windenergie gem. den EEAG], i.E (zit. als: *Papastamatiou*, i.E).

ders., Ο κατανωλωτής ηλεκτρικής ενέργειας και η μεγάλη διείσδυση ΑΠΕ [Der Stromverbraucher und die große Marktdurchdringung der erneuerbaren Energien], abrufbar auf http://energypressnew.betaconcept.com/news/ananeosimes-phges/ELETAEN:-Oi-APE-meiwnoyn-to-kostos-ths-Hlektroparagwghs, zuletzt abgerufen am 12.02.2015 (zit. als: *Papastamatiou*, Ο κατανωλωτής ηλεκτρικής ενέργειας και η μεγάλη διείσδυση ΑΠΕ, 2011).

Pervolaraki Irini, Ανανεώσιμες πηγές ενέργειας και αναδασωτέες ακτάσεις [Erneuerbare Energien und aufzuforstende Flächen], Energeia & Dikaio 12/2009, 49 (zit. als: *Pervolaraki*, Energeia & Dikaio 12/2009, 49).

Pitarokoilis Sofoklis, Η ανάπτυξη των ΑΠΕ και η έλλειψη κοινής λογικής [Die Entwicklung von erneuerbaren Energien und der Mangel an gesundem Menschenverstand], 2103, abrufbar auf http://www.energypress.gr/news/aiolika-anemogennitries/S.Pitarokoilhs:-H-anaptyxh-twn-APE-kai-h-elleipsh-koinhs-logikhs, zuletzt abrufbar am 18.09.2014 (zit. als: *Pitarokoilis*, Η ανάπτυξη των ΑΠΕ και η έλλειψη κοινής λογικής).

Polemis Michail, Ανταγωνισμός στις σχετικές αγορές ενέργειας στην Ελλάδα: Ουτοπία ή πραγματικότητα; in: Farantouris Nikolaos (Hrsg.), Ενέργεια. Δίκτυα & Υποδομές [Wettbewerb auf den relevanten Energiemärkten in Griechenland: Utopie oder Realität? in: Energie. Netze & Infrastruktur], Athen, 2014 (zit. als: *Polemis*, in: Farantouris (Hrsg.), Ενέργεια. Δίκτυα & Υποδομές, 2014).

Pouliezos Anastasios/Katsigiannis Ioannis, Technische Universität Kreta, Αναλογιστική μελέτη του ειδικού τέλους ΑΠΕ [Wirtschaftsmathematische Studie über die Sondergebühr für die Erneuerbaren Energien], 2013, abrufbar auf https://www.dropbox.com/s/95ohruty6hvxhp2/analogistiki_meleti_ape.

pdf, zuletzt abgerufen am 27.01.2014, (zit. als: *Pouliezos/Katsigiannis et al.*, Αναλογιστική μελέτη του ειδικού τέλους ΑΠΕ, 2013).

Psalti Maria/Paidakakis George (RAE), The Greek electricity and gas markets: What brings the new memorandum of understanding of 11 August 2015?, EU Energy Law and Policy Workshop, Florence, unveröffentlicht, 2015 (zit. als: *Psalti/Paidakakis*, The Greek electricity and gas markets: What brings the new memorandum of understanding of 11 August 2015?, 2015).

Psaroudakis Giorgos, Η αγορά ηλεκτρικής ενέργειας μεταξύ μονοπωλίου, ρύθμισης και χρηματιστηρίου [Der Elektrizitätsmarkt zwischen Monopol, Regulierung und Strombörse] DEE 2017, 337 (zit. als: *Psaroudakis*, DEE 2017, 337).

RAE, Προκήρυξη 1/2018; 2/2018, Ανταγωνιστική διαδικασία υποβολής προσφορών για σταθμούς παραγωγής ηλεκτρικής ενέργειας από ΑΠΕ και ΣΗΘΥΑ προς ένταξη σε καθεστώς στήριξης με τη μορφή λειτουργικής ενίσχυσης (Άρθρου 7 του Ν. 4414/2016), μέγιστης δημοπρατούμενης ισχύος XX MW, τεχνολογία σταθμών παραγωγής ηλεκτρικής ενέργειας από φωτοβολταικές εγκαταστάσεις εγκατεστημένης ισχύος PPV ≤ 1 MW;1 MW< PPV ≤ 20 MW (σχέδιο) [Bekanntmachung einer Ausschreibung für PV-Anlagen zur Förderung durch Marktprämie (gem. Art. 7 G. 4414/2016) und von einem Ausschreibungsvolumen XX und von einer installierten Leistung PPV ≤ 1 MW;1 MW< PPV ≤ 20 MW (Entwurf)], abrufbar auf http://www.rae.gr/site/file/categories_new/about_rae/activity/global_consultation/current/2303_5?p=file&i=1, zuletzt abgerufen am 01.04.2018 (zit. als: RAE Bekanntmachung 1/2018; 2/2018).

dies., Ρυθμιστικό πλαίσιο και χρονοδιάγραμμα ανταγωνιστικών διαδικασιών υποβολής προσφορών έργων ΑΠΕ για τα έτη 2018, 2019 και 2020. Δημόσια Διαβούλευση, Ημερίδα για τις ΑΠΕ [Regulatorischer Rahmen und Zeitplan für die EE-Ausschreibungen der Jahre 2018-2020, Präsentation im Rahmen der öffentlichen Konsultation], 2018, abrufbar auf http://ecopress.gr/wp-content/uploads/2401.pdf, zuletzt abgerufen am 05.02.2018. (zit. als: RAE, Ρυθμιστικό πλαίσιο και χρονοδιάγραμμα ανταγωνιστικών διαδικασιών υποβολής προσφορών έργων ΑΠΕ για τα έτη 2018-2020).

dies., Τιμολόγια Προμήθειας [Einzelhandelspreise für Strom], RAE, Τιμολόγια Προμήθειας, abrufbar auf http://www.rae.gr/site/el_GR/categories_new/electricity/market/supply/invoice/info.csp?viewMode=full zuletzt abgerufen am 01.04.2018 (zit. als: RAE, Τιμολόγια Προμήθειας).

dies., Ανάλυση των συνθηκών λειτουργίας της εγχώριας αγοράς ηλεκτρικής ενέργειας και παρουσίαση των βασικών στόχων του προτεινόμενου ρυθμιστικού πλαισίου [Analyse der Funktion des nationalen Elektrizitätsmarkts und Darstellung der Grundziele des vorgeschlagenen

Rechtsrahmens], 2014, abrufbar auf http://www.rae.gr/site/file/system/docs/misc1/20102011/07052014/file2, zuletzt abgerufen am 01.09.2016 (zit. als: RAE, Ανάλυση των συνθηκών λειτουργίας της αγοράς, 2014).

dies., Επιστολή προς ΑΔΜΗΕ, ΔΕΔΔΗΕ. Διαδικασία χειρισμού αιτημάτων σύνδεσης σε περιοχές με κορεσμένο δίκτυο – Κορεσμός Δικτύου Πελοποννήσου [Schreiben an ADMIE, DEDDIE bezüglich des Vorgehens für Regionen und Landstriche mit Netzengpässen – Das ausgelastete Netz von Peloponnes], v. 17.10.2012, O-52943, abrufbar auf http://www.rae.gr/site/file/system/docs/misc1/12042013_3, zuletzt abgerufen am 01.09.2016 (zit. als: RAE, Κορεσμός Δικτύου Πελοποννήσου, O-52943).

dies., Επιστολή προς ΑΔΜΗΕ, ΔΕΔΔΗΕ. Διαδικασία χειρισμού αιτημάτων σύνδεσης έργων ΑΠΕ σε περιοχές με κορεσμένο δίκτυο – Εφαρμογή στο κορεσμένο δίκτυο της Πελοποννήσου [Schreiben an ADMIE, DEDDIE bezüglich des Prozesses zu Anträgen auf Netzanschluss im ausgelasteten Netz – das ausgelastete Netz von Peloponnes], v. 16.12.2013, O-56896, abrufbar auf http://www.rae.gr/site/file/system/docs/misc1/181213, zuletzt abgerufen am 01.09.2016 (zit. als: RAE, Διαδικασία χειρισμού αιτημάτων σύνδεσης – Εφαρμογή στο κορεσμένο δίκτυο της Πελοποννήσου, O-56896).

dies., Επιστολή προς ΑΔΜΗΕ. Δυνατότητες απορρόφησης ισχύος από ΑΠΕ σε περιοχές του Συστήματος Μεταφοράς – Χαρακτηρισμός περιοχών ως Κορεσμένων [Schreiben an ADMIE. Möglichkeit für EE-Stromabnahme an Stellen des Übertragungssystems – Die Bezeichnung von Regionen als ausgelastet], v. 10.03.2014, O-57791, abrufbar auf http://www.rae.gr/site/file/system/docs/misc/13051401, zuletzt abgerufen am 01.09.2016 (zit. als: RAE, Επιστολή προς ΑΔΜΗΕ. Δυνατότητες απορρόφησης ισχύος από ΑΠΕ σε περιοχές του Συστήματος Μεταφοράς – Χαρακτηρισμός περιοχών ως Κορεσμένων, v. 10.03.2014, O-57791).

dies., Δημόσια διαβούλευση της ΡΑΕ αναφορικά με την τροποποίηση της υφιστάμενης «Μεθοδολογίας επιμερισμού του Ειδικού Τέλους του άρθρου 143 παρ. 2 περ. γ' του ν. 4001/2011». Αξιολόγηση απαντήσεων [Konsultation zur Neubestimmung der Methode für die ETMEAR Gebühr des Art. 143 Abs. 2 lit. γ G. 4001/2011. Evaluierung der Ergebnisse], 2012, abrufbar auf http://www.rae.gr/site/file/system/docs/consultations/31102012/file1, zuletzt abgerufen am 01.09.2016 (zit. als: RAE, Δημόσια διαβούλευση για την τροποποίηση της Μεθοδολογίας επιμερισμού του Ειδικού Τέλους, 2012).

dies., Αρχές αναδιάρθρωσης της εγχώριας χονδρεμπορικής αγοράς ηλεκτρικής ενέργειας [Grundsätze der Restrukturierung des Großhandelsmarktes], 2011, abrufbar auf http://www.rae.gr/site/file/categories_new/about_rae/factsheets/15122011_1?p=file&i=1, zuletzt abgerufen am 01.09.2016 (zit. als: RAE, Αρχές αναδιάρθρωσης της εγχώριας χονδρεμπορικής αγοράς ηλεκτρικής ενέργειας, 2011).

dies., Δημόσια διαβούλευση σχετικά με τα θέματα πρόσβασης στο Σύστημα Μεταφοράς. Θέματα πρόσβασης στο Σύστημα Μεταφοράς: α) Σχεδιασμός και ανάπτυξη του Συστήματος Μεταφοράς, β) μεγάλης κλίμακας διείσδυση των ΑΠΕ [Konsultation über den Zugang zum Übertragungsnetz: a) Planung und Ausbau des Übertragungsnetzes, b) große Marktdurchdringung der Erneuerbaren Energien], 2011, abrufbar auf http://www.rae.gr/site/file/system/docs/consultations/21072011/info;jsessionid=1d0385d4032a9014fb0f531f44b6b32747c5bd0c08c7e2207a330732b80daf53.e38OchqPa34Na40LbhaRax4Mb3aOe6fznA5Pp7ftolbGmkTy, zuletzt abgerufen am 01.09.2016 (zit. als: RAE, Δημόσια διαβούλευση σχετικά με τα θέματα πρόσβασης στο Σύστημα Μεταφοράς, 2011).

dies., Μη Διασυνδεδεμένα Νησιά [MDN Inseln], abrufbar auf http://www.rae.gr/site/el_GR/categories_new/electricity/market/mdn.csp, zuletzt abgerufen am 01.09.2016 (zit. als: RAE, Μη Διασυνδεδεμένα Νησιά).

dies., Φωτοβολταϊκά: Αιτήσεις για άδεια παραγωγής [Photovoltaik: Anträge für eine Produktionslizenz], abrufbar auf http://www.rae.gr/old/lic/PV-180308.html, zuletzt abgerufen am 01.09.2016 (zit. als: RAE, Φωτοβολταϊκά: Αιτήσεις για άδεια παραγωγής).

SEF, Στατιστικά στοιχεία αγοράς φωτοβολταϊκών για το 2016 [Statistisches Data für den PV-Markt im Jahr 2016], 2016, abrufbar auf http://helapco.gr/wp-content/uploads/pv-stats_greece_2016_25Apr2017-2.pdf, zuletzt abgerufen am 01.04.2018 (zit. als: SEF, Στατιστικά στοιχεία αγοράς φωτοβολταϊκών).

ders., Κακή χρονιά το 2014 για τα φωτοβολταϊκά στην Ελλάδα [Schlechtes Jahr für die PV in Griechenland], 2015, abrufbar auf http://energypress.gr/news/sef-kaki-hronia-2014-gia-ta-fotovoltaika-stin-ellada, zuletzt abgerufen am 26.07.2016 (zit. als: SEF, Κακή χρονιά το 2014 για τα φωτοβολταϊκά).

ders., Προτάσεις για τη βέλτιστη εφαρμογή του net metering [Vorschläge für die optimale Anwendung von net metering], 2013, abrufbar auf http://energypress.gr/news/protasi-sef-gia-ti-veltisti-efarmogi-toy-net-metering, zuletzt abgerufen am 01.09.2016 (zit. als: SEF, Προτάσεις για τη βέλτιστη εφαρμογή του net metering, 2013).

ders., Αλήθειες και ψέματα για το ειδικό τέλος ΑΠΕ [Wahrheiten und Lügen über die Sondergebühr für erneuerbare Energien], 2011, abrufbar auf http://helapco.gr/pdf/Telos_APE_Helapco_Oct2011.pdf, zuletzt abgerufen am 12.02.2015 (zit. als: SEF, Αλήθειες και ψέματα για το ειδικό τέλος ΑΠΕ, 2011).

ders., Χρηματοδοτικός Μηχανισμός στήριξης των ΑΠΕ [Finanzierungmechanismus der erneuerbaren Energien], 2011, abrufbar auf http://www.ypeka.gr/LinkClick.aspx?fileticket=Y3ymoY%2FkNs4%3D&tabid=763&language=el-GR zuletzt abgerufen am 12.02.2015 (zit. als: SEF, Χρηματοδοτικός Μηχανισμός στήριξης των ΑΠΕ, 2011).

ders., PV-legal, Μειώνοντας τη γραφειοκρατία για τα φωτοβολταϊκα, ένας εφικτός στόχος, εθνική έκθεση για την Ελλάδα [Abbau der bürokratischen Hindernisse für die Photovoltaik. Ein erreichbares Ziel. Nationaler Bericht für Griechenland], 2011, abrufbar auf http://helapco.gr/pdf/advisory-paper_greece_mar2011_gr.pdf, zuletzt abgerufen am 01.09.2016 (zit. als: SEF, PV-legal, 2011).

SPEF, Επιστολή προς ΑΔΜΗΕ. Οργάνωση, ποσοστώσεις και διεξαγωγή από τον Διαχειριστή του Συστήματος Δημοπρασιών Υπηρεσιών Διακοπτόμενου Φορτίου (ΥΔΦ) δυνάμει της ΑΠΕΗΛ Γ1/Φ1/οικ. 184898, ΦΕΚ Β' 2861 από 28/12/15 [Schreiben an ADMIE, Organisation und Durchführung der Ausschreibungen für Abschaltleistungen gem. des Min. Beschl. Γ1/Φ1/οικ. 184898, FEK B' 2861], v. 05.01.2016, abrufbar auf http://www.spef.gr/pdf/epistoli_SPEF_%CE%9C_050116_diakopsimotita.pdf, zuletzt abgerufen am 01.09.2016 (zit. als: SPEF, Επιστολή προς ΑΔΜΗΕ. Οργάνωση, ποσοστώσεις και διεξαγωγή από τον Διαχειριστή του Συστήματος Δημοπρασιών Υπηρεσιών Διακοπτόμενου Φορτίου (ΥΔΦ) δυνάμει της ΑΠΕΗΛ Γ1/Φ1/οικ. 184898, ΦΕΚ Β' 2861 από 28/12/15, v. 05.01.2016).

ders., Αποφευγόμενο κόστος 223 εκατ. Ευρώ από τα φωτοβολταϊκά, [223 Mio. € sind die vermiedenen Kosten dank der Photovoltaik], 2012, abrufbar auf http://www.econews.gr/2012/07/24/spef-kostos-fotovoltaika/, zuletzt abgerufen am 08.09.2014 (zit. als: SPEF, Αποφευγόμενο κόστος 223 εκατ. Ευρώ από τα φωτοβολταϊκά, 2012).

Stathakis Giorgos, Το Εθνικό Σχέδιο για την Ενέργεια και το Κλίμα, [Der Nationale Energie- und Klimaplan], 2018, abrufbar auf http://www.naftemporiki.gr/story/1336416/g-stathakis-to-ethniko-sxedio-gia-tin-energeia-kai-to-klima, zuletzt abgerufen am 01.04.2018; Energeia, Συστάθηκε η Εθνική Επιτροπή για την Ενέργεια και το Κλίμα abrufbar auf https://www.energia.gr/article/123136/systathhke-h-ethnikh-epitroph-gia-thn-energeia-kai-to-klima, zuletzt abgerufen am 01.04.2018 (zit. als: *Stathakis*, Το Εθνικό Σχέδιο για την Ενέργεια και το Κλίμα, 2018).

Stathopoulos Michael, Επιτομή Γενικού Ενοχικού Δικαίου [Allgemeines Schuldrecht], Athen, 2004 (zit. als: *Stathopoulos*, Επιτομή Γενικού Ενοχικού Δικαίου, 2004).

Synodinos Charis, Πολυκλαδικότητα του δικαίου της ενέργειας [Die vielen Facetten des Energierechts], Energeia & Dikaio 1/2004, 5 (zit. als: *Synodinos*, Energeia & Dikaio 1/2004, 5).

Tarnanidou Christina, Σύγχρονες ενεργειακές αγορές. Θεσμικό πλαίσιο και ελληνική προοπτική [Neue Energiemärkte. Rechtsrahmen und griechische Perspektive], Athen, 2016 (zit. als: *Tarnanidou*, Σύγχρονες ενεργειακές αγορές, 2016).

dies., Ο Ν. 4425/2016 και οι θεσμικές του επιδράσεις στο σύστημα της εγχώριας ενεργειακής αγοράς [Das G. 4425/2016 und seine institutionellen Auswirkungen auf den nationalen Energiemarkt], DEE 2017, 183 (zit. als: *Tarnanidou*, DEE 2017, 183).

Tsalemis Dimitrios, «Ανανεώσιμες πηγές ενέργειας», Επιτομή Πολιτικής και Νομοθετικό Πλαίσιο Ανανεώσιμων Πηγών Ενέργειας (ΑΠΕ) – Δυνατότητες Διείσδυσης των ΑΠΕ στο Ηλεκτρικό Ενεργειακό Ισοζύγιο [„Erneuerbare Energien": Die Politik und der Rechtsrahmens über erneuerbare Energien – Möglichkeiten des Einflusses von erneuerbaren Energien auf die Strombilanz], 2009, abrufbar auf http://library.tee.gr/digital/m2547/m2547_tsalemis2.pdf, zuletzt abgerufen am 01.09.2016 (zit. als: *Tsalemis*, Ανανεώσιμες πηγές ενέργειας, 2009).

ders./Oikonomou Anastasia/Papanastasiou Panagiotis et al,Έκθεση για τον τομέα ηλεκτροπαραγωγής από Α.Π.Ε. στο πλαίσιο του σχεδιασμού αναμόρφωσης του μηχανισμού στήριξης [Bericht über erneuerbare Energien im Rahmen der Reform des Fördermechanismus], 2012, abrufbar auf http://docplayer.gr/182565-Ekthesi-gia-ton-tomea-ilektroparagogis-apo-a-p-e-sto-plaisio-toy-shediasmoy-anamorfosis-toy-mihanismoy-stirixis.html, zuletzt abgerufen am 01.09.2016 (zit. als: *Tsalemis/Oikonomou et al.*, Έκθεση για τον τομέα ηλεκτροπαραγωγής από Α.Π.Ε., 2012).

Tselepis Stathis/Kyritsis Anastasios, Electricity production comparison of PV systems in Greece, 5AV.2.3, 27th EURVSEC, 2012 abrufbar auf http://www.eupvsec-proceedings.com/proceedings?paper=15291 zuletzt abgerufen am 27.09.2014 (zit. als: *Tselepis/Kyritsis*, Electricity production comparison of PV systems, 2012).

Tsipouridis Ioannis, Επανασχεδιασμός και απελευθέρωση της αγοράς ενέργειας και Α.Π.Ε. in: Metaxas (Hrsg.), Η αναδιαμόρφωση της ελληνικής αγοράς ηλεκτρικής ενέργειας, Βασικοί άξονες και προκλήσεις. Ενεργειακοί διάλογοι [Neukonzeptionierung und Liberalisierung des Strommarkts im Zusammenhang mit erneuerbaren Energien, in: Die Reform des griechischen Strommarkts, Grundelemente und Herausforderungen], 2014, abrufbar auf https://issuu.com/citroniogr/docs/energeiakoi_dialogoi_t01/1?e=3814280/10921496, zuletzt abgerufen am 01.09.2016 (zit. als: *Tsipouridis*, in: Metaxas (Hrsg.), Η αναδιαμόρφωση της ελληνικής αγοράς ηλεκτρικής ενέργειας, Βασικοί άξονες και προκλήσεις, 2014).

Tsokanas Nikolaos, Ανανεώσιμες πηγές ενέργειας και δίκαιο της ενέργειας στον Ευρωπαϊκό χώρο – Πώς αντιμετωπίζεται η νέα πρόκληση και ποιά η ανταπόκριση μέχρι τώρα στην Ελλάδα [Erneuerbare Energien und Energierecht im europäischen Rahmen – Wie wird die neue Herausforderung bislang bewältigt und welche ist die Resonanz in Griechenland], Energeia & Dikaio 5/2006, 17 (zit. als: *Tsokanas*, Energeia & Dikaio 5/2006, 17).

Tzannini Eugenia/Maroulis Zaxarias/Moropoulou, Antonia/Siouti Glykeria, Η διείσδυση των φωτοβολταϊκών στο ελληνικό σύστημα ηλεκτρικής ενέργειας [Die PV-Durchdringung in das griechische Elektrizitätssystem], Energeia & Dikaio 21/2014, 121 (zit. als: *Tzannini et al.*, Energeia & Dikaio 21/2014, 121).

dies., Επίδραση του νομοθετικού πλαισίου στη διείσδυση των ανανεώσιμων πηγών ενέργειας στο ελληνικό σύστημα ηλεκτρικής ενέργειας, 9ο Πανελλήνιο Επιστημονικό Συνέδριο Χημικής Μηχανικής: Η Συμβολή της Χημικής Μηχανικής στην Αειφόρο Ανάπτυξη [Der Einfluss des Rechtsrahmens für die Durchdringung der erneuerbaren Energien in das griechische Stromsystem], 9. griechische Konferenz des Chemieingenieurwesens: Der Beitrag des Chemieingenieurwesens zur Nachhaltigkeit], 2013, abrufbar auf http://9pesxm.chemeng.ntua.gr/fullpapers/EG0209.pdf, zuletzt abgerufen am 01.09.2016 (zit. als: *Tzannini et al.*, Επίδραση του νομοθετικού πλαισίου στη διείσδυση των ανανεώσιμων πηγών ενέργειας στο ελληνικό σύστημα ηλεκτρικής ενέργειας, 2013).

Vatalis Konstantinos, Εισαγωγή στο Δίκαιο Ηλεκτροπαραγωγής από Ανανεώσιμες Πηγές Ενέργειας [Einführung in das Recht der Stromerzeugung aus erneuerbaren Energien], Athen-Thessaloniki, 2007 (zit. als: *Vatalis*, Εισαγωγή στο Δίκαιο Ηλεκτροπαραγωγής από Ανανεώσιμες Πηγές Ενέργειας, 2007).

Vasilakos Nikolaos, Εγχώρια αγορά ηλεκτρισμού και target model [Nationaler Elektrizitätsmarkt und das target model], Greek Energy Magazine, 2014, 14 (zit. als: *Vasilakos*, Greek Energy Magazine, 2014, 14).

ders., Ο μύθος του υψηλού κόστους των ΑΠΕ [Der Mythos der hohen Kosten der erneuerbaren Energien], 2006, abrufbar auf http://www.hellasres.gr/Greek/THEMATA/arthra/%CA%CF%D3%D4%CF%D3%20%C1%D0%C5.doc, zuletzt abgerufen am 12.02.2015 (zit. als: *Vasilakos*, Ο μύθος του υψηλού κόστους των ΑΠΕ, 2006).

ders., Προτάσεις για ένα αποτελεσματικό θεσμικό και αδειοδοτικό πλαίσιο των έργων ΑΠΕ [Vorschläge für einen effektiven institutionellen Rahmen zur Genehmigung von EE-Vorhaben], Energeia & Dikiao, 3/2005, 18 (zit. als: *Vasilakos*, Energeia & Dikiao, 3/2005, 18).

Vasileiadis Dimitrios, Divani Christina, Kouskouna Metaxia, Papapetropoulos Andreas, Περιβάλλον. Διαγράμματα, Σχόλια, Νομολογία, Υποδείγματα [Umwelt. Grafiken, Anmerkungen, Rechtsprechung, Muster], Athen, 2016 (zit. als: *Vasileiadis, Divani et al.*, Περιβάλλον. Διαγράμματα, Σχόλια, Νομολογία, Υποδείγματα, 2016).

Velegrakis Manolis, Η εγκατάσταση μονάδων ΑΠΕ σε αναδασωτέες εκτάσεις [Die Installation der EE-Anlagen in aufzuforstenden Flächen], Energeia & Dikaio 13&14/2010, 85 (zit. als: *Velegrakis*, Energeia & Dikaio 13&14/2010, 85).

ders., Η άδεια παραγωγής ηλεκτρικής ενέργειας από ΑΠΕ και ΣΗΘ μετά τον Ν. 3468/2006 [Die Produktionslizenz für EE/SITHYA-Anlagen nach dem G. 3468/2006], Energeia & Dikaio 7/2007, 47 (zit. als: *Velegrakis*, Energeia & Dikaio 7/2007, 47).

Verroiopoulos Michalis, „Energy transitions in Greece and Germany – Perspectives for 2020 and beyond", Vortag auf der Deutsch-Griechischen Energiekonferenz, 2016, abrufbar auf http://energypress.gr/news/oi-eisigiseis-gia-tis-ape-kai-tin-energeiaki-metavasi-se-ellada-kai-germania, zuletzt abgerufen am 21.07.2016 (zit. als: *Verroiopoulos*, Vortrag „Energy transitions in Greece and Germany – Perspectives for 2020 and beyond", 2016).

Voulgaridou Ioanna, Χρηματιστήριο Ενέργειας, Προοπτική σύστασης στην Ελλάδα [Strombörse und Gründungsperspektive in Griechenland], DEE 2016, 142 (zit. als: *Voulgaridou*, DEE 2016, 142).

dies., Χρηματιστήριο Ενέργειας, Προοπτική σύστασης [Strombörse und Gründungsperspektive], Energeia & Dikaio 23/2015, 32 (zit. als: *Voulgaridou*, Energeia & Dikaio 23/2015, 32).

YPEKA, Περιγραφή σχήματος λειτουργικής ενίσχυσης στους τομείς των ανανεώσιμων πηγών ενέργειας και συμπαραγωγής ηλεκτρισμού και θερμότητας υψηλής απόδοσης [Beschreibung des Fördersystems für die EE/SITHYA-Anlagen, Konsultationspapier], 2016, abrufbar unter http://www.ypeka.gr/LinkClick.aspx?fileticket=xWlvcv51hrw%3D&tabid=232&language=el-GR, zuletzt abgerufen am 11.02.2018, (zit. als: YPEKA, Περιγραφή σχήματος λειτουργικής ενίσχυσης στους τομείς των ΑΠΕ και ΣΥΘΗΑ, 2018).

dass., Εθνικός Ενεργειακός Σχεδιασμός. Οδικός χάρτης για το 2050, [Nationaler Energieplan. Fahrplan bis zum Jahr 2050], 2012, abrufbar auf http://www.ypeka.gr/LinkClick.aspx?fileticket=Xm5Lg9NOeKg%3D&tabid=367&, zuletzt abgerufen am 01.09.2016 (zit. als: YPEKA, Εθνικός Ενεργειακός Σχεδιασμός. Οδικός χάρτης για το 2050, 2012).

dass., Οδηγός υποβολής νέων αιτήσεων που υποβάλλονται από αγρότες, για σταθμούς παραγωγής ηλεκτρικής ενέργειας από Α.Π.Ε. εγκατεστημένης ισχύος έως 100kW [Anleitung für die Einreichung von Anträgen für PV-Anlagen durch Landwirte mit einer Leistung < 100 KW,] v. 23.07.2010, abrufbar auf http://www.ypeka.gr/LinkClick.aspx?fileticket=rbFr6upamYY%3d&tabid=37, zuletzt abgerufen am 27.04.2016 (zit. als: YPEKA, Οδηγός υποβολής νέων αιτήσεων που υποβάλλονται από αγρότες).

Veröffentlichungen des Instituts für deutsches und europäisches Wirtschafts-, Wettbewerbs- und Regulierungsrecht der Freien Universität Berlin, ab Band 48 fortgeführt vom **Institut für Energie- und Regulierungsrecht Berlin**

Herausgegeben von Franz Jürgen Säcker:

Band 1	Franz Jürgen Säcker (Hrsg.): Deutsch-russisches Energie- und Bergrecht im Vergleich. Ergebnisse einer Arbeitstagung vom 31. März / 1. April 2006. 2007.
Band 2	Franz Jürgen Säcker / Walther Busse von Colbe (Hrsg.): Wettbewerbsfördernde Anreizregulierung. Zum Anreizregulierungsbericht der Bundesnetzagentur vom 30. Juni 2006. 2007.
Band 3	Dirk Zschenderlein: Die Gleichbehandlung der Aktionäre bei der Auskunftserteilung in der Aktiengesellschaft. Zum Problem der Zulässigkeit der Weitergabe von Informationen an einzelne Aktionäre und Dritte. 2007.
Band 4	Simone Kirchhain: Die Anwendung der Vertikal-GVO auf innerstaatliche Wettbewerbsbeschränkungen nach der 7. GWB-Novelle. 2007.
Band 5	Franz Jürgen Säcker: Der Independent System Operator. Ein neues institutionelles Design für Netzbetreiber? 2007.
Band 6	Stefanie Otto: Allgemeininteressen im neuen UWG. § 1 S. 2 UWG und die wettbewerbsfunktionale Auslegung. 2007.
Band 7	Jochen Eichler: Vertragliche Dritthaftung. Eine Auseinandersetzung mit der Frage der Dritthaftung von sogenannten Experten und anderen Auskunftspersonen im Rahmen des § 311 Abs. 3 BGB. 2007.
Band 8	Markela Stamati: Die Anforderungen der operationellen Entflechtung nach den Beschleunigungsrichtlinien der Europäischen Kommission. Umsetzung in Deutschland und Griechenland. 2008.
Band 9	Franz Jürgen Säcker: The Concept of the Relevant Product Market. Between Demand-Side Substitutability and Supply-Side -Substitutability in Competition Law. 2008.
Band 10	Renate Rabensdorf: Die Durchgriffshaftung im deutschen und russischen Recht der Kapitalgesellschaften. Eine rechtsvergleichende Untersuchung. 2009.
Band 11	Franz Jürgen Säcker: Der beschleunigte Ausbau der Höchstspannungsnetze als Rechtsproblem. Erläutert am Beispiel der 380-kV-Höchstspannungsleitung Lauchstädt – Redwitz – Grafenrheinfeld mit Querung des Rennsteigs im Naturpark Thüringer Wald. 2009.
Band 12	Helen Mahne: Eigentum an Versorgungsleitungen. 2009.
Band 13	Franz Jürgen Säcker (Hrsg.): Russisches Energierecht - Gesetzessammlung. 2009.
Band 14	Franz Jürgen Säcker / Maik Wolf: Integrierte Energieversorgung in geschlossenen Verteilernetzen. Zum Gestaltungsspielraum des Gesetzgebers zur Neuregelung des § 110 EnWG im Lichte des Dritten EG-Energiepakets. 2009.
Band 15	Franz Jürgen Säcker (Hrsg.): Das Dritte Energiepaket für den Gasbereich. Deutsch-Englische Textausgabe mit einer Einführung. 2009.
Band 16	Franz Jürgen Säcker (Hrsg.): Das Dritte Energiepaket für den Elektrizitätsbereich. Deutsch-Englische Textausgabe mit einer Einführung. 2009.

Band 17 Thomas Dörmer: Die Unternehmenspacht. Rechtsstellung der Vertragsparteien unter besonderer Berücksichtigung der Pflicht des Unternehmenspächters zur ordnungsgemäßen Unternehmensführung sowie der Rechtslage bei Vertragsbeendigung. 2010.

Band 18 Klaas Bosch: Die Kontrolldichte der gerichtlichen Überprüfung von Marktregulierungsentscheidungen der Bundesnetzagentur nach dem Telekommunikationsgesetz. 2010.

Band 19 Geng-Sook Leem: Einheitliche Corporate Governance-Grundsätze für die Europäische Aktiengesellschaft (SE). Eine rechtsvergleichende Untersuchung anhand der Ausgestaltung der SE im deutschen und britischen Recht. 2010.

Band 20 Wiebke Gebhardt: Gentechnik und Koexistenz nach der Gesetzesnovelle von 2008: Zivilrechtliche Haftung im Vergleich Deutschland und USA. 2010.

Band 21 Cathrin Isenberg: Die Geruchsmarke als Gemeinschaftsmarke. Schutzfähigkeit und Einsatzmöglichkeiten. 2010.

Band 22 Franz Jürgen Säcker / Jochen Mohr / Maik Wolf: Konzessionsverträge im System des europäischen und deutschen Wettbewerbsrechts. 2011.

Band 23 Judith Antonia Loeck: Die unzumutbare Belästigung nach der UWG Novelle 2008 und dem Gesetz zur Bekämpfung unerlaubter Telefonwerbung und zur Verbesserung des Verbraucherschutzes bei besonderen Betriebsformen. 2011.

Band 24 Jörg Jaecks: Konzernverrechnungsklauseln und verwandte einseitige Verrechnungsbefugnisse im Mehrpersonenverhältnis. 2011.

Band 25 Franz Jürgen Säcker: Marktabgrenzung, Marktbeherrschung, Markttransparenz und Machtmissbrauch auf den Großhandelsmärkten für Elektrizität. 2011.

Band 26 Susanne Wende: Die einheitliche Auslegung von Beihilfen- und Vergaberecht als Teilgebiete des europäischen Wettbewerbsrechts. 2011.

Band 27 Leonie Kempel: Die Anwendung von Art. 102 AEUV auf geistiges Eigentum und Sacheigentum. Die Voraussetzungen des Kontrahierungszwangs nach Art. 102 AEUV und der Essential-Facility-Doktrin unter besonderer Berücksichtigung der Unterschiede zwischen geistigem Eigentum und Sacheigentum. 2011.

Band 28 Christoph Schuldt: Werbejingles – schützenswerte Kompositionen!? Die urheberrechtliche und markenrechtliche Schutzfähigkeit von Werbejingles vor unbefugter Nachahmung. 2012.

Band 29 Lydia Scholz: Die Rechtfertigung von diskriminierenden umweltpolitischen Steuerungsinstrumenten. Eine Untersuchung der Reichweite der Warenverkehrsfreiheit und ihrer Begrenzung durch den Umweltschutz als Vertragsziel am Beispiel der deutschen Energiefördergesetze EEG und KWKModG. 2012.

Band 30 Franz Jürgen Säcker: Investitionen in Kraftwerke zur Sicherung einer zuverlässigen Elektrizitätsversorgung nach der Energiewende. Rechtliche und ökonomische Rahmenbedingungen. 2012.

Band 31 Florian Leib: Kartellrechtliche Durchsetzungsstrategien in der Europäischen Union, den USA und Deutschland. Eine rechtsvergleichende Darstellung. 2012.

Band 32 Holger Hoch: Marktverschlusseffekte und Effizienzen vertikaler Zusammenschlüsse. Kartellrechtliche Beurteilung nach europäischem und deutschem Recht. 2012.

Band 33 Sebastian Kemper: Gasnetzzugang in Deutschland und in Spanien. 2012.

Band 34 Elena Timofeeva: Unbundling in der russischen Elektrizitätswirtschaft im Vergleich zum deutschen und europäischen Energierecht. 2012.

Band 35 Gisela Drozella / Harald Krebs: Marktbeherrschung im Bereich Stromerzeugung / Stromgroßhandel. Eine kritische Analyse der neueren Sicht des Bundeskartellamts. 2013.

Band 36 Christian Rehm: Die Einzel- und Gesamtverantwortung der Vorstandsmitglieder der Aktiengesellschaft. Die Verantwortung für die Leitung und Geschäftsführung im mehrköpfigen Vorstand in der unabhängigen und der herrschenden AG. 2013.

Band 37 Ann-Christin Richter: Mengen- und umsatzbezogene Rabatte marktbeherrschender Unternehmen in den Grenzen des Art. 102 AEUV. 2013.

Band 38 Nikolaos Pitsos: Die erhebliche Behinderung des wirksamen Wettbewerbs (SIEC-Test) im Fusionskontrollrecht. Zugleich ein Beitrag zur Problematik der oligopolistischen Marktbeherrschung unter Vergleich mit dem amerikanischen SLC-Test. 2013.

Band 39 Mirko Heinemann: Das Markenzeichen als Anknüpfungspunkt des Markenimages. 2013.

Band 40 Sylvia Lorenz: Der Immaterialgüterschutz virtueller Ladengeschäfte. Ein Vorschlag für die rechtliche Erfassung virtueller Güter. 2014.

Band 41 Anke Reimers: Wettbewerbsrechtliche und regulatorische Analyse der Kapazitätenvergabe an Grenzkuppelstellen im Elektrizitätsbinnenmarkt. 2014.

Band 42 Franz Jürgen Säcker / Carsten König / Lydia Scholz: Der regulierungsrechtliche Rahmen für ein Offshore-Stromnetz in der Nordsee. 2014.

Band 43 David Preisendanz: Der Humor in der vergleichenden Werbung. 2014.

Band 44 Martin Gerig: Vollendung des EU-Energiebinnenmarktes vs. nationale Marktabschottungen. Europarechtskonformität mitgliedstaatlicher Fördermaßnahmen und Kapazitätsmärkte am Beispiel Deutschlands. 2014.

Band 45 Jan Patrick Ehinger: Dritthaftung für Kunstexpertisen und Aufnahmebestätigungen in den Catalogue raisonné. Ein Beitrag zur Expertenhaftung. 2014.

Band 46 Julia Gerzen: Das Recht der Gesellschafter-Fremdkapitalfinanzierung. Rechtsvergleichende Analyse der Behandlung von Gesellschafterdarlehen vor und in der Insolvenz der GmbH nach deutschem und russischem Recht. 2014.

Band 47 Laura Börger: Die gerichtliche Kontrolldichte bei der Überprüfung von Entscheidungen der Europäischen Kommission auf dem Gebiet der Fusionskontrolle. 2014.

Veröffentlichungen des Instituts für Energie- und Regulierungsrecht Berlin

Band 48–65 herausgegeben von Franz Jürgen Säcker

ab Band 66 gemeinsam mit Jochen Mohr

Band 48 Daniel Simon Travers: Kopplungsangebote. Eine Studie zum Vertrags- und Lauterkeitsrecht. 2015.

Band 49 Anna Olbryś-Sobieszuk: EU-rechtliche Schranken der Glücksspielwerbung in Deutschland, Großbritannien und Polen. 2015.

Band 50 Franz Jürgen Säcker/Lydia Scholz/Thea Sveen: Renewable Energy Law in Europe. Challenges and Perspectives. 2015.

Band 51 Lina Berezgova: Festlegung von Stromnetzentgelten in Deutschland und Russland. Eine rechtsvergleichende Untersuchung der anreizbasierten Regulierungsvorgaben. 2015.

Band 52 Fengliang Jin: Aufgreifkriterien in der Fusionskontrolle. Eine rechtsvergleichende Untersuchung des europäischen (Art. 3 FKVO), deutschen (§ 37 GWB), taiwanesischen (§ 6 FHG) und festlandchinesischen (§ 20 AMG) Rechts. 2015.

Band 53 Vasileios Triantafyllidis: Die Einordnung der Passing-On-Defense in das allgemeine Schadensersatzrecht. Eine rechtsvergleichende, dogmatische Studie. 2015.

Band 54 Peipei Liu: Die Inhaltskontrolle von Allgemeinen Geschäftsbedingungen und formularmäßigen Vertragsklauseln im deutsch-chinesischen Vergleich. 2016.

Band 55 Evelyn Kozak: Zur Notwendigkeit eines arbeitsrechtlichen und haftungsrechtlichen Whistleblowerschutzes. 2016.

Band 56 Genevieve Baker: Der bereicherungsrechtliche Nutzungsanspruch. 2017.

Band 57 Maria Zaykova: Der rechtliche Rahmen für den bergbaulichen Zugang zu den Erdöl- und Erdgaslagerstätten in der Russischen Föderation im Vergleich zum deutschen Bergrecht. 2017.

Band 58 Qian Luan: Geldschöpfungsprozess und Geld als abstraktes Schuldversprechen. Die europäisch-verwaltungsrechtliche Betrachtung des Geldschöpfungsprozesses der EZB und die Rechtsnatur von Zentralbankgeld und Geschäftsbankengiralgeld. 2017.

Band 59 Sára Gabriella Hoffman: Regulation of Cloud Services under US and EU Antitrust, Competition and Privacy Laws. 2017.

Band 60 Matthias Schöpf: Das neue Planungsrecht der Übertragungsnetze: Vorgaben des deutschen und europäischen Rechts. 2017.

Band 61 İpek Çevik: Eine vergleichende Untersuchung der Joint Ventures – Gemeinschaftsunternehmen – nach europäischem, türkischem und deutschem Wettbewerbsrecht. Die Analyse von wettbewerbsrechtlichen Auswirkungen bei Gründung der konzentrativen und/oder kooperativen Gemeinschaftsunternehmen. 2017.

Band 62 Raffaele Mazza: Verbotsirrtum und Vertrauen auf Rechtsrat im europäischen Kartellrecht. Eine rechtsvergleichende Analyse des europäischen, des deutschen und des französischen Kartellrechts. 2017.

Band 63 Stavroula Antoniou: Die Kontrolle einseitiger Preisanpassungsrechte in Dauerschuldverhältnissen am Beispiel langfristige Energielieferverträge. Eine rechtsvergleichende Untersuchung nach deutschem und griechischem Recht. 2018.

Band 64 Lucas Noura de Moraes Rêgo Guimarães: Energieversorgungssicherheit im Europarecht mittels der Förderung erneuerbarer Energien und der Interkonnektion der Netze. 2018.

Band 65 Nino Kobadze: Regulation of Access to Gas Networks in Russia in Comparison with the Energy Law of Germany and the EU. 2018.

Band 66 Felix Krone: Das Recht der unkörperlichen Verwertung für das Internet als Teilhaberecht. Zugleich eine Grundsatzschrift für ein kommunikationsoffenes Urheberrecht 2018.

Band 67 Katja Stefanie Middelhoff: Das Spürbarkeitsmerkmal des UWG 2015. 2019.

Band 68 Tatjana Schleicher: Die Umsetzung des § 14a EnWG zwischen Markt und Regulierung im neuen Strommarktdesign. 2020.

Band 69 Eleni-Aristea Alevizou: Der Rechtsrahmen für die nachhaltige Entwicklung der Photovoltaikenergie in Deutschland und in Griechenland. 2020.

www.peterlang.com